Klima! extrem
austrocknende Strahlungs-
nächte: 21,5°C!
"Keimst. günstige
Rudralflächen"
246 u.ö.

Ailanthus →78
Robinia 294f.

Chlorosen + Wachstumsminderung Cd 84 →
Schwermetalle → Pflanzenkombination
Arten   290
        307

Serenyaupeense 250
2010/17

Bahnhofe 304

u. Lockersysteme
Rohböden der führen
Glaskörper: extrem trocken

▶ Schlackenaufschüttungen extrem
alkalisch u. schwer durchwurzelbar

▶ Trümmerschuttböden: besser
durchwurzelbar, feuchter, etwas
nährstoffreicher; trotz gewissen
mobilisation
reicher Schwermetallen
wegen d. hohen pH-Werte
deren Löslichkeit sehr (noch)
gering.

HERBERT SUKOPP (HG.)
STADTÖKOLOGIE
DAS BEISPIEL BERLIN

DIETRICH REIMER VERLAG BERLIN

Redaktion: Elke Schäfer und Gisela Lütkenhaus
unter Mitarbeit von: Martina Düvel, Monika Langer,
Rüdiger Prasse und Sabine Weiler

CIP-Titelaufname der Deutschen Bibliothek

Stadtökologie : das Beispiel Berlin / hrsg. von Herbert Sukopp.
– Berlin : Reimer, 1990
   ISBN 3-496-00970-5
NE: Sukopp, Herbert [Hrsg.]

**Gefördert durch die Senatsverwaltung für
Stadtentwicklung und Umweltschutz,
Projekt »Europäische Akademie für städtische Umwelt«**

**Die Karte »Stadtökologische Raumeinheiten«
wurde mit Genehmigung der Senatsverwaltung für
Stadtentwicklung und Umweltschutz,
Referat Öffentlichkeitsarbeit, aus dem
Umweltatlas entnommen.
Der vollständige Umweltatlas ist über den
Kulturbuch-Verlag Berlin GmbH zu beziehen.**

© 1990 by Dietrich Reimer Verlag
Dr. Friedrich Kaufmann
Unter den Eichen 57
1000 Berlin 45

Umschlaggestaltung: Werner Ost, Frankfurt/M.

Titelfotos (von oben nach unten, von links nach rechts):
S. Stern, I. Kowarik, E. Schäfer, S. Stern, A. Langer, H. Sukopp

Alle Rechte vorbehalten
Printed in Germany

ISBN 3-496-00970-5

Inhaltsverzeichnis

Vorwort   **7**

1.   Die Naturlandschaft des Berliner Raumes   **9**
1.1   Landschaftsformen und deren Entwicklung   12
1.2   Gesteine und Grundwasser   13
1.3   Natürliche Böden und Bodengesellschaften   15
1.4   Klimageschichte seit der Eiszeit   22
1.5   Wald- und Moorgeschichte   25
1.6   Die Geschichte der Säugetierfauna   30

2.   Veränderungen der Ökosphäre des Verdichtungsraumes Berlin (West)   **33**
2.1   Siedlungs- und Stadtgeschichte   33
2.2   Charakteristik einer Großstadt   47
2.2.1   Klima   48
2.2.2   Böden   60
2.2.3   Gewässer   68
2.2.3.1   Grundwasser   69
2.2.3.2   Oberflächengewässer   71
2.2.4   Flora und Vegetation   72
2.2.5   Stoffliche Belastung der Vegetation   82
2.2.6   Fauna   91
2.2.6.1   Wirbeltiere   91
2.2.6.2   Wirbellose Tiere   109

3.   Ausgewählte Lebensräume der Stadt Berlin   **113**
3.1   Wälder und Forsten   118
3.1.1   Spandauer Forst   139
3.2   Gewässer   155
3.2.1   Havel   155
3.2.2   Kanäle   177
3.2.3   Tegeler Fließ   184
3.2.4   Pfuhle   190
3.2.5   Wassergefüllte Kiesgruben   196
3.3   Felder, Grünland und Gärten   201
3.4   Wohngebiete   223
3.5   Parks   245
3.5.1   Tiergarten   258

3.6	Friedhöfe	274
3.6.1	Emmaus-Friedhof	280
3.7	Innerstädtische Brachflächen und Bahnanlagen	284
3.7.1	Anhalter Güterbahnhof	305
3.7.2	Diplomatenviertel	311
3.8	Straßen und Straßenränder	314
3.9	Deponien und Rieselfelder	326
3.9.1	Deponie Wannsee	336
3.9.2	Gatower Rieselfelder	345

Farbtafelteil	359
Glossar	377
Abkürzungsverzeichnis	388
Literatur	391
Register der Tier- und Pflanzennamen	427
Sachregister	447
Bildnachweis	455
Beilage Ökochorenkarte	

Die Autoren der Kapitel und Fachbeiträge sind:

Herbert Sukopp	Flora und Vegetation, Einleitungen, Gewässer (Kap. 2.3)
Manfred Horbert	Klima
Hans-Peter Blume	Böden, Landschaftsformen und deren Entwicklung, Gesteine und Grundwasser, Natürliche Böden und Bodengesellschaften
Hinrich Elvers	Säugetiere
Klemens Steiof und Hinrich Elvers	Vögel
Christian Klemz	Reptilien und Amphibien
Peer Doering	Fische
Joachim Haupt und Ralph Platen	Wirbellose Tiere
Arthur Brande	Klimageschichte seit der Eiszeit, Wald- und Moorgeschichte
Arthur Brande und Hinrich Elvers	Geschichte der Säugetierfauna
Arthur Brande und Herbert Sukopp	Siedlungs- und Stadtgeschichte
Reinhard Bornkamm	Belastung der Vegetation
Ingo Kowarik	Einleitung und Flora und Vegetation Diplomatenviertel
Andreas Langer	Einleitung und Flora und Vegetation Straßen und Straßenränder

Vorwort

Dieses Buch ist aus der langjährigen Zusammenarbeit der Autoren an ökologischen Problemen in Berlin entstanden. Die erste Fassung erschien als Exkursionsführer für das zweite Europäische Ökologische Symposion im September 1980 in Berlin. Fachlich und regional umfaßt das vorliegende Buch das vermehrte Wissen; Untersuchungen über wirbellose Tiere sind neu hinzugekommen.

Berlin hat sich zu einem der Zentren stadtökologischer Forschung entwickelt. Die abgeschlossene Lage von Berlin (West) in der Nachkriegszeit erschwerte Untersuchungen außerhalb der Stadt und führte zu einer Konzentration der Forschungen auf das Stadtgebiet. Weil Ökologen und Biologen sich bisher wenig mit Städten beschäftigt hatten, waren die Ergebnisse unerwartet und neuartig und führten zur Entstehung der Stadtökologie. Bevor erste Untersuchungen von Großstädten vorlagen, hatte man die Lebensgemeinschaften in Städten für reine Zufallsprodukte gehalten, stellte dann jedoch fest, daß auch diese Lebensräume von charakteristischen, unter ähnlichen Umweltbedingungen regelhaft wiederkehrenden Artenkombinationen besiedelt werden.

Im Zentrum von Städten sind bei vielen Organismengruppen etwa die Hälfte der Arten mit direkter oder indirekter Hilfe des Menschen in das Gebiet gelangt. Allein dadurch unterscheiden sich heute dicht besiedelte Gebiete grundsätzlich von denen traditioneller Kulturlandschaften der vorindustriellen Zeit. Die Untersuchung dieses Floren- und Faunenwandels ist eine der wichtigsten Aufgaben der Gegenwart und trägt wesentlich zum Verständnis der städtischen Ökosysteme und ihrer Besonderheiten bei. Viele Veränderungen sind in Berlin eher als in anderen Gebieten aufgetreten und untersucht worden (Röhrichtrückgang und Uferveränderungen, Folgen der Grundwasserabsenkungen und des Streusalzeinsatzes); andere Städte können bei ähnlichen Problemen die Berliner Erfahrungen nutzen.

In diesem Buch werden bisherige Ergebnisse zusammengefaßt und bilden den Ausgangspunkt für kommende Arbeiten über Berlin und seine Umgebung. Für andere Städte besitzen die Untersuchungen Modellcharakter, weil in Berlin **alle** Ökosysteme einer Stadt (Kap. 3) in ihrem räumlichen und historischen Zusammenhang (Kap. 1 und 2) und nicht nur einzelne Aspekte behandelt wurden. Die Historische Ökologie mit ihren verschiedenen Arbeitsmethoden wurde hier weiterentwickelt. Die Entstehung mehrerer Teildisziplinen nahm ihren Ausgang von Berliner Untersuchungen: das "Stadtklima", so der Titel einer Berliner Dissertation, ist seit 1937 ein Begriff. Auch die Böden einer Großstadt sind erstmalig in Berlin systematisch untersucht worden.

Das Buch soll Studierende an Schulen und Hochschulen, der Fort- und Weiterbildung für Umwelt- und Naturschutz, Naturschutzverbände und Bürgerinitiativen, Informationsmedien, Umweltberatungen und Verwaltungen unterstützen bei ihren Bemühungen, unsere Umwelt zu schützen, zu pflegen und zu gestalten.

Prof. Dr. Herbert Sukopp

1. Die Naturlandschaft des Berliner Raumes

Wer vom Grunewaldturm aus die Landschaft Berlins überblickt, sieht beiderseits der Havelseen die Höhenplatten des Teltow im Osten und der Nauener Platte im Westen sowie in der Ferne das Berliner Urstromtal im Norden. Forsten, Äcker und Wasserflächen zeigen das Bild der traditionellen märkischen Landschaft, die von allen Seiten von der Silhouette der Stadt mit Hochhäusern und anderen Bauten eingeschlossen wird. Die höchste natürliche Erhebung der während der Eiszeit geformten Landschaft bildet der Schäferberg im Forst Düppel mit 103 m ü.NN, heute durch einen Fernmeldeturm weithin sichtbar. Die höchste künstliche Erhebung bildet der aus Trümmerschutt errichtete Teufelsberg im Grunewald mit 120 m ü.NN. Der Wasserspiegel liegt etwa bei 30 m ü.NN, die Landflächen 2 bis 30 m höher.

Die Innenstadt erstreckt sich in der Spreetalniederung des Berliner Urstromtales und an den Rändern der Höhenplatte des Barnim im Norden und der Teltowplatte (Abb. 1.1)*.

Diese Stadtlandschaft ist stärker durch Wohnen, Verkehr, Industrie und Handel geprägt als durch naturräumliche Gegebenheiten. Der Nordwesten Berlins weist mit Teilen der Naturräume Havelländisches Luch (Luch = Sumpf, Bruch) im Spandauer Forst und Havelniederung in Spandau und im Tegeler Forst noch großräumig land- und forstwirtschaftlich genutzte Bereiche auf. Berlin (West) umfaßt 480 km² Fläche, von denen 31 km² auf Gewässer entfallen. Die vorherrschenden Flächennutzungen stellt Tabelle 1.1 dar.

Berlin liegt in einem Grenzbereich zwischen ozeanisch und kontinental geprägtem Klima sowie in einem Übergangsbereich zwischen semihumid und semiarid. Im Jahresmittel sind ozeanische Luftmassen zu 64% und kontinentale zu 29% wetterwirksam. Daher dominieren süd- bis nordwestliche Winde. Das langjährige Niederschlagsmittel liegt nach der Klimastatistik von 1964 bis 1978 im Berliner Westen (Wetterstation Dahlem) bei ca. 590 mm und die Jahresmitteltemperatur bei 8,9°C. Das mittlere Maximum der Temperatur erreicht 12,9°C, während das mittlere Minimum bei 5,1°C liegt. Insgesamt wurden in diesem Zeitraum im Mittel pro Jahr sechs sogenannten heiße Tage, 33 Sommertage, 79 Frosttage und 23 Eistage ermittelt. Die Zahl der Bodenfrosttage lag bei 107.

---

* Die Abbildungen und Tabellen werden gesondert in folgender Weise numeriert: die ersten Ziffern geben die Nummern der Kapitel an, wie sie im Inhaltsverzeichnis erscheinen; innerhalb jeden Kapitels wird fortlaufend beziffert; Tabelle 3.1.1.2 gehört also als zweite Tabelle in das Kapitel 3.1.1.

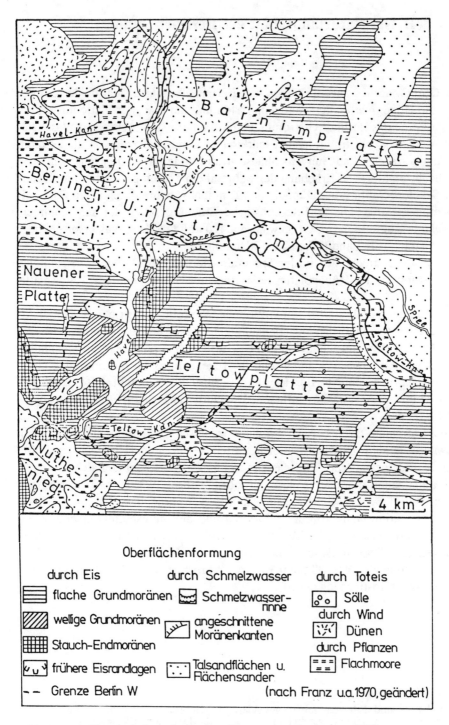

Abb. 1: Geomorphologie des Berliner Raumes (aus SUKOPP u.a. 1980)

Tab. 1.1: Aktuelle Flächennutzung (nach: STATISTISCHES LANDESAMT BERLIN 1988)

Stadtgebietsfläche Berlin (West) insgesamt 48 016 ha							
Gebäude- und Freifläche		Erholungsfläche		Verkehrsfläche		Landwirtschaftsfläche	Waldfläche	Wasserfläche	Flächen anderer Nutzung
20 354 ha 42,4 %		4 924 ha 10,3 %		8 165 ha 17 %		2 144 ha 4,5 %	7 682 ha 16,0 %	3 255 ha 6,8 %	1 494 ha 3,1 %
darunter Wohnfläche	Gewerbe- und Industriefläche	darunter Sportplätze, Freibäder	Parkanlagen, Tierparks, Kleingärten, Spielplätze	darunter Straßen, Plätze, öffentliche Wege	Bahngelände, Flugplatzgelände				darunter Friedhöfe
11 711 ha 24,4 %	2 274 ha 4,7 %	560 ha 1,2 %	4 332 ha 9,0 %	5 916 ha 12,3 %	2 244 ha 4,7 %				677 ha 1,4 %

1.1 Landschaftsformen und deren Entwicklung

Berlin liegt im Norddeutschen Flachland und ist Teil einer eiszeitlichen Aufschüttungslandschaft, deren Oberfläche von Ablagerungen der jüngsten Eiszeit (Weichsel-Eiszeit) und der Nacheiszeit gebildet wird. Die über 40 m ü.NN gelegenen Moränenplatten des Teltow im Süden, des Barnim im Norden und der Nauener Platte im Westen sind durch die breite, von der Spree durchflossene Talniederung des Berliner Urstromtales (33-38 m ü.NN) sowie die in einer Schmelzwasserrinne verlaufende, zum Wannsee erweiterte Havel voneinander getrennt (Abb. 1.1).

Während der kältesten Phase der Weichsel-Eiszeit waren zwei mächtige Eisströme über den Berliner Raum hinaus nach Süden vorgestoßen, an deren Nahtstelle sich heute die Havelseenkette befindet. Dabei wurden ältere Bodendecken weitgehend abgeräumt und auch das bereits in früheren Kaltzeiten angelegte Berliner Urstromtal überfahren. Unter dem Eis bildeten sich Schmelzwasserflüsse, die nach Süden zum Baruther Urstromtal entwässerten. Diese im Sommer wasserreichen Abflüsse erodierten den Untergrund des Eises und schufen lange Rinnen, die heute als Haveltal und Grunewald-Seenkette in Erscheinung treten (FRANZ u.a. 1970). Das im ausklingenden Brandenburger Stadium zurücktauende Eis hinterließ flache Grundmoränenplatten aus lehmigem Geschiebemergel, der in unterschiedlicher Mächtigkeit Vorschüttsande oder ältere Geschiebemergel überlagert (BÖSE 1979).

Er setzt sich überwiegend aus verwittertem und erodiertem Gesteinsmaterial zusammen, das von der alten nordskandinavischen Landoberfläche stammt, sowie aus Kalk der Kreideformation des heutigen Ostseeraumes (ASSMANN 1957). An den Eisrändern wurden Sande und Kiese zu kuppigen Stauchmoränen zusammengeschoben. Sie bilden heute die charakteristisch kuppige Landschaft des Grunewaldes und des Düppeler Forstes. Beim Abtauen des Eises wurden Eisreste (sogenanntes Toteis) von Sanden überdeckt. Sie tauten erst während der Späteiszeit auf, wobei auf den Moränenplatten dann viele Eintiefungen (Sölle) entstanden, die heute kleine Pfuhle bilden. Auch ein Teil der Hohlformen des Urstromtales (z.B. Tegeler See, Heiligensee, Teufelsbruch im Spandauer Forst) werden als Toteisbildungen angesehen.

Während des Pommerschen Stadiums blieben die Berliner Moränenplatten eisfrei. Die Schmelzwässer des weiter nördlich gelegenen Eisrandes flossen zu dieser Zeit im Berliner Tal ab und hinterließen feinkörnige Talsande. Auf den Moränenplatten bildete sich vermutlich unter kühltrockenen, hocharktischen Klimaverhältnissen im Winter ein Netz mehrere Meter tief reichender Frostspalten, in die Flugsande eingeweht wurden (BLUME u. HOFFMANN 1977). Wiederholungen dieses Vorganges über Jahrhunderte ließen schließlich ein weitmaschiges (2-10 m) Netz bis 50 cm breiter, nach unten sich verjüngender sandgefüllter Spalten entstehen, die 30-50 cm unter der heutigen Oberfläche beginnen und 1-3 m tief reichen.

Später wurden auch die Moränenoberflächen selbst mit Flugsand bedeckt. Beim oberflächlichen Tauen der Dauerfrostböden im subarktischen Sommer vermischte sich der Sand mit dem gefrorenen Untergrund. Dabei wurden Steine angehoben und reicherten sich bevorzugt über den Sandspaltennetzen als Steinringe an (BLUME u.a. 1979c). Gleichzeitig wurden die Moränen durch oberflächlich abfließende Schmelzwässer zertalt (FRANZ u.a. 1970). Selbst im Bereich sandiger Moränen bildeten sich Schmelzwasserrinnen, die heute trocken liegen.

Während der Späteiszeit fielen die Talsandflächen trocken und es kam zu Flugsandumlagerungen. Dabei entstanden vor allem im heutigen Spandauer Forst und Tegeler Forst Ausblasungsmulden und Dünenzüge. Auch auf die Moränenplatten gelangten nochmals Flugsande, die bei geringer Mächtigkeit während der Jüngeren Tundrenzeit durch Frostwechsel und in der Nacheiszeit dann durch Bodentiere mit dem Untergrund zum Geschiebedecksand gemischt wurden (HOFFMANN u. BLUME 1977). Steine waren daran nicht mehr beteiligt, so daß die zuvor erwähnten Steinringe heute in 30-50 cm Bodentiefe anzutreffen sind. Mulden wurden teilweise mit Bodenmassen verfüllt, die beim oberflächlichen Auftauen über dem gefrorenen Untergrund am Hang ins Rutschen kamen.

Veränderungen mannigfacher Art erfuhren auch die Gewässer. Die Spree fand in der breiten Talsandebene günstige Voraussetzungen zur Bildung mehrerer Mäander mit schmalem Ufersaum. In die Seen wurden Flug- und Flußsande eingetragen. Seit der Allerödzeit (Wärmeperiode zwischen Älterer und Jüngerer Tundrenzeit) nahm die biogene Sedimentation zu. Es entstanden teilweise kalkreiche Mudden (im Tegeler See über 15 m [PACHUR u. RÖPER 1987] und mit fortschreitender Verlandung bis zu mehrere Meter mächtige Torfe (z.B. Moore im Grunewald, Spandauer Forst, Tegeler Fließ).

1.2 Gesteine und Grundwasser

An der Oberfläche stehen im Berliner Raum 20-100 m mächtige eiszeitliche Ablagerungen an. Sie überlagern tertiäre Tone und Sande (FREY 1975). Der die Platten aufbauende, um 1 m tief entkalkte Geschiebemergel besitzt durch die frühere Eisbedeckung ein relativ dichtes Gefüge, ist grobporenarm und damit wenig wasserdurchlässig (Tab. 1.2.1). Er ist als Gletschersediment schlecht sortiert: Alle Korngrößenfraktionen kommen vor, wobei Feinsand und Schluff zusammen über 50 % ausmachen. Er enthält bis zu 20 % Kalk und einen ebenso hohen Tongehalt, der jedoch zu den Plattenrändern merklich abnimmt. In der Tonfraktion dominieren Illite neben Kaolinit, Smectit, Vermikulit, Wechsellagerungsmineralen und Eisenoxiden (BLUME u. HOFFMANN 1977). Die übrigen Kornfraktionen bestehen vor allem aus Quarz, Feldspäten und Glimmern, wobei die Sandfraktionen besonders quarzreich sind. Infolge Flugsandeinmischungen sind die oberen dm des Geschiebemergels (als Geschiebesanddecke) in der Regel gröberkörnig.

Tab. 1.2.1: Eigenschaften typischer Sedimente des Berliner Raumes (Beispiele)

Bezeichnung	Porenvolumen (%)				g/cm³ Raumgewicht	cm/d Wasserleitfähigkeit
	Grob ø	Mittel 10 µm	Fein 0,2 µm	Summe		
1. Geschiebemergel	8	14	9	31	1.87	2
2. Geschiebedecksand [1]	30	9	3	42	1.64	70
3. Geschiebesand	34	3	1	38	1.65	260
4. Talsand	32	5	3	40	1.57	600
5. Talschluff	27	10	2	39	1.62	160
6. Flußsand	32	2	4	38	1.64	1700
7. Seekalk	9	15	22	46	1.51	10
8. Flugsand	35	5	1	41	1.55	350

Bezeichnung	Korngrößenfraktionen (%)						$^0/_{00}$ der Feinerde			
	Kiese u. Steine	Sand Grob	Mittel	Fein	Silt	Ton	Kalk	Eisenoxide	in Salzsäure lösliches Kalium	Phosphat
1. Geschiebemergel	3	5	25	31	22	14	140	4.8	1.6	0.31
2. Geschiebedecksand [1]	6	4	24	46	15	5	0	2.0	0.39	0.10
3. Geschiebesand	2	6	64	25	2	1	10	0.40		
4. Talsand	0	1	12	83	3	1	2	0.20		
5. Talschluff	0	0	4	57	38	1	89	0.25	1.2	0.34
6. Flußsand	0	37	57	2	2	2	2	1.5		
7. Seekalk	0	0	2	55	39	4	450	3.7	0.20	0.19
8. Flugsand	0	1	27	70	1	1	10	1.2	0.40	0.10

[1] durch Bodenbildung verändert

Die Geschiebesande der Plattenränder sind deutlich kalk-, ton- und schluffärmer und besonders mittel- bis grobsandreich. Sie lagern vor allem im Stauchmoränenbereich weniger dicht und besitzen eine hohe Wasserdurchlässigkeit. Im nordwestlichen Grunewald sind sie weitgehend steinfrei und häufig geschichtet; sie werden daher auch als Kamessande gedeutet (ASSMANN 1957). An Moränenhängen gehen sie gleitend in stärker sortierte Sande über. Auch die Geschiebesande wurden in den oberen dm mit Flugsand vermischt, wodurch sie feinsandreicher, mithin etwas feinerkörnig wurden.

Die Talsande stellen vorwiegend durchlässige Feinsande starker Sortierung mit nur geringen Ton- und Kalkgehalten dar. Der Mineralbestand der einzelnen Kornfraktionen gleicht dem für den Geschiebemergel geschilderten: der hohe Sandanteil bedingt ein starkes Dominieren von Quarz (DÜMMLER u.a. 1976). Stellenweise treten schluffreiche und dann auch kalkreichere Zwischenlagen mit höherer Wasserkapazität und geringerer Wasserdurchlässigkeit auf, stellenweise auch grobsandreiche Zwischenlagen.

Die Flugsande sind in Körnung und Mineralbestand den Talsanden sehr ähnlich; ihre Sortierung ist in der Regel aber noch besser, so daß Feinsand noch stärker dominiert. Sie lagern meist lockerer als die Talsande, was ihre Wasserdurchlässigkeit erhöht.

Die Sedimente der Flußauen sind überwiegend sandig und ähneln im Bereich des Urstromtales den Talsanden, während sie an Stauchmoränenrändern (z.B. Havelchaussee) gröberkörnig sind. Die Seekalke enthalten bis zu 80 % Calcium-Carbonat ($CaCO_3$) und sind meist auch schluffreicher als die übrigen Gewässersedimente.

Gewässerufer weisen naturgemäß hohe mittlere Grundwasserstände auf. Die Grundwasserstände im Urstromtal lägen ohne menschlichen Einfluß 1-4 m unter der Oberfläche, im Bereich der Dünen tiefer. Bewegliches und damit nutzbares Grundwasser reicht dabei (mit geringen Unterbrechungen durch zwischengeschaltete Mergelschichten) 30-110 m tief bis zu liegenden Tonen der Tertiärs (GOCHT 1964). Die Moränenplatten sind demgegenüber durch tiefe Grundwasserstände (meist tiefer als 10 m) gekennzeichnet. Die Grundwasserschwankungen betragen dabei je nach Körnung und Lage der Sedimente 0,4-0,8 m mit einem Hochstand im Frühjahr und einem Niedrigstand im Herbst. Besonders starke Grundwasserschwankungen weisen naturgemäß die Flußufer auf, die vor allem im Winter und Frühjahr überflutet werden, wenn bei Hochwasser der Elbe ein Rückstau in Havel und Spree erfolgt. Die Winterniederschläge vermögen auf den lehmigen Moränenplatten nur langsam zu versickern, so daß Mulden vernässen und Sölle zeitweilig freies Oberflächenwasser aufweisen (Himmelsteiche).

1.3 Natürliche Böden und Bodengesellschaften

Als natürliche Böden haben sich seit der Späteiszeit unter Wald vor allem lehmige Parabraunerden und sandige Rostbraunerden als Landböden, außerdem Gleye, Auenböden und Moore als Grundwasserböden entwickelt. Im folgenden werden charakteristische Böden kurz vorgestellt.

Lehmige Parabraunerden (Abb. 1.3.1, Tafel 1.1) haben sich aus Geschiebemergel entwickelt. Sie sind 0,8-1 m tief entkalkt und versauert. Ihr Oberboden ist durch Flugsandeinmischung und Tonverlagerung sandiger als der Unterboden. Der verlagerte Ton bildet im Bt-Horizont braune Häutchen an Aggregatoberflächen. Der Oberboden der Parabraunerden ist grobporenreich, der Unterboden grobporenärmer. In Feuchtjahren kann im Unterboden kurzfristig Luftmangel auftreten. Die nutzbare Wasserkapazität des Wurzelraumes ist mit 150-250 mm mittel bis hoch.

Sandige Rostbraunerden (Abb. 1.3.1, Tafel 1.2) haben sich aus Geschiebe-, Kames-, Tal- oder Dünensanden gebildet. Sie sind meist mehrere Meter tief entkalkt sowie im oberen Meter verbraunt und versauert. Ihr Oberboden ist schwach podsoliert, d.h. eine Umlagerung metallorganischer Komplexe hat begonnen; Tonverlagerung hat in 1-2 m Tiefe dünne Bänder entstehen lassen. Aufgrund sandiger Körnung dominieren luftführende Grobporen, während die nutzbare Wasserkapazität des Wurzelraumes bei den feinsandigen Böden aus Dünen- bzw. Talsand mit 90 bis 120 mm mäßig, bei

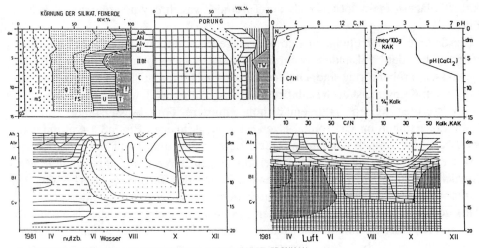

1. PARABRAUNERDE AUS GESCHIEBEMERGEL UNTER FORST, FROHNAU

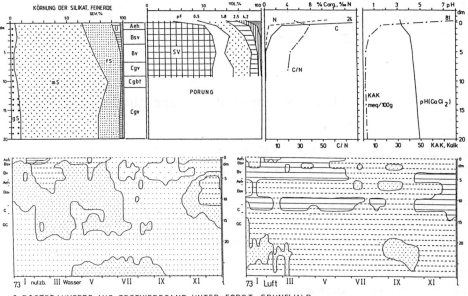

2. ROSTBRAUNERDE AUS GESCHIEBESAND UNTER FORST, GRUNEWALD

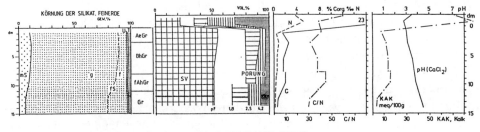

3. PODSOL-GLEY AUS TALSAND UNTER FORST, SPANDAUER FORST

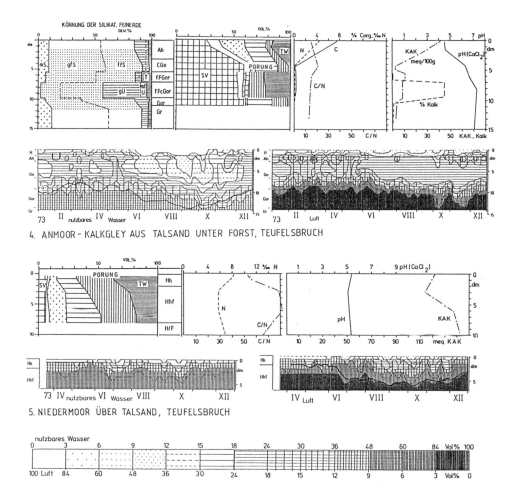

Abb. 1.3.1: Eigenschaften typischer Waldböden Berlins
(Porung: SV=Substanzvolumen, pF <0,5=Gröbstporen, 0,5-1,8=Grobporen, 2,5-4,2=Mittelporen, >4,2=Feinporen mit Totwasser; weitere Abkürzungen vgl. Abkürzungsverzeichnis.
Jahresgänge des nutzbaren Wassers und des Luftvolumens an Vergleichsstandorten. Wasser- und Luftdynamik von 2-5 nach SCHWIEBERT 1980, ansonsten nach BLUME u.a. 1981a)

den grobsandigen Böden aus Geschiebe- bzw. Kamessand mit 60 bis 100 mm oft nur gering ist. Sie sind daher stets luftreich, aber zeitweilig wasserarm.

Die natürlichen Grundwasserböden haben sich überwiegend aus Tal- bzw. Flußsanden entwickelt. In Grundwasserböden befindet sich das Grundwasser zumindest zeitweilig höher als 4 m unter Flur, was in der Regel Luftmangel und damit zumindest im Unterboden Bleich- und Rostflecken durch Umlagerung reduzierten Eisens (als Charakteristikum der Gleye) bedeutet. Bei bicarbonatreichem Grundwasser sind Kalk-Gleye (Abb. 1.3.1, Tafel 1.4) mit starker Kalkanreicherung über dem Grundwasserspiegel entwickelt, die hierdurch neutrale bis alkalische Bodenreaktion aufweisen. Bei elektrolytarmem Grundwasser sind hingegen oft die sehr sauren Podsol-Gleye (Abb. 1.3.1, Tafel 1.3) entstanden, bei denen Podsolierung zu starker Humus- (neben etwas Eisen-) Anreicherung im Unterboden geführt hat. Ist diese zu Ortstein verhärtet, erschwert das die Durchwurzelung des Unterbodens.

In Auenböden schwanken die Grundwasserstände in Abhängigkeit von den Flußwasserständen stark und Oberbodenvernässung tritt nur so kurzfristig auf, so daß sich im Oberboden keine Anzeichen für Luftmangel ausbilden können. Aus schluff- und kalkhaltigen Sedimenten haben sich dabei die durch intensive Wurmtätigkeit tief humosen lockeren Tschernitzen (schwarzerdeartige Auenböden) ausgebildet, die durch günstige Wasser-, Luft- und Nährstoffverhältnisse ausgezeichnet sind.

Moore (Abb. 1.3.1, Tafel 1.5) sind infolge hoher Grundwasserstände luftarm. Die nährstoffreichen Auen-Niedermoore sind meist stärker humifiziert und dann mittel- und feinporenreicher als die Übergangsmoore abflußloser Senken.

Die Bodenschaften von Berlin (West) sind Abbildung 1.3.2 zu entnehmen. Die lehmigen Grundmoränenplatten (mit den Bodengesellschaften 1-3, s. Abb. 1.3.2) werden von Parabraunerden eingenommen, die besonders in Muldenlagen zeitweilig staunaß und damit rostfleckig sein können.

Morphologisches Charakteristikum dieser Böden sind die sandgefüllten, eiszeitlichen Frostspalten (Abb. 1.3.3), die im Abstand von 2-10 m auftreten und 1-3 m tief reichen. Auch in ihnen wurde Ton in Form von Bändern akkumuliert; das Niederschlagswasser versickert hier bevorzugt, woraus sich ein kleinflächig wechselndes Muster unterschiedlicher Standorteigenschaften ergibt. In tiefergelegenen Bereichen (bes. 2 in Abb. 1.3.2) sind sie mit sandigen Gley-Braunerden vergesellschaftet. Im Bereich der Pfuhle hat sich in Abhängigkeit vom Relief ein kleinflächiges Muster von Böden entwickelt, deren Struktur, Wasser- und Luftdynamik sich im Jahreslauf infolge stark schwankender Wasserstände stark ändert (bis zur völligen Austrocknung), da sie nur von Niederschlagswasser gespeist werden.

Leitböden der kiesig-sandigen Stauchmoränen und Kamesbildungen des Grunewaldes und Düppeler Forstes sind die trockenen, nährstoffarmen Rostbraunerden (4 in Abb. 1.3.2). Die Schmelzwasserrinnen und abflußlosen Senken dieser Landschaften sind vermoort (teilweise mit Restseen, z.B. Pechsee in Abb. 1.3.4). An Unterhängen entstanden hier die Podsol-Gleye und Gley-Podsole.

Auch in den Dünen- und Talsand-Landschaften (5, 6 in Abb. 1.3.2) dominieren Rostbraunerden, vergesellschaftet mit Podsol-Gleyen und Mooren in den Senken.

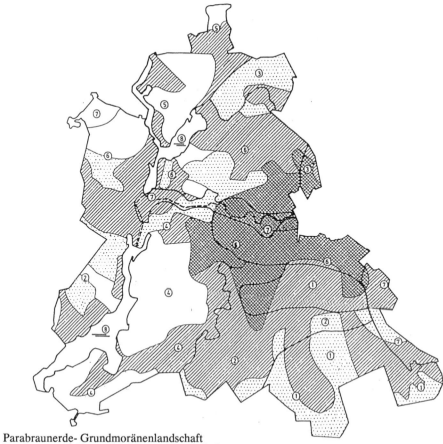

1 Parabraunerde- Grundmoränenlandschaft
2 Parabraunerde-Braungley-Moränenlandschaft
3 Anmoor-Braunerde-Parabraunerde-Quartärlandschaft
4 Rostbraunerde-Hochflächensandlandschaft
5 Rostbraunerde-Modergley-Dünenlandschaft
6 Rostbraunerde-Anmoor-Talsandlandschaft
7 Moor-Gley-Niederungslandschaft
8 Gyttja-Auengley-Flußseenlandschaft

Stufen anthropogener Veränderung:

bearbeitet und gedüngt, teilweise Hortisole, Schuttpararendzinen, mäßig versiegelt

viele Hortisole und Schuttpararendzinen, mittel versiegelt

überwiegend Hortisole und Schuttpararendzinen, stark versiegelt

versauert, teilweise entwässert

eutrophierte Seen

Abb. 1.3.2: Natürliche Bodenschaften von Berlin (West) mit Stufen anthropogener Veränderungen

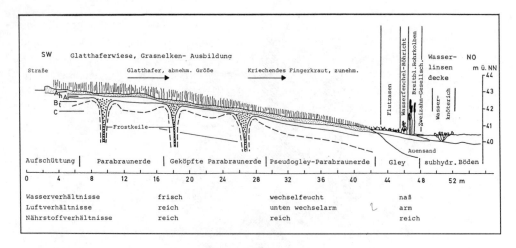

Abb. 1.3.3: Landschaftsschnitt einer Grundmoränenplatte mit Toteisinsel, Klarpfuhl, Berlin-Rudow (Abkürzungen vgl. Abkürzungsverzeichnis)

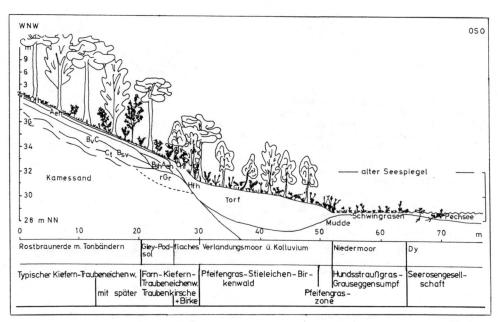

Abb. 1.3.4: Böden und Pflanzengesellschaften am Pechsee: Hang und Senke einer eiszeitlichen Schmelzwasserrinne des Grunewald-Kames mit sauren, nährstoffarmen, trockenen (oben links) bis nassen Standorten (nach BLUME u.a. 1977) (Erläuterung der Buchstabensymbole: vgl. Abkürzungsverzeichnis)

Auch Rostbraunerden aus Flug- und Talsanden sind trockene und nährstoffarme Standorte, wobei - wegen des höheren Feinsandanteiles, der mehr Mittelporen und Silikate bedingt - gegenüber denen aus Geschiebesand etwas höhere Werte gemessen werden können. Carbonatreiche Schluffzwischenlagen im Bereich der Talsande bedingen Gley-Braunerden mit höheren Nährstoffgehalten; nasse Senken weisen dann nährstoffreichere Moore sowie Anmoorgleye (15-30 % Humus im Oberboden) anstelle der Gley-Podsole im Übergang zu den Landböden auf, z.B. im Teufelsbruch des Spandauer Forstes.

Tiefer gelegene Talsandbereiche, z.B. entlang der Spree oder im Nordwesten des Spandauer Forstes (7 in Abb. 1.3.2), weisen ausschließlich Grundwasserböden und Niedermoore auf. Auch hier dominieren sandige Modergleye (Gleye mit Humusauflage) mit mäßigen Nährstoffreserven, während vereinzelte schluffige Mergel Mullgleye (Gleye ohne Humusauflage) und kalkreiche Niedermoore entstehen ließen.

In den Auen der Flußseen führte eine geringe Fließgeschwindigkeit des Fluß- und Grundwassers trotz großer Spiegelschwankungen bei überwiegend grobkörnigen Flußsanden zu Auenboden-Gley-Übergangsformen, und hinter Uferwällen entstanden sogar Niedermoore (s. z.B. Abb. 3.2.1.2).

Der Nordzipfel der Pfaueninsel wird demgegenüber infolge schluffig-kalkhaltiger Sedimente von einer nährstoffreichen Auenbodengesellschaft mit Paternen (AC-Böden der Aue), Tschernitzen und Vegen (Auen-Braunerden) beherrscht (Abb. 1.3.5).

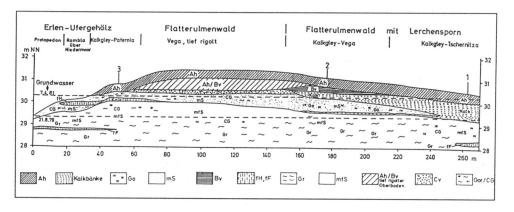

Abb. 1.3.5: Vegetation, Böden und Sedimente einer jüngeren Auenlandschaft, Erdzunge der Pfaueninsel (TIETZ 1981) (Erläuterung der Buchstabensymbole vgl. Abkürzungsverzeichnis)

1.4 Klimageschichte seit der Eiszeit

Hinweise auf die Klimaentwicklung geben verschiedene erdgeschichtliche Befunde wie Aufbau und Schichtfolgen von Gesteinen und Böden, besonders die Ablagerungen in Seen und Mooren, und die daraus ableitbare Vegetations- und Florengeschichte. In günstigen Fällen können auch archäologische Funde Rückschlüsse auf die Klimaentwicklung zulassen (Kap. 2.1.).

Im wechselhaften Verlauf des Eiszeitalters mit mehreren Kalt- und Warmzeiten traten nach Sedimentaufbau und Fossilien in Berlin drei große Vergletscherungen durch nordische Eismassen (Elster-, Saale- und Weichsel-Eiszeit) und zwei große Waldzeiten (Holstein- und Eem-Zwischeneiszeit) sowie weitere Schwankungen zwischen arktischen und gemäßigten Klimabedingungen auf. Das Abschmelzen der letzteiszeitlichen, weichselzeitlichen Eismassen zwischen Brandenburger und Frankfurter Stadium vor 18 bis 20 Jahrtausenden verlief mit einer Unterbrechung, die in der Steglitz-Tempelhof-Neuköllner Endmoräne mit ihren zahlreichen Pfuhlen erkennbar ist.

Während einer weiteren Verzögerung des Abschmelzens im Pommerschen Stadium vor 13 bis 15 Jahrtausenden lag Berlin im hocharktischen, vermutlich kühltrockenen Klimabereich, wodurch sich auf den noch nahezu vegetationsfreien Rohböden der Grundmoränenplatten bis 3 m tiefe netzartig angeordnete Frostspalten bildeten (vgl. Kap. 1.1).

In der anschließenden Weichsel-Späteiszeit förderte weiter fortschreitende Erwärmung zunächst die Entwicklung frostunempfindlicher Lebensgemeinschaften ohne Baumwuchs mit nur zögernder Bildung humoser Böden. Aus algenreichen Wasserlebensgemeinschaften entstanden bei noch anhaltender Ton- und Sandeinschwemmung und -einwehung mineralreiche Mudden. Aus der nachfolgenden Ausbreitung von Sanddorn, Wacholder und Baumbirken und der Anwesenheit des Schmalblättrigen Rohrkolbens kann geschlossen werden, daß bis vor 12 Jahrtausenden, in der Älteren Tundrenzeit und Böllingzeit (Ibc in Tab. 1.4.1) die mittlere Julitemperatur bereits um oder über 10°C lag und in der anschließenden Allerödzeit (II in Tab. 1.4.1), nach der Entwicklung von Birken-Kiefernwäldern sowie dem regelmäßigen Auftreten von Zitterpappel, Mädesüß und Brennessel auf etwa 12 bis 14°C angestiegen ist. Während der Jüngeren Tundrenzeit (III), dem letzten späteiszeitlichen Kälterückschlag vor 10 bis 11 Jahrtausenden, in der das Abschmelzen der skandinavischen Eismassen in Südnorwegen, Mittelschweden und Südfinnland zum Stehen kam, führte der Temperaturrückgang bei einem Julimittel von etwa 10 bis 11°C zu verminderter Wuchsleistung der Birken-Kiefernwälder. Die Auflichtung begünstigte die Ausbreitung lichtbedürftiger Pflanzen wie Wacholder, Beifuß, Ampfer und Gänsefußgewächsen (Abb. 1.5.1) sowie Sandverwehungen in den Dünen-, Flug- und Decksandgebieten. Auch wurden die in der Allerödzeit regelmäßig vorkommenden wärmebedürftigen Sippen wieder seltener.

Die rasche Erwärmung zu Beginn der Nacheiszeit führte im Laufe der Vorwärmezeit (IV, Tab. 1.4.1) vor 9 bis 10 Jahrtausenden zu mittleren Julitemperaturen von 15 bis 16°C, wie sich u.a. aus der Ansiedlung von wildem Hopfen, Sumpffarn und Binsenschneide ergibt. Während der Frühen Wärmezeit (V, Tab. 1.4.1) vor 8 bis 9 Jahrtausenden trat eine größere Zahl kälteempfindlicher Gehölzarten erstmals auf oder breitete sich teilweise stärker aus (Hasel, Hartriegel, Faulbaum, Kreuzdorn, Schneeball, Ulme, Eiche, Esche, Linde, Erle). Obwohl hier in einer Verspätung gegenüber der Vorwärmezeit wanderungsgeschichtliche Gründe mitgespielt haben, zeigt doch das regelmäßige Vorkommen von Efeu und Mistel bei einem Fehlen der Hülse (Stechpalme), daß spätestens jetzt die mittlere Julitemperatur bei mindestens 17°C und das Januarmittel zwischen 0 und -1 bis -1,5°C lag, also insgesamt ein Temperaturniveau, das dem heutigen in Berlin (Dahlem) nahekommt. Die Niederschläge übertrafen keinesfalls die heutigen. Sie lagen dem zonalen Waldcharakter, besonders der Haselbeteiligung zufolge bereits in jener Zeit deutlich unter denen in Nordwestdeutschland.

Im nacheiszeitlichen Klimaoptimum, der Mittleren Wärmezeit (VI-VII, Tab. 1.4.1) vor 5 bis 8 Jahrtausenden, stieg nach den genannten Temperaturindikatoren zwar die mittlere Januartemperatur nicht über 0°C, doch mag die Sommertemperatur nach dem häufigen Vorkommen der Mistel etwas über derjenigen der Frühen Wärmezeit gelegen haben. Diese Feststellung wird durch das bisherige Fehlen von Fossilfunden der Wassernuß im Berliner Raum nicht gemindert, die doch heute noch örtliche Vorkommen an der mittleren Elbe und Oder hat.

Für die Niederschläge ergab sich zu Nordwestdeutschland eine Differenz, die ombrogenes Moorwachstum im Berliner Raum während der Mittleren Wärmezeit ausschloß, also nach den damaligen Temperaturen eine Jahressumme von vermutlich nicht mehr als 600 bis 700 mm.

Ein Rückgang der Winter- und Sommertemperaturen in der Späten Wärmezeit (VIII, Tab. 1.4.1) vor 2,7 bis 5 Jahrtausenden wird zumindest im älteren Teil aus den Pollenfunden noch nicht ersichtlich. Auch das gleichmäßige Vorkommen der Eibe in den Wäldern schließt ein Absinken der Wintertemperaturen aus, wie auch die Nachweise des wilden Weins im Berliner Raum auf ein weiterhin wintermildes Klima hindeuten. Örtliche Versumpfungen in Mooren, wenn auch ohne Hochmoorbildung, verbesserte Wasserführung in abflußlosen Senken (Pfuhlen), stärkere Erlenausbreitung und ein erster Schub der Rotbuchenausbreitung lassen auf ein Feuchterwerden des Klimas gegen Ende der Späten Wärmezeit schließen.

Die vor 2,7 Jahrtausenden beginnende und bis heute andauernde Nachwärmezeit (IX-X, Tab. 1.4.1) hat den gegenwärtigen Klimazustand sicher auch im Berliner Raum erst mit einigen Schwankungen erreicht, die aber paläoökologisch bisher nur unvollständig erfaßt sind. Einige Angaben über Trocken- und Feuchtephasen aus dem weiteren Berliner Umland sind teilweise widersprüchlich. Zudem sind manche derartigen Zeugnisse zum näheren Verlauf der Klimaentwicklung durch anthropogene Vorgänge überlagert, denn die Ältere Nachwärmezeit (IX, Tab. 1.4.1) umfaßt die Eisenzeit und nachfolgende Siedlungsperioden bis zum Hochmittelalter. Immerhin setzte sich im ersten Teil dieses Zeitabschnitts die bereits gegen Ende der Späten Wärmezeit erkennbare Temperaturabsenkung und weitere Feuchtigkeitszunahme tendenziell weiter fort, wodurch die Moorentwicklung gefördert wurde. In der Jüngeren Nachwärmezeit

Tab. 1.4.1: Klima-, wald- und kulturgeschichtliche Gliederung der Spät- und Nacheiszeit in Berlin (aus: BRANDE 1978/79)

Alter		Abschnitte nach FIRBAS (1949) und IVERSEN (1954)	einige Abgrenzungskriterien in Berlin	Waldzeiten in Berlin	Kulturgeschichte nach GANDERT (1957), GRAMSCH (1973) u. a.
1977		X jüngere Nachwärmezeit		Zeit der Waldzerstörung und Kiefernforsten	deutsche Zeit
1000			Roggen +		
					Slawenzeit
		IX ältere Nachwärmezeit		Kiefern-Eichen- Buchen-Hainbuchenzeit	Völkerwanderungszeit
Chr. Geb.					römische Kaiserzeit
					Eisenzeit
1000			Hasel– Linde–		
					Bronzezeit
2000		VIII späte Wärmezeit		Kiefern-Eichenmischwald-(Buchen-)zeit	
	Nacheiszeit				Jungsteinzeit
3000			Ulme–		
4000		VII mittlere Wärmezeit, jüngerer Teil			
			Esche+	Kiefern-Eichenmischwaldzeit	
5000					
		VI mittlere Wärmezeit, älterer Teil			
6000			Erle+		mittlere Steinzeit
		V frühe Wärmezeit		Kiefern-Hasel-Eichenmischwaldzeit	
7000			Hasel+	Kiefern-Haselzeit	
8000		IV Vorwärmezeit		jüngere Kiefern-Birkenzeit	
			Wacholder– Beifuß–		
9000		III jüngere Tundrenzeit	Wacholder+ Beifuß+	Kiefern-Birken-Wacholderzeit	
	Späteiszeit	IIb Allerödzeit IIa	Kiefer+	ältere Kiefern-Birkenzeit Birkenzeit	späte Altsteinzeit
10000		Ic ältere Tundrenzeit Ib Böllingzeit	Birke+	Weiden-Sanddorn-Wacholderzeit	
		Ia älteste Tundrenzeit	Sanddorn+	waldlose Zeit	obere Altsteinzeit z.T.
11000					

(X, Tab. 1.4.1) führten die hoch- und spätmittelalterlichen großflächigen Rodungen auf den grundwasserferneren Standorten zu verstärkter thermischer Kontinentalität. Gleichzeitig wurde auf den Talsandflächen der Wasserspiegel durch Mühlenstaue angehoben, was eine lokalstandörtliche Ozeanisierung des Klimas mit weiterer Moorbildung förderte. So nahmen also im Vergleich zu den vorangegangenen Waldzeiten die standortklimatischen Gegensätze der Teillandschaften zu. Die nach dem hoch- und spätmittelalterlichen Temperaturoptimum geringere Wärme des 16. bis 18. (19.) Jahrhunderts (Kleine Eiszeit) hat z.B. sicher zum Rückgang des mittelalterlich-neuzeitlichen Berliner Weinbaues mit beigetragen.

Klimageschichtliche Ableitungen, wie sie aus der Bestimmung des $\delta^{18}O$-Gehaltes in Sedimentkernen des Tegeler Sees vorgenommen wurden (PACHUR 1987), werden noch eingehend geprüft (WOLTER 1990).

1.5 Wald- und Moorgeschichte

Entscheidend für den Ablauf der natürlichen Waldgeschichte ist in erster Linie der einwanderungsbedingt zeitlich wechselnde Bestand an Gehölzarten. Hinzu kommt die Entwicklung der Standorteigenschaften in den Berliner Wuchslandschaften auf den verschiedenen eiszeitlichen Substraten. Hier ist besonders der Nährstoff- und Wasserhaushalt des Bodens von Bedeutung. Die langzeitige großklimatische Entwicklung (vgl. Kap. 1.4) ist ein wesentlicher steuernder Faktor. Unter diesen zusammenwirkenden Bedingungen ergibt sich eine wechselnde Konkurrenzsituation innerhalb der Gehölzbestände, die sogar bis zum völligen Verdrängen einzelner Arten führen kann. Im Vergleich mit der Entwicklung nach der letzten Eiszeit unterscheidet sich die Waldgeschichte der Eem-Zwischeneiszeit nach Flora und Entwicklungsverlauf u.a. durch das zeitweilig starke Hervortreten der Eibe unter den zu jener Zeit wintermilden Bedingungen, ferner die größere Bedeutung der Hainbuche bei einem gänzlichen Fehlen der Rotbuche, außerdem durch die Anwesenheit der Fichte und später auch der Tanne. Innerhalb der letzten Eiszeit traten dann in den klimatisch günstigen Zwischenphasen Birken-Kiefernwälder mit Fichte und Lärche und als Zwergsträucher außer dem Heidekraut die Karpatische Ährenheide in Erscheinung.

Am Beginn der primären Gehölzsukzession nach Abtauen der letzteiszeitlichen Gletschermassen standen nach der auch klimatisch mitgesteuerten Einwanderungs- und Ausbreitungsfolge der Gehölzarten zunächst Strauchformationen. In ihnen dominierten Zwergbirken, Weiden, Sanddorn und Wacholder. Später drangen in diese Bestände Baumbirken ein (Abb. 1.5.1, Tab. 1.4.1). Die Massenausbreitung der Birken und danach der Wald-Kiefer im Verlauf der Allerödzeit (II, Tab. 1.4.1) führte zu Birken-Kiefernwäldern mit Zitter-Pappel (Espe), die so dicht wurden, daß der Wacholder kaum noch zum Blühen kam. Das änderte sich noch einmal mit der Waldauflichtung der Jüngeren Tundrenzeit, der Kiefern-Birken-Wacholderzeit (III). Mit dem Übergang zur Nacheiszeit, der jüngeren Kiefern-Birkenzeit (IV), verdichteten sich die

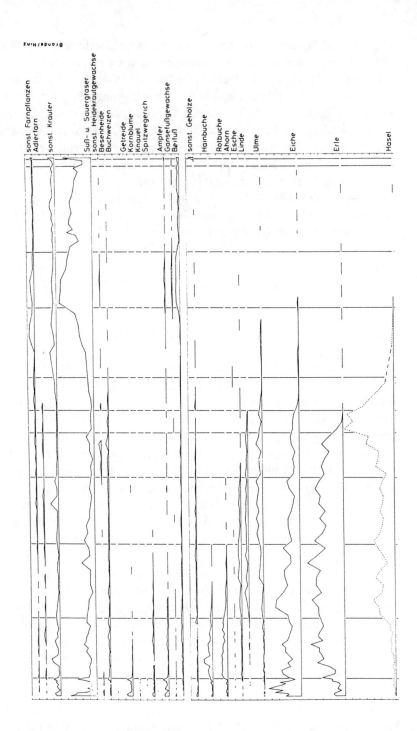

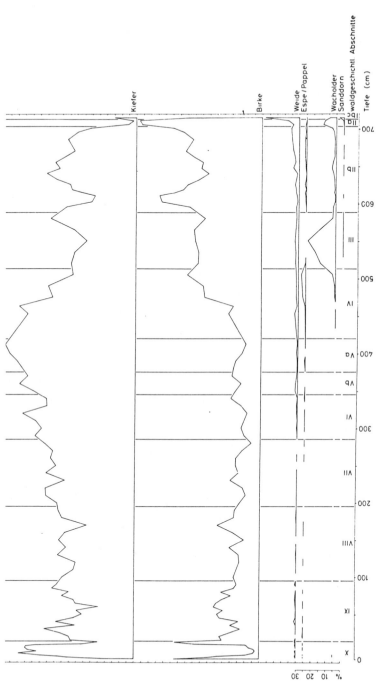

Abb. 1.5.1: Pollen- und Sporendiagramm aus dem Spandauer Forst (Kleiner Rohrpfuhl). Vereinfachte Darstellung mit den wichtigsten Gehölzen, Kräutern und Farnen. Zum Alter der waldgeschichtlichen Abschnitte I-X s. Tabelle 1.4.1

Wälder noch stärker als in der Allerödzeit, so daß Sanddorn und Wacholder so gut wie ganz verschwanden.

Bis zu diesem Zeitpunkt waren die Waldlandschaften Berlins ziemlich wenig differenziert, mit einem stärkeren Anteil von Kiefer und Wacholder auf den Dünen und trockeneren Sandflächen der Täler und einer etwas höheren Beteiligung der Birke auf den grundwasserbeeinflußten Böden und nährstoffreicheren Flächen der Grundmoränenplatten.

Eine erste deutliche Herausbildung unterschiedlicher Waldlandschaften fand bis zur Kiefern-Hasel-Eichenmischwaldzeit (V, Tab. 1.4.1) statt. Besonders die Massenausbreitung der Hasel auf den gut nährstoffversorgten und frischen Böden der Grundmoränenplatten und reicheren Talsanden hat dieses Bild geprägt. Das Auftreten des Adlerfarns und eine vermehrte Ausbreitung des Heidekrauts in den Eichen-Birken- bzw. Eichen-Kiefernwäldern der sandigen, an Nährstoffen verarmten Böden verstärkte die Differenzierung. Diese nahm in der Kiefern-Eichenmischwaldzeit (VI-VII) erheblich zu, da die Ausbreitung der Schwarz-Erle die Birke teilweise von den relativ nährstoffreichen Grundwasser- und Gewässerrandstandorten verdrängte. Hinzu kam später die Eschenausbreitung in den angrenzenden Waldgesellschaften.

Die größte Mannigfaltigkeit der Waldzusammensetzung wurde während der Kiefern-Eichenmischwald(Buchen)zeit (VIII) erreicht, wobei die Ulme bereits seltener geworden war und die Eiche noch weiter in den Wäldern zugenommen hatte. Ein merklicher Rückzug von Linde und Hasel am Übergang zur Kiefern-Eichen-Buchenzeit (IX) steht teilweise mit der Ausbreitung der beiden Schattholzarten Rot- und Hainbuche in Zusammenhang. Deren Verteilung in den Wuchslandschaften ist für den Waldcharakter vor Beginn der mittelalterlich-neuzeitlichen Waldzerstörungen (X) mitbestimmend.

Aufgrund von Pollenanalysen, Bodenverhältnissen sowie historischen Angaben und Analogieschlüssen läßt sich die Vegetation der Urlandschaft in der Kiefern-Eichen-Buchenzeit (IX, Tab. 1.4.1) im Berliner Raum annähernd rekonstruieren. Die Karte von HUECK (1961) in Abbildung 1.5.2 zeigt das Berliner Gebiet zu ungefähr gleichen Teilen von Wäldern, die durch das Vorkommen der Wald-Kiefer charakterisiert sind, und Eichen-Hainbuchenwäldern bedeckt. Beide Waldgebiete sind in sich durch die Grundwasserstände differenziert. Kiefernreiche Wälder sind für die meisten sandigen Gebiete angegeben und werden in grundwasserfernen Bereichen als Traubeneichen-Kiefernwald, grundwasserbeeinflußt als Stieleichen-Hainbuchenwald und Stieleichen-Birkenwald mit Kiefernanteil bezeichnet. Es steht jedoch außer Frage, daß die Wald-Kiefer in natürlichen Waldbeständen längst nicht so stark, wie es uns die durch Forstwirtschaft veränderten Waldreste zunächst glauben machen könnten, vorherrschte. Vermutlich lag in den meisten dieser Waldtypen der Kiefernanteil bei 30-50 %. Unter den Eichen-Hainbuchenwäldern überwiegt weitaus die grundwasserferne Ausbildung, da ihre Verteilung mehr oder weniger mit der Lage der Grundmoränenplatten zusammenfällt. In diesem Waldtyp tritt nach den Pollenanalysen die Hainbuche aber stark hinter der Eiche zurück. Da Berlin am Südrand des baltisch-nordbrandenburgischen Areals der Rotbuche liegt, sind südlich der Spree die inselartigen Vorkommen

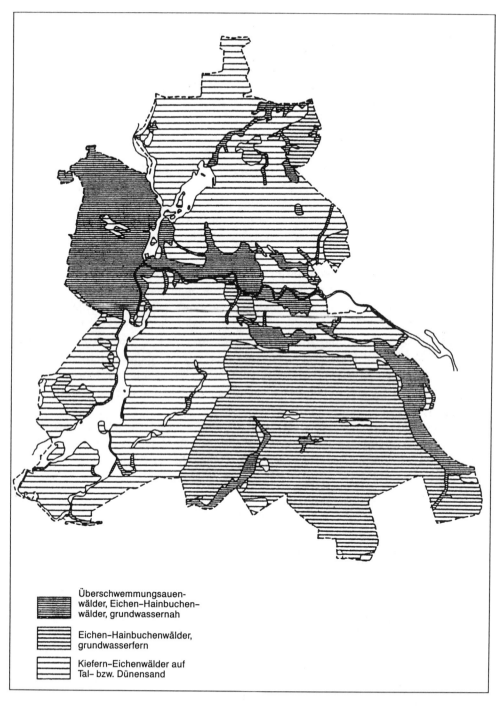

Abb. 1.5.2.: Vegetation der Urlandschaft im Stadtgebiet von Berlin (nach Hueck 1961, verändert; aus: Sukopp u.a. 1980)

von Laubwäldern mit stärkerem Anteil der Rotbuche auf edaphisch und mesoklimatisch begünstigte Standorte beschränkt (BRANDE 1989/90). In den Randzonen der Hochflächen zum Tal hin und in der Nähe der Flußläufe waren erlenreiche Flachmoorbestände vorherrschend. Wegen der Steilheit der Ufer ist an der Unterhavel nur kleinflächig Raum für einen Hartholz-Auenwald vorhanden.

Waldfreie Vegetation war in der nacheiszeitlichen Naturlandschaft auf die Wasserseite der See- und Flußränder des Spree-Havelsystems sowie der Fließtäler, Moore und Pfuhle beschränkt. In den größeren Berliner Seen wie dem Tegeler See und Heiligensee im Norden und der Grunewald- und ehemalige Bäketal-Seenrinne im Süden bildeten sich nach teilweise erheblicher Muddesedimentation Verlandungsmoore, vielfach aus zunächst kalkreichen Röhrichten und Seggenrieden. Doch blieben an den tieferen Stellen stets offene Wasserflächen erhalten. Die anschließenden Partien dieser Tal- und Rinnensysteme sowie geschlossene Hohlformen vermoorten zu verschiedenen Zeiten vollständig, bei geringer Nährstoffversorgung bis zu wollgrasreichen Torfmoosmooren wie einige Grunewaldmoore.

Kleinere und flachere Senken mit bereits in der Späteiszeit weit fortgeschrittener Verlandungsmoorbildung wie an einigen Stellen im Spandauer Forst und Grunewald trockneten im Laufe der Nacheiszeit aus. Hier entstanden Bruchwälder, je nach Trophie mit Kiefern, Birken oder Weiden und Erlen, oder die Entwicklung schritt zum Anmoor fort. Doch führte die großregional wirksame bessere Wasserversorgung seit der Späten Wärmezeit und Älteren Nachwärmezeit zu erneuter Intensivierung der Moorentwicklung und Torfbildung, der Entstehung von Versumpfungsmooren im Talsandgebiet und zur Herausbildung mancher Pfuhle als perennierende Gewässer auf den Grundmoränenplatten (BRANDE 1986a).

Die Geschichte der Auen-Überflutungsmoore und -wälder an Spree und Havel steht in enger Beziehung zu der natürlichen Verlagerung und Akkumulation der Flußsande, die im Spreemündungsgebiet in Spandau einige Meter mächtig sind.

1.6 Die Geschichte der Säugetierfauna

Das Eiszeitalter mit seinem mehrfachen Wechsel von Warm- und Kaltzeiten (s. Kap. 1.4) spiegelt sich nicht zuletzt in der Faunenentwicklung, soweit sie aus Fossilienfunden erschließbar ist, wider. Neben der Neubildung und dem Aussterben von Arten waren die Verschiebungen der Lebensräume die wichtigsten Vorgänge. So kamen in der letzten Zwischeneiszeit vor 120 Jahrtausenden im Berliner Raum zwei Elefantenarten (*Palaeoloxodon antiquus* und *Mammontheus trogontherii*) und das Waldnashorn (*Dicerorhinus kirchbergensis*) vor. In frühen Phasen der nachfolgenden Weichsel-Eiszeit vor 70 Jahrtausenden, aus denen die meisten Knochenfunde des Rixdorfer Horizontes stammen (DIETRICH 1932, WOLDSTEDT u. DUPHORN 1974), sind Mammut, Pferd, Wollnashorn und Wisent (*Mammontheus primigenius*, *Equus*, *Coelodonta*, *Bison*) häufig. Mittelhäufig sind Riesenhirsch, Rothirsch und Rentier

(*Megaloceros, Cervus, Rangifer*). Elf weitere Arten sind in diesen Funden selten. Als nordöstliche Elemente sind Mammut, Wollnashorn, Wisent, Moschusochse (*Ovibos*), Rentier, Pferd, Wolf (*Lupus*), Vielfraß (*Gulo*), Bär (*Ursus*) und Eisfuchs (*Leucocyon*) zu nennen, als südliche neben den erwähnten Tieren der Zwischeneiszeit Rothirsch, Damhirsch (*Dama*), Riesenhirsch, Biber (*Castor*), Löwe (*Leo*) und Hyäne (*Crocuta*). Es fehlen Funde von Ur (*Bos primigenius*) und Reh (*Capreolus*). Bezeichnend ist, daß bereits die letztwarmzeitliche Fauna der Eem-Zwischeneiszeit West- und Mitteleuropas (Kap. 1.4) alle heute aus den Wäldern bekannten Großsäuger enthielt.

Die Fossilienfunde der Kleinsäugerfauna des Eem sind reichhaltig. In der anschließenden frühen Weichsel-Eiszeit war nach Ergebnissen aus der Berliner Umgebung bei dieser Tiergruppe eine Offenlandfauna typisch, deren herausragende Komponente das heute ausgestorbene Ziesel (*Citellus superciliosus*) war. Diese Fauna wurde in der ausgehenden Eiszeit von einer Tiergemeinschaft abgelöst, in der der Steppenlemming (*Lagurus lagurus*) dominierte. Die Feldmaus (*Microtus arvalis*) trat hinzu.

Die Ausgrabungen in Pisede, 150 km nördlich von Berlin, haben wesentliche Aufschlüsse über die späteiszeitliche Kleinsäugerfauna gebracht. Neben 17 Arten, die heute noch im Gebiet leben, sind solche nachgewiesen, die heute regional fehlen (sechs Arten, darunter die Feldspitzmaus [*Crocidura leucodon*], die aktuell die Nordgrenze ihres Areals in Berlin [West] hat), oder wie *Citellus superciliosus* völlig ausgestorben sind. Typisch für die Weichsel-Späteiszeit ist der Berglemming (*Lemmus lemmus*)(HEINRICH 1985). Wie das Rentier zog er sich schließlich nach Skandinavien zurück.

Der Klimaumschwung der beginnenden Nacheiszeit (Kap. 1.4, Tab. 1.4.1) hatte weitere zahlreiche Arealverschiebungen zur Folge. Typische Rückzugsbewegungen zeigte die Nordische Wühlmaus (*Microtus oeconomus*) und ähnlich die Sumpfspitzmaus (*Neomys anomalus*). Ein klassisches Beispiel in umgekehrter Richtung bietet die Hausratte (*Rattus rattus*), ein Begleiter des Menschen. Der bislang nördlichste Nachweis aus den ersten nachchristlichen Jahrhunderten liegt im Dahme-Spreegebiet. Nach Schleswig-Holstein gelangte die Hausratte erst im Mittelalter (REICHSTEIN 1987).

Ein Teil der Großsäuger, die seit der frühen Nacheiszeit in die sich formierenden natürlichen Wälder eingewandert waren, wurde in der Mark Brandenburg im Zeitalter der großen mittelalterlichen Rodungen selten oder starb ganz aus (HILZHEIMER 1953). Hierzu zählen Wisent, Ur, Elch und Wildpferd. Diese Vorgänge setzten wohl schon mit der slawenzeitlichen Besiedlung des Berliner Raumes (Kap. 1.4, Tab. 1.4.1) und der Jagdtätigkeit ein, wie Ausgrabungen von Siedlungen dieser Zeit mit Funden der typischen Wild-(Jagd-)tierfauna erkennen lassen. POHLE (1960) hat als erster das Knochenmaterial aus Spandau untersucht. In der geringen Menge fanden sich Knochen von 23 Wildtier- und 12 Haustierarten. Die erste Gruppe enthielt neben Fischen Fischotter (*Lutra lutra*), Wildschwein (*Sus scrofa*), Rothirsch und Ur. Die neueren Grabungsfunde aus Spandau werden derzeit untersucht (BECKER 1989). In Köpenick fanden sich 290 Haustier- und 244 Wildtierindividuen (MÜLLER 1962). Neben den auch heute noch vorkommenden Wildtieren Rothirsch, Reh, Wildschwein, Fuchs (*Vulpes vulpes*), Dachs (*Meles meles*), Hase (*Lepus europaeus*), Iltis (*Mustela putorius*) und Steinmarder (*Martes foina*) sind sieben heute im Gebiet als ausgestorben zu betrachten, nämlich Ur (*Bos primigenius*), Wisent (*Bison bonasus*), Braunbär (*Ursus arctos*), Luchs (*Lynx lynx*), Wildkatze (*Felis silvestris*) und Biber (*Castor fiber*). Im sumpfigen Spree-Havelgebiet werden in den slawischen Burgen in der Regel im Vergleich zu Haustier- hohe Anteile an Wildtierknochen gefunden (TEICHERT 1988), die im übrigen slawischen Siedlungsgebiet, das für Viehhaltung besser geeignet war, weniger als 10 % ausmachen (HERRMANN u. MÜLLER 1985).

Die großen Raubtiere, die nach den großen Rodungen der frühdeutschen Zeit, also nach 1200 bis 1300 noch vorkamen, sind nach HILZHEIMER (1953) in unserem Gebiet im 18. Jahrhundert durch intensive Jagd ausgestorben. Der Rückgang der Wirbeltierfauna seit dem 19. Jahrhundert unter den Bedingungen der expandierenden Großstadt ist in den Roten Listen (SUKOPP u. ELVERS 1982) dokumentiert (vgl. Kap. 2.2.6.1).

2. Veränderungen der Ökosphäre des Verdichtungsraumes Berlin (West)

Die Siedlungs- und Stadtgeschichte Berlins wird im folgenden vor dem Hintergrund der Nutzung von Natur und Landschaft und den damit einhergehenden Veränderungen beschrieben. Die Lage der ursprünglichen dörflichen Siedlungen war durch das Relief bestimmt. Für den Ackerbau geeignete Hochflächen umgaben später die Stadt, die von dort auch Baustoffe bezog. Verkehrsstraßen verbanden die Umgebung mit der Stadt. Der Baugrund war - von kleinflächigen ungünstigen Gebieten abgesehen - gut. Grundwasser und heute Uferfiltrat decken den Wasserbedarf der Bevölkerung und deren gewerblicher sowie industrieller Produktion. Wälder und Seen des Jungmoränengebietes bieten Erholungsmöglichkeiten in und bei der Stadt. Doch werden das Klima, die Gewässer und Böden heute zunehmend durch Großstadteinflüsse beeinträchtigt.

2.1 Siedlungs- und Stadtgeschichte

Entwicklung der Siedlungen bis zur Stadtgründung Berlins

Die ältesten, allerdings unsicheren Nachweise menschlicher Spuren im Stadtgebiet von Berlin (West) wie Feuerstein- und Knochenwerkzeuge stammen aus der Altsteinzeit um 60.000 v. Chr. Die archäologischen Fundstellen der späten Altsteinzeit (zur zeitlichen Gliederung s. Tab. 1.4.1) am Südrand des Tegeler Fließes zeigen einen Rastplatz späteiszeitlicher Rentierjäger. Auch in der mittleren Steinzeit läßt die Lage der Fundstellen (Abb. 2.1.1, Tab. 2.1.1) eine bevorzugte Lage in Gewässernähe erkennen (z.B. Tegeler Fließ, Panke, Bäke, Rudower Fließ, Grunewaldseenrinne, Havel). Die Hochflächen von Teltow und Barnim blieben unbesiedelt.

Veränderungen der Grund- und Oberflächenwasserstände als Folge langfristiger Klimaschwankungen scheinen sich in den Höhenlagen anzudeuten, in denen Siedlungen angelegt wurden (SCHULZ 1984). Die Fundstellen aus der späten Jungsteinzeit und der frühen Bronzezeit befinden sich in extremen Tieflagen der Täler, am Rande der ehemals offenen Gewässer, so daß sie heute unterhalb des Grundwasserspiegels liegen. Die durch zahlreiche Funde belegten Siedlungskammern der jüngeren Bronzezeit weisen in ihrer Lage gleiche Geländemerkmale auf, u.a. Tal- und Geschiebesande mit direktem Zugang zu offenen Gewässern und Höhenlagen um 35 m ü.NN. In der vorrömischen Eisenzeit wurden diese Siedlungskammern weiterhin genutzt, sofern es möglich war, Siedlungen im Bereich der 40 m-Höhenlinie anzulegen. Wo dies nicht der Fall war, wurden die entsprechenden Siedlungskammern aufgegeben. Statt dessen entstanden neue Siedlungen im Einzugsbereich von Pfuhlen (vgl. Kap. 3.2.4). In der römischen Kaiserzeit wurden die Siedlungen zum Teil wieder zurückverlagert. Innerhalb der Kammern lagen die Siedlungen nun jedoch etwas oberhalb derer der jüngeren Bronzezeit.

Für die Völkerwanderungszeit ist auf Grund der geringen Fundstellenzahl nur in sehr wenigen Siedlungskammern überhaupt ein Nachweis möglich. Die slawische Besiedlung orientierte sich ebenfalls überwiegend an den bekannten Siedlungskammern, die nach wie vor von Waldgebieten (vgl. Kap. 1.5) umschlossen waren.

Die Lagerplätze der späteiszeitlichen Rentierjäger und der mittelsteinzeitlichen Fischer-Jäger-Sammler boten erste Standorte für eine Ruderalvegetation mit einheimischen Pflanzen wie Brennessel, Gänsefußgewächsen und Beifuß (*Artemisia vulgaris*), die zu den ältesten Einwanderern zählen (Abb. 1.5.1). Mit dem Getreidebau seit der Jungsteinzeit kamen unter den Ackerunkräutern Archäophyten hinzu. Seit dieser Zeit gehört auch der Spitz-Wegerich (*Plantago lanceolata*) in dem durch die Viehhaltung genutzten und erweiterten Grünland der Gewässer- und Moorränder und aufgelichteten Waldstellen zu den typischen Kulturbegleitern (Abb. 1.5.1). Siedlungsbedingte Sandtrockenrasen sind pollenanalytisch spätestens für die jüngere Bronzezeit im Talsand- und Dünengebiet und für die römische Kaiserzeit auf der Teltower Grundmoränenplatte als Folge örtlicher Waldrodungen faßbar.

Ansätze einer frühstädtischen Entwicklung in der Slawenzeit zeigt die Anlage der Burg und der kleinen Handwerkersiedlung in Spandau (Burgwall) mit dem dazugehörigen räumlich begrenzten landwirtschaftlichen Umfeld am Zusammenfluß von Spree und Havel. Die bereits im 8. Jahrhundert auf einer Havelinsel angelegte Burg verdankte ihr Aufblühen der günstigen Verkehrslage an einer in west-östlicher Richtung verlaufenden Handelsstraße, die von Magdeburg kommend nach Posen und Gnesen und weiter bis nach Kiew führte. Nach einer Phase wirtschaftlichen Niedergangs (nach 830) wurde die Handwerkersiedlung aufgegeben. Im Zusammenhang mit dem großen Slawenaufstand 983 n. Chr. wurden Burg und Siedlung zerstört, (von MÜLLER 1984, BOHM 1987). Die Analysen von Pollen und pflanzlichen Großresten (Früchten und Samen) in den Siedlungsschichten des Burgwalls zeigen zwei Hauptrodungsphasen und den Artenbestand auf Wald-, Grünland-, Acker- und Ruderalstandorten (Abb. 2.1.2).

Die schweren Lehmböden der Barnim- und Teltowhochflächen blieben auch in der spätslawischen Zeit weitgehend unbesiedelt. Mit der Verbesserung der Pflugtechnik durch den Räderpflug änderte sich das Siedlungsbild in der Mitte des 12. und zu Beginn des 13. Jahrhunderts grundlegend. Auf den lehmigen noch mit Wald bestandenen Hochflächen wurden nach größeren Rodungen deutsche Kolonistensiedlungen in Form von Straßen- und Angerdörfern gegründet. Für die Anlage der Siedlungen waren gute Wasserversorgung sowie die Nähe lehmiger Böden entscheidend. Deshalb konzentriert sich die Lage der Dörfer auf den Rand der Hochflächen mit flachen Rinnen und Pfuhlen. Die meisten noch bestehenden Ortskerne im Stadtgebiet von Berlin (West) haben ihren Ursprung in diesen Siedlungen. Auf ärmeren Böden der Sander- und Talsandgebiete angelegte Dörfer wurden schon im Mittelalter häufig wieder wüst.

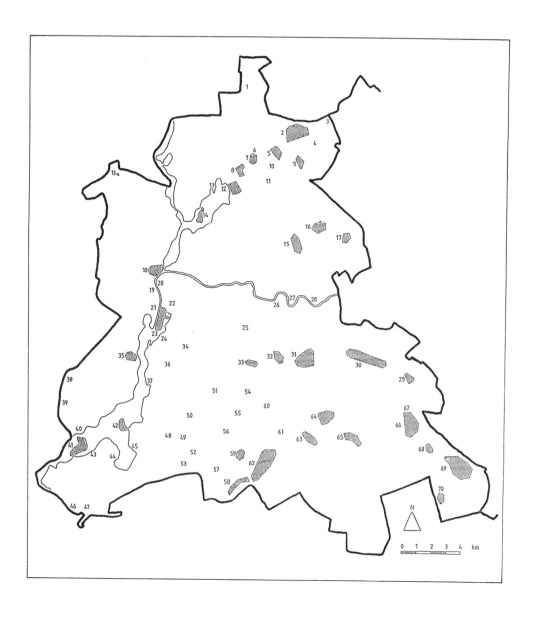

Abb. 2.1.1: Lage ur- und frühgeschichtlicher Siedlungen in Berlin (West); (Umzeichnung R. SCHULZ nach SCHULZ u. ECKERL 1987)

Tab. 2.1.1: Siedlungskammern und Fundstellenkonzentrationen (S, F) auf dem Gebiet von Berlin (West); x = archäologischer Beleg (Lage der Gebiete 1-70 siehe in Abb. 2.1.1) (SCHULZ 1984, verändert)

	1 Frohnau	2 Ziegeleisee	3 Lübars	4 Mühlenberg	5 Waidmannslust	6 Boumannstr.	7 Egidystr.	8 Triftstr.	9 Gottesberg	10 Steinberg	11 Kesselpfuhl	12 Tegel	13 Reiherwerder	13a Laszinswiesen	14 Scharfenberg	15* Reh-, Leutnantsberg	16 Wurzelberge	17 Panke	18 Spandau	19 Burgwall	20 Stresow	21 Grimnitzsee	22 Wasserw. Tiefwerder	23 Pichelswerder	24 Havelchaussee	25 Lietzensee	26 Fraunhoferstr.	27 Judenwiese	28 Bellevue	29 Neukölln	30 Tempelhof
Frühdeutsche Zeit	x			x	x													x (x)				x	x		x	x	x				
Slawenzeit													x		x	x			x	x	x	x	x			x	x				
Völkerwanderungszeit																															
Röm. Kaiserzeit	x	x										x			x				x	x							x	x	x		
Vorröm. Eisenzeit	x		x	x		x													x	x							x				
Bronzezeit	x	x	x	x		x	x				x	x	x		x	x	x	x				x	x	x	x	x	x	x	x	x	x
Jungsteinzeit	x	x		x		x	x				x	x		x		x	x					x			x	x	x				
Mittlere Steinzeit	x	x	x			x	x										x					x	x	x	x		x				
	S	S			S							S					S F					F S S						S S S			

31	Schöneberg	S		x x x	x x x	x x	x x			
32	Wilmersdorf	S		x x x	x x x	x x	x x			
33	Schmargendorf			x x x x	x	x				
34	Teufelssee	S		x x	x	x	x			x
35	Gatow									
36	Pechsee		x							
37	Lieper Bucht			x	x x	x x	x x		x	
38	Glienicker See I	S			x x	x x	x	x		x
39	Glienicker See II						x			
40	Schwemmhorn	S				x				
41	Pfaueninsel	S	x x	x x	x			x		x x
42	Schwanenwerder		x x	x		x				x
43	Alter Hof	F	x		x					
44	Newedorf			x x	x	x			x	x x
45	Rohrwallecke		x x	x x						x x
46	Griebnitzsee		x x		x	x				x x
47	Kohlhasenbrück									x
48	Schlachtensee									x
49	Waldsee			x	x					
50	Krumme Lanke								(x)	x
51	Grunewaldsee		x				x			
52	Gut Düppel									x
53	Krummes Fenn									x
54	Im Dol						x			x
55	Thielpark									x
56	Sundgauer Str.			x x x	x	x	x x		(x)	
57	Schweizerhof	S		x x x		x x	x			
58	Teltower See	S		x		x x	x x			
59	Karpfenpfuhl					x				
60	Fichteberg								x	
61	Bäkebogen Klinikum	S		x x	x x	x x	x	x		x
62	Goerzallee	S		x x	x x	x x	x	x		x
63	Alt-Lankwitz			x	x					
64	Marienhöhe	S		x	x	x x	x			
65	Mariendorf			x	x	x x	x	x		x x
66	Britz			x	x x	x x	x		(x)	
67	Hufeisensiedlung			x	x x	x x	x	x		x x
68	Buckow II	S	x	x	x x	x x	x	x		
69	Rudow	S								
70	Rudower Fließ	F		x x	x x	x x	x	x	x	x

*Fundortkomplexe nicht näher datierbar

Abb. 2.1.2: Anzahl der auf dem Spandauer Burgwall durch Samen und Früchte fossil nachgewiesenen Arten in den Pflanzenformationen, ohne die vermutlich kultivierten Obstarten. (aus: BRANDE u.a. 1987b)

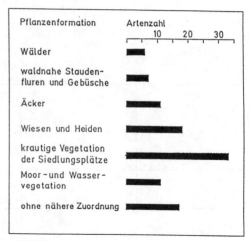

Von der Stadtgründung Berlins bis zum Dreißigjährigen Krieg

Berlin und Cölln entwickelten sich im letzten Drittel des 12. Jahrhunderts aus zwei Kaufmannssiedlungen. Sie waren zwischen den Burgen Spandau und Köpenick an der schmalsten Stelle des Spreetals beidseitig an einer Furt gelegen, die einen einfachen Übergang von der Hochfläche des Teltow zu der des Barnim bot (vgl. Abb. 2.1.3), welche zu dieser Zeit durch intensive dörfliche Siedlungstätigkeit erschlossen wurden.

Abb. 2.1.3: Berlins Lage im Urstromtal

Erstmals urkundlich erwähnt wurde Cölln im Jahre 1237, Berlin im Jahre 1244, als "Stadt" sogar erst 1251. Die älteren slawischen Hauptorte Spandau und Köpenick, die inzwischen ihre Führungsrolle abgegeben hatten, entwickelten sich unter den so veränderten Bedingungen weiter. In beiden Fällen war dies mit dem Ausbau der schon vorhandenen Befestigung verbunden. In Spandau kam die Verlagerung des Siedlungsschwerpunktes vom Burgwall auf die heutige Altstadt hinzu.

Durch Gewährung von Niederlagsrechten und Zollfreiheit wuchs die Doppelstadt Berlin-Cölln als Handelsstadt, die sich formal schon 1307, tatsächlich aber erst 1432 vereinigte. Innerhalb der im 14. Jahrhundert vollendeten Stadtmauer gab es als Gartenland genutzte unbebaute Flächen und entsprechend der deutlich landwirtschaftlich beeinflußten Struktur und den hygienischen Verhältnissen zweifellos reichlich Ruderalvegetation. Viele Nutz- und Zierpflanzen sowie Wildkräuter, die heute das Stadtbild kennzeichnen, waren noch nicht eingeführt und eingebürgert. Von 235 Ruderalarten der Berliner Flora kamen 79 vor 1500 noch nicht vor (SCHOLZ 1960).

Durch den Fernhandel der Hanse, der Berlin bis 1518 angehörte, hat eine größere Zahl fremder Arten noch im Mittelalter hier Fuß gefaßt.

Die Anlage von Mühlenstauen und Schleusen in Spree, Havel und einigen Bachtälern seit der ersten Hälfte des 13. Jahrhunderts verbesserte zwar die Energie- und Verkehrssituation, brachte aber im Oberlauf anfangs erhebliche Vernässungen und Grünlandverluste und späterhin Vermoorungen mit sich (BRANDE 1986b).

Größere Flächen außerhalb der Mauern auf dem Barnim, dem Teltow und im Urstromtal gehörten zur städtischen Gemarkung mit Äckern, zumeist in Dreifelderwirtschaft, Weideland (Allmende) und Wäldern (ESCHER 1985, SCHICH 1987). Überschüsse im Roggenbau erlaubten den Export nach Hamburg, zu dem in größerem Umfang auch Bauholz kam. Holznutzung, Brandrodung und Dreifelderwirtschaft führten zum Rückgang des Waldbestandes (BRANDE 1985). Waldweide, Pechbrennerei (PROTZ 1967) und Waldzeidlerei waren die Ursachen starker Übernutzungserscheinungen der Wälder. In den Waldgebieten der Bürger- und Bauernheiden, aus denen ein Großteil der heutigen Berliner Forsten hervorgegangen ist, trat mit der verstärkten Rodung von Schwarz-Erle (*Alnus glutinosa*), Rot- und Hainbuche (*Fagus sylvatica* und *Carpinus betulus*) der Kiefern-Eichen-Waldcharakter deutlicher hervor (Abb. 1.5.1.). Der geringe Pollenanteil von Getreide und seinen Begleitern (Kleiner Ampfer (*Rumex acetosella*), Kornblume (*Centaurea cyanus*), Knäuel (*Scleranthus perennis*) zeigt zudem, daß auf diesen für Ackerbau weniger geeigneten Böden tatsächlich der Wald bis heute nie für längere Zeit gerodet gewesen ist.

Die Pest von 1348, nachlassende Konjunktur auf dem Getreidemarkt und vermehrter Zuzug in die Stadt hatten stellenweise zur Verödung des Berliner Umlandes mit zahlreichen Wüstungserscheinungen geführt. Die neue Funktion als fürstliche Residenz förderte dann seit dem 15. Jahrhundert die Entwicklung von Stadt und Umland. Ausgedehnte Schafhaltung ermöglichte das Aufblühen der örtlichen Tuchproduktion. Aus der Aufzählung von Herden in den Schoßregistern von 1450/51 auf dem Teltow bekommt man eine Vorstellung von einem der sehr wesentlichen Faktoren, die für ein Zurückdrängen der Gehölze sorgten (GANDERT 1958).

Gewerbebetriebe wie Schlachthöfe, Gerbereien und Holzlager siedelten sich außerhalb der Stadtmauern, besonders am Spreeufer, an. Nach dem Stadtbrand von 1380 stieg der Bedarf an Ziegeln und Kalk aus den örtlichen Ziegelhöfen mit ihren Mergelgruben auf dem Land. Diese so entstandenen Senken erfüllten später wie die schon bestehenden Dorf- und Feldpfuhle eine vielfache Funktion als Feuerlösch-, Schmiede- und Fischteiche sowie zur Schafwäsche, Hanf- und Flachsröste (Rötepfuhle). Ein Teil der Allmende wurde später in Kohl- und Baumgärten umgewandelt. Im Jahre 1565 gehörten zu Berlin-Cölln 70 Weinberge, 26 Weingärten, 1 Hopfengarten und 236 Baum- und Gemüsegärten. Als Vorwerke Berlins existierten 5 Schäfereien und 17 Meiereien. Die Zahl der Stadtbewohner wird auf 7000-8000 geschätzt (SCHULZ 1987).

Vom Dreißigjährigen Krieg bis zum Beginn der Industrialisierung

Der Dreißigjährige Krieg brachte durch Pestjahre, Brandschatzung und Tributzahlung einen wirtschaftlichen, städtebaulichen und bevölkerungsmäßigen Rückgang Berlins, durch den die Stadt auf ihre mittelalterlichen Ausmaße und die Einwohnerzahl um 30 % zurückfiel. Etwa diesen Zustand kurz nach dem Ende des Krieges zeigen noch der erste erhaltene Stadtplan von Memhardt um 1650 und eine Stadtansicht von Merian um 1653 (in RIBBE 1987). Innerhalb eines Befestigungsgürtels mit Grabensystem lag die Stadt mit dem Schloß, davor die Allmende und die in Dreifelderwirtschaft bewirtschafteten Ackerflächen sowie Bürgergärten mit Gartenhäuschen. Weiter draußen, an den Rändern des Spreetales, waren an den Hängen eine Anzahl von Weinbergen noch bis ins 18. Jahrhundert hinein vorhanden.

Die 2. Hälfte des 17. Jahrhunderts unter dem Großen Kurfürsten war durch erneuten Aufschwung geprägt. 1658 wurde mit dem Bau einer neuen Stadtbefestigung begonnen. Durch die Anlage der Festungsgräben senkte sich im Spreetal der Wasserstand, und auf dem so gewonnenen Baugrund entstanden als erste selbständige Neustädte Friedrichswerder und Neu-Cölln am Wasser. Damit hatte sich das bebaute Stadtgebiet mit nunmehr 173 ha seit Kriegsende verdoppelt. Die Weiterentwicklung als Haupt- und kurfürstliche Residenzstadt förderte die planmäßige Erweiterung der Stadt, die außerhalb der Befestigungen besonders in westlicher und südlicher Richtung erfolgte und die Fortführung und den Neubau von Schlössern mit der Anlage der zugehörigen Parks und Jagdreviere brachte. 1695 wurde mit dem Bau des Schlosses Charlottenburg begonnen, in dessen Nähe sich die spätere Stadt Charlottenburg zunächst nur langsam entwickelte. Kurfürstliche, später königliche (Karte bei HOFMEISTER 1975) und seit dem 19. Jahrhundert bürgerliche Parkanlagen nahmen große Flächen ein. Die Landschaftsparks erhielten die Vegetation extensiv genutzter Waldweide-Landschaften mit Gehölzbeständen und Wiesen (Pfaueninsel: SUKOPP 1967, Tegel: BRANDE u.a. 1987b).

Im Stadtgebiet gab es Gärten innerhalb der Mauern und vor den Befestigungsanlagen (WENDLAND 1979a). Die Nutzgärten sind von ihren alten Standorten heute durch die Bebauung verdrängt worden. Aber immer noch weist die Häufigkeit von Pflanzengesellschaften nährstoffreicher Standorte, besonders der Brennessel-Giersch-Gesellschaft in Parkanlagen, auf Stadtplätzen und in Villengärten auf die ehemalige Gartennutzung hin.

In der Umgebung der Stadt nahmen Triftweiden noch beträchtlichen Raum ein. Ihre extensiv genutzte Vegetation ist heute entweder ganz verschwunden (Pfeifengraswiesen) oder nur in Landschaftsparks erhalten (Trockenrasen in den genannten und im Schloßpark Charlottenburg).

Seit 1685 wurde der wirtschaftliche Aufschwung durch weitere Zuwanderungen wie die der Hugenotten begünstigt. Nachdem Berlin 1709 mit seinen drei Neu- und Vorstädten zur königlichen Residenz vereinigt worden war, stieg die Stadtbevölkerung bis 1713 auf etwa 61.000 Einwohner an. 1755 war die Einwohnerzahl von 100.000 (davon 26.000 Militär mit Angehörigen) überschritten, wodurch Berlin als Großstadt alle anderen deutschen Städte überflügelt hatte. Bis 1850 hat sich dann die Bevölkerung der Stadt, begünstigt durch erhebliche Zuwanderungen, etwa verdreifacht (ESCHER 1987, MIECK 1987). Entsprechend wuchs die bebaute Fläche. 1802 schloß die neue Zollmauer 13,5 km² des erweiterten Stadtgebietes ein, und 1850 umfaßte die Stadt mit ihren Vorstädten vor den Toren 55 km², von denen etwa ein Drittel bebaut war. Um diese Zeit wurden etwa 22.000 Gebäude gezählt.

Zur Versorgung der Bevölkerung mit Gemüse und Obst hatten sich seit dem 18. Jahrhundert auf den städtischen Ackerflächen zahlreiche Gärtnereien angesiedelt, stellenweise kamen Maulbeerbaumpflanzungen hinzu. Doch nahm das Ackerland weiterhin große Flächen ein. Gartenland und die umliegenden Dörfer waren in der Folgezeit zugleich Ansatzpunkte neuer Wohngebiete für die Stadtbevölkerung.

Seit 1792 begann der Ausbau der Landwege zur Stadt als Chausseen (MIECK 1987, KOPPES u.a. 1987). Diese Verkehrsverbindungen reichen teilweise weit in die Vergangenheit zurück (HEINRICH 1973, 1980, SCHICH 1987).

Berlin 1815 - 1918

Bot bis ins 19. Jahrhundert hinein der vorwiegende Teil des späteren Groß-Berlin das Bild ländlicher Prägung mit ziemlich geringer Bevölkerungsdichte (nur Berlin, Charlottenburg und Spandau erreichten eine Einwohnerdichte von über 50 E/ha und eine reine Stadtstruktur, ZIMM 1988), so setzte in der zweiten Hälfte des 19. Jahrhunderts eine rapide Aufwärtsentwicklung ein, die verheerende Auswirkungen auf die Lebensbedingungen in den anwachsenden Arbeitervierteln haben sollte.

Der deutsche Zollverein öffnete seit 1834 den neu entstehenden Berliner Großindustrien einen gewaltigen Markt, der durch den Ausbau der Verkehrswege zunehmend erschlossen wurde. Bis zum Ende des Jahrhunderts entstanden zahlreiche Kanäle und insgesamt 75 Binnenhäfen und Liegestellen (NATZSCHKA 1971, JUNG 1981). Noch größere Bedeutung erlangte der Ausbau des Eisenbahnnetzes seit 1838.

Die industrielle Entwicklung brachte einen enormen Anstieg der Stadtbevölkerung mit sich. In jener Zeit entstand als erste große Arbeitersiedlung die Luisenstadt, deren Anfänge bis an den Beginn des Jahrhunderts zurückreichen. Die planmäßige Bebauung konnte jedoch erst nach 1840 beginnen, da erst zu diesem Zeitpunkt noch bestehende Hüterechte abgelöst wurden.

Als einträgliches Geschäft für Bauunternehmer und Grundstücksspekulanten erwies sich der Bau von Mietskasernen, einer Wohnform, die sich später auch auf die damaligen Vororte ausdehnte und den traurigen Ruhm Berlins als der "größten Mietskasernenstadt der Welt" begründete.

Auch nach der Gründung des Deutschen Reiches 1871 hielt der Ausbau der städtischen Infrastruktur nur unzureichend mit der Stadtentwicklung Schritt. Ein schon lange bestehendes Problem war die schlechte hygienische Situation der Stadt. Um 1860 war aus diesem Grund die Schweinemast innerhalb der Mauern untersagt worden, und die Straßen vor den Häusern mußten bis zur Mitte gepflastert werden. Auch erste Ansätze zur Schaffung einer Abwasserkanalisation waren erkennbar (ESCHER

1987). Seit 1847 hatte sich die Situation in den Wohngebieten der Stadt durch kommunale Organisation der Straßenreinigung, Abfall- und Fäkalienbeseitigung gebessert. Doch erst als infolge der überfüllten Wohnungen und der mangelhaften hygienischen Einrichtungen mehrmals Seuchen (Cholera, Pocken, Tuberkulose) ausbrachen, wurde 1873 mit dem Bau der Kanalisation begonnen. Seit 1874 begann die Anlage von Rieselfeldern vor der Stadt im Norden und Nordosten, wo für diesen Zweck große Flächen erworben wurden. Noch 1871 hatten von 14.500 Grundstücken nur 7.000 eine Wasserleitung; ein Viertel aller Grundstücke, aber nur 8 % aller Wohnungen waren mit einem WC ausgestattet.

Um das Wohnungselend wenigstens teilweise zu mildern, wurde die Forderung nach der Einrichtung von Volksparks erhoben, eine Idee, die mit dem Friedrichshain (1846-48) erstmals verwirklicht wurde. Eine weitere Möglichkeit, der Wohnungsmisere wenigstens zeitweise zu entrinnen, boten die "Armengärten". 1880 gab es in Berlin 2800 solcher Armengärten, die die Vorläufer der heutigen Laubenkolonien waren.

Verzögert gegenüber der baulichen Entwicklung begann der Ausbau eines leistungsfähigen Nahverkehrsnetzes. 1867 wurde mit dem Bau der Ringbahn begonnen, die, teils auf Dämmen, teils in Einschnitten verlaufend, nach ihrer Fertigstellung 1872 auf die weitere Stadtentwicklung ähnlich hinderlich wie früher die Befestigungsanlagen wirkte. Mit dem Bau der Hoch- und Untergrundbahn wurde gegen Ende des Jahrhunderts begonnen. Dieser Ausbau der Massenverkehrsmittel ließ in den Außenbezirken neue Siedlungen entstehen, so daß bis zum Beginn des ersten Weltkrieges die Stadt Berlin schon völlig über ihre Verwaltungsgrenzen hinaus und mit den Nachbarstädten Charlottenburg, Schöneberg, Neukölln und Wilmersdorf zusammengewachsen war. Nach 1870 hatte die Einwohnerzahl die Millionengrenze überschritten und lag 1910 bei 3.734.000 Einwohnern.

Die Dörfer um Berlin bewahrten bis zur Jahrhundertwende noch weitgehend ihren ländlichen Charakter, und nur der höhere Viehbesatz und verstärkter Kohlanbau machten die Nähe der Großstadt spürbar. Später gründeten hier jedoch private Unternehmer Villenkolonien, von denen die in Lichterfelde die bedeutendste wurde (RACH 1988).

Schon in dieser Zeit verlagerte sich die Haupt-Geschäftszone aus der historischen Stadt in den Westen. Zunehmend entfaltete sich dort um die an der Kaiser-Wilhelm-Gedächtniskirche entstandenen Wohnviertel bürgerlicher Wohlstand.

Die ausgedehnten Mietskasernenquartiere des 19. Jahrhunderts waren hingegen von "niederdrückender Einförmigkeit" (LEYDEN 1933). Außerhalb des wilhelminischen Großstadtringes mit seiner Durchdringung von Hinterhofindustrie, Lagerplätzen und Kleingewerbe hatte sich eine Stadtrandzone mit meist dreigeschossiger Bebauung und enger Durchmischung von Wohnen und Gewerbe herausgebildet. Entlang der Ausfallstraßen, besonders im Bereich alter Ortskerne oder den S-Bahnhöfen zugeordnet, formten sich kleine Zentren. Im Bereich der äußeren Vororte war eine Landhauszone im Entstehen begriffen.

Die großen Industriebetriebe hatten schon um die Jahrhundertwende ihre Produktionsstätten zunehmend aus der Stadt hinausverlagert. Wo Bahnanschluß und Wasserstraßen Standortvorteile boten, wurden nach umfangreichen Aufschüttungen die feuchten Wiesen des Urstromtales in Industriestandorte umgewandelt, so daß sich ein Industrieband von Charlottenburg bis Spandau herausbildete. Ein weiteres Industrierevier war am Tegeler See enstanden, wo die Firma Borsig ihre Anlagen errichtete. Durch den Ausbau der Ringbahn und des Teltowkanals begünstigt, siedelten sich wenig später im Süden Berlins zahlreiche Betriebe in Tempelhof und Mariendorf an.

Den äußeren Ring der Stadt bildeten Rieselfelder und Wochenend-Erholungsgebiete, die in das landwirtschaftliche Umland eingebettet waren.

Entwicklung Groß-Berlins 1918-1945

1920 wurde das Konglomerat der bis dahin existierenden 7 Städte, 59 Landgemeinden und 27 Gutsbezirke, die schon lange vorher "eine siedlungsgeographische Einheit" darstellten, zur Einheitsgemeinde Groß-Berlin mit 20 Bezirken unter zentraler Leitung eines Magistrats umgewandelt.

Nachdem die Bauordnung von 1925 den Bau von Hinterhöfen verboten und das Stadtgebiet in elf Bauklassen von ca. 50 E/ha bis 550-700 E/ha gegliedert hatte, wurden durch gemeinnützige Baugenossenschaften mit staatlicher Kredithilfe große Wohnsiedlungen des sozialen Wohnungsbaus in allen Teilen der Stadt errichtet, die teilweise bis heute richtungsweisend geblieben sind (Hufeisensiedlung Britz 1925-27, Großsiedlung "Onkel Toms Hütte" in Zehlendorf 1926-31, "Weiße Stadt" in Reinickendorf 1929-30, Siemensstadt 1930-31, u.a.). Nach 1933 wurden im Rahmen des Generalbebauungsplanes für die Umgestaltung Berlins gigantische Planungen entwickelt, die jedoch nur zum geringsten Teil realisiert wurden, so daß nur einzelne Monumentalbauten noch an diese Epoche erinnern.

Neubeginn nach 1945

Nach der Eroberung Berlins im Mai 1945 war die Innenstadt, das "tote Auge Berlins", nahezu vollständig zerstört, ein weiteres Drittel unbenutzbar geworden. Der wilhelminische Großstadtgürtel lag teilweise in Schutt und Asche und bot Raum für neu strukturierte Wohnviertel (Hansaviertel, Ernst-Reuter-Siedlung, Otto-Suhr-Siedlung u.a.). Die Menge des zu beseitigenden Trümmerschuttes wurde auf 80 Mill. m³ geschätzt. Die bei den Aufräumungsarbeiten entstandenen Hügel aus Trümmerschutt, nämlich

der "Insulaner" (Schöneberg) mit	1.590.000 m³,
die "Humboldthöhe" (Wedding) mit	1.580.000 m³,
der "Fritz-Schloß-Park" (Tiergarten) mit	1.500.000 m³,
das Stadion Wilmersdorf mit	1.100.000 m³,
die "Rudower Höhe" (Neukölln) mit	700.000 m³,
die "Rixdorfer Höhe" (Neukölln) mit	555.000 m³ und
die "Marienhöhe" (Tempelhof) mit	181.000 m³

werden heute als Grünfläche genutzt.

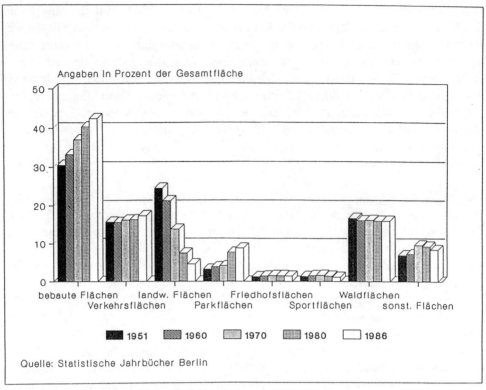

Abb. 2.1.4: Wandel der Flächennutzung von Berlin (West)
(aus: ABGEORDNETENHAUS VON BERLIN 10/2495, 1988)

Seit 1948 ist die Berliner Entwicklung stark von den Einflüssen der politischen Teilung und Isolation beeinflußt worden. Die Konsequenz dessen war, daß Berlin (West) eine eigenständige, von Ost-Berlin unabhängige Infrastruktur ausbilden mußte. Der planmäßige, auf Wachstum gerichtete Wiederaufbau setzte um 1950 ein, wobei der Flächenbedarf für sämtliche Nutzungen nunmehr innerhalb der eigenen administrativen Grenzen zu decken war (HOFMEISTER 1985). Daher kam es zwangsläufig zu einer allmählichen Aufzehrung vor allem der landwirtschaftlichen Nutzflächen als hauptsächliche Flächenreserve (vgl. Abb. 2.1.4).

Auch die seit 1959 enstandenen Großwohnsiedlungen, nämlich die "Gropiusstadt" in Buckow-Rudow (Bez. Neukölln) für ca. 50.000 Einwohner, das "Falkenhagener Feld" im westlichen Spandau für ca. 30.000 Einwohner und das "Märkische Viertel" in Reinickendorf für ca. 43.000 Einwohner wurden vorwiegend auf einstigem Ackerland errichtet. Neue Gewerbegebiete wurden ebenfalls vor allem in den Randgebieten ausgewiesen.

Der Hauptgrünflächenplan von 1960 sah ursprünglich ein geschlossenes System von Hauptgrünzügen in drei bis vier Kilometer Abstand voneinander vor, das durch Grünzüge zweiten Grades verknüpft werden und zu den Freiflächen der Außengebiete in

Beziehung stehen sollte. Wegen der besonders in den seit jeher grünflächenarmen Innenbezirken hohen Gewerbekosten ließ sich dieses Programm jedoch nicht realisieren. Verursacht durch die beengte Wohnlage der Stadtbewohner, zunehmende Freizeit und Motorisierung ergeben sich daher, besonders in den für die Wochenend-Naherholung attraktiven Uferzonen der Gewässer, durch mehr oder weniger planlose, übermäßige Beanspruchung zahlreiche Konflikte (vgl. Kap. 2.2.3.2 u. Kap. 3.2). Das gilt auch für die ehemals weit abgelegenen Dörfer wie Gatow (KALESSE 1979) und Tegel (SUKOPP u. BRANDE 1984/85).

Die Verkehrsplanung beabsichtigte den Ausbau eines autobahnähnlichen Schnellstraßennetzes, mit dessen Bau 1955 begonnen wurde. Außerdem wird die U-Bahn als Massenverkehrsmittel weiter ausgebaut.

Da sich jedoch die Wachstumserwartungen der 50er und der 60er Jahre nicht erfüllten und die Ansprüche der Bevölkerung an die Flächen aufgrund veränderter Freizeitbedingungen gewachsen waren, mußten neue Stadtentwicklungskonzepte entwickelt werden. Rahmenvorgaben hierfür macht der 1988 verabschiedete Flächennutzungsplan (FNP). Er beinhaltet das Ziel, weitere Ausdehnungen an den Rändern zu vermeiden und statt dessen vorhandene Nutzungspotentiale im Stadtinnern zu entwickeln. Auf großflächigen Abriß und Neubau soll verzichtet und verstärkt Bestandspflege und Qualitätsverbesserung betrieben werden. Damit ein ausgewogenes Miteinander von Individualverkehr und öffentlichem Personennahverkehr möglich wird, soll dem Straßenbau nicht länger der Vorrang gegeben werden (STARNICK 1988).

Parallel zu dem FNP wurde das Landschaftsprogramm einschließlich Artenschutzprogramm (SENSTADTUM 1989)entwickelt. Es setzt ergänzende und weiterführende Ziele und Entwicklungskonzepte für die Bereiche

- Naturhaushalt/Umweltschutz
- Biotop- und Artenschutz
- Landschaftsbild
- Erholung (Freiraumnutzung)

fest. Diese sind jedoch gegen die anderen raumbedeutsamen Planungen und Maßnahmen abzuwägen.

Zusammenfassend läßt sich feststellen, daß die Siedlungsgeschichte und -entwicklung einen entscheidenden Einfluß auf die Entwicklung des Artenbestandes gehabt hat. Die Veränderungen der vielfältigen und artenreichen Vegetation der traditionellen Kulturlandschaft erfolgte in mehreren, einander überlagernden Wellen: Die erste war der Übergang von extensiver zu intensiver Landwirtschaft im 18. und 19. Jahrhundert mit lokalen Grundwasserabsenkungen (vgl. Kap 2.2.3.1), Aufforstungen oder Beackern von Sandschellen und Heiden (BERGER-LANDEFELDT u. SUKOPP 1965), Aufgeben der Brache, verstärkte Düngung und Saatgutreinigung (SUKOPP 1966). Danach folgte die Industrialisierung mit ihren Folgen wie Bebauung der Gewässerufer und Luftverunreinigung (MIECK 1973), großräumigen Grundwasserabsenkungen und Anlage der Rieselfelder (vgl. Kap. 3.9). Als Drittes sind die Zerstörungen der Innenstadt von Berlin 1943-45 und die Beseitigung der Trümmer zu nennen sowie viertens die Sanierungen in den 60er und 70er Jahren, die Intensivierung der Pflege von "Grünflächen" sowie die Bebauung der meisten verbliebenen Äcker. Alle diese Vorgänge sind heute mit einem Rückgang der Artenvielfalt verbunden, nachdem bis in die 50er Jahre noch ein Zugang an eingebürgerten Ruderalarten zu verzeichnen war, der als langfristiger Trend der Bevölkerungsentwicklung parallel gelaufen war (Abb. 2.1.5).

Abb. 2.1.5: Bevölkerungsentwicklung Berlins und Zunahme adventiver Arten (neophytische krautige Ruderalarten [Epökophyten] nach SCHOLZ [1960], adventive Gehölze [Agriophyten, Epökophyten, Ephemerophyten] nach KOWARIK [1985]).

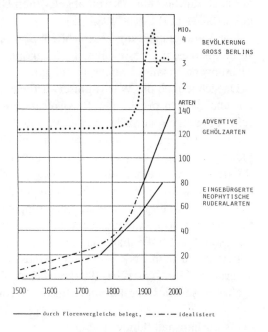

Das stadtwirtschaftliche Problem, daß auf einem beschränkten Raum nahezu alle Bedürfnisse zu befriedigen sind, hatte tiefgreifende Folgen für die Stadtgestaltung, da Wasserver- und -entsorgung, Energie- und Abfallwirtschaft, Wohnen, Arbeiten und Erholung auf engem Raum nebeneinander stattfinden müssen. In dieser Hinsicht stellt Berlin (West) gleichzeitig einen Modellfall für dichtbesiedelte, hochindustrialisierte Ballungsräume dar, die in Zukunft einen immer größeren Teil der Erdoberfläche einnehmen werden und in denen ein immer höherer Anteil der Bevölkerung leben wird.

2.2 Charakteristik einer Großstadt

Berlin (West) stellt heute einen großstädtischen Verdichtungsraum dar. Als eines der Hauptkriterien zur Abgrenzung gegen andere Siedlungsformen gilt die Konzentration der Bevölkerung auf engem Raum, die physiognomisch in der Anhäufung von Baumassen ihren Ausdruck findet. Mit dieser Bevölkerungskonzentration von ca. 2 Mio. Einwohnern auf 480 km² gehen tiefgreifende Veränderungen der Ökosphäre einher, die in Abbildung 2.2.1 schematisch dargestellt sind. Durch städtische Bebauung und Wirtschaft ergibt sich eine Gliederung in Zonen der geschlossenen und der aufgelockerten Bebauung (vgl. Kap. 2.2.4, Abb. 2.2.4.2 u. Kap. 3.4). Für den inneren Stadtrand sind sowohl Laubenkolonien und Parkanlagen als auch Mülldeponien, Trümmer- und Schutthalden sowie Rieselfelder charakteristisch. Der äußere Stadtrand entspricht der Nutzung des Umlandes mit Forsten und Äckern. Seine Funktion der land- und forstwirtschaftlichen Produktion tritt heute zugunsten einer Freizeitnutzung durch die städtische Bevölkerung zurück.

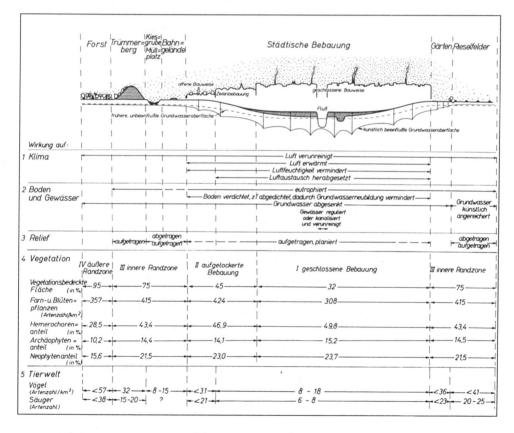

Abb. 2.2.1: Veränderungen der Ökosphäre in einer Großstadt
(aus: SUKOPP 1968; ergänzt)

Von den Folgen städtischer Bebauung und Wirtschaft sind Luftverschmutzung und -erwärmung (vgl. Kap. 2.2.1), Veränderungen des Grundwasserstandes (vgl. Kap. 2.2.3.1) und Aufschüttungen von großer Reichweite. Da das Volumen der Einfuhr an Baustoffen, Rohmaterialien für Fertigwaren und an Lebensmitteln größer ist als das der Abfallstoffe, die man fortschaffte, hat sich das Bodenniveau der Stadt mit der Zeit erhöht (Zahlen bei PETERS 1954, FELS 1967). Mit dem Ausmaß der Mächtigkeit der Kulturschicht sind eine Eutrophierung vieler Standorte sowie Verdichtung oder Abdichtung des Bodens innerhalb der Siedlung verbunden. Die Nährstoffanreicherung durch städtische Abfälle betrifft nicht nur die Müllplätze und Rieselfelder, sondern auch fast alle Gewässer. Für Vegetation bleibt innerhalb der Großstadt wenig Raum; in dieser Hinsicht bildet Berlin eine Ausnahme durch eine große Zahl von Straßenbäumen (vgl. Kap. 3.8) und durch ausgedehnte Vorkommen von Ruderalvegetation auf kriegszerstörten Flächen der Innenstadt (vgl. Kap. 3.7)

2.2.1 Klima

Das Klima städtischer Ballungsgebiete ist gegenüber dem Umland durch tiefgreifende Veränderungen des örtlichen Wärmehaushaltes gekennzeichnet. Ursachen hierfür sind:

- die Häufung von Baumassen mit Veränderungen der Wärmekapazität und Wärmeleitung
- die Verminderung verdunstender Oberflächen, die Erhöhung des Oberflächenabflusses und der Mangel an vegetationsbedeckten Flächen (Versiegelung)
- die Anreicherung der Atmosphäre mit Schadstoffen (Glashauseffekt)
- die Zuführung von Energie durch anthropogene Wärmeproduktion.

Diese Randbedingungen führen zu stadtklimatischen Erscheinungen (HORBERT u.a. 1983), die auch in Verbindung mit lufthygienischen Komponenten für die Bevölkerung von Städten und Ballungsgebieten nachteilige bioklimatische Wirkungen zeigen können.

Unter Berücksichtigung zahlreicher Literaturstellen (v. STÜLPNAGEL 1979) ergibt sich hinsichtlich der möglichen Veränderungen der Klimaparameter in Städten die in Tabelle 2.2.1.1 enthaltene Übersicht. An erster Stelle steht die Luftverunreinigung, die sich je nach Größe der Städte bzw. Industrieanteil in einer Zunahme der Kondensationskerne und in einer Anreicherung an Spurengasen bemerkbar macht.

Die mit der Luftverunreinigung verbundene Ausbildung einer Dunsthaube führt wiederum zu sekundären Auswirkungen im Bereich des Stadtklimas. Während die Abschwächung der diffusen Himmelsstrahlung durch die Dunstschicht noch als relativ gering einzuschätzen ist, muß mit einer Reduzierung der direkten Sonneneinstrahlung von 20-25 % gerechnet werden. Der damit gleichzeitig verminderte ultraviolette Anteil liegt im Sommer bei etwa 5 %, im Winter aber - bedingt durch den längeren Weg innerhalb der Atmosphäre - sogar bei etwa 30 %. Die durch die Absorption verminderte Erwärmung des Stadtgebietes wird jedoch durch die atmosphärische Gegenstrahlung mehr als ausgeglichen.

Tab. 2.2.1.1: Mittlere Veränderung von Klimaparametern in Ballungsgebieten (aus: HORBERT u.a. 1983)

Parameter	Charakteristische Größen	Vergleich mit dem Umland
Luftverschmutzung	Kondensationskerne	10 mal mehr
	gasförmige Verunreinigung	5-25 mal mehr
Strahlung	Sonnenscheindauer	5-15 % weniger
	direkte Sonneneinstrahlung	20-25 % weniger
	direkte Sonneneinstrahlung (Winter)	bis 50 % weniger
	UV-Einstrahlung (Winter)	30 % weniger
	UV-Einstrahlung (Sommer)	5 % weniger
	Oberflächenalbedo	etwa 10 % weniger
	Globalstrahlung	6-37 % weniger
	langwellige Ausstrahlung (mittags)	2 % mehr
	langwellige Ausstrahlung (abends)	5 % mehr
	atmosphärische Gegenstrahlung (mittags)	1 % mehr
	atmosphärische Gegenstrahlung (abends)	12 % mehr
	Strahlungsbilanz (mittags)	11 % mehr
	Strahlungsbilanz (abends)	47 % mehr
Temperatur	jährl. Mittel (Berlin)	1 - 2 °C höher
	an Strahlungstagen (Berlin)	2 - 9 °C höher
	an Strahlungstagen (Aachen)	2 - 7 °C höher
relative Feuchte	Winter	2 % weniger
	Sommer	8-10 % weniger
	an Strahlungstagen (Berlin)	30 % weniger
Windgeschwindigkeit	jährliches Mittel	10-20 % weniger
	Windstille	5-20 % mehr
Niederschlag	Jahresmittel (Berlin)	bis 20 % mehr
	Tage mit weniger als 5 mm Regen	10 % mehr
	Schneefall	5 % weniger

Dieser sogenannte "Glashauseffekt" bewirkt zusammen mit der erhöhten Wärmekapazität der Bauwerke eine Erhöhung der mittleren Lufttemperatur. Die nächtliche Temperaturdifferenz gegenüber dem Umland kann besonders an Strahlungstagen recht hohe Werte annehmen. Die Höhe dieser Werte hängt allerdings von der Größe der Grünflächen innerhalb der Stadt, aber auch in einem beträchtlichen Maße vom Luftaustausch zwischen Stadtkern und Umland ab.

Ein weiteres charakteristisches Merkmal des Stadtklimas besteht in der Verminderung der mittleren Windgeschwindigkeit, die je nach Baustruktur zwischen 10 und 20 % liegt. Dies äußert sich auch in einer entsprechenden Zunahme der Windstillen. Die Austauschverhältnisse müssen daher im Bereich der Stadt gerade bei stabilen Wetterlagen als problematisch angesehen werden. Ferner ist das Stadtgebiet entsprechend der erhöhten Temperatur im Mittel trockener als seine Umgebung. Die Differenz der relativen Feuchte beträgt im Winter zwar nur etwa 2 %, kann aber im Sommer, besonders an Strahlungstagen, bis zu 30 % erreichen. Durch Konvektion und Stauwirkung der Stadt ist eine vermehrte Wolkenbildung und eine erhöhte Niederschlagsneigung zu erwarten.

Der Ballungsraum Berlin ist aufgrund seiner Struktur und Lage sowohl klimatisch als auch lufthygienisch stark belastet (SENSTADTUM 1985) und seit August 1976 als Belastungsgebiet eingestuft. Im folgenden soll anhand einiger Beispiele diese Problematik dargestellt werden.

Die klimatische Situation innerhalb des Stadtgebietes von Berlin (West) wurde in den letzten Jahren durch ein ausgedehntes Klimameßstellennetz und durch den Einsatz eines Meßwagens ausführlich untersucht.

Als Beispiel sind in Abbildung 2.2.1.1 die Ergebnisse von drei Meßfahrten dargestellt, die auf einer Trasse von den südöstlichen Außenbezirken (Rudow) durch die Innenstadt bis zum Spandauer Forst im Nordwesten gewonnen wurden. Dabei sind die Daten der Temperatur und des Dampfdruckes jeweils auf eine einheitliche Uhrzeit hochgerechnet, während für die Kohlenmonoxid-(CO-)Konzentrationen die gemessenen Originalwerte Verwendung fanden (HORBERT u.a. 1986).

An der meteorologischen Station in Berlin-Dahlem wurde in den beginnenden Nachtstunden bei wolkenlosem Himmel am 12.8.1981 Nordwind von 2 m/s, am 4.9.1981 Windstille und am 15.9.1981 Südostwind von 1 m/s festgestellt. Bei den Temperaturprofilen fällt die starke Ähnlichkeit zwischen den verschiedenen Situationen, aber auch die starke Abhängigkeit von der jeweiligen Nutzung auf. Besonders warm sind stets die dichtbebauten Innenstadtbereiche, während Kleingärten, Parks und Waldgebiete mehr oder weniger stark ausgeprägte Minima aufweisen. So ist es im Großen Tiergarten, einer Grünanlage von 212 ha Größe, am 12.8. und 15.9.1981 etwa um 5°C kühler, am 4.9.1981 sogar - bedingt durch die Windstille - etwa 7°C kühler als in der angrenzenden dichtbebauten Innenstadt.

Die hier nicht dargestellte relative Luftfeuchte zeigt aufgrund ihrer Definition eine hohe Korrelation mit der Temperatur. Hohe Temperaturen in der Innenstadt bedingen eine geringere relative Feuchte, während in den Außenbereichen eine Feuchtesättigung eher erreicht wird.

Komplizierter erscheinen die Dampfdruckverhältnisse. Die Situation am 12.8.1981, durch hohe Werte in den Grünanlagen und niedrige Werte in den dichtbebauten Bereichen gekennzeichnet, entspricht der Vorstellung, die infolge des Vegetationsmangels in den bebauten Zonen erwartet wird. Bei der Fahrt am 4.9.1981 tritt diese

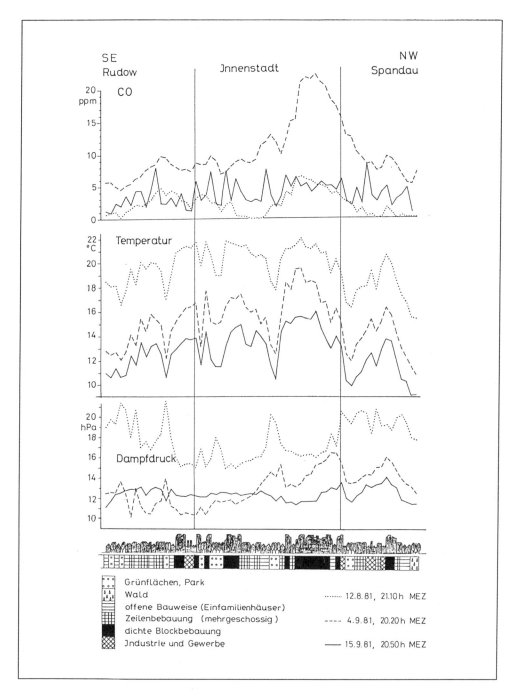

Abb. 2.2.1.1: Profile der Kohlenmonoxid-(CO-)Konzentration, der Lufttemperatur und des Dampfdruckes in 2 m Höhe längs eines Südost-Nordwest-Transektes durch Berlin (West) (drei austauscharme Nachtsituationen) (aus: HORBERT u.a. 1986)

Tendenz noch abgeschwächt zutage. So zeichnet sich hier z.B. der Volkspark Jungfernheide durch niedrige, die Spandauer Altstadt durch hohe Werte aus. Die Meßfahrt am 15.9.1981 läßt sogar, wenn auch mit stark gedämpften horizontalen Gradienten, eine gegenläufige Charakteristik erkennen. Hier treten einige Parks sogar durch etwas geringere Dampfdruckwerte als ihre bebaute Umgebung hervor. Offensichtlich spielen besonders bei der letztgenannten Situation andere Faktoren wie z.B. nächtlicher Taufall in den ausgekühlten Parkanlagen sowie anthropogene Wasserdampfzufuhr in den bebauten Bereichen (Kfz-Verkehr, Industrie und Kraftwerke) eine Rolle.

Die gleichzeitig gemessenen CO-Konzentrationen lassen insbesondere am 4.9.1981, aber auch abgeschwächt am 12.8.1981 eine Korrelation mit der Überwärmung erkennen. In den dichtbebauten und überwärmten Bereichen treten auch in der Regel die höchsten Kfz-Emissionen auf. Sowohl die Wärmeenergie als auch die Beimengungen der Luft unterliegen denselben, in der Stadt aber in der Regel behinderten, Austauschvorgängen.

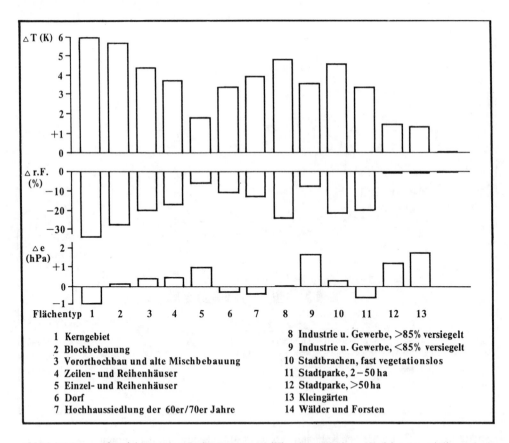

Abb. 2.2.1.2: Abweichung der Lufttemperatur (K), der relativen Luftfeuchte (%) und des Dampfdruckes (hPa) verschiedener Flächentypen von Typ 14 (Wälder). (Mittel aus drei Nachtmeßfahrten) (aus: HORBERT u.a. 1986)

Die Auswahl der Meßpunkte von zahlreichen weiteren Meßfahrten erlaubt für Berlin eine Zusammenfassung von insgesamt 21 Flächentypen, für die mittlere Werte der gemessenen Klimaparameter erstellt werden können. In Abbildung 2.2.1.2 ist zum Beispiel aus dem Mittel der oben genannten Meßfahrten für die Lufttemperatur (T), die relative Luftfeuchte (r.F.) und den Dampfdruck (e) die jeweilige Abweichung dieses Flächentyps von dem genormten Flächentyp 14 (Wald) dargestellt. Die Temperaturverhältnisse lassen erkennen, daß die Überwärmung gegenüber dem Wald mit steigender Bebauungsdichte und sinkendem Vegetationsanteil anwächst. So ist diese im Kerngebiet mit 6,1°C am höchsten, beträgt in der Blockbebauung 5,8°C, im stark versiegelten Industriegebiet 4,9°C, in dem weniger versiegelten Industriebereich 3,6°C und in der lockeren Bebauung nur noch 1,9°C, während größere Grünanlagen und Kleingärten noch geringere Werte aufweisen.

Diese Ergebnisse zeigen, daß Baumassen, Oberflächenversiegelung und Vegetation einen maßgeblichen Anteil an der Ausbildung eines besonderen Stadtklimas haben.

Die relative Luftfeuchte verhält sich erwartungsgemäß fast genau spiegelbildlich zur Lufttemperatur. Das städtische Kerngebiet ist hier trockener (34 % r.F.) als der Wald in den Außenbereichen. Nicht so eindeutig liegen die Verhältnisse beim Dampfdruck. Während das Kerngebiet gegenüber dem Wald einen um 0,9 hPa verringerten Wert aufweist, ist dieser in der Blockbebauung um 0,1 hPa, in der lockeren Bebauung sogar um 1,0 hPa höher. Die Gründe hierfür (Taubildung, anthropogene Quellen usw.) sind bereits genannt worden.

Aus derartigen Meßfahrten läßt sich in Verbindung mit den langjährig betriebenen Stationen des Berliner Klimameßnetzes auch eine flächendeckende Charakteristik des städtischen Klimas ableiten (HORBERT u.a. 1984).

Die Verteilung der langjährigen Mitteltemperaturen von 1961 bis 1980 (Abb. 2.2.1.3 im Farbtafelteil) zeigt beachtliche Unterschiede zwischen der Innenstadt und den Außenbezirken von Berlin. Die höchsten Werte bis über 10°C treten im dicht bebauten Stadtzentrum auf, während das Umland großflächig nur 8-8,5°C erreicht. In geländeklimatisch extremen Lagen sind weniger als 8°C zu erwarten. Besondere Bedeutung erlangen in dieser Darstellung die Grünflächen (z.B. der Große Tiergarten) im innerstädtischen Bereich, die zu einer Auflockerung der sonst geschlossenen Wärmeinsel führen.

Aus der langjährigen Mitteltemperatur in Abbildung 2.2.1.3 (im Farbtafelteil) läßt sich aufgrund einer hohen Korrelation (v. STÜLPNAGEL 1987) auch die Anzahl der Frosttage (Minimumtemperatur in 2 m Höhe < 0°C) ableiten. Nach Abbildung 2.2.1.4 bedeutet ein Rückgang der Jahresmitteltemperatur um 0,5°C ungefähr eine Zunahme von zehn Frosttagen. Für Berlin ergibt sich somit eine Spanne von 58 Tagen (Bereiche der Innenstadt) bis zu 111 Tagen (Extremlagen in den Außenbereichen).

Abb. 2.2.1.4: Anzahl der Frosttage (F) pro Jahr in Abhängigkeit von der Jahresmitteltemperatur (T in °C), jeweils bezogen auf das langjährige Mittel 1961-1980 der Stationen des Klimameßnetzes in Berlin. (Quelle: Beilagen zur Berliner Wetterkarte 1983; aus: v. STÜLPNAGEL 1987)

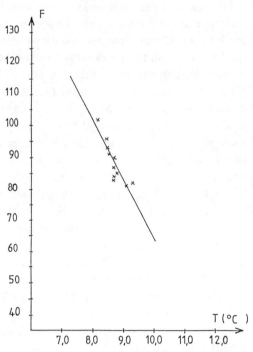

Eine flächendeckende Darstellung der Windverhältnisse im Stadtgebiet ist problematisch und kann daher nur über die allgemeine Windcharakteristik der verschiedenen Flächennutzungen erreicht werden (SENSTADTUM 1985). Es läßt sich feststellen (Abb. 2.2.1.5), daß sowohl die dicht bebauten Bereiche als auch Gebiete mit hohem Oberflächenversiegelungsgrad und geringem Grünflächenanteil tags und nachts relativ hohe Windgeschwindigkeiten aufweisen. In der aufgelockerten und offen Bauweise mit höherem Vegetationsanteil werden die Windgeschwindigkeiten dagegen tagsüber und nachts auf vergleichsweise mittlere bis niedrige Werte reduziert. Ebenfalls geringe Windgeschwindigkeiten treten ganztägig und nachts in allen waldartigen Grünbereichen sowie in Rinnenlagen auf. Die offeneren Grünflächen zeigen tagsüber dagegen mittlere bis sehr hohe, nachts allerdings nur geringe bis mittlere Windgeschwindigkeiten.

Ein weiteres charakteristisches Merkmal des Stadtklimas besteht in einer Erhöhung der mittleren Niederschlagssummen. In Abbildung 2.2.1.6 ist nach SCHLAAK (1977) eine angenäherte, langjährige Niederschlagsverteilung für das Stadtgebiet von Berlin enthalten. Es handelt sich dabei um eine Kombination der Meßperioden 1891-1930, 1901-1950 und der zehnjährigen Messungen von 1960 bis 1969, die durch ein wesentlich erweitertes Meßstellennetz abgesichert sind.

Die höchsten Niederschlagswerte des westlichen Stadtgebietes wurden im Bereich des Tegeler Forstes, des Spandauer Forstes und des Grunewaldes gemessen. Die breiten, waldlosen Streifen zwischen diesen Gebieten zeichnen sich durch wesentlich niedrigere Niederschlagssummen aus. Im Anschluß an den Grunewald sind in Lee der

Hauptwindrichtung (WSW) korrespondierende Zonen mit merklich geringeren Werten erkennbar. Erheblich höhere Niederschlagswerte, die in etwa den Osträndern der Waldgebiete entsprechen, schließen sich im östlichen Stadtgebiet an. Hier ist infolge des erhöhten Reibungseffektes oder der größeren Stauwirkung die dicht bebaute Stadtlandschaft verantwortlich zu machen. An der östlichen Grenze des Berliner Stadtgebietes ist ein entsprechender Kompensationseffekt zu finden, obwohl das Geländerelief in diesem Bereich ansteigt.

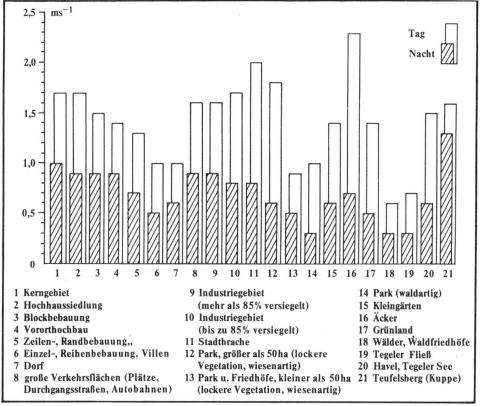

Abb. 2.2.1.5: Mittlere Windgeschwindigkeit (m/s) in 2,8 m Höhe für verschiedene Flächennutzungen am Tage und in der Nacht (Mittel aus 29 Tages- und 70 Nachtmeßfahrten 1980-1984) (aus: HORBERT u.a. 1986)

Die teilweise starke Veränderung des Klimas innerhalb des Stadtgebietes läßt eine Abgrenzung in verschiedene Klimazonen zu. Aus den Temperaturwerten können zum Beispiel die Neigung bestimmter Stadtteile zur Überhitzung, die nächtliche Abkühlung und die Frostgefährdung flächendeckend abgeleitet werden, während die gemessenen Feuchtewerte mit der Temperatur ein qualitatives Maß der Schwülegefährdung liefern (Tab. 2.2.1.2). Unter Berücksichtigung dieser für das Stadtklima wichtigen Faktoren können die Zonen stadtklimatischer Veränderungen wie folgt beschrieben werden (Abb. 2.2.1.7 im Farbtafelteil):

Zone 1 umfaßt im wesentlichen Grünland, Äcker, locker bebaute Gebiete an den Rändern zum Außenbereich, Wälder und einige geländeklimatische Extremlagen. Die nächtliche Abkühlung und die Frostgefährdung sind hoch, wobei die Waldgebiete hier weniger und die geländeklimatischen Extremlagen (z.B. offene Senken) stärker in Erscheinung treten. Die Schwülegefährdung ist allgemein gering. Die Reduzierung der Windgeschwindigkeit fällt in den Wäldern, aber auch in den locker bebauten Bereichen recht hoch aus, während Grünland und Äcker tags mäßige bis geringe, nachts aber durch die Stabilisierung der bodennahen Luftschicht mäßige bis hohe Reduzierungen aufweisen.

Tab. 2.2.1.2: Verschiedene Klimaparameter in den Zonen stadtklimatischer Veränderungen, bezogen auf das Jahr 1982, unter Einbeziehung des langjährigen Mittels der Lufttemperatur

Zone	stadtklimatische Veränderung	langjähriges Mittel	Lufttemperatur (°C) Jahresmittel	mittleres Minimum	mittl. Tagesamplitude	Anzahl der Frosttage	relative Luftfeuchte (%) Jahresmittel	Einzelsituation in Sommernächten
4	hohe	>9,5	>11,3	>7,6	<7,4	<55	72	61 - 80
3	mäßige	>9,0	10,5 - 11,3	6,6 - 7,6	7,4 - 8,3	55 - 66	73	64 - 90
2	geringe	8,5 - 10,0	9,7 - 10,5	5,7 - 6,6	8,3 - 8,9	66 - 77	75	65 - 75
1	keine	<9,0	<9,7	<5,7	>8,9	>77	75	>70
1*	keine	<8,0	<8,1	<3,7	>9,7	>99	75	>90

* geländeklimatische Extremlagen

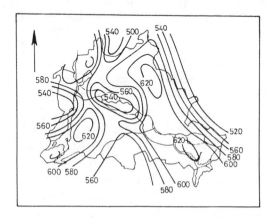

Abb. 2.2.1.6: Mittlere Niederschlagsverteilung (mm) in Berlin (aus: SCHLAAK 1977)

Zone 2 weist hauptsächlich die stadtrandtypischen Nutzungen (lockere Bebauung, Kleingärten, Parks, Flughäfen) sowie große Wasserflächen und Anhöhen auf. Hier ist die nächtliche Abkühlung und auch die Frostgefährdung als mäßig, die Schwülegefährdung als mäßig bis gering einzustufen. Die Reduzierung der Windgeschwindigkeit ist sehr unterschiedlich.

Zone 3 umfaßt einen großen Teil des Innenstadtrandes, Gebiete am Stadtrand mit stärker verdichteter Bebauung sowie auch kleinere Grünanlagen und Stadtbrachen in der Innenstadt. Die nächtliche Abkühlung und die Frostgefährdung in dieser Zone sind gering, während die Schwülegefährdung sehr unterschiedlich ausfällt. Die Reduzierung der Windgeschwindigkeit ist tags und nachts mäßig bis sehr gering.

Zone 4 umfaßt ausschließlich den Innenstadtbereich. Hier sind die nächtliche Abkühlung und die Frostgefährdung im Vergleich zu den anderen Zonen sehr gering. Dagegen ist die Schwülegefährdung im größten Teil von Zone 4 als hoch einzustufen. Die Windgeschwindigkeitsreduzierung ist tags als mäßig bis gering, nachts eher als mäßig bis sehr gering anzusehen. Hier treten oftmals Kanalisierungen des Windfeldes und Düseneffekte auf.

Die oben genannten Klimaeigenschaften können für Berlin (West) bioklimatisch bewertet und zumindest in dem vorliegenden Maßstab in der Planung berücksichtigt werden (s. HORBERT u.a. 1986). Für kleinräumige klimarelevante Planungsfragen sind in der Regel jedoch Einzeluntersuchungen erforderlich.

Hinsichtlich der lufthygienischen Situation in Berlin liegen ständig entsprechende Daten vom Senator für Stadtentwicklung und Umweltschutz vor (SENSTADTUM 1985). Erste Daten über die Schwefeldioxidemissionen aus dem Jahre 1892 gehen von einem Ausstoß von 43.000 t pro Jahr aus. Bis zum Jahre 1970 stieg dieser Wert auf mehr als 80.000 t pro Jahr, um anschließend bis zum Jahre 1982 auf 72.000 t pro Jahr zu sinken. Jedoch muß die lufthygienische Situation von Berlin auch hinsichtlich der zahlreichen anderen Schadstoffkomponenten nach wie vor als besorgniserregend angesehen werden. Notwendige Emissionsminderungen sollten daher nicht nur auf dem Gebiet der Stadt Berlin (West), sondern auch weiträumig in das Umland hinein angestrebt werden.

Für viele ökologische Fragestellungen ist die flächenmäßige Verteilung der lufthygienischen Komponenten innerhalb eines Ballungsgebietes von besonderem Interesse. Gewissermaßen als Leitsubstanz sind in Abbildung 2.2.1.8 die Jahresmittelwerte der Schwefeldioxid-(SO_2-)Konzentration für den Zeitraum von 1976 bis 1980 dargestellt. Für insgesamt 31 Meßstellen sind die entsprechenden gemessenen Konzentrationen angegeben. Linien gleicher Konzentrationen sollen die Belastungsstufen für die verschiedenen Bezirke deutlicher machen. Der Grenzwert für Langzeitkonzentrationen (IW1 = 140 $\mu g/m^3$) wird in Wedding, Tiergarten und Kreuzberg deutlich überschritten, während die Randbereiche von Berlin im Norden, Südwesten und Südosten mit Werten unter 80 $\mu g/m^3$ eine etwas günstigere lufthygienische Situation aufweisen.

Das Verteilungsmuster der SO_2-Konzentration hat sich in den Folgejahren entsprechend der Berliner Ausbreitungsstatistik nur wenig geändert. Die Höhe der Immissionswerte ist - bezogen auf das Gesamtmittel aller Stationen im Bereich von Berlin

(West) - ebenfalls nur wenig zurückgegangen (Abb. 2.2.1.9). Allerdings unterliegen die Monatsmittel entsprechend der Jahreszeit erheblichen Schwankungen.

Neben vielen anderen Schadstoffkomponenten muß auch die Schwebstaubkonzentration in Ballungsgebieten Beachtung finden. Als Hauptemittenten gelten hier mit einem Anteil von 76 % die Kraftwerke und die Industrie (SENSTADTUM 1985). Die Entwicklung der Staubimmissionen ist rückläufig. Dies gilt besonders für die ursprünglich sehr hohen Werte der Innenstadt (Abb. 2.2.1.10).

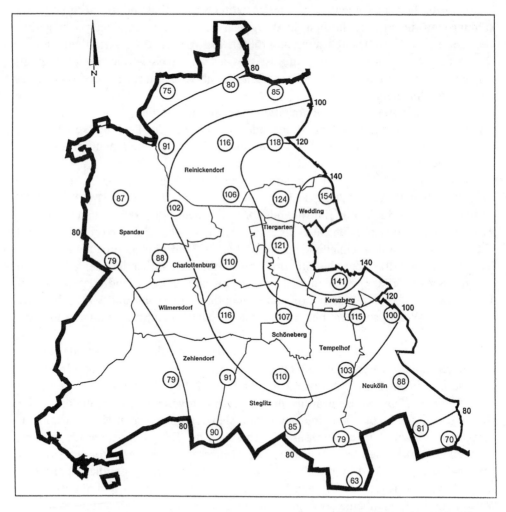

Abb. 2.2.1.8: Jahresmittelwert der Schwefeldioxid-Konzentration im Zeitraum 1976-1980 in $\mu g/m^3$ (Berliner Luftgüte-Meßwerte)

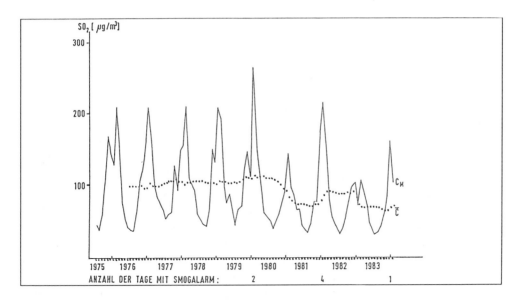

Abb. 2.2.1.9: Monatsmittel (u) und gleitende Jahresmittelwerte (T) der Schwefeldioxid-Konzentration 1975-1983 (Mittel aller Meßstellen) (aus: SENSTADTUM 1985)

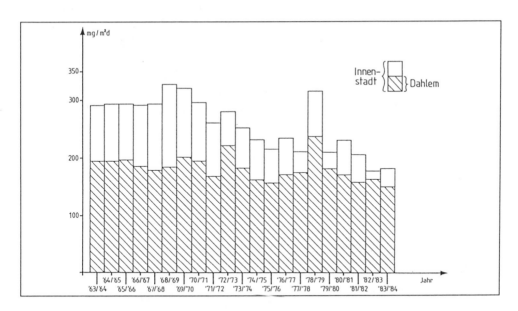

Abb. 2.2.1.10: Jahresmittelwerte (April bis März) der Staubniederschläge am Institut für Wasser-, Boden- und Lufthygiene des Bundesgesundheitsamtes (Dahlem) und in der Bismarckstraße in Charlottenburg (Innenstadt) 1963-1984 (in $\mu g/m^2$/Tag) (aus: SENSTADTUM 1985)

2.2.2 Böden

Auch die Böden sind in ihren ökologisch bedeutsamen Eigenschaften in den einzelnen Zonen der Stadt entscheidend verändert worden (Abb. 1.3.2 u. Tab. 3.1). Im Bereich der Forsten (a in Abb. 1.3.2) haben saure Niederschläge, verbunden mit Kiefernmonokulturen, die Versauerung der Böden gefördert; außerdem führten Grundwasserentnahmen teilweise zur Austrocknung der Böden. Im inneren Stadtrandbereich (b in Abb. 1.3.2) sind gedüngte, z.T. entwässerte Acker- (Tafel 1.6), Wiesen- und Rieselfeldböden (Tafel 1.7) sowie stark mit Humus angereicherte Gartenböden (Hortisole; Tafel 1.8) und einzelne kalkhaltige AC-Böden (Pararendzinen; Tafel 1.10) aus Trümmerschutt vertreten. Im Stadtbereich selbst wurde ein großer Teil der Böden abgegraben und mit Gebäuden bzw. Straßen und Plätzen überbaut (c und d in Abb. 1.3.2). Die nicht versiegelten Böden bestehen hier überwiegend aus carbonathaltigen, steinreichen Aufschüttungen (z.B. Tafel 1.11 und 1.12) und sind oft stark verdichtet. Hier haben neben starken Grundwasserentnahmen auch die Aufschüttungen dazu geführt, daß viele der ehemals grundwassernahen, somit feuchten Standorte heute trocken sind (s. z.B. Tafel 1.9). Die Verbreitung der Böden ist der Karte der Bodengesellschaften im Umweltatlas Berlin (SENSTADTUM 1985) zu entnehmen.

Tabelle 2.2.2.1 ist am Beispiel einer sandigen Rostbraunerde zu entnehmen, wie sich verschiedene Nutzungen auf die Eigenschaften eines Bodens ausgewirkt haben. So hat sich die Mächtigkeit des humosen Oberbodens ebenso verändert wie dessen Humusgehalt. Durch Acker-, Garten- und Rieselfeldnutzung erhöhten sich die pH-Werte und gleichzeitig die Nährstoffgehalte (z.B. laktatlösliches K und P). In Kapitel 3 wird näher darauf eingegangen (s. auch GRENZIUS 1986).

Im folgenden sollen die Belastungen Berliner Böden durch Säureeinträge aus der Atmosphäre sowie durch Metalle näher behandelt werden, außerdem die Bodenerosion durch mechanische Belastung. Belastungen mit organischen Schadstoffen sind wiederum an spezifische Nutzungen wie Verkehr, Acker- oder Gartenbau gebunden und werden daher entsprechend in Kapitel 3 kurz behandelt. Der Einsatz von Pestiziden im öffentlichen Grün ist allerdings seit Bekanntwerden der Gefahren dieser Stoffe als Gifte für die Umwelt in Berlin nach § 29 NatSchG Bln verboten.

Säurebelastung der Böden

Böden unterliegen von Natur aus einer Säurebelastung durch Bodenatmung, d.h. Kohlensäureausscheidungen der Pflanzenwurzeln und Bodenorganismen sowie Kohlensäureeintrag mit den Niederschlägen. Das hat in Böden humider Klimate und so auch in Berlin generell zu einer Versauerung geführt, sofern die Böden nicht in ausreichendem Maße Kalk zur Neutralisation enthielten. Der Versauerungsgrad eines Bodens ergibt sich aus seiner Wasserstoffionen-(bzw. Protonen-)Konzentration und wird als pH-Wert gemessen.

Durch "sauren Regen" ist diese natürliche Säurebelastung der Böden aber beträchtlich erhöht worden. GRENZIUS (1984) stellte durch einen Vergleich von

Tab. 2.2.2.1: Anthropogene Einflüsse und Differenzierung von Eigenschaften sandiger Rostbraunerden in ebener Lage Berlins (nach BLUME u. SUKOPP 1976, ergänzt)

Nutzung	Wald Eiche	Wald Kiefer	Forst Kiefer	Straßenrand	Park	Acker extensiv	Acker intensiv	Garten	Rieselfeld Gemüse	Rieselfeld Grünl. Sommerung	Innenstadt Freiflächen	Innenstadt Straßenränder Wege, Bahnkörper
Niederschläge (+ Bewässerung) in mm pro Jahr	früher nährstoffarm, pH 5,6		540	600 u. Spritzwasser	-	pH4 erhöhte NO3-, NH4-, SO4-Gehalte z.T. Beregnung			nähr- und salzreich +200 bis 1000	+1000 bis 4000	< 500 mm, (z.T. Beregnung), pH4 sauer, nährstoffreich	
Temperatur		7,8 - 8,5 °C im Jahresmittel				8,1 - 9,2 °C					8,8 - 9,9 °C	
Anthropogen spezifische Maßnahmen und Belastungen		Pflanzrillen (Umbruch)		Tritt, Staub, Kot Salz, Pb, Cd	schwache	Planieren Bearbeiten organische Düngung Mineraldüngung und Kalkung		starke starke	Planieren		Planieren Überdecken mit (Schutt) Tritt, Staub, Kot	Kies Schotter Salz, Pb, Cd
Anthropogen differenzierte Bodeneigenschaften (unvollständig)												
Streuabbau		schwächer			schwache	stärker						
Ah-Mächtigkeit in cm	< 10		oft > 10	2 - 5	1 - 4	20 - 30	10 - 15	30 - 50	2 - 4	30 - 80	oft < 5	meist fehlend
Humusgehalt in %	4 - 8 %					0,8 - 1,5		1 - 2		3 - 6		meist < 1
- C/N	(3,5 - 4,5)		20 - 40	5 - 8	3 - 6	4 - 5	5,5 - 7,0	5,5 - 6,5		5 - 6	12 - 35	6 - 8
- pH (KCL)			3 - 4			80 - 160	120 - 240	80 - 160		60 - 160	80 - 240	
- Lakt.-K in ppm*			20 - 70			40 - 90	80 - 130	80 - 200		65 - 130	60 - 120	
- Lakt.-P in ppm			10 - 65	1 - 50								1 - 50
- Na. in % S-Wert			< 1			< 1			2 - 4	4 - 8		
Durchfeuchtung gegenüber Wald		schwächer		teils stärker		stärker			sehr stark		(schwächer)?	

*ppm = parts per million

pH-Werten, die 1950 und 1980/81 in Berliner Waldböden gemessen wurden, eine mittlere pH-Absenkung von 1.1 im Oberboden fest (s. auch BLUME 1981). Diese pH-Absenkung ist allerdings teilweise natürlichen Ursprungs. Nach Kahlschlägen während der 40er Jahre dominierte 1950 in den Berliner Forsten Jungholz, während die Bestände heute überwiegend älter sind. Nach Untersuchungen in Schweden erniedrigt sich das pH eines Waldbodens mit zunehmendem Bestandesalter deutlich (HALLBÄCKEN u. TAMM 1985). Dennoch ist von einer zusätzlichen Versauerung Berliner Böden durch "sauren Regen" auszugehen.

Die pH-Werte der Niederschläge lassen erkennen, daß heute ein stärkerer Säureeintrag erfolgt als früher. Regenwasser, das nur mit dem Kohlendioxid-(CO_2-)Gehalt der Atmosphäre im Gleichgewicht steht, sollte einen pH-Wert oberhalb 5.6 aufweisen. Die pH-Werte Berliner Niederschläge liegen aber wesentlich tiefer: im hydrologischen Jahr 1979 bei drei Freilandstandorten (Dahlem, Frohnau, Gatow) z.B. im Mittel bei 4.1-4.2, und unter der Kieferntraufe des Grunewalds sogar bei 4.0 (JAYKODY 1981). Aus 527-559 mm Freilandniederschlag und pH-Werten von 4.1-4.2 ergibt sich ein Protoneneintrag von 0.4 kg/ha·a. Der gleiche Protoneneintrag ergibt sich aus 398 mm Kronentraufe des Waldes mit einem pH-Wert von 4.0: Die teilweise Verdunstung des Regenwassers von den Nadeloberflächen der Bäume hatte also zu einer Säurekonzentration geführt und somit den pH-Wert erniedrigt.

Der wahre Säure- bzw. Protoneneintrag dürfte sogar noch höher liegen, da durch pH-Messungen nur die dissoziierten Protonen erfaßt werden. BARTELS und BLOCK (1985) ermittelten in Westfalen durch Titration des Regenwassers mit einer Lauge einen weiteren Eintrag in ähnlicher Höhe, den sie auf nicht dissoziierte anorganische und organische Säuren zurückführen. Außerdem ist auch der Ammonium-Eintrag (NH_4^+) als indirekter Säureeintrag anzusehen. NH_4^+ wird in belüfteten Böden nämlich rasch durch Nitrifikation zu Nitrat (NO_3^-) oxidiert. Dabei fallen zwei Protonen je Ammonium-Ion an, wenn das gebildete NO_3^- anschließend ausgewaschen wird. Davon ist bei den Berliner Forsten auszugehen. Nach Untersuchungen JAYAKODYs (1981) entsprach der N-Austrag als Nitrat einer Rostbraunerde unter Kiefer mit 1.8 g/m²·a nämlich in etwa dem N-Eintrag der Niederschläge. Der Protoneneintrag der Niederschläge dürfte daher 1979 in Berlin bei 2.8 kg/ha gelegen haben, was einer zur Neutralisation erforderlichen Kalkmenge von 78 kg CaO entspricht (Tabelle 2.2.2.2).

Das Ammonium der Niederschläge ist nach holländischen Untersuchungen überwiegend der Landwirtschaft (Kot und Harn der Weide- und Stalltiere) anzulasten, durch die es mit der Abluft der Ställe sowie beim Lagern bzw. Ausbringen von Jauche und Stallmist als Ammoniak (NH_3) in die Atmosphäre gelangt. Gerade im Berliner Raum dürfte aber auch die Abwasserverrieselung an dieser Luftverschmutzung beteiligt gewesen sein. Die Protonen der Niederschläge sind vor allem auf Salpetersäure (HNO_3) (1979 z.B. 21 kg bzw. 0.3 kg H^+/ha) und Schwefelsäure (H_2SO_4) (1972 z.B. 95 kg bzw. 1.9 kg H^+/ha; KRYZSCH 1979 mdl.) zurückzuführen, die bei der Energiegewinnung aus fossilen Brennstoffen emittiert werden. Sie werden dann in der Atmosphäre teilweise durch das Ammoniak neutralisiert.

Tab. 2.2.2.2: Säureeintrag mit den Niederschlägen in Berlin-Frohnau im Jahre 1979 (Nov. 78-Okt. 79; 539 mm Niederschlag mit 13.8 kg Ammonium (NH_4^+) und mittlerem pH von 4.18; nach Daten aus JAYAKODY 1981)

	H^+	CaO [*]
	kg/ha·a	
Dissoziierte Säuren	0.4	11
Undissoziierte Säure [**]	bis 0.4	bis 11
NH_4^+ nach Nitrifizierung und NO_3^--Auswaschung	2.0	56
Summe	bis 2.8	bis 78

[*] CaO-Äquivalent   [**] geschätzt nach BARTELS u. BLOCK 1985

Die anthropogene Versauerung Berliner Waldböden in diesem Jahrhundert hat die Nährstoff-Auswaschung verstärkt und bei den überwiegend sandigen Böden das Nährstoff-Bindungsvermögen erniedrigt.

Schwermetallbelastung Berliner Böden

Die Schwermetallgehalte von sandigen Sedimenten sind von Natur aus relativ gering. Geschiebemergel weist etwas höhere Gehalte und deutlich höhere Blei-(Pb-), Kupfer-(Cu-) und Zink-(Zn-) Gehalte auf (Tab. 2.2.2.3). Das ist darauf zurückzuführen, daß die groben Kornfraktionen überwiegend aus (metallfreiem) Quarz bestehen und Pb, Cu und Zn zudem relativ stark in Tonmineralen vertreten sind. Nur ein geringer Anteil der Metalle ist potentiell mobilisierbar. Bauschutt weist als künstliches Ausgangsmaterial der Bodenbildung hohe und dabei stark streuende Schwermetallgehalte mit zudem hoher Mobilisierbarkeit auf. Die große Streuung beruht darauf, daß Beimengungen mit hohen Metallgehalten (Tab. 2.2.2.4) unterschiedlich stark vertreten sein können.

Die Oberböden sind im Vergleich zu den Ausgangssedimenten generell stark angereichert (Tab. 2.2.2.3). Das ist bei den Nährstoffen Cu und Zn zunächst darauf zurückzuführen, daß die Pflanzenwurzeln auch dem Unterboden im starken Maße Nährstoffe entziehen, die mit der Streu dann in den Oberboden gelangen. Außerdem werden Metalle über die Niederschläge zugeführt (Tab. 2.2.2.5), und zwar besonders Zn (das u.a. Kraftwerken entstammt, die mit zinkreicher Braunkohle betrieben werden). Waldbäume filtern auch Fe-(Eisen-)/Mn-haltige Stäube, die dann ebenfalls mit dem Tropfwasser auf den Boden gelangen (Tab. 2.2.2.5).

Die Anreicherung von Ackerböden mit Schwermetallen ist zudem auf Düngung, insbesondere mit Phosphatdünger, zurückzuführen.

Tab. 2.2.2.3: Schwermetallgehalte Berliner Böden und Gesteine (Angaben in mg/kg; t: Gesamtgehalte (nach HF/HClO$_4$-Aufschluß), e: EDTA-löslich, d.h. leicht mobilisierbar (Extraktion mit 0,05M EDTA bei pH 7: erfaßt neben den wasserlöslichen und austauschbaren auch die organisch gebundenen Metalle, nicht die silikatisch gebundenen), Pr: Zahl der von 1976-1981 im Fachgebiet Bodenkunde der TU Berlin untersuchten Böden mit jeweils 3-5 Horizonten)

	Pr	Cd		Pb		Cu		Zn	
		t	e	t	e	t	e	t	e
Sedimente Berlins (und entsprechende Sedimente Schleswig-Holsteins)									
Talsand	1	0.11	0.03	9	0.3	2	<0.2	10	1
Geschiebesand	3	0.11-0.13	0.03	10-15	0.7-1.0	2-5	0.7-1.0	11-20	0.5-1.0
Geschiebemergel	4	0.12-0.22	0.03-0.06	12-32	1.0-3.0	10-20	0.3-1.0	40-50	1-3
Torf	2	0.13-0.16	0.09-0.12	5-8	3-5		2-8		5-24
Bauschutt	3	0.1-3	0.03-2.8	50-700	20-600	40-100		400-1500	60-400
Oberböden (0-10cm) Berlins unter									
Wald	3	0.2-0.5	0.04-0.3	50-100	5-60	12-15	4-11	34-39	8-14
Acker	3	0.2-0.4	0.1-0.2	50-100	10-30	21-70	9-31	85-160	30-60
Aue, Moor	3	0.3-2	0.2-1.8	25-180	20-100		8-74		80-190
Park/Friedhof	4		0.8-1.0		25-75		15-25		31-82
Ödland aus Bauschutt	1*-3	0.5-2.2	0.4-2.0	200-1000	120-880	50			180-620
Straßenrand	1**-8	0.3-0.8	0.2-0.4	100-800	80-470			600	180
Bahndamm	1*-2		1.5-5		8-74		30		20-300
Industrieplatz	1*-3		0.9-1.2		70-106		28		160-300
Mülldeponie	2		0.2-0.4		10-20		3-10		8-16
Rieselfeld	3	1-75	1-10	100-1100	80-300	24-49	13-25	180-440	60-210
Tolerierbare Richtwerte (n. KLOKE 1980)	3			100		100		300	

* Cu   ** Zn

Tab. 2.2.2.4: Cu-, Mn-(Mangan-) und Zn-Gehalte des nach Kies- und Steinfraktion sortierten Bauschuttes (aus: BLUME u. RUNGE 1978)

	Anteil %	Cu	Mn	Zn
		----------------mg/kg----------------		
Ziegel	56	30	500	200
Mörtel	31	30	140	300
Kohle	1.4	40	120	9000
Schlacke	4.7	80	1500	300
Kunstprodukte *	6.7	2200	900	24000

* Metalle, Keramik, Glas, Bitumen

Tab. 2.2.2.5: Mittlere Schwermetallgehalte und pH-Werte der Niederschläge, der Kronentraufe und der Abwässer im Jahre 1979 (aus: MESHREF 1981)

Niederschläge	pH	Cu	Fe	Mn	Zn	Wass. mm	je Monat Cu	Fe	Mn	Zn
		——————µg/l——————					——————g/ha——————			
Frohnau	4.18	20	30	40	520	45	9	14	18	217
Gatow	4.12	20	20	20	660	47	9	9	8	290
Dahlem	4.18	40	60	20	1000	42	17	24	10	400
Kronentraufe (Kiefer)										
Grunewald	4.03	30	290	290	410	28	8	74	85	114
Abwasser Gatow (nach Passieren des Absetzbeckens)										
gelöst	8.2	30	160	30	90					
fest		50	950	30	250					

Spezifische Anreicherungen sind schließlich Folge spezifischer Nutzungen (vgl. Kap. 3). So sind Böden der Straßenränder besonders mit Blei angereichert, Bahndämme und Standorte metallverarbeitender Industrie mit Zink und Standorte der Abwasserverrieselung mit Cd, Cu, Pb und Zn. Im Gegensatz zu den natürlichen Gehalten an Metallen sind die anthropogen eingebrachten zu einem hohen Anteil mobilisierbar. Die Pb- und Zn-Gehalte liegen teilweise deutlich über den ökologisch tolerierbaren Richtwerten (Tab. 2.2.2.3). In Bezug auf die Rieselfelder gilt das auch für Cd.

Die Löslichkeit der Schwermetalle im Boden ist stark pH-abhängig: Niedrige pH-Werte bedeuten hohe Löslichkeit, hohe pH-Werte geringe Löslichkeit. Außerdem ist die Löslichkeit umso höher, je höher die Gesamtgehalte an anthropogen eingebrachten Schwermetallen und je geringer die Gehalte an Schwermetalle bindenden Bodenbestandteilen (Humus, Tonminerale, Eisenoxide) sind (HERMS u. BRÜMMER 1984). Böden mit Abwasserverrieselung weisen daher wegen hoher Metallbelastung und gleichzeitig relativ niedrigen pH-Werten besonders hohe Gehalte an mobilem, d.h. direkt wirksamem Cd, Pb und Zn auf (Tab. 2.2.2.6).

Schwermetallbelastungen der Böden sind generell problematisch und sollten daher künftig unbedingt vermieden werden. Trotzdem bestehen Unterschiede in der Empfindlichkeit der Böden. Vor allem sandige Waldböden sind wegen ihrer extrem starken Versauerung als sehr empfindlich gegenüber Schwermetallkontaminationen anzusehen (Tab. 2.2.2.7).

Tab. 2.2.2.6: Gehalte an austauschbaren (incl. wasserlösliche) Schwermetallen in typischen Böden (aus: BLUME u. HELLRIEGEL 1981, MESHREF 1981)

Tiefe (cm)	0 - 10				50 - 60			
	Cu	Zn	Pb	Cd	Cu	Zn	Pb	Cd
				mg/kg				
Waldböden	0,6	3	4	0,05	0,1	0,4	0,5	0,02
Ackerböden	1,0	4	4	0,06	0,1	0,3	0,4	0,03
Straßenrandböden			10	0,15			0,6	0,04
Rieselböden	0,8	8	30	4	0,4	1,7	9	0,2
Bauschuttböden			20	0,08			3	0,02

* Extraktion mit 1N NH_4-Azetat bei pH 7

Tab. 2.2.2.7: Empfindlichkeiten Berliner Böden gegenüber Schwermetallkontaminationen (aus: BLUME 1985)

	Körnung	pH (CaCl$_2$)	Empfindlichkeit
Sandige Waldböden	(x) S	2.8 -↓ 4.5	sehr hoch
Lehmige Waldböden	lS - sL	3.2 -↓ 7.0	hoch
Sandige Auenböden	S	4 - 6	sehr hoch
Rieselfeldböden	lS - sL	5	sehr hoch
Sandige Ackerböden	(x) S	4.5 - 5.5	hoch - mittel
Lehmige Ackerböden	lS - sL	5.5 - 6.5	mittel - mäßig
Garten-/Park-Böden	(x) S - sL	4 - 7	hoch - mäßig
Bauschuttböden	x̄S	6.8 - 7.5	gering - mittel
Straßenrandböden	xS - lS	8.5 → 5.5	gering → mittel
Industrieböden	S - L	bis 11	gering - hoch

L Lehm, l lehmig
S Sand, s sandig
x steinig
() schwach, ⁻ stark
↓ zunehmende Profiltiefe
→ zunehmender Abstand zur Straße

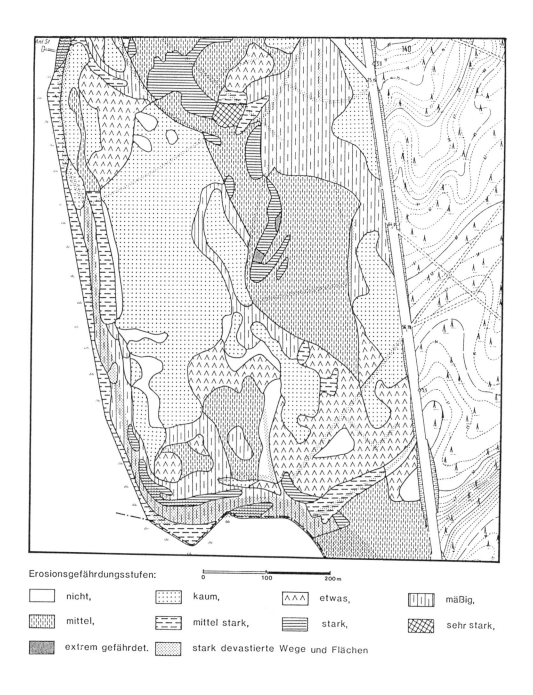

Abb. 2.2.2.1: Karte der Devastierung und Erosionsgefährdung des Grunewaldes (Ausschnitt am Kuhhorn; aus: PACHUR u. SCHULZ 1983)

Erosionsbelastung Berliner Böden

Infolge stärkerer Hangneigungen sind viele Böden der Dünen- und Stauchmoränenbereiche potentiell erosionsgefährdet, und zwar insbesondere feinsandige Rostbraunerden (Tafel 1.2). Während der letzten Jahrzehnte kam es in den Wäldern zu stärkeren Erosionsschäden. Verursacht wurde dies durch Kahlschläge insbesondere nach Kriegsende, Schädigung der Bodenvegetation durch Tritt sowie durch Militärfahrzeuge. Eine besonders intensive Erosion, die teilweise zu vollständigem Abtrag der Böden führte, fand im Nordwestteil des Tegeler Forstes, den Baumbergen, die als Truppenübungsplatz dienen, statt. Große Unterschiede in der Mächtigkeit der Bodenhorizonte sowie viele fossile A-Horizonte lassen erkennen, daß die Berliner Wälder auch in früheren Jahrhunderten unter Bodenerosion litten. Die Erosionsgefährdung des Grunewaldes wurde 1974/75 nach folgendem Schema kartiert (s. Tab 2.2.2.8); einen Ausschnitt dieser Karte zeigt Abbildung 2.2.2.1.

Tab. 2.2.2.8: Erosionsgefährdungsziffer nach Körnung und Gefüge im Oberboden unter Berücksichtigung der Vegetationsdecke und der Hangneigung (aus: BLUME u.a. 1976)

Bodeneigenschaften Humusgehalt Gefügeform Bodenart	a humos krümelig lS-L	b humos grisig S-sL	c humusarm singulär S
Vegetationsbedeckung %	0 - 10 - 30 - 100	0 - 10 - 30 - 100	0 - 10 - 30 - 100
Hangneigung in Grad			
< 4	2 1 0	3 2 0	4 3 1
4 - 16	4 3 1	5 4 2	6 5 3
16 - 35	6 5 3	7 6 4	8 7 5
> 35	8 7 5	9 8 6	10 9 7

Gefährdung: 0 u. 1 nicht, 2 kaum, 3 etwas, 4 mäßig, 5 mittel, 6 mittel stark, 7 stark, 8 sehr stark, 9 u. 10 extrem

2.2.3 Gewässer

Das Berliner Urstromtal mit 40-55 m mächtigen Sanden enthält so reichliche Grundwasservorräte, daß darauf die Wasserversorgung Berlins aufgebaut werden konnte. Zudem ist die Lage an Spree und Havel, besonders seit dem Ausbau eines ausgedehnten Kanalnetzes, für Verkehr und Handel günstig. Heute sind die Berliner Gewässer aufgrund ihrer Attraktivität zu großer Bedeutung für die Erholung der Bevölkerung gelangt.

2.2.3.1 Grundwasser

In den letzten Jahrzehnten führten die zunehmenden Nutzungen im Stadtgebiet von Berlin (West) zu weitreichenden und folgenschweren Veränderungen der Grundwasserstände.

Bis 1885 herrschten kleinstädtische Wirtschaft und hoher natürlicher Grundwasserstand. Ab 1886 bewirkte die Entwicklung zur Groß- und Industriestadt bis 1939 tiefen Grundwasserstand infolge künstlicher Eingriffe. Von 1940 bis 1950 stagnierten Wirtschaft und große Bauprojekte, so daß das Grundwasser zum natürlichen hohen Stand anstieg. Seit 1950 führten Wiederaufbau und Weiterentwicklung Berlins mit künstlichen Eingriffen zu ständig weiter sinkendem, tieferem Grundwasserstand.

Grundwasserabsenkungen wurden durch Meliorationsprojekte und Torfabbau im 18. Jahrhundert eingeleitet (Hopfenbruch, Moore). Im 19. und 20. Jahrhundert traten Veränderungen im Gefolge der Kanalisierung von Oberflächengewässern auf (z.B. Bäketal durch Teltowkanalbau). In neuerer Zeit spielen die Entnahme von Grundwasser, Versiegeln von Flächen und Ableiten des Niederschlagswassers, Aufschütten von Niederungen und Verrohren von Gräben die größte Rolle.

Von Bedeutung für die Wasserstände sind die ständigen Grundwassernutzungen durch die Berliner Wasserwerke seit Ende des 19. Jahrhunderts und durch die Versorgungsanlagen des Gewerbes und der Industrie sowie die vorübergehenden Grundwassersenkungen bei Baumaßnahmen (vgl. KLOOS 1977 sowie SENSTADTUM 1980-88). Die weitreichenden Absenkungstrichter der Berliner Wasserwerke haben seit Jahrzehnten einen quasistationären Zustand erreicht (BRÜHL 1981). Die Entnahme wird durch Versickerung von Niederschlägen, Uferfiltrat und künstliche Grundwasseranreicherung bisher nicht vollständig ausgeglichen.

Die Grundwasserabsenkung im Bereich der östlichen Grunewaldseen begann 1892/93 mit der Inbetriebnahme des Wasserwerks Beelitzhof. 1907 wurde eine Brunnengalerie am Nikolassee gebaut. Die Folgen der Grundwasserentnahme zeigten sich ab 1908: der Nikolassee fiel trocken und der Riemeistersee verlandete völlig. Der Seespiegel des Schlachtensees sank um zwei Meter und der der Krummen Lanke um einen Meter. Als Ausgleich wurde ab 1913 Havelwasser durch eine Rohrleitung in den Schlachtensee gepumpt. Da der Grundwasserspiegel unterhalb des Seespiegels lag, stellten die südlichen Grunewaldseen natürliche Versickerungsbecken dar. In den folgenden Jahren veränderte sich der Grundwasserspiegel nahezu auf den Stand von 1890, wurde aber in den darauffolgenden Jahren wieder kontinuierlich abgesenkt. Das wurde durch die Inbetriebnahme des Wasserwerks Riemeisterfenn im Jahre 1954 (WAHNSCHAFFE u.a. 1912, KELLER 1916, 1918, KOEHNE 1925, KLETSCHKE 1977) verstärkt.

Da Wassergewinnungsanlagen unter anderem aus Gründen der Wasserqualität vorrangig in Waldgebieten errichtet werden, hat die großflächige Erschließung von Grundwasserreservoiren in verschiedenen Gebieten zu schwerwiegenden Eingriffen in Wälder geführt.

Folgen von Grundwasserabsenkungen in Wäldern und Parken zeigen sich als Bestandsschäden (Zuwachsverluste, die zunächst durch vorzeitigen Laubfall, Zopftrocknis und Schädlingsbefall auffallen) oder als Standortschäden, die nach der Absenkung als bleibende Verschlechterung der Leistungsfähigkeit der Standorte auftreten.

Das Ausmaß der Schäden hängt vor allem vom Anteil des Grundwassers an der Gesamtversorgung der Pflanzen ab. Grundwasserabsenkungen schädigen diejenigen Bäume, deren Wurzelsysteme zuvor Grundwasserkontakt hatten. Schwarz-Erle (*Alnus glutinosa*) und Eichen (*Quercus robur* und *Q. petraea*, besonders alte) reagieren empfindlich auf Grundwasserabsenkungen.

Im Spandauer Forst hat sich die Grundwasserabsenkung vor allem auf die flachen, vermoorten Senken ausgewirkt: Ohne hoch anstehendes Wasser wurde der Torf nicht mehr konserviert; mit dem Sauerstoffeintritt begann der mikrobielle Abbau der organischen Substanz, der Torf vererdete, Moor wurde zu Anmoor, Nährstoffe wurden freigesetzt, Großseggen-Gesellschaften wurden durch Erlenbruchwälder und deren Gebüschpioniere abgelöst. Wo der Torfkörper mächtiger war und Anschluß an das Grundwasser behielt, kam es zumindest zu einer Moorsackung. Das ist beispielsweise an den Rändern des Teufelsbruchs an freiliegenden Erlen-Stelzwurzeln abzulesen, ebenso wie Vererdung der dort flachen Torfschichten beobachtet werden kann. Bereits 1925 hatte HUECK darauf hingewiesen, daß durch die Tätigkeit der Wasserwerke den Mooren in einem Umkreis von 15 km um Berlin die nasse Randzone verloren gegangen war (HUECK 1925).

Einfluß auf Böden und Vegetation der Havelufer hat der Betrieb von Brunnengalerien im Uferbereich (vgl. Kap. 3.2.1). Durch Grundwasserentnahme werden die meisten Uferstrecken derart verändert, daß hier nicht das natürliche Gefälle vom Grundwasser zur Havel vorliegt, sondern der Fluß das Grundwasser speist (STAUDACHER 1977). In der Nähe von Brunnengalerien der Wasserwerke kommt es selbst in unmittelbarer Nachbarschaft der Havel zu starker Austrocknung im Wurzelraum der Pflanzen.

Durch die allgemeine Senkung des Grundwasserspiegels sind Quellen im Berliner Raum - mit Ausnahme der Osterquelle in Lübars (BÖCKER 1978) - nicht mehr zu finden. Früher gab es z.B. eine Vielzahl von Hangquellen am Ostufer der Havel (ASSMANN 1957).

Wegen der geringen Niederschläge in Berlin (vgl. Abb. 2.2.1.6) ist Grünlandnutzung überwiegend an Standorte mit Grundwassereinfluß, vor allem in den Bach- und Flußtälern, gebunden. Alle Bachtäler, mit Ausnahme des Tegeler Fließtales (vgl. Kap. 3.2.3), sind entwässert, alle Spree- und Havelwiesen, mit Ausnahme der Tiefwerder Wiesen, sind aufgeschüttet worden. Das Grünland feuchter Lagen hat daher besonders starken Rückgang erfahren. Die früher weit verbreiteten Feuchtwiesen wurden von dem größten Teil ihrer Wuchsgebiete verdrängt. Bei den Blütenpflanzen ist ein Artenpotential von 65 Nässe- und Feuchtezeigern der Feuchtwiesen davon betroffen.

In bebauten Gebieten kommt es zur Anreicherung von gelösten Stoffen im Grundwasser. Dort sind die Konzentrationen wesentlich höher als im Grundwasser geochemisch vergleichbarer, aber naturnaher Gebiete.

2.2.3.2 Oberflächengewässer

Spree und Havel dienen seit dem Mittelalter dem Schiffsverkehr als Wasserstraßen. Im Jahre 1981 kamen 19.000 beladene Frachtschiffe mit 3.6 Mio. t Ladung nach Berlin (West) oder durchquerten die Stadt. Um diese Kapazitäten aufnehmen zu können, wurde ihr Bett vertieft, die Ufer begradigt, und sie wurden durch den Bau von Kanälen (z.B. Landwehr- und Teltowkanal) ergänzt (vgl. Kap. 3.2.2). Auf diese Weise entstanden Wasserstraßen von heute insgesamt 125 km Länge.

Der Teltowkanal und die Spree dienen als Vorfluter für die beiden Klärwerke Marienfelde und Ruhleben in Berlin (West) und andere südlich Berlins gelegene Klärwerke. Seit Sommer 1986 werden mit der Inbetriebnahme der letzten Ausbaustufe des Klärwerks Ruhleben 60 % des West-Berliner Abwassers in der Stadt selber geklärt. Der Rest wird in Klärwerken und auf südlich von Berlin gelegenen Rieselfeldern gereinigt. Die Rieselfelder nördlich Berlins sind seit Anfang 1986 außer Betrieb und wurden aufgeforstet, während die Gatower Rieselfelder (vgl. Kap. 3.9.3) als Feuchtgebiete erhalten werden sollen.

An den Ufern des Tegeler Sees, der Havel und der Grunewaldseenkette liegen 406 Trinkwasserbrunnen, aus denen über 192.7 km^3 Trinkwasser jährlich gefördert werden (1982). Der Verbrauch liegt bei rd. 140 l pro Person und Tag. Ein Teil des Trinkwassers besteht aus Uferfiltrat, dessen Förderung erheblichen Einfluß auf die Röhrichtbestände an der Havel bzw. den Wasserstand der Grunewaldseenkette hat (vgl. Kap. 2.2.3.1).

Mehrere Kraftwerke nutzen das Wasser der Spree, der Havel und des Teltowkanals zu Kühlwasserzwecken.

Auch für die Sportfischerei sind die Berliner Gewässer von Bedeutung, etwa 15.500 Sportfischer gehen dem Fischfang in Berlin nach. Die Berliner Gewässer werden vom Fischereiamt Berlin bewirtschaftet, z.B. durch Besatzmaßnahmen von wirtschaftlich bedeutenden Fischen oder durch Abfischen der von Anglern wenig geschätzten Weißfischbestände.

Größte Bedeutung haben die Berliner Gewässer für die Erholung und Freizeitgestaltung der Bevölkerung mit all ihren Möglichkeiten wie Spazierengehen, Baden, Surfen, Rudern, Segeln, Paddel-, und Motorbootfahren. In einem Ballungsraum wie Berlin drängen sich im Sommer an den Wochenenden Tausende von Erholungssuchenden auf den Gewässern und an deren Ufern, die dadurch in Mitleidenschaft gezogen werden. Die Havel ist das von Sportbooten am stärksten genutzte Wassersportgebiet Europas. Der Bestand an Sportbooten in Berlin wird auf über 40.000 geschätzt. Wenn diese alle gleichzeitig unterwegs wären, stünde jedem Boot eine Wasserfläche von nur etwa 23 x 23 m^2 zur Verfügung.

Kleinere Bäche fielen dem Bau der Kanäle zum Opfer. Andere wurden nach Verrohrung zugeschüttet oder als Vorfluter für Straßenabflüsse sowie früher als Abflüsse für häusliche und gewerbliche Abwässer ausgebaut. In diesem Jahrhundert diente dann beispielsweise das Tegeler Fließ der Entwässerung von Abwasserverrieselungsflächen.

Von 122 Pfuhlen, die es allein in Tempelhof, Mariendorf und Britz gab (GERSCHKE 1962, SCHMIDT 1969), blieben nur 24 erhalten. Das Zuschütten und Einebnen der meisten Pfuhle war eine Folge der Austrocknung nach Grundwasserabsenkung. Von den Pfuhlen in den Ackerfluren der Moränenlandschaften verschwanden viele seit dem Mittelalter, andere wurden erst in diesem Jahrhundert verfüllt (z.B. in Neukölln 56 von 66, WILLE 1975) (vgl. Kap. 2.1). Andererseits wurden seit dem Mittelalter auf den Moränenplatten Teiche als Viehtränken und Mergelgruben, im Urstromtal als Kies-, Sand- und Tongruben sowie Torfstiche künstlich geschaffen. Auch der Gestaltung von Parkanlagen sind Seen unterschiedlicher Größe zu verdanken, z.B. der Neue See im Tiergarten oder erst vor wenigen Jahren die Seen des Bundesgartenschaugeländes in Mariendorf, dem heutigen "Britzer Garten".

Die vielfältige Nutzung der Berliner Gewässer hat zu einer starken Beeinträchtigung des Gewässerzustandes geführt (vgl. Kap. 2.2.5 u. 3.2.1). Das Hauptproblem ist die hohe Belastung mit Nährstoffen wie Phosphat und Nitrat, die zu hoher Primärproduktion und starken sommerlichen Algenblüten führen. Infolge des Zusammenbruches dieser Blüten kommt es bei den geschichteten Seen im Hypolimnion zu starken Sauerstoffdefiziten bis hin zur Entwicklung von Schwefelwasserstoff. Bei kleinen Landseen und den Pfuhlen ist die starke Verschlammung das Hauptproblem.

Die vielfältigen Ansprüche an die Berliner Gewässer machen es notwendig, für alle Gewässerbereiche geeignete Sanierungskonzepte zu erarbeiten und zu verwirklichen. Umfangreiche Sanierungsmaßnahmen für den Tegeler See, den Flughafensee, die Havelseenkette, die Grunewaldseen, die meisten der übrigen Landseen und für einige verbaute Fließgewässer sind teilweise bereits durchgeführt oder in Angriff genommen worden. Dazu gehören der Bau dritter Reinigungsstufen in den Klärwerken von und um Berlin, der Bau von Phosphateliminationsanlagen in Tegel und im Wasserwerk Beelitzhof, ingenieurbiologische Baumaßnahmen zum Schutze des Röhrichtes an der Havel und am Tegeler See, die Entschlammung der Landseen und der naturnahe Ausbau ehemals verbauter Fließgewässer.

Die Änderung wasserrechtlicher Vorschriften, wie z.B. die in der Wassersportsaison 1988 in Kraft getretene Herabsetzung der Höchstgeschwindigkeit für Sportboote auf der Havel von 25 km/h auf 7,5 km/h im Abstand von 100 m vom Röhricht und für Frachtschiffe generell auf 12 km/h, könnten einen positiven Einfluß auf die Entwicklung der Ufervegetation haben.

2.2.4 Flora und Vegetation

Unter natürlichen Verhältnissen war und ist das Berliner Gebiet - wie der überwiegende Teil von Mitteleuropa - ein Waldgebiet, bedingt durch ein baumfreundliches Klima, in dem es keine längeren Dürreperioden gibt. Die wichtigsten bestandbildenden Bäume sind die Eichen (*Quercus petraea* und *Q. robur*), die Wald-Kiefer (*Pinus sylvestris*) und die Schwarz-Erle (*Alnus glutinosa*). Die Schwerpunkte ihrer Verbreitung in der Naturlandschaft ergibt die Gliederung der Wuchslandschaften in Tabelle 2.2.4.1.

Tab. 2.2.4.1: Wuchslandschaften Berlins

		Ausgangssubstrat	Bodenform	ursprüngliche Verbreitung	erhaltene Reste d. Naturlandsch.	land- u. forstwirtschaftl. Nutzung	Nutzung für Siedlungszwecke
Kiefern-Eichen-Waldlandschaft	grundwasserfern	Sande der Moränen u. Kames sowie Talsande (Eiszeit) und Dünen (Nacheiszeit)	sandige Rostbraunerden	Hochflächen, höher gelegene Teile des Berliner Urstromtales	Grunewald, Tegeler Forst	Forsten; wenig Äcker, nur Winterroggen und Kartoffeln	vorwiegend Wohnsiedlungen am Rande des zusammenhängend bebauten Gebietes (E. 19./20. Jh.)
	grundwassernah	Talsande (Eiszeit)	sandige Grundwasserböden	Berliner Urstromtal	Teile des Spandauer Forstes	Grünland, Forsten	älteste städtische Bebauung (seit 13. Jh.)
Eichen-Hainbuchenwald-Landschaft		Geschiebemergel der Grundmoränen (Eiszeit)	lehmige Parabraunerden	Hochflächen (Teltow, Barnim, Nauener Hochfläche)	keine; stark verändert und kleinflächig in Gutsparken (Marienfelde, Britz)	seit Jahrhunderten Ackernutzung u. Feldgemüsebau. Auf Äckern außer Winterroggen u. Kartoffeln auch Luzerne, Weizen u. Gerste	viele alte dörfliche Siedlungen, später bevorzugtes Gebiet städtischer Bebauung. Auf restl. Ackerflächen jetzt Großsiedlungen (Britz, Buckow, Rudow Marienfelde)
Ulmen-Auenwald-Landschaft		Flußsande (Nacheiszeit) Talsande	sandige Grundwasserböden, Anmoor	Havel- u. Spreetal, Tegeler Fließtal	Pfaueninsel, Havelufer z.T.	Grünland	nach Aufschüttungen (z.B. ges. unt. Spreetal) Standort f. Großindustrie (20. Jh.)
Wollgras-Moorlandschaft		Torf	Nieder-, Übergangs- u. Hochmoor	Grunewaldmoore, Teufelsbruch/Spandau	nur in Naturschutzgebieten	Torfgewinnung	nach Ausbaggerung zu Seen (Diana-, Königs-, Hertha- u. Hubertussee, Waldsee in Zehlendorf) Bebauung d. Ufer mit Villen (19./20. Jh.)

Die Tabelle zeigt die Abhängigkeit von Ausgangssubstraten und Bodenformen sowie die Veränderungen durch historische und aktuelle Nutzungen.

Den beschriebenen Veränderungen von Klima, Böden und Gewässern entsprechen Veränderungen in der Zusammensetzung der Vegetation und Tierwelt. Der städtische Charakter ist um so spezifischer geprägt, je größer eine Stadt ist und je weiter man von der Peripherie ins Stadtzentrum vordringt. Als Methoden zur Analyse derartiger Einflüsse wurden Analysen eines Gradienten Stadtrand-Innenstadt (SUKOPP 1968, KUNICK 1982, KOWARIK 1988), Stadt-Land-Vergleiche und Stadt-Stadt-Vergleiche (KUNICK 1981) benutzt.

Die einheimische und alteingebürgerte Flora zeigt in der Umgebung von Großstädten und in Industriegebieten einen besonders starken Rückgang (Tab. 2.2.4.2). Seine Dokumentation erfolgt weltweit und in der Bundesrepublik Deutschland in "Roten Listen gefährdeter Pflanzen und Tiere". Nach dem Vorbild der "Red Data Books" der IUCN (International Union for Conservation of Nature and Natural Ressources) werden im deutschen Sprachbereich Zusammenstellungen gefährdeter Arten als "Rote Listen" bezeichnet und durch die zusätzliche Angabe, um welche Pflanzen- oder Tiergruppe es sich handelt, näher bestimmt. Beurteilt wird die Gefährdung nach den Veränderungen des Floren- und Faunenbestandes während der genauer bekannten letzten 100-150 Jahre. Historische Texte, die sich auf die Gefährdung von Gruppen beziehen und somit als Vorläufer von Roten Listen angesehen werden können, finden sich für Farn- und Blütenpflanzen bereits bei GRAEBNER (1909).

Die Gefährdungskategorien gelten für Pflanzen und Tiere und ermöglichen so die für statistische Zwecke erforderliche Vergleichbarkeit.

Von den 1.243 in Berlin (West) wildwachsenden Farn- und Blütenpflanzen (Indigene, Archäophyten und Neophyten) (SUKOPP u. ELVERS 1982) sind 598 Arten erloschen, verschollen oder gefährdet; das entspricht 48,1 %. Betrachtet man nur die Indigenen und Archäophyten (n = 1.006), wie es in fast allen anderen "Roten Listen" der Bundesrepublik getan wird, so sind sogar 54,3 % der Arten erloschen, verschollen oder gefährdet, wie Tabelle 2.2.4.3 zeigt.

In einer Großstadt ist es jedoch ratsam, auch die Neophyten in die "Rote Liste" einzubeziehen, da sie gerade in Städten ein quantitativ und qualitativ wichtiger Bestandteil der Flora sind. In Berlin (West) sind beispielsweise in der Zone geschlossener Bebauung (vgl. Abb. 2.2.4.2) ca. 1/4 aller vorkommenden Farn- und Blütenpflanzen Neophyten (KUNICK 1974). Da bei den Blütenpflanzen Neophyten weniger gefährdet sind als Archäophyten und insbesondere Indigene, wird der Anteil der Neophyten unter den aktuell vorhandenen Pflanzen der Innenstadt in Zukunft wahrscheinlich sogar noch zunehmen. Besonders stark eingeschränkt werden stenöke Arten, d.h. Organismen, die keine große Schwankungsbreite von Umweltfaktoren ertragen, sondern an ganz bestimmte Temperatur-, Feuchtigkeits-, Licht- oder Nährstoffverhältnisse angepaßt sind und daher nur in bestimmten Lebensräumen vorkommen.

Der Gefährdungsgrad der Berliner Farn- und Blütenpflanzen liegt zwar deutlich über dem Durchschnitt der Bundesrepublik und der einzelnen Bundesländer, hebt sich aber nur wenig von dem Brandenburgs ab. In Stadtstaaten ist prinzipiell mit einer höheren Gefährdung der Flora zu rechnen, da das Gebiet und damit auch der Lebensraum kleiner ist und somit kritische Bestandesgrößen eher erreicht werden als in Flächenstaaten sowie Anzahl, Intensität und Überlagerung der Eingriffe in Natur und Landschaft pro Fläche im Vergleich zu den Flächenstaaten zumeist größer, höher bzw. bedeutender sind. Der hohe Anteil erloschener und verschollener Arten in Städten dürfte darauf zurückzuführen sein, daß die überbaute Fläche in den letzten 150 Jahren innerhalb der Stadtgebiete sehr stark zugenommen hat, mithin die Standorte vieler schon früher seltener Arten definitiv vernichtet worden sind.

Tab. 2.2.4.2: Auswertung der "Roten Listen" Berlins mit Angabe von Artenzahlen und Gefährdungsgraden einzelner Organismengruppen und Vergleichswerten für das Bundesgebiet (aus: SUKOPP u. ELVERS 1982, verändert)

Gruppe	Artenzahl BRD	gefährdet A.1 - A.4 abs.	%	Artenzahl Berlin abs.	%BRD	gefährdet A.1 - A.4 abs.	%
Farn- und Blütenpflanzen	2667	822	31	1243	47	598	48
Makromyzeten	3000[1]			1000	30		
Flechten (epiphytisch, epigäisch)				52		49[2]	94
Säugetiere	87	52	60	51	59	27	53
Vögel	238	137	58	135	57	69	51
Reptilien	12	8	67	6	50	6	100
Amphibien	19	11	58	12	63	10	83
Fische[3]	70	52	74	29	41	21	71
Großschmetterlinge	1420	518	36	773	54	430	56
Zünsler				131		76	58
Laufkäfer				257		95	37
ausgewählte Heteroptera	314			194	62	82	42
Springschrecken	80	31	39	49	61	29	59
Libellen	70	36	51	54	77	27	50
Hornmilben	400[4]			150	38		
Webspinnen	1000			436	44		
Muscheln	95	18	19	11	12	2[5]	18
Schnecken	384	146	38	101	26	19[5]	19

[1] Artenzahl Mitteleuropa; [2] Kategorien zerstreut, selten, sehr selten; keine Rote Liste; [3] Süßwasserfische, Berlin (West) nur einheimische; [4] Artenzahl BRD und DDR; [5] Für den Artenschutz vorgeschlagen; keine Rote Liste

Von den insgesamt 397 Arten von Moosen sind 33 % verschollen oder ausgestorben, 13 % akut vom Aussterben bedroht, 10 % stark gefährdet, 11 % gefährdet und 10 % potentiell gefährdet. Der Anteil verschollener bzw. ausgestorbener und gefährdeter

Arten ist bei den Lebermoosen mit 91 % wesentlich höher als bei den Laubmoosen mit 72 %. Die Hauptgefährdungsursachen sind Grundwasserabsenkung (vgl. Kap. 2.2.3.1) und Luftverschmutzung (KLAWITTER u. SCHAEPE 1985).

Tab. 2.2.4.3: Verteilung der indigenen und archäophytischen Farn- und Blütenpflanzen auf die Gefährdungskategorien (aus: AUHAGEN u. SUKOPP 1982)

1.1 erloschen oder verschollen	1.2 vom Erlöschen bedroht	2 stark gefährdet	3 gefährdet	4 potentiell gefährdet	Summe 1.1 - 4
% 112 (11,1)	% 145 (14,4)	% 181 (18,0)	% 103 (10,2)	% 5 (0,5)	% 546 (54,3)

Die Erhaltung der Arten ist am zuverlässigsten in ihrem natürlichen Lebensraum möglich. Deswegen hat die Erhaltung der Lebensräume (Biotope) Vorrang vor allen anderen Maßnahmen des Naturschutzes.

Ursache für Ausrottung und Rückgang heimischer sowie für die Ausbreitung fremder Arten ist überwiegend der Mensch. Im Vordergrund stehen die Auswirkungen von anthropogenen Umweltveränderungen. Von direkten Eingriffen in die Bestände sind nur bestimmte Pflanzen- und Tiergruppen betroffen (u.a. Arzneipflanzen, eßbare Pilze, jagdbare Tiere).

Für Farn- und Blütenpflanzen dürften in Berlin (West) folgende Ursachen für den Rückgang ausschlaggebend sein (vgl. Abb. 2.2.4.1):

1. Bebauung (vgl. SUKOPP 1966) und damit Versiegelung des Bodens (vgl. SENSTADTUM 1985, Karte 01.02.)
2. Grundwasserabsenkung (vgl. SUKOPP 1981)
3. Gewässereutrophierung (vgl. SUKOPP U. KUNICK 1969)
4. Bodeneutrophierung (vgl. BERGER-LANDEFELDT u. SUKOPP 1965, SUKOPP 1959/60, BLUME u.a. 1979b).

Die am stärksten gefährdeten Biotope und Biozönosen von Berlin (West) sind Gewässer, oligotrophe Moore und Ruderalfluren. Erst dann folgen Trocken- und Halbtrockenrasen und mesophile Fallaubwälder.

Insgesamt weisen Städte jedoch nicht geringere Artenzahlen als Gebiete im Umland mit vergeichbarer Größe auf; bei Städten mit mehr als 50.000 Einwohnern registriert man bei Farn- und Blütenpflanzen sogar deutlich höhere Artenzahlen (HAEUPLER 1974). Ähnliche Verhältnisse gelten für zahlreiche Gruppen wirbelloser Tiere, fürBrutvögel und für Säugetiere mit Ausnahme großer Fleischfresser (Carnivoren). Ursachen für die hohen Artenzahlen in Städten sind:

- Die starke Heterogenität des Lebensraumes Stadt aus verschiedenen Siedlungsstrukturen, eine Vielzahl von Flächennutzungen und vielen Kleinstandorten schafft viele spezifische ökologische Nischen.
- Städte sind Ausgangspunkt der Verbreitung und Häufigkeitszentren von Arten, die nur infolge direkter oder indirekter Mithilfe des Menschen in das Gebiet gelangt sind. Mit steigender Siedlungsgröße nimmt durch Handel und Verkehr der Anteil nicht-einheimischer Arten an der Flora zu.

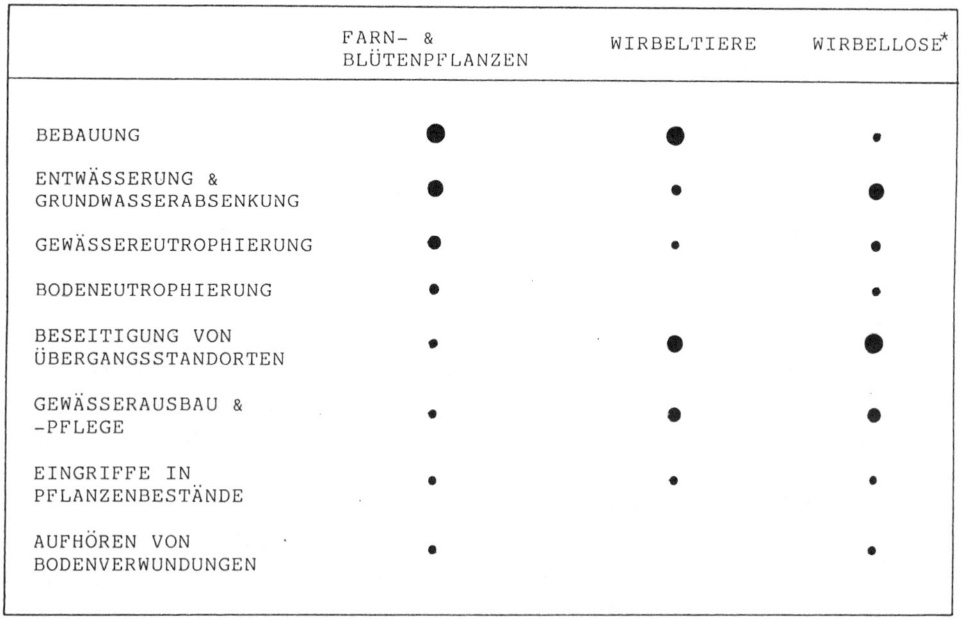

	FARN- & BLÜTENPFLANZEN	WIRBELTIERE	WIRBELLOSE*
BEBAUUNG	●	●	•
ENTWÄSSERUNG & GRUNDWASSERABSENKUNG	●	•	●
GEWÄSSEREUTROPHIERUNG	●	•	●
BODENEUTROPHIERUNG	●		•
BESEITIGUNG VON ÜBERGANGSSTANDORTEN	•	●	●
GEWÄSSERAUSBAU & -PFLEGE		●	●
EINGRIFFE IN PFLANZENBESTÄNDE	•	•	•
AUFHÖREN VON BODENVERWUNDUNGEN	•		•

Abb. 2.2.4.1: Ursachen für den Artenrückgang in Städten mit Einschätzung ihrer Bedeutung (ausgedrückt durch die Größe der Kreise) für verschiedene Organismengruppen; (*nur epigäische Arten); (nach SUKOPP u. ELVERS 1982, ergänzt aus: KOWARIK 1985)

Einwanderung und Einbürgerung neuer Arten erfolgen nicht kontinuierlich, sondern in neuer Zeit vermehrt und beschleunigt. Nach SCHOLZ (1960) gab es in Berlin 1787 20, 1884 51 und 1959 79 eingebürgerte neuzeitliche Ruderalpflanzen, also Arten, die speziell an Siedlungen gebunden sind (vgl. Abb. 2.1.5). Seit der industriellen Revolution hat sich die Bedeutung der Städte als Einbürgerungszentren wesentlich erhöht. Der größte Teil der Neuankömmlinge (Neophyten) hat sein Verbreitungsoptimum in Städten und Industriegebieten, wogegen viele Archäophyten, die als "Ackerunkräuter" eingewandert sind, ihr Verbreitungsoptimum in ländlichen Gebieten haben. Die Bindung ruderaler Arten an menschliche Siedlungen ist um so ausgeprägter, je weiter sie sich von ihrem geographischen Ursprungsort entfernt haben (SAARISALO-TAUBERT 1963). In Mittel- und Nordeuropa haben von den Arten, die alte Siedlungsgebiete bevorzugen, die meisten eine südliche Herkunft. Ihre Ansiedlung in gemäßigten Gebieten Europas wird erst durch das Klima der menschlichen Siedlungen ermöglicht, wobei mikroklimatisch günstige Standorte eine große Rolle spielen.

So besiedelt der wärmeliebende, aus Ostasien stammende Götterbaum (*Ailanthus altissima*) (vgl. Kap. 3.7) im Mittelmeergebiet ein breites Spektrum von naturnahen bis zu städtischen Standorten, das sich von Süden nach Norden immer mehr in Richtung auf wärmebegünstigte innerstädtische Standorte verengt (KOWARIK 1983).

Wichtig in diesem Zusammenhang ist die Verbreitungsbiologie der Pionier- und Ruderalarten. Sie sind in der Mehrzahl Windwanderer und können deshalb Flächen erreichen, die eine isolierte Lage haben, wie es für die innerstädtischen Freiflächen typisch ist.

Umweltveränderungen und Transport von Pflanzen und Tieren allein können den Wechsel in der Artenzusammensetzung städtischer Flora und Fauna nicht erklären. Häufig kommen genetische Veränderungen der Organismen hinzu, die erst eine großräumige Ausbreitung in Städten ermöglichen (SUKOPP 1972). "Verstädterung" ist besonders bei zahlreichen Vogelarten bekannt, "Industriemelanismus" bei Schmetterlingen.

Trotz rascher Veränderungen von Flora und Fauna bilden sich standortbedingte, regelmäßig wiederkehrende Kombinationen von Organismen, die aus verschiedensten ursprünglichen Lebensräumen zusammentreffen. Charakteristische Pflanzengesellschaften der urban-industriellen Standorte Berlins sind heutzutage: Mäusegersten-Gesellschaft (*Hordeetum murini*), Kompaßlattichflur (*Conyzo-Lactucetum serriolae*), Natternkopf-Steinklee-Gesellschaft (*Echio-Melilotetum*), Gesellschaft des Niedrigen Vogelknöterichs (*Polygonetum calcati*), Gänseblümchen-Gesellschaft (*Bellidetum*), Waldreben-(*Clematis vitalba-*) Gesellschaft, Sommerflieder-(*Buddleja davidii-*) Gesellschaft, Garten-Brombeeren-(*Rubus armeniacus-*)Gesellschaft . Typisch für die Vegetation von Dörfern sind dagegen: Kleine Brennessel-Wegmalven-Gesellschaft (*Urtico-Malvetum neglectae*), Schwarznessel-Gesellschaft (*Lamio-Ballotetum*), Gesellschaft des Guten Heinrich (*Chenopodietum boni-henrici*), Weidelgras-Vogelknöterich-Gesellschaft (*Lolio-Polygonetum arenastri*), Holunder-(*Sambucus nigra-*) Gesellschaft. Entsprechend kennzeichnen Straßentaube und Dohle Altbaugebiete der Städte; Rauch- und Mehlschwalbe, Bachstelze, Schleiereule und Weißstorch dagegen Dörfer.

Durch Bebauung und Wirtschaft ergibt sich eine zentrische Gliederung bei vielen europäischen Städten in Zonen der geschlossenen und der aufgelockerten Bebauung, sowie eine innere und eine äußere Randzone (Abb. 2.2.4.2). Viele Organismen zeigen dementsprechend eine zentrische oder periphere Verbreitung in Städten (neben indifferenten Arten). Verbreitungskarten als Beispiele für solche Muster gibt KUNICK (1982) für Blütenpflanzen Berlins. Der Artenreichtum gilt im besonderen Maße für die Randzonen. Stenöke Arten werden zur Innenstadt hin seltener.

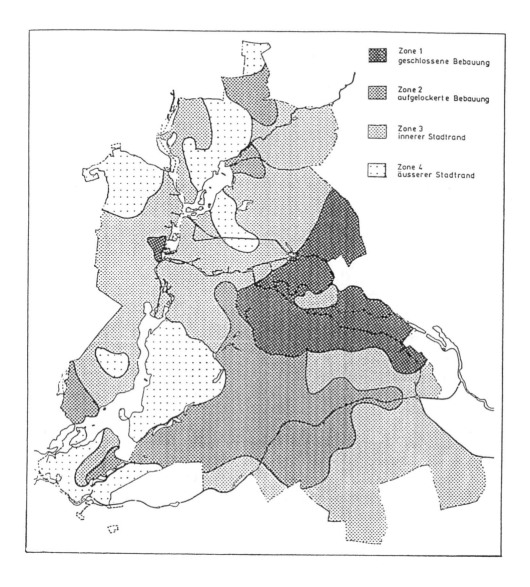

Abb. 2.2.4.2: Karte der Zonen floristisch ähnlicher Zusammensetzung (nach KUNICK 1982; aus: ARBEITSGRUPPE ARTENSCHUTZPROGRAMM 1984)

Die in Abbildung 2.2.4.2 dargestellte Zonierung der Großstadt spiegelt sich auch in der Vegetation (SENSTADTUM 1987 [Karte 05.02]) und in der Flora wider. Mit Hilfe einer Rasterkartierung hat KUNICK (1974, 1982) das Stadtgebiet in Zonen ähnlicher floristischer Zusammensetzung gegliedert. Eine zusammenfassende Übersicht der zur Charakterisierung der Stadtzonen besonders geeigneten Größen gibt die Tabelle 2.2.4.4.

Tab. 2.2.4.4: Einige floristisch-vegetationskundliche Kenngrößen der Stadtzonen Berlins (Durchschnittswerte, aus: KUNICK 1982, verändert)

Stadtzone	geschlossene Bebauung	aufgelockerte Bebauung	innerer Stadtrand	äußerer Stadtrand
Artenzahl/km^2	380	424	415	357
Zahl seltener Arten/km^2	17	23	35	58
Anteil Hemerochoren (%)	49,8	46,9	43,4	28,5
Anteil Therophyten (%)	33,6	30,0	33,4	18,9
Anteil an Arten bodensaurer Eichenwälder, Kiefern-Eichenwälder und der sie ersetzenden Schlagfluren, Heiden und Borstgrasrasen (*Quercion, Epilobion, Nardetalia*) (%)	5,9	8,1	5,6	11,7
Anteil an Arten der Sandtrockenrasen (*Corynephoretea, Sedo-Scleranthetea*) (%)	7,5	8,2	8,9	11,6
Anteil an Arten kurzlebiger Ruderalvegetation (*Sisymbrion*) (%)	9,5	7,1	8,5	3,6
Anteil an Arten der Hackfrucht- und Gartenunkräuter (*Polygono-Chenopodietalia*) (%)	13,1	12,4	11,6	6,2

Eine feinere Untergliederung des Stadtgebiets in die von der Nutzung geprägten Biotoptypen ist Ergebnis der Biotopkartierung Berlins (ARBEITSGRUPPE ARTENSCHUTZPROGRAMM 1984), wobei die Analyse der Flora die wichtigsten Merkmale liefert. Abbildung 2.2.4.3 zeigt den Flächenanteil der Biotoptypen im Gebiet von Berlin (West).

Im Zentrum von Städten sind bei Blütenpflanzen etwa die Hälfte der Arten Hemerochoren (infolge direkter oder indirekter Mithilfe des Menschen in das Gebiet gelangt), die vielfach südlicher Herkunft sind. Ähnliches gilt für diejenigen Tiere und Pilze, die städtischen Lebensraum bevorzugen. Je nach der geographischen Lage der Stadt stammen die Arten aus Wäldern und Flußtälern oder aus Agrar- und Steppenlandschaften (FALINSKI 1971). Dazu kommen (bei Tieren) Arten aus Felsenlandschaften, Höhlen und Tierbauten (KLAUSNITZER 1987).

Die enge Bindung bestimmter Arten an die städtische Umwelt kann als Bioindikator für spezifische Umweltfaktoren genutzt werden.

In allen mitteleuropäischen Städten ist *Hordeum murinum* (Mäusegerste), ein Archäophyt, ein geeigneter Indikator städtischer Verhältnisse (KUNICK 1981): offener, relativ trockener Boden, wie er vor allem in den Außenbezirken vorkommt.

Unsere Kenntnisse der Flora und Vegetation sind Ergebnis einer mehr als 200-jährigen Tradition der Erforschung. 1787 veröffentlichte WILLDENOW den "Florae Berolinensis Prodromus", die erste Berliner Lokalflora. Obwohl nach der natürlichen Verbreitung der Pflanzenarten jede Grundlage dafür fehlt, Berlin als eigenes Gebiet herauszugreifen, spielt es doch in der Erforschung eine besondere Rolle (GRAEBNER 1909, WALDENBURG 1935). Schon früh existierte neben Floren der gesamten Mark Brandenburg (seit ELSHOLZ 1663, dem "Vater der märkischen Botanik", ASCHERSON

1864) eine Reihe von Berliner Floren, angefangen mit den reinen Bilderwerken HECKERS (1742, 1757) über die lateinisch verfaßten Floren von WILLDENOW (1787, Nachdruck 1987; erste Flora mit binärer Nomenklatur), REBENTISCH (1804), KUNTH (1813), CHAMISSO (1815), SCHLECHTENDAL (1823/24) und BRANDT (1825) zur ersten deutsch geschriebenen Flora von DIETRICH (1824). Paul Ascherson (1834-1913; vgl. WITTMACK 1913) gab 1853 sein "Studiorum phytographicorum de Marchia Brandenburgensi specimen" heraus und legte in zahlreichen Abhandlungen den Grundstock für die märkische Floristik. Es folgte seine Flora der Provinz Brandenburg mit einer Spezialflora von Berlin (1864), die in ihrer Ausführlichkeit und Genauigkeit einen Höhepunkt der märkischen Floristik bedeutet. 1859 wurde der Botanische Verein für die Provinz Brandenburg gegründet, der durch die Herausgabe der "Verhandlungen" und der "Kryptogamenflora der Provinz Brandenburg" (vgl. VOLKENS 1910 und ULBRICH 1935) eine zentrale Sammelstelle für alle Beobachtungen und Untersuchungen zur märkischen Floristik schuf.

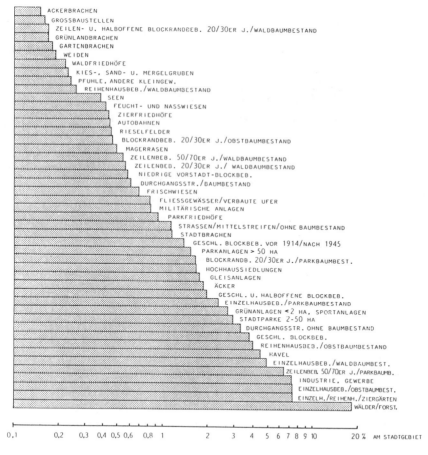

Abb. 2.2.4.3: Flächenanteil der Biotoptypen am Stadtgebiet
(aus: Arbeitsgruppe Artenschutzprogramm Berlin 1984)

2.2.5 Stoffliche Belastung der Vegetation

Ehe auf die Belastung[1] der heutigen Vegetation eingegangen werden kann, ist zunächst daran zu erinnern, daß der jetzige Zustand bereits das Ergebnis langjähriger Belastungen darstellt, die, wie im Kapitel 2.2.4 dargestellt, zur Veränderung und oft sogar zur vollständigen Vernichtung der ehemaligen Vegetation geführt haben.

Im städtischen Bereich hängt der Zustand der Vegetation in erster Linie von der Art und dem Ausmaß menschlicher Eingriffe und damit von der Flächennutzung ab. Diese Zusammenhänge werden in Kapitel 3 dargestellt und in Tabelle 3.1 zusammengefaßt; sie sollen hier nicht weiter besprochen werden. Im folgenden soll daher nur auf die stofflichen Belastungen eingegangen werden, die über die Atmosphäre, die Böden oder die Gewässer auf die Vegetation einwirken.

Belastung durch Streusalz bzw. Chlorid

Chloride als winterliche Streusalze werden in Berlin (West) seit Beginn der 60er Jahre angewandt. Seit Mitte der 60er Jahre sind Salzschäden an der Vegetation bekannt (LEH 1973, 1975, 1977). Dabei ist zu trennen zwischen der korrodierenden Wirkung des salzhaltigen Spritzwassers, das besonders an Schnellstraßen in Frage kommt, und der Wirkung über den Boden bei der Aufnahme durch die Pflanzenwurzeln. Betroffen sind daher die Arten der Straßenrandvegetation (vgl. Kap. 3.8), insbesondere die Straßenbäume. Geschädigte Blätter zeigen bereits im Frühsommer braune Randnekrosen, sterben allmählich unter Braunfärbung ganz ab und werden oft schon während des Sommers oder des Frühherbstes abgeworfen. Dabei handelt es sich nicht nur um einen vorgezogenen Alterungsvorgang, sondern eine pathologische Stoffwechselstörung. Stoffe, die von der gesunden Pflanze im Herbst vor dem Laubfall aus dem Laubblatt in die überwinternden Teile des Baumes abtransportiert werden (ZOLG u. BORNKAMM 1981), können nicht mehr mobilisiert werden und gehen damit dem Baum verloren (ZOLG 1979, ZOLG u. BORNKAMM 1983a,b). Geschädigte Zweige treiben oft nach dem ersten Laubfall noch mehrfach aus und entwickeln dann untypische Blätter, die hellgrün und oft auch größer sind (Notaustriebe). Dies ist ebenfalls eine pathologische Erscheinung, die einen erheblichen Energieverlust für den Baum bedeutet.

Seit Beginn der Salzschadensuntersuchungen (RUGE u. STACH 1968, RUGE 1982) war strittig, wie weit das Schadbild nur durch Salzschäden, durch Trockenschäden oder durch eine Kombination von beidem zustande kommt. Untersuchungen an Berliner Straßenbäumen haben ergeben, daß die Schäden bei alten Bäumen mit voll entwickeltem Wurzelsystem selbst in ausgesprochenen Trockenjahren (1975) primär durch Streusalz verursacht werden, obwohl die Verdunstungsbelastung durch höhere Temperaturen und den stärkeren Luftaustausch am Straßenstandort größer ist (SPIRIG u.

---

[1] Die pflanzenökologische Wissenschaft unterscheidet zwischen äußerer Belastung (Streß) und innerer Reaktion auf Streß (Strain). In vorliegendem Kapitel werden beide Teile zusammenfassend als Belastung bezeichnet.

ZOLG 1982, SPIRIG 1981). Dies schließt nicht aus, daß junge Bäume und Bäume, die durch Grundwasserabsenkung ihren Wasseranschluß verlieren, Trockenschäden erleiden können, wie dies auch vielfach beobachtet worden ist.

Da gerade die traditionellen Berliner Straßenbäume, wie Linden- und Ahornarten, salzempfindlich sind, traten enorme Schäden auf (vgl. auch Tab. 3.8.1). Ein Höhepunkt lag um 1980, als etwa 43.000 der 220.000 Straßenbäume als geschädigt galten (SCHÄDEL 1981). Nach großräumigen Versuchen und vermindertem Streueinsatz in einzelnen Berliner Straßenzügen (SCHÄDEL 1981) wurde der Winterdienst mit Streusalz seit 1981 auf wenige Hauptstraßen beschränkt. Das Problem hat sich damit quantitativ verringert. Für Prognosen ist zu berücksichtigen, daß ein Teil des Salzes längere Zeit in Stamm und Ästen verbleibt, so daß die Salzbelastung noch jahrelang nachwirken kann (KORFF-KRÜGER 1974). Auch fügen die nach der Streusalzverordnung zulässigen witterungsbedingten Ausnahmegenehmigungen neue Schadstoffmengen hinzu.

Von dem Streusalz sind nicht nur Bäume, sondern auch die Sträucher (SCHÄDEL 1981) und Wildkräuter des Straßenrandes betroffen. Wenn auch nur wenige von ihnen wintergrüne Blätter besitzen, so bleibt bei den ausdauernden Arten doch das Wurzelsystem am Leben, das Salz aufnehmen kann. So wurden hier in Beifuß (*Artemisia vulgaris*) besonders hohe Werte gefunden (ATRI u. BORNKAMM 1984ab).

Belastung durch Schwermetalle

Die Schwermetallimmissionen erreichen die Pflanze teils über die Böden und teils direkt über die Atmosphäre (vgl. auch Kap. 2.2.2). Messungen von Schwermetallgehalten im Schwebstaub ergaben Konzentrationen, die unterhalb der Grenzwerte der Technischen Anleitung (TA) Luft bzw. des Vereins Deutscher Ingenieure (VDI) lagen (LAHMANN 1984). Häufig werden Pflanzen selbst als Anzeiger für den Stoffeintrag benutzt, da sie die eingetragenen Mengen während ihres Wachstums ansammeln (Akkumulationsindikatoren).

An 15 Standorten wurden Untersuchungen mit dem Akkumulationsindikator Welsches Weidelgras (*Lolium multiflorum*) vorgenommen (CORNELIUS u.a. 1984). Für Cadmium (Cd) ergab sich mit Konzentrationen von 0,3-0,4 ppm an allen Standorten eine immissionsbedingte Erhöhung gegenüber dem Wert unbelasteter Kulturen (Cd = 0,1 ppm). Für Blei (Pb) war eine solche Erhöhung an acht Standorten zu beobachten (Pb>2,5 ppm), wobei in drei Fällen die Toleranzgrenze für Nahrungsmittel (5 ppm) überschritten wurde. Eine leichte Erhöhung ergab sich bei Zink (Zn) an zwölf, für Kupfer (Cu) an neun von 15 Meßpunkten. Toleranzgrenzen wurden hierbei nicht erreicht.

Die beschriebene Immissionssituation bedeutet keineswegs, daß Schwermetallschäden an der Berliner Vegetation ausgeschlossen wären. Es ist zu berücksichtigen, daß

- verschiedene Böden auf gleiche Belastungen sehr unterschiedlich reagieren. In sauren Böden sind Schwermetalle leichter verfügbar (vgl. Kap. 2.2.2).
- auch geringe Depositionsraten zur Akkumulation in Böden führen können.
- die Belastungen lokal sehr stark variieren. Dies kann durch lokale Emittenten oder durch zusätzliche Schwermetallquellen in Form von Abwässern, Klärschlämmen oder Komposten bedingt sein.
- verschiedene Pflanzenarten Schwermetalle in unterschiedlichem Maße aufnehmen.

Bei Experimenten mit Cadmium-Zugaben traten Schäden auf, wenn die Cadmiumgehalte der Pflanzen in der Größenordnung von mehr als 5-10 ppm lagen. So wurden z.B. Rückgang der Photosynthese (FAENSEN-THIEBES 1981) sowie Chlorosen und Wachstumsminderung (RAGHI-ATRI 1978a, b) festgestellt. Im Freiland ist bereits bei geringen Cadmiumgehalten mit einer Änderung der Mengenverhältnisse cadmiumempfindlicher und weniger empfindlicher Pflanzenarten zu rechnen, was auch experimentell nachgewiesen wurde (CORNELIUS 1985). Mit einer Gefährdung der Vegetation ist daher etwa von Cd-Gehalten ab 1 ppm zu rechnen. Dies gilt auch als "Tolerierbare Menge" (SENSTADTUM 1984a). Cadmiumwerte von mehr als 1 ppm wurden immer wieder an bestimmten Standorten gefunden, so an Straßenrändern (OVERDIECK u. GLOE 1980, ATRI u. BORNKAMM 1984ab) auf industriellen Brachflächen (REBELE u. WERNER 1984, SENSTADTUM 1984a, REBELE 1986) auf extrem sauren Böden (OVERDIECK u. GLOE 1980), in Moospolstern auf bewachsenen Dächern (DARIUS u. DREPPER 1983, 1985) sowie Rieselfeldern (SALT 1988b) und an einzelnen Kleingartenstandorten (SCHÖNHARD 1982, 1984).

Die Immissionen von Blei sind in der Nähe von Verkehrswegen und anderen Emittenten am höchsten (LAHMANN 1984). Daneben gibt es eine weiträumige, geringere Grundbelastung (FAENSEN u.a. 1977), die sich auch in den Weidelgraskulturen als Bioindikatoren nachweisen läßt (CORNELIUS u.a. 1984). Geht man davon aus, daß bei Bleikonzentrationen bis zu 10 ppm in Pflanzen als tolerierbar angesehen werden (SENSTADTUM 1984a) und ab 20 ppm mit einer Gefährdung der Vegetation gerechnet werden muß, so treten auch hier lokal darüberliegende Werte auf, z.B. auf industriellen Brachflächen (REBELE u. WERNER 1984, REBELE 1986), auf Rieselfeldern (SALT 1988b), auf bewachsenen Dächern in Moospolstern und Streu der Platthalm-Rispe (*Poa compressa*) (DARIUS u. DREPPER 1985), an Straßenrändern (LEH 1977, ATRI u. BORNKAMM 1984ab, SENSTADTUM 1984a, FAENSEN u.a. 1977, KLOKE u. RIEBARTSCH 1964), in Jungfichten (FIUCZYNSKI 1983) und an einigen Kleingartenstandorten (SCHÖNHARD 1982, 1984) sowie in Kiefernnadeln im Wedding (CORNELIUS u.a. 1984). Eine flächenhafte Aufnahme zeigt eine deutliche Abhängigkeit des Bleigehalts in Kiefernnadeln von der Entfernung zu vielbefahrenen Straßen (vgl. Abb. 2.2.5.1).

Abb. 2.2.5.1: Der Bleigehalt von Kiefernnadeln (in ppm) in Teilen des Tegeler Forstes. Werte vom 15.10.1979, eingeklammerte Werte vom 1.9.1979; ···· Waldrand, --- Isolinien 10 und 20 ppm (aus: RAGHI-ATRI u. BORNKAMM 1984a)

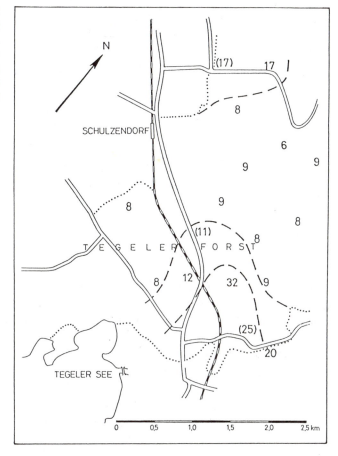

Ähnliche Überlegungen lassen sich für andere Schwermetalle anstellen, wie Kupfer, Zink u.a. (s. REBELE u. WERNER 1984, CORNELIUS u.a. 1984a, SCHÖNHARD 1982, 1984, LAHMANN 1984, REBELE 1986, FAENSEN-THIEBES 1987, REBELE u. WERNER 1987, SALT 1988b), jedoch ist hier die Datenbasis für bewertende Aussagen noch zu schmal.

Bemerkenswert ist auch, in welch unterschiedlichem Maße verschiedene Pflanzenarten Schwermetalle akkumulieren. Die Schlußfolgerung auf die Belastung der Vegetation wird daher stark von der Art der untersuchten Proben abhängen. Manche Pflanzen vermögen Schwermetalle in der Wurzel zu binden, so daß diese nicht oder kaum in die Blätter gelangen; dies gilt beispielsweise für Cadmium in der Großen Brennessel (*Urtica dioica*)(SALT 1988b).

Für die Schädigung der Pflanzen ist bedeutsam, ob die Schwermetalle nur außen auf der Pflanzenoberfläche sitzen (solche Anteile können oft abgewaschen werden), oder ob sie in die Zellen selbst eingedrungen sind. Beim Verzehr ungewaschener Pflanzenteile durch Tiere oder durch den Menschen ist dieser Unterschied gleichgültig. Es ist bekannt, daß flächige Pflanzenorgane, z.B. die Blätter an Blattgemüsen, nicht selten hohe Schwermetallgehalte aufweisen, während sie bei kompakten Pflanzenteilen niedrig liegen (KAZEMI 1982). Niedrige Werte finden sich auch in saftigen Früchten, z.B. in Weinbeeren (BECKRÖGE u.a. 1986), jedoch ist die Staubauflagerung gerade auf Blättern von fassadenbedeckenden Lianen besonders hoch (BARTFELDER u. KÖHLER 1987, KÖHLER u. BARTFELDER 1987).

Bei der Beurteilung von Schwermetallbelastungen ist außerdem stets deren kleinräumiger Wechsel zu berücksichtigen, der sich in den Probenahmen niederschlägt. So fand im Falle der bekannten Blei-Immissionen durch die Firma Sonnenschein SCHÖNHARD 1985 nur in zwei von 38 Proben (= 5 %), KAZEMI 1986 in drei von 14 Proben (= 21 %) von Kulturpflanzen, REBELE 1986 jedoch in 14 von 17 Proben gleichartiger Blätter der Goldrute (= 82 %) Bleiwerte von mehr als 10 ppm. Diese Zahlen belegen zugleich, wie wichtig Unterschiede in der Probenahme sein können.

Belastung durch Schwefeldioxid

Die Auswirkungen der Schwefeldioxid-Immissionen (SO_2) (vgl. Kap. 2.2.1, Abb. 2.2.1.8) werden in der Öffentlichkeit häufiger unter humanökologischen Gesichtspunkten (Smogfrage, s. SENSTADTUM 1982) diskutiert. Eine wichtige Frage ist sicherlich, ob SO_2 bei den auch in den Berliner Forsten wahrzunehmenden Waldschäden maßgeblich beteiligt ist (WEIGMANN u.a. 1989).

Von den Waldschäden wurden die Nadel- bzw. Blattverluste seit 1983 kontinuierlich untersucht (Tab. 2.2.5.1). Die Interpretation dieser Werte ist dadurch erschwert, daß es keine unbelasteten Kontrollflächen gibt; auch dürfte der Sprung von 1983 nach 1984 wenigstens teilweise methodischer Natur sein. Eine sichere Aussage ist daher erst nach einer längeren Reihe von Jahren möglich. Trotzdem ist die grundsätzlich ansteigende Tendenz unverkennbar. Zusätzliche Einsichten werden gewonnen, wenn berücksichtigt wird, daß es unterschiedliche Schadsymptome (entsprechend unterschiedlichen Ursachen) gibt. So läßt sich bei den Kiefern eine Symptomgruppe I (beginnend mit punktförmigen Schadstellen, Nadeln sterben noch nicht kurzfristig ab) von Symptomgruppe II (beginnend mit bandförmigen Schadstellen, Nadeln sterben rasch ab) unterscheiden. Symptomgruppe II ist in den citynäheren Bereichen der Forsten stärker verbreitet und kann als SO_2-Schaden gelten (MEYER 1990). Das gleiche gilt für die Zerstörung der lebenswichtigen Wachsschicht von Kiefernnadeln (HAFNER u.a. 1988). Diese Schäden sind vermutlich auch dafür verantwortlich, daß die Nadeln in Berlin, im Gegensatz zu anderen Wuchsgebieten, kaum länger als zwei Jahre leben (FAENSEN-THIEBES u. CORNELIUS 1989; FAENSEN-THIEBES u.a. 1990). Bezüglich der SO_2-Wirkungen sind weiterhin folgende Tatsachen festzuhalten:

1. Die SO_2-Immissionen liegen häufig oberhalb der Grenze (200 $\mu g/m^3$ bei kurzzeitiger Einwirkung), bei der mit Schäden an Pflanzen gerechnet werden muß.
2. Die Schwefelgehalte von Kiefernnadeln der Berliner Forsten liegen wesentlich höher als normal (JASIEK u.a. 1984, FAENSEN-THIEBES 1987).

3. Kulturen von Welschem Weidelgras (*Lolium multiflorum*), die als Bioindikatoren verwendet wurden, weisen fast im gesamten Stadtgebiet so stark erhöhte Schwefelgehalte auf, daß auf eine Schädigung empfindlicher Pflanzen geschlossen werden kann (CORNELIUS u.a. 1984).

Bei den Eichen zeigten sich zunehmende Schäden (MEIERJÜRGEN u. LAKENBERG 1985, BALDER u. LAKENBERG 1987). Als Auslöser werden Frostschäden des Winters 1984/85 angesehen, gefolgt von verstärktem Schädlingsbefall. Es wird jedoch ein vorausgehender Vitalitätsverfall durch Luftschadstoffe vermutet (BALDER 1989).

Bei einer Reihe von wildwachsenden Pflanzenarten, Gehölzen wie Kräutern, deuten erhöhte Schwefelgehalte auf eine Grundbelastung im gesamten Stadtgebiet, wobei zugleich eine durch die lokalen Immissionen bedingte räumliche Differenzierung erkennbar ist (REBELE u. WERNER 1984, REBELE 1986). Entsprechend der jahreszeitlichen Rhythmik der SO_2-Belastung (Wintermaximum!) sind wintergrüne Pflanzen (viele Nadelbäume) bzw. Pflanzenteile von dieser Belastung besonders betroffen. Auch bei Parkbäumen zeigten sich in den letzten Jahren Schadsymptome, die einer sorgfältigen Beobachtung bedürfen. Epiphytische Flechten reagieren auf gasförmige Luftverunreinigungen besonders empfindlich. So zeigte die Flechte *Hypogymnia physodes*, die als Bioindikator für SO_2-Belastungen ausgesetzt wurde, im gesamten Stadtgebiet erhöhte Absterberaten (CORNELIUS u.a. 1984). Sogar am Stadtrand existieren nur noch wenige Rindenepiphyten (RUX u. LEUCKERT 1980, FAENSEN-THIEBES 1987, SUKOPP u. SEIDLING 1988), und im Stadtgebiet selbst tritt fast nur noch eine einzige Art, die resistente *Lecanora conizaeoides* auf (MEZGER u. BORNKAMM 1989), die aber in den Innenstadtbereichen ebenfalls schon abnimmt (KRÜGER-DANIELSON 1984). Auf basischen Substraten (z.B. Mörtel, Eternit-Platten) findet sich noch eine größere Zahl schwer bestimmbarer Krustenflechten. Ihre räumliche Verteilung zeigt ebenfalls eine Abnahme mit zunehmender SO_2-Immission (MEZGER 1986). In ähnlicher Weise werden Moose beeinflußt. SCHAEPE (1986) führt das Aussterben von 17 Arten und den Rückgang von 43 Arten auf die Luftverschmutzung zurück.

Belastung durch Stickoxide

Über die Immissionsmessungen in den Jahre 1976-1982 berichtet LAHMANN (1984). Er stellt fest, daß der VDI-Grenzwert (MIK) in Straßenverkehrsnähe wiederholt überschritten wurde. Auch eine Überschreitung des Grenzwertes der TA Luft ist anzunehmen, nicht jedoch eine solche des EG-Grenzwertes. In pflanzenökologischer Sicht liegt das Problem hier weniger in einer direkten toxischen Wirkung dieser Substanz als in einer übermäßigen Düngewirkung. Der Eintrag von Stickstoff auf von Natur aus nährstoffarmen Standorten verändert die Zusammensetzung der Pflanzenarten. Viele seltene, an Nährstoffarmut angepaßte Arten werden von wenigennährstoffliebenden, allgemein verbreiteten Arten verdrängt.

Tab. 2.2.5.1: Die Entwicklung der Berliner Waldschäden. Prozentuale Verteilung der begutachteten Bäume auf die verschiedenen Schadenklassen (nach Angaben des Landesforstamtes Berlin)

Stufe			
0:	ohne Schadensmerkmale	Nadel-/Blattverlust	0-10 %
I:	schwach geschädigt	"	11-25 %
II:	mittelstark geschädigt	"	26-60 %
III:	stark geschädigt	"	ab 61 %
IV:	abgestorben		

	1983	1984	1985	1986	1987	1988
Kiefern						
0	74	22	5	8	12	10
I	24	64	72	56	55	53
Summe 0 + I	98	86	77	64	67	63
II	2	14	22	35	32	37
III	0	0	1	1	1	0
IV	0	0	0	0	0	0
Summe II-IV	2	14	23	36	33	37
Eichen						
0	92	76	20	38	43	49
I	6	22	72	44	42	35
Summe 0 + I	98	98	92	82	85	84
II	2	2	8	14	14	12
III	0	0	0	4	1	4
IV	0	0	0	0	0	0
Summe II-IV	2	2	8	18	15	16
andere Laubhölzer						
0	90	85	76	45	61	69
I	10	15	19	45	33	26
Summe 0 + I	100	100	95	90	94	95
II	0	0	3	8	3	2
III	0	0	2	2	2	2
IV	0	0	0	0	1	1
Summe II-IV	0	0	5	10	6	5
alle Baumarten						
0	82	48	25	21	26	29
I	17	44	60	52	49	44
Summe 0 + I	99	92	85	73	75	73
II	1	8	14	25	24	25
III	0	0	1	2	1	2
IV	0	0	0	0	0	0
Summe II-IV	1	8	15	27	25	27

Im Gegensatz zum SO$_2$ scheint für die Immission bei Stickoxiden eine zunehmende Tendenz vorzuliegen. In Übereinstimmung mit SO$_2$ liegen die höchsten Werte in der Innenstadt.

Belastung durch Ozon

Ozon wird in der Regel nicht emittiert, sondern entsteht unter Sonneneinstrahlung durch photochemische Reaktionen unter Beteiligung von Stickoxiden und Kohlenwasserstoffen. Da die Luftmassen sich während des Reaktionsverlaufs bewegen, ist in den Außenbezirken sogar mit höheren Konzentrationen zu rechnen als im Innenstadtbereich (vgl. RAGHI-ATRI 1979). Regelmäßige Messungen wurden 1982 auf dem Dach des Bundesgesundheitsamtes (Berlin-Dahlem) begonnen. Sie zeigten 1982 und 1983 des öfteren eine Überschreitung der MIK-Werte (LAHMANN 1984).

Für die pflanzenökologische Bewertung ist zunächst festzuhalten, daß die Tabakrasse BelW$_3$ als Bioindikator für Ozon (s. FAENSEN-THIEBES 1981) im gesamten Stadtgebiet Schäden aufweist (CORNELIUS u.a. 1984, 1985). Obwohl diese Schäden nicht allein von der Ozonkonzentration, sondern auch von den klimatischen Randbedingungen abhängen (KERPEN u. FAENSEN-THIEBES 1985), lassen sie doch auf eine Gefährdung sehr empfindlicher Arten schließen. Solche sehr empfindlichen Arten gibt es auch in der Wildflora, und es kommt zu Verschiebungen der Artenzusammensetzung der Vegetation (s. CORNELIUS 1982, CORNELIUS u.a. 1984, 1985, CORNELIUS u. MARKAN 1984, JUNKERMANN 1985). Experimentelle Untersuchungen haben gezeigt, daß bei wiederholter Belastung schon relativ geringe Ozonkonzentrationen (ca. 100 ppb) zu deutlichen Schäden führen und daß der Zellstoffwechsel und die Feinstruktur der Zelle bereits gestört sind, ehe Schadmerkmale äußerlich sichtbar werden (BORNKAMM u.a. 1986). Mit Ozonschäden ist daher in der Berliner Vegetation weiterhin zu rechnen, jedoch ist unwahrscheinlich, daß diese Substanz eine maßgebende Rolle bei den Berliner Waldschäden spielt.

Belastung durch Fluor und andere Stoffe

Die Immission von Fluor (F$_2$) bzw. Fluorwasserstoff (HF) wird nicht routinemäßig gemessen. Kulturen von Welschem Weidelgras als akkumulierende Bioindikatoren sowie Gladiolen als sensitive Bioindikatoren eignen sich jedoch zur Beurteilung der Fluorbelastung. Bei entsprechenden Untersuchungen (RIESE 1982) erwiesen sich von 15 Meßpunkten der Weidelgraskulturen fünf als nahezu unbelastet (Fluorgehalte < 10 ppm), neun als leicht belastet, einer (Wedding) als belastet (Fluorgehalte >30 ppm). Lokale Unterschiede sind hierbei zu berücksichtigen wie z.B. die Abgasfahne der Müllverbrennungsanlage Ruhleben. An fünf Meßstellen lag auch der F-Gehalt von Kiefernnadeln im Belastungsbereich (>10 ppm, s. RIESE 1982, CORNELIUS u.a. 1984), ebenso traten hohe Werte auf industriellen Brachflächen auf (REBELE 1986).

Über die pflanzenökologische Wirkung weiterer über die Atmosphäre verbreiteter gasförmiger Immissionen liegen so geringe Kenntnisse vor, daß sie hier nicht besprochen werden sollen. In jüngster Zeit ist im Zusammenhang mit dem Reaktorunfall in der Ukraine auch eine stärkere Belastung mit radioaktiven Substanzen aufgetreten, die den Verzehr von Gemüsepflanzen gefährlich macht. Erst in der Zukunft können genauere Analysen nachweisen, wie umfangreich und dauerhaft diese Belastung ist und welche Schädigungen möglicherweise von ihr ausgegangen sind.

Belastung der Ufervegetation

Auch die Vegetation der Gewässerstandorte in Berlin (West) ist vielerlei Belastungen ausgesetzt. Hierbei soll im vorliegenden Kapitel nicht über die Schwimmblatt- und Unterwasservegetation gesprochen werden, sondern nur über die Ufervegetation, insbesondere die Röhrichtbestände. Hier wurde bereits seit langer Zeit beobachtet, daß dieser Vegetationstyp stark im Rückgang begriffen ist (SUKOPP 1963, SUKOPP u. KUNICK 1968, 1969, SUKOPP u.a. 1975, MARKSTEIN u. SUKOPP 1980, SUKOPP u. MARKSTEIN 1978, 1981, MARKSTEIN 1981). Von Anfang an wurden als besonders wichtige Schadfaktoren mechanische Faktoren erkannt, die mit den vielerlei Erholungs- und Sportaktivitäten im Wasser und im Uferbereich zusammenhängen (vgl. Kap. 2.2.3.2 u. 3.2.1) (SUKOPP 1963, 1971, SUKOPP u. KUNICK 1969). Im Laufe einiger Jahre wurde deutlich, daß - ähnlich wie in anderen Gebieten (KLÖTZLI 1974) - auch die Gewässereutrophierung zum Schilfrückgang beiträgt (SUKOPP u.a. 1975).

Freilanduntersuchungen zeigten, daß die Gewässereutrophierung zunächst erwartungsgemäß einen Düngungseffekt zur Folge hat. Am Rande belasteter Gewässer zeigt Schilf (*Phragmites australis*) höhere Produktionsraten und höhere Bioelementgehalte (BORNKAMM u. RAGHI-ATRI 1978, RAGHI-ATRI u. BORNKAMM 1979). Die Schilfpflanzen besitzen höhere Chlorophyllgehalte (BORNKAMM u.a. 1980), werden aber auch stärker von Schädlingen befallen (RAGHI-ATRI 1976). Andere Versuche ergaben im gleichen Sinne, daß hohe Nährstoffzugaben die Photosynthese erhöhen (OVERDIECK u. RAGHI-ATRI 1976, OVERDIECK 1978) bzw. die Produktion und die Dichte der Bestände erhöhen (BORNKAMM u. RAGHI-ATRI 1978, BLUME u.a. 1979a). Diese nährstoffreichen Halme sind allerdings "weich", d.h. sie bilden weniger Festigungsgewebe aus (SUKOPP u.a. 1975), und ihre Stabilität ist durch das außerordentlich lockere Gewebe bezogen auf die Querschnittsfläche vermindert.

Dies bedeutet, daß die Halmfestigkeit bei düngungsbedingt dickeren Halmen nicht im erwarteten Maß ansteigt (RAGHI-ATRI u. BORNKAMM 1980). Eine zusammenfassende Einschätzung besagt daher, daß der Röhrichtrückgang durch das Zusammenwirken von chemischen und mechanischen Faktoren erklärt werden kann, wobei die Eutrophierung zur Bildung zahlreicher, hoher und breiter, aber sehr weicher Halme führt, die dann durch direkte mechanische Einwirkung oder durch Wellenschlag abbrechen und absterben (BORKAMM u. RAGHI-ATRI 1986). Dies stimmt mit der Beobachtung überein, daß Bestände am Rande stark belasteter Gewässer zwar zunächst kräftig wachsen, im Herbst aber besonders große Ausfälle zeigen (RAGHI-ATRI u. BORNKAMM 1979).

Zu berücksichtigen ist hierbei, daß die Röhrichtvegetation von grasartigen Pflanzen beherrscht wird, die entsprechend ihrer Konstruktionseigentümlichkeiten reagieren (BORNKAMM 1986). Ferner ist wichtig, daß es sich um eine Grenzvegetation handelt, bei der die Belastung sowohl von der Wasser- wie von der Landseite kommen kann. Bei Begründung von Röhrichtbeständen ist daher darauf zu achten, daß sie von den beiden so verschiedenen Seiten gut abgesichert sind.

2.2.6 Fauna

Für die Wirbeltiere liegen für Berlin (West) vollständige Artenlisten sowie Rote Listen (vgl. Tab. 2.2.4.2) vor, die auch die ausgestorbenen Arten seit ca. 1850 erfassen. Sie dokumentieren den vielfältigen Nutzungswechsel im Stadtgebiet anhand der Gefährdung von Arten. Für die Havel liegen detaillierte Erkenntnisse über die landschaftsbezogene Veränderung der Fischfauna vor. Ebenso hat die Aufgabe einer Reihe von Nutzungen wie Ackerbau und Grünland zum Rückgang und Aussterben einer Vielzahl von Wirbeltierarten geführt. Für mehrere Gruppen von Wirbellosen liegen ebenfalls Rote Listen vor. Auch sie zeigen die veränderten Umweltbedingungen in der Großstadt an. Hervorzuheben ist hier die Einwanderung wärmeliebender Arten in die Innenstadt.

2.2.6.1 Wirbeltiere

Im Stadtgebiet von Berlin (West) sind von 1945 bis Ende 1985 mindestens 378 wildlebende, einheimische oder eingebürgerte Wirbeltierarten nachgewiesen worden.

Für 213 Wirbeltierarten ist die Fortpflanzung im Stadtgebiet nach 1945 belegt (Tab. 2.2.6.1.1). Von 256 Arten (vor 1945 ausgestorbene miterfaßt) müssen nach den für Wirbeltiere vollständig vorliegenden Roten Listen (vgl. SUKOPP u. ELVERS 1982) 142 = 55 % als ausgestorben oder gefährdet angesehen werden (vgl. Tab. 2.2.4.2). Die Gefährdung staffelt sich von 47 % bei Säugetieren bis zu 100 % bei Kriechtieren.

Tab. 2.2.6.1.1: Anzahl der freilebend nachgewiesenen Wirbeltierarten in Berlin (West) seit 1945 (ergänzt aus: ELVERS 1982a)

Klassen	Anzahl[1]	mit Fortpflanzung	ausgestorben	nach HERTER 1946
Säugetiere	50	43	1	ca. 55[2]
Vögel	270	124	9	ca. 185
Kriechtiere	5	5	0	ca. 8
Lurche	11	11	1	ca. 12
Fische	42	30	6	ca. 50
Insgesamt	378	213	17	

[1] einheimische und eingebürgerte   [2] einschließlich von acht Haustierarten

Tab. 2.2.6.1.2: Die Säugetierarten in verschiedenen Gebieten von Berlin (West) (aus: ELVERS 1982a)

Art	geschlossene Bebauung	geschl. Bebauung mit kleinen Grünanlagen	innerstädtische Brachflächen	Großer Tiergarten	Teufelsberg	Pfaueninsel	Spandauer Forst
Igel (*Erinaceus europaeus*)	+	+	+	+	+	+	+
Feldspitzmaus (*Crocidura leucodon*)							
Zwergspitzmaus (*Sorex minutus*)							
Waldspitzmaus (*Sorex araneus*)				++	++	++++	+++
Wasserspitzmaus (*Neomys fodiens*)							
Maulwurf (*Talpa europaea*)			+	++++	+	++++	+++++++++++++++
Breitflügelfledermaus (*Eptesicus serotinus*)		+	+	++++		+++	
Wasserfledermaus (*Myotis daubentoni*)					+		
Fransenfledermaus (*Myotis nattereri*)				++			
Abendsegler (*Nyctalus noctula*)	++	++	++	+++++	++	+++++++++++++++	+++++++++++++++
Rauhhautfledermaus (*Pipistrellus nathusii*)							
Zwergfledermaus (*Pipistrellus pipistrellus*)		+	+	++++	++++	+++	
Braunes Langohr (*Plecotus auritus*)							
Feldhase (*Lepus europaeus*)							
Kaninchen (*Oryctolagus cuniculus*)					+		
Eichhörnchen (*Sciurus vulgaris*)		++	++	+++++	++++	++++	+++
Rötelmaus (*Clethrionomys glareolus*)							
Schermaus (*Arvicola terrestris*)							
Erdmaus (*Microtus agrestis*)					+		
Feldmaus (*Microtus arvalis*)					+		
Bisamratte (*Ondatra zibethica*)							
Zwergmaus (*Micromys minutus*)							
Brandmaus (*Apodemus agrarius*)			+		+		
Gelbhalsmaus (*Apodemus flavicollis*)							
Waldmaus (*Apodemus sylvaticus*)		++++	++++	+++++	++++	+++++++++++++++	+++++++++++++++
Hausmaus (*Mus musculus domesticus*)	+++	+++++	++++	++	+		
Wanderratte (*Rattus norvegicus*)					+		
Hermelin (*Mustela erminea*)							
Mauswiesel (*Mustela nivalis*)					+		
Iltis (*Mustela putorius*)							
Fuchs (*Nymphalis polychloros*)					+	+	
Baummarder (*Martes martes*)							
Steinmarder (*Martes foina*)							+++
Dachs (*Meles meles*)							+
Wildschwein (*Sus scrofa*)							+
Damwild							
Reh (*Capreolus capreolus*)					++	+	+

Säugetiere

Seit 1945 sind 50 Säugetierarten freilebend nachgewiesen worden, von denen sich 43 im Stadtgebiet fortpflanzen. Die sieben weiteren Arten sind sechs Fledermäuse, die bisher nur als Überwinterer bzw. Ausnahmeerscheinungen aufgetreten sind, und der sporadisch erscheinende Fischotter (*Lutra lutra*).

Drei Säugetierarten gelten im Stadtgebiet von Berlin (West) seit 1900 als ausgestorben. Der Fischotter ist wahrscheinlich um die Jahrhundertwende ausgestorben, der Hamster (*Cricetus cricetus*) vor 1945. Nach 1945 ist die Hausratte (*Rattus rattus*) in Berlin (West) ausgestorben.

Fünf der 43 sich in Berlin fortpflanzenden Arten sind nicht einheimisch. Sie wurden ausgesetzt oder sind entwichen, können heute aber als fest eingebürgert angesehen werden. Das Kaninchen (*Oryctolagus cuniculus*) kam aus Spanien und ist seit dem späten Mittelalter als mitteleuropäische Art anzusehen. Die Bisamratte (*Ondatra zibethica*) wurde 1905 als Pelztier aus Nordamerika in Prag eingeführt. Sie hat Berlin vermutlich von Süden über Elbe und Havel kommend um 1950 erreicht (HOFFMANN 1958). Der Waschbär (*Procyon lotor*), der ebenfalls aus Nordamerika stammt und seit der Zeit zwischen den beiden Weltkriegen häufig aus Farmen entwichen ist, wurde etwa 1970 erstmals für das Gebiet von Berlin (West) nachgewiesen. Die Heimat des Damwildes (*Dama dama*), das im Mittelalter in Gebiete nördlich der Alpen gelangte, war nach der letzten Eiszeit (vgl. Kap. 1.6) Kleinasien und vielleicht einige andere Gebiete um das Mittelmeer. Das Muffelwild (*Ovis musimon*), dessen letzte natürliche Vorkommen heute auf Korsika und Sardinien beschränkt sind, dürfte seit Beginn dieses Jahrhunderts im Berliner Raum leben (vgl. NIETHAMMER 1963). Innerhalb des Stadtgebietes von Berlin (West) zeigt sich für die Säugetierarten folgende Verteilung: Im Gebiet der geschlossenen Bebauung kommen 6-8 Arten vor. Die Artenzahl kann auf etwa elf steigen, wenn Grünanlagen die Baumassen auflockern. Die Artenzahl innerstädtischer Ruderalflächen entspricht diesem Wert bei anderem Artenspektrum. Im Großen Tiergarten (vgl. Kap. 3.5.1) kommen auf der Fläche von 2 km^2 20 bis 22 Säugerarten vor. Dies sind ca. 50 % der in Berlin (West) sich fortpflanzenden Arten. Darunter befinden sich auch Fuchs (*Vulpes vulpes*) und beide Marderarten (*Martes martes*, *M. foina*) (ANDERS u.a. 1979). (Tab. 2.2.6.1.2).

Auf dem Teufelsberg, einer bepflanzten Trümmerdeponie am Stadtrand, leben weniger Säuger als im Großen Tiergarten. Vor allem Fledermäuse fehlen hier wegen des nicht vorhandenen Höhlenangebotes. Die artenreichsten Gebiete der Stadt sind nach bisherigen Untersuchungen die Pfaueninsel (ca. 30 Arten auf nur 68 Hektar) und der Spandauer Forst mit weit über 35 Arten (vgl. Kap. 3.1.1). Tabelle 2.2.6.1.3 gibt Aufschluß über die in der Stadt vorkommenden Fledermausarten, die auf Rasterflächen von 25 km^2 kartiert worden sind (KLAWITTER 1976a). Sechs Arten wurden nur im Winter festgestellt. Die Zitadelle Spandau beherbergt das zweitgrößte Überwinterungsquartier von Fledermäusen im norddeutschen Flachland nach den Rüdersdorfer Kalkfelsen am Ostrand von Berlin. Maximal wurden dort an einem Tag 366 Tiere gezählt. Insgesamt nachgewiesen sind elf Arten. Auch der Fichtenbergbunker in

Steglitz weist einen beachtlichen winterlichen Fledermausbesatz auf, so z.B. 81 Tiere in fünf Arten am 19.12.1978 (KLAWITTER 1979a).

Tab. 2.2.6.1.3: Die Fledermausarten von Berlin (West)
Anzahl der Raster (1 = 25 km^2, UTM - Netz) in Berlin (West) (insgesamt 30), in denen eine Art nachgewiesen ist
(aus: KLAWITTER 1976a)

Art	nur Winter	nur Sommer	Winter + Sommer	gesamt
Breitflügelfledermaus (*Eptesicus serotinus*)	-	18	10	28
Braunes Langohr (*Plecotus auritus*)	2	8	13	23
Wasserfledermaus (*Myotis daubentoni*)	2	12	3	17
Abendsegler (*Nyctalus noctula*)	4	7	5	16
Zwergfledermaus (*Pipistrellus pipistrellus*)	3	4	1	8
Fransenfledermaus (*Myotis nattereri*)	5	2	1	8
Rauhhautfledermaus (*Pipistrellus nathusii*)	-	6	-	6
Mausohr (*Myotis myotis*)	2	1	1	4
Zweifarbfledermaus (*Vespertilio discolor*)	3	-	-	3
Mopsfledermaus (*Barbastella barbastellus*)	2	-	-	2
Graues Langohr (*Plecotus austriacus*)	2	-	-	2
Kleiner Abendsegler (*Nyctalus leisleri*)	-	1	-	1
Große Bartfledermaus (*Myotis brandti*)	1	-	-	1
Kleine Bartfledermaus (*Myotis mystacinus*)	1	-	-	1
Bechsteinfledermaus (*Myotis bechsteini*)	1	-	-	1

Vögel

Die historische Entwicklung der Vogelwelt des Berliner Raumes läßt sich nur sehr fragmentarisch nachvollziehen. Entsprechend den naturräumlichen Voraussetzungen und dem Vegetationsbild (Kap. 1) war die frühere avifaunistische Besiedlung Berlins sehr reichhaltig. Verschiedenste Waldtypen, sandige und lehmige Böden, Moore, sowie die vielen Feuchtlebensräume in den Niederungen der Flußsysteme von Havel, Spree und insbesondere dem Spreedelta dürften nahezu das gesamte Spektrum norddeutscher Vogelarten beherbergt haben. Allerdings liegen insbesondere zu den häufigen Arten nur wenige Angaben vor. So ist z.B. Theodor Fontanes Erzählungen zu entnehmen, daß Mitte/Ende des vorigen Jahrhunderts "die Schnepfe" (gemeint ist die Bekassine [*Gallinago gallinago*]) an der Spree sehr häufig war, mithin also breite Verlandungsgürtel mit Seggenriedern vorhanden gewesen sein müssen.

Wesentlich genauer sind die Informationen über die seltenen Arten, deren Aussterbejahre den Wandel in Berlins Landschaften sehr deutlich dokumentieren.

So sind im 3. Quartal des letzten Jahrhunderts folgende Brutvögel ausgestorben, die hohe Lebensraumansprüche haben (Jahresangaben nach ELVERS 1982b u. WITT 1985a; in Klammern Ort des Vorkommens):

Moorente (*Aythya nyroca*); Seen mit großen Röhrichtzonen, submerser und Schwimmblatt-Vegetation (Jungfernheide)

Schwarzstorch (*Ciconia nigra*); große, ungestörte Wälder mit Feuchtgebieten und Kleingewässern (Grunewald)

Waldwasserläufer (*Tringa ochropus*); ungestörte Moore in Wäldern (Teufelssee, Grunewald)

Rotmilan (*Milvus milvus*); reichgegliederte Landschaften mit ungestörten Altholzbeständen (Grunewald und Spandauer Forst)

Diese Entwicklung beschleunigte sich stark, vor allem fanden Beeinträchtigungen von Wald- und Feuchtgebieten statt, so daß von 1875 bis 1900 weitere 17 Arten ausstarben, unter anderem:

Flußuferläufer (*Actitis hypoleucos*); hauptsächlich Flußsysteme mit ungestörten Brandungsufern (Spree)

Schreiadler (*Aquila pomarina*); ungestörte Hochwälder mit kleinsäuger- und amphibienreichen Waldwiesen sowie benachbarten Grünländereien (Grunewald)

Rohrdommel (*Botaurus stellaris*); große Verlandungszonen mit Schilfröhricht (Unterhavel)

Korn- und Wiesenweihe (*Circus cyaneus, C. pygargus*); vor allem ausgedehnte, offene Feuchtlandschaften mit Mooren und Grünländereien (Spreedelta)

Kranich (*Grus grus*); ungestörte Bruchgebiete und Waldmoore (Spreedelta)

Großer Brachvogel (*Numenius arquata*); ausgedehnte und extensiv genutzte Grünlandgebiete (Spreedelta)

Fischadler (*Pandion haliaetus*); ungestörte Altholzbestände an ruhigen und nahrungsreichen Seen und Flußsystemen (Grunewald)

Zwerg- und Flußseeschwalbe (*Sterna albifrons, S. hirundo*); ungestörte vegetationsfreie Flußufer und -inseln (Spree)

Rotschenkel (*Tringa totanus*); niedrigwüchsige Naßwiesen (Spreedelta)

Kampfläufer (*Philomachus pugnax*); niedrigwüchsige Naßwiesen (Spreedelta)

Zwischen 1900 und 1925 waren unter den fünf aussterbenden Arten erstmals drei Sperlingsvögel, die aufgrund ihrer meist geringen Größe und Raumansprüche oft später von negativen Veränderungen betroffen sind als Nicht- Sperlingsvögel:

Schwarzstirn- und Rotkopfwürger (*Lanius minor, L. senator*); offene, großinsektenreiche Landschaften, wie z.B. extensiv genutzte Streuobstwiesen mit Grünländereien (Tiergarten)

Blaukehlchen (*Luscinia svecica*); hauptsächlich Verlandungszonen mit Weidendickichten (Havel)

Großtrappe (*Otis tarda*); nahezu baumfreie Großlandschaften, vorzugsweise Grünländereien (Felder im Süden Berlins)

Bis 1945 verschwanden schließlich folgende Arten:

Triel (*Burhinus oedicnemus*); großflächige "Ödländereien" und Brachen, eher auf sandigen Böden (Tempelhofer Feld)

Ziegenmelker (*Caprimulgus europaeus*); lichte Kiefernheiden (Grunewald)

Weißstorch (*Ciconia ciconia*); großflächige und amphibienreiche Naß- und Feuchtwiesengebiete (1945 in Lübars erschossen)

Wanderfalke (*Falco peregrinus*); durch Verfolgung ausgerottet (Grunewald)

Gänsesäger (*Mergus merganser*); fischreiche und störungsarme Seen mit höhlenreichen Althölzern am Ufer (Pfaueninsel, Unterhavel)

Turteltaube (*Streptopelia turtur*); eher extensiv genutzte Landschaften (Spandauer Forst)

Die Nachkriegszeit war unter anderem geprägt durch das Eindringen von Offenlandarten in die Trümmerflächen der Innenstadt, zum Beispiel von Rebhuhn (*Perdix perdix*), Brachpieper (*Anthus campestris*) und Steinschmätzer (*Oenanthe oenanthe*). Mit dem Wiederaufbau kehrte sich die Entwicklung rasch um, so daß diese Arten bis in die 70er Jahre wieder an den Stadtrand zurückgedrängt wurden.

Mitte der 50er Jahre setzte ein erneutes Artensterben ein, das bis in die heutige Zeit anhält (mit Jahreszahl des letztmaligen Vorkommens):

Blauracke (*Coracias garrulus*), 1955; offene großinsektenreiche Landschaften (Grünländereien, Kahlschläge) mit Höhlenbäumen; störungsarm (Grunewald)

Wachtel (*Coturnix coturnix*), ca. 1955; gehölzfreie Agrarlandschaften, möglichst extensiv genutzt (Felder im Süden Berlins)

Ortolan (*Emberiza hortulana*), 1956; offene, mit Bäumen durchsetzte Kulturlandschaften, möglichst an trockenwarmen Standorten (Rudow)

Raubwürger (*Lanius excubitor*), 1960; offene, extensiv genutzte und großinsektenreiche Kulturlandschaften, auch Lichtungen in Kiefernheiden (Spandauer Forst)

Wiedehopf (*Upupa epops*), 1960; Halboffene Grünländereien mit Altbaumbeständen, eher in trockenwarmem Klima (Grunewald)

Schleiereule (*Tyto alba*), 1962; offene Grünlandgebiete an Siedlungsrändern (Brut in Gebäuden) (Mariendorf)

Zwergdommel (*Ixobrychus minutus*), 1968; ungestörte Verlandungszonen mit Röhricht und Weidendickichten (Schwanenwerder, Unterhavel)

Wiesenpieper (*Anthus pratensis*), 1972; vorzugsweise abwechslungsreiche und großflächige Feuchtwiesenlandschaften (Tegeler Fließ)

Steinkauz (*Athene noctua*), 1975; offene Grünlandgebiete mit Bruthöhlen in Bäumen, z.B. Streuobstwiesen (Buckow)

Als wahrscheinlich ausgestorben können gelten:

Kiebitz (*Vanellus vanellus*), 1984; möglichst feuchte und ungestörte Grünländereien (Tegeler Fließ)

Wiesenralle (Wachtelkönig; *Crex crex*), ?; baumfreie, extensiv genutzte Feuchtwiesengebiete mit Brachestrukturen (Tegeler Fließ)

Tüpfelralle (Tüpfelsumpfhuhn; *Porzana porzana*), ?; überschwemmte Naßwiesen mit niedrigem Wasserstand (Tegeler Fließ, Tiefwerder Wiesen)

Einige der vom Aussterben bedrohten Arten verfügen nur noch über 1-2 meist unbeständige Vorkommen, z.B. Brachpieper (*Anthus campestris*), Schilfrohrsänger (*Acrocephalus schoenobaenus*) und Grauammer (*Miliaria calandra*).

Alle diese Arten sind auf überregionalen Roten Listen enthalten (z.B. der Bundesrepublik Deutschland, DDA u. DS/IRV 1986), so daß die Berliner Entwicklung auch einen in Mitteleuropa festzustellenden Trend zeigt.

Nur wenige der gefährdeten Arten zeigten in den letzten Jahren zunehmende oder sich stabilisierende Bestände, z.B. Habicht (*Accipiter gentilis*), Reiherente (*Aythya fuli-*

gula), Beutelmeise (*Remiz pendulinus*) und Neuntöter (*Lanius collurio*). Daneben gab es in den 80er Jahren offenbar stabile Ansiedlungen von Graureiher (*Ardea cinerea*) und Kolkrabe (*Corvus corax*); die Sperbergrasmücke (*Sylvia nisoria*) trat nach zehnjährigem Fehlen in zwei Gebieten wieder auf. Als sporadischer Brutvogel wurde die Gebirgsstelze (*Motacilla cinera*) festgestellt.

Als fremdländische Arten haben sich nur der Fasan (*Phasianus colchicus*) und die Mandarinente (*Aix galericulata*) dauerhaft etabliert.

Folgende häufigere Arten (über 100 Reviere in Berlin) zeigten von Mitte der 70er bis Mitte der 80er Jahre Zu- und Abnahmetendenzen (OAG 1984):

Zunahmen	Abnahmen
Ringeltaube (*Columba palumbus*)	Bleßralle (Bläßhuhn; *Fulica atra*)
Mehlschwalbe (*Delichon urbica*)	Grünspecht (*Picus viridis*)
Nachtigall (*Luscinia megarhynchos*)	Haubenlerche (*Galerida cristata*)
Elster (*Pica pica*)	Uferschwalbe (*Riparia riparia*)
Stieglitz (*Carduelis carduelis*)	Gartenrotschwanz (*Phoenicurus phoenicurus*)
	Singdrossel (*Turdus philomelos*)
	Teichrohrsänger (*Acrocephalus scirpaceus*)
	Dorngrasmücke (*Sylvia communis*)
	Fitis (*Phylloscopus trochilus*)
	Schwanzmeise (*Aegithalos caudatus*) ?
	Buchfink (*Fringilla coelebs*)
	Girlitz (*Serinus serinus*)

Für diese gegenläufigen Trends sind vermutlich unterschiedliche Ursachen verantwortlich. Während bei den zunehmenden Arten eine bessere Einpassung in die urbane Umwelt angenommen werden kann, mithin echte Verstädterungstendenzen vorliegen, spielt bei den abnehmenden Arten weitgehend die Beeinträchtigung ihrer Lebensräume die entscheidende Rolle.

Insgesamt sind seit 1945 in Berlin (West) rund 270 Vogelarten nachgewiesen worden. Von diesen werden jedes Jahr gut 200 als Brutvögel, Durchzügler oder Wintergäste festgestellt, der Rest sind Ausnahmeerscheinungen oder seltene Gäste (s. BRUCH u.a. 1978).

Nach den Kartierungen der Ornithologischen Arbeitsgruppe (OAG) Berlin (West)(1984) können rund 120 Arten als Brutvögel der Stadt angesehen werden, von denen allerdings einige nicht in jedem Jahr auftreten.

Die verbreitetsten Vogelarten Berlins sind mit Verteilungsgrad und geschätzter Revierzahl in Tabelle 2.2.6.1.4 aufgeführt. Abbildung 2.2.6.1.1 zeigt die Auswertung der Brutvogelkartierung in den ca. 1,04 km² großen Feldern des geographischen Gitternetzes nach artenreichen (≥ 44 Arten) und artenarmen (≤ 16 Arten) Gitterfeldern. Gegliedert nach Nutzungsformen reichen die Artendichten von im Mittel 16 je Gitterfeld in der Zone geschlossener Bauweise über 35 in größeren Parks und gut 40 in abwechslungsreichen Wäldern bis hin zu 51 Arten in reich strukturierten Feuchtgebieten (Tabelle 2.2.6.1.5). Letztere Gebiete befinden sich überwiegend am (westlichen) Stadtrand.

Tab. 2.2.6.1.4: Verbreitetste Vogelarten Berlins mit geschätzter Revierzahl; VG = Verteilungsgrad (OAG 1984)

Art	VG %	Reviere
Amsel (*Turdus merula*)	100	20 - 40000
Kohlmeise (*Parus major*)	99	10 - 15000
Star (*Sturnus vulgaris*)	99	15 - 25000
Blaumeise (*Parus caeruleus*)	98	10 - 15000
Ringeltaube (*Columba palumbus*)	93	3 - 6000
Grünling (*Carduelis chloris*)	91	12 - 36000
Haussperling (*Passer domesticus*)	89	50 - 100000
Feldsperling (*Passer montanus*)	84	3 - 7000
Elster (*Pica pica*)	76	1200 - 1800
Nebelkrähe (*Corvus corone cornix*)	76	500 - 700
Klappergrasmücke (*Sylvia curruca*)	74	800 - 1200
Türkentaube (*Streptopelia decaocto*)	73	3000 - 5000
Haustaube (*Columba livia f. domestica*)	67	20 - 40000
Gartenrotschwanz (*Phoenicurus phoenicurus*)	66	ca. 1000
Gelbspötter (*Hippolais icterina*)	66	700 - 1000
Zilpzalp (*Phylloscopus collybita*)	66	900 - 1100
Mönchsgrasmücke (*Sylvia atricapilla*)	63	700 - 900
Rotkehlchen (*Erithacus rubecula*)	61	2500 - 4000
Buchfink (*Fringilla coelebs*)	60	2000 - 4000
Hausrotschwanz (*Phoenicurus ochruros*)	60	ca. 500
Nachtigall (*Luscinia megarhynchos*)	56	ca. 600
Mauersegler (*Apus apus*)	54	5 - 15000
Gartengrasmücke (*Sylvia borin*)	50	400 - 500
Fitis (*Phylloscopus trochilus*)	50	1000 - 1400
Stockente (*Anas plathyrhynchos*)	49	700 - 800
Buntspecht (*Dendrocopos major*)	49	800 - 1200
Kleiber (*Sitta europaea*)	45	500 - 600
Girlitz (*Serinus serinus*)	45	700 - 900
Grauschnäpper (*Muscicapa striata*)	44	300 - 400
Trauerschnäpper (*Ficedula hypoleuca*)	43	800 - 1000
Singdrossel (*Turdus philomelos*)	42	800 - 1500
Eichelhäher (*Garrulus glandarius*)	42	300 - 400
Zaunkönig (*Troglodytes troglodytes*)	41	400 - 500
Mehlschwalbe (*Delichon urbica*)	37	3500 - 4000
Grünspecht (*Picus viridis*)	31	90 - 150

Schwanzmeise (*Aegithalos caudatus*)	26	120 - 180
Waldlaubsänger (*Phylloscopus sibilatrix*)	26	500 - 700
Rauchschwalbe (*Hirundo rustica*)	26	350 - 400
Sumpfrohrsänger (*Acrocephalus palustris*)	25	300 - 500
Kernbeißer (*Coccothraustes coccothraustes*)	23	100 - 150
Kuckuck (*Cuculus canorus*)	23	50 - 100
Bläßhuhn (*Fulica atra*)	21	70 - 100
Haubenmeise (*Parus cristatus*)	21	ca. 100
Haubenlerche (*Galerida cristata*)	21	90 - 130
Gartenbaumläufer (*Certhia brachydactyla*)	20	150 - 200
Waldbaumläufer (*Certhia familiaris*)	20	200 - 250
Stieglitz (*Carduelis carduelis*)	19	100 - 150
Pirol (*Oriolus oriolus*)	19	80 - 120
Bachstelze (*Motacilla alba*)	19	100 - 120
Dorngrasmücke (*Sylvia communis*)	19	250 - 350
Waldkauz (*Strix aluco*)	18	90 - 110
Teichhuhn (*Gallinula chloropus*)	17	110 - 150
Mäusebussard (*Buteo buteo*)	16	15 - 20
Kleinspecht (*Dendrocopos minor*)	16	50 - 70
Heckenbraunelle (*Prunella modularis*)	16	60 - 80
Haubentaucher (*Podiceps cristatus*)	13	80 - 110
Höckerschwan (*Cygnus olor*)	12	15 - 25
Habicht (*Accipiter gentilis*)	12	8 - 12
Schwarzspecht (*Dryocopus martius*)	11	35 - 40
Feldlerche (*Alauda arvensis*)	11	50 - 100
Baumpieper (*Anthus trivialis*)	11	230 - 250

Tab. 2.2.6.1.5: Brutvogel-Artendichte nach Nutzungsformen (OAG 1984)

Nutzungsform	Zahl der Felder	Artenzahl/Feld ± s
Geschlossene Bauweise ≤ 10 % Grünflächen	45	16 ± 3
Geschlossene Bauweise 10-25 % Grünflächen	17	21 ± 4
≥ 75 % Industrieflächen	13	22 ± 5
≥ 75 % offene Bauweise	41	27 ± 7
Größere Parks und Friedhöfe	43	35 ± 6
Trockene Wälder	36	33 ± 7
Wälder mit Uferbereichen und Brüchen	35	43 ± 7
Andere reich strukturierte Feuchtgebiete	12	51 ± 7

s = Standardabweichung

Das großflächig vielfältigste und wichtigste Vogelbrutgebiet stellt der Spandauer Forst dar, mit einer Reihe unterschiedlicher Waldtypen sowie besonderen Feucht- und Trockenlebensräumen. Insgesamt kommen dort knapp 80 Arten vor (s. Kap. 3.1.1). Die Gatower Felder sind zwar weniger artenreich, weisen aber ebenfalls noch relativ großflächig einen typischen Artenbestand mit mehreren gefährdeten Arten auf (s. Kap. 3.3). Ein gleichfalls herausragendes, wenn auch recht kleinflächiges Gebiet ist das Tegeler Fließ mit einigen in Berlin sehr seltenen Feuchtgebietsarten (s. Kap. 3.2.3).

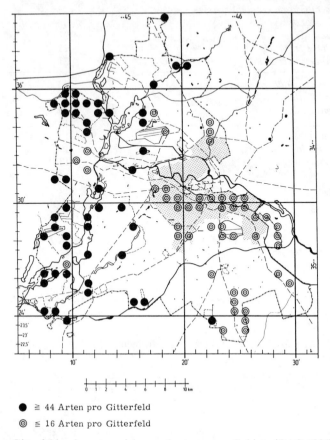

● ≧ 44 Arten pro Gitterfeld
◎ ≦ 16 Arten pro Gitterfeld

Abb. 2.2.6.1.1: Gitterfelder der artenreichen und artenarmen Gebiete (OAG 1984)

Weitere wichtige Vogelbrutgebiete sind neben anderen der Flughafensee mit Umgebung (Kap. 3.2.5), die Tiefwerder Wiesen als letztes Überschwemmungsgebiet der Havel, die abgedeckten Müll- und Schuttdeponien in Wannsee (Kap. 3.9.1), Staaken und Marienfelde, sowie einzelne Uferbereiche der Havel (z.B. Pfaueninsel, Großes Tiefehorn) und verschiedene Teilflächen der Forstgebiete (z.B. Einflugschneise Gatow).

Aufgrund des hohen Belastungsdruckes ist in Berlin die Situation der Vögel offener Feldlandschaften besonders prekär. Neben den auch überregional gefährdeten Arten Rebhuhn (*Perdix perdix*), Braunkehlchen (*Saxicola rubetra*) und Schafstelze (*Motacilla flava*) mußten in die Berliner Rote Liste auch Goldammer (*Emberiza citrinella*), Bluthänfling (*Carduelis cannabina*) und Feldlerche (*Alauda arvensis*) aufgenommen werden. Jüngsten Untersuchungen zufolge sind auch außerhalb Berlins Rückgänge von Goldammer und Feldlerche zu verzeichnen (OELKE 1985, FLADE u. STEIOF 1989).

Als großflächige Rastgebiete für durchziehende Arten haben in Berlin nur noch die Gatower Felder und Rieselfelder (Kap. 3.9.2), sowie vor allem im Winterhalbjahr die Havel für Wasservögel eine höhere Bedeutung. Alle anderen Gebiete - mit Ausnahme der als Rasthabitat ohnehin weniger in Frage kommenden Forsten - sind in den letzten Jahren durch Bebauung flächenmäßig reduziert worden oder sind durch Erholungsbetrieb stark überlastet. Dadurch verfügen rastende Vogeltrupps, die in der Regel größere Fluchtdistanzen haben als z.B. Brutvögel, kaum noch über ruhige Rast- und Nahrungsplätze. Daher sind die Beobachtungen von in Berlin (West) rastenden Durchzüglern in den letzten zwei Jahrzehnten deutlich zurückgegangen.

Reptilien und Amphibien

Mit der systematischen Erfassung dieser beiden Tierklassen wurde in Berlin (West) vergleichsweise spät, etwa um 1960 begonnen. Wenngleich nur wenige Angaben zur Verbreitung nach 1945 veröffentlicht wurden (u.a. WENDLAND 1971), ließ sich doch aufgrund mündlicher Hinweise älterer Faunisten und anderer naturkundlich Interessierter eine Bestandsentwicklung für die meisten Arten rekonstruieren. Ungleich größere Schwierigkeiten ergeben sich für weiter zurückliegende Zeiträume. In der Regel fehlen genaue Fundortangaben, oft findet nur der Stadtbezirk oder die Vorortgemeinde Erwähnung (SCHULZ 1845, FRIEDEL u. BOLLE 1886, DÜRIGEN 1897, HERTER 1922 u. 1946). Einige Arten wie Grasfrosch (*Rana temporaria*), Erdkröte (*Bufo bufo*) oder Zauneidechse (*Lacerta agilis*) waren offensichtlich noch so häufig und allgegenwärtig, daß kein Anlaß bestand, ihre Fundorte im einzelnen zu benennen.

Dies vermittelt immerhin einen vagen Eindruck von der Reichhaltigkeit der Berliner Herpetofauna und den beinahe optimalen Entwicklungsmöglichkeiten, die der Gewässerreichtum und die noch großflächig vorhandenen Wiesen und feuchten Wälder diesen Tieren boten. Noch 1886 bemerkten FRIEDEL u. BOLLE "Der Zufall will es, daß gerade in diesem Augenblick unsere Provinz, speziell die nächste Umgebung Berlins, die Augen der Forscher und Sammler der ganzen Welt auf sich zieht, weil hier innerhalb Deutschlands und selbst für einen großen Theil von Europa die einzige Örtlichkeit ist, wo nicht weniger als 4 Froscharten vorkommen; ja der größte aller europäischen Frösche, welcher bis über 1/2 Pfund schwer gefangen wird, der Seefrosch, ist bis jetzt nur von Berlin bekannt."

Mit der Expansion der Stadt, der Entwässerung und Bebauung feuchten Grünlandes verloren viele Arten zwangsläufig lebenswichtige Areale oder wurden auf Sekundärstandorte, wie Sand- und Mergelgruben zurückgedrängt. Etwa seit den 30er Jahren und besonders nach dem zweiten Weltkrieg läßt sich für einige Arten bereits ein deutlicher Rückgang annehmen, der für zwei Amphibien- und zwei Reptilienarten bislang mit dem völligen Erlöschen endet (s. Tab. 2.2.6.1.6 u. 2.2.6.1.7).

Tab. 2.2.6.1.6: Bestandssituation der Reptilien in Berlin (West)

	Bestands-entwicklung 1960 - 1980	Bestands-entwicklung 1980 - 1989	Aktueller Trend	Gefährdung*
Zauneidechse (*Lacerta agilis*)	-	0	0	Gefährdet
Waldeidechse (*Lacerta vivipara*)	-	-	0	Stark gefährdet
Blindschleiche (*Anguis fragilis*)	-	(-)	0	Stark gefährdet
Ringelnatter (*Natrix natrix*)	-	0	0	Stark gefährdet
Kreuzotter (*Vipera berus*)	-	-	?	Verschollen
Europäische Sumpfschildkröte (*Emys orbicularis*)	Seit Beginn des 20. Jahrhunderts Ausgestorben			

* Gefährdung nach KÜHNEL u.a.; in Vorbereitung

Tab. 2.2.6.1.7: Bestandssituation der Amphibien in Berlin (West)

	Bestands-entwicklung 1960 - 1980	Bestands-entwicklung 1980 - 1989	Aktueller Trend	Gefährdung*
Seefrosch (*Rana ridibunda*)	-	0	+	Nicht gefährdet
Kleiner Wasserfrosch (*Rana lessonae*)	?	?	0	Stark gefährdet
Teichfrosch (*Rana "esculenta"*)	-	0	0	Nicht gefährdet
Grasfrosch (*Rana temporaria*)	-	-	+	Gefährdet
Moorfrosch (*Rana arvalis*)	-	0	0	Gefährdet
Erdkröte (*Bufo bufo*)	-	0	+	Gefährdet
Wechselkröte (*Bufo viridis*)	-	-	-	Vom Austerben bedroht
Kreuzkröte (*Bufo calamita*)	-	0	-	Vom Aussterben bedroht
Knoblauchkröte (*Pelobates fuscus*)	0	-	-	Stark gefährdet
Kammolch (*Triturus cristatus*)	-	0	0	Stark gefährdet
Teichmolch (*Triturus vulgaris*)	-	0	0	Nicht gefährdet
Bergmolch (*Triturus alpestris*)	?	0	0	Künstl. Ansiedlung etwa 1970
Rotbauchunke (*Bombina bombina*)				Ausgestorben vor 1945
Laubfrosch (*Hyla arborea*)				Ausgestorben

* Gefährdung nach KÜHNEL u.a.; in Vorbereitung

Reptilien

Sechs einheimische Reptilienarten sind für Berlin (West) ursprünglich nachgewiesen worden, davon kommen vier gegenwärtig noch vor. Dies entspricht 33 % der in der Bundesrepublik erfaßten Arten.

Zwar wurden in der Vergangenheit noch gelegentlich einzelne Exemplare der Europäischen Sumpfschildkröte (*Emys orbicularis*) gefunden, doch handelte es sich hierbei stets um ausgesetzte Tiere, vornehmlich aus dem südeuropäischen Raum. Bereits FRIEDEL u. BOLLE (1886) fiel auf, daß fast nur adulte Exemplare gefangen wurden, was darauf hindeutet, daß auch die damaligen Vorkommen bereits aus entwichenen oder ausgesetzten Tieren bestanden. Als ehemalige Fundorte im Stadtgebiet werden angeführt Tegeler See, Pichelswerder, Lankwitz und Tempelhof.

Die Kreuzotter (*Vipera berus*) muß inzwischen, da sie trotz intensiver Nachsuche nicht mehr gefunden wurde, als verschollen gelten. Noch vor 100 Jahren war die Art in und um Berlin relativ häufig (DÜRIGEN 1897). Spandauer Forst, Papenberge Niederneuendorf und Jungfernheide waren bekannte Fundorte. Die letzten Fundstellen in Spandau sind heute durch Anpflanzungen stark verändert und einer relativ starken Störung durch Erholungssuchende ausgesetzt.

Das Vorkommen der Waldeidechse (*Lacerta vivipara*) ist zur Zeit auf einige wenige feuchte Bereiche im Spandauer Forst, im Grunewald und auf eine isolierte Stelle im Tegeler Forst beschränkt, während die Zauneidechse (*Lacerta agilis*) mit ihrer Präferenz für trocknere, offene und wärmere Standorte im Stadtgebiet noch relativ verbreitet ist. Stillgelegte Bahndämme, Sandgruben u.ä. sind ihre bevorzugten Lebensräume (vgl. Kap. 3.7). Gegenüber einer enormen Bestandszunahme nach dem zweiten Weltkrieg, die eine direkte Folge des vermehrten Angebots an offenen Flächen (Trümmerflächen, Waldverluste) war, sind heute viele Populationen stark geschrumpft und isoliert.

Aus Abbildung 2.2.6.1.2 geht hervor, welcher Stellenwert die Randbereiche von Verkehrswegen für die Sicherung der Zauneidechsenbestände in der Stadt besitzen. Fast 50 % der noch bestehenden Vorkommen entfallen auf derartige Standorte. Mit dem im Zuge der aktuellen politischen Entwicklung zu erwartenden Ausbau des Bahnverkehrs und der Wiederinbetriebnahme stillgelegter Strecken ist ein weiterer Rückgang vorprogrammiert.

Aus großen Teilen ihres ehemaligen Verbreitungsgebietes verschwunden ist die Ringelnatter (*Natrix natrix*). Sie ist heute auf einige Stadtrandgebiete beschränkt und erhält sich vermutlich zum Teil durch Tiere, die aus dem Umland ins Stadtgebiet überwechseln. Die Anlage neuer Wasserflächen, das verbesserte Nahrungsangebot und die Anlage von Schutzzonen geben Anlaß zu der Hoffnung, daß sich zumindest der Bestand im Spandauer Forst wieder etwas erholen kann.

Die Blindschleiche (*Anguis fragilis*) ist aus allen Waldgebieten Berlins nachgewiesen. Ihr Verbreitungsschwerpunkt liegt jedoch in den grundwassernahen Waldflächen des Spandauer Forstes. Als Kulturfolger findet man die Art aber auch gelegentlich in angrenzenden Wohngebieten oder Kleingärten.

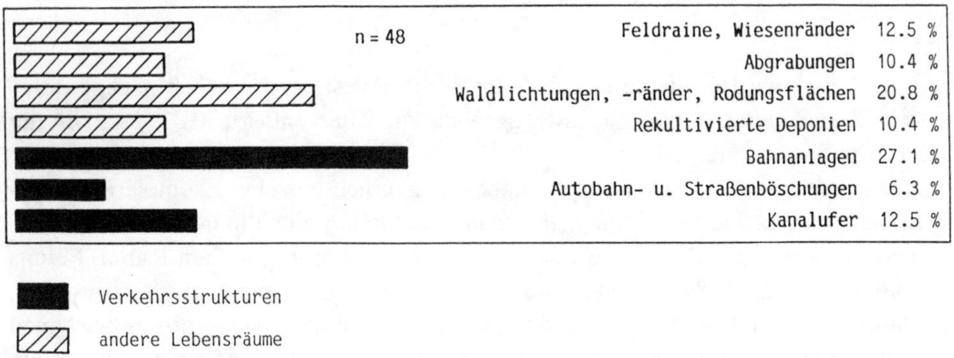

```
████████████   n = 48            Feldraine, Wiesenränder  12.5 %
████████                                      Abgrabungen  10.4 %
████████████████         Waldlichtungen, -ränder, Rodungsflächen  20.8 %
████████                             Rekultivierte Deponien  10.4 %
█████████████████████                        Bahnanlagen   27.1 %
█████                      Autobahn- u. Straßenböschungen   6.3 %
██████████                                      Kanalufer  12.5 %
```

■ Verkehrsstrukturen

▨ andere Lebensräume

Abb. 2.2.6.1.2: Verteilung aktueller Vorkommen der Zauneidechse (Lacerta agilis) auf Nutzungstypen in Berlin (West). (Nach Erhebungen der Deutschen Gesellschaft für Herpetologie und Terrarienkunde und nach KLEMZ)

Noch nach dem zweiten Weltkrieg war die Blindschleiche ungleich häufiger als heute. Ältere Autoren verzichteten meist auf genauere Fundortangaben, die Art war weit verbreitet, sie kam selbst in der Stadt vor.

Regelmäßig konnten in der Vergangenheit am Teltowkanal, der Havel und der Grunewaldseenkette Nordamerikanische Wasserschildkröten (*Pseudemys scripta elegans* und andere) beobachtet werden, die als winzige Jungtiere in großen Mengen in den Zoohandel gelangen. Eine erfolgreiche Fortpflanzung ist bislang nicht bekannt geworden und wegen der nicht ausreichenden Eizeitigungsperiode auch unwahrscheinlich.

Insgesamt sind alle Reptilienarten in der Stadt wegen ihrer Empfindlichkeit gegenüber Störung und Standortveränderungen sowie ihrer niedrigen Reproduktionsraten stärker im Bestand bedroht als die meisten Amphibienarten.

Amphibien

Zur Zeit leben noch elf mutmaßlich indigene Amphibienarten in Berlin, zwei Arten sind mit Sicherheit ausgerottet (Tab. 2.2.6.1.7).
An zwei Stellen konnten sich bislang kleine Populationen des Bergmolches (*Triturus alpestris*) halten, die auf früheren Aussetzungen beruhen.

Seit geraumer Zeit werden Laichgewässer nicht mehr beseitigt, was als Ursache für den weiteren Rückgang einiger Arten folglich keine Rolle mehr spielt. In erster Linie sind es hier Veränderungen in der Gewässerstruktur und im Sommerhabitat, die in Verbindung mit spezifischen Ansprüchen an den Lebensraum zu einer Bestandsgefährdung führen. Besonders betroffen sind hiervon die Kreuzkröte (*Bufo calamita*), die nur noch ein kleines Vorkommen im Süden Berlins besitzt, und die Wechselkröte (*Bufo viridis*). Beide Arten benötigen offene, vegetationsarme, auch temporäre Gewässer, wie sie früher beim Sand- oder Lehmabbau häufiger entstanden, sowie Sommerlebensräume mit schütterer niedriger Vegetation. Neben den durch natürliche Sukzession (Verlandung, Verbuschung) bedingten Veränderungen sind zumindest bei der Wechselkröte auch gestalterische Maßnahmen im ehemals letzten größeren zusammenhängenden Verbreitungsgebiet, der Spekteniederung in Spandau, sowie der Überbesatz der Laichgewässer mit Fischen für den fortschreitenden Rückgang verantwortlich. War die Art noch nach dem zweiten Weltkrieg sogar im Tiergarten vertreten (WERMUTH 1970), so ist der Bestand heute auf drei kleine Populationen in Spandau und Marienfelde zusammengeschrumpft.

Wesentlich günstiger ist die Situation für Arten mit einem breiteren Lebensraumspektrum. Nach erheblichen Bestandsrückgängen in den 60er und frühen 80er Jahren zeigen vor allem die Bestände des Grasfrosches (*Rana temporaria*) eine deutlich positive Tendenz, die zum Teil auf die Neuanlage von Gewässern zur Grundwasserversickerung im Spandauer Forst zurückzuführen ist. Größere zusammenhängende Verbreitungsgebiete finden sich unter anderem auch im Tegeler Fließtal und in Heiligensee.

Ein ähnliches Verbreitungsmuster zeigt die Erdkröte, von der sich an einigen Stellen Populationen mit über 1000 Tieren erhalten haben. Nach dem Teichmolch (*Triturus vulgaris*) und der Knoblauchkröte (*Pelobates fuscus*) dringt diese Art auch am weitesten in den Innenstadtbereich vor (u.a. Tiergarten, Rehberge). Aus dem Südosten Berlins ist sie dagegen seit etwa 1930, sicher aber nach dem zweiten Weltkrieg verschwunden (SCHMIDT 1970). Neuere Funde (KÜHNEL 1986) sind mit Vorsicht zu interpretieren.

War der Moorfrosch (*Rana arvalis*) eine Zeitlang häufiger zu finden als der Grasfrosch, so erscheint er gegenwärtig in einigen Bereichen, wie dem Spandauer Forst, Heiligensee und dem Tegeler Fließtal etwas zurückzugehen, ohne daß bislang eindeutige Ursachen erkennbar sind. Die guten Bestände in Rudow (KÜHNEL 1986) sind trotz fortschreitender Bebauung in den Randbereichen noch stabil.

Zunehmend besorgniserregende Bestandsrückgänge sind bei der Knoblauchkröte (*Pelobates fuscus*) zu registrieren, die ganz offensichtlich weniger mit der Veränderung der Laichgewässer zusammenhängen, sondern die Folge fortschreitender Grundstücksteilungen und Flächenversiegelung in den Außenbezirken sind. Wie kaum eine andere Art ist die Knoblauchkröte auf das Vorhandensein lockerer, grabbarer Böden angewiesen.

Die Bestände der beiden größeren Grünfrösche (*Rana ridibunda* und *Rana "esculenta"*) sind im wesentlichen seit 1982 stabil geblieben. Mit der Verlangsamung des Röhrichtrückgangs an der Havel und der Anlage von Versickerungsteichen im Spandauer Forst konnte sich der Seefrosch (*Rana ridibunda*) wieder etwas ausbreiten. Beiden Arten kommt bei der Neubesiedelung von Gewässern ihre hohe Mobilität, besonders der Jungtiere, zugute. Vorrübergehend halten sich Seefrösche auch in kleineren Wasseransammlungen auf.

Der Kleine Wasserfrosch (*Rana lessonae*) wurde erstmals 1984 in Berlin (West) nachgewiesen (KÜHNEL 1987a). Obwohl bis heute nur ein weiteres Vorkommen entdeckt werden konnte, erscheint der Bestand nicht unmittelbar gefährdet. Wegen der komplizierten genetischen Situation des europäischen Grünfroschkomplexes (u.a. GÜNTHER 1973) kann nicht ausgeschlossen werden, daß es sich "nur" um rekombinierte Tiere handelt.

Nahezu über den gesamten äußeren Stadtbereich, einschließlich der Zone der lockeren Bebauung, ist der Teichmolch (*Triturus vulgaris*) verbreitet, wenngleich sich die Populationsgrößen überwiegend im unteren bis mittleren Bereich (ca. 500 Tiere) bewegen dürften. Aufgrund ihres geringen Raumanspruchs und der etwas höheren Toleranz gegenüber Trockenheit konnte sich die Art auch noch unter widrigen Bedingungen halten. Etwa 80 Vorkommen sind zur Zeit bekannt.

Ganz anders liegen die Verhältnisse dagegen beim Kammolch (*Triturus cristatus*), der zum Aufbau individuenstarker Populationen eher größere, pflanzenreiche Gewässer benötigt. Die verbliebenen Bestände im Südosten Berlins und einige isolierte Vorkommen in Reinickendorf sind heute durch häufiges Trockenfallen der Laichgewässer, sowie die Einleitung von Straßenabwasser und künstlichen Fischbesatz zusätzlich beeinträchtigt. Weitere Laichgewässer sind aus Spandau bekannt. Die ehemals individuenreichste Population am Unkenpfuhl ist durch fortwährenden widerrechtlichen Fischbesatz erheblich reduziert worden.

Offensichtlich in Zusammenhang mit der in Mode gekommenen Anlage von Gartenteichen steht das Auftauchen und die Ausbreitung einiger Arten, wie Teichfrosch (*Rana "esculenta"*) und Grasfrosch in vorher nicht oder nicht mehr besiedelten Bereichen. Viele Gartenbesitzer haben keine Bedenken, Tiere und Laich auch aus der Bundesrepublik einzuführen, was unter Umständen die Abgrenzung ursprünglicher Populationen und Verbreitungsgebiete erschwert. Auch nichtheimische Arten, wie der Amerikanische Ochsenfrosch (*Rana catesbeiana*) wurden schon vorübergehend beobachtet.

Fische[1]

Die Diversität einer Fischgesellschaft ist ein Anzeiger für den Grad der Gewässerverschmutzung (EIFAC 1978). Mit der Industrialisierung Berlins seit der Jahrhundertwende ging eine beschleunigte, bis heute anhaltende Verarmung der Fischfauna, bedingt durch chemische und mechanische Belastung der Gewässer (vgl. Kap. 2.2.3.2), einher. Nicht zuletzt hat dazu auch die starke Dezimierung der "Fischräuber", wie Graureiher (*Ardea cinerea*), Haubentaucher (*Podiceps cristatus*) und Fischotter (*Lutra lutra*) um 1900 durch Aussetzung von Kopfprämien (ANONYMUS 1900) beigetragen. Nach einer Untersuchung für den Zeitraum von 1980 bis 1984 (DOERING 1986) kommen in Berlin (West) noch 26 einheimische Fischarten vor, von denen 17 gefährdet oder vom Aussterben bedroht sind (Tab. 2.2.6.1.8). In dieser Untersuchung sind die Havel, die Spree, Kanäle, Landseen, kleine Fließgewässer, Teiche, Pfuhle und Regenwasserrückhaltebecken, also alle in Berlin vorkommenden Gewässertypen berücksich-

---

1) Für die Unterstützung danke ich Rainer Stürmer vom Forschungsprojekt "Auswertung von Archivalien bezirklicher Gartenbauämter" der Freien Universität Berlin.

tigt worden. Untersuchungen in den Gewässern des Tiergartens 1988 und 1989 (DOERING u. LUDWIG 1989) und im Tegeler See von 1985 bis 1987 haben den Stand der Roten Liste von 1984 bestätigt. Für den Steinbeißer (*Cobitis taenia*), den Schlammpeitzger (*Misgurnus fossilis*) und den Neunstachligen Stichling (*Pungitius pungitius*) sind nach 1984 noch neue Vorkommen in mehreren Kleingewässern (JAHN u. PRASSE 1988, mdl.) und im Glienicker See (GRABOWSKI u. MOECK 1987) bekannt geworden, Arten, die 1982 schon für ausgestorben gehalten wurden (GROSCH u. ELVERS 1982). Dies weist auf die Bedeutung von Kleingewässern für Fische hin, die zu einem großen Teil noch nicht auf ihr Fischartenvorkommen hin untersucht wurden.

Tab. 2.2.6.1.8: Die Rote Liste der Fische von Berlin (West)
(Stand 1984, aus: DOERING 1986)

A.1.1. Ausgestorben (seit 1965)
Bachneunauge (*Lampetra planeri*)
Bachschmerle (*Neomacheilus barbatulus*)
Barbe (*Barbus barbus*)
A.1.2 Vom Aussterben bedroht
Bitterling (*Rhodeus sericeus*)
Döbel (*Leuciscus cephalus*)
Hasel (*Leuciscus leuciscus*)
Quappe (*Lota lota*)
Schlammpeitzger (*Misgurnus fossilis*)
Steinbeißer (*Cobitis taenia*)
Stichling, Neunstachliger (*Pungitius pungitius*)
Stint (*Osmerus eperlanus*)
A.2. Stark gefährdet
Aal (*Anguilla anguilla*), durch Besatz gestützt
Aland (*Leuciscus idus*)
Moderlieschen (*Leucaspius delineatus*)
Wels (*Silurus glanis*), durch Besatz gestützt
A.3. Gefährdet
Gründling (*Gobio gobio*)
Hecht (*Esox lucius*), durch Besatz gestützt
Rapfen (*Aspius aspius*)
Schlei (*Tinca tinca*), durch Besatz gestützt
Stichling, Dreistachliger (*Gasterosteus aculeatus*)

Die Veränderung der Fischfauna in den einzelnen Gewässertypen ist unterschiedlich. In den beiden Flüssen Spree und Havel ist sie langfristiger Natur, während sie in den Kleingewässern oft abrupt erfolgt.

Mit der Stauhaltung der Havel begann die erste von zwei Phasen starker Veränderungen der Fischbestände; sie endete in den sechziger Jahren mit dem Beginn der rasanten Eutrophierung. Die dann einsetzende zweite Phase dauert bis heute an (GROSCH 1980).

Mühlendämme gab es bereits im 13. Jahrhundert, die ersten Schleusen in der Mitte des 16. Jahrhunderts (KLOOS 1981)(vgl. Kap. 2.1). Die mit der Reduzierung der Fließgeschwindigkeit verbundene Verschlammung des Flußbettes beraubte die auf sandig-kiesigem Boden lebenden Fischarten wie Barbe (*Barbus barbus*), Bachschmerle (*Neomacheilus barbatulus*), Hasel (*Leuciscus leuciscus*), Rapfen (*Aspius aspius*) und Steinbeißer ihrer Lebensräume. In dieser ersten Phase verschob sich das Fischartenspektrum von dem eines Fließgewässers allmählich zu dem eines stehenden Gewässers. Der Blei (*Abramis brama*) löste die Barbe als Leitfischart ab. Die Barbe gilt seit 1965 in Berlin (West) als ausgestorben (GROSCH u. ELVERS 1982). Die sich im Stillwasser ausbreitenden Wasserpflanzen boten Lebensraum für pflanzenliebende Arten wie Karausche (*Carassius carassius*), Rotfeder (*Scardinius erythrophthalmus*), Schlei (*Tinca tinca*) und Hecht (*Esox lucius*).

Die übermäßige Nutzung der Havel durch Badende, Wassersportler sowie die Berufsschiffahrt (vgl. Kap. 2.2.3.2) und die in den sechziger Jahren beginnende rasante Gewässereutrophierung, hauptsächlich bedingt durch die Einführung phosphathaltiger Waschmittel und durch die Überlastung der Rieselfelder, vernichteten die höheren Wasserpflanzen weitgehend. In dieser zweiten Phase verdrängten die anspruchslosen Karpfenartigen Blei, Güster (*Blicca björkna*) und Plötze (*Rutilus rutilus*) und die Hartsubstratlaicher Kaulbarsch (*Gymnocephalus cernuus*), Barsch (*Perca fluviatilis*) und Zander (*Stizostedion lucioperca*) nun die pflanzenliebenden Arten (GROSCH 1980). Da das Vorkommen des Hechts vom Vorhandensein höherer Wasserpflanzen abhängig ist - die Pflanzen bieten den jungen Hechten Schutz vor den kannibalisierenden Adulten (GRIMM 1983) - und dieser Raubfisch auf Sicht jagt, trat in dem sich durch Algenblüten immer mehr eintrübenden Havelwasser mit immer geringeren Makrophytenbeständen der Zander an seine Stelle und ist jetzt der Hauptraubfisch der Havelgewässer.

Mit der Strukturverarmung der Gewässer ging eine Verarmung der Fischfauna einher, die in der Havel mit einer Verschiebung des Spektrums von strömungsliebenden zu pflanzenliebenden und schließlich zu anspruchslosen Arten verbunden war.

In allen Gewässertypen von Berlin (West) sind heute Karausche, Plötze, Rotfeder und Dreistachliger Stichling (*Gasterosteus aculeatus*) anzutreffen. Die Havelgewässer und Landseen sind durch Massenbestände der anspruchslosen Cypriniden Blei, Güster und Plötze gekennzeichnet. Die Artendiversität in den Kleingewässern ist sehr unterschiedlich. In dem naturnahen Wiesenbecken am Bullengraben in Staaken, einem Regenwasserrückhaltebecken, beträgt die Artenzahl acht, während in dem nahegelegenen mit Beton eingefaßtem Stiegelakebecken nur fünf Arten vorkommen. Es gibt aufgrund zu starker Beschattung und zu geringer Tiefe fischleere Gewässer, wie zum Beispiel den Karutschenpfuhl in Steglitz und den Rudower Röthepfuhl. Andere Gewässer sind fast ausschließlich von Karauschen besiedelt, wie die Blanke Helle in Tempelhof und der Rückertteich in Steglitz. Letztere Fischart kann mehrere Monate ohne Sauerstoff auskommen (HOLOPAINEN u. HYVÄRINEN 1985), also im Gegensatz zu anderen Arten auch längere Eisbedeckung überleben. Starke Karauschenvorkommen sind auch aus dem Hufeisenteich in Britz aus dem Jahre 1931 bekannt, wo der Fang nach einer Befischung noch an die Bevölkerung verkauft wurde (NEUKÖLLNER TAGEBLATT 12.10.1931).

Bei einer Nutzung als Angelgewässer erfolgt oft ein dem Gewässertyp nicht entsprechender Fischbesatz. Zum Beispiel wurden in den nur 0,4 ha großen Teich auf dem Gelände der Karl-Bonhoeffer-Nervenklinik Aale eingesetzt. Heute kann davon ausgegangen werden, daß der Bestand des ehemals hier vorkommenden und vom Aussterben bedrohten Schlammpeitzgers dort nicht mehr existiert, da diese Fischart auf so kleinem Raum keinen ausreichenden Schutz vor dem räuberisch lebenden Aal finden kann. In flache stehende Gewässer gehören keine Karpfen (*Cyprinus carpio*) oder Bleie, da sie bei ihrer Nahrungssuche den Boden aufwühlen, wodurch verstärkt Nährstoffe im Wasser gelöst werden, was den Eutrophierungsprozeß beschleunigt (GRIMM 1988).

Bemerkenswert ist, daß in Kleingewässern nicht nur die in der Havel selten gewordenen Arten Karausche, Gründling (*Gobio gobio*) und Rotfeder vorzufinden sind, sondern daß sie insgesamt einen Lebensraum für gefährdete Arten darstellen: Drei Viertel der in Berlin (West) gefährdeten Arten sind in ihnen vertreten.

2.2.6.2 Wirbellose Tiere[1]

Die Artenvielfalt der Wirbellosenfauna ist immens groß. Allein die Insekten sind in Mitteleuropa mit ca. 31.000 Arten vertreten. So braucht es nicht zu verwundern, daß der Kenntnisstand für verschiedene Gruppen unterschiedlich ist. In Berlin (West) wurden bisher Regenwürmer, Webspinnen, Weberknechte, Hornmilben, Asseln, Tausendfüßler und unter den Insekten Libellen, Heuschrecken, Wanzen, Laufkäfer, Rüsselkäfer und Schmetterlinge intensiver bearbeitet.

Dabei sind spezifische Erfassungsmethoden entsprechend der unterschiedlichen Lebensweise verschiedener Tiergruppen zu verwenden: Während die meisten Arten der Hornmilben als Bewohner der Humusschicht des Bodens im sogenannten Berlese-Trichter mit Hilfe von Wärme und Trockenheit ausgelesen werden, fängt man Laufkäfer, Webspinnen und Weberknechte, die an der Bodenoberfläche leben, mit Becherfallen. Tiere der Kraut- und Strauchschicht (Wanzen, viele Käfer, Hautflügler) wird man in der Regel mit dem Streifsack erbeuten. Der Heuschreckenkenner weiß die Arten schon an ihrem Zirpgesang zu unterscheiden; nachtaktive Schmetterlinge müssen

---

1) Wir danken Herrn Prof. D. Barndt und Herrn Prof. H. Korge für zahlreiche wertvolle Hinweise.

dagegen mit Hilfe von kurzwelligem Licht und künstlichem Nahrungsangebot angelockt werden, will man sich einen Überblick über den Artenbestand verschaffen.

Es ist einleuchtend, daß diese unterschiedlichen Methoden keine quantitativ vergleichbaren Ergebnisse erbringen, jedoch lassen sich bei längerfristiger Beobachtung Häufigkeitsschwankungen sowie Zu- und Abnahme von Arten nachweisen. Ergebnisse solcher faunistischen Erhebungen wurden anläßlich des Berliner Artenschutz-Colloquiums 1980 zusammengestellt (SUKOPP u. ELVERS 1982). Hier im Text wurden die Ergebnisse der Untersuchungen an Webspinnen und Weberknechten auf den neuesten Stand gebracht (PLATEN 1984). Bei einigen Gruppen hat sich der Anteil verschollener und gefährdeter Arten seit 1980 noch nachweislich erhöht, so z.B. bei den Schmetterlingen.

Die Veränderung des Artenspektrums wirbelloser Tiere und die Gefährdung zahlreicher Arten wurde im wesentlichen durch die Vernichtung der entsprechenden Biotope durch Bebauung sowie durch wasser- oder forstwirtschaftliche Maßnahmen bewirkt. Für die Fauna der Berliner Moore, die nahezu sämtlich als Naturschutzgebiete ausgewiesen sind, hat die Absenkung des Grundwasserspiegels verheerende Folgen gehabt. Uferbewohnende Arten der Gewässer (vgl. Kap. 3.2), wie z.B. Wasserstraßen, Pfuhle und Gräben sind durch Gewässerausbau, Eutrophierung und Zuschüttung in Mitleidenschaft gezogen worden. In den Landschaftsschutzgebieten wurden zahlreiche Arten, z.B. viele Schmetterlingsarten durch Nutzungsänderung (Flughafenausbau Tegel) oder durch Aufforstung von Sandtrockenrasen, Heideflächen und Wiesen verdrängt. Auch Änderungen in der landwirtschaftlichen Bewirtschaftungsform sind nicht ohne nachteilige Folgen geblieben.

Die Beeinträchtigung der betroffenen Tierarten erfolgt dabei oft art- und gruppenspezifisch durch die Vernichtung von Brutmöglichkeiten (z.B. Einebnung oder Bepflanzung von Erdabbrüchen), von Überwinterungsmöglichkeiten (z.B. Beseitigung von Fallaub, Stubben, abgestorbenen Bäumen) oder der Nahrungsgrundlage (z.B. Mangel an nektarspendenden Blüten auf intensiv gepflegten Rasenflächen, Mangel an Schneisen und Schlägen in den Forsten). Durch die intensive Freizeitnutzung vieler Gebiete dürfte auch die mechanische Beeinträchtigung, wie Trittbelastung oder Wellenschlag in Uferzonen eine nicht unerhebliche Rolle spielen. Nachtaktiven Arten werden häufig die Lichterflut der Großstadt und der rege Autoverkehr zum Verhängnis.

Andererseits haben besondere mikroklimatische Verhältnisse sowie die Existenz von vom Menschen künstlich geschaffener Biotope zu einer Neueinbürgerung einzelner Arten geführt: Der in Westeuropa beheimatete, große, dickleibige Weberknecht *Odiellus spinosus* besitzt in Mitteleuropa inselartige Vorkommen auf den Deponien und innerstädtischen Brachflächen. Eine andere faunistische Besonderheit, die Höhlenspinne *Nesticus eremita*, hat sich in Resten unterirdischer Bausubstanz auf Bahngelände angesiedelt. Auch unter den Schmetterlingen werden einzelne Neubesiedler beobachtet, wie der Zünsler *Phlyctaenia perlucidalis*, der auf Ruderalflächen und Wiesen (z.B. in Rudow) vorkommt und seit 1974 im Berliner Raum festgestellt wird. Er war früher nur aus Österreich und dem Mittelmeergebiet bekannt.

Es gibt immer wieder Beispiele für derartige Artenzugänge, deren Ursachen oft nicht näher bekannt sind. In den vergangenen Jahren überwogen jedoch bei weitem Beispiele von Arten, die in unserem Gebiet verschollen sind und nicht mehr beobachtet werden können (SUKOPP u. ELVERS 1982).

3. Ausgewählte Lebensräume der Stadt Berlin

Im besiedelten Bereich wird die heutige Flächennutzung als der Faktor angesehen, der die übrigen Umweltfaktoren beeinflußt und teilweise überdeckt. Eine Gliederung der Flächennutzung im stadtplanerischen Sinn (allgemeines Wohngebiet, Mischgebiet usw.) reicht für stadtökologische Untersuchungen nicht aus. Eine geeignete Grundlage bietet eine Gliederung nach Nutzungstypen, die sich als Ökotoptypen interpretieren lassen. Eine flächendeckende Kartierung der Nutzungstypen (Karte 05.02 im Umweltatlas, SENSTADTUM 1987) ist daher eine notwendige Grundlage für großmaßstäbliche stadtökologische Untersuchungen.

Die Karte der "Stadtökologischen Raumeinheiten" (aus dem Umweltatlas [SENSTADTUM 1987], Karte 05.01, in der Beilage) gliedert das Gebiet in 69 Raumeinheiten, die durch relativ stabile naturräumliche und anthropogene Faktoren abgegrenzt und durch ihre Nutzungen charakterisiert sind. Die Abgrenzung der einzelnen Stadtökologischen Raumeinheiten wurde mit Hilfe der Vegetations- und Bodengesellschaftskarten (Karten 01.01 und 05.02 im Umweltatlas) vorgenommen. Der Karte der Stadtökologischen Raumeinheiten und ihrer Legende sind folgende Angaben zu entnehmen:

- Gestein bzw. Substrat
- Versiegelungsgrad
- Klima (Temperatur im langjährigen Mittel, Anzahl der Frosttage, nächtliche Reduzierung der Windgeschwindigkeit)
- Bodenfeuchte
- Nährstoffverhältnisse
- Kennzeichnende Pflanzengesellschaften
- Grad des Kultureinflusses (Hemerobiegrad)
- Bodengesellschaften

Von den großräumigen Stadtklimatischen Zonen (Abb. 2.2.1.7 im Farbtafelteil) hebt sich das hier dargestellte Mosaik der Pflanzen- und Bodengesellschaften, welches durch Substrate und Grundwasserverhältnisse gegeben ist, deutlich durch seine Kleinräumigkeit ab. Bodengesellschaften und Pflanzengesellschaften zeigen in ihren Abgrenzungen (Karten 01.01 und 05.02 im Umweltatlas) eine große Ähnlichkeit, die durch die Flächennutzungen bedingt ist.

Die Benennung der Stadtökologischen Raumeinheiten (Ökochore) erfolgt über eine grundlegende geomorphologische Eigenschaft in Verbindung mit Angaben über die Vegetation bzw. im bebauten Bereich über die Flächennutzung. Die Bezeichnung der Vegetation erfolgt im Außenbereich nach Pflanzengesellschaften (SUKOPP 1979), im bebauten Bereich standorts- und nutzungsbezogen nach Zeigerarten (oder Gruppen davon), wobei Artmächtigkeit und Stabilität eine Rolle spielen (z.B. Spitzahorn-Blockbebauung, vgl. Abb. 1 im Umweltatlas).

Tab. 3.1: Großstädtische Flächennutzungen und deren Bedeutung für Klima, Boden, Pflanzen- und Tierwelt (aus SenBauWohn 1980a)

Flächennutzung	Folgen für die Atmosphäre	Folgen für Boden und Gewässer	Folgen für die Pflanzenwelt: Vitalität und Artenzusammensetzung der Flora	Folgen für die Pflanzen- und Tierwelt: Artenzusammensetzung der Fauna	Einführung u. Ausbreitung neuer Arten	Refugium für gefährdete Arten
Wasserstraßen, Häfen, Kanäle	Dämpfung klimatischer Extremwerte, Schadstoffbelastung	Eutrophierung, Erwärmung, Schadstoffbelastung	Einbürgerung von tropischen Arten u. Egalisierung verschiedener Gewässerökosysteme durch Aufheben ihrer Isolation	Brut- und Überwinterungsplatz für Wasservögel	Einwanderung von Kanalpflanzen	ungestörte Buchten, stillgelegte Kanäle
Wohngebiete, aufgelockerte Bebauung (mit Hausgärten)	Günstiges Mikroklima	Humusanreicherung und Eutrophierung, gezielte zusätzliche Wasserzufuhr, z.T. Bodenverdichtung	Bildung typischer Gehölzbestände in Wald-, Park- u. Obstsiedlungen, Begünstigung feuchte- u. nährstoffliebender Arten	Begünstigung von Abfallverwertern u. Allesfressern	Ausbreitungszentren von Vogelfutterpflanzen u. einigen Zierpflanzen	alte, verwilderte Gärten
geschlossene Bebauung	Schadstoffbelastung (bes. Schwefeldioxid, Staub), starke Erwärmung	Schadstoffimmission, Bodenverdichtung	Rückgang schadstoffempfindlicher Arten (z.B. Flechten)	Artenminimum; es hat sich eine typische Hausfauna gebildet; Kulturfelsenbewohner	Ausbreitungszentren von Vogelfutterpflanzen u. einigen Zierpflanzen	
Industriestandorte und techn. Versorgungsanlagen (zur ökologischen Bedeutung industrieller Brach- u. Restflächen in Berlin [West] vgl. REBELE u. WERNER 1984)	starke Erwärmung, produktionsspezifische Schadstoffbelastung	produktionsspezifische Schadstoffimmission über die Luft oder defekte Leitungen, Bodenverdichtung	Pflanzenschäden, Rückgang der einheimischen u. alteingebürgerten Flora	Vorkommen spezifischer Begleitflora, z.B. von Wollkämmereien u. Mühlenbetrieben, i.a. aber keine Ausbreitungszentren	specifischer Kulturfelsenbewohner	Restflächen bei alten technischen Anlagen z.B. Wasserwerken
Parks	günstiges Mikroklima, Ablagerungen u. Bindung von Luftverunreinigungen	bei Übernutzung Trittverdichtung, Erosion, Eutrophierung (bes. Stickstoff)	Begünstigung trittresistenter, nährstoffliebender Arten, Trittschäden	Ausbreitung von Waldarten, spezifische Parkfauna	Ausbreitungszentren für Grassamenankömmlinge, Zierpflanzen u. andere Begleiter; Botanische Gärten als Ausbreitungszentren für Fremdpflanzen	z.B. Waldpflanzenrelikte in großen Parkanlagen, waldähnliche Strukturen in großen Parkanlagen

Friedhöfe	günstiges Mikroklima, Ablagerungen u. Bindung von Luftverunreinigungen	tiefgründige Auflockerung u. Humusanreicherung, gezielte zusätzliche Wasserzufuhr	Begünstigung von Feuchtwiesenarten und Uferhochstauden	Ausbreitung von Waldarten, spezifische Parkfauna	Ausbreitung von Zierpflanzen u. deren Begleitern	Wald- u. Wiesenpflanzenrelikte, feuchte Standorte mit reichhaltiger mehrschichtiger Vegetation
Innerstädtische Brachflächen	relativ günstiges Mikroklima, Ablagerung u. Bindung von Luftverunreinigungen	Bildung stein-, kalk- u. schwermetallreicher, schwer benetzbarer Ruderalböden	Ausbreitung von konkurrenzarmer Pioniervegetation	Ausbreitung von Steppenbzw. Ruderalarten	dauerhafte Ansiedlung von Arten südlicher Herkunft möglich	lange ungestörte Flächen, großflächige Ruderalgebiete
Bahnanlagen	Überwärmung, Lärmbelästigung	Belastung mit Herbiziden	Zunahme herbizidresistenter Arten	Vorkommen von Hochstauden-, Gebüsch- u. Ruderalarten	Einwanderung von Eisenbahnpflanzen	verwilderte Hochstaudenfluren, Gebüsche, Ruderalflächen
Verkehrsstandorte Straße, Wege, Plätze	Erwärmung, geringere Luftfeuchte, Staub- u. Schadstoffbelastung	Bodenverdichtung bzw. Versiegelung, Minderung von Wassereinnahme u. Gasaustausch; Eindringen von Salz, Blei u. Cadmium (Verkehr); Öl (Unfälle), Gas, Wärme (defekte Leitungen) usw.	Siechen u. Absterben von Straßenbäumen, Ausbreiten von Salzpflanzen	Begünstigung von Randlinien- bzw. Heckenbegleitern	wichtige Einwanderungswege für neue Arten; spezifische Flora: Grassamenankömmlinge an Straßen	Böschungen, Hochstaudenfluren
Entsorgungsanlagen, Mülldeponien	Erwärmung, Staubbelastung u. Geruchsbelästigung	unter u. neben der Deponie: Bodenverdichtung bzw. -versiegelung, Eutrophierung bzw. Vergiftung, Deponiegas verdrängt Bodenluft	Wuchshemmungen bzw. totale Vernichtung	Begünstigung einer spezifischen Pionierfauna, meist Ruderalarten	i.a. keine Ausbreitungszentren	Flächen mit lange ungestörter Sukzession
Rieselfelder	höhere Luftfeuchte, Geruchsbelästigung	Vernässung, Humus-, Nähr-, Schadstoff- u. Schwebstoffanreicherung im Boden, Anhebung des Grundwasserspiegels	Rückgang von Arten nährstoffarmer, trockener Standorte, Dominanz von Quecke (Agropyron repens) u. Brennessel (Urtica dioica)	Begünstigung von Hochstauden, Feldbewohnern, feuchtigkeitsliebenden Arten nährstoffreicher Standorte		Böschungen der Dränwassergräben, Böschungen, (Hecken), Schlammstreifen bzw. Wasserflächen auf den Becken bzw. Feldern

Eine Stadtökologische Raumeinheit besteht aus verschiedenen Ökotopen, die in charakteristischer Weise miteinander vergesellschaftet sind und ein Wirkungsgefüge bilden. Die unterschiedlichen Ökotope können in einer Ökochore wiederholt auftreten.

Ein Ökotop setzt sich aus Biotop (Pedotop und Klimatop) und Biozönose (Phytozönose und Zoozönose) zusammen. Der Pedotop ist ein einheitlicher, dreidimensionaler Ausschnitt der Bodendecke, der nach oben durch einen Ausschnitt der bodennahen Luftschicht (Klimatop), nach unten durch unverändertes, unbelebtes Gestein begrenzt wird. Die Biozönose ist die Lebensgemeinschaft (Pflanzen- und Tiergesellschaft) eines Ökotops. Sie besteht aus Pflanzen-, Tier- und Mikroorganismengemeinschaften. Die Biozönose läßt sich in Produzenten, Konsumenten und Destruenten gliedern. Jeder Ökotop besitzt spezifische räumliche Eigenschaften und spezifische Wärme-, Wasser-, Luft- und Nährstoffverhältnisse, an die sich eine spezifische Biozönose angepaßt hat. Biotop und Biozönose werden durch Energie-, Stoff- und Informationsaustausch miteinander verknüpft, wodurch sie ein teilweise geschlossenes System der Aufnahme, Bindung, Entbindung und Abgabe von Energie und Stoffen bilden.

Die Verknüpfung der einzelnen Ökotope innerhalb einer Ökochore zeigt sich beispielsweise daran, daß auf einem Hügel jeder Regen zu einem Hangwasserzug und oft zu einem Hangwasserfluß führt, wodurch die Pedotope der Kuppe trockener und luftreicher, die der Senke nasser und luftärmer werden. Umgelagerte gelöste Stoffe ändern dabei auch die Nährstoffverhältnisse. Hangwasserfluß kann Hangböden erodieren und dann Senkenböden mit dem abgetragenen Material überdecken (Kolluvien; vgl. Abb. 3.2.1.2), Das Mikroklima wird durch Kaltluft- bzw. Warmluftströme zwischen den Ökotopen modifiziert. Innerhalb einer Auen-Ökochore bewirken Überflutung und Grundwasserbewegung eine Kopplung von Ökotopen. Die Ökotope werden biotisch verknüpft durch Zu- und Abwanderung von Organismen innerhalb benachbarter Flächen.

Neben der Darstellung des Verbreitungsmusters der Stadtökologischen Raumeinheiten in der vorliegenden Karte wurden Landschaftsschnitte als erweiterte Legende angefertigt (z.B. Abb. 3.4.4, 3.6.1 u. 3.7.1.2).

Aus den Schnitten sind die Lage über NN, der Sedimentaufbau der Landschaft, der ehemalige und heutige Grundwasserstand sowie die Böden und Pflanzengesellschaften zu entnehmen. Bei BÖCKER u. GRENZIUS (im Druck) werden desweiteren wichtige ökologische Eigenschaften dargestellt. Dies sind für die Pflanzengesellschaften die Zeigerwerte nach ELLENBERG (1979), die Auskunft über die Feuchte, die Reaktion und den verfügbaren Stickstoff geben; für den Boden werden Angaben über das nutzbare Wasser-, Luft- und Nährstoffangebot sowie über pH-Werte und Nährstoffreserven genannt.

Die Darstellungen in Form von Landschaftsschnitten gestatten dem Kartenbenutzer grundsätzlich, für eine beliebige Fläche im Gelände unter Hinzuziehen einer topographischen Karte und der Kenntnis des Grundwasserstandes den Ökotop und seine relevanten Eigenschaften (auf einer Karte z.B. im Maßstab 1:4 000 oder 1:10 000) zu bestimmen. Für angewandte Fragestellungen lassen sich aus den Abbildungen

Aussagen zu einer standortgerechten Pflanzenwahl unter Zuhilfenahme von Fachliteratur (SUKOPP, BLUME u.a. 1982, ARBEITSGRUPPE ARTENSCHUTZPROGRAMM 1984, BLUME 1981, AUHAGEN u. BALDER 1987) treffen. Ebenso läßt sich die Empfindlichkeit gegenüber Standortveränderungen (Grundwasserabsenkungen, Nährstoffeintrag, Luftbelastung etc.) aus der Karte ableiten.

In einer Kulturlandschaft und insbesondere im städtischen Bereich bedingt vor allem die Nutzung der Flächen die Entwicklung und Verbreitung unterschiedlicher Ökotope sowie ihre Vernetzung untereinander. Jeder Ökotop unterliegt einer zeitlichen Dynamik durch Sukzession und Evolution der Biozönose, verbunden mit Veränderungen des Biotops.

Als für den bebauten Bereich typische Nutzungen können insbesondere Verkehrs-, Industrie- und Wohnstandorte sowie verschiedenen Erholungsarten dienende Bereiche (Parks und Gewässer) gelten. Tabelle 3.1 faßt Beispiele für Umweltveränderungen durch bestimmte Flächennutzungen (Kap. 3.4-3.9) und deren Bedeutung als Einwanderungswege für neue Arten bzw. als Rückzugsgebiete für gefährdete Arten zusammen.

Im folgenden sollen die Veränderungen der Landschaft anhand von Beispielen näher besprochen werden, wobei mit den Kap. 3.1 bis 3.3 Reste des ehemals extensiv genutzten märkischen Kulturlandschaft an den Anfang gestellt werden.

3.1 Wälder und Forsten

Das Berliner Gebiet war vor Beginn der landwirtschaftlichen Nutzung in der Jungsteinzeit - mit Ausnahme der Gewässer und der offenen Moore - mit Wald bedeckt, der 92 % der Fläche einnahm. Die Wälder auf Mergelböden der Hochflächen wurden schließlich fast vollständig, die grundwassernahen Wälder der Niederungen zum großen Teil gerodet und ihre Standorte landwirtschaftlich genutzt, erstere zum Ackerbau, letztere als Grünland. Nur auf grundwasserfernen Sandstandorten sind Wälder zu einem großen Teil erhalten geblieben. Sie nehmen heute 16 % der Fläche von Berlin (West) ein (vgl. Tab. 1.1, Abb. 2.1.4, 2.2.4.3 u. 3.1.1). Wälder und Forsten nehmen den größten Teil des äußeren Stadtrandes im Sinne der floristischen Gliederung des Stadtgebiets (Abb. 2.2.4.2) ein.

Klima

Die klimatische Situation in den Berliner Wäldern und Forsten konnte bisher noch nicht befriedigend erfaßt und beschrieben werden. Im Rahmen der Klimakartierung Berlins (West) in Abbildung 2.2.1.3 (im Farbtafelteil) erscheinen die langjährigen Temperaturmittel mit 8,0 bis 8,5°C etwas niedrig. Dies ist auf den Standort der einzigen Waldklimastation im Spandauer Forst zurückzuführen, die im Einflußbereich einer großen landwirtschaftlich genutzten Lichtung liegt. Durch Abstrahlung bildet sich dort in größerem Maße bodennahe Kaltluft aus. Derartige, aber wesentlich ausgeprägtere Kälteinseln mit Mitteltemperaturen unter 8°C sind sowohl im Grunewald (z.B. Saubucht) als auch im Spandauer Forst (z.B. Teufelsbruch) eingelagert.

Die Variationsbreite der Klimaparameter innerhalb der Wälder und Forsten ist je nach Relief, Böden, Vegetation und Wasserhaushalt relativ groß. Gegenüber offenen landwirtschaftlich genutzten Flächen zeigt der Tagesgang der Temperatur jedoch allgemein eine sehr starke Dämpfung, so daß auch die Frostgefährdung deutlich vermindert wird. Aufgrund der Transpiration bzw. Interzeption der Vegetation und verminderter Austauschbedingungen können der Dampfdruck und besonders die relative Luftfeuchte recht hohe Werte erreichen.

Wie Abbildung 2.2.1.5 zeigt, liegen die Windgeschwindigkeiten im Wald mit nur 0,6 m/s am Tage und lediglich 0,3 m/s nachts erheblich niedriger als bei anderen Nutzungsformen. Aufgrund dieser Ergebnisse muß nicht nur die Windgeschwindigkeit, sondern auch allgemein der Luftaustausch mit der Umgebung und mit den höheren Atmosphärenschichten als besonders niedrig eingestuft werden. Folglich ergibt sich für die Waldgebiete grundsätzlich eine hohe Immissionsgefährdung. Im Falle bodennaher Emissionen (z.B. Kfz-Verkehr) kommt es hier zu starken Immissionsbelastungen.

Hinsichtlich der Gesamtfläche von Berlin (West) bilden nach Abbildung 2.2.1.7 (im Farbtafelteil) die Waldgebiete und Forsten den Hauptanteil der Zonen 1 bzw. 1a, die die geringsten stadtklimatischen Veränderungen aufweisen. Hier ist das Risiko für bioklimatische Belastungen (z.B. Schwülegefährdung) sehr gering.

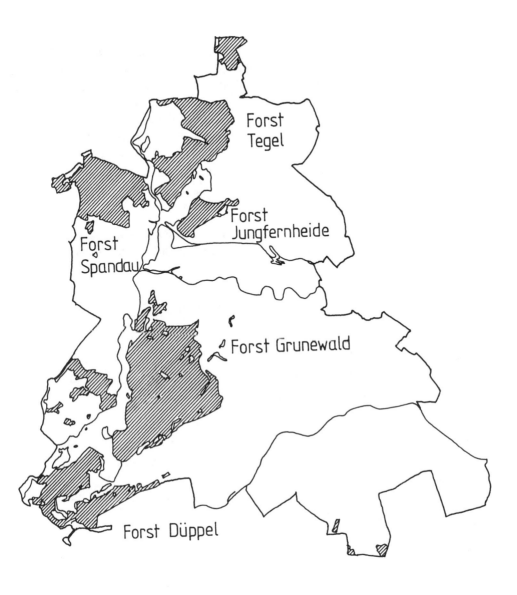

Abb. 3.1.1: Lage der Berliner Forsten

In lufthygienischer Hinsicht spielen die Wälder eine besondere Rolle, weil sie Luftverunreinigungen besser filtern als andere Freiflächen. Nach JONAS (1984) beträgt z.B. für Schwefeldioxid (SO_2) die als Maßgröße geltende Ablagerungsgeschwindigkeit (Verhältnis der abgelagerten Menge zur Schadstoffkonzentration in der Luft) auf landwirtschaftlichen Flächen etwa 0,5 cm/s und bei Wäldern ca. 1,5 cm/s. In Tabelle 3.1.1 wird dieser Wert für die Berliner Wälder und Forsten angewendet. In Abhängigkeit von der jeweiligen Luftbelastung ergibt sich somit für das Jahr 1982 eine abgelagerte bzw. absorbierte Menge von 330 bis ca. 500 kg SO_2 pro ha und Jahr. Es handelt sich hierbei um die sogenannte trockene Ablagerung, also nicht um saure Niederschläge.

Tab. 3.1.1: Ablagerung von SO_2 über verschiedenen Waldbereichen von Berlin (West) unter der Annahme einer Ablagerungsgeschwindigkeit von 1,54 cm/s.

Standort	Jahr	Luftbelastung $\mu g/m^3$	Ablagerung $kg/ha \cdot a$
Spandauer Forst	1982	70	334
Tegeler Forst	1982	80	381
Grunewald	1982	66	315
Tiergarten	1982	104	496

Bei Aerosolen bzw. staubförmigen Luftbeimengungen ist die Frage der Ablagerung problematischer, weil hier eine starke Abhängigkeit von der Aerosolgröße und von der Art bzw. Struktur der Wälder besteht (JONAS u.a. 1985).
Tabelle 3.1.2 zeigt das Verhältnis zwischen der Ablagerungsgeschwindigkeit auf Bäumen und auf Gras, wobei zwischen freistehenden Bäumen und Baumgruppen bzw. Wäldern unterschieden wird. Hier zeigt sich, daß einige Nadelgehölze und die Birke recht hohe Ablagerungswerte erreichen. Dicht stehende, abgeschattete Bäume zeigen einen geringeren Wirkungsgrad als Einzelbäume oder gut belüftete Baumgruppen.
Im Hinblick auf die Waldschadensproblematik (vgl. Tab. 2.2.5.1) sollte eine genauere quantitative Abschätzung des Schadstoffeintrages in den Wald angestrebt werden. Die Ermittlung dieser Faktoren ist deshalb so wichtig, weil neben der nassen Ablagerung (saurer Regen) und der Sedimentation (Staubniederschlag) die oben genannte trockene Ablagerung von Gasen und Feinstäuben offensichtlich einen sehr hohen Anteil besitzt. Auch der Eintrag durch kontaminierte Nebeltropfen unterliegt diesen wirkungsvollen Mechanismen der Aerosolablagerung.

Tab. 3.1.2: Verhältnis der Ablagerungsgeschwindigkeit auf Bäumen (v Baum) mit repräsentativem Blattflächenindex zur Ablagerungsgeschwindigkeit auf Gras (v Gras) (Trockenmasse 170 g/m^2)

Art des Baumes anderen	Blattflächenindex	v Baum / v Gras (Baum frei stehend)	v Baum / v Gras (Baum von Bäumen abgeschattet, z.B. in Wäldern oder Baumgruppen)
Rot-Buche (*Fagus sylvatica*)	6,50	15,84	11,32
Hainbuche (*Carpinus betulus*)	8,00	9,76	6,98
Rot-Eiche (*Quercus rubra*)	4,30	3,06	2,18
Stiel-Eiche (*Quercus robur*)	3,70	3,99	2,85
Spitz-Ahorn (*Acer platanoides*)	5,02	2,80	2,00
Roßkastanie (*Aesculus hippocastanum*)	5,00	7,12	5,09
Hänge-Birke (*Betula pendula*)	5,30	23,52	16,80
Fichte (*Picea abies*)	11,00	39,25	19,63
Wald-Kiefer (*Pinus sylvestris*)	3,90	10,23	5,11
Japanische Lärche (*Larix leptolepis*)	4,60	26,11	13,06
Europäische Lärche (*Larix europaea*)	3,00	11,00	5,50
Weißtanne (*Abies alba*)	8,50	18,02	9,01

Böden

Berliner Waldböden weisen überwiegend sandige Bodenarten auf. Das gilt für alle Oberböden (obere 30-40 cm), während die Unterböden einiger Geschiebemergel-Parabraunerden in Frohnau, dem Grunewald, dem Düppeler Forst und den Hellebergen sowie weniger Talschluff-Braunerden und -Gleye im Tegeler und Spandauer Forst lehmig sind. Das bedeutet für alle Flachwurzler, insbesondere den

Unterwuchs, auf grundwasserfernen Standorten eine gute Luftversorgung, hingegen nur mäßiges Wasserangebot. Gleiches gilt auch für die Waldbäume selbst, deren Wurzelraum nutzbare Wasserkapazitäten (nWK) unter 120 mm aufweist; bei lehmigem Unterboden steigt die nWK hingegen auf 150-200 mm an, was auch anspruchsvolleren Holzarten ein Fortkommen ermöglicht. Ein höheres Wasserangebot liegt bei höheren Grundwasserständen vor.

Die Berliner Waldböden sind nahezu ausnahmslos stark versauert und damit nährstoffarm, die Parabraunerden 5-10 dm tief entkalkt, die Sandböden meist mehrere Meter, was zwar naturgegeben ist, aber seit einigen Jahrzehnten durch saure Niederschläge und trockene Deposition verstärkt wurde (s. Kap. 2.2.2). Lediglich wenige grundwassernahe Standorte des Spandauer und Tegeler Forstes mit Sekundärkalk im Unterboden sind nur schwach sauer. Eine bewußte pH-Erhöhung durch Düngung hat seitens der Forstwirtschaft nicht stattgefunden, eine unbeabsichtigte hingegen an Deponie- und Straßenrändern (s. Kap 3.8 und 3.9).

Flora und Vegetation

Der Wald bildet im Berliner Gebiet überall die natürliche Vegetation, wenn man von den Wasserflächen und offenen Mooren absieht (vgl. Kap. 1.5 u. 2.2.4). In einem begrenzten, klimatisch einheitlichen Gebiet sind es vor allem Bodeneigenschaften, die über Wuchsmöglichkeiten und Leistungen der Baumarten entscheiden, insbesondere die Feuchtigkeit und der Nährstoffreichtum des Bodens, der weitgehend mit seinem Basengehalt parallel geht. Diese beiden wichtigen Faktoren sind in Abbildung 3.1.2 und bei ähnlichen Darstellungen in den folgenden Abschnitten als Koordinaten benutzt worden. Von unten nach oben gelesen umfaßt jedes Diagramm den Bereich von offenem Wasser über sehr nasse bis zu sehr trockenen Standorten. Von links nach rechts staffeln sich die Standorte entsprechend dem zunehmenden Basenreichtum. Nur auf den nassesten Standorten findet der Waldwuchs unter den klimatischen Bedingungen Berlins eine absolute Grenze.

Die wichtigsten Waldgesellschaften lassen sich auch zur Kennzeichnung und Abgrenzung von Wuchslandschaften in Berlin verwenden (Tab. 2.2.4.1). Jede Wuchslandschaft ist durch Vegetation und Böden ebenso wie durch eine jeweils spezifische Nutzungseignung und Nutzung charakterisiert.

Folgen der menschlichen Besiedlung für die Einengung der Waldflächen wurden im Kapitel 2.1 dargestellt. Die verbliebenen Wälder erfuhren durch Waldweide und ungeregeltes Entnehmen von Bau- und Brennholz zunehmend eine Auflockerung, die bis zur Waldverwüstung reichte. Einige Zahlenangaben zur Beweidung enthält Tabelle 3.1.3.

Beweidet wurde die gesamte Fläche bis auf die sogenannten Schonorte, solange sie "dem Maule des Viehs nicht entwachsen" waren, also etwa in den ersten 20 Jahren. Wenn man die Auswirkungen auf die Wälder ermessen will, darf man nicht an die heutige Viehwirtschaft denken. Oft wurden Rinder und Schafe durch den Winter gehungert. Wenn es das Wetter gestattete, waren die Herden auch im Winter im Wald. Der Jungwuchs der Laubhölzer wurde stark geschädigt und oft vernichtet. Anschaulich beschreibt ein Zeitgenosse die Waldnutzung jener Zeit: "Unsere Heiden[1]) sind so ausgelöckert, an jedem Baume stehet beinahe ein Mensch mit der Axt, auf jede zehn Schritte ein Schaf, eine Kuh oder ein Pferd" (C.F.K. 1789). Da der Holzmangel immer größer wurde, mußte man der Waldwirtschaft größere Aufmerksamkeit widmen.

Abb. 3.1.2: Abhängigkeit der Waldgesellschaften Berlins von wichtigen Umweltfaktoren (aus: SUKOPP u.a. 1980)

```
sehr trocken
                Kiefern-              Berg-
trocken                     Finger-   silgen-
                wald        kraut-    KIEFERNWALD
mäßig
trocken                     Eichen-
                            wald      TRAUBENEICHEN-
mäßig           Kiefern-Traubeneichen-
frisch                                HAINBUCHEN-
                wald                  LINDENWALD

frisch                      Rotbuchen- Schattenblumen-
                            Trauben-   Rotbuchenwald
mäßig                       eichen-    Stieleichen-
feucht                      wald       Hainbuchen-
                Stiel-                 wald
                eichen-
feucht          Birken-
                wald                   ULMEN-
                                       AUENWALD
mäßig naß       Birken-     ERLEN-ESCHENWALD →
                bruch
                            Erlenbruchwald
naß
                w  a  l  d  f  r  e  i
sehr naß

            stark sauer  sauer  mäßig sauer  schwach sauer  neutral  alkalisch
```

Tab. 3.1.3: Angaben zur Waldweide im Grunewald und Spandauer Stadtforst (nach MORGENLAENDER 1780, BOUVIER o.J. und forstlichen Betriebswerken)

	Schafe	Rinder	Pferde	Schweine	Damwild
Grunewald*) 1780 (Teltowsche Heide)	4000	624	111	10	
1840	4000	565	99		150
1888					1000
Spandauer Stadtforst 1786	2400	530	60		

*) Weiderechte 1866 abgelöst

---

1) In Norddeutschland Bezeichnung für Wälder (Krausch 1969).

Die Forstwissenschaften wurden in Berlin zuerst an der Bergakademie durch Gleditsch (1714-1786) gelehrt. Nach dem Tode von Gleditsch vertrat Friedrich August Ludwig v. BURGSDORFF (1747-1802; vgl. ANONYMUS 1803, HAUSENDORFF 1959) von 1789 bis 1801 die Forstbotanik und die Forstwissenschaft in Berlin. Im Jahre 1777 übernahm er die Forstinspektion Tegel und verwaltete auch das Tegeler Revier. 1783 und 1787 verfaßte er einen "Versuch einer vollständigen Geschichte vorzüglicher Holzarten, in systematischen Abhandlungen zur Erweiterung der Naturkunde und Forsthaushaltungs-Wissenschaft"; 1788 folgte ein Forsthandbuch, erster Teil, das drei Auflagen erlebte, 1796 der zweite Teil.

Burgsdorff legte Versuchspflanzungen an, vertrieb von Tegel aus Samen und Pflanzen und untersuchte ausländische Bäume auf ihre Anbaumöglichkeit. Zeugen seiner Tätigkeit finden sich heute noch in den "Burgsdorffschen Anlagen" in den Jagen 75 und 76 nahe der Försterei Tegelsee, wo er Rot-Eichen (*Quercus rubra*), Robinien (*Robinia pseudoacacia*) und Weymouths-Kiefern (*Pinus strobus*) aus Nordamerika sowie Schwarz-Kiefern (*Pinus nigra*) aus den Ostalpen anbaute. Daneben wurden planmäßig Reinbestände von Wald-Kiefern (*Pinus sylvestris*) angepflanzt.

G.L. Hartig (1764-1837) und F.W.L. Pfeil (1783-1859) waren Gegner der Einführung fremdländischer Gehölze (MÖBIUS 1937) im Gegensatz zu Gleditsch, der sich differenziert über den Anbau von Exoten äußerte: "Einige darunter möchten die Zeit, Kosten und Mühe überaus wohl belohnen, ein großer Teil hingegen wird, ausser der Schönheit, diejenigen Vortheile bey uns schwerlich zeigen, die sich viele davon versprechen; am wenigsten werden sie gar eine oder die andere von unseren Holzarten an Güte und Werth übertreffen, und deswegen ganz entbehrlich machen."

1821 wurde in Verbindung mit der Universität eine "Forst-Lehr-Anstalt" ins Leben gerufen, deren Leiter Friedrich Wilhelm Leopold Pfeil wurde. 1830 wurde diese Verbindung wieder gelöst und die forstwissenschaftliche Tradition in Eberswalde als "Höhere Forstlehranstalt" (ab 1868 "Forstakademie") fortgesetzt.

Natürliche Waldgesellschaften sind heute in Berlin (West) kaum anzutreffen. Künstlich begründete Bestände, in der Vegetationskunde Forstgesellschaften genannt, nehmen den größten Raum in unseren Waldgebieten ein. Die Forstwirtschaft ersetzte auf Standorten, auf denen die natürliche Bestockung nur eine geringe Holzproduktion ermöglicht, diese durch leistungsfähige Arten; so wurden langsamwüchsige Eichen (*Quercus robur* und *Q. petraea*) oder Buchen (*Fagus sylvatica*) durch wüchsigere Kiefern (*Pinus sylvestris*) ersetzt. Den Anteil der einzelnen Baumarten an der Fläche der Berliner Forsten zeigt Tabelle 3.1.4.

Fast alle Kiefernbestände im Berliner Gebiet sind Forstgesellschaften. Der Reinanbau der Kiefer fördert licht- und wärmeliebende Arten, wogegen einige Arten der natürlichen Waldvegetation ausfallen. Die relativ saure Streu aus Kiefernnadeln führt zu einer Versauerung des Oberbodens, durch die Säurezeiger gefördert werden. Heute sehen wir, daß mit zunehmendem Bestandesalter in fast alle Berliner Kiefernforsten Sträucher und Bäume der natürlichen Waldgesellschaften einwandern. Samen von Eiche und Buche werden durch Eichelhäher, Ringeltaube, Eichhörnchen und Mäuse verbreitet.

Tab. 3.1.4: Anteil der Arten an der Gesamtfläche der Berliner Forsten 1980 (nach : Forsteinrichtung 1981 aus: SenStadtUm 1985)

Art	Haupt- und Nebenbaumart	
	%	ha
Nadelbäume		
Kiefer	55,5	3.720,7
Lärche	3,2	217,5
Douglasie	1,3	84,3
Strobe	0,5	36,5
Fichte	0,3	19,6
sonstige Nadelbäume	0,1	3,4
Summe	60,9	4.082,0
Laubbäume		
Eiche (Stiel- u. Trauben-Eiche)	19,3	1.293,2
Birke	7,6	511,1
Rot-Eiche	3,3	223,8
Buche	3,2	214,0
Traubenkirsche	1,2	83,8
Robinie	1,1	74,6
Ahorn	0,9	57,8
Pappel	0,7	47,0
Linde	0,6	37,4
Esche	0,4	26,0
Erle	0,4	24,0
Hainbuche	0,2	14,7
sonstige Laubbaumarten	0,2	15,9
Summe	39,1	2.623,3
Gesamtsumme	100,0	6.705,3

Die häufigste Forstgesellschaft Berlins ist der Drahtschmielen-Astmoos-Kiefernforst. Neben der in Althölzern meist vorherrschenden Draht-Schmiele (*Avenella flexuosa*) kommen Nabelmiere (*Moehringia trinervia*), Dornfarn (*Dryopteris carthusiana*), Hain-Veilchen (*Viola riviniana*), Echter Ehrenpreis (*Veronica officinalis*) und Pillen-Segge (*Carex pilulifera*) vor. Außerdem sind einige anspruchslose Moose häufig, wie Echtes Zypressenschlafmoos (*Hypnum cupressiforme*) und Rotstengelmoos (*Pleurozium schreberi*), die vor allem in der Stangenholzphase vorkommen. An Wegrändern dominiert das Rot-Straußgras (*Agrostis tenuis*). Dieser Typ zählt zu der Gruppe der armen Kiefernforsten (HOFMANN 1964) und stockt auf nährstoffärmeren Rostbraunerden. Die durchschnittliche Artenzahl einer Vegetationsaufnahme von 400 m² Größe beträgt zwölf.

In Mulden- oder Hanglagen, aber auch auf der östlichen Grunewaldebene ist oft nur kleinflächig der Adlerfarn-Kiefernforst eingestreut. Dieser Typ gehört zur Gesellschaftsgruppe der mittleren Kiefernforsten (HOFMANN 1964). Der Hauptanteil der

Bodenvegetation wird von anspruchslosen Arten, meist Astmoosen und Draht-Schmiele bzw. Adlerfarn (*Pteridium aquilinum*) bestimmt. Der Bodenwasserhaushalt ist durch feinkörniges Sediment ausgeglichener als der zuvor beschriebene. Bestandesalter, -zusammensetzung und -dichte haben nur einen geringen Einfluß auf das Vorkommen dieses Farnes. Die etwa 1 m hohen Farnwedel sind auffällig, ihr Anteil an der Bedeckung der Krautschicht ist sehr hoch. Die durchschnittliche Artenzahl beträgt 14.

Der Blaubeer-Kiefernforst, der zu der Gruppe der armen Kiefernforsten (HOFMANN 1964) gehört, ist besonders im Spandauer Forst großflächig verbreitet. Die Blaubeere (*Vaccinium myrtillus*) nimmt neben Rotstengelmoos höhere Bedeckungswerte ein, Draht-Schmiele ist stets vorhanden und kann auch in größeren Mengen vorkommen. Selten in den Berliner Forsten ist sehr kleinflächig eine Flechten-Untereinheit zu beobachten, in der Strauchflechten (*Cladonia*-Arten) zu finden sind und Schaf-Schwingel (*Festuca ovina*) mit Draht-Schmiele in gleichen Mengen auftritt.

Der Drahtschmielen-Kiefernforst und der Adlerfarn-Kiefernforst wachsen auf den Standorten von Kiefern-Eichenwäldern, der Blaubeer-Kiefernforst auf Standorten ärmerer blaubeerreicher Eichen- und Buchenwälder.

In der Krautschicht der Forsten ist während der letzten 30 Jahre ein Rückgang von lichtliebenden Arten und Arten nährstoffarmer Standorte zu beobachten. Stickstoffzeiger dagegen haben zugenommen. Ursache für ersteres ist die zunehmende Beschattung durch die aufwachsenden Laubgehölze (s.o.) in den kieferndominierten Wäldern und für letzteres der Eintrag von Stickstoffverbindungen aus Luftverunreinigungen (SUKOPP u. SEIDLING 1988). Schäden an den Bäumen haben Mitte der 80er Jahre zugenommen und sich in den letzten Jahren auf diesem Niveau eingependelt (vgl. Tab. 2.2.5.1).

Zur Verbesserung sandiger Waldböden wurde die Späte Traubenkirsche (*Prunus serotina*) in den Kiefernforsten in und um Berlin wegen des günstigen Kohlenstoff/Stickstoff (C/N)-Verhältnisses ihrer Streu seit 1880 planmäßig angepflanzt, nachdem Versuchspflanzungen bereits 100 Jahre früher begonnen hatten. Tatsächlich traten die gewünschten Standortverbesserungen durch schnelleren Streuabbau und vermehrte Humusbildung zunächst ein. Doch dann setzte - von den Pflanzungen ausgehend - eine unerwartet starke spontane Ausbreitung ein, die innerhalb wie außerhalb der ursprünglichen Bestände zu Beeinträchtigungen von Forstwirtschaft und Naturschutz führten: Durch die Behinderung der Naturverjüngung und die weitgehende Veränderung des ursprünglichen Schichtenaufbaus und der Waldbodenvegetation wurden die Vorteile der Pflanzungen mehr als aufgewogen.

Die insgesamt negativen Auswirkungen der Späten Traubenkirsche ergaben sich damit erst am Ende ihrer bislang dreieinhalb Jahrhunderte umfassenden europäischen Geschichte, die 1623 mit der Einführung aus Nordamerika nach Frankreich begann. Der größte Teil, nämlich 250 Jahre, verlief ohne nennenswerte Folgen für bestehende Ökosysteme. Erst durch verstärkten Anbau nach 1900 konnten für wenige Jahrzehnte positive Ergebnisse erzielt werden, die jedoch, wie man inzwischen erkannt hat, durch nachteilige Folgewirkungen letztlich zunichte gemacht werden. 50 Jahre nach den ersten systematischen Anbauversuchen mußten ebenso systematische wie bislang relativ erfolglose Bekämpfungsmaßnahmen eingeleitet werden, die - insbesondere bei biologischer Bekämpfung - neue Risiken beinhalten. Daß sich Ausbreitungsprozesse neuer Arten nicht ohne weiteres umkehren lassen, zeigt die Bekämpfungsproblematik dieser auch als "Waldpest" bekannten Art: mechanische und chemische Maßnahmen begünstigen zunächst durch Erzeugung günstiger Regenerationsbedingungen auf nun offenen Böden die Bestandsverjüngung der Späten Traubenkirsche, so daß weitere Bekämpfungsmaßnahmen notwendig werden (STARFINGER 1990).

Einen Hinweis auf das flächenmäßige Ausmaß der möglichen Unterwanderung einheimischer Wald- bzw. Forstgesellschaften gibt die Auswertung der Vegetationskartierung eines stadtnahen Waldgebietes in Berlin, das zu mehr als 80 % von nichteinheimischen Arten durchdrungen ist (KOWARIK 1985): Die Späte Traubenkirsche breitet sich von forstlichen Anpflanzungen aus und hat bereits in 2/3 der Kiefern-Eichen-Bestände eine nahezu vollständig schließende Strauchschicht aufgebaut, unter der kaum andere Arten existieren können. Die starke, wahrscheinlich von Straßenbaumpflanzungen ausgehende, Verbreitung des Spitz-Ahorns (*Acer platanoides*) als einer früher in Berlin seltenen Art konzentriert sich auf günstigere (Eichen-Hainbuchenwald-)Standorte. Die nordamerikanischen Arten Eschen-Ahorn (*Acer negundo*) und Robinie wachsen hauptsächlich auf erodierten Hängen sowie auf Aufschüttungsböden.

Alle Fichten-(*Picea abies*-)Bestände in Berlin sind Forstgesellschaften, da die Fichte im norddeutschen Tiefland als ursprünglicher Waldbaum weitgehend fehlt. Im Gegensatz zu den lichten Kiefernbeständen sind die Fichtenforsten dunkel, so daß bis ins hohe Alter keine Bodenvegetation auftritt.

In ähnlicher Weise hält die Douglasie (*Pseudotsuga menziesii*) viel Licht zurück. Die Küsten-Douglasie (var. *viridis*), die wichtigste der in Deutschland forstlich angebauten fremden Holzarten mit dem größten Jahreszuwachs unter den Exoten, wächst von Natur aus an den Westhängen der Küstengebirge von Britisch-Kolumbien und Kalifornien bis Mexiko, wo sie ausgedehnte Wälder bildet. Der Geruch zerriebener Nadeln erinnert an den von Orangenschalen. Die 5 bis 10 cm langen Zapfen sind an den herausragenden zugespitzten Deckschuppen leicht kenntlich.

Die Weymouths-Kiefer aus Nordamerika hat nach Anfangserfolgen im Anbau durch Blasenrost und Hallimasch starke Rückschläge erlitten.

Kein anderes Gehölz vermag Standort und Vegetation derart auffällig und tiefgreifend zu verändern, wie es die nordamerikanische Robinie in kurzer Zeit bewirkt. In ihrem Einflußbereich stellt sich eine charakteristische Vegetation aus Schwarzem Holunder (*Sambucus nigra*), Schöllkraut (*Chelidonium majus*), Kletten-Labkraut (*Galium aparine*), Großer Brennessel (*Urtica dioica*), Kleinblütigem Springkraut (*Impatiens parviflora*) und Efeu-Ehrenpreis (*Veronica hederifolia* subsp. *lucorum*) ein. Es stellen sich zwei Fragen: Welche Ursachen hat das Verschwinden der ursprünglichen Vegetation unter Robinie? Wodurch ist das Auftreten der nitrophilen Arten in allen Beständen bedingt? Die Robinie hat - wie alle Schmetterlingsblütler - die Fähigkeit, den Luftstickstoff mit Hilfe von Wurzelbakterien zu binden. Durch ihre stickstoffreiche Laubstreu - deren C/N-Verhältnis 14 beträgt, das der Kiefernstreu 66 - erfolgt eine starke

Belebung der Aktivität der Bodenlebewesen, die zu einer Veränderung der Humusform von Moder zu Mull führt. Dadurch und durch die Wurzelaktivität der Robinie kommt es auch zu einer deutlichen Lockerung des Bodens.

Die meisten Arten der ursprünglichen Bodenvegetation auf Kiefern-Eichenwald-Standorten weichen der nitrophilen Bodenvegetation. Besonders auffällig ist dies bei der Draht-Schmiele, die aufgrund der veränderten Humusform stark an Deckung verliert und schließlich ganz verschwindet. Nur wenige Waldarten mit weiter soziologischer Amplitude erfahren eine Förderung, von denen vor allem Nabelmiere und Hain-Rispengras (*Poa nemoralis*) zu nennen sind. Während sich die Robinie gegenüber einer Reihe von einheimischen Baumarten, z.B. der Birke und Buche, als unverträglich erwiesen hat, ist in den Robinien-Forsten immer wieder festzustellen, daß Ahorne, besonders Spitz-Ahorn, aber auch Berg-Ahorn (*Acer pseudoplatanus*), sich aus Samen zahlreich vermehren und aufwachsen. Dadurch deutet sich eine Weiterentwicklung der Robinien-Forsten an (KOHLER u. SUKOPP 1964b).

Die Rot-Eiche, einer der am häufigsten angepflanzten ausländischen Laubbäume, ist allen Berlinern durch sein buntes Herbstlaub bekannt, das oft in den Straßen verkauft wird. Die Anpflanzungen in den Forsten stammen aus jüngerer Zeit. Während bei der Mehrzahl der Eichenarten die Früchte im Herbst des ersten Jahres reifen, kommen sie bei einigen Arten, so bei der Rot-Eiche, erst im Herbst des zweiten Jahres zur Reife. In den Beständen ist Naturverjüngung zu beobachten. Bastardierung zwischen Rot-Eiche und den einheimischen Arten führt zum Auftreten von blassen und gescheckblättrigen, chlorophylldefekten Keimpflanzen (MEYER 1955, 1960). Krautvegetation ist in diesen Forsten häufig nicht zu finden, oder sie ist lückig und extrem artenarm.

Welche Reste der natürlichen Waldvegetation finden wir im Berliner Gebiet? In Übereinstimmung mit dem gemäßigt-kontinentalen Klima ist die vorherrschende natürliche Waldvegetation der Sandgebiete ein Kiefern-Traubeneichenwald (*Pino-Quercetum*)(vgl. Kap. 1.5, Abb. 1.5.2), heute häufig durch die beschriebenen Kiefernforsten ersetzt. Neben der vorherrschenden Trauben-Eiche (*Quercus petraea*), der Stiel-Eiche (*Q. robur*) und der Kiefer (*Pinus sylvestris*) kommen Hänge-Birke (*Betula pendula*) und Eberesche (*Sorbus aucuparia*) vor. Die Krautschicht aus säureertragende Arten ist mit 12-15 Arten als arm zu bezeichnen. Jahreszeitlich bedingte Aspekte schafft die Draht-Schmiele mit erst silbrigen, dann rötlichen Blütenständen und Strohgelb nach einsetzender Trockenheit.

Subatlantische Traubeneichen-Buchenwälder (*Querco-Fagetum*) kommen im südlichen Berlin kleinflächig an Schattenhängen mit kühl-feuchtem Lokalklima (z.B. Moorlake) sowie im Glienicker Park nach Anbau der Rot-Buche vor. Bezeichnende Arten sind Deutsches Geißblatt (*Lonicera periclymenum*) und Tüpfelfarn (*Polypodium vulgare*). Schöne Buchenbestände mit Schattenblümchen (*Maianthemum bifolium*) und Sauerklee (*Oxalis acetosella*) finden wir im Tegeler Forst, der bereits zum Buchengebiet Nordbrandenburgs überleitet.

Auf den sandig-lehmigen Grundmoränenplatten bildet nach bisheriger Vorstellung der Traubeneichen-Hainbuchenwald (*Tilio-Carpinetum*) mit Winterlinde (*Tilia cor-*

data) die natürliche Vegetation. Die reicheren Ausbildungen dieser Waldgesellschaft auf den Geschiebemergelböden sind vollständig gerodet worden. Nur ärmere Ausbildungen haben sich in Parks bis heute erhalten; Reste finden sich auf der Pfaueninsel und im Glienicker Park, in den Gutsparks Marienfelde und Britz sowie im Jagen 11 des Spandauer Forstes. In der Krautschicht wachsen Wald-Knaulgras (*Dactylis polygama*), Hain-Rispengras und stellenweise Nickendes Perlgras (*Melica nutans*).

Die natürliche Vegetation der grundwasserbeeinflußten Gleyböden an den Rändern der Täler stellt der feuchte Stieleichen-Hainbuchenwald (*Stellario-Carpinetum*) dar. Seine Standorte waren besonders siedlungsgünstig für Dörfer und Gärten in der Mittellage zwischen Äckern der Hochfläche und den Wiesen im Tal. Viele ältere Ortschaften sind in seinem Gebiet angelegt worden. Es ist ein artenreicher Laubmischwald, an dessen Aufbau sich Stiel-Eiche, Hainbuche (*Carpinus betulus*), Rot-Buche, Spitz- und Berg-Ahorn, Esche (*Fraxinus excelsior*), Flatter-Ulme (*Ulmus laevis*) und Weißdorn (*Crataegus monogyna*) beteiligen. Besonders der Farbenreichtum im Vorfrühling mit Buschwindröschen (*Anemone nemorosa*), Scharbockskraut (*Ranunculus ficaria*) und Sternmiere (*Stellaria holostea*) fällt auf. Zahlreiche Landschaftsparks verdanken ihre Attraktivität und Wüchsigkeit dieser Waldgesellschaft (Schloßpark Charlottenburg, Großer Tiergarten).

Der Traubenkirschen-Ulmen-Auwald (*Pruno-Fraxinetum*) ist die Waldgesellschaft der Niederungen, die ursprünglich z.B. große Teile des Tegeler Fließtals eingenommen hat. Unter landwirtschaftlicher Nutzung sind Kohldistelwiesen (*Calthion*) an Stelle des Pruno-Fraxinetum entstanden. Heute kommt der Traubenkirschen-Ulmen-Auwald nur noch sehr kleinflächig vor, z.B. im NSG Albtalweg. Im Haveltal tritt das Pruno-Fraxinetum z.B. auf der Nordspitze der Pfaueninsel und auf Appelhorn auf. Es ist hier durch die Kombination Schwarz-Erle (*Alnus glutinosa*), Flatter-Ulme, Stiel-Eiche, Esche und Traubenkirsche (*Prunus padus*) gekennzeichnet. Der Boden wird vom Scharbockskraut überzogen. Gräser wie Wald-Zwenke (*Brachypodium sylvaticum*) und Riesen-Schwingel (*Festuca gigantea*) sind häufig.

Auf Kalkgleyen (z.B. der Pfaueninsel) wächst eine Lerchensporn-Ausbildung, die sich vom typischen Pruno-Fraxinetum durch das Zurücktreten von Erle und Esche und durch das Auftreten von Hohlem Lerchensporn (*Corydalis cava*), Gelbem Windröschen (*Anemone ranunculoides*) und Efeu (*Hedera helix*) unterscheidet. Hierzu gehören wohl auch die seltenen Vorkommen von Hunds-Quecke (*Agropyron caninum*) und Gemeinem Gelbstern (*Gagea lutea*).

Die Schwarz-Erle war, wie die Ergebnisse der Pollenanalyse zeigen (Abb. 1.5.1), neben Kiefer und Birke die häufigste Baumart im mittelbrandenburgischen Gebiet. Sie kommt in Waldgesellschaften auf grundwassernahen Standorten vor und ist die vorherrschende Baumart im Erlenbruchwald (*Carici elongatae-Alnetum*). Von der früher weiten Verbreitung der Erle zeugen Flurnamen wie der Elsgrabenweg in Tiefwerder, die Elsenpfuhlstraße in Wittenau und die Elslake zwischen Steglitz und Lankwitz.

Die ehemals große Häufigkeit der Erle kann man sich verständlich machen, wenn man die weite Verbreitung feuchter und nasser Standorte im Spreetal, Haveltal, Havelbruch usw. betrachtet und das enorme Ausmaß der Grundwasserabsenkungen

(s. Kap. 2.2.3.1) berücksichtigt. 1945, als annähernd natürliche Grundwasserstände erreicht wurden, standen in weiten Teilen Berlins die Keller unter Wasser (BEHR 1957).

Auch vom Erlenbruchwald der tiefgründigen nassen Torfstandorte sind nur Reste erhalten geblieben: im Havel- und Spreetal sowie in den Mooren des Grunewaldes, des Spandauer Stadtforstes und im Tegeler Fließtal.

Die Erle bildet häufig Reinbestände; in nährstoffarmen Ausbildungen gesellen sich die Moor-Birke (*Betula pubescens*) und die Wald-Kiefer, in reichen Ausbildungen die Flatter-Ulme und die Hohe Weide (*Salix x rubens*) dazu. Vereinzelt tritt die Lorbeer-Weide (*Salix pentandra*) als unterständiger Baum oder Strauch auf.

In der Strauchschicht wachsen außer dem Jungwuchs der Erle die Grau-Weide (*Salix cinerea*) sowie in reichen Ausbildungen Schwarze Johannisbeere (*Ribes nigrum*) und Weißer Hartriegel (*Cornus sericea*) und in armen Ausbildungen Faulbaum (*Frangula alnus*) und Eberesche. In den Schlenken zwischen den Erlenbulten wachsen Großseggen und Wasser-Schwertlilie (*Iris pseudacorus*).

Die Wälder und Forsten sind kleinflächig von Ersatzgesellschaften durchsetzt, die früher durch Waldweide, heute durch Wegebau, Einschläge und Erholungsnutzung bedingt sind. Diese Ersatzgesellschaften erhöhen den Reichtum an Arten und Gesellschaften beträchtlich. An erster Stelle stehen Verlichtungsgesellschaften, die sich auf natürlichen Lücken im Wald ebenso ausbreiten wie auf Brandflächen und Schlägen. Im Bereich der bodensauren Wälder kommen die Weidenröschen-Waldgreiskraut-Gesellschaft (*Epilobio-Senecionetum*) und Landreitgras- (*Calamagrostis epigejos-*)Bestände vor. Bei einer Wiederbewaldung spielen lichtliebende "Vorwaldarten" eine Rolle, besonders Birken und - unter Altkiefern - Eberesche. Durch die starke Nährstoffanreicherung der Wälder und besonders der Waldränder können sich heute von Straßenpflanzungen aus Berg- und Spitz-Ahorn auf solchen Lichtungen stark ausbreiten, da sie reichlich Früchte produzieren, gut keimen und auf Lichtungen viele Jungpflanzen mit geringem Höhenzuwachs etablieren (SACHSE 1989).

An Wegrändern entwickeln sich Saumgesellschaften: im Gebiet anspruchsvoller Waldgesellschaften oder bei starker Aufdüngung die auf stickstoffreiche Standorte angewiesene Lauchhederich-Heckenkälberkropf-Gesellschaft (*Alliario-Chaerophylletum temuli*); gut ist diese Gesellschaft z.B. auf der Pfaueninsel, im Glienicker Park, auf dem Pichelswerder und im Charlottenburger Schloßpark entwickelt. Im Gebiet der bodensauren Wälder wachsen Klettenkerbel-Säume (*Torilidetum japonicae*) und Wachtelweizen-(*Melampyrum pratense-*)Säume.

Auf "Sandschellen" an erodierten Hängen auf trockenen Böden wachsen Sandtrockenrasen mit zahlreichen seltenen und gefährdeten Arten.

GLEDITSCH (1767) beschreibt die Entstehung der "Sandschollen" in der Mark Brandenburg folgendermaßen: Die "hohen und trockenen Kiehnheiden" wurden zur Gewinnung von Holz und Ackerland rücksichtslos abgetrieben, häufig auch dann, wenn eine künftige Ackernutzung nur für einen einmaligen Anbau möglich war. Der Boden blieb entblößt liegen, Aufforstungen waren seltene Ausnahmen. "An vielen dergleichen Orten hat man seit dieser Zeit niemahlen einen zusammenhängenden Rasen wieder darauf gefunden, der dem ersten gleich gekommen seyn sollte" (S. 55). Die im 17. und 18. Jahrhundert in Brandenburg herrschenden Wirtschaftsformen der Dreifelderwirtschaft mit teilweise mehrjähriger Brache (bis zu acht Jahren) und des Zweifeldersystems mit ständigem Weideland (KRENZLIN 1952) ließen weiterhin viel Raum für Ödlandgesellschaften wie Sandtrockenrasen und Heiden.

KLÖDEN (1832) hat die bedeutendsten "Sandschellen" der Mark Brandenburg aufgezählt und die Gefahren für die von ihnen aus übersandete Nachbarschaft geschildert. Größere Sandschellen (über 100 Morgen, d.h. 25 ha) in der Berliner Umgebung waren die bei Glienicke nicht weit von Köpenick mit 125 Morgen (M.), die bei Wilmersdorf mit 130 M., die bei Heiligensee mit 200 M., die bei Schildow nicht weit von Schönhausen mit 100 M. und die bei Wernsdorf mit 200 M. Ein Teil dieser Sandschellen war "benarbter Boden", d.h. mit Trockenrasen überzogen. Durch Schafweide wurden diese Sandtrockenrasen genutzt und erhalten. Nach dem Rückgang dieser Wirtschaftsform wurden die ehemaligen Schafweiden in Kiefernforsten oder Ackerland umgewandelt (ARNDT 1930). Die Sandtrockenrasen wurden dadurch auf Sandgruben, Wegränder u.ä. Standorte zurückgedrängt.

In eiszeitlichen Senken der Waldgebiete haben sich Moore entwickelt. Diese Moore spielen unter den Berliner Naturschutzgebieten eine hervorragende Rolle. Aufgrund der klimatischen Verhältnisse sind im Berliner Gebiet alle Moorbildungen vom Grund- oder Oberflächenwasser abhängig (vgl. Tab. 3.1.5); die heutigen Niederschläge (550-600 mm jährlich) reichen zur Hochmoorbildung nicht aus. Für eine solche Moorbildung nimmt man bei den hier herrschenden Temperaturen eine Mindestmenge von 700 mm Niederschlag im Jahr an.

Die Art der Wasserversorgung bestimmt die Entstehungsgeschichte und den Charakter der Moore. Nach stratigraphisch-entwicklungsgeschichtlichen Untersuchungen in den Berliner Mooren unterscheiden wir nach KULCZYNSKI (1949) und SUCCOW u. JESCHKE (1986) unter den nährstoffarmen Grunewaldmooren Verlandungsmoore, deren Entwicklung mit Seeablagerungen (Mudden) beginnt, lange andauert und erst später zur Verlandung eines Gewässers führt, und Kesselmoore, die isoliert in Gebieten mit starkem Relief liegen, früh verlanden, teilweise oberflächennahen Zufluß haben und Flächen unter 10 ha einnehmen (vgl. Tab. 3.1.5). Zu den Verlandungsmooren gehören das Hundekehlefenn und das Lange Luch in der Grunewaldseenrinne, zu den Kesselmooren die Moore im westlichen Grunewald (Barssee, Pechsee, Postfenn).

Die Spandauer Moore liegen im reliefarmen Urstromtal und zählen nach der Nährstoffversorgung zu den mesotroph-sauren Verlandungsmooren. Im Tegeler Fließtal kam es in der nährstoff- und kalkreichen Barnim-Hochfläche zur Bildung von Kalk-Quellmooren und durch den ständigen Grundwasserstrom vom Niederungsrand zum Fließ zur Moorbildung durch Durchströmen. Nur in der Nähe des Fließes kommt es - wie an der Havel - zu Überflutungen.

Tab. 3.1.5: Typen und Eigenschaften von Berliner Mooren (nach Angaben von HUECK 1925, 1929, SUKOPP 1959/60, BÖCKER 1978, BRANDE 1986a, 1988, RÖDEL 1987, SUKOPP u. AUHAGEN 1979/1981, BÖCKER u.a. 1986, PLATEN 1988)

Kennzeichen	NSG HUNDEKEHLE-FENN und NSG LANGES LUCH	NSG PECHSEE und NSG BARSSEE	NSG GROSSER ROHRPFUHL	NSG TEUFELS-BRUCH	LSG TEGELER FLIESS
Moor-Naturraumtyp nach SUCCOW u. JESCHKE 1986	oligotroph-saures Verlandungsmoor mit randlichem Versumpfungsmoor	oligotroph-saures Kesselmoor mit randlichem Versumpfungsmoor	mesotroph-saures Verlandungsmoor mit randlichem Versumpfungsmoor	mesotroph-saures Verlandungsmoor mit randlichem Versumpfungsmoor	mesotrophes Kalk-Quellmoor, mesotr. Durchströmungsmoor, eutrophes Auen-Überflutungsmoor
Landschaftseinheit	Teltow-Hochfläche Grunewaldseenrinne	Teltow-Hochfläche Grunewaldgraben	Warschau-Berliner Urstromtal Havelländisches Luch	Warschau-Berliner Urstromtal Zehdenick-Spandauer Havelniederung	Barnim-Hochfläche
Niedrigste Monatsmitteltemperatur (Dahlem: 4,8°C)	-	-	-	2,8°C	3,7° C
Böden im Moorzentrum	Niedermoor- bis Übergangsmoorböden	Niedermoor- bis Übergangsmoorböden	mesotrophe Niedermoorböden	mesotrophe Niedermoorböden	Gyttja, Niedermoorböden
Oberflächliche Torfe (1,5 m - 0 m)	*Sphagnum*- (Torfmoos-) Seggen-Torfe	*Sphagnum*-Seggen-Torfe	*Sphagnum*-Seggen Braunmoostorfe, *Phragmites*- (Röhricht-) Torfe	*Sphagnum*-Seggen-Braunmoostorfe, z.T. mit *Scheuchzeria* (Blasenbinse)	*Cladium*- (Schneidried-), Seggen-Braunmoostorfe, Seggen-*Phragmites* und Erlenbruchwaldtorfe
Vegetation früher	*Ledo-Sphagnetum medii* (Wollgrasmoor), randlich *Carici-Alnetum betuletosum* (Walzenseggen-Erlenbruchwald)	*Scheuchzerietum palustris* (Blumenbinsen-Schwingrasen), *Ledo-Sphagnetum medii*	*Caricetum elatae* (Steifseggen-Sumpf), *Salix repens*- (Kriechweiden-) Ges., *Carici-Alnetum*	*Sphagnum cuspidatum* (Spießtorfmoos-) Ges., *Caricetum chordorrhizae* (Wurzelseggen-Schlenke), *Caricetum lasiocarpae* (Fadenseggen-Zwischenmoor)	
aktuell	*Carici-Agrostietum* (Hundsstraußgras-Grauseggen-Sumpf), *Ledo-Sphagnetum medii*-Fragment, *Carici-Alnetum* mit Eutrophierungszeigern	*Carici-Agrostietum*, *Caricetum rostratae* (Schnabelseggen-Sumpf), *Querco-Betuletum* (Stieleichen-Birkenwald)	*Juncus effusus*- (Flatterbinsen-) Stadium, *Carici-Alnetum*	*Carici-Agrostietum*, *Carici-Alnetum*, Faulbaumgebüsche, *Phragmites-Glyceria*- (Schwaden-) *Typha*- (Rohrkolben-) Bestände, *Deschampsia caespitosa*- (Rasenschmiele-) *Molinia*- (Pfeifengras-) Bestände	Röhrichte, Großseggenrieder, Weiden-Faulbaum-Gebüsch, Kohldistelwiesen, Auwald-Reste
pH (Böden)	3,4 - 6,2	2,5 - 5,1	4 - 6	3,9 - 4,3	schwach sauer bis neutral
pH (Moor- bzw. Seewasser)	3,4 - 6,2	5,2 (Pechsee) bzw. 5,8 - 6,5 (Barssee)	5,8 - 6,5	4,6 - 6,0	6,7 - 7,8 (Fließ)
Naturschutzgebiet seit	1923 erneuert: 1960, 1987	1923 erneuert 1960, 1986	1933 erneuert: 1988	1933 erneuert: 1987	Landschaftsschutzgebiet
Fläche des Schutzgebietes in ha	10 und 13,9	34,7	30 (Großer und Kleiner R.)	48,2	280

Säugetiere

Die Säugetiere der Forsten sind relativ gut erfaßt. Hier leben die jagdbaren Arten Wildschwein (*Sus scrofa*), Damhirsch (*Dama dama*), Reh (*Capreolus capreolus*) und Hase (*Lepus europaeus*), eingegattert im Hundekehlefenn auch der Rothirsch (*Cervus elaphus*). An größeren carnivoren Arten kommen Fuchs (*Vulpes vulpes*), Hermelin (*Mustela erminea*), Iltis (*Mustela putorius*), Baummarder (*Martes martes*), Steinmarder (*Martes foina*) und Dachs (*Meles meles*) (drei Baue in Berlin [West]) vor. Im Düppeler Forst lebt das Muffelwild (*Ovis musimon*).

An Kleinsäugern existieren Erhebungen aus Gatow (GREGOR 1977) sowie umfangreiche Materialsammlungen, insbesondere Gewöllanalysen (WENDLAND 1965, 1971, 1975), aus dem Grunewald. Auch liegen Fallenfänge, speziell aus den 50er Jahren, vor (WENDLAND 1963, 1965). Dabei weisen die weitgehend noch aktuellen Daten aus Gatow eine große Ähnlichkeit mit denen des Spandauer Forstes auf (Kap. 3.1.1), da sich die Reihenfolge der häufigsten Arten entspricht (Tab. 3.1.6). GREGOR (1977) fing 1975/76 in unterschiedlich alten Kiefernbeständen mit Eichenstangenholz (*Quercus rubra*) Gatows. Dort war die Rötelmaus (*Clethrionomys glareolus*) die häufigste Art, gefolgt von Waldspitzmaus (*Sorex araneus*) und Gelbhalsmaus (*Apodemus flavicollis*). Der Fang einer Hausmaus bedeutet das erste nachgewiesene Freilandvorkommen der Art in Berlin (West). Beide Hausmausrassen werden heute als eigenständige Arten aufgefaßt (*Mus domesticus* und *Mus musculus*).

Tab. 3.1.6: Die Kleinsäuger des Gatower Forstes 1974/75 und des Spandauer Forstes 1978/79 (aus: GREGOR 1977 und 1979)

Art	Gatower Forst			Spandauer Forst		
	Gesamtanzahl	%	% besetzte Fallen	Gesamtanzahl	%	% besetzte Fallen
Rötelmaus (*Clethrionomys glareolus*)	103	43 %	12,1 %	253	59 %	3,7 %
Waldspitzmaus (*Sorex araneus*)	77	32 %	9,0 %	75	18 %	1,1 %
Gelbhalsmaus (*Apodemus flavicollis*)	32	13 %	3,7 %	55	13 %	0,8 %
Zwergspitzmaus (*Sorex minutus*)	6	3 %	0,7 %	17	4 %	0,2 %
Brandmaus (*Apodemus agrarius*)	9	4 %	1,1 %	3	1 %	0,1 %
Feldmaus (*Microtus arvalis*)	-	-	-	10	2 %	0,1 %
Erdmaus (*Microtus agrestis*)	-	-	-	12	3 %	0,2 %
Waldmaus (*Apodemus sylvaticus*)	4	2 %	0,4 %	-	-	-
Zwergmaus (*Micromys minutus*)	-	-	-	2	1 %	0,1 %
Hausmaus (*Mus musculus domesticus*)	1	1 %	0,1 %	-	-	-
gesamt	239		27,6 %	427		6,2 %

Demgegenüber weist die Kleinsäugerfauna des Grunewaldes deutliche Unterschiede zu der der beiden anderen Forstgebiete auf. 1952 bis 1956/57 war die Feldmaus (*Microtus arvalis*) der häufigste Nager des damals gras- und lichtungsreichen Forstes.

Ebenso war die Waldmaus (*Apodemus sylvaticus*) häufig. Weiterhin kamen Gelbhalsmaus, Rötelmaus, Erdmaus (*Microtus agrestis*), Waldspitzmaus, Brandmaus (*Apodemus agrarius*) und Zwergspitzmaus (*Sorex minutus*) vor. Die Aufforstungen vernichteten die Feld- und Waldmaushabitate. Der Anteil der Feldmäuse an der Gesamtbeute der Waldkäuze (*Strix aluco*) sank von 12 % 1960 auf 3,5 bis 5 % in den folgenden Jahren (WENDLAND 1975). Heute dominieren im Grunewald wie im Spandauer Forst Rötelmaus, Waldspitzmaus und Gelbhalsmaus.

Vögel

Die Forsten sind die großflächig noch am wenigsten beeinträchtigten Brutvogel-Lebensräume Berlins. Verglichen mit anderen Landschaftstypen sind sie weniger von Flächenverkleinerung oder Übernutzung betroffen. Daher weisen sie noch reichhaltige und denen anderer Forsten Norddeutschlands durchaus vergleichbare Vogelgemeinschaften auf. Allerdings sind scheue Großvögel wie Schwarzstorch (*Ciconia nigra*), Schreiadler (*Aquila pomarina*) und Kranich (*Grus grus*) verschwunden; mit Ziegenmelker (*Caprimulgus europaeus*), Blauracke (*Coracias garrulus*) und Wiedehopf (*Upupa epops*) aber auch anspruchsvolle Arten der Wald-Offenland-Übergangsbereiche (vgl. Kap. 2.2.6.1). Insgesamt kommen mit 85-90 Arten gut 3/4 des Berliner Artenbestandes in den Forstbereichen vor.

Das umfangreichste Material liegt aus dem Spandauer Forst vor, in dem 1977-80 86 Brutvogelarten nachgewiesen wurden (WITT u. NICKEL 1981; vgl. Kap. 3.1.1) Damit ist er das artenreichste Waldgebiet Berlins. Die drei einzigen Gitterfelder des Brutvogelatlas Berlin (OAG 1984) mit 60 und mehr Arten je km^2 liegen im Nordwestbereich des Spandauer Forstes.

Der etwa doppelt so große Grunewald hatte in den 50er und frühen 60er Jahren einen Bestand von ca. 79 Brutvogelarten (WENDLAND 1963), der wahrscheinlich nur geringfügig geschrumpft ist. Die anderen Forstbereiche weisen geringere Artenbestände von ca. 50-60 auf.

Die häufigsten Vogelarten der Forsten dürften im wesentlichen denen des genauer untersuchten Spandauer Forstes entsprechen (vgl. Kap. 3.1.1). Auf einer 575 ha großen Fläche des mittleren Grunewaldes mit ca. 50 % Kiefern-Monokulturen fand DEPPE (1989) im Jahre 1988 57 Brutvogelarten mit ca. 1530 Revieren. Die Dichte war mit 26,6 Rev./10 ha sehr niedrig. Die dominanten Arten (mit je über 5 % aller Reviere) entsprachen den häufigen Arten des Spandauer Forstes, mit einigen Verschiebungen in der Rangfolge.

Einige typische Arten und Artengruppen der Berliner Forsten wurden detaillierter untersucht. So fand MIECH (1979) im Spandauer Forst neben zahlreichen Buntspechten (*Dendrocopos major*) auf ca. 12 km^2 37 Reviere anderer Spechte: Grünspecht (*Picus viridis*) 13, Schwarzspecht (*Dryocopus martius*) 7, Mittelspecht (*Dendrocopos medius*) 7 und Kleinspecht (*Dendrocopos minor*) 10. Vom "potentiell gefährdeten" Mittelspecht wurden dort 1986 12 Reviere nachgewiesen, was wahrscheinlich auf eine gründlichere Nachsuche zurückzuführen ist (Brutbericht 1986 in OAG 1987). Die Siedlungsdichte des Schwarzspechtes im Grunewald ist mit 14 Paaren auf ca. 31 km² etwas niedriger (WENDLAND 1979).

Von den neun in Berlin (West) brütenden Greifvogelarten kommen sieben in den Forsten vor (vgl. Tab. 3.1.7). Die Bestandesentwicklung der einzelnen Arten innerhalb der letzten Jahre verlief unterschiedlich. So kam der Habicht (*Accipiter gentilis*) in den 60er und frühen 70er Jahren nur mit 1-2 Brutpaaren vor. Infolge Jagdverschonung konnte sich der Bestand ab Mitte der 70er Jahre erholen, und heute besiedeln 12-15 Paare die Forsten Berlins (West) (OAG 1984 und JACOB mdl.). Seit Mitte der 80er Jahre finden sogar vereinzelte Ansiedlungen in ruhigen Baumbeständen abseits der Forsten statt. Erleichtert wird dies dem Habicht durch eine große Plastizität bei der Beutewahl: Unter 606 in den Jahren 1982-86 von JACOB gefundenen Rupfungsresten stammten gut 39 % von der Haustaube (*Columba livia domestica*) (JACOB u. WITT 1986).

Tab. 3.1.7: Siedlungsdichte der Greifvögel Gesamt-Berlins (aus: FIUCZYNSKI 1987)

Art	Zahl der revierhaltenden Paare/Brutpaare	Anmerkungen
Mäusebussard	34	1985*
Sperber	2 - 4	1985 (Schätzung)**
Habicht	> 21	1985*
Rotmilan	0/2	1985/1977
Schwarzmilan	0/4	1985/1977
Wespenbussard	4 - 8	1985 (z.T. Schätzungen)**
Rohrweihe	7 - 9	1985 (P. SÖMMER briefl., DAG Bln. W)
Turmfalke	3	1985/1984, ohne Stadtbrüter
Baumfalke	12	1985

* Nach Beobachtungen von P. SÖMMER, V. HASTÄDT und M. JACOB.
** Vgl. Orn. Ber. f. Berlin (West) 9, 1984, Sonderheft: Brutvogelatlas Berlin (West).

Umgekehrt war die Entwicklung beim Schwarzmilan (*Milvus migrans*): Noch 1961 gab es in Berlin (West) 17 Brutpaare, davon elf im Grunewald. Bis 1970 war der Bestand bis auf zwei Paare zusammengebrochen (FIUCZYNSKI 1976). Ab 1978 liegen keine Brutmeldungen mehr von West-Berliner Gebiet vor, lediglich nahrungssuchende Exemplare am Stadtrand werden noch angetroffen (FIUCZYNSKI 1979). Die Ursache für das Verschwinden der Art ist unklar. Neben Lebensraumveränderungen (Nahrungsangebot, Störungen) spielen möglicherweise Biozide oder andere Faktoren außerhalb des Brutgebietes eine Rolle.

Ein langsamerer Bestandsrückgang ist beim Baumfalken (*Falco subbuteo*) festzustellen. Er nahm von 26-31 Paaren in den Jahren 1956-67 auf 12-19 Paare der Jahre 1968-85 ab (FIUCZYNSKI 1986). Nach 1985 wurden maximal zehn Brutpaare gemeldet.

Die Ursachen der Entwicklung sind vielschichtig und wohl teilweise auf Faktoren außerhalb des Brutgebietes zurückzuführen.

Der in Berlin mit 70-100 Revieren noch recht häufige Turmfalke (*Falco tinnunculus*) hat sich fast völlig aus den Wäldern zurückgezogen. So ging der Bestand im Grunewald von 36 Paaren 1956 auf acht Paare 1967 zurück; heute brütet die Art dort nicht mehr. Ursache ist der Rückgang der Feldmaus (*Microtus arvalis*) im Zuge der Aufforstungen (WENDLAND 1971).

Der Mäusebussard (*Buteo buteo*) hat aus dem gleichen Grund zwischen Mitte der 50er Jahre und 1966 von acht auf zwei Paare im Grunewald abgenommen, und kommt derzeit in Berlins (West) Wäldern noch mit 12-15 Revieren vor (JACOB 1984).

Im angegebenen Zeitraum hat auch der Sperber (*Accipiter nisus*) im Grunewald von sieben auf ein Paar abgenommen, doch dürften bei dieser Art Pestizide eine erhebliche Rolle gespielt haben (vgl. BAUER u. THIELKE 1982).

Auffällig ist die Ausbreitung des Kolkraben (*Corvus corax*) in den letzten Jahren. Von Mecklenburg und Polen her kommend, wurde die Mark Brandenburg Ende der 50er Jahre besiedelt (KÖHN 1983). 1978 siedelte sich das erste Paar knapp außerhalb der Stadt an, und 1983 gab es den ersten Bruterfolg innerhalb von Berlin (West) im Tegeler Forst (OAG 1984). Seitdem bildeten sich zwei weitere Reviere in den Forsten der Stadt. Die Zunahme der Beobachtungen am Stadtrand läßt künftig neue Ansiedlungen erwarten.

Ebenfalls als rezente Arealausweitung an der Verbreitungsgrenze kann die Zunahme des östlichen Zwergschnäppers (*Ficedula parva*) in Berlin interpretiert werden. Die Art ist auf alte Buchenwälder oder Buchenmischbestände angewiesen, findet also in Berlin nur wenige zusagende Lebensräume. Nach den ersten Brutnachweisen 1976 kam die Art vereinzelt in allen vier Forsten Berlins vor (OAG 1984). 1987 gab es einen Brutnachweis im Eichen-Buchen-Bestand des Botanischen Gartens (BORGES u. WITT 1988), der zweite in der Mark Brandenburg innerhalb eines Siedlungsbereiches.

Einen hohen Wert haben Waldlichtungen und Rodungsflächen. Auf die Bedeutung als Nahrungsflächen für Greifvögel wurde bereits hingewiesen. Die Einflugschneise Gatow ist darüber hinaus von vier Vogelarten der Roten Liste besiedelt worden (MÄDLOW 1989b): Sperbergrasmücke (*Sylvia nisoria*), Neuntöter (*Lanius collurio*), Bluthänfling (*Carduelis cannabina*) und Goldammer (*Emberiza citrinella*). Auf der Freifläche am Kienhorst in Spandau kommen mit Wendehals (*Jynx torquilla*), Braunkehlchen (*Saxicola rubetra*), Feldschwirl (*Locustella naevia*), Neuntöter und Goldammer sogar fünf bestandsbedrohte Arten vor (eig. Beob.). Diese Arten der offenen Landschaft würden bei einer Wiederbewaldung verschwinden.

Waldstraßen fordern viele Todesopfer auch unter den Vögeln. MIECH (1988) fand innerhalb von zehn Jahren auf 4,7 km Straße im Spandauer Forst 4.209 totgefahrene Wirbeltiere, davon genau ein Drittel Vögel (vgl. Tab. 3.8.2). Zwar überwogen häufige Arten (je über 100 Exemplare bei Amsel, Buchfink und Star), doch war überraschenderweise z.B. der Buntspecht mit 59 Opfern vertreten. Mit Mittelspecht (4x) und Waldschnepfe (*Scolopax rusticola*)(1x) waren auch gefährdete Arten betroffen.

Reptilien

Wälder und Forsten gehören innerhalb des Stadtgebietes zu den großflächigen naturnahen Strukturen, weshalb sie für die Sicherung des Gesamtbestandes der noch vorkommenden Reptilien von größter Bedeutung sind. Dies trifft insbesondere dann zu, wenn auch Freiflächen, eine gut entwickelte Krautschicht und Säume vorhanden sind. Sowohl im Spandauer Forst als auch im Grunewald kommen noch alle vier rezenten Arten vor. Wegen der anderen Feuchtigkeitsverhältnisse und der besseren Ausstattung mit offenen, sonnenexponierten Standorten, wie beispielsweise Sandgruben oder dem Dahlemer Feld, erreicht allerdings die Zauneidechse (*Lacerta agilis*) im Grunewald wesentlich höhere Dichten als im Spandauer Forst. Dort begegnet man eher der Waldeidechse (*Lacerta vivipara*), hauptsächlich entlang feuchter besonnter Gräben und Wiesen, sowie Waldlichtungen und Moorrändern.

In den ärmeren Forsten im Norden Berlins tritt lediglich in geringer Dichte die Blindschleiche (*Anguis fragilis*) und an einer Stelle als Relikt die Waldeidechse (*Lacerta vivipara*) auf. Vereinzelte kleinere Vorkommen der Zauneidechse gibt es lediglich in Randbereichen, z.B. in Schulzendorf und Frohnau.

Amphibien

Was für die Reptilien in Bezug auf die Bedeutung des Waldes und den Artenreichtum gesagt wurde, gilt für die Amphibien gleichermaßen, als weitere Voraussetzung müssen natürlich geeignete Laichgewässer vorhanden sein.

Mit acht Arten beherbergt der Spandauer Forst gegenwärtig noch die meisten Vertreter dieser Tiergruppe (s. Kap. 3.1.1, Tab. 3.1.1.4). Bis auf den Kammolch (*Triturus cristatus*) kommen alle Arten auch im Grunewald bzw. Forst Düppel vor.

Wie langjährige Untersuchungen am Barssee (BRASE 1988) und Alten Hof (KÜHNEL 1987b) zeigen, können Arten dabei auch in überregionalem Vergleich relativ hohe Populationsstärken von mehr als 3000 Tieren erreichen. Allerdings wird bei derartigen Untersuchungen auch deutlich, daß die Bestände gravierenden Schwankungen unterworfen sein können (Abb. 3.1.3).

Zumindest in Teilbereichen bilden die Moore und Moorweiher die wichtigsten Laichgebiete innerhalb der Forsten. Unklar ist weiterhin, ob der starke Rückgang von Grasfrosch (*Rana temporaria*) und Erdkröte (*Bufo bufo*) in früheren Jahren, vor allem in Spandau, auf ein Absinken des pH-Wertes zurückzuführen ist. Es ist bekannt, daß Amphibienlaich artabhängig durch pH-Werte unter 5 geschädigt wird (u.a. GEBHARDT u.a. 1987, CLAUSNITZER 1987). BÜCHS (1987) vermutet einen Ursachenkomplex aus verschiedenen Faktoren wie niedrigem pH-Wert, Gehalt an bestimmten Pilzsporen, Huminsäuregehalt sowie möglichen weiteren Faktoren wie anderen organischen Inhaltsstoffen, Lichtzusammensetzung, Konstitution der Laichballen etc. Die gegenwärtig zu beobachtenden Bestandszunahmen wären dann möglicherweise auch eine Folge des eingeleiteten und anders zusammengesetzten Havelwassers.

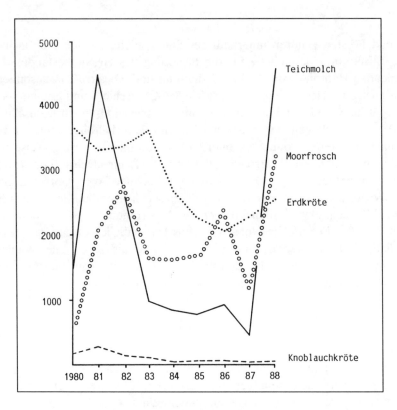

Abb. 3.1.3: Bestandsentwicklung der Amphibienbestände im NSG Barssee (nach BRASE 1988)

Wirbellose Tiere

Wälder und Forsten bieten mit ihrer starken Gliederung in unterschiedliche Straten (Kronen-, Stamm-, Strauch-, Krautregion, Bodenoberfläche, Streuschicht, tiefere Bodenschichten) eine große Palette an räumlichen Einnischungsmöglichkeiten für eine Vielzahl wirbelloser Tiere. Ihr Artenspektrum steht in engem Zusammenhang mit dem Spektrum der Pflanzenarten, da zahlreiche Insekten mehr oder weniger eng an bestimmte Nahrungspflanzen gebunden sind. Bei räuberisch lebenden Formen (z.B. Laufkäfer, Webspinnen) spielen eher abiotische Faktoren wie Licht und Feuchtigkeit eine Rolle für ihre Verteilung.

In der Streuschicht schließlich finden sich u.a. Spezialisten für die Zersetzung bestimmter Streuarten. In unserem Gebiet sind die lichten Kiefern-Eichenwälder sehr weit verbreitet. Hier begegnen wir einem braungelb gefleckten Tagfalter, dem Brettspiel (*Pararge aegeria*) und dem nahe verwandten Braunen Waldvogel (*Aphantopus hyperanthus*). An den Stämmen von Eichen und Buchen ruht mit flach angelegten Flügeln die Sängerin (*Chimabacche fagella*), eine Palpenmotte, deren Raupe Zirptöne erzeugen kann. Vor allem im Mai finden sich an der Rinde von

Laubbäumen zahlreiche bunte Kleinschmetterlinge, Vertreter der Blattütenmotten. Ihre Raupen wachsen in Fraßgängen (Minen) der Blätter weitgehend sicher vor ungünstigem Wetter und vor Parasiten heran.

An den Lärchen, die am Wegrand angepflanzt sind, bemerken wir teilweise ausgehöhlte Nadeln. Daran hängt ein gelbliches Säckchen, in das sich ein Räupchen zurückzieht, wenn es nicht gerade im Innern der Nadel frißt: die Lärchen-Miniersackmotte (*Coleophora laricella*). Mit der Anpflanzung der gebietsfremden Lärchen hat auch sie bei uns ihren Einzug gehalten.

Da die moderne Forstwirtschaft von Monokulturen abgekommen ist, gibt es bei uns auch keine Massenvermehrungen der ehemals so gefürchteten "Schädlinge" wie Kiefernspinner (*Dendrolimus pini*) und Kiefernspanner (*Bupalus piniarius*).

Die verschiedenen Arten von Eichenblätter fressenden Wicklern (*Tortricidae*) und Frostspannern werden wiederum von Vögeln, Spinnen und von dem Kleinen Puppenräuber (*Calosoma inquisitor*) gefressen. Haben sich einzelne Arten einmal durch günstige Verhältnisse stärker vermehrt - manchmal kann man Ende Mai in Eichenwäldern den Raupenkot herabrieseln hören - so sind bald auch Ei- und Raupenparasitoide zur Stelle, und räuberische insektenfressende Arten vermehren sich stärker.

Bei einheimischen Arten hat sich im Laufe der Stammesentwicklung ein Gleichgewicht zwischen Pflanze, Pflanzenfresser und deren Parasiten eingestellt. Anpflanzungen fremdländischer Gehölze (z.B. Douglasien, Amerikanische Eichen) dagegen stören dieses Gleichgewicht, allenfalls hat man wieder einen neuen "Schädling" mit eingeschleppt, wie z.B. die Douglasienwollaus (*Gilletteella cooleyi*).

3.1.1 Spandauer Forst

Der Spandauer Forst liegt am nordwestlichen Stadtrand im Berliner Urstromtal. Der nordwestliche Bereich ist Teil des Havelländischen Luches. Seine Talsandebenen liegen im Durchschnitt einen Meter über dem Mittelwasser der Oberhavel. Der östliche Bereich gehört zur Spandauer Havelniederung (Abb. 1.1). In einer eiszeitlichen Schmelzwasserrinne, die etwa von Südost nach Nordwest verläuft, haben sich zahlreiche Moore gebildet. Sie sind heute durch die Grundwasserentnahme der Wasserwerke (vgl. Kap. 2.2.3.1) stark entwässert.

Einige Dünenrücken (späteiszeitliche Feinsandverwehungen) findet man auf einem breiten, in südwest-nordöstlicher Richtung verlaufenden Streifen mitten im Forstgebiet (Jagen 35-48). Die Rehberge (40 m ü NN) sind die höchste Erhebung.

Das Besondere an den Talsanden im Havelländischen Luch sind Sekundärkalke im Unterboden. Diese Talsande gehören damit zu den wenigen von Natur aus kalkhaltigen Standorten im Berliner Raum.

Böden

Die Böden des Spandauer Forstes können wir ökologisch drei Gruppen zuordnen, den sauren Landböden, den sauren und den calcitrophen grundwasserbeeinflußten Böden.
Die sauren Landböden haben sich als Rostbraunerden oberhalb etwa 34 m NN auf Dünen entwickelt. Sie sind durchgehend sehr sauer und nährstoffarm, hingegen luftreich. Ein Vorherrschen feiner Grobporen (Durchmesser 10-50 μm) bewirkt, daß sie zwar wenig nutzbares Wasser zu binden vermögen, sich das Sickerwasser aber nur langsam bewegt, mithin längere Zeit zur Verfügung steht. Aus diesem Grunde tritt hier Wassermangel, im Gegensatz z.B. zu den gröberkörnigen Böden des Grunewaldes, erst nach längeren Trockenperioden auf.
Die sauren grundwasserbeeinflußten Böden besitzen eine ähnliche Körnung und damit Porung wie die vorgenannten; auch sie sind stark versauert und nährstoffarm. Mit steigendem Abstand vom Grundwasser (im Mittel bei etwa 31 m ü NN) nehmen Nässe und Luftarmut der Böden ab. Übergangsmoore und Moorgleye sind weitgehend naß und luftarm, was bei den Podsol-Gleyen (Tafel 1.3) nur noch für den Unterboden gilt, während die vergleyten Rostbraunerden durchgehend luftreich sind (SCHWIEBERT 1980). Aber auch in ihnen vermögen sich die tiefer wurzelnden Waldbäume aus dem 1-1,5 m kapillar aufsteigenden Grundwasser zu versorgen. Diese Gesellschaft nimmt die Dünentälchen vor allem im östlichen Forst ein.
Die calcitrophen grundwasserbeeinflußten Böden gehen in ihrer Entwicklung auf schluffige Seekreideschichten der Talsande zurück, deren Carbonate bei schwankenden Grundwasserständen teilweise gelöst und umgelagert wurden (NEUMANN 1976). Hierdurch entstand ein Nebeneinander von Böden sehr unterschiedlicher, aber deutlich höherer pH-Werte. Teile des Teufelsbruchs, des Großen Rohrpfuhls und der ganze Westen des Spandauer Forstes sind daher durch eutrophe, stellenweise kalkhaltige Nieder- und Anmoore als Senkenböden sowie Kalkgleye (Tafel 1.4) neben mäßig sauren Braunerde-Gleyen und vergleyten Braunerden als Talsandböden charakterisiert. Bei ähnlichen Wasser- und Luftverhältnissen und bis auf Calcium überwiegend auch ähnlich niedrigen Nährstoffreserven wie bei den vorgenannten Böden - nur die schluffigen Kalkgleye machen hier eine Ausnahme - handelt es sich um deutlich eutrophe Standorte. Kalk bzw. höhere pH-Werte erhöhen die Verfügbarkeit der Nährstoffreserven und wirken sich aktivierend auf die Bodenorganismen aus, die durch einen rascheren Streuabbau den Umsatz der Nährstoffe fördern, so daß diese Böden sehr viel stickstoffreicher sind (FRIEDRICH 1979).
Die grundwasserbeeinflußten Böden reagieren sehr empfindlich auf Grundwasserabsenkungen. Bereits Absenkungen um wenige dm durch überstarke Wasserentnahme aus Tiefbrunnen (vgl. Kap. 2.2.3.1) bewirken starke Veränderungen der Standortverhältnisse, und zwar nicht nur der Wasser- und Luftdynamik, sondern über eine Förderung des Streuabbaues auch der Nährstoffdynamik.

Flora und Vegetation

Infolge der Grundwasserabsenkung (THIERFELDER 1985) haben sich der Artenbestand und die Vegetation stark gewandelt. Während auf der Bestandeskarte von 1786 im Nordwesten und im Süden erlenreiche Niederwälder vorherrschten, sind heute außerhalb der Moore überall gepflanzte Bestände aus Kernwüchsen zu finden (AUHAGEN 1985, RIECKE 1960, SEIDLING 1984).

Auf den sauren Landböden der Dünen stocken Blaubeer-Kiefernforsten mit Blaubeere (*Vaccinium myrtillus*), Draht-Schmiele (*Avenella flexuosa*) und Adlerfarn (*Pteridium aquilinum*) sowie Himbeer-Landschilf-Kiefernforsten. Die Erstgenannten sind mit zehn Arten an Farn- und Blütenpflanzen in der Krautschicht sehr artenarm, die Letzteren mit 17 Arten reicher. Eine obere Baumschicht besteht aus einem lockeren Schirm von Kiefern (*Pinus sylvestris*); die nach dem letzten Krieg angelegten Forstkulturen bilden mit 10-15 m Höhe die untere Baumschicht. Die Forstgesellschaften ersetzen ursprüngliche Kiefern-Traubeneichenwälder (vgl. Kap. 3.1), von deren Zusammensetzung man sich in den Jagen (Jg.) 35/36 ein Bild verschaffen kann.

Auf sauren grundwasserbeeinflußten Böden wächst der Pfeifengras-Kiefernforst, der durch Pfeifengras (*Molinia caerulea*) und Sumpf-Reitgras (*Calamagrostis canescens*) als Feuchtigkeitszeiger von den vorher genannten Forstgesellschaften unterschieden ist. Die Baum- und Strauchschicht ist ähnlich wie bei den schon genannten Kiefernforsten aufgebaut. Der Pfeifengras-Kiefernforst ersetzt den feuchten Stieleichen-Birkenwald der Naturlandschaft.

Der Westen des Spandauer Forstes ist durch Reste von Eichen-Hainbuchenwäldern (*Stellario-Carpinetum*) und Waldzwenken-Sauerklee-Kiefernforsten auf calcitrophen grundwasserbeeinflußten Böden gekennzeichnet. Neben der Hainbuche (*Carpinus betulus*) treten Stiel-Eiche (*Quercus robur*) und viele andere Gehölze und Kräuter auf. Die artenreichsten Bestände in den Jg. 69 und 70, deren Pilzflora als einmalig für Berlin bezeichnet wird, sollen als Waldnaturschutzgebiet gesichert werden. Hier wachsen Eschen (*Fraxinus excelsior*), Flatter-Ulmen (*Ulmus laevis*), Schwarz-Erlen (*Alnus glutinosa*), Hartriegel (*Cornus sanguinea*), Hasel (*Corylus avellana*), Pfaffenhütchen (*Euonymus europaea*) sowie viele Frühjahrsblüher wie das Buschwindröschen (*Anemone nemorosa*) und andere anspruchsvolle Arten.

In einem 150 ha großen Gebiet im Nordwesten des Spandauer Forstes wurden 524 Farn- und Blütenpflanzenarten nachgewiesen, von denen 111 in Berlin gefährdet sind (AUHAGEN 1985). Bemerkenswert ist, daß nur

26 % aller Arten (13 % der gefährdeten) in forstwirtschaftlich genutzten Wäldern und Forsten, aber
13 % aller Arten (40 % der gefährdeten) in Bruchwäldern und
47 % aller Arten (33 % der gefährdeten) in Säumen, an Wegrändern, in Äckern, Feldrainen, Magerrasen und Gewässern vorkommen.

Die übrigen Arten kommen entweder nicht spontan vor, oder ihr Verbreitungsschwerpunkt ist unklar. Überschlägig ist damit zu rechnen, daß ca. 85 % der wildwachsenden gefährdeten Farn- und Blütenpflanzen auf ca. 10 % der Fläche des Untersuchungsgebietes vorkommen. Zu den 10 % der Fläche sind insbesondere die Moore, die Säume und ein Teil der Gewässer zu rechnen.

Die Spandauer Moore liegen - wie das gesamte Gebiet - im Berliner Urstromtal und unterscheiden sich deutlich von den Mooren der Hochflächen (vgl. Tab. 3.1.5). Der Bewuchs im Großen Rohrpfuhl und am Rand des Teufelsbruchs besteht aus Erlenbruchwäldern, dem Endstadium der Moorentwicklung auf nährstoffreichem Grund (eutrophe Moore), im Zentrum des Teufelsbruchs aus der typischen Vegetation der Moore mit mittlerem Nährstoffgehalt (mesotrophe Moore), dem Fadenseggenmoor (*Caricetum lasiocarpae*). Diese Zwischenmoore zeigen in ihrer Flora eine Mischung von bestimmten Arten der nährstoffreichen und der nährstoffarmen Moore, besitzen aber auch eigene, spezifische Arten wie Faden-Segge und Moor-Reitgras (*Calamagrostis neglecta*). Das Vorkommen zahlreicher boreal-subarktischer Pflanzen- und Tierarten in den Zwischenmooren steht in engem Zusammenhang mit den mikroklimatischen Gegebenheiten. Die Temperaturverhältnisse sind als kalt (niedrige Mitteltemperaturen durch niedrige Minima) und kontinental (große Tagesschwankungen) zu bezeichnen. Vor den Grundwasserabsenkungen und deren die Temperaturextreme dämpfenden Wirkungen war im Teufelsbruch in den Jahren 1960, 1962, 1963 und 1964 jeweils nur ein Sommermonat während des Jahres frei von Bodenfrost.

Durch Grundwasserabsenkungen sind die Moore ausgetrocknet, und die Moorvegetation wurde durch aufkommendes dichtes Gebüsch verdrängt. Den Rückgang der moortypischen Vegetation im Teufelsbruch haben AUHAGEN u. PLATEN (1987) beschrieben. Durch Wiedervernässung hat sich der Artenbestand beider Moore erholt. Einige zwischenzeitlich verschollene Arten wie die Bekassine (*Gallinago gallinago*) und einige Wirbellose sind wieder aufgetreten. Die zwischenzeitlich vorhandene Population der Weißen Schnabelbinse (*Rhynchospora alba*) ist wieder erloschen. Die Regeneration der früher vorhandenen Lebensgemeinschaften ist in kurzer Zeit nicht möglich. Ungewiß sind weiterhin die langfristigen Auswirkungen des Nährstoffeintrages mit dem zugeführten Wasser und den Niederschlägen.

Waldränder, die an Wiesen, Felder oder Gewässer grenzen, weisen Mäntel aus Sträuchern und Säume aus wärmeliebenden, Trockenheit ertragenden oder aus feuchte- und stickstoffbedürftigen Arten auf. Im Übergang vom Wald zu den Schwanenkruger Wiesen (Jagen 69 und 79) ist der Wald in die vorgelagerten Magerrasen und Säume vorgerückt. Da viele Saumarten wie Sonnenröschen (*Helianthemum nummularium*) selten und gefährdet sind, bedarf es einer behutsamen Pflege (Vorschläge bei AUHAGEN 1985).

Säugetiere

Mindestens 36 Säugetiere kommen heute im Spandauer Forst vor (GREGOR u.a. 1979). Zwei weitere Arten sind dort in den letzten Jahren wahrscheinlich ausgestorben

(Wasserspitzmaus [*Neomys fodiens*] und Nordische Wühlmaus [*Microtus oeconomus*]). Rechnet man diese noch mit ein, so sind das zusammen knapp 90 % der sich in der Stadt fortpflanzenden Säugetierarten. Der Kleinsäugerbestand in den verschiedenen repräsentativen Biotopen des Forstgebietes ist 1978 untersucht worden (GREGOR 1979). Es wurde an 25 Standorten, die sich grob vier Vegetationstypen zuordnen lassen (Bruchwälder, Forstgesellschaften, Wiesen, Hecken), wurde gefangen. Die zusammengefaßten Ergebnisse gehen aus Tabelle 3.1.6 hervor. Die Rötelmaus (*Clethrionomys glareolus*) dominiert eindeutig; sie fehlt nur auf den in das Forstgebiet eingestreuten Wiesen. In den bewaldeten Fangflächen liegt die Dichte bei 30 Tieren auf 1 Hektar (Maximum 70 Tiere/ha). Es ist zu beobachten, daß kraut- und strauchschichtreicher Laubwald bevorzugt wird. In den Mooren sinkt die Bestandsdichte auf 8-12 Tiere pro Hektar. In der Häufigkeit folgen Waldspitzmaus (*Sorex araneus*), die in allen vier Vegetationstypen gefangen wurde, und Gelbhalsmaus (*Apodemus flavicollis*), die nur in den Bruchwäldern und Forstgesellschaften festgestellt wurde. Die Dichte der Waldspitzmaus liegt innerhalb der Bruchwälder und Forstgesellschaften zwischen zwei und acht Tieren pro Hektar. Die Gelbhalsmaus bewohnt in höchster Dichte den Kiefern-Eichen-Hochwald mit 14 Tieren pro Hektar. In der Regel liegt die Dichte jedoch unter acht Tieren.

Die Zwergspitzmaus (*Sorex minutus*) lebt in allen vier Vegetationstypen. Das Verhältnis von Wald- zu Zwergspitzmaus beträgt für das gesamte Untersuchungsgebiet 4:1. In den Brüchen, wo die Zwergspitzmaus in einer Dichte von zehn Tieren pro Hektar vorkommen kann, liegt das Verhältnis etwa bei 2:1. Im Großen und Kleinen Rohrpfuhl kommen auf fünf Waldspitzmäuse sogar acht Zwergspitzmäuse.

Die Feldmäuse (*Microtus arvalis*) kommen auf Wiesen und Feldern im Forst vor, die Erdmaus (*Microtus agrestis*) siedelt im wesentlichen auf einer feuchten Wiese an der Kuhlake. WENDLAND (1971) fand sie als häufigstes Beutetier der Waldkäuze im Forst. Ihre Verbreitung muß demnach zumindest in den 60er Jahren weitaus großflächiger gewesen sein. Die Brandmaus (*Apodemus agrarius*) ist auf die Moore des Forstes beschränkt.

Insgesamt sind die Bruchwälder und Forstgesellschaften im Spandauer Forst in ihrer Kleinsäugerbesiedlung wenig voneinander verschieden; die Moore sind für eine eigenständige Kleinsäugerfauna weitgehend zu trocken. Die Wiesengelände im Forst sind durch das Fehlen der Waldarten Gelbhalsmaus und Rötelmaus gekennzeichnet; die Uferstreifen der Kuhlake weisen eine eigenständige Kleinsäugerfauna auf. Die Hecken beherbergen die reichhaltigsten Kleinsäugerbestände.

1974 bis 1979 wurden die Fledermäuse im Spandauer Forst untersucht (KLAWITTER 1987). Sechs Arten sind nachgewiesen, am häufigsten der Abendsegler (*Nyctalus noctula*) (vgl. Tab. 3.1.1.1). Bei den Fledermäusen zeichnen sich mehrere Bereiche höherer Arten- und Individuendichte ab: der südlich der Bahnlinie gelegene Stadtpark, die sich anschließenden Abschnitte der Kuhlake bis Jagen 45, die am Oberjägerweg gelegenen Jagen 36, 37 und 50 sowie die Umgebung der Bürgerablage. Aufgelockerte Althölzer werden bei Quartierwahl und Jagd bevorzugt, weiterhin sind die Gewässer wichtige Jagdbiotope. Eine Ausnahme macht das Braune Langohr (*Plecotus auritus*), das vor allem beiderseits der Kuhlake im Nordwesten im grundwassernahen und damit luftfeuchteren und kühleren Bereich in Nistkästen vorkommt. Der Baumbestand ist hier überwiegend jünger als 80 Jahre.

Tab. 3.1.1.1: Anzahl der 1974 - 1979 nachgewiesenen Fledermäuse im Spandauer Forst. Winternachweise sind nicht berücksichtigt. Zum Vergleich sind Gewöllnachweise von WENDLAND, ergänzt durch zwei Funde von MIECH, angeführt.
(aus: KLAWITTER 1987)

Art	Anzahl der Nachweise			Gewöll-nachweise
	in Quartieren	außerhalb von Quartieren	Summe	
Abendsegler (*Nyctalus noctula*)	54 *	32	86	8
Wasserfledermaus (*Myotis daubentoni*)	25	22	47	3
Braunes Langohr (*Plecotus auritus*)	18	7	25	3
Breitflügelfledermaus (*Eptesicus serotinus*)	-	18	18	1
Rauhhautfledermaus (*Pipistrellus nathusii*)	13	5 **	18	-
Fransenfledermaus (*Myotis nattereri*)	1	-	1	-
	111	84	195	15

*) davon 52 in Baumhöhlen
**) Beobachtungen von *Pipistrellus* spec. im Forst

Vögel

Der Spandauer Forst ist das einzige Waldgebiet Berlins, für das eine flächendeckende Brutvogelerfassung vorliegt. WITT u. NICKEL (1981) führten 1978-80 eine Rasterkartierung für sämtliche Arten durch. Darüber hinaus wurden von ihnen die Einzelreviere ausgewählter Arten erfaßt, zusätzlich auf ca. 15 % der Forstfläche jedes Vogelrevier (Probeflächenkartierung).
Von den 98 seit 1945 nachgewiesenen Brutvogelarten konnten 1978-80 noch 86 bestätigt werden. Diese besetzten ca. 5400 Brutreviere, was einer großräumigen Dichte von ca. 43,2 Rev./10 ha entspricht (Gesamtfläche ca. 12,5 km^2). Die häufigsten Arten mit je über 50 Revieren sind in Tabelle 3.1.1.2 aufgeführt.

Die Auswertung der Rasterkartierung (56 Gitterfelder mit je 26 ha) zeigte deutliche Unterschiede in der Artenzahl. Von dem Durchschnittswert 26,4 reichten die Artenzahlen bis hinauf zu 39 Arten in vielfältig strukturierten Bereichen, wie z.B. dem Nordrand, Teilen von Westrand und Kuhlake sowie der Bürgerablage (vgl. Abb. 3.1.1.1). Die artenärmsten Flächen sind monotone Kiefernstangenhölzer mit elf Arten.

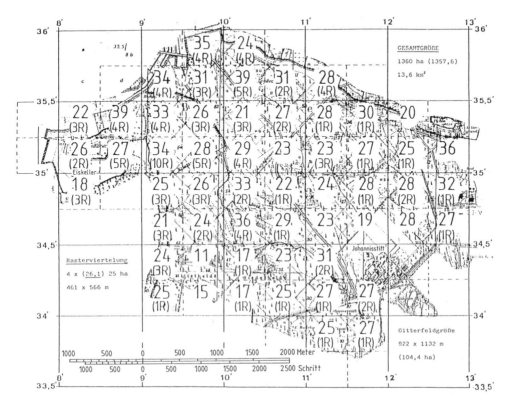

Abb. 3.1.1.1: Artenzahl pro Rasterfläche (R = Anzahl Rote Liste-Arten)
(aus: WITT u. NICKEL 1981)

Nach 1945 wurden im Spandauer Forst 37 Rote Liste-Arten festgestellt, von denen 1978-80 noch 23 gefunden wurden. Sie sind mit Häufigkeitsangabe in Tabelle 3.1.1.3 zusammengestellt (zuzüglich dreier Randsiedler).

Die Verteilung der Rote Liste-Reviere auf die Rasterflächen ist ebenfalls Abbildung 3.1.1.1 zu entnehmen. Deutlich wird die Bevorzugung der reich strukturierten nördlichen und nordwestlichen Forstrandbereiche. Nur knapp die Hälfte der aufgeführten Rote Liste-Arten sind Waldvögel. Die übrigen benötigen offene Flächen wie z.B. Krautfluren sandiger Standorte mit einzelnen Gebüschen.

Innerhalb der 80er Jahre haben sich offenbar in der Häufigkeitsverteilung der gefährdeten Arten einige Unterschiede ergeben, doch liegen hierüber keine genauen quantitativen Angaben vor.

Tab. 3.1.1.2: Abschätzung der Revierzahlen der Brutvögel im Spandauer Forst nach Siedlungsdichten und Rasterkartierungen 1978/79 (aus: WITT u. NICKEL 1981)

	Revierzahl
Dominante Arten (über 5 % aller Reviere)	
Star (*Sturnus vulgaris*)	800
Rotkehlchen (*Erithacus rubecula*)	630
Buchfink (*Fringilla coelebs*)	500
Amsel (*Turdus merula*)	360
Kohlmeise (*Parus major*)	360
Fitis (*Phylloscopus trochilus*)	300
Subdominante Arten (2 - 5 % aller Reviere)	
Trauerschnäpper (*Ficedula hypoleuca*)	250
Singdrossel (*Turdus philomelos*)	250
Blaumeise (*Parus caeruleus*)	250
Baumpieper (*Anthus trivialis*)	150
Buntspecht (*Dendrocopos major*)	140
Zilpzalp (*Phylloscopus collybita*)	140
Waldlaubsänger (*Phylloscopus sibilatrix*)	130
Influente Arten (1 - 2 % aller Reviere)	
Ringeltaube (*Columba palumbus*)	80
Gartengrasmücke (*Sylvia borin*)	65
Mönchsgrasmücke (*Sylvia atricapilla*)	60
Haussperling (*Passer domesticus*)	60
Feldsperling (*Passer montanus*)	60

Tab. 3.1.1.3: Brutvögel im Spandauer Forst: Rote Liste-Arten 1978-80 (nach WITT u. NICKEL 1981)

	Gefährdungs-grad	Revier-zahl
1. Goldammer (*Emberiza citrinella*)	2	36
2. Neuntöter (*Lanius collurio*)	3	15
3. Uferschwalbe (*Riparia riparia*)	2	10
4. Wintergoldhähnchen (*Regulus regulus*)	4	9
5. Sommergoldhähnchen (*R. ignicapillus*)	4	9
6. Waldschnepfe (*Scolopax rusticola*)	3	8
7. Mittelspecht (*Dendrocopos medius*)	4	7
8. Wendehals (*Jynx torquilla*)	3	7
9. Feldschwirl (*Locustella naevia*)	2	5
10. Gimpel, Dompfaff (*Pyrrhula pyrrhula*)	2	5
11. Heidelerche (*Lullula arborea*)	3	4
12. Erlenzeisig (*Carduelis spinus*)	2	4
13. Mäusebussard (*Buteo buteo*)	4	3
14. Braunkehlchen (*Saxicola rubetra*)	1	3
15. Steinschmätzer (*Oenanthe oenanthe*)	3	3
16. Bluthänfling (*Carduelis cannabina*)	3	3
17. Habicht (*Accipiter gentilis*)	4	1
18. Wespenbussard (*Pernis apivorus*)	3	1
19. Rebhuhn (*Perdix perdix*)	1	1
20. Hohltaube (*Columba oenas*)	1	1
21. Eisvogel (*Alcedo atthis*)	2	1
22. Schafstelze (*Motacilla flava*)	2	1
23. Sperbergrasmücke (*Sylvia nisoria*)	0	1
Brutvögel im Grenzgebiet:		
Rotmilan (*Milvus milvus*)	0	1
Schwarzmilan (*Milvus migrans*)	1	1
Kolkrabe (*Corvus corax*)	2	1

Die herausragende Stellung des Spandauer Forstes als feuchtes Waldgebiet trotz Grundwasserabsenkung wird durch das Vorkommen der Waldschnepfe (*Scolopax rusticola*) dokumentiert: Die ca. acht Brutreviere sind die einzigen in Berlin (West).

Reptilien

Auf die Situation der Reptilien wurde bereits in den Kapiteln 2.2.6.1 und 3.1 eingegangen. Für sie dürfte die Anlage neuer Gewässer nur im Hinblick auf die Erweiterung von Schutzgebieten, die die Störung durch den Erholungsbetrieb verringern, von Bedeutung sein. Durch die Anlage kleinerer Gewässer in halboffenen feuchten Senken sind andererseits auch Lebensräume der Waldeidechse (*Lacerta vivipara*) verloren gegangen. Stärker profitieren kann hoffentlich die Ringelnatter (*Natrix natrix*), deren Nahrungsangebot sich durch die Erholung der Amphibienbestände verbessert hat.

Die Blindschleiche (*Anguis fragilis*) ist im Spandauer Forst noch flächendeckend verbreitet, wenngleich sie heute wesentlich seltener gefunden wird, als noch vor zehn Jahren. Neben der allgemeinen Störung durch den Erholungsbetrieb kommt als eine weitere mögliche Gefährdungsursache der zunehmende Radverkehr in den Forsten in Betracht. Darauf deuten zumindest häufigere Totfunde (BIEHLER mdl.) in jüngster Zeit unter Berücksichtigung der Lebensweise dieser Art hin.

Amphibien

Nach größeren Bestandsrückgängen bei nahezu allen Amphibienarten konnte kürzlich durch umfangreiche, z.T. quantitative Untersuchungen (RIECK 1986, KÜHNEL 1988b) wieder ein deutlicher Zuwachs festgestellt werden. Von den Vernässungsmaßnahmen in den Mooren und der Anlage naturnah gestalteter Versickerungsbecken mit ausgedehnten Flachwasserbereichen haben besonders der Grasfrosch (*Rana temporaria*) und die Erdkröte (*Bufo bufo*) profitiert (Tab. 3.1.1.4).

Die in kleinen Nebenmooren südlich des Oberjägerwegs angelegten Gewässer sind bislang kaum besiedelt worden, was neben den relativ großen Entfernungen zu den traditionellen Laichgewässern auch mit ihrer Beschattung, dem fehlenden Bewuchs und zu niedrigen pH-Werten (s. auch Kap. 3.1) zusammenhängen könnte, worauf bereits GREGOR (1979) hinwies.

Wie Tabelle 3.1.1.4 zeigt, liegt der Verbreitungsschwerpunkt der meisten Arten heute im Norden bzw. Nordwesten des Gebietes. Während der Laichwanderung im Frühjahr, bei der insbesondere die Erdkröte mehrere Kilometer zurücklegen kann, werden häufig Tiere, unter anderem auf der Schönwalder Allee nahe Eiskeller, überfahren (vgl. auch Tab. 3.8.2).

Tab. 3.1.1.4: Amphibienbestände der Laichgewässer im Spandauer Forst 1987/88 (aus: KÜHNEL 1988b)

	Teich-molch	Kam-molch	Knoblauch-kröte	Erd-kröte	Moor-frosch	Gras-frosch	Teich-frosch	See-frosch
Teich Jg. 52	+++	++	+	+++	++	++	+	-
Großer Rohrpfuhl	+++	+	+	++	++	++	+	-
Kleines Nebenmoor	++	-	-	+	++	++	++	-
Großes Nebenmoor	-	-	-	-	-	+	-	-
Kleiner Rohrpfuhl	-	-	-	-	-	(+)	-	-
Teich Jg. 50	-	-	-	-	-	-	-	-
3 Teiche Jg 38	-	-	-	-	-	(+)	-	-
Teich Jg. 39	-	-	-	++	++	-	-	-
Teufelsbruch[1]	+++	++	++	++	++	++	+	-
Teufelsseekanal[1]	-	-	-	++	-	+	+	-
Feuchtsenke Jg. 11	-	-	-	(+)	-	(+)	-	-
Auwald Jg. 11 (Ufer)	-	-	-	-	-	-	--	-
Teich Jg. 55[1]	-	-	-	+++	-	+++	+++	+++
Teich Jg. 58	-	-	-	L	-	-	-	++
Kreuzgraben	-	-	-	+++	-	+	+	-
Erlenteich	-	-	-	+++	-	+++	+++	+++
Natternteich	-	-	-	+++	-	+++	+++	+++
Kuhlake	+	?	(+)	+++	-	+++	+++	+++
Niederneuendorfer Kanal[2]	++	-	-	++	+	++	++	+

-    keine Nachweise
- ( ) Nachweis 1988 nicht bestätigt
- +   Einzeltiere (bis 10 Individuen in Teichen, in Gräben entsprechend)
- ++ kleine Bestände (bis 100 Individuen)
- +++ große Bestände (mehr als 100 Individuen)
- [1] Ergebnisse nur aus 1987
- [2] Nach den Ergebnissen der 1989 durchgeführten Untersuchungen (FLADE u. MIECH 1989) wandern Teichmolch (*Triturus vulgaris*) und Moorfrosch (*Rana arvalis*) zur Fortpflanzung in geringer Anzahl auch in den Niederneuendorfer Kanal ein.
- L   nur Larven

Fische

Im Spandauer Forst ist einzig die Kuhlake auf ihren Fischbestand untersucht worden. Bisher wurden 17 Fischarten festgestellt (Tab. 3.1.1.5). Von den 15 einheimischen Arten sind sechs gefährdet (Tab. 2.2.6.1.8). Darunter ist der vom Aussterben bedrohte Bitterling (*Rhodeus sericeus*). Die Kuhlake wird seit 1984 zum Zwecke der Grundwasseranreicherung mit vorgereinigtem Havelwasser versorgt. In dem klaren Wasser und zwischen den großen Unterwasserpflanzenbeständen hat sich ein sich selbst erhaltender Hechtbestand (*Esox lucius*) entwickelt. Aber nicht nur für den Hechtbestand ist die Kuhlake ein gutes Beispiel, sondern auch dafür, daß in einem intakten Gewässer die natürlich vorkommenden Amphibien- und Fischarten miteinander existieren können.

Tab. 3.1.1.5: Artenliste der Fische der Havel (1), der Kuhlake (2), der Spree (3), der Kanäle (4), der Pfuhle (5), des Kiesteichs Spektewiesen (6), der Tiergartengewässer (7), des Gatower Rieselfeldgrabens (8) und des Tegeler Fließ, incl. des Hermsdorfer Sees und des großen Sprintgrabens (9).

Fischart	Vorkommen								
	1	2	3	4	5	6	7	8	9
A. Einheimische Arten									
ANGUILLIDAE (Aale)									
Aal - (*Anguilla anguilla*)[1]	+	+	+	+	+	+	+		+
OSMERIDAE (Stinte)									
Stint - (*Osmerus eperlanus*)	+						+		
CYPRINIDAE (Karpfenfische)									
Aland - (*Leuciscus idus*)	+		+	+					+
Blei - (*Abramis brama*)	+	+	+	+		+	+		+
Bitterling - (*Rhodeus sericeus*)	+	+							
Döbel - (*Leuciscus cephalus*)	+			+					
Hasel - (*Leuciscus leuciscus*)	+								
Gründling - (*Gobio gobio*)	+	+	+	+		+	+		+
Güster - (*Blicca björkna*)	+	+	+	+		+	+		+
Karausche - (*Carassius carassius*)	+	+	+	+	+	+	+		+
Moderlieschen - (*Leucaspius delineatus*)	+				+		+		
Plötze - (*Rutilus rutilus*)	+	+	+	+	+	+	+		+
Rapfen - (*Aspius aspius*)	+	+	+	+		+	+		
Rotfeder - (*Scardinius erythrophthalmus*)	+	+	+	+	+	+	+		+
Schlei - (*Tinca tinca*)[1]	+	+	+	+	+	+	+		+
Ukelei - (*Alburnus alburnus*)	+	+	+	+			+		+
COBITIDAE (Schmerlen)									
Schlammpeitzger - (*Misgurnus fossilis*)	+								+
Steinbeißer - (*Cobitis taenia*)	+								
SILURIDAE (Welse)									
Wels - (*Silurus glanis*)[1]	+		+				+		+
ESOCIDAE (Hechte)									
Hecht - (*Esox lucius*)[1]	+	+	+	+	+	+	+		+
GADIDAE (Dorsche)									
Quappe - (*Lota lota*)	+		+						
GASTEROSTEIDAE (Stichlinge)									
Stichling, Dreistachl. - (*Gasterosteus aculeatus*)	+			+	+		+	+	
Stichling, Neunstachl. - (*Pungitius pungitius*)								+	+
PERCIDAE (Barsche)									
Barsch - (*Perca fluviatilis*)	+	+	+	+		+	+		+
Kaulbarsch - (*Gymnocephalus cernua*)	+	+	+	+		+	+		+
Zander - (*Stizostedion lucioperca*)	+	+	+	+		+	+		
Summe der Arten	25	15	17	17	8	14	17	2	18
B. Ausnahmeerscheinungen									
PETROMYZONTIDAE (Neunaugen)									
Flußneunauge - (*Lampetra fluviatilis*)	+								
ACIPENSERIDAE (Störe)									
Sterlet - (*Acipenser ruthenus*)	+								
COREGONIDAE (Maränen)									
Peledmaräne - (*Coregonus peled*)[2]	+								
PLEURONECTIDAE (Schollen)									
Flunder - (*Platichthys flesus*)	+								
C. Nicht einheimische, ausgesetzte und eingebürgerte Arten									
SALMONIDAE (Lachse)									
Regenbogenforelle	+						+		
CYPRINIDAE (Karpfenfische)									
Elritze - (*Phoxinus phoxinus*)[2]	+								
Giebel - (*Carassius auratus gibelio*)	+	+	+			+	+		
Grasfisch - (*Ctenopharyngodon idella*)	+						+		
Großkopffisch - (*Hypophthalmichthys nobilis*)	+								
Karpfen - (*Cyprinus carpio*)[1]	+	+	+	+	+	+	+		+
Silberfisch - (*Hypophthalmichthys nobilis*)	+								
ICTALURIDAE (Katzenwelse)									
Zwergwels - (*Ictalurus nebulosus*)	+								
Zwergwels - (*Ictalurus melas*)							+		
CENTRARCHIDAE (Sonnenbarsche)									
Sonnenbarsch - (*Lepomis gibbosus*)[2]	+								
Summe der Arten	13	2	2	1	2	3	3	0	1

[1] durch Besatz gestützt [2] zuletzt angegeben bei GROSCH u. ELVERS (1982)

Wirbellose Tiere

Der Spandauer Forst zeichnet sich im Hinblick auf die Wirbellosenfauna durch ein besonders großes Artenspektrum aus. Dies hat seine Ursache in dem großen Angebot unterschiedlicher Lebensräume, das von Sumpfwiesen, Mooren und Bruchwäldern über Laubmischwälder bis zu Kiefernforsten, Ackerrainen und Sandtrockenrasen reicht.

So ist es nicht verwunderlich, daß die Schmetterlingsfauna hier noch besonders reich ausgebildet ist: 73 % der in Berlin (West) nachgewiesenen Arten können hier beobachtet werden (GERSTENBERG 1979). Von diesen sind zahlreiche Arten an spezielle Lebensbedingungen angepaßt: Sumpfwiesen im Bereich des Schwanenkruges sowie Magerrasen und Sandtrockenrasen in der Umgebung der Bürgerablage seien hier als Extrembiotope aufgeführt.

An offenen Sandflächen und Abbruchkanten in der Umgebung der Bürgerablage lassen sich Wegwespen und vor allem im zeitigen Frühjahr verschiedene Arten von Solitärbienen beobachten.

Besonders intensiv wurden in den vergangenen Jahren die Moore Teufelsbruch und Großer Rohrpfuhl untersucht. Unter den Wirbellosen sind die moorbewohnenden Arten häufig an extreme Temperaturschwankungen oder an gleichmäßig hohe Feuchtigkeit angepaßt. Das Absinken des Grundwasserspiegels mit nachfolgend aufkommendem Kiefern-, Erlen- und Faulbaumbewuchs hatte daher erhebliche Veränderungen im Faunenspektrum zur Folge. Stenöke Moorarten wurden durch Arten mit gering differenzierten ökologischen Ansprüchen verdrängt.

So haben sich durch das weitgehende Trockenfallen der Moorflächen zwei säuretolerante Regenwurmarten besonders ausgebreitet (*Dendrobaena octaedra* u. *Lumbricus rubellus*; NÖLLNER u. WEIGMANN 1982). Sie gelten als Indikatoren für die Degradierung von Mooren. In den nassen Böden der Bruchwälder leben *Eiseniella tetraeda* (hydrobiont), oberhalb der Wasserlinie *Octolasium lacteum* und *Dendrobaena rubida*, weiterhin *Allolobophora caliginosa* und *A. rosea* am Rande des Moores.

In den vergleichsweise feuchten und humusreichen Böden der Moorsenken von Teufelsbruch, Großem Rohrpfuhl mit Nebenmooren und Großer Kuhlake finden sich besonders häufig die Doppelfüßer *Proteroiulus fuscus*, *Microiulus laeticollis*, *Polydesmus denticulatus* und *Craspedosoma simile* sowie die einzige einheimische Art der im übrigen tropischen Saugfüßer, *Polyzonium germanicum*. Dagegen bevorzugen *Julus scandinavius* und *Leptoiulus proximus* deutlich die kalkreichen Laubmischwälder (BISCHOFF 1978).

Das Trockenfallen der Moorflächen und eine vermehrte Humusbildung förderten die Verbuschung und das Aufkommen von Kiefern und Erlen auf den ehemals offenen Zwischenmoorstandorten. Kamen hier vor 1973 unter den Webspinnen noch einige seltene Moorarten vor (*Araniella proxima*, *Dictyna brevidens*, *Haplodrassus moderatus*, *Agroeca dentigera*, *Sitticus caricis*, *Aphileta misera* und *Taranucnus setosus*), waren diese nach 1973 nicht mehr nachweisbar. Sie wurden von weniger moorspezifischen Arten verdrängt (PLATEN 1989). So ersetzte die euryöke Feuchtart *Pirata hygrophilus* weitgehend die verwandten typischen Moorbewohner *Pirata tenuitarsis, P. piraticus* und *P. piscatorius.*

Ähnliche Erscheinungen wie bei den Webspinnen zeichneten sich bei den Libellen ab: Fünf ehemals gebietstypische Arten konnten seit 1978 in den Spandauer Moorgebieten nicht mehr nachgewiesen werden (JAHN 1978, 1984), darunter die Moorarten *Leucorrhinia rubicunda* und *Somatochlora flavomaculata*, weiterhin *Cordulia aenea*, die an eutrophe Kleingewässer gebunden ist. *Calopteryx splendens*, für deren Larvenentwicklung Sauerstoffgehalt und Strömungsgeschwindigkeit in der Kuhlake anscheinend nicht mehr ausreichen, ist ebenfalls verschollen (vgl. Tab 3.1.1.6).

Die Maßnahmen zur Wiedervernässung des Rohrpfuhls ermöglichen heute dem Besucher - ohne das Naturschutzgebiet zu betreten - von der Schneeschmelze bis etwa Mitte April die Beobachtung des Kiemenfußkrebses (*Siphonophanes grubei*) an der Eintrittsstelle des Bewässerungskanals in den Großen Rohrpfuhl. Die Eier dieser 2 cm langen Krebse können lange Trockenperioden überdauern. Damit gehört *Siphonophanes grubei* zur typischen Fauna von Schmelzwassertümpeln in Laubwäldern der norddeutschen Tiefebene. Das gelegentliche Trockenfallen seines Biotops ist für ihn lebenswichtig, da Fische, die natürlichen Feinde, ein längeres Austrocknen nicht überstehen können.

Mit der Wiedervernässung der Moore dürfte auch die Artenzahl der Wasserkäfer wieder zunehmen.

Aufgrund ihrer empfindlichen Reaktion gegenüber der Veränderung von Umweltfaktoren, eignen sich die Laufkäfer der Gattung *Carabus* besonders gut als Bioindikatoren. Ihre Aktivitätsdichte kann leicht mit der Becherfallenmethode erfaßt werden. Mit dieser Methode durchgeführte Untersuchungen zeigten die unterschiedliche Artenvielfalt der Berliner Waldgebiete. Im Spandauer Forst leben sechs Arten, im Tegeler Forst sind es vier, im Forst Düppel zwei, im Grunewald lediglich eine Art.

Die Fundorte im Spandauer Stadtforst lassen die Standortansprüche der betreffenden Arten erkennen:

Hainlaufkäfer (*Carabus nemoralis*): lebt sowohl in den trockensten Kiefernforsten im Bereich der Rehberge, den reicheren Kiefern-Eichen-Mischforsten als auch in den Eichen-Hainbuchen-Beständen im Jagen 69.
Körniger Laufkäfer (*Carabus granulatus*): findet sich lediglich selten im Gebiet des Jagen 69. Er ist sehr feuchtigkeitsliebend und sein eigentliches Verbreitungsgebiet sind die Moore.
Gartenlaufkäfer (*Carabus hortensis*): hat sein Hauptverbreitungsgebiet in feuchten Wäldern, wie sie im Jagen 69 vorhanden sind. Seltener besiedelt er auch andere Waldtypen, z.B. die reichen Kiefer-Eichenmischwälder.
Hügel-Laufkäfer (*Carabus arvensis*): hat sein einziges Vorkommen in Berlin (West) an einem mittelfeuchten Kiefern-Eichen-Mischwaldstandort mit Blaubeerunterwuchs (*Vaccinium myrtillus*).
Gewölbter Laufkäfer (*Carabus convexus*) und Goldleiste (*Carabus violaceus*): sind in den trockeneren Ausprägungen des Kiefern-Eichen-Forstes häufiger anzutreffen, wobei *C. violaceus* besonders häufig in sehr grundwasserfernen reinen Kiefernpflanzungen zu finden ist, während *C. convexus* auch feuchtere Waldbestände bewohnt.

Weiterhin lebten im Spandauer Forst der Glatte Laufkäfer (*Carabus glabratus*), der zuletzt 1956 gefunden wurde sowie in den feuchten Wiesen der Havelniederungen

Carabus clathratus, der seit dem Trockenfallen der Feuchtwiesen um 1925 für das Gebiet von Berlin (West) verschollen ist (BARNDT 1982).

Die hier besprochenen *Carabus*-Arten der Wälder sind ausnahmslos nachtaktiv und verbergen sich tagsüber unter Baumstümpfen, Steinen oder Rinde.

Neben den genannten *Carabus*-Arten waren zwei Arten der Gattung *Calosoma* (Puppenräuber) aus dem Spandauer Forst bekannt. *Calosoma sycophanta*, der Große Puppenräuber, wurde 1956 zuletzt für Berlin (West) im Spandauer Forst nachgewiesen, der Kleine Puppenräuber (*Calosoma inquisitor*) noch im Jahre 1985.

Der Große Puppenräuber ernährt sich im wesentlichen von Schmetterlingsraupen und erlebte in früheren Jahrzehnten jeweils Massenvermehrungen im Zusammenhang mit häufigem Auftreten der Nonne und des Schwammspinners, Schmetterlingen, die in Monokulturen oftmals Schäden verursachen. Der Kleine Puppenräuber ist dagegen auf kleinere Raupen (z.B. Eichenwicklerraupen) spezialisiert und lebt vornehmlich auf Laubbäumen.

Besonders reichhaltig ist die Webspinnenfauna des Spandauer Forstes: 1973, 1975 und 1977-1979 wurden von PLATEN (unveröffentlicht) 150 Arten festgestellt, davon waren nach der Roten Liste (Stand 1984),

- vom Aussterben bedroht	1 Art
- stark gefährdet	6 Arten
- gefährdet	4 Arten,

so daß dem Gebiet eine wichtige Funktion als Lebensraum für gefährdete Webspinnenarten zukommt. Im Gegensatz zu den meisten Laufkäfern fallen manche Spinnenarten auch am Tage durch ihre großen Radnetze auf. Dazu gehört die am Wegrand lebende bekannte Gartenkreuzspinne (*Araneus diadematus*), die ihr Fangnetz in der Krautschicht bis hinauf in 2 m Höhe anlegt und die auch tagsüber in der Nähe ihres Netzes auf Beute lauert. Wesentlich höher, nämlich um 3 m, ist das Netz von *Araneus angulatus* innerhalb lichter Waldbestände zwischen Kiefern und Birken gespannt. Nach WIEHLE (1931) erreichen ihre Haltefäden, die das eigentliche Fangnetz zwischen den Ästen der Bäume aufspannen, eine Länge bis zu 5 m. Das Weibchen fällt auch durch seine Körperlänge von 2 cm auf. Da sich die Spinne jedoch nur nachts in ihrem Netz aufhält, muß man sie durch das Hineinwerfen eines lebenden Insektes aus ihrem aus Spinnseide hergestellten Unterschlupf hervorlocken. Das Tier reagiert nämlich auch tagsüber auf Vibrationen seines Netzes.

Ebenfalls in der Krautschicht, jedoch zu einer anderen Jahreszeit, bauen die Herbstspinnen *Meta segmentata* und *Meta mengei* ihre Netze. Wie ihr deutscher Name andeutet, gelangen sie ab August zur Geschlechtsreife und sind dann bis zum Oktober aktiv. In dieser Zeit pflanzen sie sich auch fort, und die Weibchen legen die befruchteten Eier in einen vorher angefertigten Seidenkokon. Dieser wird an Zweigen oder zwischen Rindenspalten geschützt angebracht, da die Eier den Winter überdauern müssen. Die Herbstspinnen besitzen eine große Ähnlichkeit mit den Kreuzspinnen, unterscheiden sich jedoch von ihnen u.a. dadurch, daß ihre Netze "offene" Naben besitzen, d.h. durch die Netzmitte sind keine Fäden gesponnen.

Tabelle 3.1.1.6: Vorkommen von Libellen im Spandauer Forst (nach JAHN 1978)

Deutscher Name	Wissenschaftlicher Name	Kuhlake	Teufelsbruch	Teich im Jagen 52	Teufelsseekanal
Große Binsenjungfer	*Lestes viridis*	+	-	-	-
Federlibelle	*Plathycnemis pennipes*	+	+	-	+
Frühe Adonislibelle	*Pyrrhosoma nymphula*	+	+	-	+
Große Pechlibelle	*Ischnura elegans*	+	-	-	+
Kleines Granatauge	*Erythromma viridulum*	-	+	-	-
Hufeisen-Azurjungfer	*Coenagrion puella*	+	+	+	+
Fledermaus-Azurjungfer	*Coenagrion pulchellum*	+	-	+	-
Blaugrüne Mosaikjungfer	*Aeshna cyanea*	+	+	-	+
Braune Mosaikjungfer	*Aeshna grandis*	+	-	-	-
Gefleckte Smaragdlibelle	*Somatochlora flavomaculata*	+	+	-	+
Glänzende Smaragdlibelle	*Somatochlora metallica*	+	-	-	+
Vierfleck	*Libellula quadrimaculata*	+	+	-	-
Großer Blaupfeil	*Orethrum cancellatum*	+	-	-	-
Schwarze Heidelibelle	*Sympetrum danae*	+	-	-	-
Gefleckte Heidelibelle	*Sympetrum flaveolum*	+	+	-	-
Blutrote Heidelibelle	*Sympetrum sanguineum*	+	+	-	-
Große Heidelibelle	*Sympetrum striolatum*	+	+	-	-
Gemeine Heidelibelle	*Sympetrum vulgatum*	+	+	-	-

Neben den bekannten Radnetzen der Kreuz- und Herbstspinnen findet man eine Unzahl von Deckennetzen der Baldachinspinnen (*Linyphiidae*), deren Bewohner dadurch auffallen, daß sie "bauchoben" unter dem Netz hängen und eine "Verkehrtfärbung" aufweisen. Die Bauchseite ist bei ihnen dunkel, die Rückenseite hell gefärbt. Die Tiere sind daher sowohl von oben gegen den dunklen Erdboden als auch vom Boden aus gegen den hellen Himmel schwer auszumachen.

Im zeitigen Frühjahr sieht man oft zahlreiche Individuen der Wolfsspinne (*Pardosa lugubris*) über das vorjährige, trockene Fallaub laufen. Die Vertreter dieser Familie (*Lycosidae*) legen keine Fangnetze an; sie sind Lauerjäger, die solange verharren, bis ein Beutetier in geeigneter Größe von ihnen wahrgenommen wird. Dieses wird meist durch einen Sprung überwältigt.

Eine hohe Arten- und Individuendichte erfordert eine optimale Einnischung in das Raum-, Zeit- und Nahrungsgefüge, um übermäßigen Konkurrenzdruck zu vermeiden.

Neben der Möglichkeit, durch unterschiedliche Tagesaktivitäten Konkurrenz zu vermeiden, spielt bei Spinnen auch die vertikale räumliche Trennung eine wichtige Rolle. Dies war in der Umgebung einer alten Eiche im Hainbuchen-Eichenwald zu studieren (PLATEN, unveröffentl.). Unter Steinen leben dunkel gefärbte, nachtaktive *Zelotes*-Arten, die zur Familie der Plattbauchspinnen gehören. Durchsucht man die Laubstreu mit Hilfe eines Käfersiebes nach Spinnen, so findet man meist nur 2-3 mm große Vertreter der Familie der Baldachinspinnen, die in allen mitteleuropäischen Waldtypen häufigen Arten *Diplocephalus picinus, Diplocephalus latifrons, Microneta viaria, Walckenaeria acuminata* und die winzige *Tapinocyba insecta*. Die Unterscheidung der Arten ist jedoch in der Regel nur mit Hilfe eines Stereomikroskops möglich. Auf der Bodenoberfläche laufen Wolfsspinnen, z.B. *Pardosa lugubris* und *Pirata hygrophilus* (tagaktiv), sowie *Trochosa terricola* und *Trochosa spinipalpis* (nachtaktiv) umher. In der Kraut- und Strauchschicht haben 2-3 mm große Baldachinspinnen, z.B. *Lepthyphantes flavipes*, und größere *Linyphia*-Arten (3-4 mm Körperlänge) ihre auffälligen Netze angelegt. Von dieser Gattung wurden im Jagen 69 fünf Arten nachgewiesen (PLATEN, unveröffentl.). Am Baumstamm finden sich gut getarnte, flach an die Oberfläche angedrückte Krabben- und Laufspinnen mit seitwärts gerichteten Beinen. Die beiden vorderen Beinpaare sind verlängert und dienen dem Beutefang. An Rinde leben vor allem *Xysticus lanio* und die Laufspinnen *Philodromus margaritatus, Ph. aureolus* und *Ph. cespitum*. Auf den Blättern der Äste bis hinauf in die Krone halten sich die grünbraune Krabbenspinne *Diaea dorsata*, die winzige Kugelspinne *Theridion pallens*, die Rüßler-Springspinne (*Ballus depressus*) und die im Kronenbereich lebende Springspinne *Dendryphantes rudis* auf.

3.2 Gewässer

Berlin ist eine Großstadt am Wasser. Mehr als 100 Seen und etwa 150 kleine Flüsse, Bäche und Gräben geben neben Havel und Spree mit ihren Niederungen der Stadt Berlin eine Lage, wie sie keine andere Großstadt in Deutschland in ähnlicher Art aufweisen kann. Die Fläche aller Gewässer beträgt 31 km² bzw. 7 % der Gesamtfläche. Mannigfaltig wie die Gewässer sind ihre Beziehungen zum Leben der Stadt. Schon bei der Gründung spielte die Lage der Stadt am Fluß eine entscheidende Rolle für Verkehr und Handel. Heute suchen Hunderttausende an schönen Sommertagen Erholung an und auf den Gewässern. Uferpromenaden und Wanderwege erschließen bereits viele Gebiete. Die zahlreichen Oberflächengewässer der jungeiszeitlichen Landschaft Berlins sind mit dem Grundwasser verbunden, aus dem die Stadt einen guten Teil ihres Trinkwasserbedarfs deckt. Andere Seen dienen zur Aufnahme von Regenwasser. In früheren Jahrhunderten waren Fischfang und Krebsfischerei von großer Bedeutung.

Wir begreifen, daß von der Umwandlung der Naturlandschaft in eine Kulturlandschaft auch die Gewässer nicht ausgenommen sind, ja daß sie seit vielen Jahrhunderten bevorzugte Orte vielfältiger Eingriffe sind. Stehende Gewässer wurden durch Ausbaggern oder Aufstau vergrößert oder neu geschaffen, andere durch Grundwasserabsenkung und darauf folgende Verlandung verkleinert. Tiefgreifende Änderungen erfuhr der Wasserhaushalt durch die Verbindung von abflußlosen Seen untereinander und ihren Anschluß an fließende Gewässer oder die Einleitung von Havelwasser zur Wasseranreicherung. Für Berlin lebenswichtige Fragen sind gleichrangig Trinkwassergewinnung, Abwasserreinigung und -ableitung und Erhaltung eines biologischen Gleichgewichts an den der Erholung dienenden Gewässern.

3.2.1 Havel

Die Havel ist ein typischer Flachlandfluß mit einem sehr geringen Gefälle. Sie entspringt im Seengebiet auf dem mecklenburgischen Landrücken. Im Gebiet von Berlin erweitert sie sich seenartig und durchfließt im Norden die Talsandebene des Urstromtals mit ihren Dünenzügen, im Süden die Hochflächen des Teltow und der Nauener Platte. Oberhavel und Unterhavel werden durch die Spandauer Schleuse getrennt. Die Wasserführung der Unterhavel wird weitgehend von der Spree bestimmt und ist weit größer als die der Oberhavel. Hochwasser treten überwiegend im Frühjahr, Niedrigwasser im Herbst auf. Die Wasserstände schwanken an der Unterhavel im Jahresverlauf durchschnittlich um mehr als 1 m - nur in extremen Jahren um mehr als 2 m -, an der Oberhavel - bedingt durch den Spandauer Schleusenstau - um 37 cm. Geringes Gefälle und Erweiterung zum Flußsee bewirken eine geringe Fließgeschwindigkeit der Havel (4-5 cm/sec. bei Hochwasser, 0,3 cm/sec. bei Niedrigwasser).

Die Havel stellt als Wasserstraße eine wichtige Verbindung zum Umland dar. Sie dient intensivem Wassersport und Badebetrieb, früher auch als Vorfluter von Rieselfeldabläufen und wilden Abwassereinleitungen, so daß sie stark eutrophiert ist. Die Havelufer sind wegen vieler Brunnengalerien zur Trink- und Gebrauchswassergewinnung zu einem hohen Anteil Wasserschutz- und gleichzeitig Landschaftsschutzgebiete. Manche Inseln, z.B. die Pfaueninsel, stehen wegen einer äußerst vielfältigen Lebewelt unter Naturschutz.

Klima

Die klimatischen Bedingungen im Bereich der Berliner Gewässer sind bis auf einige Abschnitte an der Havel bisher noch nicht ausreichend untersucht worden. Im langjährigen Mittel der Lufttemperatur treten die Gewässer sicherlich nicht besonders hervor. Auch dürften zumindest bei den innerstädtischen Wasserflächen (Spree, Landwehrkanal, Seen im Tiergarten usw.) Überlagerungen durch die klimatische Charakteristik der Umgebung auftreten. Bei größeren Wasserflächen ist jedoch mit Sicherheit eine Dämpfung des Tagesganges der Lufttemperatur zu erwarten. Sowohl das mittägliche Maximum als auch das nächtliche Minimum werden durch die Wärmekapazität und die gute Wärmeleitung des Wassers abgebaut. Umstritten ist die Frage, ob der Dampfdruck und damit auch die relative Luftfeuchte merklich heraufgesetzt werden. Einzeluntersuchungen an der Havel in Berlin (SCHAUERMANN 1984) bestätigen, daß hier weniger die offenen Wasserflächen als vielmehr eine überwärmte und feuchte Ufervegetation diesen Faktor bestimmen.

Der untersuchte Uferstreifen an der Großen Steinlanke zwischen Havel und Havelchaussee ist etwa 120 m breit. Es handelt sich um einen aufgeschütteten Sandstrand, der bis auf einen Röhrichtstreifen vegetationslos ist. Ungefähr 20 m nördlich beginnt ein Überschwemmungsgebiet, mit Weiden und Schlank-Seggen (*Carex gracilis*) bestanden, das durch einen aufgeschütteten Weg der Länge nach zerteilt wird.

Die Ergebnisse sind in Abbildung 3.2.1.1 über einer Meßtrasse aufgetragen. Es handelt sich um einen austauscharmen Strahlungstag mit Winden aus Westen. Die Klimaparameter wurden in 0,2 und 2 m Höhe gemessen. Das zu diesem Zeitpunkt sehr warme Wasser der Uferzone führt zu einer labilen Luftschichtung, während im Schilf (Höhe: 2,5 m) die Temperatur stark ansteigt und keinen vertikalen Gradienten bildet. Der dahinter liegende windgeschützte Sandstreifen erwärmt sich sehr intensiv, so daß es wieder zu einer bodennahen Labilität kommt. Die Temperaturen im Bereich des Feuchtgebietes liegen wiederum sehr niedrig, während es in Richtung des Waldes zu einem leichten Anstieg kommt.

Sehr unterschiedlich fallen die gemessenen Feuchtewerte aus. Im Bereich des Schilfgürtels kommt es zu einem steilen Anstieg des Dampfdrucks, was zu einer entsprechenden Erhöhung der relativen Luftfeuchte beiträgt. Über der Wasseroberfläche führt nicht so sehr der Dampfdruck, sondern eher die relativ niedrige Temperatur zu einer leichten Erhöhung der relativen Luftfeuchte. Beide Parameter liegen im Bereich des trockenen Sandstrandes jedoch bedeutend niedriger.

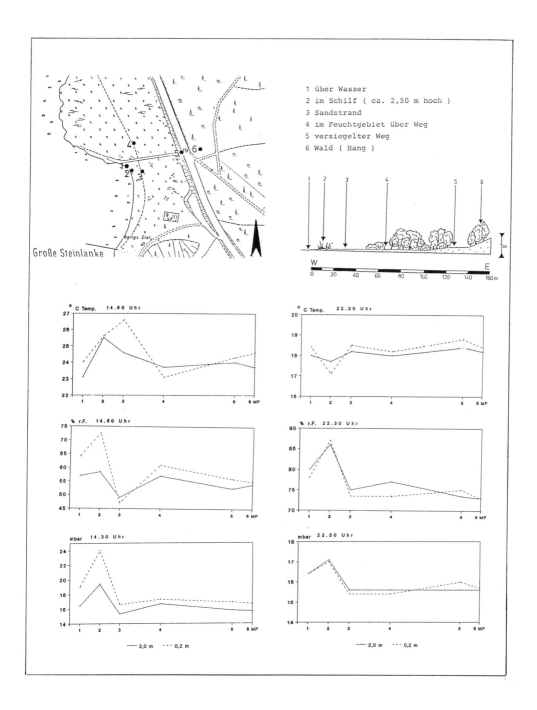

Abb. 3.2.1.1: Klimatische Untersuchungen im Bereich der Havel am 28.7.1983 um 14.50 Uhr und 22.30 Uhr an einem austauscharmen Strahlungstag; r.F.=relative Feuchte, MP=Meßpunkt; (aus: SCHAUERMANN 1984)

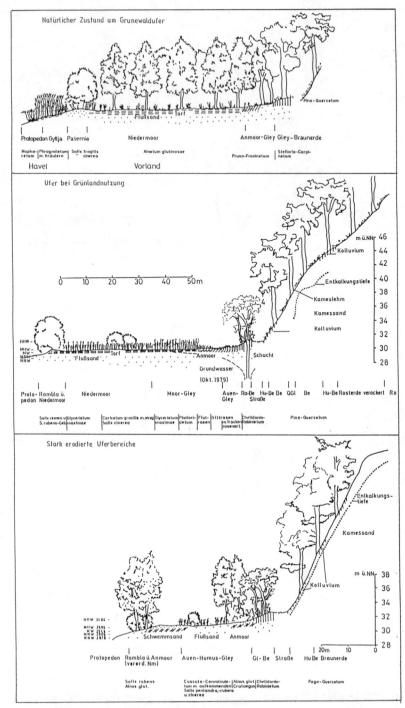

Abb. 3.2.1.2: Havelufer südlich Steinlanke (Abkürzungen vgl. Abkürzungsverzeichnis) (aus: SUKOPP u.a. 1980)

Die nächtlichen Temperaturen verlaufen vom Ufer zur Düne hin relativ gleichmäßig, wobei sie allerdings in der Schilfzone ein Minimum zeigen. Die relative Feuchte erreicht hier aufgrund der niedrigen Temperatur und des hohen Dampfdrucks einen sehr hohen Wert.

Auch WILLER (1949) stellte am Müggelsee fest, daß die hohen Luftfeuchtigkeiten in der Schilfvegetation, verbunden mit den hohen Temperaturen und der fast völlig fehlenden Luftbewegung, tagsüber während der Hochsommerzeit ein ausgesprochen tropisches Kleinklima erzeugen. So hat die Steigerung der Luftfeuchtigkeit an Gewässern nicht ihre Ursache in einer vermehrten Wasserdampflieferung der Wasseroberfläche, sondern in der reichlichen Wasserversorgung der Ufervegetation, welche mehr verdunstet als die trockeneren, wasserfernen Uferzonen und ebenfalls mehr als die Wasserfläche selbst.

Die im Uferbereich gemessene Klimacharakteristik läßt sich grundsätzlich auch auf andere Gewässerstandorte übertragen, wenn auch die Oberflächenausdehnung, die Mächtigkeit des Wasserkörpers, das ufernahe Relief, die Vegetation und die benachbarten Nutzungen quantitative Abweichungen erbringen. So wird die Rolle von innerstädtischen Gewässern (SCHAUERMANN 1984) hinsichtlich einer Beeinflussung des Stadtklimas oft überschätzt. Im Bereich des Tiergartens konnten zum Beispiel in unmittelbarer Nähe des Neuen Sees eine Dämpfung des täglichen Temperaturgangs und je nach Breite des Schilfgürtels eine mäßige Feuchteerhöhung festgestellt werden. Die benachbarte Straße des 17. Juni hingegen führte mit einer deutlichen Temperaturerhöhung sowohl in den Nacht- als auch in den Tagesstunden zu einem höheren anthropogenen Effekt.

Auch die im Stadtbereich vorhandenen Brunnen und Fontänen erzeugen lediglich im Nahbereich eine Klimaveränderung gegenüber der weiteren Umgebung. Die Fontänen am Ernst-Reuter-Platz zeigten am Tage und etwas ausgeprägter in austauscharmen Strahlungsnächten eine Erniedrigung der Lufttemperatur und eine Erhöhung des Dampfdrucks bis an die äußeren Grenzen des Platzbereiches. Eine größere klimatische Beeinflussung ging zum Beispiel von den Wasserfällen am Viktoriapark in Kreuzberg aus, wobei durch den großflächigen Wärmeaustausch des Wassers mit der Umgebung und auch in Verbindung mit der Grünanlage selbst nächtliche Abkühlungen bis ca. 200 m in Richtung der Großbeerenstraße feststellbar waren.

Böden

Im Bereich der Steinlanke wurden beim Abschmelzen der letzten Vereisung Teile des sandigen Grunewald-Kames erodiert und Steilufer geschaffen. In der Aue wurden später Flußsande abgelagert, und zwar flußseitig als Uferwall. Im Schutze dieses Uferwalles hat sich seit dem 17. Jahrhundert ein flaches, nährstoffreiches Niedermoor entwickelt (Abb. 3.2.1.2). Landseitig steigt das Relief etwas an, so daß hier mit abnehmendem mittleren Grundwasserstand Anmoorgleye, Naßgleye, Braunerde-Gleye und schließlich Gley-Braunerden als zunehmend humusärmere Böden entstanden. Letztere wurden teilweise mit Kolluvium, d.h. erodiertem Material des Hanges, überdeckt. Die Sande selbst enthalten nur geringe Nährstoffreserven. Das heute eutrophierte und damit nährstoffreiche Havelwasser bedingt durch periodische Überflutung eine Nährstoffzufuhr in die Böden der Aue. Da die landseitig und höher gelegenen Bereiche seltener überflutet werden, sind z.B. die Gley-Braunerden saurer und nährstoffärmer als die Niedermoore.

Röhrichtzerstörung als Folge von Eutrophierung, Bootsverkehr und Badebetrieb (vgl. Kap. 2.2.3.2 u. 2.2.5) hat dazu geführt, daß der Strandwall teilweise abgetragen und teilweise landseitig versetzt wurde. Manchenorts wurden auch die Niedermoortorfe erodiert (Abb. 3.2.1.2), und ein Unterspülen der Havelchaussee mußte durch Auftrag von Sand verhindert werden. Schließlich haben Grundwasserentnahmen zu starkem Absinken der Grundwasserstände im Bereich der Trinkwasserförderbrunnen geführt, so daß hier für die Vegetation in Trockenperioden Wassermangel herrscht.

Flora und Vegetation

Boden und Wasserstände der Havelaue schufen eine Vegetation, deren "natürlichen" Zustand am Grunewaldufer seit Bestehen des Brandenburger Staus Abbildung 3.2.1.2 zeigt.

Vor dem Röhricht wächst ein schmaler Streifen von Mummeln (*Nuphar luteum*). Das Röhricht, das bis in eine Wassertiefe von 110-120 cm reicht, wird auf sandigem Grund aus Reinbeständen von Schilf (*Phragmites australis*) gebildet. Der ufernahe Teil des Röhrichts, dessen Boden organische Ablagerungen dunkel färben, ist bedeutend artenreicher als die Bestände im tieferen Wasser. Die häufigsten schilfbegleitenden Pflanzen sind Fluß-Ampfer (*Rumex hydrolapathum*) und Sumpf-Ziest (*Stachys palustris*). Auf dem kleinen Strandwall beginnt der Gehölzwuchs mit Strauchweiden, unter denen Korb-, Mandel- und Grau-Weide (*Salix viminalis, S. triandra* und *S. cinerea*) dominieren, und Baumweiden (vorherrschend Hohe Weide [*Salix x rubens*]). Wasserwärts sind die Weiden oft von einem dichten Schleier der Zaunwinde (*Calystegia sepium*) überzogen. Auf den sandigen Strandwall folgt das Vorland, meist von einer 10-15 cm dicken Torfschicht überdeckt. Den natürlichen Bewuchs dieser Zone bildet ein Erlenbruchwald, der im Hochwasserbereich liegt und dessen Boden mit viel Getreibsel bedeckt ist. Unter den vorherrschenden Schwarz-Erlen (*Alnus glutinosa*) wächst eine lockere Krautschicht, wogegen Sträucher und Moose fast ganz zurücktreten. Landwärts schließt sich auf mineralischem Grund ein Auwald aus Flatter-Ulme (*Ulmus laevis*), Schwarz-Erle und Traubenkirsche (*Prunus padus*) an.

Der Zustand dieser Ufer ist vielfach verändert worden. Zuerst wurden die Waldbestände gerodet, um Grünland zu gewinnen. Nach der Rodung wuchsen auf dem Vorland (Abb. 3.2.1.2) Bestände von Wasser-Schwaden (*Glyceria maxima*), Rohr-Glanzgras (*Phalaris arundinacea*) und Schlank-Segge (*Carex gracilis*). Wasser-Schwaden und Rohr-Glanzgras geben einen hohen Ertrag. Im allgemeinen ist diese Nutzung wegen des Badebetriebes und des häufigen Betretens aufgegeben worden. An Stelle der Grünlandgesellschaften sind an stark betretenen Badestellen Flut- und Trittrasen sowie Spitzkletten-Flußuferfluren getreten.

Die auffälligsten Veränderungen in der Aue haben die Röhrichte erfahren (Kap. 2.2.5). Unter natürlichen Verhältnissen bildet das Röhricht an den Ufern der Havelseen einen 10 bis 100 m breiten Gürtel. 1962 waren noch rund 40 % der Uferlinie mit Röhricht bestanden. Danach setzte ein starker Rückgang durch stark zunehmenden Erholungsbetrieb und durch zunehmende Überdüngung der Gewässer ein, so daß heute nur noch 12 % der Ufer Röhricht tragen (vgl. Abb. 3.2.1.3). Der Rückgang der Röhrichte konnte erst in den letzten Jahren durch Bauwerke, die die Wellenwirkung mindern, und durch Anpflanzungen aufgehalten werden.

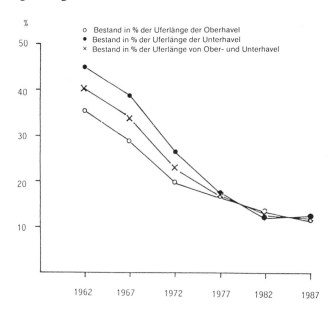

Abb. 3.2.1.3: Röhrichtbestand an der Berliner Havel (1962-1987) (aus: MARKSTEIN u. SUKOPP 1989)

In vielen Gegenden der Welt bemüht man sich, das Schilf, welches sich im Laufe der natürlichen Verlandung oder nach kulturellen Eingriffen sehr stark ausbreitet, zurückzudrängen. Unter den besonderen Bedingungen in Erholungsgebieten wie an der Berliner Havel ist die an sich sehr kampfkräftige Art jedoch nicht in der Lage, den derzeitigen massiven Eingriffen in ihre Bestände standzuhalten. Das Schilf kann unter Wasser liegende Uferböden nur besiedeln und behaupten, wenn seine Halme das ganze Jahr über unbeschädigt bleiben. Nur durch die oberirdischen Teile erhalten die Wurzeln und Rhizome genügend Atemluft. Wo durch mechanische Einflüsse die Schilfhalme beschädigt oder beseitigt werden, ersticken die unterirdischen Teile, und auch der Nachwuchs wird dezimiert oder ausgerottet.

Das Röhricht besitzt eine vielfältige Bedeutung für den Uferschutz, für die Selbstreinigung des Wassers und damit für die Trinkwassergüte, für die Lebensgemeinschaften des Uferbereichs und für das Landschaftsbild.

Uferschutz bedeutet, das Uferprofil gegen Beschädigung durch Strömung und Wellenschlag zu festigen und zu erhalten. Das Röhricht ist in der Lage, mit der Vielzahl seiner dichtstehenden, widerstandsfähigen Halme die Kraft des bewegten Wassers zu mindern. Es festigt zugleich den Uferboden unter Wasser durch die tief eindringenden Wurzeln und Ausläufer. Auf diesen beiden Eigenschaften beruht die wirtschaftliche Bedeutung des Röhrichts als Uferschutz. Die Schutzwirkung von Schilf, das im Gegensatz zu den meisten anderen Röhrichtarten verholzende Halme bildet, bleibt auch im Winter bis zum Austrieb der nächsten Halmgeneration bestehen (BITTMANN 1953). Wo das Ufer dieses Schutzes beraubt ist, kommt es zu Abrasionserscheinungen. Ein Schutz des Ufers durch Weidenbüsche in der Weichholzzone allein ist dann hinfällig, wenn nicht zugleich in der Röhrichtzone Schutzpflanzungen vorgenommen werden. Der Schutz des Ufers muß so weit unter Wasser wie nur irgend möglich begonnen werden (BITTMANN 1965).

Die Zone untergetauchter Wasserpflanzen und eines Röhrichtstreifens - mit reichem Spektrum aller übrigen Organismen der Uferregion - bietet im natürlichen Gewässer einen der wichtigsten Biotope für die biologische Selbstreinigung. Es ist daher dringend notwendig, gerade die höhere Wasservegetation in verunreinigten Fließgewässern ungestört zu belassen. Ist der Vegetationsstreifen beseitigt worden, so bleibt die Möglichkeit, ihn zu regenerieren bzw. neu zu schaffen.

Eine zusätzliche Bedeutung erhält das Röhricht an solchen Uferstrecken, wo wie fast überall im Berliner Gebiet Brunnengalerien zur Trinkwassergewinnung (Kap. 2.2.3.2) angelegt wurden. Neben der direkten biologischen Pufferung (z.B. Festhalten und Abbau eines schwachen Ölfilmes) wird eine indirekte Schutzwirkung des Röhrichtgürtels noch höher bewertet. Ist der Schilfbestand erst einmal lückig geworden, so schreitet die Zerstörung auch der landseitigen Ufervegetation durch den einsetzenden Badebetrieb rasch fort. Die Überlastung des so entblößten Ufers mit zurückgelassenem Unrat und Wasservogelexkrementen (Fütterung!) führt jedoch, trotz günstigen Substrates und langer Filterstrecken, immer wieder zu kritischen Keimzahlen im Wasser der betroffenen Brunnen.

Röhricht und Wasserpflanzen spielen eine dominierende Rolle in den Wechselbeziehungen der Lebensgemeinschaften des Uferbereichs. Die Festigung des Uferbodens durch Wurzeln, Wurzelstöcke und Ausläufer vermindert die Abrasion und erleichtert dadurch die Besiedelung mit benthischen Algen und Wirbellosen. Ihr Blattwerk bietet Schutz und Substrat für eine reiche und verschiedenartige Mikroflora und -fauna. Röhricht- und Wasserpflanzen bilden eine direkte oder indirekte Nahrungsquelle für eine große Anzahl von Wirbellosen und Fischen sowie für Vögel und Säugetiere, die in diesen Lebensgemeinschaften vorkommen.

Nur solange eine Landschaft eine ausgeprägte Gestalt besitzt und vielfältig gegliedert erscheint, behält sie ihren Wert für die Erholung. Der Röhrichtgürtel der Gewässer trägt wesentlich zur Gestaltung und zur Gliederung der Landschaft bei. Zu einem typischen Flachlandfluß wie der Havel gehören - zumal in einem seenreichen Abschnitt wie in Berlin - ausgedehnte Röhrichtgürtel in der Uferregion. Das Röhricht bedeckt einen Teil des Gewässers und bildet den Übergang vom Wasser zum festen

Land. Es stellt eine der wenigen natürlichen Pflanzengesellschaften des Berliner Gebietes dar und ist in dieser Hinsicht nur bestimmten, räumlich sehr begrenzten Pflanzengesellschaften der Moore vergleichbar. Alle anderen Vegetationstypen sind in ihrer Zusammensetzung viel stärker vom Menschen beeinflußt als das Röhricht. Die vom Schilf gebildeten Bestände sind die stattlichsten Gras-Gesellschaften, die es in Mitteleuropa gibt.

1969 wurde in Berlin das Röhrichtschutzgesetz erlassen, das die Beseitigung und Beschädigung von Röhrichten und Anpflanzungen am Ufer verbietet. Dazu kommen Sperrungen von Inseldurchfahrten für den Motorbootverkehr im südlichen Tegeler See, Geschwindigkeitsbegrenzungen (vgl. Kap. 2.2.3.2) und ein zeitlich begrenztes Wochenendfahrverbot für Motorboote an jedem 1. und 3. Wochenende während der Sommermonate.

Tab. 3.2.1.1: Einige der ausgestorbenen und verschollenen Pflanzen des Tegeler Sees (aus: SUKOPP u. BRANDE 1984/85, ergänzt)

	letzter Nachweis
Charophyta (Armleuchteralgen)	
Chara contraria A. Br. ex. Kütz.	1811
Chara vulgaris L. ex. Vaillant	1811
Nitellopsis obtusa (Desv. in Lois.) J. Gr.	1832
Chara tomentosa L.	1908
Nitella mucronata (A. Br.) Miquel	1951
Phaeophyta (Braunalgen)	
Pleurocladia lacustris A. Br.	1854
Rhodophyta (Rotalgen)	
Chantransia chalybaea (Roth) Fries	(1963)
Bryophyta (Moose)	
Ricciocarpos natans (L.) Corda (Schwimmlebermoos)	(1914)
Fontinalis antipyretica Hedw. (Brunnenmoos) Tegeler Fließ	1900
Spermatophyta (Samenpflanzen)	
Najas marina L. (Großes Nixkraut)	1923
Najas minor All. (Kleines Nixkraut)	1838
Potamogeton acutifolius Lk. (Spitzblättriges Laichkraut)	(1841)
Potamogeton friesii Rupr. (Stachelspitziges Laichkraut)	(1859)
Potamogeton praelongus Wulf. (Gestrecktes Laichkraut)	(1859)
Zannichellia palustris L. (Sumpf-Teichfaden)	(1859)
Callitriche hermaphroditica L. (Herbst-Wasserstern)	1904
Potamogeton obtusifolius Mert. et Koch (Stumpfbl. Laichkraut)	1911
Potamogeton nitens Weber (Glänzendes Laichkraut)	1913
Salvinia natans (L.) All. (Schwimmfarn)	1952
Scolochloa festucacea (Willd.) Link (Schwingelschilf)	1961
Potamogeton perfoliatus L. (Durchwachsenes Laichkraut)	1962
Urtica kioviensis Rogow. (Röhricht-Brennessel)	1970

Tab. 3.2.1.2: Verzeichnis anthropochor in den Tegeler See gelangter Organismen (Neophyten und Neozoen) (aus: SUKOPP u. BRANDE 1984/85)

	Heimat	Mittel der Verbreitung	erster Nachweis
Spermatophyta (Samenpflanzen)			
Elodea canadensis Rich. em. Rchb. (Kanadische Wasserpest)	Nordamerika	aus dem Botanischen Garten verpflanzt, dann verwildert	1864
Bidens frondosa L. (Schwarzfrüchtiger Zweizahn)	Nordamerika	Schwimmverbreitung, Fischtransporte	vor 1896
Rumex triangulivalvis (Danser) Rech. f. (Weidenblättriger Ampfer)	Nordamerika	Getreidetransporte, Verwilderung	1953
Crustacea (Krebse)			
Orconectes limosus Raff. (Amerikanischer Flußkrebs)	Nordamerika	Kanäle, Aussetzung	~1920
Eriocheir sinensis de Haan (Wollhandkrabbe)	Ostasien	Wanderung, Schiffe	1924/29
Mollusca (Weichtiere)			
Dreissena polymorpha Pall. (Wandermuschel)	Pontokaspis	Kanäle, Schiffe	1827
Lithoglyphus naticoides C. Pfr. (Naticoides-Schnecke)	Pontokaspis	Kanäle, Schiffe	1883 (Spandauer Schiffahrtskanal)
Potamopyrgus jenkinsi E. A. Sm. (Deckelschnecke)	Neuseeland	Schiffe, Vögel	1947
Physa actua Drap. (Blasenschnecke)	Mittelmeergebiet	Aquarien	1947/48
Pisces (Fische)			
Hypophthalmichthys molotrix (Val.) (Silberfisch)	China	Aussetzung	1976
Mammalia (Säugetiere)			
Ondatra zibethica L. (Bisam)	Nordamerika	Aussetzung, Verwilderung	≈1951

Seit Beginn der sechziger Jahre wurde Röhricht an der Havel angepflanzt. Erfolgreich waren die Maßnahmen, die in Kombination mit Schutz vor Wellenschlag durch Einzäunungen, Schwimmkampen, Palisaden, Steinschüttungen, Faschinen und Lahnungen durchgeführt worden sind.

Die stärksten Veränderungen unter den Berliner Gewässern hat der Tegeler See erfahren. Aus einem kalkreichen Klarwassersee mit großen Sichttiefen und reicher Unterwasservegetation ist durch die Einleitung von Dränwasser der Nordberliner Rieselfelder seit Anfang des 20. Jahrhunderts ein überdüngter See entstanden. Ursprünglich wuchsen in ihm Bestände von Armleuchteralgen und von Nixkraut im offenen Wasser.

Rotalgen sowie die einzige Braunalgenart des Süßwassers, *Pleurocladia lacustris*, kamen vor (Tab. 3.2.1.1, die auch die weiteren Verluste an Arten nennt). Seit etwa 1965 ist der Tegeler See nahezu frei von Unterwasserpflanzen, die festen Boden und klares Wasser brauchen. An ihre Stelle sind planktische Algen, im Sommer meist Blaualgen, getreten. Alljährlich auftretende Wasserblüten im Tegeler See werden seit 1880 erwähnt, treten aber seit 1952 verstärkt auf. Die verstärkte Wasserblüte führt zu vermehrter Faulschlammablagerung. Unter sauerstofffreien Bedingungen werden die im Schlamm vorhandenen Phosphate freigesetzt und wiederum dem Gewässer und den Algen als Nährstoff zugeführt. Seit 1979 wird daher das Tiefenwasser des Tegeler Sees zur Sauerstoffanreicherung und damit auch zur Unterbindung des internen Nährstoffkreislaufs belüftet. 1969/70 gingen die Schilfbestände im nördlichen Teil des Sees stark zurück; seit 1982 sind die Ufer des Tegeler Sees - bis auf Restvorkommen zwischen den Inseln im Südteil - weitgehend frei von Schilf. Trotz weitgehender Ableitung der faul- und nährstoffreichen Dränwässer seit 1973 ist keine Rückkehr zu den früheren Zuständen eingetreten. Der See steht mit den jetzigen internen und externen Belastungen im "Gleichgewicht": Dieser Zustand schließt starke Schwankungen des Sauerstoffgehaltes und anderer Größen ein. Die Veränderungen insgesamt ermöglichen auch das Auftreten und die Einbürgerung fremdländischer Pflanzen und Tiere (Tab. 3.2.1.2), die ihrerseits wieder zu den Schwankungen beitragen.

Säugetiere

Die Bisamratte (*Ondatra zibethica*), das häufigste Säugetier der Gewässer, besiedelt den gesamten Flußlauf. 1951 wanderte sie in Berlin ein (HOFFMANN 1958). Ihre Hauptnahrungsquelle sind Schilfknospen. Die Schädigung des Ufers, die sie durch Untergraben, Anlegen von Bauten und Fressen von Schilf anrichtet, ist kaum abzuschätzen. KRAUSS (1979) ermittelte, daß ca. 16 % der stehenden Halme von November bis Mai vom Bisam angefressen werden. Im selben Zeitraum wiesen 70 % der Schößlinge des Schilfes Fraßspuren des Bisam auf.
   In den Röhrichten des Havelufers, z.B. am Grunewaldturm oder an der Pfaueninsel, leben Waldspitzmaus (*Sorex araneus*) und Brandmaus (*Apodemus agrarius*), soweit das Schilf noch an Land steht.

Vögel

Aufgrund der bereits frühzeitig einsetzenden Nutzung der Havel-Landschaft vor allem durch Trockenlegung der Auen und verschiedene Formen der Erholung sind die anspruchsvollsten Vogelarten dort bereits ausgestorben (vgl. Kap. 2.2.6.1).
   Der verbliebene Artenbestand setzt sich aus meist weniger scheuen Arten zusammen oder die Arten haben sich angepaßt. So hat der das ganze Jahr über an der Havel anzutreffende Graureiher (*Ardea cinerea*) aufgrund der Störungen kaum noch die

Möglichkeit, im Uferbereich nach Nahrung zu suchen. Die Reiher sitzen mit stark verringerter Fluchtdistanz z.B. auf Bojen und müssen teilweise aus dem Flug heraus nach Nahrung suchen (vgl. Beobachtungen von DITTBERNER 1988 am Müggelsee).

Der Haubentaucher (*Podiceps cristatus*) baut seine Schwimmnester normalerweise in schützende Röhrichtgürtel. Am Schlachtensee vergrößerte sich der Bestand von fünf Paaren 1970 auf 15 Paare 1974, obwohl damals schon Röhrichte fehlten. Ermöglicht wurde dies durch ein kolonieartiges Brüten und Nachlassen der Scheu infolge fehlender Nachstellungen (EMMERICH 1982). Der weiter zunehmende Freizeitbetrieb - insbesondere die vielen Hunde - führten bis 1989 zum Rückgang auf ca. vier Paare mit schlechtem Bruterfolg (eig. Beob.).

Neben der Inanspruchnahme von Ufer- und Wasserflächen durch Erholungssuchende ist als einschneidendste Veränderung an der Havel die Verringerung des Schilfröhrichtes zu sehen. Diese Entwicklung führte zu Bestandsverminderungen selbst bei anpassungsfähigen Wasservögeln wie beispielsweise beim Bleßhuhn (*Fulica atra*; vgl. OAG 1984).

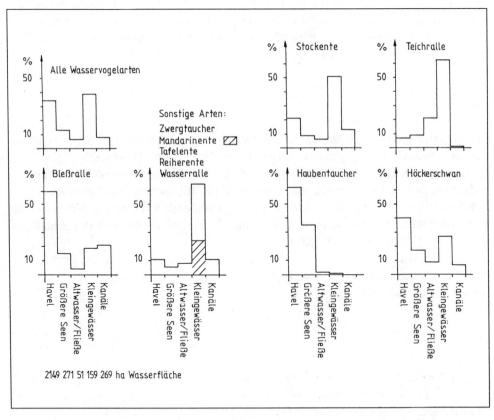

Abb. 3.2.1.4: Prozentualer Anteil der Wasservogelbrutpaare auf einem Gewässertyp am Gesamtbestand der Art in Berlin (West) (nach LOETZKE 1976)

Eine umfassende Analyse des Schwimmvogel-Brutbestandes von Berlin (Taucher, Enten, Rallen) liegt von 1972/73 vor, einem Zeitpunkt, an dem die Havel noch über mehrere nennenswerte Schilfkomplexe verfügte (LOETZKE 1976). Die Besiedlung der verschiedenen Gewässertypen Berlins gibt Abbildung 3.2.1.4 wieder. Es brüteten knapp 35 % aller Wasservögel Berlins an der Havel. Eine hohe Bedeutung hat sie für Bleßhuhn und Haubentaucher, aber auch für den Höckerschwan (*Cygnus olor*). Abbildung 3.2.1.5 zeigt, daß gut 50 % aller Schwimmvogelbrutpaare an der Havel Bleßhühner waren. Eine Schadwirkung des Bleßhuhns auf den Schilfbestand ist nicht nachzuweisen. Im Winterhalbjahr, wenn die großen Verbände auf der Havel rasten, wird kein Schilf aufgenommen. Von März bis Juni gilt 43 % der Nahrungsaufnahmezeit Schilfknospen und 4 % im Juli/August Schilfblättern, doch ist bei dem geringen Brutbestand der Havel bezogen auf die große Uferlänge des Flußlaufs ein schädigender Einfluß kaum anzunehmen. Nur 20 % aller Halme mit Fraßspuren wiesen solche des Bleßhuhns auf (KRAUSS 1979).

Der Brutbestand der genannten Arten in den frühen 80er Jahren in Berlin (West) ist Tabelle 3.2.1.3 zu entnehmen.

Mit Teich- und Drosselrohrsänger (*Acrocephalus scirpaceus* u. *A. arundinaceus*) sind auch zwei Singvogelarten auf Röhricht angewiesen. Aufgrund ihrer Nistweise und des Körperbaus (z.B. Fußmorphologie) sind sie von Schilf abhängig, und können beispielsweise nicht auf Rohrkolben ausweichen. WESTPHAL (1980) untersuchte an sieben Abschnitten der Havel mit insgesamt 6,6 km Länge Brutbiologie, Nistökologie und Bestandsentwicklung beider Arten.

Die Besiedlung durch den Teichrohrsänger mit 0,6-3,4 Revieren je 100 m Uferlänge deckt sich weitgehend mit Angaben zu vergleichbaren Gewässern in Mitteleuropa. Trotz starkem Rückgang des Schilfröhrichts hat die Art von 1972-79 offenbar nur unwesentlich abgenommen. Eine Ursache könnte in der Besiedlung hauptsächlich der ufernahen Röhrichtbereiche liegen, die als letzte von der Röhrichtzerstörung betroffen sind.

Tab. 3.2.1.3: Brutbestand einiger Wasservögel in den frühen 80er Jahren in Berlin (West) (aus: OAG 1984)

	Paare
Zwergtaucher (*Podiceps ruficollis*)	(1-) 8
Haubentaucher (*Podiceps cristatus*)	80 - 110
Graureiher (*Ardea cinerea*)	2 - 4
Höckerschwan (*Cygnus olor*)	15 - 25
Mandarinente (*Aix galericulata*)	20 - 40
Stockente (*Anas platyrhynchos*)	700 - 800
Tafelente (*Aythya ferina*)	3 - 5
Reiherente (*Aythya fuligula*)	10 - 15
Teichhuhn, Teichralle (*Gallinula chloropus*)	110 - 150
Bleßhuhn, Bleßralle (*Fulica atra*)	420 - 500

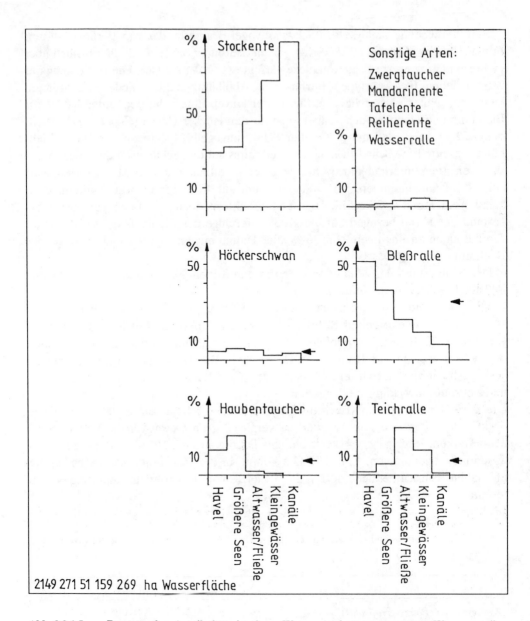

Abb. 3.2.1.5: Prozentualer Anteil der einzelnen Wasservogelart am gesamten Wasservogelbestand eines Gewässertyps in Berlin (West). Die Pfeile geben die durchschnittlichen Prozentwerte für alle Gewässertypen an. (nach LOETZKE 1976)

Anders sieht die Situation beim Drosselrohrsänger aus. Diese Art besiedelt das wasserseitige Röhricht und hat einen größeren Raumanspruch. Zu Beginn des Untersuchungszeitraumes lag die Besiedlung einzelner Abschnitte mit bis zu 0,9 und 1,0 Revieren/100 m über sämtlichen für Norddeutschland publizierten Daten. In den Folgejahren nahm die Art aber stark ab und erreichte Ende der 70er Jahre nur noch Werte um 0,1-0,5 Reviere/100 m. Die Bestandstrends an drei Havelabschnitten sind in Abbildung 3.2.1.6 wiedergegeben.

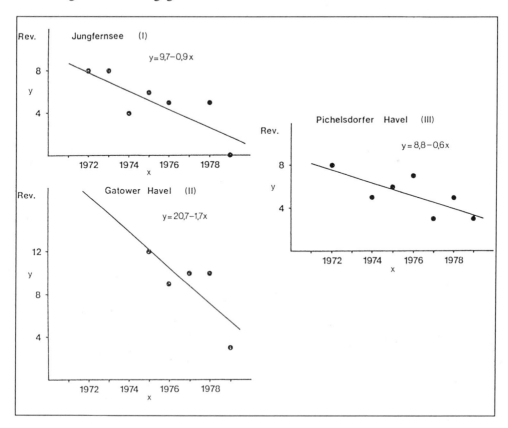

Abb. 3.2.1.6: Bestandstrends mit Regressionsgeraden des Drosselrohrsängers in drei verschiedenen Untersuchungsgebieten an der Berliner Havel (aus: WESTPHAL 1980)

Während die Havel in den 70er Jahren ca. 80 % aller Teich- und 95 % aller Drosselrohrsänger-Paare Berlins beherbergte, hat sich dieses Verhältnis zumindest bei letzterem in den 80er Jahren deutlich geändert. So hat die Population von 65-75 Revieren auf rund 30 im Jahre 1987 abgenommen. Der Anteil der Havel-Reviere lag nur noch bei 50 %. Ermöglicht wurde diese teilweise Kompensation durch die Besiedlung auch kleinerer Gewässer mit sich etablierenden Schilfröhrichten (Brutbericht 1987 in OAG 1988).

An oder auf der Havel überwintern regelmäßig 27 an Wasser gebundene Vogelarten. ELVERS (1984a) hat die Bestandsentwicklung der häufigsten Rastvögel von 1971-80 in den Monaten November, Januar und März dargestellt (Abb. 3.2.1.7-9). Insgesamt ist eine leichte Abnahme der Wasservögel zu verzeichnen. Zur Interpretation von

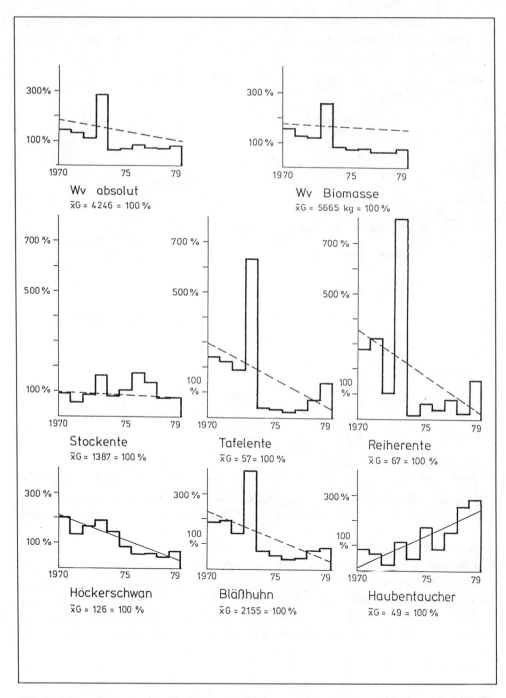

Abb. 3.2.1.7: Bestandsverlauf in % des geometrischen Mittels ($\bar{x}G$) aller Wasservögel (Wv), der Biomasse sowie der häufigsten Arten an der gesamten Havel November 1970-1979 (ELVERS 1984a)

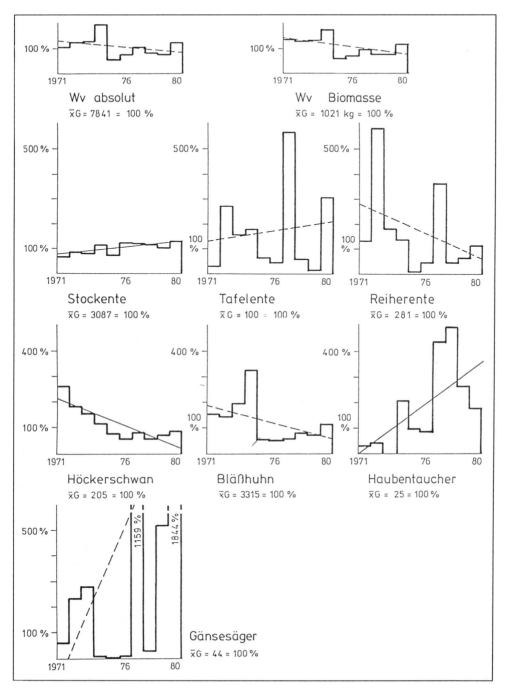

Abb. 3.2.1.8: Bestandsverlauf in % des geometrischen Mittels (x̄G) aller Wasservögel (Wv), der Biomasse sowie der häufigsten Arten an der gesamten Havel Januar 1971-1980 (ELVERS 1984a)

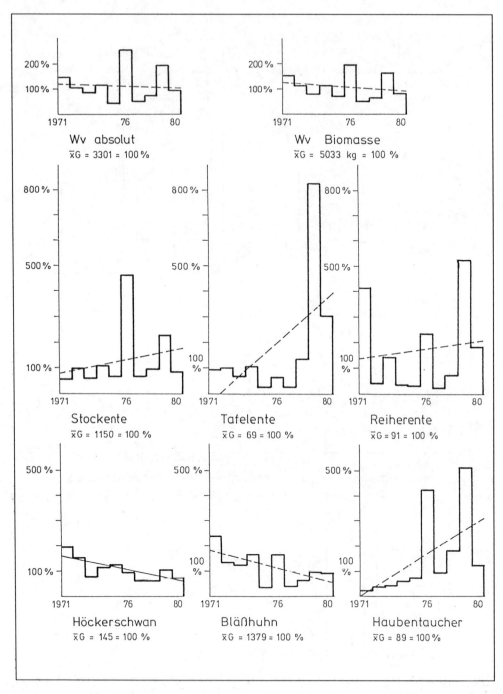

Abb. 3.2.1.9: Bestandsverlauf in % des geometrischen Mittels ($\bar{x}G$) aller Wasservögel (Wv), der Biomasse sowie der häufigsten Arten an der gesamten Havel März 1971-1980 (ELVERS 1984a)

Einzelaspekten sind umfangreiche Analysen notwendig, die Faktoren wie Nahrungsökologie, Störungen, Bestandsentwicklung an anderen Gewässern, Zugzeiten usw. berücksichtigen müssen. Zum Beispiel zeigt sich in dem zehn Jahres-Zeitraum ein Anstieg bei den Fischfressern Haubentaucher und Gänsesäger, die das zunehmende Weißfischangebot nutzen können, und beim Planktonfresser Stockente. Hierfür dürfte die Eutrophierung verantwortlich sein.

Die höchsten Zahlen bei allen Wasservögeln werden in besonders strengen Wintern erreicht. Die teilweise aufgeheizten Wasserflächen der Innenstadt und zwei nicht zufrierende Havelteile in Berlin stellen dann einen Großteil der wenigen offenen Wasserflächen in der Mark Brandenburg dar. In milden Wintern sind für Wasservögel ausreichend Ausweichmöglichkeiten vorhanden, so daß sie auf die Gewässer der Stadt nur bedingt angewiesen sind.

Bestimmte Abschnitte der Havel sind Überwinterungsgebiet und regelmäßiges Durchzugsgebiet einiger Möwenarten. Der Winterbestand der Lachmöwe (*Larus ridibundus*) liegt bei durchschnittlich 10.000 Tieren am Schlafplatz. 1968 wurden sogar 17.200 Lachmöwen gezählt. Das Schlafplatzsystem der größtenteils aus der Stadt und den Mülldeponien einfliegenden Möwen erstreckt sich von Saison zu Saison und jahreszeitlich nach Eisgang wechselnd auf den Tegeler See und die Seenkette der Unterhavel, wo die bedeutendsten Schlafplatzansammlungen anzutreffen sind. Neben der Lachmöwe hat seit 1966 die Sturmmöwe (*Larus canus*) am Schlafplatz kontinuierlich bis zu einem Maximum von 7.000 bis 8.000 Tieren im Januar 1985 zugenommen. Auch Silbermöwe (*Larus argentatus*) und Mantelmöwe (*Larus marinus*) treten im Winter in den letzten Jahren verstärkt auf, mit bis zu 60 bzw. 6 Exemplaren (MÄDLOW 1987).

Während der Zugzeit erscheinen in den letzten Jahren häufiger Zwergmöwe (*Larus minutus*) und Trauerseeschwalbe (*Chlidonias nigra*), vor allem im Gatower Bereich der Havel und am Tegeler See. Die Zwergmöwe hat exponentiell von 1971 bis 1980 zugenommen. 1980 wurde mit knapp 60 Tieren im Frühjahr der größte Verband registriert. Diese Zunahme entspricht den Tendenzen im gesamten mitteleuropäischen Binnenland (REICHHOLF 1974). Auch die Trauerseeschwalbe, deren erster stärkerer Einflug in das Jahr 1972 fällt, hatte bis 1980 leicht zugenommen. Die eutrophierten Havelseen und der Tegeler See können der Art zumindest kurzzeitig Nahrung bieten.

Reptilien

Die Uferbereiche der Havel sind zur Zeit für Reptilien mit Ausnahme der Ringelnatter (*Natrix natrix*) von untergeordneter Bedeutung. Diese Art tritt auch nur noch dort auf, wo die angrenzenden Gebiete noch geeignete störungsarme Bereiche aufweisen, die ein entsprechendes Nahrungsangebot besitzen, bzw. wo mit einer gelegentlichen Zuwanderung aus der Umgebung gerechnet werden kann. Dies sind vor allem der südliche Teil der Unterhavel, einschließlich der Pfaueninsel (KÜHNEL 1988a) und die Tiefwerder Wiesen.

Die Blindschleiche (*Anguis fragilis*) war früher im Auenbereich ziemlich häufig, kommt jedoch wegen der fortgeschrittenen anthropogenen Veränderungen dieser Gebiete nur noch vereinzelt im Spandauer Unterhavelbereich, im Grunewald oder auf der Pfaueninsel vor (KÜHNEL 1988a).

Amphibien

Die Havel mit ihren seenartigen Erweiterungen und Überschwemmungsbereichen war früher ein Eldorado für Amphibien. Infolge des Röhrichtrückgangs und der ausgedehnten Ufernutzung durch Bebauung, Bootsliegeplätze und andere Freizeitnutzungen, wie Campingplätze und Badestellen, sind nur wenige Bereiche übriggeblieben, die Amphibien Lebensmöglichkeiten bieten. Vor allem die gesamte Unterhavel auf Spandauer Seite ist nahzu verwaist.

Charakteristischste Art des Havelgebiets war immer der Seefrosch (*Rana ridibunda*), der heute vor allem noch im Niederneuendorfer See, im Tegeler See mit seinen Inseln, sowie an einigen Stellen der Unterhavel vorkommt. Große Bestände gibt es noch im Parschenkessel der Pfaueninsel. Nach Entfernung der Campingplätze am Grunewaldufer nehmen die Bestände auch hier wieder langsam zu. Teichfrosch (*Rana "esculenta"*), Grasfrosch (*Rana temporaria*) und Erdkröte (*Bufo bufo*) sind weitere Arten, die zum Teil vereinzelt am Havelufer beobachtet werden. Zumindest in früheren Jahren kam auch die Knoblauchkröte (*Pelobates fuscus*) noch auf der Pfaueninsel vor (KÜHNEL 1988a).

Fische

Die Havel ist mit 25 einheimischen Arten (Tab. 3.3.1.5), von denen 16 gefährdet sind (Tab. 2.2.6.1.8), das fischartenreichste Gewässer von Berlin (West). Fast alle vom Aussterben bedrohte Arten sind hier zu finden: Bitterling (*Rhodeus sericeus*), Döbel (*Leuciscus cephalus*), Hasel (*Leuciscus leuciscus*), Quappe (*Lota lota*), Schlammpeitzger (*Misgurnus fossilis*) und Stint (*Osmerus eperlanus*). Allerdings gibt es für den Bitterling nur eine einzelne Fangmeldung von 1983 aus dem Pohlesee (LECHLER 1984, mdl.), ansonsten ist dieser Fisch aus den Havelgewässern völlig verschwunden, obwohl Muscheln der Gattungen *Anodonta* und *Unio* an sandigen Stellen noch häufiger vorkommen (PRASSE 1988, mdl.). In diese Muscheln legt der Bitterling seine Eier. Sein Verschwinden bleibt daher ungeklärt. Der in der Havel selten gewordene Gründling (*Gobio gobio*) kam früher an sandigen Stellen so häufig vor, daß er als Köderfisch für die Aalschnüre benutzt wurde (LECHLER 1984, mdl.).

Der westliche Abzugsgraben der Spandauer Zitadelle stellt aufgrund des sandigen Bodens und der Wasserströmung einen in der Havel sonst nicht mehr vorhandenen Lebens- und Rückzugsraum für bestimmte Fische dar. Die für Fließgewässer typischen Arten Döbel und Aland (*Leuciscus idus*) kommen hier noch vor (LATENDORF 1984, mdl.). Zudem ist der Graben einer der wenigen Fundorte in Berlin (West) für den vom Aussterben bedrohten Steinbeißer (*Cobitis taenia*). Mit strömendem Wasser und Feinsandböden genügt er dessen Biotopansprüchen.

Dem früher von der Elbmündung her in die Havel einwandernden Aal (*Anguilla anguilla*) wurden durch die Stauhaltung die Aufstiegsmöglichkeiten genommen. Aus wirtschaftlichen Gründen wird sein Bestand durch Besatz erhalten.

Die meisten der nicht einheimischen Arten kommen nur ganz vereinzelt vor. Nur der Karpfen (*Cyprinus carpio*), der Großkopffisch (*Hypophthalmichthys nobilis*) und der Silberfisch (*Hypophthalmichthys molotrix*) sind häufiger vertreten. Die beiden letzteren Arten, die sich bei den hiesigen Wassertemperaturen nicht vermehren, fressen bevorzugt Algen und wurden hauptsächlich in der Oberhavel zur Unterstützung der Gewässersanierung ausgesetzt.

Wirbellose Tiere

Die Verschlechterung der Wasserqualität, die Ansammlung von Faulschlamm, die Verschmutzung der Uferzonen sowie der Rückgang der Ufervegetation haben einen sehr negativen Einfluß auf die Tierwelt. Viele süßwasserbewohnende Wirbellose spielen aber mit ihrer strudelnden oder filtrierenden Lebensweise eine wichtige Rolle für die Reinhaltung des Wassers, indem sie Schwebstoffe aus dem Wasser herausfiltern. Hierzu gehören Süßwasserschwämme und Moostierchen (*Bryozoa*), ebenso die Muscheln.

Von den großen heimischen Muscheln der Gattungen *Unio* und *Anodonta* findet man in der Havel heute nur noch relativ kleine lebende Exemplare. Im Niederneuendorfer See fand SCHLEICHER (1978) die Malermuschel (*Unio pictorum*) nur noch in wenigen juvenilen Exemplaren, dagegen zahlreiche Schalen unter einer Schicht von Wandermuscheln (*Dreissena polymorpha*). Diese Art vermehrt sich massenhaft. Insgesamt wurden 1978 noch drei Großmuschelarten und sieben Schneckenarten beobachtet, darunter *Valvata piscinalis* als häufigste. Die meisten Arten wurden nur in wenigen Exemplaren festgestellt. Kleinmuschelarten sind stellenweise häufiger (WERNER u. REITNER 1989).

Unter den wasserbewohnenden Wenigborstern (*Oligochaeta*) gibt es viele Arten, die am Gewässerboden und auf Wasserpflanzen Bakterien und Algenrasen abweiden. *Limnodrilus hoffmeisteri* wurde als häufigste Art festgestellt (SCHLEICHER 1978). Regelmäßig gehen im Sommer die Individuenzahlen zurück. Die Sauerstoffversorgung als limitierender Faktor für die Entwicklung dieser und anderer Wirbellosenarten wird damit deutlich.

Als typische Zuckmücken (*Chironomidae*) eutropher Seen werden im Niederneuendorfer See u.a. *Chironomus plumosus*, *Stictochironomus*, *Endochironomus signaticornis*, *Limnochironomus*, *Microchironomus* und *Cryptocladopelma* angetroffen.

Die Artenzusammensetzung zeigt, daß die Oberhavel dort, wo sie auf Reinickendorfer Gebiet gelangt, bereits als stark eutrophiert angesehen werden muß. Etwas günstiger ist die Wasserqualität noch im benachbarten Heiligensee (SCHLEICHER 1978).

Für einen großen Teil der Wirbellosenfauna sind besonders die Uferregion der Gewässer bzw. die Schwimmblattzone der flachen Stellen, die Röhrichtzone und die Vegetation der angrenzenden Auen interessant. Für viele Gruppen von Insekten, die ihre Larvenentwicklung im Wasser durchmachen, liegen keine systematischen Untersuchungen vor. Es fällt allerdings auf, daß die Imagines mancher großen auffälligen Arten, wie etwa der Köcherfliege *Phryganea grandis*, heute nur noch ganz selten beobachtet werden.

Auch die Lebensmöglichkeiten für Libellen sind in verschiedenen Abschnitten der Havel recht unterschiedlich, da Libellen stark von der Vegetation, von der Ufergestaltung, der Strömungsgeschwindigkeit und dem Wellenschlag beeinflußt werden (JAHN 1984). Der Niederneuendorfer See und der Heiligensee sind mit mindestens 17 Libellenarten noch am artenreichsten. Hier leben in Berlin seltene Arten wie die Kleine Mosaikjungfer (*Brachytron pratense*). In der südlichen Hälfte des Tegeler Sees gibt es die Federlibelle (*Platycnemis pennipes*), die Gemeine Keiljungfer (*Gomphus vulgatissimus*) und den Spitzenfleck (*Libellula fulva*). An der südwestlichen Unterhavel kommen die Pokal-Azurjungfer (*Cercion lindeni*), gelegentlich auch die Gebänderte Prachtlibelle (*Calopteryx splendens*) und die Kleine Königslibelle (*Anax parthenope*) vor. Die übrigen Bereiche sind hinsichtlich ihrer Libellenfauna mehr oder weniger stark verarmt. So können oft nur noch vier Arten beobachtet werden und selbst sehr anspruchslose Arten wie die Große Prachtlibelle (*Ischnura elegans*) und der Große Blaupfeil (*Orthetrum cancellatum*) lediglich vereinzelt (JAHN 1984).

Die Feinsandufer der Havel wurden nach BARNDT (1982) noch bis 1951 von drei typischen Laufkäfern der sandigen Flußufer besiedelt (*Bembidion argenteolum*, *B. striatum* und *B. velox*). Die beiden letzten gelten für das Gebiet von Berlin (West) als verschollen. Als Gründe für das Verschwinden gibt BARNDT (1982) die Überbeanspruchung der Ufer durch Badegäste an, wodurch die Wohnröhren, in denen sich die Tiere verbergen, abgedichtet werden. Außerdem werden aufgrund der Motorschiffahrt durch Wellenschlag und Wasserverschmutzung die Strände nachteilig verändert. Eine weitere Uferart ist an der Havel in letzter Zeit durch KEGEL (1986) nachgewiesen worden: der fast runde und auffällig gelb-grün gezeichnete *Omophron limbatum*, der bei Beunruhigung ins Wasser flieht. Er besitzt in Berlin (West) noch Restvorkommen in den Kiesgruben am Postfenn und den Laßzinswiesen in Spandau sowie am Flughafensee in Tegel.

Eine Schilfzone unweit des Alten Hofes in Wannsee wurde von KEGEL (1986) und PLATEN (1986) untersucht. Unter den Laufkäfern befanden sich *Omophron limbatum*, *Acupalpus dorsalis*, *Agonum lugens* und *Chlaenius nigricornis*. Nach BARNDT (1982) sind die beiden ersten typischen Uferbewohner, letztere charakteristisch für eutrophe Verlandungsvegetation.

Die Spinnenfauna zeichnete sich durch einige Arten aus, die besonders an das Schilf als Lebensraum angepaßt sind, z.B. die Schilf-Sackspinne (*Clubiona phragmitis*), die den Winter in ausgestorbenen, hohlen Schilfhalmen überdauert, die auf den Halmen und Blättern jagende Schilf-Springspinne (*Marpissa radiata*) und die ebenfalls auf Pflanzen lebenden Zwergspinnen *Gnathonarium dentatum* und *Baryphyma pratense*.

Für den Bereich der Pfaueninsel wies CLEVE (1978) insgesamt 894 Schmetterlingsarten nach, unter ihnen 43 "Großschmetterlingsarten" und 217 "Kleinschmetterlingsarten", die in Berlin (West) nur hier beobachtet wurden. Ein großer Teil dieser Arten hat seinen Lebensraum in den gewässerbegleitenden Auwäldern. Den Uferzonen sind zuzurechnen: Büttners Schrägflügeleule (*Sedina büttneri*), die Röhricht-Weißstriemeneule (*Arsilonche albovenosa*), die Röhricht-Graseule (*Apamea ophiogramma*), die Wasserschwaden-Röhrichteule (*Phragmitiphila nexa*) und die Igelkolben-Röhrichteule (*Archanara sparganii*), Arten, die großenteils bundesweit in ihrem Bestand gefährdet sind.

Heute werden entsprechend dem Rückgang der Röhrichtbestände auch der Rohrbohrer (*Phragmatoecia castaneae*) und manche der schilfbewohnenden Eulenfalter (Gemeine Schilfeule [*Nonagria typhae*], Buschmoorwiesen-Weißadereule [*Mythimna pudorina*], Uferschilf-Zwillingspunkteule [*Archanara geminipuncta*]) nur noch gelegentlich beobachtet. Sollte sich wieder eine typische Weichholzaue ausbilden, so werden vielleicht die sehr selten gewordenen Glasflüglerarten, deren Raupen in jungen Weiden und Pappeln leben, wieder häufiger zu beobachten sein, z.B. Bienenschwärmer (*Sesia apiformis*), Bremsenschwärmer (*Paranthrene tabaniformis*) und Weidenglasflügler (*Synanthedon formicaeformis*).

3.2.2 Kanäle

Das heutige System der Berliner Wasserstraßen entstand durch die mehrfache Verbindung von Spree und Havel durch Kanäle und dieser Kanäle untereinander zur Zeit der größten Ausdehnung der Stadt in der zweiten Hälfte des vorigen Jahrhunderts (Abb. 3.2.2.1). Die Mehrzahl der Kanäle liegt im Urstromtal; der Teltowkanal durchschneidet die Teltowhochfläche und folgt von Steglitz an dem ehemaligen Bäketal. Auch die Spree ist im Stadtgebiet kanalähnlich ausgebaut.

Die Befestigungen der steilen Ufer der Kanäle und der befestigten Flußläufe bestehen teils aus senkrechten Wänden, teils aus Böschungen aus behauenen Steinen oder aus Bruchsteinschüttungen, deren Unterbau, aufgeschütteter Sand, den Lebensraum der in den Fugen wachsenden Pflanzen bildet. Die Wasserstände wechseln im Jahreslauf zwischen Winter- und Sommerstau.

Böden

Durch den Bau der Kanäle wurden naturgemäß Böden zerstört und gleichzeitig ehemalige Senken mit Baggergut verfüllt, beispielsweise im Bereich Albrechts-Teerofen am Teltowkanal. Das Kanalwasser ist durch Regenabläufe, Industrieabwässer und den Schiffsverkehr stark verschmutzt und hypertrophiert.

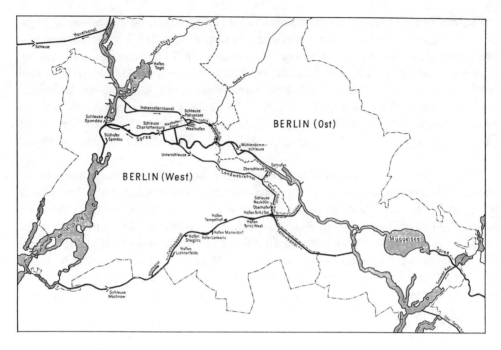

Abb. 3.2.2.1: Übersichtsplan der Berliner Wasserstraßen (aus: NATZSCHKA 1971)

Flora und Vegetation

Die Artenzahl von Pflanzen kann besonders an Ufern mit Bruchsteinschüttungen hoch sein (LOHMEYER 1981). Ein Beispiel dafür sind die Ufer des Hohenzollernkanals. Am Teltowkanal wurden - einschließlich der mit Rasen und Gehölzbeständen bewachsenen höher gelegenen Abschnitte - 387 Arten gefunden, davon 28 seltene und gefährdetes und 98 spontan vorkommende Gehölzarten (SUKOPP u.a. 1981).

Als Beispiel der Bedeutung von Kanälen für die Einwanderung und Ausbreitung fremder Arten sei die Verbreitung des Weidenblättrigen Ampfers (*Rumex triangulivalvis*) erwähnt. Nach der Einschleppung mit Getreidetransporten im Westhafen hat sich die Pflanze an kanalisierten Wasserläufen weit verbreitet. Von hier aus hat sich die Art in einer zweiten Phase ihrer Einbürgerung auf weiteren Standorten, z.B. an Ufern, in Bau- und Kiesgruben angesiedelt.

Im Bereich der Mittelwasserlinie und wenig darüber wachsen am Hohenzollernkanal Flutrasen (*Agropyro-Rumicion*) mit Sumpf-Ampfer (*Rumex palustris*) und Strand-Ampfer (*Rumex maritimus*) sowie Bestände aus hygrophilen hochwüchsigen Stauden wie Wolfstrapp (*Lycopus europaeus*) und Gilbweiderich (*Lysimachia vulgaris*) oder Großseggen-Bestände mit der Schlank-Segge (*Carex gracilis*). Oberhalb der Zone häufiger Überschwemmungen leben Hochstauden- und Schleiergesellschaften mit Zaunwinde (*Calystegia sepium*), Filziger Pestwurz (*Petasites spurius*), Pappel-Seide (*Cuscuta lupuliformis*) und Echter Engelwurz (*Angelica archangelica*), die in Berlin an verbauten Ufern ihren Verbreitungsschwerpunkt hat. Im obersten Bereich der Böschungen, der meist nicht mehr mit Steinen etc. befestigt ist, haben sich häufig Grünlandgesellschaften ausgebildet.

Säugetiere

Die Kanäle mit den verspundeten Wasser-Land-Übergängen stellen keinen geeigneten Lebensraum für Säugetiere dar. Lediglich die unverspundeten Kanalabschnitte werden von der Bisamratte (*Ondatra zibethica*) besiedelt. Böschungen oberhalb der Uferbefestigung bieten jedoch auch anderen Arten Lebensmöglichkeiten.
So wurden am Teltowkanal, der verschiedene Stadtzonen der Innenstadt bis zu äußeren Randlagen durchschneidet, 16 Arten nachgewiesen. Die häufigste der vier carnivoren Arten an den Uferböschungen ist der Steinmarder (*Martes foina*). fünf Fledermausarten jagen über der Wasseroberfläche (SUKOPP u.a. 1981a).

Vögel

Aufgrund ihrer Struktur eignen sich Kanäle kaum zur Besiedlung durch Wasservögel. Mit Flachwasserbereichen und Röhrichten fehlen ihnen die wichtigsten Gewässer-Lebensräume, die Bruthabitate darstellen können. Sowohl die steilen Ufer mit Steinschüttungen oder Verspundungen als auch die Intensität der Störungen (Bootsverkehr; Gewerbe oder Fußwege auf der Böschungsoberkante) lassen kaum Ansiedlungen zu. Lediglich die Stockente (*Anas platyrhynchos*) und vereinzelt auch das Bleßhuhn (*Fulica atra*) können an einigen Abschnitten brüten. Andere Arten kommen nur an Sonderstrukturen wie beispielsweise breiteren Auskolkungen oder flachen Buchten vor, die aber beim Teltowkanal nach dem Ausbau kaum noch vorhanden sind. (Zu den Häufigkeiten s. Abb. 3.2.1.4 u. 3.2.1.5, Kap. 3.2.1).
Vor dem Ausbau sind am Teltowkanal neben fünf Wasservogelarten 22 weitere Brutvogelarten oberhalb der Böschungen nachgewiesen worden, von denen die meisten allerdings keinen Bezug zum Wasser haben (SUKOPP u.a. 1981).
Anders stellt sich die Situation im Winterhalbjahr dar. Die starke Eutrophierung liefert eine günstige Nahrungsquelle vor allem für Tauchenten, hauptsächlich in Form von Zuckmückenlarven (*Chironomidae*) im Schlammgrund. Die Erwärmung durch Industrie und Kraftwerke verstärkt die Nahrungsproduktion und hält den Kanal im Winter eisfrei. So wurden am Teltowkanal vor dem Ausbau 35 ± an Wasser gebundene Vogelarten nachgewiesen (Tab. 3.2.2.1). Als Rastplatz ist der Kanal jedoch nur für Stock-, Reiher- (*Aythya fuligula*), Tafelente (*Aythya ferina*) und Bleßhuhn von Bedeutung, gegebenenfalls auch für Zwergtaucher (*Podiceps ruficollis*), Teichhuhn und Lachmöwe (*Larus ridibundus*) (SCHÜTZE 1980).

Tab. 3.2.2.1: Die an das Wasser gebundenen Nahrungsgäste, Durchzügler und Überwinterer auf dem Teltowkanal vor dem Ausbau;
Bv = Brutvögel, Dz = Durchzügler, Wg = Wintergast, Lfd = Lichterfelde, Bu = Buckow, Thf = Tempelhof, Zdf = Zehlendorf
(aus: SUKOPP u.a. 1981)

Art	Abschnitte des Teltowkanals	Status des Teltowkanals	Status Berlin (West)
1. Zwergtaucher	überall, bes. Lfd, Bu	regelm. Wintergast	Bv, Dz, Wg
2. Haubentaucher	Zdf, Lfd	Bv, Wintergast	Bv, Dz, Wg
3. Ohrentaucher	Zdf, Lfd	seltener Gast	seltener Gast
4. Graureiher	Zdf, Lfd	regelm. Wintergast	regelm. Wintergast
5. Höckerschwan	überall	Bv, regelm. Wintergast	Bv, Dz, Wg
6. Singschwan	Zdf	seltener Wintergast	regelm. Dz bzw. Wg
7. Graugans	Zdf	seltener Dz	regelm. Dz
8. Pfeifente	Lfd	seltener Wg	regelm. Dz, seltener Wg
9. Schnatterente	Zdf	seltener Wg	regelm. Dz, seltener Wg
10. Krickente	Zdf	seltener Wg	regelm. Dz und Wg
11. Stockente	überall	Bv, häufiger Dz und Wg	Bv, häufiger Dz und Wg
12. Spießente	Zdf	unregelm. Wg	regelm. Dz, unregelm. Wg
13. Knäkente	Zdf	seltener Dz	regelm. Dz
14. Löffelente	Zdf	seltener Wg	seltener Wg, regelm. Dz
15. Kolbenente	Zdf	seltener Wg	seltener Wg und Dz
16. Tafelente	überall, bes. Zdf	häufiger Wg	Bv, häufiger Wg und Dz
17. Moorente	Zdf	seltener Wg	unregelm. Wg
18. Reiherente	überall, bes. Zdf	häufiger Wg	häufiger Wg und Dz
19. Bergente	Zdf, Thf	regelm. Wintergast	regelm. Wintergast
20. Eiderente	Lfd	seltener Wg	seltener Wg, regelm. Dz
21. Eisente	Zdf	seltener Wg	seltener Wg
22. Samtente	Lfd	seltener Wg	regelm. Dz und Wg
23. Schellente	Zdf	regelm. Wg	regelm. Dz und Wg
24. Zwergsäger	Lfd	unregelm. Wg	regelm. Wg
25. Mittelsäger	Zdf	seltener Dz	regelm. Dz und Wg
26. Gänsesäger	Zdf	unregelm. Wg	regelm. Wg
27. Wasserralle	Zdf	unregelm. Wg	Bv, regelm. Dz
28. Teichhuhn	überall, bes. Zdf	Bv, regelm. Wg	Bv, regelm. Dz und Wg
29. Bleßhuhn	überall	Bv, häufiger Wg	Bv, häufiger Dz und Wg
30. Flußuferläufer	überall, bes. Zdf, Lfd	regelm. Dz	regelm. Dz
31. Lachmöwe	überall	häufiger Gast	häufiger Gast
32. Sturmmöwe	überall	regelm. Wg	häufiger Wg
33. Trauerseeschwalbe	Zdf	seltener Dz	regelm. Dz
34. Eisvogel	überall, bes. Zdf, Lfd	Bv, unregelm. Wg	Bv, regelm. Dz und Wg
35. Gebirgsstelze	Rudow	seltener Dz	regelm. Dz

Tabelle 3.2.2.2 zeigt die Bestandszahlen der fünf häufigsten Wasservogelarten in Berlin und auf dem Teltowkanal bei den Zählungsterminen im Januar 1970-79. Im Abschnitt Lichterfelde erreichten 1979 die Reiherente mit 1130, die Tafelente mit 930 und das Bleßhuhn mit 1000 Exemplaren recht hohe Bestände (SCHÜTZE 1980). Bei Durchfahrt eines Bootes drängte sich ein Großteil der Vögel in eine knapp 150 x 50 m große Ausbuchtung. Die Wirbellosen des Gewässergrundes werden im Winter von den Enten verhältnismäßig vollständig abgeweidet (FRANK, mdl.).

Tab. 3.2.2.2: Bestandszahlen der fünf häufigsten Wasservogelarten in Berlin (West) im Januar und der Anteil des Teltowkanals (Tkan) (aus: SCHÜTZE 1980)

	Höckerschwan			Stockente		
Jahr	Berlin	Tkan	Tkan %	Berlin	Tkan	Tkan %
1969/70	495	30	6,1 %	9357	2849	30,4 %
1970/71	629	10	1,6 %	8999	1719	19,1 %
1971/72	522	17	3,2 %	10926	3615	33,1 %
1972/73	484	11	2,3 %	10135	2351	23,1 %
1973/74	402	37	9,2 %	10304	1725	16,7 %
1974/75	283	22	7,8 %	6435	636	9,9 %
1975/76	158	55	34,8 %	7075	1036	14,6 %
1976/77	302	39	12,9 %	7982	1394	17,5 %
1977/78	177	37	20,9 %	7284	1217	16,7 %
1978/79	364	169	46,4 %	7500	1944	25,9 %

	Reiherente			Tafelente		
Jahr	Berlin	Tkan	Tkan %	Berlin	Tkan	Tkan %
1969/70	553	34	6,1 %	40	4	10,0 %
1970/71	446	58	13,0 %	40	6	15,0 %
1971/72	1626	7	0,4 %	276	1	0,4 %
1972/73	566	25	4,4 %	160	6	3,7 %
1973/74	403	19	4,7 %	195	15	7,7 %
1974/75	54	2	3,7 %	57	2	3,5 %
1975/76	304	23	7,6 %	272	22	8,1 %
1976/77	1526	227	14,9 %	826	258	31,2 %
1977/78	215	21	9,8 %	168	53	31,5 %
1978/79	2026	1285	63,4 %	1467	987	67,2 %

	Bleßhuhn		
Jahr	Berlin	Tkan	Tkan %
1969/70	8310	3392	40,8 %
1970/71	8330	2060	24,7 %
1971/72	6868	639	9,3 %
1972/73	10458	983	9,4 %
1973/74	13419	698	5,2 %
1974/75	1996	334	16,7 %
1975/76	1953	1075	55,0 %
1976/77	6324	3074	48,6 %
1977/78	4239	843	19,9 %
1978/79	7149	3358	47,0 %

Die Erwärmung des Wassers, verbunden mit der Änderung der meso- und mikroklimatischen Verhältnisse, hat ein weiteres auffallendes Phänomen bewirkt: Winterbrüten des Haubentauchers, von dem vor dem Teltowkanalausbau in den 80er Jahren dort 4-6 Paare im Zehlendorfer Bereich brüteten. Eines dieser Paare dehnte 1977/78 seine Fortpflanzungsperiode bis weit über die in Mitteleuropa übliche Zeitspanne aus (WITT u. SCHRÖDER 1978). Eine erste Brut wurde bereits im Februar 1977 begonnen. Nach einer weiteren Brut im Mai und einer Ersatzbrut im Juli begannen die Altvögel bereits im November, das Brutkleid zu mausern. Im Dezember wurde ein Nest gebaut, zwei Jungvögel schlüpften Ende Januar 1978. Sie verließen im April den Brutplatz. Zwei weitere Bruten fanden den Sommer über statt. Damit versuchte dasselbe Paar in 18 Monaten sechsmal zu brüten; vier Bruten verliefen erfolgreich. Nicht nur die hohe Wassertemperatur (10-12°C), sondern auch die weit über dem Durchschnitt liegende Mitteltemperatur des Dezember (2°C) dürften diese erste Winterbrut in Mitteleuropa ausgelöst haben.

Reptilien

Auf trockenen, offenen Böschungen, insbesondere des Teltow- und Hohenzollernkanals war früher die Zauneidechse (*Lacerta agilis*) weit verbreitet. Ihre Bestände sind jedoch merklich zurückgegangen, was zum Teil eine direkte Folge weitreichender Böschungssicherungsmaßnahmen mit Hilfe von Gehölzbesatz ist, insbesondere auch im Bereich von Albrechts Teerofen. Durch den dichter werdenden Bewuchs und die Beschattung verlieren die Tiere ihre Sonnen- und Eiablageplätze und wandern schließlich ab.

Amphibien

Kanäle spielen in der Regel als Laichgewässer für Amphibien keine Rolle. Dies hängt neben der schlechten Wasserqualität und der durch den Schiffsverkehr erzeugten Wasserbewegung vor allem mit der Uferbefestigung durch Stahlspundwände oder Steinpackungen zusammen. Flachwasserbereiche und Röhricht fehlen. Außerdem sind die meisten angrenzenden Flächen (Industriegebiet, Gewerbe und Wohnbebauung) absolut amphibienfeindlich. Ausnahmen bilden lediglich nicht mehr genutzte Abschnitte des Teltowkanals, beispielsweise am Zehlendorfer Stichkanal, wo sich durch Ufererosion auch Röhrichtbestände entwickeln konnten. Hier finden sich auch noch Teich- und Seefrösche (*Rana "esculenta"*, *Rana ridibunda*) in größerer Zahl. Vor der Wiederinbetriebnahme des westlichen Teltowkanalabschnitts und den damit einhergehenden Ufersicherungen war der Seefrosch auch im Gebiet von Albrechts Teerofen häufiger. Immer noch findet man einzelne Tiere, ohne daß erfolgreiche Reproduktionen beobachtet werden können. Die als Teil der Ausgleichsmaßnahmen für den Kanalausbau vorgesehenen Ausstiegsmöglichkeiten bieten keine Lösung.

Fische

Die Lebensbedingungen sind in Kanälen extrem: sie sind monoton in ihrer Beschaffenheit, haben steile Ufer, bieten also keine Laichplätze, und durch den Schiffsverkehr, dem die Fische nur bedingt ausweichen können, sind sie einem ständigen Stress ausgesetzt.

Mit insgesamt 19 Arten (Tab. 3.1.1.5), von denen acht gefährdet sind (Tab. 2.2.6.1.8), besitzt die Spree das größte Artenspektrum innerhalb der kanalisierten Gewässer.

Das Artenspektrum von Landwehr- und Neuköllner Schiffahrtskanal (SENSTADTUM 1984d), Teltowkanal (SENSTADTUM 1983), Britzer Zweig-, Alter Berlin-Spandauer Schiffahrts- und Hohenzollernkanal umfaßt 18 Arten (Tab. 3.1.1.5). Acht sind gefährdet (Tab. 2.2.6.1.8). Diese Zusammenfassung täuscht jedoch einen Artenreichtum vor, der in den einzelnen Kanälen nicht vorhanden ist. Im Neuköllner Schiffahrtskanal leben nur Blei (*Abramis brama*) und Kaulbarsch (*Gymnocephalus cernuus*), im Landwehrkanal kommen noch Aal (*Anguilla anguilla*), Plötze (*Rutilus rutilus*) und Barsch (*Perca fluviatilis*) dazu. Im östlichen Teil des Teltowkanals gibt es aufgrund zu hoher Schadstoffbelastung fischfreie Bereiche, in Havelnähe kommen dagegen bis zu 14 Arten vor.

Der vom Aussterben bedrohte Döbel (*Leuciscus cephalus*) kommt nur im Alten Berlin-Spandauer Schiffahrtskanal vor, der mit insgesamt 16 Arten relativ artenreich ist.

Wirbellose Tiere

Das ausgeprägte Standortmosaik der Kanalböschungen begünstigt eine außerordentlich heterogene Wirbellosenfauna. So schwankt die Artenzahl der Webspinnen an verschiedenen Standorten des Teltowkanals zwischen 17 und 42, wobei die Artenzahl von den schattigen Gehölzbeständen zu den offenen Standorten zunimmt (PAPENHAUSEN 1981). Besonders auffällig ist die schwarz-gelb gestreifte Zebra- oder Wespenspinne (*Argiope bruennichi*), die ihr Netz mit dem weiß schimmernden Stabiliment in etwa 30 cm Höhe zwischen Hochstauden anlegt. Sie kommt in Deutschland nur zerstreut an Wärmeinseln vor.

Unter den Wanzen stellen die xerothermen Arten *Chorosoma schillingi*, *Ortholomus punctipennis*, *Geocoris grylloides*, *Acetropis carinata* und *Notostira erratica* (BARNDT 1982) den interessantesten Teil des Artenspektrums dar; unter den von GRUTTKE (1981) nachgewiesenen 83 Laufkäferarten sind dies entsprechend *Amara praetermissa*, *Harpalus serripes*, *H. rubripes*, *Amara fusca* und an den Trockenstandorten in Britz *Harpalus anxius* und *H. autumnalis*. Andere Laufkäferarten gehören den Faunenelementen der Hochstaudenfluren und der Gehölzstandorte an.

Durch die Ausbaumaßnahmen, vor allem die Kanalverbreiterung, den Bau der Zollstation, die Auslichtung der Gehölze und die Verspundung einzelner Uferbereiche seit

1980/1981 sind die meisten Standorte im Lichterfelder und Steglitzer Bereich des Teltowkanals zerstört worden. Speziell durch die Verspundung wurden die Arten der Ufer und Abbruchhänge stark bedroht. Unter den Laufkäfern sind das *Bembidion femoratum, Asaphidion pallipes, Bembidion tetracolum* und *Pterostichus gracilis*, unter den Kurzflügelkäfern *Atheta malleus, Bledius crassicollis, Lesteva longelytrata, Stenus bipunctatus, Tachyusa atra, T. umbratica* und *Trogophloeus bilineatus*.

Trotz allem spielen aber naturnahe Biotope entlang der Böschungen eine wichtige Rolle für die Ausbreitung vor allem fliegender Insekten (Schmetterlinge, Hautflügler, Zweiflügler). Selbst Arten wie der Schwalbenschwanz (*Papilio machaon*) werden hier ziemlich regelmäßig beobachtet.

3.2.3 Tegeler Fließ

Das Tegeler Fließ entspringt in der Gegend des Mühlenbecker Sees. Es durchzieht von Nordost nach Südwest einen Teil des westlichen Barnim und mündet bei Tegel in den Tegeler See. Bei Lübars tritt es auf Westberliner Gebiet. Auf diesem besitzt es eine Länge von 10 km, bei einem Höhenunterschied von 2,3 m, Breiten von 5-7 m und Tiefen von 0,3-0,8 m.

Das Tegeler Fließ ist der einzige, vom Oberlauf bis zum Kindelfließ, rasch fließende und mäandrierende Flachlandbach auf Berliner Gebiet. Durch Einleitungen aus Landwirtschaft, von Straßen und den Nordberliner Rieselfeldern ist das Wasser übermäßig mit Stickstoff- und Phosphorverbindungen angereichert. Auf Westberliner Seite ist es heute im oberen Teil hauptsächlich von landwirtschaftlich genutzten Flächen umgeben. Große Teile des Unterlaufes sind von niedriger Bebauung und privater Gartennutzung eingeschnürt.

Böden

Das Fließtal stellt eine pleistozäne Schmelzwasserrinne dar. Weite Teile der Flußufer sind vermoort. Seit dem Mittelalter wurden Teile der Auenlandschaft in landwirtschaftliche Nutzung genommen und dabei entwässert und gedüngt. Manchenorts wurden die Torfe auch mit Sanden überdeckt, und zwar durch Erosion ebenso wie im Zusammenhang mit Baumaßnahmen.

Flora und Vegetation

Im Tegeler Fließtal gibt es naturnahe Gebiete mit primärer Verlandungsvegetation wie das Gebiet des ehemaligen Großen Hermsdorfer Sees und Gebiete, deren Landschaftsbild und Artenbestand durch landwirtschaftliche Nutzung geprägt sind.

Der biologische Wert des ehemaligen Großen Hermsdorfer Sees (PEUS u. SUKOPP

1977) ist darin begründet, daß es sich um ein (Verlandungs-)Moor handelt, dessen Niveau gegenwärtig noch im Bereich der jahreszeitlichen Schwankungen des Grundwasserspiegels liegt. Dadurch hat das Gebiet das ganze Jahr hindurch einen hohen Feuchtigkeitsgrad, zu dem periodisch auftretendes freies Wasser in Form von Lachen und Tümpeln hinzukommt. Die Faktoren "Hohe Feuchtigkeit" und "Periodisches Flachwasser" sind die Gründe für eine besonders üppige Entfaltung der Flora und Fauna. Der Faktor "Kälte" fügt dem Artenreichtum ökologische und biogeographische Besonderheiten hinzu.

In diesem Gebiet sind noch Reste verschiedener Verlandungsgesellschaften zu erkennen, die rasch in Gebüsche und Wälder übergehen. Die zunehmende Verbuschung läßt sich leicht nach den Luftbildern aus verschiedenen Jahren rekonstruieren (BÖCKER 1978).

Die Fläche des letzten Seerestes wurde 1946 von einem ausgedehnten Schilfbestand eingenommen, der bereits von einzelnem Buschwerk aus Erlen, Weiden und Faulbaum durchsetzt war (HUECK 1946). Da die Fläche nicht gemäht wurde, konnten sich Bäume und Sträucher ungehindert entwickeln. Als Folge davon herrschen heute Gebüsche von Grau- und Lorbeer-Weiden (*Salix cinerea* und *S. pentandra*) zwischen Beständen von Schlank- und Rispen-Seggen (*Carex gracilis* und *C. paniculata*) sowie junge Erlenbruchwälder vor. Das Ganze bildet einen charakteristischen Erlenbruch-Komplex (*Carici-Alnetum*) eines mäßig eutrophen Flachmoores, wie er für quellzügige Standorte der Fließtäler Brandenburgs typisch ist. Nur Gräben, die Verbindung mit dem Fließ selbst haben, weisen durch das Vorkommen von Buckliger Wasserlinse (*Lemna gibba*) auf stark eutrophe Verhältnisse hin.

Im unteren Niederungsabschnitt verbuschten bei Aufgabe der Landwirtschaft ebenfalls weite Teile mit Grauweidengebüschen. Andere, ehemals gemähte Naßwiesen und Schlank-Seggenriede sind heute durch artenarme Wasserschwadenbestände (*Glyceria maxima*) ersetzt.

Mit den ökoklimatischen Eigenheiten des Fließtales hängt das Auftreten zahlreicher Kälte ertragender Arten zusammen, von denen (für das gesamte Fließtal, nicht nur auf unser Gebiet bezogen) z.B. zu nennen sind: Blauer Tarant (*Swertia perennis*), Trollblume (*Trollius europaeus*), Schmalblättriges Wollgras (*Eriophorum angustifolium*), Fieberklee (*Menyanthes trifoliata*), Sumpf-Blutwurz (*Potentilla palustris*), Sumpf-Schachtelhalm (*Equisetum palustre*), Pracht-Nelke (*Dianthus superbus*), Sumpf-Dreizack (*Triglochin palustre*). Verlandete Gräben enthalten u.a. die Aufrechte Berle (*Berula erecta*) als Relikt des Bachröhrichts.

Erwähnenswert sind weiterhin Sumpfherzblatt (*Parnassia palustris*) und Echter Baldrian (*Valeriana officinalis*). An Moosen erwähnt LOESKE (1901) aus Erlenbrüchen zwischen Hermsdorf und Lübars *Thuidium tamariscinum* in großen Mengen und *Cirriphyllum piliferum*.

Im landwirtschaftlich genutzten Teil des Tegeler Fließtals ist die wichtigste Grünlandgesellschaft die Kohldistelwiese (*Cirsio-Polygonetum bistortae*). Sie ist durch reiche Vorkommen von Wiesen-Knöterich (*Polygonum bistorta*) und Goldschopf-Hahnenfuß (*Ranunculus auricomus*) gekennzeichnet. *Polygonum bistorta*, eine boreal-montan verbreitete Art, bevorzugt in der sommerwarmen Mittelmark quellige Niederungen mit kühlem Mikroklima, wogegen sie in den großen Luchgebieten zurücktritt. Die oberhalb von Lübars gelegenen kalten Schildower Quellen zeigen eine durchschnittliche Sommertemperatur des Wassers von 9,2°C (EFFENBERGER 1933).

Im Kontakt mit den vorherrschenden Kohldistelwiesen kommen im Flußtal das Schlankseggenried (*Caricetum gracilis*) in nassen Mulden sowie die Glatthaferwiese (*Dauco-Arrhenatheretum*) an den Talrändern vor. An den Talhängen treten in einem Quellhorizont zahlreiche Schichtquellen aus, die zur Bildung von Kalkflachmooren geführt haben. In einem kleinen Schutzgebiet bei Lübars (Naturdenkmal "In den Langen Hufen") wachsen Stumpfblütige Binsen-(*Juncus subnodulosus*-)Bestände mit Sumpf-Stendelwurz (*Epipactis palustris*), Sumpf-Pippau (*Crepis paludosa*), Purgier-Lein (*Linum catharticum*) u.a. sowie Bestände des Eu-Molinietum.

Das Tegeler Fließtal insgesamt gehört zu den Gebieten mit dem größten Reichtum an seltenen Farn- und Blütenpflanzen in Berlin. Aus der großen Zahl seien noch einige weitere erwähnt, die bisher noch nicht genannt wurden: Lanzett-Froschlöffel (*Alisma lanceolatum*), Trauben-Trespe (*Bromus racemosus*), Breitblättriges Wollgras (*Eriophorum latifolium*), Wenigblütige Sumpfsimse (*Eleocharis quinqueflora*), Saum-Segge (*Carex hostiana*), Spitzblütige Binse (*Juncus acutiflorus*), Große Händelwurz (*Gymnadenia conopsea*), Knotiges Mastkraut (*Sagina nodosa*), Bitteres Schaumkraut (*Cardamine amara*), Einreihige Brunnenkresse (*Nasturtium microphyllum*), Blut-Storchschnabel (*Geranium sanguineum*), Berg-Haarstrang (*Peucedanum oreoselinum*), Preußisches Laserkraut (*Laserpitium prutenicum*), Lungen-Enzian (*Gentiana pneumonanthe*), Bach-Ehrenpreis (*Veronica beccabunga*), Blauer Wasser-Ehrenpreis (*V. anagallis-aquatica*), Teufelsabbiß (*Succisa pratensis*), Färber-Scharte (*Serratula tinctoria*).

Tab. 3.2.3.1: Die Waldspitzmaus-Brandmaus-Zönose mit der Nordischen Wühlmaus im Tegeler Fließtal 1982 (aus: ELVERS u. ELVERS 1984b)

Standort Nr.			1			2	
Falleneinheiten			300			150	
Fangmonat			7/8			7/8	
Individuenzahl			19			9	
	Zahl	%	% besetzte Fallen		Zahl	%	% besetzte Fallen
Waldspitzmaus (*Sorex araneus*)	9	47 %	3,0 %		3	33 %	2,0 %
Brandmaus (*Apodemus agrarius*)	4	21 %	1,3 %		2	22 %	1,3 %
Nordische Wühlmaus (*Microtus oeconomus*)	3	16 %	1,0 %		1	11 %	0,7 %
Gelbhalsmaus (*Apodemus flavicollis*)	-				3	33 %	2,0 %
Wasserspitzmaus (*Neomys fodiens*)	1	5 %	0,3 %		-		
Rötelmaus (*Clethrionomys glareolus*)	1	5 %	0,3 %		-		
Schermaus (*Arvicola terrestris*)	1	5 %	0,3 %				
			6,2 %				6,0 %

Säugetiere

Die Wasserspitzmaus (*Neomys fodiens*), eine seltene und vom Aussterben bedrohte Art, lebt im Bachlauf des Tegeler Fließtales, einem der letzten Vorkommensgebiete der Art in Berlin (West). Am Ufer kommen Brandmaus (*Apodemus agrarius*), Nordische Wühlmaus (*Microtus oeconomus*), Waldspitzmaus (*Sorex araneus*), Schermaus (*Arvicola terrestris*) und Bisamratte vor (vgl. Tab. 3.2.3.1).

Vögel

Die Einzigartigkeit des Tegeler Fließtals als Landschaftstyp Berlins ist auch deutlich in der Besiedlung durch Vögel zu erkennen. Neben dem Mosaik von Feuchtwiesen, Naßwaldungen, Röhrichten, Hochstauden und Weidengebüschen spielt insbesondere die ruhige Lage weiter Flächen im Grenzbereich zur ehemaligen DDR eine wichtige Rolle. So ist das Fließtal neben Spandauer Forst und den Gatower Feldern/Rieselfeldern das wertvollste Vogelbrutgebiet West-Berlins. Insbesondere mehrere gefährdete Feuchtgebietsarten haben hier ihren Vorkommensschwerpunkt.

1971 hat WITT (1972) eine Brutvogel-Bestandsaufnahme in dem 222 ha großen Gebiet durchgeführt. Auch danach ist das Gebiet häufig von Ornithologen aufgesucht worden (OAG 1984 und Brutberichte in Orn. Ber. f. Berlin). Im folgenden werden stichwortartig die bemerkenswerten Brutvogelvorkommen des Fließtals genannt:

Weißstorch (*Ciconia ciconia*); in den 80er Jahren vereinzelt Übersommerer im Dorf Lübars (künstliche Horstplattform) und auf den Wiesen.
Rohrweihe (*Circus aeruginosus*); nicht alljährlich ein Brutpaar im Gebiet; die Art kommt sonst nur an 1-2 Stellen in Berlin vor.
Rebhuhn (*Perdix perdix*); noch 1970 zwei Paare bei Lübars, danach offenbar infolge Bejagung ausgestorben.
Wasserralle (*Rallus aquaticus*); mit wahrscheinlich jährlich 1-2 Revieren eines der wenigen regelmäßig besetzten Brutgebiete.
Wachtelkönig, Wiesenralle (*Crex crex*); Anfang der 70er Jahre regelmäßig bis zu drei rufende Männchen, in den 80er Jahren nur vereinzelt. Die meisten Nachweise in Berlin seit 1972 sind vom Tegeler Fließ.
Kiebitz (*Vanellus vanellus*); nur vereinzelte Bruten; nicht mehr in der 2. Hälfte der 80er Jahre.
Bekassine (*Gallinago gallinago*); 2-4 Reviere in den 70er und 80er Jahren; ab 1983 war das Fließtal das einzige Brutgebiet der Stadt (1987 Ansiedlung im Spandauer Forst).
Wiesenpieper (*Anthus pratensis*); nach 4-5 Revieren 1971 nur noch eines 1972; in den Folgejahren im Fließtal und damit in Berlin (West) ausgestorben.
Sprosser (*Luscinia luscinia*); das einzige ± regelmäßig besetzte Gebiet, in jährlich unterschiedlicher Häufigkeit. Einziger Berliner Brutnachweis 1970 im Fließtal.

Braunkehlchen (*Saxicola rubetra*); 1970/71 6-7 Reviere, 1975 auf 11 ansteigend, dann auf 1-3 Reviere in den 80er Jahren absinkend. Neben Spandauer Forst und Gatow das einzige noch ± regelmäßig besetzte Gebiet in Berlin (West).

Feldschwirl (*Locustella naevia*); Verbreitungsschwerpunkt der Art in Berlin (West)(ca. die Hälfte aller rund 20 Reviere).

Schlagschwirl (*Locustella fluviatilis*); mit maximal drei Vögeln 1984 das am beständigsten aufgesuchte Gebiet in Berlin (West).

Rohrschwirl (*Locustella luscinioides*); mit jährlich 1-3 Revieren in den 70er und 80er Jahren das einzige regelmäßig besetzte Gebiet in Berlin (West).

Schilfrohrsänger (*Acrocephalus schoenobaenus*); 1971 noch 20-22 Brutpaare, danach Zusammenbruch der Population. Das letzte West-Berliner Revier in den 80er Jahren hielt sich im "Niemandsland" des Tegeler Fließes; wahrscheinlich inzwischen ausgestorben.

Sumpfrohrsänger (*Acrocephalus palustris*); 1971 mit 79-90 Revieren der häufigste Vogel des Fließtals, stellenweise in hoher Dichte.

Teichrohrsänger (*Acrocephalus scirpaceus*); 1971 mit 45-46 Revieren recht häufig; heute seltener (?).

Beutelmeise (*Remiz pendulinus*); abgesehen von zwei früheren Meldungen ist Berlin erst ab 1980 besiedelt worden. Mit zwei Revieren 1982 und sechs Revieren 1983 wurde das Tegeler Fließ besetzt, bevor die Art ab 1985 auch in anderen Gebieten Brutreviere gründete.

Die Aufzählung verdeutlicht den hohen Wert des Gebietes für Brutvögel. Auch im Winterhalbjahr weist das Tegeler Fließ Besonderheiten auf: so ist das System der Wiesengräben ein ± regelmäßig besetztes Überwinterungsgebiet in Berlin für Einzelexemplare von Bekassine, Zwergschnepfe (*Lymnocryptes minimus*) und Waldwasserläufer (*Tringa ochropus*) (ELVERS 1984, 1986).

Der Bergpieper (*Anthus spinoletta spinoletta*) ist die einzige Vogelart, die aus Süden kommend (Alpen, einige Mittelgebirge) im Flachland des nördlichen Mitteleuropas überwintert. Mindestens seit 1972 gab es einen Schlafplatz im Tegeler Fließtal. Dieser war mit bis zu 150 Vögeln Mitte der 70er Jahre der wichtigste Sammelplatz der Art im Berliner Raum (WITT 1983a). In den 80er Jahren traten deutlich weniger Bergpieper auf.

Ungünstig wirken sich auf die Vogelwelt des Fließtals die zunehmende Sukzession und Bewaldung der ehemals offenen Verlandungsgesellschaften, der stark angewachsene Erholungsbetrieb und die Entsorgung der im Dorf Lübars anfallenden Reitpferdgülle in die Wiesen aus.

Reptilien

Unter den Reptilien des Tegeler Fließtals ist die Ringelnatter (*Natrix natrix*) zu finden. Sie ist zwar selten, aber noch regelmäßig vor allem nördlich der Straße "Am Freibad" und am Eichwerder Steg zu beobachten, wo die Bestände vermutlich durch Tiere, die aus dem Umland zuwandern, am Leben erhalten werden. Zauneidechsen (*Lacerta agilis*) finden sich nur noch gelegentlich in trockeneren Bereichen in Siedlungsnähe.

Amphibien

Wegen der Barrierewirkung, die von der Berliner Straße, den Siedlungen am Vierrutenberg sowie der Autobahn nach Hamburg ausgehen, lassen sich im Fließtal mehrere Bereiche mit unterschiedlichem Arteninventar bzw. Abundanzen unterscheiden. Naturgemäß spielt hier auch die Verteilung und Struktur der Laichgewässer eine wichtige Rolle.

Der gesamte Bereich östlich und westlich des Dorfes Lübars gehört zwar zum Sommerhabitat von Grasfrosch (*Rana temporaria*) und Erdkröte (*Bufo bufo*), die ja bekanntlich über einen großen Aktionsradius verfügen, doch laichen nur selten einzelne Paare in den kleinen Gräben. Auch der Teichmolch (*Triturus vulgaris*) ist nicht häufig. Wesentlich dichtere Bestände, mit zum Teil mehreren Hundert paarungswilligen Tieren, trifft man zwischen Vierrutenberg und Berliner Straße an. Der Hermsdorfer See und das Grabensystem am Großen Torfstich gehören zu den wichtigsten Laichplätzen der beiden oben genannten Froschlurche. Während des Sommers bevorzugt der Grasfrosch im allgemeinen die feuchten Wiesen und den Bruchwald, die Erdkröte wandert dagegen zum großen Teil aus den etwas höher gelegenen Randgebieten und Kleingärten an. Im Zuge der alljährlichen Laichwanderung und der Abwanderung der Jungtiere im Sommer werden häufig Tiere auf der Straße "Am Freibad" überfahren, die den heutigen Hermsdorfer See von den verlandeten Bereichen des ehemaligen Großen Hermsdorfer Sees trennt. Die Knoblauchkröte (*Pelobates fuscus*) ist wegen der fortschreitenden Versiegelung und Bebauung in den trockeneren Randgebieten bereits stark zurückgegangen, das Trillern der Wechselkröte (*Bufo viridis*) ist schon seit mehreren Jahrzehnten nicht mehr zu hören.

Auch in dem Bereich zwischen der Berliner Straße und der Stadtautobahn finden sich traditionelle Laichplätze der Erdkröte und des Grasfrosches dort, wo das Frühjahrshochwasser ehemals großflächig die Wiesen überschwemmte. Beide Molcharten kommen hier noch in kleineren Beständen in Tümpeln am Rande des Tegeler Fließtals vor.

Die wegen der Ableitung der Rieselfeldabläufe in die Panke und der hohen Wasserentnahme durch die Phosphateliminationsanlage (PEA) verringerte Wasserführung des Fließes wirkt sich besonders im Unterlauf aus. Überschwemmungsflächen und Röhrichte sind großflächig trockengefallen. Im sehr niederschlagsarmen Frühjahr 1989 verlagerte sich daher das Laichgeschehen mehrere hundert Meter stromaufwärts. Für die von Westen anwandernden Tiere erwies sich dabei die Wehranlage am Einlaufbereich zur PEA als ausgesprochene Amphibienfalle (KLEMZ u. KÜHNEL 1989). Während der Anwanderungsperiode passierten hier etwa zweihundert Tiere.

Durch den Bau der Autobahn wurde ein Teil der ehemals zusammenhängenden

Lebensräume und damit auch der Populationen getrennt, so daß ein Austausch nur noch über das Fließ selbst erfolgen kann.

Teichfrösche (*Rana "esculenta"*) sind im gesamten Fließverlauf anzutreffen, jedoch mit deutlichen Konzentrationen in ruhigeren Bereichen mit ausgeprägterem Röhrichtbestand wie am Hermsdorfer See oder am Eichwerder Steg. Als Durchwanderer werden gelegentlich einzelne Seefrösche (*Rana ridibunda*) registriert.

Fische

Das Tegeler Fließ mit dem Hermsdorfer See beherbergt insgesamt 18 Arten (VÖLZKE 1984) (Tab. 3.1.1.5); von ihnen sind acht gefährdet (Tab. 2.2.6.1.8).

Im Großen Sprintgraben lebt der in Berlin (West) vom Aussterben bedrohte Neunstachlige Stichling (*Pungitius pungitius*).

Wirbellose Tiere

Wegen seiner hohen Fließgeschwindigkeit gehört das Tegeler Fließ zu den ganz wenigen Berliner Gewässern, die noch Arten mit höherem Sauerstoffbedarf beherbergen können, soweit die betreffenden Arten nicht durch andere Verunreinigungen (aus Rieselfeldern und landwirtschaftlichen Düngemitteln) beeinträchtigt werden, was sich zu manchen Jahreszeiten bemerkbar macht.

Unter den Bachflohkrebsen findet sich *Gammarus roeselii*. Am Gewässergrund und an submersen Wasserpflanzen kriechen Larven der Eintagsfliegengattung *Cloeon* umher. Recht selten findet sich noch die Gebänderte Prachtlibelle (*Calopteryx splendens*). Ihr Saprobienindex liegt bei 1,8; *Cloeon* zeigt 2,0; *Gammarus roeselii* 2,3 an. Im gleichen Bereich ist der Fischegel *Piscicola geometra* anzusiedeln. Er ist im Fließ nicht selten. Die Wasserqualität ist also vergleichsweise gut (MEYER 1983).

3.2.4 Pfuhle

Auf der welligen Grundmoräne zwischen den Dörfern Steglitz, Tempelhof, Mariendorf, Britz und Rudow gab es - neben kleineren und größeren Hügeln - eine Vielzahl kleiner Gewässer, Pfuhle genannt. Der größte war der Mariendorfer Riesen-Pfuhl, der bei einer Länge von fast 1000 m stellenweise 100 m breit war. Die meisten sind kleine, oft runde eiszeitliche Bildungen (s. Kap. 1.1). Verschiedenen menschlichen Nutzungen ist es zu verdanken, daß auch heute noch offene Wasserflächen anzutreffen sind (s. Kap. 2.1). Gegen Ende des 19. Jahrhunderts erlosch das Interesse an der Nutzung der Pfuhle. Viele wurden aufgefüllt, andere dienen als Straßenwasserauffangbecken oder sind zu Parkpfuhlen geworden. Insgesamt sind nur etwa 60 Pfuhle eiszeitlicher Entstehung bis heute erhalten geblieben (LAUNHARDT 1988).

Böden

Die Pfuhle der Teltower Platte sind Hohlformen in einer Parabraunerde-Bodengesellschaft aus Geschiebedecksand über Geschiebemergel. Ein noch erhaltener, heute geschützter Pfuhl ist der Lolopfuhl in der Feldmark Rudows (Abb. 3.2.4.1). Dichter Geschiebelehm und -mergel wirkt als Staukörper. Daher sammelt sich Niederschlagswasser, und es entsteht ein kleiner Weiher. In trockeneren Sommern verdunstet und versickert das Wasser vollständig. Der Pfuhl fällt trocken und wird daher auch als Himmelsteich bezeichnet. Im ausgetrockneten Zustand sind an der tiefsten Stelle des Pfuhls Gleye zu beobachten. Sie werden im Winter und auch in feuchten Sommern von Wasser überstaut, damit zu Unterwasserböden und sind somit amphibisch (STAHR u.a. 1983).

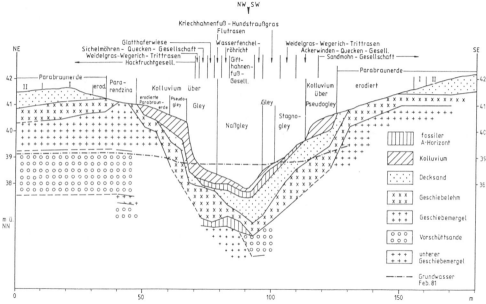

Abb. 3.2.4.1: Vegetationsgesellschaften, Böden und Sedimente in einem Schnitt durch den Lolopfuhl (STAHR u.a. 1983)

Die ackerbauliche Nutzung der umliegenden Feldflur hat Bodenerosion bewirkt. Dadurch wurden die Geschiebemergel-Parabraunerden des Pfuhlrandes erodiert und in kalkhaltige Pararendzinen umgeformt. Gleichzeitig wurde der Pfuhl selbst teilweise mit Kolluvium verfüllt.

Die Böden des Pfuhls sind durch stark wechselnde Wasser- und Luftverhältnisse für Flachwurzler gekennzeichnet, während Tiefwurzlern im Pfuhl selbst ganzjährig ausreichend Wasser zur Verfügung steht. Die Nährstoffgehalte der Böden des Pfuhls sind mittel und die pH-Werte liegen nur bei 4 bis 5. Das gilt aber auch für die benachbarten Ackerflächen, die offensichtlich kaum gekalkt werden. Daher ist die sonst übliche Calcitrophierung der Böden des Pfuhls ausgeblieben. Andere Pfuhle wurden vom Menschen sehr viel stärker verändert oder gänzlich zerstört.

Flora und Vegetation

Flora und Vegetation sind verschieden bei Pfuhlen mit ständiger Wasserführung und solchen mit periodischer Wasserführung. Bei Pfuhlen mit ständiger Wasserführung kann man eine Zonierung vom offenen Wasser mit untergetaucht lebenden Pflanzen, z.B. verschiedenen Laichkräutern, über Schwimmblattpflanzen zu einem Röhricht und Gebüsch beobachten.

An den nur periodisch wasserführenden Pfuhlen muß sich die Vegetation dem Wechsel von naß und trocken anpassen. Die sommerliche Austrocknung hat zur Folge, daß sich hochwüchsige Röhrichte abgesehen von Beständen des Breitblättrigen Rohrkolbens (*Typha latifolia*) nicht ausbilden können; das winterliche Wasser verhindert eine Ausbreitung von Gebüschen. Den wechselnden Wasserständen sind eine Reihe von einjährigen Arten angepaßt, deren Samen in großer Zahl im Boden auf eine günstige Keimmöglichkeit warten. Erstbesiedler des organischen Schlammes sind Strand-Ampfer (*Rumex maritimus*), Gift-Hahnenfuß (*Ranunculus sceleratus*, Abb. 3.2.4.1) und Rotgelber Fuchsschwanz (*Alopecurus aequalis*). Bleiben hohe Überflutungen aus, dominiert der Flutende Schwaden (*Glyceria fluitans*), ein Wildgetreide, das schon seit der Steinzeit genutzt wurde. Der Geschmack der Früchte ist angenehm süßlich. Die Pflanze hatte daher den Namen "Himmelsmanna". Speisen, die daraus zubereitet wurden, erfreuten sich großer Beliebtheit. Erst gegen Ende des vorigen Jahrhunderts geriet diese Nutzung bei uns in Vergessenheit.

An den Rändern der Pfuhle, wo organisches Material den Boden bedeckt, gibt es Lebensmöglichkeiten für eine Reihe von seltenen kleinwüchsigen Pflanzen (EBER 1974): Sand-Binse (*Juncus tenageia*), Quirl-Tännel (*Elatine alsinastrum*) Sumpf-Quendel (*Peplis portula*). Ihre seltenen Vorkommen sind von den spezifischen Umweltbedingungen der Himmelsteiche abhängig und machen den hohen Naturschutzwert der Pfuhle aus.

Säugetiere

Die Säugetiere der Pfuhle sind kaum untersucht. Am Hüllenpfuhl in Gatow kam zumindest bis Mitte der 60er Jahre die Nordische Wühlmaus (*Microtus oeconomus*) vor, die auch aus dieser Zeit für Pfuhle im Südosten von Berlin (West) angenommen werden kann. Heute lebt sicher die Schermaus in den Pfuhlen. Die Besiedlung der Ränder durch weitere Kleinsäuger ist von der Nutzung abhängig. Am Unkenpfuhl in Kladow z.B. kommen Brand- (*Apodemus agrarius*), Feld- (*Microtus arvalis*) und Zwergmaus (*Micromys minutus*) vor.

Vögel

Die Besiedlung der Pfuhle durch Vögel ähnelt grundsätzlich der anderer Kleingewässer. Sie ist hauptsächlich von Faktoren wie Größe der Wasserfläche, Wasserführung, Ausbildung der Vegetation, umliegenden Nutzungen und Störungen abhängig. Daher weisen viele Pfuhle nur einen Brutvogelbestand auf, der dem von Parkteichen entspricht: Stockente (*Anas platyrhynchos*), Teichhuhn (*Gallinula chloropus*) und Bleßhuhn (*Fulica atra*) sind die einzigen vorkommenden Wasservögel.

Als Besonderheit tritt in einigen Pfuhlen der Zwergtaucher (*Podiceps ruficollis*) auf, so 1988 in Rudow am Krummen Katzenpfuhl und Großen Rohrpfuhl. Vorhandene Schilfröhrichte können vom Teichrohrsänger (*Acrocephalus scirpaceus*) besiedelt werden, so am Priesterpfuhl und Großen Rohrpfuhl in Rudow und dem Roetepfuhl in Britz. Bei Einbindung des Pfuhles in die Landschaft können in den Randbereichen weitere feuchteliebende Vogelarten vorkommen. So gab es 1988 am Bumpfuhl in Heiligensee Reviere von Rohrammer (*Emberiza schoeniclus*) in Hochstauden und Schafstelze (*Motacilla flava*) in der Feuchtwiese (eig. Beob.).

Als Rastbiotop für Wasservögel haben Pfuhle meist keine Bedeutung, da sie zu klein und isoliert sind. Eine Ausnahme stellt der Große Rohrpfuhl in Rudow dar. In ihm stellten RATZKE u. STEIOF (briefl.) mit Bekassine (*Gallinago gallinago*), Pfeif-, Spieß-, Krick- und Knäkente (*Anas penelope, A. acuta, A. crecca* und, *A. querquedula*) Arten fest, die in Berlin nur wenige Rastplätze haben (vgl. ELVERS u. BRUCH 1987). Interessant ist, daß hier bei den zahlreichen Stockenten ein Rastplatzzusammenhang mit dem in ca. 1,5 km Luftlinie entfernt liegenden Vorklärbecken des Rudower Fließes südlich Berlins besteht. Jenes wiederum profitiert von den angrenzenden Rieselfeldern bei Waßmannsdorf, in denen zahlreiche Schwimmenten rasten. Einzelexemplare von Knäk-, Pfeif- und Spießente und kleine Trupps der Krickente werden offenbar von den Stockenten vom Vorklärbecken zum Großen Rohrpfuhl mitgerissen.

Neben der Übernutzung stellt die Grundwasserabsenkung die größte Gefahr für die Pfuhle dar. Dies kann bis hin zum völligen Austrocknen und damit zum Verlust als Feuchtgebiet führen. Eine derartige Entwicklung ist für den Hüllenpfuhl in der Gatower Feldflur belegt. Anfang der 60er Jahre sanken die Grundwasserstände stark ab. Die Bestandsentwicklung der Vogelwelt ist durch Beobachtungen von BRUCH dokumentiert: "Bis 1962 gab es Bruten bzw. Brutversuche folgender Arten: Teichhuhn, Wasserralle (*Rallus aquaticus*) und Kiebitz (*Vanellus vanellus*). In den 50er Jahren befand sich dort noch ein Revier der Bekassine. Dies sind Arten der Uferbereiche und Röhrichte bzw. nasser Wiesen. Ihr Vorkommen endete abrupt 1962/63. Hieraus ist zu folgern, daß der Hüllenpfuhl zu diesem Zeitpunkt seinen Charakter als Feuchtgebiet verloren hat. Dies wird belegt durch die ökologischen Ansprüche der rastenden Vogelarten, die auch in den 50er bis Anfang der 60er Jahre festgestellt wurden: Weißstorch (*Ciconia ciconia*; max. elf am 20.4.56), Krickente, Knäkente, Bleßhuhn, Teichhuhn, Wasserralle, Tüpfelsumpfhuhn (*Porzana porzana*), Waldwasserläufer (*Tringa ochropus*), Zwergschnepfe (*Lymnocryptes minimus*; max. fünf am 4.11.61), Bekassine (max. 17 am 21.10.61), Schilfrohrsänger (*Acrocephalus schoenobaenus*), Seggenrohrsänger (*Acrocephalus paludicola*), Schafstelze (maximal 85 am Schlafplatz, 17.8.63), Blaukehlchen (*Luscinia svecica*). Dies alles sind Feuchtgebietsbewohner, die in Mitteleuropa teilweise stark gefährdet sind" (ÖKOLOGIE u. PLANUNG 1986, S. 175f.).

Als Brutvögel konnten 1986 noch Sumpfrohrsänger (*Acrocephalus palustris*) und Fasan (*Phasianus colchicus*) nachgewiesen werden, die das Gebiet als Staudenflur charakterisieren.

Reptilien

Wegen des in der Regel begrenzten Umlandes und des hohen Störungspotentials finden Reptilien an den heute noch vorhandenen Pfuhlen keine geeigneten Lebensmöglichkeiten. Bei gelegentlichen Beobachtungen der Ringelnatter (*Natrix natrix*) handelt es sich um Zufallsfunde. Eine der wenigen Ausnahmen ist der Hüllenpfuhl, der in den meisten Jahren kein Wasser führt. Er gehört noch zum Einzugsbereich der Blindschleiche (*Anguis fragilis*) in der Gatower Feldflur (s. Kap. 3.3).

Amphibien

Pfuhle gehören in Berlin neben anderen Kleingewässern, wie ehemaligen Lehmgruben, zu den wichtigsten Laichgewässern für Amphibien im Bereich des Stadtrandes und der aufgelockerten Bebauung. Obwohl ein Großteil der Pfuhle heute verschwunden ist (vgl. Kap. 2.2.3.2), und die meisten verbliebenen Gewässer vielfältigen Veränderungen und Belastungen ausgesetzt sind, gehören noch alle rezenten Arten zum Bestandteil ihrer Fauna. Das letzte Vorkommen der Rotbauchunke (*Bombina bombina*), einer im vorigen Jahrhundert noch relativ häufigen Art der offenen, in Grünland eingebetteten Gewässers, ist dagegen seit Beginn der 70er Jahre dieses Jahrhunderts erloschen. FRIEDEL u. BOLLE (1886) geben sie auch noch für Kreuzberg und Schöneberg an, stellten jedoch bereits ihren Rückgang fest.

Einige Arten wie der Moorfrosch (*Rana arvalis*) erreichen immer noch relativ hohe Abundanzen, besonders in den Rudower Pfuhlen (KÜHNEL 1986). Veränderungen der Laichgewässer durch die starke Beschattung durch aufkommende oder angepflanzte Ufergehölze, die durch den Eintrag von Schmutzstoffen mit der Straßenwassereinleitung hervorgerufene Sauerstoffzehrung oder der künstlich herbeigeführte Fischbesatz sind indes nicht die einzigen Faktoren, die zu Bestandsrückgängen führen.

Die schleichende Verdichtung der Bebauung in den Randgebieten und die Inanspruchnahme von Feldflur zur Anlage von Kleingärten beschneiden zunehmend den Landlebensraum, besonders für solche Arten, die sich meist weiter vom Gewässer entfernen oder spezielle Ansprüche stellen, wie die Knoblauchkröte (*Pelobates fuscus*) (s. Kap. 2.2.6.1).

Von den Mariendorfer und Britzer Pfuhlen besitzen nur der Roetepfuhl, der eine der individuenstärksten Populationen des Teichmolches (*Triturus vulgaris*) in der Stadt aufweist (1988 ca. 2000 Tiere), sowie der Kienpfuhl und der Große Eckerpfuhl größere Bedeutung für die Amphibienfauna (KLEMZ i. Vorber.). Möglicherweise können sich längerfristig auch in den inzwischen restaurierten Pfuhlen, die über das Gelände der ehemaligen Bundesgartenschau in Verbindung stehen, wieder nennenswerte Bestände, etwa der Knoblauchkröte, aufbauen. Bislang siedelt hier nur der Teichfrosch (*Rana "esculenta"*).

Im Norden Berlins gibt es nur wenige Pfuhle im eigentlichen Sinne. Besondere Bedeutung für den Grasfrosch (*Rana temporaria*) besitzt der Bumpfuhl in Heiligensee, der, eingebettet in ein vielfältiges Mosaik aus Brachflächen, Wiesen, Äckern und Gehölzen, große besonnte Flachwasserbereiche aufweist, die eine schnelle Larvalentwicklung fördern. Allerdings kommt es wie an einigen Rudower Pfuhlen vor, daß in trockenen Jahren der Nachwuchs vorzeitig zugrunde geht. Sofern die Landlebensräume noch intakt sind, schadet dies dem Bestand nicht übermäßig, sondern sorgt unter Umständen dafür, daß das Gewässer fischfrei bleibt.

Vielfach müssen künstlich angelegte Gewässer wie Regenwasserauffangbecken die Funktion von Laichgewässern übernehmen. Wegen ihrer starken organischen Belastung, den steilen, meist vegetationslosen Ufern, sowie der Beschattung und den extremen Wasserstandsschwankungen, die ohne weiteres einen Meter erreichen können, sind sie jedoch in den meisten Fällen ein denkbar schlechter Ersatz (KLEMZ 1989). Zusätzlich beeinträchtigt durch eine dichte Bebauung bestehen die Populationen meist nur aus wenigen Dutzend Tieren, die offensichtlich gerade den Fortbestand der Art gewährleisten können. Am Lolopfuhl dagegen ermittelte KÜHNEL (1986) annähernd 500 Knoblauchkröten. Selbstverständlich sind derartige Zahlenvergleiche, vor allem unter Berücksichtigung häufiger Schwankungen, mit Vorsicht zu betrachten, tendenziell zeigen sie aber, welchen Einfluß das Gefüge aus Laichgewässer und Umgebung auf die Entwicklungsmöglichkeiten von Amphibienpopulationen hat.

Fische

In den Pfuhlen im Süden von Berlin (West) sind insgesamt zehn verschiedene Fischarten anzutreffen (vgl. Tab. 3.1.1.5). Untersucht wurden in Steglitz der Rückertteich, in Tempelhof die Blanke Helle, in Mariendorf der Eckernpfuhl, der Rothepfuhl und der Türkenpfuhl, der Britzer Roetepfuhl und in Rudow der Krumme Katzenpfuhl. Fischfrei sind Karutschenpfuhl in Steglitz und der Rudower Röthepfuhl. Sie alle besitzen eine Wasserfläche von unter einem Hektar. Sie enthalten vereinzelt Fischarten, die dem Biotop nicht entsprechen, wie den Aal, der nicht in Gewässer ohne Abwanderungsmöglichkeiten gehört, und den Karpfen, der in einem so kleinen Gewässer eine zu große Nahrungskonkurrenz für die anderen Fischarten darstellt.

Es bleiben folgende Arten, die natürlicherweise in diesem Gewässertyp auch zu erwarten sind: Die Rotfeder (*Scardinius erythrophthalmus*), die zwei Kleinfischarten

Moderlieschen (*Leucaspius delineatus*) und Dreistachliger Stichling (*Gasterosteus aculeatus*) sowie die zeitweise ohne Sauerstoff leben könnenden Arten Karausche (*Carassius carassius*) und Giebel (*Carassius auratus gibelio*). Die Lebensbedingungen in den Pfuhlen sind, neben dem Einfluß starker Wasserstandsschwankungen, teilweise durch verschiedene Freizeitnutzungen der Anwohner geprägt.

Wirbellose Tiere

Eingebettet in den Lehmboden von Teltow und Barnim zeigten die Pfuhle ehemals ein charakteristisches Spektrum an wirbellosen Tieren. Da sie in der Mehrzahl regelmäßig oder in größeren Zeitabständen im Sommer für einige Zeit trockenfallen, entwickelte sich ihr Artenspektrum unbeeinflußt durch Fische. Leider sind aber in Einzelfällen Fische in solchen Pfuhlen ausgesetzt worden. Daneben ist aber auch längerfristige Austrocknung manchen Arten zum Verhängnis geworden. So werden von den Libellen die Südliche Binsenjungfer (*Lestes barbarus*) und die Nordische Moosjungfer (*Leucorrhinia pectoralis*) kaum noch beobachtet (JAHN 1982). Die Gemeine Binsenjungfer (*Lestes sponsa*) ist aber regelmäßig zu sehen. Andere regelmäßige Bewohner der Pfuhle sind die Wasserassel (*Asellus aquaticus*) sowie etliche Arten von wasserbewohnenden Käfern der Familien *Dytiscidae* (Schwimmkäfer) und *Hydrophilidae* (Wasserkäfer). Auffällig ist auch der Wasserskorpion (*Nepa rubra*), eine Wasserwanze, deren Atemrohr am Hinterende oft als Stachel mißdeutet wird. Unter den Egeln findet sich der Hundeegel (*Herpobdella octoculata*), der sich von kleinen Wenigborstern und Schnecken ernährt.

3.2.5 Wassergefüllte Kiesgruben

Größere künstliche Gewässer sind in diesem Jahrhundert durch Entnahme von Kies und Sand entstanden. Im Gebiet der Moränensande sind nur geringe Anteile der Gruben wassergefüllt. Im Talsandgebiet entstanden durch den höheren Grundwasserstand Restseen; Beispiele sind der Laßzinssee und der Spektesee in Spandau und der Flughafensee in Tegel. Form und Größe der Gewässer sind überwiegend durch die Entnahme bestimmt und nur geringfügig an die spätere Erholungsnutzung angepaßt worden.

Böden

Nach dem Ausbaggern stehen sandige und kiesige Sedimente an, in denen die Bodenbildung erst langsam beginnt. Nur in der Nähe von Regenwassereinleitungen sind Sedimente städtischer Herkunft in größerer Mächtigkeit vorhanden, die ähnlich hohe Gehalte an Schwermetallen aufweisen wie in anderen Berliner Gewässern.

Flora und Vegetation

Das Plankton der wassergefüllten Kiesgruben zeigt eine Entwicklung vom Grundwassersee mit klarem Wasser und zum Teil großer Tiefe (über 30 m im Flughafensee) zu mehr oder weniger eutrophierten Seen.

Andere Sandgruben erreichen mit ihrer Sohle gerade den Grundwasserspiegel, so daß trockene Standorte mit solchen abwechseln, die kurzfristig, periodisch oder dauernd wassergefüllt sind. In der Sandgrube im Postfenn (PRASSE 1984, FEICHTINGER u. HEMEIER 1986) kommen die Auswirkungen der militärischen Übungen dazu: Aufreißen und Verdichten der Böden und Zerstören der Vegetation, wodurch ein Mosaik von Flächen mit verschieden dichter Vegetationsbedeckung entsteht. Pionierarten unter Pflanzen und Tieren finden dadurch immer wieder neue Entwicklungsmöglichkeiten. In den flachen Kleingewässern wachsen Rasen von Armleuchteralgen (*Chara vulgaris*), der GiftHahnenfuß (*Ranunculus sceleratus*), Klein- und Großröhrichte mit Sumpfsimsen (*Eleocharis palustris*), Schilf (*Phragmites australis*) und Breitblättrigem Rohrkolben (*Typha latifolia*), Flutrasen mit Weißem Straußgras (*Agrostis stolonifera*) und Glieder-Binse (*Juncus articulatus*) sowie am Rand Bestände des Huflattichs (*Tussilago farfara*).

Säugetiere

Schermaus (*Arvicola terrestris*) und Bisamratte (*Ondatra zibethica*) besiedeln die Gewässerbereiche am Flughafensee. 1983 wurden auf drei Standorten die Kleinsäugerlebensgemeinschaften der Umgebung erfaßt. Auf den Freiflächen mit schütterer Vegetation des Postgeländes kommt die Feldmaus vor. In den Forsten direkt am Flughafensee leben Waldspitzmaus, Gelbhalsmaus (*Apodemus flavicollis*) und Rötelmaus (*Clethrionomys glareolus*) (ELVERS 1983c).

Die Säugetiere am Laßzinssee entsprechen dem umliegenden Forstgebiet bis auf das sporadische Vorkommen des Fischotters (*Lutra lutra*).

Vögel

Die Brutvogelreviere von drei wassergefüllten Abgrabungsgewässern Berlins sind Tabelle 3.2.5.1 zu entnehmen.

Durch die intensive Badenutzung am Flughafensee eignet sich für die Besiedlung durch Wasservögel nur der als "Vogelschutzreservat" abgetrennte und vom Deutschen Bund für Vogelschutz (DBV) bewachte und betreute Teil. Er umfaßt den Flachwasserbereich des Sees und zwei kleinere Abgrabungsteiche.

Der Spektesee liegt inmitten einer intensiv genutzten Grünanlage. Einige Uferbereiche sind zwar unzugänglich, doch konnten sich infolge der steilen Böschungen nur kleine Röhrichtflächen bilden. Der Laßzinssee am Nordrand des Spandauer Forstes ist völlig eingezäunt und wird ebenfalls von einer Naturschutzgruppe betreut. Flachwasserbereiche fehlen allerdings weitgehend.

Tab. 3.2.5.1: Brutvogelarten von drei wassergefüllten Abgrabungsseen

Art	Gef.-Grad RL-Berlin[1]	Flughafensee Tegel 1983[2]	Revierzahlen Spektesee Spandau 1987[3]	Laßzinssee Spandau 1985[4]
Zwergtaucher (*Podiceps ruficollis*)	2	1	-	-
Haubentaucher (*Podiceps cristatus*)		3	1	x
Höckerschwan (*Cygnus olor*)		1 (1982)	1	-
Stockente (*Anas platyrhynchos*)		mehrere	4	x
Tafelente (*Aythya ferina*)	2	3	-	-
Reiherente (*Aythya fuligula*)	4	2 - 3	-	-
Teichhuhn (*Gallinula chloropus*)		mindestens 1	1	x
Bleßhuhn (*Fulica atra*)		mindestens 1	11	x
Flußregenpfeifer (*Charadrius dubius*)	2	Brut bis 1973	-	x
Eisvogel (*Alcedo atthis*)	2	1	-	-
Uferschwalbe (*Riparia riparia*)	2	Brut bis 1976	-	x
Teichrohrsänger (*Acrocephalus scirpaceus*)		5	4	x
Drosselrohrsänger (*Acrocephalus arundinaceus*)	2	1 (1981)	1	-
Beutelmeise (*Remiz pendulinus*)	1	-	1	x
Rohrammer (*Emberiza schoeniclus*)	4	2 - 3	1	x

[1] WITT 1985a
[2] ÖKOLOGIE u. PLANUNG 1983
[3] ARBEITSGEMEINSCHAFT ÖKOLOGIE u. LANDSCHAFTSENTWICKLUNG 1988
[4] MIECH 1986, x = Art kommt vor

Auffällig ist eine große Ähnlichkeit in der Besiedlung durch Vögel, trotz stark unterschiedlicher Flächengröße und Nutzungsdrucks. Die anspruchsvolleren Schwimmvögel (Rote Liste-Arten Zwergtaucher, Tafel- und Reiherente) am Flughafensee bevorzugen den deckungsreichen, nördlich vom eigentlichen Abgrabungssee gelegenen Teich. Der hohe Bleßhuhn-Bestand am Spektesee könnte seine Ursache in dem starken menschlichen Einfluß haben: Die Art ist wenig scheu und damit recht störungstolerant und kann vom künstlichen Nahrungsangebot profitieren.

Die Pionierarten Flußregenpfeifer und Uferschwalbe sind auf kahle ebene Flächen bzw. Steilwände angewiesen und können daher nur im Gebiet erhalten werden, wenn derartige Pioniersituationen immer wieder neu geschaffen werden.

Die Ansiedlungen von Drosselrohrsänger und Beutelmeise in den sich allmählich ausbildenden Verlandungszonen sind erst in den 80er Jahren erfolgt. Der Drosselrohrsänger benötigt möglichst große Schilfbestände, andere Röhrichtarten können nicht besiedelt werden (vgl. Kap. 3.2.1).

Außerhalb der Brutzeit sind auf dem großen Flughafensee fast alle regelmäßig in Berlin rastenden Wasservögel nachgewiesen worden. Ein Überwechseln von Vögeln zum nahen Tegeler See konnte mehrfach festgestellt werden. Im Flachwasserbereich wurden in den letzten Jahren mit Zwergdommel (*Ixobrychus minutus*) und Purpurreiher (*Ardea purpurea*) zwei seltene Reiherarten rastend beobachtet.

Aufgrund seiner Randlage in Berlin und der Ungestörtheit sind inzwischen auch auf dem Laßzinssee viele Wasservogelarten rastend nachgewiesen worden. An beiden Gewässern gehört der Fischadler (*Pandion haliaetus*) zu den gelegentlichen Durchzüglern.

Besonders am Spektesee führt die intensive Freizeitnutzung zu einer starken Entwertung als Vogelbrutgebiet. Die Anlage kleiner "Schutzbereiche" ist nahezu wirkungslos. Statt dieser Nutzungsüberlagerung sollte eher eine Nutzungstrennung angestrebt werden. Hierzu bietet sich an, den Spektesee in bisherigem Umfang der Erholungsnutzung zu überlassen. Dafür ist aber der weiter westlich gelegene Abgrabungssee ("Spektelake") völlig für den Naturschutz zu erhalten und zu gestalten und jegliche Fremdnutzung von vornherein zu unterbinden. Damit wäre die Chance gegeben, einen nährstoffarmen See mit submerser Vegetation und entsprechender Fauna zu erhalten.

Reptilien

In den großen wassergefüllten Sandgruben, wie dem Flughafensee oder dem Laßzinssee, beschränken sich die Reptilienvorkommen auf trockene, offene Stellen im Randbereich, meist im Übergang zum Wald. Die Sandgruben des nördlichen Grunewaldes (s.u.) bieten diesbezüglich bessere Lebensbedingungen, zumindest dort, wo die Hänge noch nicht zu stark verbuscht oder überflüssigerweise mit Gehölzen bepflanzt wurden. Charakteristischer Vertreter dieser Tiergruppe ist die Zauneidechse (*Lacerta agilis*). Blindschleichen (*Anguis fragilis*) wurden bislang nur selten beobachtet.

Der Laßzinssee im Spandauer Forst gehört außerdem zum Lebensraum der Ringelnatter (*Natrix natrix*). Vom großen Kiesteich in der Spekte sind keine Reptilienvorkommen mehr bekannt.

Amphibien

Neben den Sandgruben des nördlichen Grunewaldes, auf deren verdichteten Sohlen sich flache, zum Teil perennierende Gewässer gebildet haben, die verschiedenen Amphibienarten gute Entwicklungsmöglichkeiten bieten, wurden auch die großen, ständig wassergefüllte Sandgruben mit seenartigem Charakter inzwischen von Amphibien besiedelt.

Der Laßzinssee im Spandauer Forst weist ein ähnliches Artenspektrum wie die benachbarten Gewässer auf. Bei der kürzlich durchgeführten teilquantitativen Erfassung (KÜHNEL 1989) dominierte die Erdkröte (*Bufo bufo*) mit etwa 1000 Tieren. Der Grasfrosch (*Rana temporaria*), Teichmolch (*Triturus vulgaris*) und Teichfrosch (*Rana "esculenta"*) kommen gleichfalls vor.

Die gleichen Arten treten auch am Flughafensee in Reinickendorf auf. Wegen der ausgedehnten Flachwasserbereiche und kleiner, separater Nebengruben erscheinen die Entwicklungsvoraussetzungen insgesamt etwas günstiger, wenngleich keine Vernetzung mit anderen Gewässern gegeben ist. Stark zugenommen hat hier in den vergangenen Jahren der Seefrosch (*Rana ridibunda*), offensichtlich auf Kosten des Teichfrosches.

Die Auskiesungen in der Spandauer Spekte, die bis vor etwa zehn Jahren das größte Vorkommen der Wechselkröte (*Bufo viridis*) beherbergten, sind durch die Umgestaltung und den starken Erholungsdruck so beeinträchtigt, daß der Fortbestand dieser Art in Frage gestellt ist. Aber auch Knoblauchkröte (*Pelobates fuscus*), Teichmolch und Teichfrosch sind hier zurückgegangen.

Fische

Das durch Besatz geprägte Artenspektrum des 6 ha großen Kiesteichs Spektesee (Tab. 3.1.1.5) erlaubt es, dieses Gewässer als "Trophäenhälterungsbecken" zu bezeichnen. Die sauerstoffanspruchsvolle Regenbogenforelle (*Oncorhynchus mykiss*) ist kein Fisch für ein Gewässer mit relativ hohen Wassertemperaturen und starker Sauerstoffzehrung im Sommer. Für Angelgewässer empfehlen TESCH u. WEHRMANN (1982), Zander (*Stizostedion lucioperca*) nur in trübe Gewässer von über 20 ha Größe und keine Karpfen (*Cyprinus carpio*) in Kiesteiche auszusetzen, weil ihr Bestand durch Netzfang aufgrund der Tiefe nicht mehr reguliert werden kann und weil sie starke Nahrungskonkurrenten für die anderen Cypriniden sind. Der Einsatz des Grasfisches (*Ctenopharyngodon idella*) zur Verhinderung einer schnellen Verlandung durch übermäßigen Pflanzenwuchs ist selbst in flachen Gewässern nur bedingt und in tiefen überhaupt nicht angebracht, da er durch übermäßigen Pflanzenfraß den Biotop schädigen kann und nur schwer zu fangen ist.

Wirbellose Tiere

Künstliche Teiche, die durch Ausbaggern von Kies entstanden sind, werden sehr schnell durch fliegende Wasserinsekten besiedelt. Auch Wasserflöhe und Flohkrebse stellen sich schnell ein, von den fast allgegenwärtigen Einzellern ganz zu schweigen. Während sich im Wasser schon die ersten Schwimmkäfer tummeln, gemeinsam mit der Ruderwanze (*Hesperocorixa linnei*) und dem Rückenschwimmer (*Notonecta glauca*), der den Menschen schmerzhaft sticht, wenn er nach ihm greift, finden sich auch in der Uferregion besondere Arten ein: Direkt am Gewässerrand eilen Laufkäferarten wie *Elaphrus riparius* und *Bembidion femoratum* umher.

Die steilen sandigen Hänge dagegen werden gerne von Sandbienen und anderen Hautflüglern als Brutbiotop angenommen. Hier graben sie ihre waagerechten Gänge in die Erde und tragen Pollen und Nektar zur Ernährung ihrer Larven in die Brutkammern. Kaum ist eine kleine Sandbienenkolonie beisammen, stellen sich auch schon Schmarotzerbienen ein, um ihre eigene Brut mit durchfüttern zu lassen.

3.3 Felder, Grünland und Gärten

Seit den Rodungen im Hochmittelalter befand sich der größte Teil der Grundmoränenplatten unter Ackernutzung (vgl. Kap. 2.1). Bedingt durch die relativ niederschlagsarmen Verhältnisse im Berliner Raum beschränkten sich die Wiesen auf Niederungen und Senken mit Grundwasseranschluß. Das kleinflächige Mosaik der bäuerlichen Kulturlandschaft, bestehend aus Feldern, Grünland, Wegen, Rainen, Hecken, Feldgehölzen, Bauernwäldern und Pfuhlen, bot Lebensräume für eine vielfältige Tier- und Pflanzenwelt (vgl. Abb. 3.3.1).

Bei der sprunghaften Ausweitung der Stadt in der zweiten Hälfte des vorigen Jahrhunderts wurden Ackerflächen in weit höherem Maße überbaut als Waldflächen. Heute werden nur noch ca. 4 % des Stadtgebietes landwirtschaftlich genutzt (vgl. Kap. 2.1). Dabei entfallen etwa 2 % auf Äcker; der Rest verteilt sich auf Rieselfelder, Weiden und Wiesen. Diese Reste landwirtschaftlich geprägter Flächen befinden sich im Außenbereich der Stadt, z.B. bei Gatow, Kladow, Marienfelde, Rudow, Lübars, Heiligensee und Spandau. Die Nutzungsänderung und -intensivierung in der Landwirtschaft hat stark dazu beigetragen, daß ehemals häufige Pflanzen und Tiere der alten Kulturlandschaft heute vom Aussterben bedroht sind (vgl. Tab. 3.3.1).

Da die landwirtschaftliche Produktion in Berlin (West) lediglich 1 % des Bedarfs an Nahrungsmitteln in der Stadt deckt, ist die wichtigste Funktion dieser Flächen die

Nutzung der Kulturlandschaft zur Erholung und ihr Wert für den Arten- und Biotopschutz.

Die meisten Gärten der Stadt liegen in den Bereichen der aufgelockerten Bebauung und des inneren Stadtrandes (Abb. 2.2.4.2). Die rund 50.000 Berliner Kleingärten nehmen mit insgesamt 1935 ha ca. 4 % des Stadtgebietes ein. Die in großem Ausmaß ab Ende des vorigen Jahrhunderts auf vorher meist landwirtschaftlich genutzten Flächen angelegten Kleingärten wurden ab 1955 vielfach von Nutz- in intensiv gepflegte Ziergärten umgewandelt.

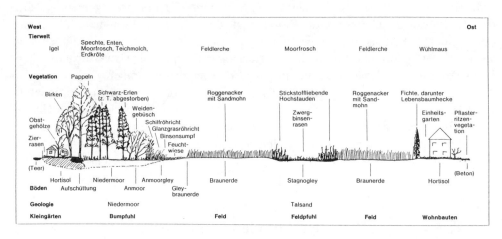

Abb. 3.3.1: Schnitt durch das südliche Feld in Heiligensee mit Darstellung der Lebensräume (nicht maßstabsgerecht) (aus: BLN 1982)

Klima

Das Klima der landwirtschaftlich genutzten Flächen Berlins wird durch deren Lage in den Außenbereichen relativ wenig vom Stadtkern geprägt. Das langjährige Mittel der Lufttemperatur liegt nach Abbildung 2.2.1.3 (im Farbtafelteil) zwischen 8,5 und 9,0 °C. Charakteristisch für die offenen Felder ist die hohe Abkühlungsrate in den Nachtstunden. In Abbildung 3.3.2 ist eine nächtliche Meßfahrt bei einer austauscharmen Wetterlage dargestellt, die auf einer Trasse von Kladow im südwestlichen Außenbereich über Staaken im Westen und von dort in Richtung Osten bis zum Tiergarten führte (HORBERT u.a. 1983). Die niedrigsten Lufttemperaturen traten über den großflächigen Feldern von Kladow auf, während in der Innenstadt Überhöhungen bis zu 8,6°C registriert wurden. Sowohl der Dampfdruck (hPa) als auch die relative Luftfeuchte (r.F.) zeigten im Verlauf dieser Meßfahrt über den Feldern die höchsten Werte. Ungefähr 8 hPa bzw. 9 % r.F. betrugen die Unterschiede zur dicht bebauten Innenstadt.

Tab. 3.3.1: Einige gefährdete Pflanzen und Tiere der Berliner Felder (F) und Wiesen (W) (aus: BLN 1982)

Pflanzen	F	W
In Berlin bereits ausgestorben:		
Gezähnter Leindotter	x	
Acker-Filzkraut	x	
Acker-Wachtelweizen	x	
Wanzen-Knabenkraut		x
Bitterer Enzian		x
In Berlin gefährdet:		
Korn-Rade	x	
Acker-Hundskamille	x	
Lämmersalat	x	
Acker-Steinsame	x	
Kornblume	x	
Saat-Wucherblume	x	
Acker-Goldstern	x	
Acker-Hohlzahn	x	
Acker-Gipskraut	x	
Acker-Leinkraut	x	
Feldlöwenmaul	x	
Sumpf-Dotterblume		x
Herbst-Zeitlose		x
Steifblättriges Knabenkraut		x
Pracht-Nelke		x
Lungen-Enzian		x
Sibirische Schwertlilie		x
Wiesen-Primel		x
Trollblume		x

Tiere	F	W
In Berlin bereits ausgestorben:		
Feld-Hamster	x	
Ortolan	x	
Wachtel	x	
Wiesenpieper		x
Laubfrosch		x
In Berlin gefährdet:		
Hase	x	
Mauswiesel	x	
Iltis	x	
Fledermäuse (alle Berliner Arten)		x
Grauammer	x	x
Schafstelze	x	x
Feldlerche	x	x
Rebhuhn	x	x
Kreuzkröte	x	
Wechselkröte	x	x
Grasfrosch	x	x
Blindschleiche	x	x
Waldeidechse		x
Ringelnatter		x
Goldlaufkäfer	x	
Goldpunkt-Puppenräuber	x	
Feldgrille		x
Großer Feuerfalter (und zahlreiche weitere Schmetterlinge)		x

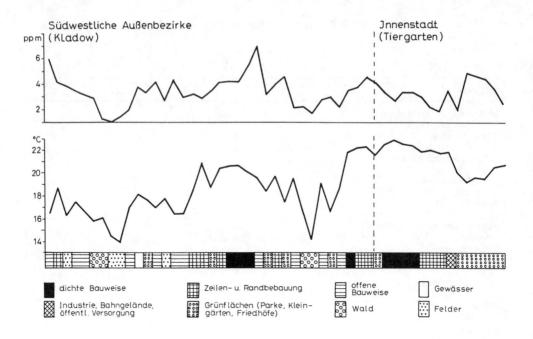

Abb. 3.3.2: Verteilung des Kohlenmonoxid-(CO-)Gehaltes (a) und der Lufttemperatur (b) auf einem Südwest-Ost-Transekt durch Berlin (West) bei einer austauscharmen Wetterlage am 6.8.1981, 1.00 Uhr
(aus: HORBERT u.a. 1983)

Besonders auffällig für den Bereich der landwirtschaftlich genutzten Flächen ist die relativ hohe mittlere Windgeschwindigkeit. Nach Abbildung 2.2.1.5 liegen die bei den Tagesmeßfahrten über den Äckern ermittelten Werte mit 2,3 m/s gegenüber anderen Nutzungsformen sehr hoch. Das Grünland wies, weil es mit höheren Vegetationsstrukturen durchsetzt war, mit 1,5 m/s geringere Werte auf. Niedriger liegen die Windgeschwindigkeiten in den Nachtstunden, da durch die intensive Kaltluftbildung die bodennahe Luftschicht sehr stark stabilisiert wird. So ist die Neigung zur nächtlichen Luftstagnation als mäßig bis hoch zu bezeichnen.

Die Immissionsgefährdung kann während des Tages als gering, jedoch besonders in Strahlungsnächten als höher eingestuft werden. Hohe Luftfeuchte, tiefe Temperaturen und ein verminderter Luftaustausch führen in solchen Nächten oft zu einer intensiven Nebelbildung.

Die landwirtschaftlichen Flächen gehören nach Abbildung 2.2.1.7 (im Farbtafelteil) ebenso wie die Wälder vorwiegend der Klimazone 1 an. Das Risiko für bioklimatische Belastungen wie Schwülegefährdung und ungenügende nächtliche Abkühlung ist hier gering. Diese Flächen müssen als klimatische Ausgleichsräume für das belastete Stadtgebiet angesehen werden.

Die klimatischen Bedingungen in Gärten sind denen von Grünanlagen vergleichbar.

Bei relativ offenen Vegetationsstrukturen und größerer Ausdehnung kommt es zu mittleren bis starken Absenkungen der Lufttemperatur, zu einer Erhöhung der relativen Luftfeuchte und zu einer Reduzierung der mittleren Windgeschwindigkeit.

Ein besonderer klimatischer Nutzen der innerstädtischen Gärten liegt in der Ausgleichswirkung gegenüber der durch die Bebauung stärker belasteten Umgebung. So bildet zum Beispiel das ausgedehnte Kleingartengelände am Priesterweg in Verbindung mit dem Südgüterbahnhof eine ausgeprägte Kälteinsel. Das langjährige Mittel der Lufttemperatur liegt hier mit 8,5-9°C etwa 1,5°C niedriger als im nördlich angrenzenden und dicht bebauten Schöneberg. Wichtige klimatische Ausgleichswirkungen für die Randbereiche von Steglitz und Friedenau konnten hier nachgewiesen werden (HORBERT u.a. 1982).

Die lufthygienische Belastung der landwirtschaftlichen Flächen und Gärten entspricht ihrer Lage und Entfernung zum Stadtzentrum. Die SO_2-Verteilung in Abbildung 2.2.1.8 bestätigt mit 58 bis 66 $\mu g/m^3$ eine vergleichsweise niedrige Belastung der landwirtschaftlichen Fläche, wogegen die in der Innenstadt gelegenen Kleingärten außerordentlich hohen Belastungen ausgesetzt sind.

Der Schadstoffeintrag durch Niederschläge und trockene Ablagerung verläuft im wesentlichen proportional zur Luftbelastung, wird aber hinsichtlich der trockenen Ablagerung durch die lockeren Vegetationsstrukturen der Kleingärten gefördert. Dem damit als günstiger einzustufenden Beitrag der innerstädtischen Kleingärten zur Luftreinhaltung stehen aber die sich daraus ergebenden Nutzungseinschränkungen für den Obst- und Gemüseanbau gegenüber.

Böden

Unter Ackernutzung befinden sich lehmige Parabraunerden und sandige Rostbraunerden der Moränenplatten in Rudow, Gatow und Lübars sowie entwässerte, sandige Grundwasserböden in Heiligensee und Spandau. Die Ackerböden weisen gegenüber Waldböden mächtigere, humose (mit allerdings nur 1-2 % Humus) Oberböden (s. Tafel 1.6) sowie höhere Nährstoffgehalte und pH-Werte auf, verursacht durch Pflugarbeit, Kalkung und Düngung (vgl. in Tab. 3.3.2 die Acker- und Waldböden). Aber auch unter den Ackerböden bestehen beträchtliche Unterschiede. Getreidebau-Pachtbetriebe mit überwiegend Roggenanbau kalken und düngen wenig, so daß pH-Werte von 4-5 und mittlere Nährstoffgehalte vorherrschen. Bei düngeintensivem Feldgemüsebau liegen die pH-Werte mit 5-7 hingegen ähnlich hoch wie im Siedlungsbereich, und besonders Kalium ist teilweise stark angereichert. Die Bodenbearbeitung hat zu einer Verminderung von Porenvolumen und Makroporenanteil im Oberboden geführt. Im Talsandbereich wurden Gleye und Anmoore durch Entwässerung ackerfähig gemacht.

Sandige Gleye, Anmoore und Niedermoore werden stellenweise als Grünland genutzt (z.B. Tegeler Fließtal in Lübars, Eiskeller in Spandau). Folgen einer Teilentwässerung sind dabei geringere Humusgehalte bzw. geringermächtige Humusauflagen und höherer Zersetzungsgrad der organischen Substanz.

Gartenböden weisen grundsätzlich ähnliche Eigenschaften wie Ackerböden auf, da auch deren humose Oberböden durch Bearbeitung gemischt, durch Düngung eutrophiert und durch Kalkung neutralisiert wurden. Im Unterschied zu Ackerböden sind sie allerdings oft humusreicher, lockerer und krümeliger, jedoch etwas nährstoffärmer und saurer, da viele Kleingärtner eine organische Düngung und damit auch lockernde und krümelnde Bodentiere gefördert, hingegen mineralische Düngung sowie Kalkung vernachlässigt haben. Ein individuelles Vorgehen der einzelnen Kleingärtner hat dabei ein kleinflächig stark wechselndes Mosaik unterschiedlich stark veränderter Bodeneigenschaften hervorgebracht. Sehr tiefgründig humose Böden als Ergebnis langjährig tiefer Bearbeitung und Kompostdüngung, die als Hortisole bezeichnet werden, sind hingegen im Gegensatz zu den Hausgärten alter Wohngebiete (vgl. Kap. 3.4) nur selten anzutreffen, am ehesten noch unter Baumschulen.

In neuerer Zeit wurden Kleingärten auch auf trockenen (Bahngelände) oder auf ehemals feuchten Standorten ("Niedermoor-Kleingärten", vgl. Karte 05.01 im Umweltatlas [SENSTADTUM 1987]) angelegt.

Flora und Vegetation

Vom wirtschaftenden Menschen wurden die Begleitpflanzen der Ackerkulturen als "Un"kräuter, also als unerwünschte Kräuter, bezeichnet. Doch die Abgrenzung zwischen Kraut und Unkraut ist unscharf: die gleiche Art kann Nutzpflanze, Zierpflanze oder Unkraut sein. Die Echte Kamille (*Matricaria chamomilla*) ist ein bekanntes "Unkraut" im Getreide. Andererseits ist sie als Zierpflanze im Garten gern gesehen und als Heilpflanze hoch geschätzt! Von Fall zu Fall entscheidet der Mensch hier nach wirtschaftlichen, gelegentlich auch nach ästhetischen Gesichtspunkten, ob eine Pflanze Kraut oder Unkraut genannt wird. In Berlin sind knapp 200 Blütenpflanzenarten als Begleitflora eng an den beackerten Boden gebunden. Jahrtausendelang hat die Landwirtschaft zur Bereicherung an Biotopen und an Arten beigetragen: durch Rodung von Waldflächen, durch kleinräumige, in der Intensität abgestufte Bewirtschaftung der Flächen sowie durch die beabsichtigte und nicht beabsichtigte Einfuhr von Arten aus Vorderasien und dem Mittelmeergebiet.

Einige Ackerbegleiter gab es schon vor dem Auftreten des Menschen in der Naturlandschaft Mitteleuropas. Kleinflächig wuchsen diese Einheimischen oder Indigenen auf offenen Standorten, die gut mit Nährstoffen versorgt waren. So kam die Vogelmiere (*Stellaria media*) ursprünglich in der Umgebung von Tierbauen, auf Wildwechseln und auf Vogelfelsen an der Atlantikküste vor. Ihre Ausbreitung von diesen winzigen Flecken in der Landschaft bis zum überall häufigen Kraut kennzeichnet Reichweite und Intensität menschlicher Eingriffe. Auch Kletten-Labkraut (*Galium aparine*) und Acker-Gänsedistel (*Sonchus arvensis*) gehören zu den ursprünglich einheimischen Arten. Die Kornblume (*Centaurea cyanus*) kam nach der Eiszeit in den Kältesteppen Mitteleuropas vor, wurde durch den sich danach ausdehnenden Wald verdrängt und konnte sich dann erst wieder mit dem Ackerbau ausbreiten.

Tab. 3.3.2: Eigenschaften der Berliner Böden unterschiedlicher Nutzung und deren ökolog. Bewertung a) Grunewald, b) Frohnau, c) Dahlem, d) Rudow, e) + f) Tegel, g) Gatow, h) Lützowplatz, i) Teltow, k) Teltow, l) Düppel: ohne Abdeckung, m) Düppel: mit Abdeckung nach BLUME 1981, BLUME (Red.) 1982, l) + m) nach MOUIMOU 1983) (Abkürzungen siehe Abkürzungsverzeichnis)

Nutzung	Abbildungs- nummer auf Tafel 1	0 - 3 dm				3 - 10 dm			
		Kör- nung	LK %	nWK mm	pH KCL	Kör- nung	LK %	nWK mm	pH CaCl$_2$
Sandige Braunerden und lehmige Parabraunerden									
a) Forst	1.2	x"S	25	16	3.4	x"S	30	21	4.3
b) Forst	1.1	x"u'S	20	51	3.7	x"sL	9	103	5.5
c) Acker		x"u'S	21	37	6.4	x"S	30	45	6.5
d) Acker	1.6	x"l'S	10	48	4.4	xl̄S	8	42	6.5
e) Park	1.8	x"u'S	30	49	5.5	S	25	48	5.0
f) Friedhof		x"u'S	24	67	6.3	x"S	20	80	6.5
g) Rieselfeld	1.7	x"l'S	25	28	5.2	x"l̄'S	18	51	6.5
Aufschüttungsböden									
h) Grünanlagen	1.10	xuS	15	87	7.2	xuS	15	82	7.5
i) Bahndamm		x̄S	15	17	6.8	x'u'S	15	39	7.3
k) Industrieplatz	1.12	x̄S	25	16	11	x'S	10	37	7.0
l) Müll-		xl'S	10	75	6.9	x'l'S	10	70	7.1
m) deponie		x"lS	15	37	7.1	x"lS	10	77	7.2

Nutzung	0 - 3 dm					3 - 10 dm				
	Ka	Pa	Nt g/m^2	Kp	Pv	Ka	Pa	Nt g/m^2	Kp	Pv
Sandige Braunerden und lehmige Parabraunerden										
a) Forst	11	3	296	112	62	6	6	114	232	96
b) Forst	19	6	310	156	62	16	13	175	2250	340
c) Acker	50	40	440	270	200	20		200	700	200
d) Acker	51		276	450	183	33		220	2700	368
e) Park	14	20	349	144	109	24	46	201	455	236
f) Friedhof	49	29	248	243	158	18	59	262	437	262
g) Rieselfeld	23	41	875	113	630	16	96	525	236	620
Aufschüttungsböden										
h) Grünanlagen	36	31	201	161	67	59	26	75	359	131
i) Bahndamm	9	15	144	250	155	24	75	96	570	315
k) Industrieplatz	14	10	24	149	311	40	40	114	437	219
l) Müll-	31	23	510	480	146	123	50	750	1100	290
m) deponie	64	31	190	460	360	21	54	170	1100	500

Erläuterungen
Körnung: x steinig (x" < 2, x' 2 - 15, x 15 - 45, x 45 - 60 %), l lehmig, L Lehm, s sandig, S Sand, u schluffig, U Schluff, t tonig, ' schwach, ‾ stark
LK: Luftkapazität (mittlere); nWK: nutzbare Wasserkapazität; a verfügbar, t Gesamt, v Reserve, p pyrophosphatlöslich
Bewertungen (gelten bei Mengenangaben für 0-10 dm Tiefe; Nährstoffmengen von 3-10 dm sind nur zur Hälfte zu berücksichtigen, da weniger gut zugänglich)

	sehr gering		gering		mittel		hoch		sehr hoch
LK	<	3	-	7	-	12	-	18	>
nWK	<	50	-	90	-	140	-	200	>
Ka	<	12	-	24	-	36	-	48	>
Pa	<	10	-	20	-	30	-	40	>
Nt	<	100	-	250	-	500	-	1000	>
Kp	<	200	-	500	-	1500	-	3000	>
Pp	<	50	-	125	-	250	-	500	>

Die meisten Ackerpflanzen sind aber erst vom Menschen in unsere Landschaft gebracht worden. Aus den Herkunftsgebieten der Getreide wurden ihre Samen mit dem Saatgut der Kulturpflanzen oder im Fell von Haustieren eingeschleppt. Klatsch-Mohn (*Papaver rhoeas*) und Feld-Rittersporn (*Consolida regalis*) kamen so zu uns. Diese Arten, die in vor- und frühgeschichtlicher Zeit eingeführt worden sind, werden Alteingebürgerte oder Archäophyten genannt.

Auch in der Neuzeit brachten Entdeckungsreisende und Pflanzenliebhaber aus fremden Ländern Pflanzen zu uns. Sie zählen zur Gruppe der Neueingebürgerten oder Neophyten. Niemand hätte wohl dem im Andengebiet Südamerikas beheimateten Kleinblütigen Franzosenkraut (*Galinsoga parviflora*) vorhersagen können, daß es sich fast weltweit ansiedeln würde. Der besonders im Norden und Westen Deutschlands verbreitete Name "Franzosenkraut" soll sich darauf beziehen, daß sich die Pflanze nach der Invasion der Franzosen im Anfang des 19. Jahrhunderts ausgebreitet hat. Es besteht sicher nur ein zeitlicher, aber kein ursächlicher Zusammenhang zwischen dem Auftreten der Art und den französischen Truppen. Vielmehr läßt sich das erste Auftreten auf die Kultur in botanischen Gärten zurückführen. Bereits 1785 wurde das Knopfkraut im Botanischen Garten von Paris gezogen. Etwa 1797 wurde die Art in Bremen kultiviert, erst um 1850 war sie dort reichlich auf Feldern zu beobachten. Bald danach war das Knopfkraut in Norddeutschland ein "lästiges Unkraut". Da es, wenn es massenhaft auftritt, die Erträge - besonders von Kartoffeln - mindert, wurde mehrfach die Bekämpfung durch Polizeiverordnung zur Pflicht gemacht. Auch Persischer Ehrenpreis (*Veronica persica*) und Zurückgebogener Fuchsschwanz (*Amaranthus retroflexus*) gehören zu den Neueingebürgerten.

Die Ackerwildkräuter müssen mit den Besonderheiten des Standortes "Acker", dem Pflügen, Eggen und Hacken, fertig werden. Die meisten von ihnen produzieren deshalb eine große Anzahl von Samen und entwickeln sich in kurzer Zeit vom Samen bis zur Fruchtreife. Zu diesen "Samenunkräutern" gehört der Acker-Senf (*Sinapis arvensis*), der im Frühling keimt, im gleichen Jahr blüht und fruchtet, dann abstirbt und den Winter als Samen im Boden überdauert.

Alle einjährigen Ackerwildkräuter produzieren viele Samen pro Pflanze, der Acker-Senf über 1000, die Echte Kamille über 5000 und der Weiße Gänsefuß (*Chenopodium album*) bis zu 20.000 Samen. Nur so können diese Arten die hohen Verluste während ihrer Entwicklungszeit ausgleichen.

Bei den meisten Arten bleiben die Samen 10 bis 50 Jahre lang keimfähig. Andere Arten, beispielsweise die Korn-Rade (*Agrostemma githago*), sind dagegen nur kurze Zeit zum Keimen befähigt. Sie ist mit ihrem Lebenszyklus vollständig an die Entwicklung des Wintergetreides angepaßt und besitzt "Kulturpflanzeneigenschaften". Sie keimt und fruchtet zur gleichen Zeit wie das Wintergetreide. Unsere Vorfahren konnten ihre Samen nach der Ernte nicht vom Getreide trennen und streuten sie daher unfreiwillig mit der Getreidesaat auf das Feld. So waren Verbreitung und Fortpflanzung der Korn-Rade sichergestellt, bis am Anfang dieses Jahrhunderts mittels moderner Methoden der Saatgutreinigung ihre Samen aussortiert werden konnten. Die einst häufige Art ist heute fast vollständig verschwunden. Die Korn-Rade enthält in ihren

Samen Giftstoffe, gegen die zwar die pflanzenfressenden Tiere ziemlich unempfindlich sind, die aber dem Menschen beim Verzehr großer Mengen im Brot schaden; sie wurde deswegen bekämpft.

Viele Ackerkräuter sind auch durch den Wegfall der Brache - das regelmäßige ein- oder mehrjährige Liegenlassen der Felder - verschwunden. Der Anteil kurzlebiger und ganzjährig keimender Arten hat sich dagegen infolge stärkerer mechanischer Bearbeitung des Bodens mit modernen Maschinen vergrößert.

Ausdauernde Pflanzen behaupten sich als "Wurzelunkräuter" mit sich stark und rasch regenerierenden unterirdischen Organen (Wurzelstöcken und Wurzeln). Beispiele sind die Acker-Kratzdistel (*Cirsium arvense*) und die Quecke (*Agropyron repens*). Sie wurzeln bis zu drei Meter tief und überleben selbst bei intensiver Bodenbewirtschaftung.

Wichtige Pflanzengesellschaften der Felder sind in Tabelle 3.3.3 in Abhängigkeit von der Bodenart genannt. Viele Arten sind sowohl in Winter- als auch in Sommerfruchtkulturen verbreitet; einige haben in Abhängigkeit von den Keimtemperaturen Schwerpunkte in einer der beiden Anbauformen: Arten, die die Winterfrüchte begleiten, keimen bei niedrigen Temperaturen im Herbst, solche der Sommerfrucht bei höheren Temperaturen im Frühjahr und Sommer.

Die Ackerunkrautflora spiegelt dank ihrer verschiedenen Ansprüche an den Boden die naturräumlichen Gegebenheiten scharf wider (STOLL 1971). Die Tabelle 3.3.3 entspricht daher der Tabelle 2.2.4.1 mit der Gliederung der Wuchslandschaften und differenziert sie im grundwasserfernen Bereich stärker. Die Bindung der Borstenhirse-Lämmersalat-Gesellschaft an die Kiefern-Eichenwald-Landschaft ist vollständig. Sie kam in Kladow, Gatow, Heiligensee und Lübars vor und ist durch die allgemeine Eutrophierung aller Standorte stark im Rückgang. Als Relikt einer vergangenen Wirtschaftsweise und eines früheren Landschaftszustandes ist sie schutzwürdig.

Die häufigste Pflanzengesellschaft der Felder ist die Sandmohn-Gesellschaft, die in niederschlagsarmen, sommerwarmen Gebieten Mitteleuropas vorkommt und in Berlin die regional vorherrschende Gesellschaft der Winterfrucht mit weiter ökologischer Amplitude darstellt. Im Frühjahr ist ein Aspekt mit Ehrenpreis-Arten (*Veronica hederifolia, V. triphyllos*) charakteristisch. Zu den kennzeichnenden Arten gehören Saat-Mohn (*Papaver dubium*), Sand-Mohn (*P. argemone*) und Zottel-Wicke (*Vicia villosa*). Die Untergesellschaft mit Acker-Spark (*Spergula arvensis*) zeigt die ärmste Ausbildung an, die mit Feld-Rittersporn die mit der besten Nährstoffversorgung (Lehmstandorte auf geköpften Parabraunerden). Durch Düngung und Herbizideinsatz werden die floristischen Unterschiede zwischen Winter- und Sommerfrucht (die eine entsprechende Gliederung zeigen) nivelliert. Im Wintergetreide findet man häufig Massenvorkommen von Windhalm (*Apera spica-venti*).

In einem Ackerrandstreifen-Programm verzichteten 1987 bis 1989 einige Landwirte in Gatow und Kladow bei Ackerrandstreifen von 5-10 m Breite auf Herbizide und - auf Sandböden - auch auf Düngung und Kalkung. Als Ausgleich wurden vom Senator für Wirtschaft und Arbeit 7 Pf/m² für Herbizidverzicht, 1,5 Pf/m² Erschwerniszulage und 3 Pf/m² für Düngungs- und Kalkungsverzicht gezahlt. Im übrigen wurden die

Randstreifen wie der restliche Acker bewirtschaftet. Die floristisch-vegetationskundliche Begleituntersuchung wies nach, daß die herbizidbeeinflußten Wildpflanzenbestände im Vergleich zu den nicht gespritzten Beständen deutlich niedrigere Artenzahlen und eine geringere Gesamtdeckung besitzen. Darüber hinaus wurden die im Land Berlin gefährdeten Ackerwildkräuter fast ausschließlich in den herbizidfreien Randstreifen bzw. Ackerschlägen gefunden (STERN 1988). Die Nutzung wird 1990 auch auf Flächen in Lübars und im Eiskeller ausgedehnt.

Tab. 3.3.3: Ackerunkraut-Gesellschaften unter Winter- und Sommerkulturen in Abhängigkeit von der Bodenart

Standorte	Ackerzahlen[*]	Winterfrucht	Sommerfrucht
Sande	um 20	Borstenhirse-Lämmersalat-Gesellschaft (*Setario-Arnoseridetum*)	Fadenhirse-Gesellschaft (*Panicetum ischaemi*)
anlehmige Sande	35 - 45	Sandmohn Gesellschaft, Acker-Spark und typische Ausbildung (*Papaveretum argemonis*, Subass. v. *Spergula arvensis* und typische Subass.)	Acker-Krummhals-Gesellschaft (*Lycopsietum arvensis*)
Lehm	45 - 55	Sandmohn-Gesellschaft, Acker-Rittersporn-Ausbildung (*Papaveretum argemonis*, Subass.v.*Consolida regalis*)	Erdrauch-Gesellschaft (*Veronico-Fumarietum*)
nasse Ackersenken		Zwergbinsen-Gesellschaften *Nanocyperion*-Fragmente	

[*] nach Schätzung der Beratungsstelle beim Senator für Wirtschaft

Die Wiesen, die in Brandenburg und in Berlin an grundwassernahe Böden gebunden sind, stellen keine natürlichen Pflanzengesellschaften dar, sondern gingen aus Erlenbruchwäldern, Auwäldern und anderen Feuchtwäldern nach deren Rodung hervor. Die auf den trockeneren Böden der "Heiden" und "Sandschellen" entwickelten Sandtrockenrasen sind in Kapitel 3.1 näher beschrieben.

Als Weide für das Vieh diente bis zum Anfang des 19. Jahrhunderts der Wald (vgl. Kap. 3.1). Daneben gab es nur wenige Wiesenflächen, weil nur geringe Mengen von Winterfutter gebraucht wurden. Das kleine anspruchslose Landvieh jener Zeit mußte sich fast das ganze Jahr hindurch seine Nahrung im Wald und auf der Heide, nur im Frühjahr und Herbst auf den wenigen Wiesenflächen suchen (ARNDT 1955).

Die alten Hutungsrechte wurden in Preußen durch die Gemeinheitsteilungsordnung vom 7. Juni 1821 beseitigt, welche die Aufhebung der gemeinsamen Weideberechtigung in den Forsten, auf Äckern, Wiesen und sonstigen Weideplätzen forderte. Jetzt konnte ungehindert Wald gerodet werden, um Wiesen zu erhalten, was jedoch erst nach dem Bau der Eisenbahn und der besseren Verwertung von Milch und Milcherzeugnissen eine Rolle spielte.

Die verhältnismäßig geringen Niederschläge und die zeitweise geringe Luftfeuchtigkeit bedingen, daß Grünland heute an grundwassernahe Böden gebunden ist. In den Niederungen bedecken Wiesen ausgedehnte Flächen, auf den Hochflächen dagegen sind sie selten. Die Pflanzengesellschaften der Wiesen werden durch die Düngung und Nutzung sowie durch die Lage zum Grundwasser bestimmt (Tab. 3.3.4).

Tab. 3.3.4: Wasser- und Düngungsstufen des Wirtschaftsgrünlandes (ARNDT 1955)

Boden	naß	feucht	frisch
Gedüngt	Wasserschwaden- und Rohrglanzgraswiese (*Glycerietum maximae* und *Phalaridetum arundinaceae*)	Kohldistelwiese (*Angelico-Cirsietum oleracei*)	Glatthaferwiese (*Arrhenatheretum elatioris*)
Ungedüngt	Schlankseggenwiese (*Caricetum gracilis*)	Pfeifengraswiese (*Molinietum caeruleae*)	Rotschwingelwiese (*Festucetum rubrae*)

Die Naßwiesen werden durch das Wasser gedüngt, das sie überflutet (Überflutungsmoore, Tab 3.1.5). Bei den Feuchtwiesen (vgl. Kap. 3.2.3) haben früher die nährstoffarmen Pfeifengraswiesen vorgeherrscht. Der jährliche Entzug der oberirdischen Pflanzenmasse durch die Streunutzung und das Fehlen der Düngung schuf produktionsschwache Standorte, die durch einmalige Mahd im Herbst genutzt wurden. Die Pfeifengraswiesen fielen durch Arten- und Blütenreichtum auf (bis zu 50 Pflanzenarten auf 20 m² Fläche). Aus ihnen ist ein großer Teil aller unserer Wiesen hervorgegangen. Heute werden fast alle Arten der Pfeifengraswiesen in der Roten Liste der gefährdeten Arten geführt, denn diese Wiesen sind bis auf wenige Reste (z.B. an der Schmidt-Knobelsdorf-Str. in Spandau) verschwunden. Schon geringe Gaben an mineralischem Dünger bewirken ihre Umwandlung in Kohldistelwiesen. Heute sind aber auch diese nur noch in Schutzgebieten vorhanden und sonst durch Melioration in artenarme Bestände aus Kulturgräsern umgewandelt worden.

Frischwiesen sind in Berlin selten anzutreffen, da die Böden, die zu ihrer Ausbildung erforderlich sind, vorwiegend als Ackerland genutzt werden. Am Rande des Tegeler Fließtals kommen Glatthaferwiesen vor (vgl. Kap. 3.2.3). Eine gewisse Rolle spielen sie in Landschaftsparks, wo sie ehemalige Ackerstandorte besiedeln. Die Wiesen des Botanischen Gartens in Dahlem sind auf Ackerböden entstanden (GRAF u. ROHNER 1984).

Wo sich noch vor hundert Jahren weite Feldfluren dehnten, finden wir heute in den Randgebieten Berlins mit lockerer Bebauung Gärten (Hausgärten und Kleingärten). Viele Nutz- und Zierpflanzen werden hier angepflanzt und bilden zusammen mit spontan auftretenden Arten einen vielfältigen Artenbestand. Bei der Anlage der Gärten wurden Obstbäume, Beerensträucher, Gemüse sowie zahlreiche Zierpflanzen der bäuerlichen Gärten verwendet. Alte Gärten sind heute noch durch Bauerngartenpflanzen wie Flieder (*Syringa vulgaris*) - seit dem 16. Jahrhundert in Kultur - und Maiglöckchen (*Convallaria majalis*), eine einheimische Waldstaude, die schon seit langem in Bauerngärten kultiviert und als Heilpflanze genutzt wird, gekennzeichnet. Heute sind die traditionellen Nutzgärten weitgehend zu Zier-, Erholungs- und Repräsentationsgärten umgestaltet worden. Am Beispiel einer Kleinsiedlung hat KRONENBERG (1988) die Veränderungen des Gehölzbestandes während der letzten 30 Jahre untersucht. In den ursprünglich angelegten Obstgärten, die heute nur noch 16 % der Gärten bilden, dominieren die traditionellen Nutzgehölze (Apfel, Birne, Pflaume, Süßkirsche, Rote Johannis- und Stachelbeere). Das Gegenbild des traditionellen Obstgartens stellt der Koniferengarten dar, zu dem knapp ein Drittel der Gärten umgestaltet worden ist. Hier bestimmen Nadelgehölze, in größeren Stückzahlen gepflanzt, das Bild: Stech-Fichte (*Picea pungens*), Zuckerhut-Fichte (*Picea glauca conica*), Wacholder (*Juniperus communis*) und Eibe (*Taxus baccata*). Zur Begrenzung des Grundstücks werden Pflanzungen aus Serbischer Fichte (*Picea omorika*), Abendländischem Lebensbaum (*Thuja occidentalis*) oder Lawsons Scheinzypresse (*Chamaecyparis lawsoniana*) verwendet. Zwischen Obst- und Koniferengarten steht der Strauchgarten mit Weigelie (*Weigela-Hybriden*), Mahonie (*Mahonia aquifolium*) und Birke (*Betula pendula*) sowie Hecken aus Liguster (*Ligustrum vulgare*) oder Schneebeere (*Symphoricarpos rivularis*). Die Untersuchung der Wildflora zeigt eine hohe Artenzahl, jedoch sind kaum seltene oder gefährdete Arten darunter, so daß Gärten nur eine untergeordnete Rolle als Rückzugsgebiete für bedrohte Wildarten spielen. Jede Verbesserung der Lebensbedingungen für wildlebende Pflanzen und Tiere steigert aber die Erlebnisvielfalt der Gärten, in denen viele Kinder ihre entwicklungsbestimmenden Naturerfahrungen sammeln.

Eine hohe Bedeutung kommt den Gärten bei der Erhaltung seltener oder gefährdeter Obstsorten zu. Hier sollten auch solche Sorten nachgepflanzt werden, die im Handel nur noch schwer beschafft werden können.

Im Lauf der beschriebenen Umwandlung von Nutzgärten in Ziergärten haben seit 1950 Zierrasen einen großen Flächenanteil in Haus- und Kleingärten, aber auch in Parks und Wohngebieten, erlangt. Diese mit Stickstoff überdüngten, bis zu zweimal wöchentlich geschnittenen und bei trockenem Wetter künstlich bewässerten Zierrasen sind oftmals nur noch artenarme grüne Matten. So stellen sich viele Gartenbesitzer oder Betreuer öffentlicher Grünanlagen den idealen "Englischen Rasen" vor, der ausgesprochen monoton wirkt und im Extremfall nur noch eine Art enthält: Einjähriges Rispengras (*Poa annua*).

Die meisten Rasen erfahren keine dermaßen intensive Pflege, sind floristisch reichhaltiger und bringen augenfällige buntfarbige Aspekte hervor, falls nicht wiederholt Giftstoffe zur Dezimierung der Kräuter gestreut bzw. gespritzt werden und das Mähen nicht gerade zu einem Zeitpunkt erfolgt, wenn etwa Wiesen-Schaumkraut (*Cardamine pratensis*), Gemeiner-Löwenzahn (*Taraxacum officinale*) und Gänseblümchen (*Bellis perennis*), Kriechender Hahnenfuß (*Ranunculus repens*), Weiß-Klee (*Trifolium repens*), Herbst-Löwenzahn (*Leontodon autumnalis*), Nickender Löwenzahn (*Leontodon saxatilis*), Rauher Löwenzahn (*Leontodon hispidus*) und Kleinköpfiger Pippau (*Crepis capillaris*) blühen. Diese Wildpflanzen lieben zum Teil frische und nahrhafte Böden. Sie vertragen häufigeren Schnitt. Gänseblümchen - in milden Wintern manchmal zu Weihnachten blühend - und Nickender Löwenzahn haben sogar ihr gehäuftes Vorkommen in ständig kurz gehaltenen Zierrasen.

Auf wenig oder gar nicht gedüngten sandigen bis sandig-lehmigen Böden sieht die Artengarnitur anders aus. Dort dominieren öfters Magerkeitszeiger: Kleines Habichtskraut (*Hieracium pilosella*) und Gewöhnliches Ferkelkraut (*Hypochoeris radicata*), um nur zwei zu nennen.

Säugetiere

Über die Kleinsäuger der Feldflur liegen Fangergebnisse von 1982 aus Heiligensee und von 1983 aus Lübars und Kladow vor. Auf allen Feldern leben Brand- (*Apodemus agrarius*) und Feldmaus (*Microtus arvalis*). Letztere dürfte auch das häufigste Nagetier der Felder sein. Mehr oder weniger regelmäßig tritt die Waldmaus (*Apodemus sylvaticus*) hinzu. In Heiligensee ist zusätzlich die Gelbhalsmaus (*Apodemus flavicollis*) nachgewiesen bei gleichzeitigem Fehlen der Waldmaus. An anderen Säugetieren kommen als typische Arten Feldhase (*Lepus europaeus*), Igel (*Erinaceus europaeus*), Maulwurf (*Talpa europaea*), Mauswiesel (*Mustela nivalis*) und Hermelin (*Mustela erminea*) sowie Kaninchen (*Oryctolagus cuniculus*) und Fuchs (*Vulpes vulpes*) vor.

Die Artenkombination einer Wiese unter Grünlandnutzung im Tegeler Fließtal geht aus Tabelle 3.2.3.1 hervor. Charakteristisch ist der hohe Anteil der Brandmaus und der Waldspitzmaus (*Sorex araneus*). Die Nordische Wühlmaus (*Microtus oecono-*

mus) hat hier ihr wohl letztes Vorkommen in der Stadt. Die übrigen Arten sind entweder an Wasser gebunden oder aus dem umgebenden Erlenbruch eingewandert.

Tab. 3.3.5: Das Vorkommen von Kleinsäugern auf Feldfluren in Berlin (West) 1982/83

Falleneinheiten	Heiligenseer Felder 300			Kladower Felder 180			Lübarser Felder 200		
	Anzahl	%	% besetzte Fallen	Anzahl	%	% besetzte Fallen	Anzahl	%	% besetzte Fallen
Brandmaus	32	91	10,7	9	47	5	1	8	0,5
Feldmaus	2	6	0,7	9	47	5	6	46	3
Waldmaus	-	-	-	1	5	0,5	6	46	3
Gelbhalsmaus	1	3	0,3	-	-	-	-	-	-
	35		11,7	19		10,5	13		6,5

In den Gärten des Stadtrandes dürfte die Brandmaus heute der häufigste Nager sein. Auch das Kaninchen kommt vor, und Füchse wandern aus den Grünanlagen ein. Über den Gärten jagt die Breitflügelfledermaus (*Eptesicus serotinus*). In den Kleingärten kommen Feldspitzmaus (*Crocidura leucodon*), Waldmaus und Steinmarder (*Martes foina*) vor.

Vögel

Die Abnahme der Feldflur in Berlin (West) hat deutliche Auswirkungen auf die Vogelwelt gehabt. So sind nach 1950 mit Wachtel (*Coturnix coturnix*) und Ortolan (*Emberiza hortulana*) zwei typische Ackervögel ausgestorben. Auch andere Arten landwirtschaftlicher Nutzflächen verschwanden, wie Schleiereule (*Tyto alba*), Steinkauz (*Athene noctua*) und Wiesenpieper (*Anthus pratensis*) (vgl. Kap. 2.2.6.1). Die verbliebenen Arten sind sämtlich in der Roten Liste vertreten (WITT 1985a):

Kategorie 1 "vom Aussterben bedroht":
  - Rebhuhn (*Perdix perdix*)
  - Wiesenralle, Wachtelkönig (*Crex crex*)
  - Kiebitz (*Vanellus vanellus*)
  - Braunkehlchen (*Saxicola rubetra*)
  - Grauammer (*Miliaria calandra*)

Kategorie 2 "stark gefährdet":
- Schafstelze (*Motacilla flava*)
- Goldammer (*Emberiza citrinella*)

Kategorie 3 "gefährdet":
- Neuntöter (*Lanius collurio*)[1]
- Bluthänfling (*Carduelis cannabina*)

Kategorie 4 "potentiell gefährdet":
- Feldlerche (*Alauda arvensis*)

Die relativ geringe Gefährdungsdisposition der Feldlerche ergibt sich aus noch recht stabilen Beständen auf den Flughäfen der Stadt. So nehmen EBENHÖH u.a. (1978) für das 325 ha große Tempelhofer Flugfeld einen Bestand von ca. 25 Revieren an.

Aus vier Feldgeländen von Berlin (West) liegen Bestandserfassungen der Brutvögel vor, allerdings aus unterschiedlichen Jahrzehnten. Die bei diesen Erhebungen ermittelten Bestände der Arten offener Landschaften sind in Tabelle 3.3.6 zusammengetragen.

Auffällig ist das Auftreten des inzwischen verschwundenen Schilfrohrsängers (*Acrocephalus schoenobaenus*) in den 60er und 70er Jahren in den Feldfluren Marienfelde und Lübars. Die Veränderung der Landschaft in Marienfelde ist mit zwei späteren Erhebungen dokumentiert. Die Beseitigung der meisten Landwirtschaftsflächen wurde von den einzelnen Arten unterschiedlich verkraftet. Während Flußregenpfeifer (*Charadrius dubius*), Haubenlerche (*Galerida cristata*), Brachpieper (*Anthus campestris*) und Bluthänfling offenbar von den entstandenen Ödländereien profitieren konnten, sind die Bestände von Schafstelze, Goldammer und Grauammer völlig zusammengebrochen. Bis Mitte der 80er Jahre verschwand dort auch das Braunkehlchen.

Die hohen Revierzahlen von Sumpfrohrsänger (*Acrocephalus palustris*) und Dorngrasmücke (*Sylvia communis*) in Gatow sind mit dem dort in einem Bereich ("Fläche H") vorhandenen dichten Heckennetz und Staudensäumen zu erklären; in den reinen Ackerfluren fehlen die Arten ebenfalls.

Die erschreckende Brutvogelarmut des Eiskellers ist durch Übernutzung (Landwirtschaft, Reitbetrieb) zu erklären.

Auf dem in Tabelle 3.3.6 nicht aufgeführten Massiner Feld in Britz kamen 1979 mit Flußregenpfeifer, Kiebitz, Feldlerche und Schafstelze noch vier gefährdete Offenlandarten vor. Mit Beginn der Bauarbeiten für die Bundesgartenschau sind sie dort verschwunden.

Die letzte noch vorhandene großflächige Feldlandschaft Berlins stellen die Gatower Felder dar. Inklusive der Freiflächen des angrenzenden Friedhofes (in Tabelle 3.3.6 nicht berücksichtigt!) beherbergte die ca. 300 ha große offene Landschaft 1986/87 von acht Vogelarten jeweils über 10 % des Berliner Brutbestandes (STEIOF 1989; Berliner Vergleichsdaten aus OAG 1984):

---

[1] Verbreitungsschwerpunkt auf Brachflächen und Deponien (vgl. Kap. 3.9.1)

Schafstelze:	36 - 60 %,
Goldammer:	32 - 53 %,
Feldschwirl (*Locustella naevia*):	35 - 50 %,
Feldlerche:	18 - 36 %,
Rebhuhn:	ca. 25 %,
Sumpfrohrsänger:	14 - 23 %,
Dorngrasmücke:	15 - 21 %,
Baumpieper (*Anthus trivialis*):	13 - 14 % des Bestandes von Berlin (West).

Hieraus wird deutlich, daß die Gatower Feldflur zu den wichtigsten Vogelbrutgebieten Berlins zählt. Darüber hinaus ist sie Nahrungshabitat für vier bis sieben in der Umgebung brütende Greifvogelarten: Rohrweihe (*Circus aeruginosus*), Habicht (*Accipiter gentilis*), Mäusebussard (*Buteo buteo*) und Turmfalke (*Falco tinnunculus*), zeitweise auch Wespenbussard (*Pernis apivorus*), Schwarzmilan (*Milvus migrans*) und Rotmilan (*Milvus milvus*).

MÄDLOW (1989a) hat die Bestandsentwicklung des Rebhuhns, einer typischen Feldart, seit Ende der 60er Jahre dargestellt. Es ergeben sich folgende Bestände für Berlin (West) (70er Jahre nicht ganz vollständig erfaßt):

	Gebiete	Reviere
Ende der 60er Jahre	34	81
1975	24	64
1980	11	16
1981	4	7
1984	2	4
1988	2	3

Das Verschwinden der Art aus den verschiedenen Gebieten der Stadt zeigt Abbildung 3.3.3. Neben der allgemeinen Flächenverkleinerung, Nutzungsintensivierung und Störungszunahme in den Feldfluren haben auch Bejagung und Kältewinter zu dem starken Bestandszusammenbruch von 1978-1980 geführt. So zählte WESCH (1980) vor der Jagdsaison 1978 ca. 120 Rebhühner in den Gatower Feldern. Danach konnte er nur noch ca. 40 erfassen. Durch den harten Winter 1978/79 und die Beseitigung krautigen Bewuchses an den Böschungen sank der Bestand weiter von 22 Exemplaren im Januar 1979 bis auf zwei Brutpaare im Frühjahr 1979 (ebd.). Im gleichen Winter verschwanden aus sieben weiteren Gebieten Berlins die inzwischen isolierten Restpopulationen (MÄDLOW 1989a).

Zusammen mit den Deponien, sonstigen Ödländereien und Brachen sowie vor allem den Gatower Rieselfeldern stellen die Feldfluren die wichtigsten Habitate für Rastvögel in Berlin dar (Wasservögel s. Kap. 3.2). Aufgrund der Großflächigkeit sowie der zahlreichen Hecken und Brachflächen haben hier die Gatower Felder die größte Bedeutung, insbesondere auch durch den räumlichen Zusammenhang mit den nördlich angrenzenden Rieselfeldern (vgl. Kap. 3.9.2).

Tab. 3.3.6: Brutvogelreviere der Offenlandarten auf landwirtschaftlichen Nutzflächen Berlins

Art (ha)	Feldflur (ca. 270 ha) 1965 - 67 1)	Marienfelde nach Umwandlung in Ödland, Industrie, Mülldeponie (ca. 270 ha) 1976/77 1)	Deponie, nach Bebauung weiterer Freiflächen (ca. 40 ha) 1984 2)	Lübars Feldflur (54,6 ha) 1976/77 3)	Gatow Feldflur (ca. 279 ha) 1986 4)	Eiskeller Feldflur (ca. 46 ha) 1988 5)
Rebhuhn (*Perdix perdix*)	3 - 4	1 - 4	2	0 - 1*	1	-
Fasan (*Phasianus colchicus*)	-	0 - 1	-	-	1	-
Flußregenpfeifer (*Charadrius dubius*)	-	1 - 2	2	-	-	-
Kiebitz (*Vanellus vanellus*)	0 - 1	-	-	-	-	-
Haubenlerche (*Galerida cristata*)	3	3 - 5	3	-	-	-
Feldlerche (*Alauda arvensis*)	13 - 20	3 - 7	9	11 - 14	18	2
Brachpieper (*Anthus campestris*)	-	1 - 2	0 - 1	-	-	-
Schafstelze (*Motacilla flava*)	17 - 21	0 - 3	-	5	9	2
Bachstelze (*Motacilla alba*)	1 - 3	2 - 4	1	-	4	2
Braunkehlchen (*Saxicola rubetra*)	2 - 5	2 - 4	-	-	-	-
Feldschwirl (*Locustella naevia*)	0 - 2	-	-	-	2	-
Schilfrohrsänger (*Acrocephalus schoenobaenus*)	2	-	-	0 - 1*	-	-
Sumpfrohrsänger (*Acrocephalus palustris*)	11 - 15	3 - 11	3	2	49	-
Dorngrasmücke (*Sylvia communis*)	10 - 13	6 - 9	7	0 - 1	42	1
Bluthänfling (*Carduelis cannabina*)	2 - 3	6 - 9	2	-	1 - 2	1
Goldammer (*Emberiza citrinella*)	4 - 7	-	-	-	12	3
Grauammer (*Miliaria calandra*)	5 - 12	-	-	-	-	-

* in den 80er Jahren fehlend (eig. Beob.)

1) BERSTORFF u.a. 1983
2) STEIOF 1987a
3) WITT 1983b
4) STEIOF 1989
5) ÖKOLOGIE u. PLANUNG 1989

Abb. 3.3.3: Vorkommen des Rebhuhns 1965-1988 in Berlin (West) (aus MÄDLOW 1989a)

- ■ Brutvorkommen 1986-1988
- ● Erloschen 1981-1985
- ▲ Erloschen 1976-1980
- • Erloschen 1971-1975
- × Erloschen 1966-1970

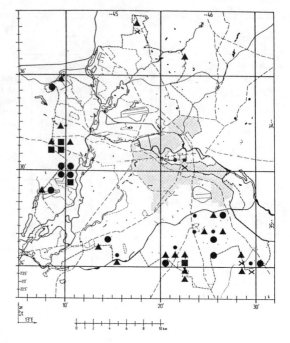

Eine genauere Erhebung der Rastvögel liegt nur vom Feldgelände Eiskeller vor: STEIOF (1989a) führte von November 1987 bis November 1988 monatlich zwei Kontrollen durch. Inklusive der von Mai bis Juli dominierenden Brutvögel wurden 93 Arten festgestellt. Die monatliche Entwicklung von Arten- und Individuenzahlen ist Abbildung 3.3.4 zu entnehmen.

Zu einem Kuriosum kam es 1987 in der Gatower Feldflur: Von Mitte Mai bis Ende Oktober hielt sich dort eine Großtrappe (*Otis tarda*) auf, hauptsächlich auf den Hackfruchtäckern. Sie war, gerade flügge, im Herbst des Vorjahres 43 km westnordwestlich in der ehemaligen DDR beringt worden. Der Vogel ließ sich teilweise füttern und wurde schließlich eingefangen und zurückgebracht (LÖSCHAU u. LÖSCHAU 1988).

Mit Ausnahme der oben erwähnten Flughäfen und des Tegeler Fließtals (s. Kap. 3.2.3) gibt es in Berlin keine größeren Grünlandflächen mehr. Das ist eine weitere Ursache für die Seltenheit oder das Fehlen vieler der eingangs aufgezählten Vogelarten in Berlin, da (Extensiv-)Grünland ihnen meist wesentlich bessere Lebensgrundlagen bietet als Getreide- oder Hackfruchtäcker.

Die überwiegend landwirtschaftlich genutzten Gatower Rieselfelder werden in Kapitel 3.9.2 behandelt.

Die Besiedlung von Kleingartenanlagen durch Vögel ähnelt weitgehend der von Einfamilienhaussiedlungen. Sie werden deshalb in Kapitel 3.4 (Abschnitt "Aufgelockerte Bebauung") besprochen.

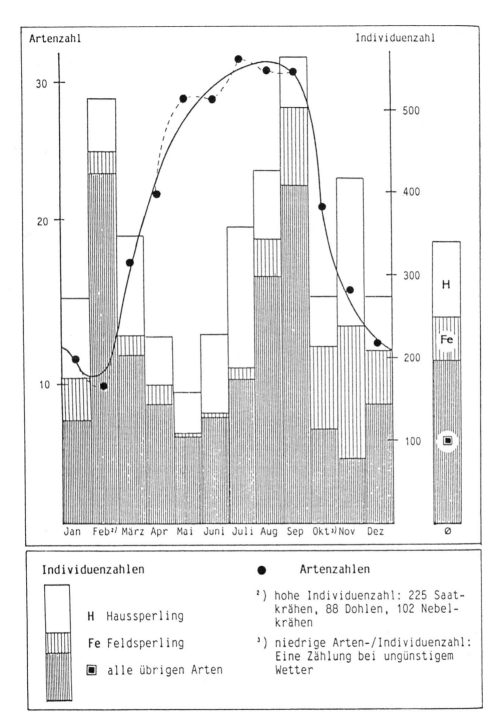

Abb 3.3.4: Rastvögel Eiskeller: Monatsdurchschnittswerte von Arten- und Individuenzahlen (aus: Ökologie u. Planung 1989)

Reptilien

Kriechtiere besitzen in der Feldflur nur dort Überlebensmöglichkeiten, wo entsprechende lineare Biotope wie Hecken mit Brachstreifen oder kleine Gehölze vorhanden sind, die keiner dauerhaften Störung, z.B. durch die Naherholung, unterliegen. Vergleichbare Verhältnisse findet man fast nur noch in Gatow, wo Zauneidechse (*Lacerta agilis*) und Blindschleiche (*Anguis fragilis*) in kleinen Populationen vorkommen (KLEMZ 1986) sowie kleinflächig in Lübars und im Eiskeller. Wegen der anderen Feuchtigkeitsverhältnisse und größeren Vegetationsbedeckung tritt im Eiskeller allerdings die Waldeidechse (*Lacerta vivipara*) an die Stelle der Zauneidechse.

In geschlossenen Kleingartensiedlungen bleiben Reptilien Einzelfunde, weil grundlegende Ansprüche an das Habitat nicht erfüllt werden. In Waldnähe wird gelegentlich die Blindschleiche gefunden. Auch überwinternde Tiere in Komposthaufen wurden schon festgestellt.

Amphibien

Die Feldflur und extensiv genutzte Gärten sind neben dem Wald und Brachflächen die wichtigsten Sommerlebensräume für Amphibien. Das trifft besonders auf Gebiete mit vergleichsweise hohem Grünlandanteil und reich strukturierten Randbereichen zu, wie sie in Heiligensee, Lübars und Wittenau zu finden sind. Ähnliche Voraussetzungen liegen zwar auch in der Gatower Feldflur vor, doch verhindert hier der Mangel bzw. das Fehlen geeigneter Laichgewässer die Besiedlung. Amphibien sind auf den verbliebenen Agrarflächen, aber auch in den Gärten besonders durch den Einsatz von Pestiziden bedroht, die unmittelbar über die Haut oder über die Nahrung aufgenommen werden. Hinzu kommt bei der Knoblauchkröte (*Pelobates fuscus*) eine Gefährdung durch Bodenbearbeitung. Wie quantitative Erhebungen an feldnahen Gewässern gezeigt haben, bevorzugt die Art tatsächlich die offenen Bereiche. Jungtiere sind kurz nach der Verwandlung im Sommer auch durch maschinelle Wiesenmahd mit zu tief gestellten Messern gefährdet.

Kleingärten, die nicht zu intensiv gepflegt werden und in Nachbarschaft zu Laichgewässern liegen, können von Amphibienarten mit weniger spezifischen Ansprüchen - wie Teichmolch (*Triturus vulgaris*), Grasfrosch (*Rana temporaria*) oder Erdkröte (*Bufo bufo*) - auch als Sommerlebensraum gewählt werden. Gelegentlich pflanzen sich auch Tiere in Gartenteichen fort. Teichfrösche (*Rana "esculenta"*) werden häufig in Gartenteichen beobachtet. Sie laichen jedoch seltener oder nur sporadisch ab und wechseln besonders als Jungtiere öfter den Standort.

Wirbellose Tiere

Ein rationeller Anbau von Nutzpflanzen erfordert gewöhnlich die Aussaat in Form von Reinkulturen, da hierdurch Pflege und Ernte wesentlich erleichtert werden.

Für das Artenspektrum wirbelloser Tiere bedeutet dieses reiche Angebot einzelner Pflanzen in Massenbeständen eine Bevorteilung einiger weniger Arten, die dann unter Umständen als Schädlinge massenhaft auftreten können. Unter den räuberisch lebenden Tiergruppen finden wir in Abhängigkeit von der angebauten Feldfrucht, z.B. bei Webspinnen und Laufkäfern, ein über große Teile Europas - etwa von Polen bis nach England - gleichbleibendes Spektrum von Arten, die durch die gravierenden Einflüsse auf landwirtschaftlichen Nutzflächen (mechanische Bearbeitung wie Tiefpflügen, maschinelles Ernten, Einsatz von Bioziden) weniger tangiert werden.

Das Artenspektrum wirbelloser Tiere kann jedoch örtlich durch einen höheren Anteil von Wildkräutern an Wegrändern und Hecken, auf Brachflächen oder in Schutzzonen reicher ausgeprägt sein.

Die Spinnenfauna der Ackerflächen Gatows setzt sich wie überall auf ähnlichen Standorten Mitteleuropas vor allem aus den Familien Radnetzspinnen (*Araneidae*) und Streckerspinnen (*Tetragnathidae*) sowie Wolfspinnen und Baldachin- bzw. Zwergspinnen zusammen, die eine wichtige Rolle bei der Verhinderung von Schädlingskalamitäten spielen können (NYFFELER 1982). Alle übrigen Spinnenfamilien sind meist nur durch wenige Arten repräsentiert.

Mikroklimatische Unterschiede zwischen Halm- und Hackfruchtfeldern spiegeln sich in der Zusammensetzung der Laufkäferfauna wider, indem Arten, die als voll ausgebildete Käfer überwintern, im Jahresdurchschnitt höhere Temperaturen bevorzugen und daher häufiger in den stärker durchsonnten Halmfruchtfeldern auftreten (KIRCHNER 1960). In Kladower Halmfruchtfeldern finden sich unter den Laufkäfern 64,9 % dieser sogenannten Imagoüberwinterer im Gegensatz zu 52,3 % in Hackfruchtfeldern. Insgesamt wurden 65 Laufkäfer- und 62 Webspinnenarten in Kladow festgestellt (KROESSEL 1982), darunter sieben gefährdete Laufkäferarten, z.B. *Amara tricuspidata*, eine in Mitteleuropa seltene Art, die von Osten her in größeren Zeitabständen in die westlichen Teile Mitteleuropas vordringt.

In den Nachkriegsjahren ist der Bestand eines typischen Käfers der Felder, des Goldlaufkäfers (*Carabus auratus*), stark zurückgegangen, so daß heute nur noch Einzelvorkommen dieses auffällig grüngold gefärbten Tieres in Berlin (West) bekannt sind.

Auf einem Winterroggenfeld in Gatow wurde der in Berlin (West) stark gefährdete Mattschwarze Buntgrabläufer (*Poecilus punctulatus*) und der vom Aussterben bedrohte Goldpunktierte Puppenräuber (*Calosoma auropunctatum*) häufiger gefunden. Letzterer jagt ausschließlich am Boden und ernährt sich vor allem von den Raupen von Spinnern und Eulenfaltern.

Auf Kartoffeläckern findet man immer wieder den schwarz-gelb längsgestreiften Kartoffelkäfer (*Leptinotarsa decemlineata*). Im vorigen Jahrhundert aus Colorado nach Europa eingeschleppt, bringt er in Mitteleuropa nur eine Generation pro Jahr hervor.

Trotzdem hat er durch Massenvermehrung in vergangenen Jahrzehnten große Schäden verursacht.

In der Gatower Feldmark wird man auch relativ häufig zwei Wanzenarten antreffen, die Beerenwanze (*Dolycoris baccarum*) und die Getreidewanze (*Aelia acuminata*). Beide können am Getreide schädlich werden, indem sowohl die Larven als auch die adulten Wanzen die Halme anstechen und sich von Pflanzensäften ernähren.

Die Getreidehalmwespe (*Cephus pygmaeus*), die als Larve in den Halmen von Weizen und Roggen lebt, läßt sich hier ebenso beobachten wie die Gelbe Weizenhalmfliege (*Chloropa pumilionis*) und die Fritfliege (*Oscinella frit*). Letztere lebt als Larve minierend in den Halmen des Getreides. Unter den Schmetterlingen können neben weit verbreiteten Arten gelegentlich der Baumweißling (*Aporia crataegi*), dessen Raupe an Obstbäumen lebt, und die Goldene Acht (*Colias hyale*), die auf Luzernenschlägen und Wiesen fliegt, beobachtet werden.

An Wegrändern mit stellenweise stark stickstoffhaltigen Böden und entsprechendem Brennesselbestand finden sich das Tagpfauenauge (*Inachis io*), der Kleine Fuchs (*Aglais urticae*), der Hopfenfalter (*Polygonia c-album*) und das Landkärtchen (Araschnia levana). Gelegentlich ist auf grasigen Flächen auch die Raupe der Kleeglucke (*Lasiocampa trifolii*) zu entdecken, in Feldgehölzen mit Pappel- und Weidenbeständen der Pappelspinner (*Stilpnotia salicis*), der Dromedarspinner (*Notodonta dromedarius*), der Palpenspinner (*Pterostoma palpina*) und zahlreiche Arten der Gattung *Orthosia* (Frühlingseulen), die im Vorfrühling hier die Weidenkätzchen besuchen, um Nektar zu saugen.

Seit 1950 haben extensiv bewirtschaftete Wiesen- und Weideflächen in Berlin (West) erheblich abgenommen, sei es durch Aufforstung, Intensivierung der Bearbeitung (Trockenlegung, Einsaat von Futtergräsern u.a.) oder Umwandlung in Bauland. Ausweichbiotope finden sich allenfalls in größeren Parkanlagen, wobei die zweimahdigen Langgraswiesen (z.B. im Tiergarten, vgl. Kap. 3.5.1) deutlich mehr und vor allem seltenere Arten wirbelloser Tiere beherbergen als regelmäßig bewässerte und oft gemähte Rasenflächen (WINKELMANN-KLÖCK u. PLATEN 1984).

Weiden sind in Berlin (West) auf ihren Insektenbestand bisher nicht näher untersucht worden. Naturgemäß finden sich aber hier gehäuft koprophage Arten. Die grünliche Färbung von Pfützen in der Nähe von Pferdekoppeln verrät Massenvorkommen des einzelligen Augen"tierchens" *Euglena*, einer Geißelalge.

Während Gärten noch in der Nachkriegszeit im wesentlichen als Küchen- und Obstgärten mit einer großen Artenvielfalt genutzt wurden, haben die vermehrte Anlage von Rasenflächen und die Anpflanzung von Koniferen und exotischen Zierpflanzen sowie der übermäßige Gebrauch von Bioziden zu einem drastischen Rückgang im Artenspektrum wirbelloser Tiere geführt. Ein Anwendungsverzicht sowie die Einsaat von Wildkräutern kann hier Abhilfe schaffen.

3.4 Wohngebiete

Das Gebiet der geschlossenen Bauweise ist der am dichtesten bebaute Bereich der Stadt mit der höchsten Einwohnerdichte. Es erstreckt sich in einem breiten Ring um die zentrale große Grünanlage des Großen Tiergarten von Wedding im Norden bis zum nördlichen Neukölln im Süden. Hinzu kommen mehr inselartig verteilte Flächen in Spandau, Reinickendorf, Zehlendorf, Steglitz und Tempelhof. Die Struktur der Bauweise reicht von dichter Blockbebauung mit Innenhöfen aus der Gründerzeit bis zu zeilenartiger Blockbebauung aus der Phase des Wiederaufbaus der Stadt. Der Anteil begrünter Flächen ist meist niedrig: Plätze, Friedhöfe und Parks geringer Ausdehnung. Nur selten sind größere Parkanlagen inmitten der Baumassen zu finden wie der Humboldthain in Wedding und der Fritz-Schloß-Park in Tiergarten, die beide aus Aufschüttungen von Trümmerschutt beim Wiederaufbau der Stadt hervorgingen. Dennoch fehlt auch in den am dichtesten bebauten Gebieten Vegetation nicht völlig. Neben Baumalleen in den Straßen sind Gebüsche, Bäume und Rasenflächen im Bereich von Innenhöfen und als Randbegrünung entlang von Blockzeilen zu finden.

Hinzu kommt als auflockerndes Element ein Teil des Gewässernetzes mit dem Landwehrkanal im Süden und der Spree mit Verbindungskanälen im zentralen Teil. Auch die in Randlagen der Stadt neu entstandenen Satellitenstädte auf alten Kleingarten- und Feldgeländen sind der Zone geschlossener Bauweise zuzuordnen. Durch die meist großen Abstände zwischen den Blocks haben sie mehr Grünflächenanteile in einem meist noch jungen Entwicklungsstadium mit großen Rasenflächen und randlichen Gebüschkomplexen. Zu diesem Typ zählen das Märkische Viertel im Norden (vgl. SCHWARZ u.a. 1978), das Falkenhagener Feld und der Bereich Heerstraße im Westen, die Siedlungen in Lichterfelde-Süd, Marienfelde, Lichtenrade und die Gropiusstadt Britz/Buckow/Rudow im Süden sowie die Siedlung in Neukölln zwischen Arons- und Dieselstraße im Osten (OAG 1984). Vergleicht man die "Zonen ähnlicher floristischer Zusammensetzung" in Abbildung 2.2.4.2, dann muß jedoch berücksichtigt werden, daß diese Zonen nicht immer mit den hier beschriebenen übereinstimmen. Während beispielsweise das Märkische Viertel aufgrund seiner Baustruktur der Zone geschlossener Bauweise zuzurechnen ist, gehört es der Ähnlichkeit der floristischen Zusammensetzung nach in die Zone der aufgelockerten Bebauung. Diese Einteilung erfolgte, da Satellitenstädte wie das Märkische Viertel auf ehemaligen Kleingärten- und Feldgeländen errichtet wurden und somit noch Reste dieser ehemaligen Vegetation enthalten.

Den größten Teil der bebauten Stadtfläche bildet die aufgelockerte Bebauung mit Einzelhaus- und Reihenhaussiedlungen. Je nach Entstehungsgeschichte haben sich verschiedene Strukturen herausgebildet. Auf der einen Seite entwickelten sie sich als typische Gartenstädte mit Einfamilienhäusern und reinen Obst- und/oder Zierrasengärten. Ihnen stehen die Kleingartenanlagen nahe, die zum Teil recht großflächig in verschiedenen Teilen der Stadt mit alter Tradition angelegt sind, z.B. in Charlottenburg am Heckerdamm und Spandauer Damm, in Schöneberg am

Priesterweg, in Neukölln zwischen Rixdorfer Straße und Parkfriedhof und in den Britzer Wiesen sowie in Lichterfelde am "Vierten Ring". Von dieser "Obstgartenstadt" heben sich die alten Villenviertel durch größere Grundstücke mit altem Baumbestand aus Laub- und Nadelholz und regelmäßig größeren Gebüschkomplexen deutlich ab. Sie stehen damit sowohl den Parkanlagen als auch dem Waldrand strukturell nahe. Einige Siedlungen sind auch als Waldsiedlungen unter Erhaltung eines hohen Anteils der Bäume gegründet worden, z.B. in Frohnau, Ortsteil Grunewald in Wilmersdorf und Teile von Zehlendorf im Bereich von Dahlem bis Schlachtensee.

Die meisten der 30 ehemaligen Dörfer im Gebiet von Berlin (West) (Abb. 3.4.1) sind heute in der Stadtbebauung aufgegangen, und nur noch die Straßenführung oder einzelne ältere Gebäude erinnern an diesen Ursprung.

Zu den wenig verstädterten Dörfern mit noch relativ vielen dorftypischen Standorten zählen die am Stadtrand liegenden Orte Gatow, Tiefwerder, Pichelsdorf, Heiligensee, Schönow, Hermsdorf und Lübars (KÖSTLER 1985). Völlig verstädtert sind Schöneberg, Lietzow, Schmargendorf und Steglitz.

Abb. 3.4.1: Lage der ehemaligen Dörfer im Stadtgebiet von Berlin (West) (aus: KÖSTLER 1985)

Klima

Das Klima in den Wohngebieten von Berlin (West) unterliegt schon aufgrund der Bebauungsdichte sehr starken anthropogenen Einflüssen. Besonders deutlich heben sich diese Bereiche (Abb. 2.2.1.3 im Tafelteil) als Wärmeinseln in der Stadtlandschaft ab. Langjährige Mitteltemperaturen von mehr als 10°C bedeuten gegenüber dem ungestörten Umland eine Temperaturerhöhung von 1,5 bis 2°C. In austauscharmen Strahlungsnächten kann sich diese Differenz erheblich erweitern. Ausgeprägte Wärmeinseln werden in besonderem Maße durch die dichten Wohngebiete Wedding, Charlottenburg, Schöneberg, Kreuzberg und Neukölln gebildet. Allerdings kommt es nicht zu einer geschlossenen Wärmeinsel, sondern aufgrund verschiedener Bebauungsdichten, Baustrukturen, Vegetations- und Grünflächenanteilen (siehe z.B. der Große Tiergarten) zu einer sehr starken und auch durchaus erwünschten Aufgliederung. Die in Abbildung 2.2.1.1 enthaltenen Klimawerte entlang einer von Südosten nach Nordwesten durch das gesamte Stadtgebiet geführten Meßtrasse bestätigen diese Differenzierung nach Flächennutzung und Bauweise.

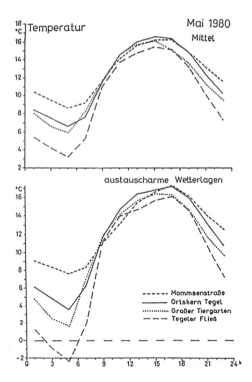

Abb. 3.4.2: Tagesgänge der Lufttemperatur in 2 m Höhe an verschiedenen Standorten in Berlin (West) (aus: HORBERT u.a. 1983)

Die durch die Bebauung hervorgerufenen stadtklimatischen Veränderungen können auch der Abbildung 3.4.2 entnommen werden, in der hinsichtlich der Lufttemperatur mehrere für verschiedene Standorte von Berlin typische Tagesgänge verglichen werden. Die dicht bebauten Bereiche Mommsenstraße und Ortskern Tegel zeichnen sich sogar im Monatsmittel (Mai 1980) durch eine fast ganztägige Überwärmung gegenüber den unbebauten und offenen Randbereichen des Tegeler Fließtales und der innerstädtischen Freifläche Tiergarten aus, wobei die größten Temperaturunterschiede in den Nachtstunden, die Angleichung dieser Werte in den Vormittagsstunden und die Überhöhung bzw. Verschiebung des Maximums in den bebauten Bereichen als charakteristisch zu bezeichnen sind. An besonders austauscharmen Strahlungstagen treten diese klimatischen Standortunterschiede noch deutlicher in Erscheinung. Während in den Außenbereichen die Frostgrenze unterschritten wird, sinkt in diesem Falle die Temperatur in der Innenstadt nicht unter 7,5°C ab. Hier zeigt sich, daß bei einem höheren Temperaturniveau im Sommer die Überwärmung der innerstädtischen Wohnbereiche besonders in den Abend- bzw. Nachtstunden problematisch werden kann.

Die in Abbildung 2.2.1.2 ermittelte Charakteristik des Klimas nach Flächentypen grenzt sieben verschiedene Formen der Wohnbebauung ab. Gegenüber der Bezugsfläche Wald (Typ 14) ergeben sich aus den in austauscharmen Nächten durchgeführten Meßfahrten in den Kerngebieten und im Bereich der Blockbebauung mit 6°C die höchsten Überwärmungen. Hochbau in Stadtrandbereichen, alte Mischbebauung und Zeilen- bzw. Reihenhäuser zeigen schon niedrigere Temperaturen, während bei der Einzelhausbebauung aufgrund des sehr hohen Grünanteils mit 1,7°C die geringste anthropogene Überwärmung festgestellt wurde. Dicht bebaute Dorfkerne und Hochhaussiedlungen führen wieder zu einer Temperaturzunahme bis 4°C.

Die relative Luftfeuchte (r.F.) verhält sich im wesentlichen spiegelbildlich, wobei allerdings die Feuchteunterschiede zwischen 33 % r.F. (Kerngebiet) und 6 % r.F. (Einzelhausbebauung) recht hoch sind. Die Dampfdruckwerte (hPa) lassen sich auch hier wegen der Problematik der Anteile an natürlicher Verdunstung und an anthropogener Wasserdampfzufuhr nur unzureichend interpretieren. Die höchsten Dampfdruckdefizite von 1 hPa traten bei der vorliegenden Witterungssituation in den Kerngebieten auf, während bis hin zur Einzelhausbebauung eine kontinuierliche Zunahme des Wasserdampfgehaltes erkennbar ist.

Auch die während der Meßfahrten ermittelten Windgeschwindigkeiten lassen sich nach Abbildung 2.2.1.5 den verschiedenen Typen der Wohnbebauung zuordnen. Sowohl in den Tages- als auch in den Nachtstunden läßt sich eine kontinuierliche Abnahme der Windgeschwindigkeit von den Kerngebieten bis hin zur Einzelhausbebauung feststellen. Im Kapitel 2.2.1 wurde schon betont, daß Straßenzüge durch Kanalisierungs- und Düseneffekte eine relativ hohe Windgeschwindigkeit aufweisen. In den Nachtstunden verhindert die Überwärmung oft eine Stabilisierung der bodennahen Luftschicht und damit eine dem Umland vergleichbare Reduzierung der Luftbewegung. Aus dieser Tatsache kann jedoch nicht auf eine bessere Durchlüftung und damit auf eine geringere Immissionsgefährdung der dichter bebauten Innenstadtbereiche geschlossen werden. Es fehlt oft an einer wirksamen vertikalen Durchmischung und damit an einer Anbindung an höhere Luftschichten, so daß es trotz Luftbewegung zu einer Anreicherung an Schadstoffen kommt. Mit abnehmender Bebauungsdichte vergrößert sich der Grünanteil der Wohngebiete. Höhere und dichtere Vegetationsstrukturen führen dann zu einer wirksamen Verminderung der mittleren Windgeschwindigkeit. Dieses Verhalten kann auch in Abbildung 2.2.1.5 nachgewiesen werden. Die Neigung zur nächtlichen Luftstagnation steigt in Richtung der Außenbereiche an. Ausnahmen bilden Hochhaussiedlungen wie das Märkische Viertel oder die Gropiusstadt. Hier können besonders turbulente Windverhältnisse auftreten, die bioklimatisch als ungünstig eingestuft werden müssen.

Die Wohngebiete mit der höchsten Einwohnerdichte liegen nach Abbildung 2.2.1.7 (im Farbtafelteil) in der Klimazone 4. Hier wurden die größten stadtklimatischen Veränderungen festgestellt. Die bioklimatische Belastung mit einer geringen nächtlichen Abkühlung und einer hohen Schwülegefährdung ist hier am höchsten. Selbst der Stadtkern von Spandau fällt in diesen Bereich. Die übrigen Wohngebiete liegen in den Zonen 2 und 3 mit geringer bis mäßiger stadtklimatischer Veränderung. Innerstädtische Grünflächen und ein wachsender Grünanteil in Richtung der Außenbereiche führen auch bei örtlichen Verdichtungen (z.B. Ortskern Tegel) zu einer besseren Wohnqualität.

Die lufthygienische Situation muß nach Abbildung 2.2.1.8 in den innerstädtischen Wohngebieten grundsätzlich als problematisch angesehen werden. Die Bezirke Wedding, Tiergarten und Kreuzberg sind hier besonders betroffen. Hier werden zumindest für Schwefeldioxid, wahrscheinlich aber auch für zahlreiche andere Schadstoffe, die gültigen Grenzwerte erreicht oder überschritten. Günstiger, aber dennoch zu hoch liegen die Kennwerte der Luftbelastung in den locker bebauten Wohngebieten im Norden, Südwesten und Süden der Stadt.

Böden

Charakteristischer Boden der aufgelockerten Bebauung, z.B. alter Dorfkerne und älterer Villengegenden, ist der Hortisol (z.B. Tafel 1.8). Es handelt sich dabei um einen tiefhumosen, lockeren Boden, der durch jahrzehnte- bis jahrhundertelange intensive Gartenkultur, und zwar durch tiefes Umgraben, starke organische Düngung (früher Kompost, heute Torf) und damit hohen Tierbesatz (z.B. Regenwürmer) sowie regelmäßiges zusätzliches Gießen entstanden ist. In Berlin sind Hortisole unter anderem aus sandigen Waldböden hervorgegangen, bei denen durch Humusanreicherung das Wasser- und Nährstoffbindungsvermögen sowie die Stickstoffreserven beträchtlich erhöht wurden (Abb. 3.4.3). Düngung und Kalkung haben oft auch den pH-Wert und die Gehalte an verfügbaren Nährstoffen beträchtlich erhöht. Andere Hortisole entstanden aus lehmigen Parabraunerden, die vor der Gartennutzung in der Regel lange ackerbaulich genutzt waren und bereits dadurch eine Krumenvertiefung erfahren hatten. Hier sind die Verbesserungen der Wasser- und Nährstoffverhältnisse weniger deutlich ausgeprägt, wenngleich durch tiefes Umgraben, bei dem verlagerter Ton wieder nach oben gelangte, der Oberboden oft lehmiger wurde und somit mehr Wasser und Nährstoffe zu binden vermag (vgl. Runge 1975).

Die Hortisole unterscheiden sich allerdings stark in Tiefe und Grad der anthropogenen Veränderung. Sie werden außerdem von jungen Aufschüttungsböden durchsetzt, deren Ausgangsmaterial durch Ausheben von Baugruben geschaffen wurde. Diese sind in Berlin meist jünger als 100 Jahre und dann vergleichsweise humus- und nährstoffärmer als die Hortisole. In unmittelbarer Nähe der Gebäude sind Hortisole und Aufschüttungsböden von Baustoffen durchsetzt, mithin oft stein- und kalkreich. Außerdem ist ihr Unterboden dann durch Baumaschinen stark verdichtet. Neben dieser unbeabsichtigten Differenzierung wurden bestimmte Parzellen gegenüber anderen gezielt durch stärkere Düngung und Kalkung verändert.

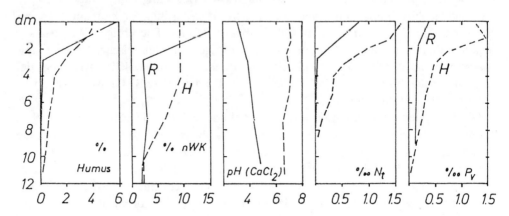

Abb. 3.4.3: Eigenschaften eines Braunerde-Hortisols (H: Zierbeet, Königsallee) und einer Rostbraunerde (R: Forst, Insel Scharfenberg), beide aus pleistozänen Sanden Berlins. (Abkürzungen siehe Abkürzungsverzeichnis)
(nach RUNGE 1975 bzw. DÜMMLER u.a. 1976)

Die Wohnbereiche der geschlossenen Bebauung unterscheiden sich von denen der Außenbezirke vor allem durch eine höhere Bebauungsdichte und damit höheren Versiegelungsgrad. Es dominieren Böden aus Aufschüttungen; in Hausnähe solche aus kalk- und steinhaltigem Bauschutt (Tafel 1.10) und daneben solche aus planiertem Aushub der Baugruben (Abb. 3.4.4). Beide Formen sind im Oberboden mit Humus angereichert, im Unterboden hingegen kaum durch Bodenbildung verändert. Die kalkreicheren Böden aus Bauschutt werden als Pararendzinen, die kalkarmen bis -freien aus Aufschüttungen natürlicher Sedimente als Regosole bezeichnet. Durch Gartennutzung können sie tiefer und stärker humos sein; die Stufe der Hortisole haben sie hingegen wegen geringerer Pflege und Düngung nur selten erreicht. Sie sind häufiger verdichtet und mit Schwermetallen angereichert, da sie teilweise Gewerbebetrieben als Abstellflächen dienten.

Die Böden der Trabantenstädte der Nachkriegszeit, z.B. des Märkischen Viertels, sind oft aus zuvor ackerbaulich genutzten, sandig-lehmigen Parabraunerden hervorgegangen und demzufolge diesen ähnlich (z.B. d in Tab. 3.3.2). Da sie bereits als Bauerwartungsland und auch später unter Gemeinschaftsgrün vergleichsweise wenig gekalkt und gedüngt wurden, sind sie bei mittlerem bis höherem Wasser- und Nährstoffbindungsvermögen häufiger etwas versauert und ärmer an verfügbaren Nährstoffen. In Nähe der Gebäude sind wiederum junge trockene Böden aus kalk- und steinhaltigem Bauschutt zu erwarten.

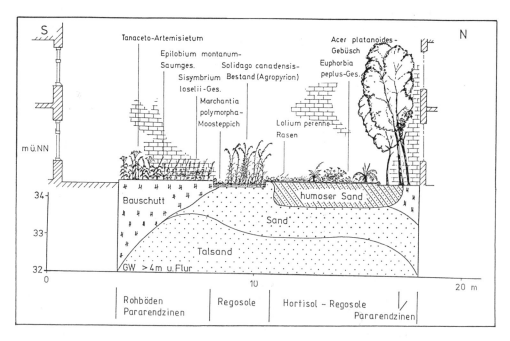

Abb. 3.4.4: Blockbebauung der Innenstadt (Wilmersdorf, Holsteinische-Nassauische Straße (BÖCKER u. GRENZIUS im Druck)

Flora und Vegetation

Der bebaute Bereich mit Wohn- und Industrieflächen hebt sich nicht nur in seinem Klima und seinen Böden, sondern auch in seinem Pflanzenbestand deutlich von der Umgebung ab: Zahlreiche Waldarten der Zone 4 haben an dieser Grenzlinie eine deutliche Innengrenze, so Draht-Schmiele (*Avenella flexuosa*), Vogelbeere (*Sorbus aucuparia*), Zweiblättrige Schattenblume (*Maianthemum bifolium*) (STÖHR 1985 u. Abb. 2.2.4.2). Demgegenüber treten zahlreiche "Stadtpflanzen" nur im bebauten Gebiet auf (vgl. KUNICK 1982). In Zone 2 zeigen z.B. Waldrebe (*Clematis vitalba*) und Garten-Wolfsmilch (*Euphorbia peplus*) eine Häufung. Im dicht bebauten innerstädtischen Bereich gehört etwa die Hälfte der Blütenpflanzenarten zu den Hemerochoren (vgl. Tab. 2.2.4.4).

Am deutlichsten ausgeprägt sind die Eigenheiten dieser Nutzungsform im Gebiet der geschlossenen Bebauung, wo der Anteil an Freiflächen weniger als 20 % beträgt. Nährstoffanreicherung und günstige mikroklimatische Bedingungen ermöglichen hier auch Arten südlicher Herkunft eine dauerhafte Ansiedlung.

Die heute vorhandenen Freiräume in den Wohngebieten sind einerseits Modifikationen älterer Lebensräume der Agrarlandschaft, andererseits neu entstandene Habitate in und an Gebäuden sowie auf durch Aufschüttungen geschaffenen neuartigen Substraten. Das Beispiel (Tab. 3.4.1) nennt die Veränderungen vom Wald über Äcker und Gärten zum Wohngebiet. Die frühere landwirtschaftliche Nutzung ist auf den nicht veränderten Standorten an Reliktarten der Agrarlandschaft erkennbar. Dazu gehören Arten der ehemaligen Ackerraine und -wege wie Sichelmöhre (*Falcaria vulgaris*) und Acker-Winde (*Convolvulus arvensis*), vielleicht auch Weg-Malve (*Malva neglecta*) und Schwarznessel (*Ballota nigra*) sowie Ackerunkräuter, die in der Samenbank im Boden ruhen und bei Anpflanzungen oder beim Umgraben an die Oberfläche gelangen und keimen. In Vor-, Hinterhof- und Kleingärten zwischen den Häusern wachsen Gartenunkräuter wie Garten-Wolfsmilch und Europäischer Sauerklee (*Oxalis stricta*), unter Gebüschen das Pennsylvanische Glaskraut (*Parietaria pensylvanica*) aus Nordamerika (vgl. SUKOPP u. SCHOLZ 1964). Die häufigste ausdauernde Pflanzengesellschaft in den nicht genutzten Winkeln der Gärten ist die Brennessel-Giersch-Gesellschaft (*Urtico-Aegopodietum*). Völlig anders als diese modifizierte Agrarlandschaftsvegetation ist die Vegetation der Aufschüttungen; alle Straßen und Häuser liegen höher als das ursprüngliche Niveau. An den Straßenrändern wachsen Vogelknöterich-Bestände (*Polygonetum calcati*), Mäusegerstefluren (*Hordeetum murini*) oder in den Fugen des Kleinpflasters die Mastkraut-Silbermoos-Gesellschaft (*Sagino-Bryetum argentei*)(vgl. Kap. 3.8). Vor südexponierten Häuserfronten wächst die Weg-Malve. Im Dorf verdankte sie ihr Vorkommen den Hühnern, die an Mauerfüßen das Erdreich zerkratzen und düngen. In der Stadt haben deren Funktionen die zahlreichen Hunde übernommen.

In der Nähe der Wohnhäuser fallen Pflanzen auf, deren Samen als Vogelfutter benutzt oder als Verunreinigungen mit dem Vogelfutter eingeführt werden. Die häufigsten Arten sind Hanf (*Cannabis sativa*), Sonnenblume (*Helianthus annuus*), Echte Hirse (*Panicum miliaceum*), Flachs (*Linum usitatissimum*), Rübsen (*Brassica rapa*), Raps (*B. napus*), Schlaf-Mohn (*Papaver somniferum*), Kanariengras (*Phalaris canariensis*) und Ramtillkraut (*Guizotia abyssinica*).

Die Blockbebauung aus der Gründerzeit nimmt weite Teile der Innenstadt ein. Über 85 % der Fläche sind durch Häuser, Straßen oder Parkplätze, auch auf den Höfen, versiegelt. Für Vegetation bleibt wenig Platz: Straßenbäume, manchmal Vorgärten und die Pflanzen auf den Höfen. In den Höfen setzt sich der Bestand an alten Bäumen aus Roßkastanie (*Aesculus hippocastanum*), Spitz-Ahorn (*Acer platanoides*), Berg-Ahorn (*A. pseudoplatanus*), manchmal Ulmen und Linden sowie Schwarzem Holunder (*Sambucus nigra*) zusammen (SENSTADTUM 1987). Diese nährstoffreichen, feucht-schattigen und daher kühlen Orte besitzen aufgrund ihrer Standortfaktoren und ihrer Artenzusammensetzung den Charakter eines Schluchtwaldes (KUNICK 1982). Die vom Krieg nicht zerstörten Baublöcke lassen sich am besten durch den Spitz-Ahorn von den kriegszerstörten Blöcken unterscheiden, auf deren größeren Freiflächen die Robinie (*Robinia pseudoacacia*) das bestimmende Gehölz darstellt.

Im Gebiet der aufgelockerten Bebauung differenziert die frühere Nutzung, die teilweise noch im jetzigen Baumbestand erkennbar ist, Waldsiedlungen (Vornutzung

Wald) gegen Parksiedlungen, die aus landwirtschaftlich oder gärtnerisch genutzten Flächen entstanden sind.

Tab. 3.4.1: Zur Geschichte von Freiräumen in der Stadt;
Veränderungen von der Waldlandschaft zum Wohngebiet auf der Geschiebemergel-Hochfläche des Teltow während der letzten 800 Jahre (aus: SUKOPP 1988)

	Waldlandschaft	Ackerlandschaft	Gartensiedlung	Blockrandbebauung
Geländeklima	Waldinnenklima (Tagestemperaturen niedrig, relative Feuchte hoch)	Freilandklima	Temperatur im Jahresmittel gegenüber Freiland bis 1,5 °C höher	Temperaturen erhöht, Frostgefährdung und relative Feuchte gering
Böden	Waldböden: Parabraunerde mit Eiskeilen und Geschiebedecksand	Ackerböden: durch Pflügen bis 30 cm Tiefe homogenisiert, durch Düngen (N, P, K) und Kalken pH-Werte und verfügbare Nährstoffe in der Krume erhöht	Versiegelung unter 50 %. Gartenböden entstehen durch tiefes Umgraben und intensive organische Düngung	Versiegelung über 50 % (total unter Gebäuden oder Asphalt, porös unter Pflaster oder Schotter). Gartenböden, auf Aufschüttungen Rohböden oder Bauschutt-Pararendzinen, verfügbare Nährstoffe hoch. Verdichtung der Böden durch Befahren und Begehen. Grundwasserstände tiefer als früher.
Wasserhaushalt der Böden	frisch	frisch	frisch bis feucht	trocken (Bauschutt) bis feucht
Vegetation	Eichen-Hainbuchenwald	Sandmohn-Gesellschaft (*Papaveretum argemonis*), Erdrauch-Gesellschaft (*Fumarietum officinalis*)	Obstgehölze, Zierpflanzen, Erdrauch-Gesellschaft, Gartenwolfsmilch-Ges. (*Euphorbia peplus*-Ges.)	Brennessel-Giersch-Ges. (*Urtico-Aegopodietum*), Gartenwolfsmilch-Ges., Ackerwildkräuter als Samenvorrat im Boden z.T. noch vorhanden; Vorgärten mit Zierrasen; an den durch Aufschüttungen erhöht liegenden Straßenrändern Vogelknöterich-Ges. (*Polygonetum calcati*), Mäusegerstenflur (*Bromo-Hordeetum*) oder Mastkraut-Silbermoos-Ges. (*Sagino-Bryetum*)

Parksiedlungen enthalten wertvolle alte Laubholzbestände. Zu den charakteristischen Arten zählen Rot-Buche (*Fagus sylvatica*), Berg- und Spitz-Ahorn, Roßkastanie und Eiche. Beispiel für diesen Siedlungstyp sind Teile von Lichterfelde und der Grunewaldbebauung, Siedlungen am Schlachtensee, Nikolassee, am Westufer des Großen Wannsees sowie auf Schwanenwerder. Westlich der Havel gehören hierzu die Bebauung von Pichelsdorf, der Gatower Ortskern und die Siedlungen südöstlich der Sakrower Landstraße.

Der Gehölzbestand wird in Zukunft stark verändert werden, weil die Besitzer sich heute oft scheuen, langlebige und großkronige Laubbäume nachzupflanzen und an deren Statt Koniferen bevorzugen, um herabfallendes Laub nicht beseitigen zu müssen. Der vorhandene Bewuchs an alten Laubbäumen sollte nicht reduziert werden. Bei Neupflanzungen überalterter Bestände empfiehlt es sich, den charakteristischen Zustand wiederherzustellen, um auch dem entsprechenden Unterwuchs einen günstigen Standort zu bieten.

Manche Arten der Krautschicht wanderten vermutlich aus Wäldern ein und finden unter den bereits waldartigen Verhältnissen mancher dicht bewachsener und wenig gestörter Plätze zusagende Bedingungen. Andere, z.B. das Hain-Rispengras (*Poa nemoralis*), können an Hecken und Gebüschen die waldfreie Zeit überdauert haben. Viele Arten, z.B. Waldmeister (*Galium odoratum*) und Haselwurz (*Asarum europaeum*) wurden künstlich eingebracht und verwildern.

Auf einer Probefläche in Berlin-Kladow (Nauener Hochfläche und Havelhänge) wurden bei einer Kartierung folgende Entwicklungstendenzen festgestellt (SUKOPP u. KUNICK 1976): Der verbreitetste Laubbaum ist heute die Sand-Birke (*Betula pendula*), die sowohl auf der Hochfläche als auch im Uferbereich zu schönen Exemplaren heranwächst. Sie ist gleichzeitig der einzige Laubbaum, der ungefähr in demselben Umfang nachgepflanzt wird, wie die derzeit vorhandenen ausgewachsenen Bäume absterben werden, und dessen Bestand daher gesichert scheint. Alle übrigen Laubbäume werden, wenn nicht in absehbarer Zeit eine Änderung der Pflanzgewohnheiten erfolgt, in Zukunft zurückgehen. Das trifft in besonders drastischem Maße für Linden, Roßkastanien und Buchen, in geringerem Umfang aber auch für Eichen, Ahorne oder Robinien zu, die sich bisher spontan verjüngten. Auch Weiden und Erlen werden mit zunehmender Intensivierung der Ufernutzung immer seltener werden. Angesichts der Schönheit dieser Laubbäume im ausgewachsenen Zustand muß ihr drohendes Verschwinden lebhaft bedauert werden. Es müssen Maßnahmen ergriffen werden, um die skizzierte Entwicklung zu stoppen.

Der bis heute im Untersuchungsgebiet Kladow am häufigsten vorkommende Nadelbaum ist die Wald-Kiefer (*Pinus sylvestris*), deren Bestand jedoch ebenfalls gefährdet ist, da Jungwuchs fast völlig fehlt. Der Bestand an Schwarz- und Weymouths-Kiefern (*Pinus nigra*, *P. strobus*), von denen einige ausgewachsene Exemplare als Parkbäume vorhanden sind, ist dagegen durch Neupflanzungen annähernd gesichert. Problematisch ist die Anpflanzung der meist kegelförmig wachsenden Koniferen der Gattungen *Picea*, *Abies* und *Pseudotsuga*. Mit ihrer starren Wuchsform stellen sie Fremdkörper in der märkischen Landschaft dar. Sie sind im relativ niederschlagsarmen Berliner Gebiet an der Grenze ihrer Wachstumsmöglichkeiten, sterben oft schon im mittleren Alter ab oder verkahlen als ausgewachsene Bäume von unten her. Dies gilt am wenigsten für die Douglasie (*Pseudotsuga menziesii*), am stärksten für Stech-Fichte (*Picea pungens*) und Gemeine Fichte (*Picea abies*). Auch der Modebaum der Nachkriegszeit, die Serbische Fichte (*Picea omorika*), erreicht unter den Berliner Bedingungen nur selten ein befriedigendes Wachstum.

Waldsiedlungen sind hauptsächlich gekennzeichnet durch das Auftreten von Wald-

Kiefer, Sand-Birke und Vogelbeere (*Sorbus aucuparia*). Beispiele hierfür sind einige Gebiete in Konradshöhe, Hermsdorf und Frohnau, Teile der Grunewald- und Zehlendorfer Bebauung und Siedlungen des Ortsteils Wannsee. Im westlichen Abschnitt gehören hierzu die Siedlung Hohengatow und Bebauungsteile am Groß-Glienicker See.

Die Biotope der Waldsiedlungen unterscheiden sich von denen anderer bebauter Gebiete durch den hohen Anteil an Arten der bodensauren Eichenmischwälder (*Quercion*) und der sie ersetzenden Heiden, Schlagfluren und Borstgrasrasen. Die Arten sind größtenteils Relikte der ursprünglichen Vegetation. Unter den Arten der bodensauren Eichenmischwälder gibt es eine deutliche Abstufung von der Peripherie zur Stadt hin: die Draht-Schmiele z.B. kommt weiter in die Stadt hinein vor als der Halbschmarotzer Wiesen-Wachtelweizen (*Melampyrum pratense*). Aber auch gepflanzte Arten der Gruppe, die unter den ihnen zusagenden Bedingungen dieser Standorte leicht verwildern, spielen eine Rolle, z.B. Maiglöckchen (*Convallaria majalis*) und Roter Fingerhut (*Digitalis purpurea*).

In Obstbaumsiedlungen, die in den 20er/30er Jahren errichtet wurden, bestimmen oft Obstbäume das Bild, in Siedlungen der Nachkriegszeit Zierbäume fremdländischer Herkunft (vgl. Kap. 3.3).

Eine Hochhaussiedlung, die in den 60er Jahren im Rahmen des sozialen Wohnungsbaus für 43.000 Einwohner am Stadtrand auf dem Gelände ehemaliger Äcker und Kleingärten errichtet wurde, ist das Märkische Viertel im Norden Berlins (vgl. Einleitung Kap. 3.4). Es zeichnet sich durch eine großflächig homogene Bebauungs- und Biotopstruktur aus. Im Bereich der zentralen öffentlichen Einrichtungen ist der Boden stark versiegelt. Die Abstandsflächen zwischen den Hochhäusern und Hochhausketten bestehen aus ausgedehnten Rasenflächen, Alleebäumen, Gehölzrabatten mit überwiegend fremdländischen Sträuchern und schmalen, geschnittenen Hainbuchenhecken. Die Flächen sind im Vergleich mit anderen Wohngebieten Berlins artenarm. Die Wirkungen dieser Bepflanzungen auf den Naturhaushalt und als Lebensraum für Pflanzen und Tiere werden durch die einheitliche Struktur sowie durch Pflegemaßnahmen, die eine Entwicklung der Vegetation nicht zulassen, begrenzt. Von 13.800 Bäumen, die die Wohnungsbaugesellschaften angepflanzt haben, sind 56 % Platanen (*Platanus x hybrida*), die auf den ebenerdig angelegten Parkplätzen im Raster 6 x 6 Meter angepflanzt wurden. Durch regelmäßigen Kronenschnitt sollten die Platanen eine flache, dachartige Kronenschicht bilden. Der Schnitt wurde aus Kostengründen nicht durchgeführt, so daß die Einzelbäume im engen Stand miteinander konkurrieren und große Wachstumsunterschiede zeigen. Ungünstig wirken sich auch die Bodenversiegelung und das Befahren der Flächen aus. Die große Widerstandsfähigkeit gegen die "Unbilden der großstädtischen Lebensbedingungen" (KÜHN 1961) haben Platanen nach Linden und Ahornen zu den häufigsten Straßenbäumen in deutschen Großstädten gemacht. Ihre Gefährdung durch Pilzkrankheiten und tierische Schädlinge nimmt jedoch zu. Da die Platane bei uns nur für wenige Tierarten eine Nahrungsgrundlage bietet, beschränken sich die von ihr ausgehenden Wohlfahrtswirkungen auf die Temperaturregulierung, Schattenwirkung und die Filterung der Luft (KOWARIK u.a. 1987).

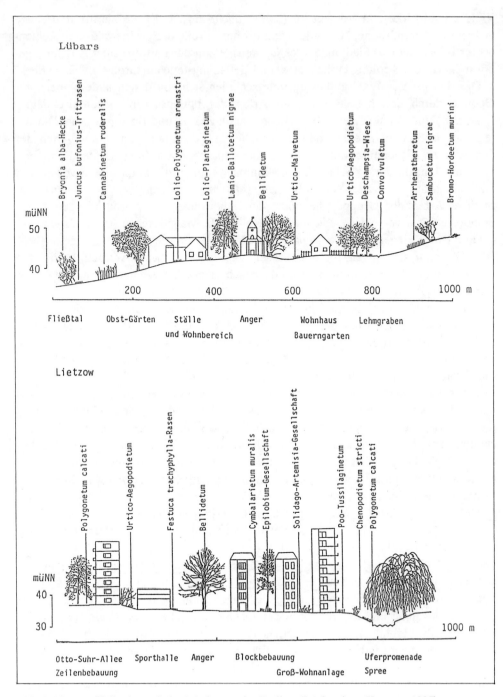

Abb. 3.4.5: Halbschematische Schnitte zweier Berliner Dörfer; (aus: KÖSTLER 1985)
Lübars: Beispiel für ein wenig verstädtertes Dorf
Lietzow: Beispiel für ein völlig verstädtertes Dorf

Im Unterschied zur Vegetation städtischer Bereiche ist der Anteil von Alteinwanderern (Archäophyten, vgl. Kap. 2.2.4) in Dörfern relativ hoch. Viele Arten der dörflichen Ruderalvegetation wurden früher als Nutz-, Zier-, Heil- oder "Zauberpflanzen" angebaut bzw. in Dörfern geduldet (SUKOPP 1980). Die Vegetation der Dörfer zeichnet sich durch das Auftreten von überwiegend nährstoffliebenden, lichtbedürftigen Arten aus. Viele Pflanzenarten sind kurzlebig und daher, um erfolgreich keimen zu können, auf das Vorhandensein offener Bodenstellen angewiesen, wie sie z.B. durch Wagenspuren und kratzende Hühner entstehen. Die floristische Kartierung der 30 ehemaligen Dörfer ergab 893 Farn- und Blütenpflanzen auf 827 ha Gesamtfläche. Der Artenbestand der Dörfer untereinander erwies sich als ziemlich einheitlich; 115 Arten wurden auf allen Flächen nachgewiesen. Die typischen Dorfvegetation ist im Stadtgebiet verarmt bzw. stark zurückgegangen (KÖSTLER 1985).

Das Dorf Lübars liegt im Norden Berlins am Rand des Tegeler Fließtals und der angrenzenden Moränenhochfläche. Auf dem Dorfanger neben der Kirche stehen zwei alte Maulbeerbäume (*Morus alba*), die im 18. Jahrhundert gepflanzt wurden, als Pfarrer und Lehrer zur Förderung der Seidengewinnung in Preußen verpflichtet waren, den Nahrungsbaum der Seidenraupen anzupflanzen.

Eine typische Dorfpflanzengesellschaft ist der Gänsemalvenrain (*Urtico-Malvetum neglectae*), eine kurzlebige Pionierpflanzengesellschaft, die sich auf häufig gestörten Standorten wie Wegrändern oder nicht versiegelten Hofflächen ansiedelt (Abb. 3.4.5). Vor Zäunen, Mauern oder unter Bäumen gedeihen nährstoffliebende Saumgesellschaften, z.B. die Schwarznesselflur (*Lamio-Ballotetum*) mit Arten wie der Weißen Taubnessel (*Lamium album*) und der Schwarznessel (*Ballota nigra*). Die Versiegelung solcher Standorte im Dorfbereich und intensive Pflegemaßnahmen sind Gründe dafür, daß diese dorftypischen Pflanzengesellschaften selten geworden sind. Den Übergang zwischen Dorf und Wiesen bzw. Ackerland bilden Gärten mit teilweise sehr altem Baumbestand. Unter den Obstgehölzen in Lübars findet man eine Vielzahl alter Kultursorten, die im Handel nicht mehr erhältlich sind.

Säugetiere

Die Artenzahl der Säugetiere steigt von den dicht bebauten Bereichen der Innenstadt zu den Außenbezirken deutlich an (vgl. Tab. 2.2.6.1.2). Während in der Innenstadt bis zu 10 Arten leben können, ist im Grenzbereich der aufgelockerten Bebauung zum inneren Stadtrand mit über 20 Arten zu rechnen, da insbesondere eine Reihe insektenfressender Arten sowie Mäusearten der Forsten hinzukommen.

Im Gebiet der geschlossenen Bebauung im Block 82 in Kreuzberg kommen 5-7 Säugerarten vor. Darunter sind 1-3 gefährdete Fledermausarten (sicher Breitflügelfledermaus [*Eptesicus serotinus*], wahrscheinlich Zwergfledermaus [*Pipistrellus pipistrellus*] und Braunes Langohr *Plecotus auritus*]). Die Siedlungsdichte der Säuger dürfte mit Ausnahme der Hausmaus (*Mus musculus* und *Mus domesticus*) und der Wanderratte (*Rattus norvegicus*) gering sein. Auf den kleinen Ruderalflächen im Block können

Waldmaus (*Apodemus sylvaticus*) und Steinmarder (*Martes foina*) leben. Verwilderte Hauskatzen sind regelmäßig anzutreffen.

Eine Reihe der Arten ist fast ausschließlich auf die Gebäude der Stadt entweder als ganzjährigen Lebensraum, zumindest doch zu bestimmten Jahreszeiten, insbesondere im Winter, angewiesen. Die Hausmaus ist überwiegend in oder an Gebäuden anzutreffen, lebt aber z.B. auch in U-Bahnschächten. Berlin liegt im Bereich der Bastardierungszone zweier Hausmausrassen, nämlich *Mus musculus*, die im Sommer im Freien lebt (ein etwas unsicherer Nachweis aus Gatow im Sommer 1963: GREGOR 1977) und *Mus domesticus*, der typischen hausbewohnenden Form. Heute werden beide Formen auch als eigenständige Arten angesehen.

Die Hausratte (*Rattus rattus*) ist vor etwa 30 Jahren in Berlin ausgestorben, nachdem sich in den Nachkriegsjahren ein ansehnlicher Bestand entwickelt hatte. Die Art lebte in Gebäuden vorwiegend in den oberen Stockwerken oder auf Dachböden.

Die Wanderratte lebt in Mitteleuropa hauptsächlich kommensal in Gebäuden, wobei die Siedlungsdichte, wie in Berlin gezeigt, proportional zum Bebauungsgrad steigt (BECKER 1949). Von der Zone der geschlossenen Bebauung nimmt der Bestand zu den Außenbezirken hin ab. Entsprechend den Nutzungen werden in absteigender Folge Viehhaltungen, Lagerräume, Werkstätten, Speiseräume, Unterkünfte, Krankenhäuser, Verwaltungsgebäude und zuletzt Wohngebäude besiedelt (PETERS 1956).

Die Waldmaus, ganzjährig auf innerstädtischen Ruderalflächen anzutreffen (vgl. Kap. 3.7), dürfte im Winter ebenfalls Gebäude aufsuchen.

Sechs der sieben Fledermausarten, die mit Sicherheit Wochenstuben in der Stadt haben, kommen auch in Gebäuden vor. Dabei liegen die Hauptvorkommen von Breitflügelfledermaus, Zwergfledermaus und Braunem Langohr in menschlichen Bauwerken (vgl. BLAB 1980). Diese drei Arten sind auch regelmäßige Bewohner der Berliner Innenstadt.

Ein besonderes Spezifikum stellen die Winterquartiere in Gebäuden dar. Neben einer Reihe bekannter kleinerer Quartiere haben der Fichteberg in Steglitz, insbesondere aber die Zidatelle in Spandau große Winterbestände an Fledermäusen. Im Fichtebergbunker wurden von 1974 bis 1978 fünf Arten im Winter nachgewiesen. Der Gesamtbestand nahm von 52 Tieren 1974 auf 81 Tiere 1978 zu. Die Wasserfledermaus (*Myotis daubentoni*) dominiert mit 85 % aller nachgewiesenen Tiere vor der Fransenfledermaus (*Myotis nattereri*) mit 8 % (KLAWITTER 1979a).

Eines der größten Winterquartiere in der Norddeutschen Tiefebene sind die Kasematten in den Bastionen der Zitadelle Spandau. Der Gesamtbestand in den 70er Jahren lag bei 300 bis 400 Exemplaren mit elf Arten. Die Wasserfledermaus macht etwa die Hälfte aller Tiere aus. Die Bestandsentwicklung der Art in den einzelnen Jahren ist durch zwei deutlich voneinander getrennte Einflugwellen gekennzeichnet (KLAWITTER 1980). Die erste Einwanderungswelle findet Anfang bis Mitte August statt; nach Absinken der Bestände Ende des Monats beginnt Anfang September eine zweite Einwanderungswelle, die Ende Oktober abgeschlossen ist. Der August-Bestand in der Zitadelle dürfte vor allem aus Jungtieren bestehen. Die Austauschrate ist hoch, die Aufenthaltsdauer offensichtlich nur kurz. Als Deutung dieser invasionsartigen Einflüge im August bietet sich die Möglichkeit an, daß die Jungtiere sich mit potentiellen Winterquartieren vertraut machen. Weitere Gründe sind aber denkbar. Die zweite Einflugwelle markiert den Einzug der eigentlichen Winterpopulation.

Die häufigste Fledermausart Berlins, die Breitflügelfledermaus, ist im gesamten Stadtgebiet eine regelmäßige Erscheinung (KLAWITTER 1976a,b). Sie ist von allen Fledermausarten am besten an die ökologischen Verhältnisse der Stadt angepaßt, sowohl was ihr Sommervorkommen als auch ihre Winterverbreitung angeht. Die Schwerpunkte des Vorkommens liegen dort, wo ein ausreichendes Angebot an Tagesverstecken mit günstigen Jagdmöglichkeiten zusammentrifft. Als Tagesquartiere werden fast ausschließlich Gebäude gewählt, insbesondere Altbauten. Als Jagdgelände kommen Parkanlagen, Gärten, Sportplätze, Hinterhöfe, Waldränder und Müllkippen in Frage, wobei allerdings alte ausgedehnte Grünflächen bevorzugt werden. Demzufolge ist die Siedlungsdichte in der Nähe von Parkanlagen und in Waldrandgebieten am höchsten. Das Quartierangebot in der Innenstadt ist zwar gut, doch fehlen weitgehend die Jagdmöglichkeiten. KLAWITTER (1976b) schätzt den Gesamtbestand von Berlin (West) auf etwa 1.500 Tiere mit einem Schwerpunktvorkommen in den Außenbezirken. Ein Mangel an Winterquartieren für diese Art liegt nicht vor, weil sie zum Überwintern im Gegensatz zu anderen Fledermausarten, die auf frostgeschützte, feuchte Kellerräume angewiesen sind, relativ trockene und exponierte Stellen bevorzugt.

Das typische fleischfressende Säugetier der Stadt ist der Steinmarder. Er ist über das gesamte Stadtgebiet verbreitet, dürfte aber Schwerpunktbildungen in der Zone des inneren Stadtrandes aufweisen (KLAWITTER 1979b). Auf 30 von 33 im Winter 1978/79 auf Spuren untersuchten Rasterflächen (2,09 km² vor allem im Süden der Stadt) wurden Fährten gefunden. Die Mehrzahl der Spuren lag in charakteristischen Jagdgebieten wie Parks, Friedhöfen, Kleingärten, alten Dorfkernen, extensiv genutzten Industriegeländen, Bahngeländen und Lagerplätzen. Das teilweise Fehlen solcher Flächen in der Innenstadt dürfte dort der begrenzende Faktor für die Art sein.

In Neubaugebieten und Dorfauen sind wir über den Säugetierbestand nicht informiert.

Vögel

Die Besiedlung der Wohngebiete durch Brutvögel hängt in erster Linie vom Grünanteil der Flächen bzw. deren Versiegelungsgrad ab. Hierdurch wird zum einen das Angebot an besiedelbaren Strukturen vorgegeben (z.B. Gehölze, Staudenfluren), und zum anderen geht damit in der Regel auch der Nutzungsdruck, besonders der Umfang von Störeinflüssen einher. In zweiter Linie spielt die Umgebung des jeweiligen Areals eine Rolle. So können beispielsweise von (großen) Parks oder Wäldern ausgehend noch einige Vogelarten bis in den bebauten Bereich hinein siedeln; der Kontakt zum eigentlichen Lebensraum muß aber gewahrt bleiben.

In den folgenden Beschreibungen werden in den Wohngebieten liegende Grünflächen im wesentlichen ausgeklammert (s. Kap. 3.5, 3.6, 3.7).

Tab. 3.4.2: Die Vogelgemeinschaft in Kreuzberg (SO 36; 89,8 ha) 1979
(aus: BRAUN 1985)

Vogelarten	Reviere	Dominanz (%)	Abundanz (Reviere/10 ha)
1. Haussperling *Passer domesticus*	781	44,0	87,0
2. Straßentaube *Columba livia* f. *domestica*	567	31,9	63,1
3. Türkentaube *Streptopelia decaocto*	92	5,2	10,2
4. Grünfink *Carduelis chloris*	78	4,4	8,7
5. Mauersegler *Apus apus*	71,5	4,0	8,0
6. Amsel *Turdus merula*	60	3,4	6,7
7. Star *Sturnus vulgaris*	32	1,8	3,6
8. Kohlmeise *Parus major*	23	1,3	2,6
9. Blaumeise *Parus caeruleus*	14	0,8	1,6
10. Ringeltaube *Columba palumbus*	13	0,7	1,4
11. Klappergrasmücke *Sylvia curruca*	7	0,4	0,8
12. Elster *Pica pica*	7	0,4	0,8
13. Hausrotschwanz *Phoenicurus ochruros*	6	0,3	0,7
14. Feldsperling *Passer montanus*	5	0,3	0,6
15. Dohle *Corvus monedula*	5	0,3	0,6
16. Gelbspötter *Hippolais icterina*	3	0,2	0,3
17. Stockente *Anas platyrhynchos*	2	0,1	0,2
18. Nebelkrähe *Corvus corone cornix*	2	0,1	0,2
19. Turmfalke *Falco tinnunculus*	1,5	0,1	0,2
20. Bachstelze *Motacilla alba*	1	0,1	0,1
21. Sumpfrohrsänger *Acrocephalus palustris*	1	0,1	0,1
22. Gartengrasmücke *Sylvia borin*	1	0,1	0,1
23. Dorngrasmücke *Sylvia communis*	1	0,1	0,1
24. Rotkehlchen *Erithacus rubecula*	1	0,1	0,1
	1775,0	100,2	197,8

Typische Brutvögel der geschlossenen Baugebiete (Innenstadt/Altbauzone) sind die an Gebäuden nistenden "Felsbrüter": Turmfalke (*Falco tinnunculus*), Haustaube (*Columba livia domestica*), Mauersegler (*Apus apus*), Hausrotschwanz (*Phoenicurus ochruros*) und Haussperling (*Passer domesticus*). Zu dieser Gruppe gesellt sich hauptsächlich seit Beginn der 80er Jahre gebietsweise die Mehlschwalbe (*Delichon urbica*), die von den Neubaugebieten des Stadtrandes ausgehend in einzelnen Kolonien die Altbauten der Innenstadt besiedelte (vgl. WITT 1985b).

Mauersegler und Mehlschwalbe bejagen den Luftraum über der Stadt, der Hausrotschwanz sucht seine Insektennahrung im Dachbereich der Gebäude, der Turmfalke fliegt zur Nahrungssuche auch weitere Strecken in die Umgebung, und Haustaube sowie Haussperling leben mehr oder weniger von menschlichen Abfällen. Somit ist diese Vogelgemeinschaft auch nahrungsökologisch unabhängig von der Grünausstattung einer Baufläche. Ihr Vorkommen wird hauptsächlich durch das Nischenangebot der Gebäude bestimmt; bei Turmfalke und Hausrotschwanz wird die Siedlungsdichte auch durch Revierverteidigung gegenüber Artgenossen reguliert. Von diesen Arten ist nur der Haussperling in sämtlichen Bebauungstypen Berlins verbreitet. Er dürfte der häufigste Brutvogel der Stadt sein.

Schon bei sehr bescheidener Durchgrünung (einzelne Bäume, Gebüsche und Rasenflächen) kommen weitere Siedlungsfolger vor: Ringeltaube (*Columba palumbus*), Türkentaube (*Streptopelia decaocto*), Amsel (*Turdus merula*), Blaumeise (*Parus caeruleus*), Kohlmeise (*P. major*), Star (*Sturnus vulgaris*) und Grünfink (*Carduelis chloris*).

Sind zumindest vereinzelt ältere Bäume und kleine Grünflächen vorhanden, können sich Gelbspötter (*Hippolais icterina*), Klappergrasmücke (*Sylvia curruca*), Elster (*Pica pica*), Nebelkrähe (*Corvus corone cornix*) und Feldsperling (*Passer montanus*) ansiedeln. Diese fünf Arten leiten bereits zu der Vogelgemeinschaft der Zone aufgelockerter Bebauung über, weshalb sie zusammen mit den zuvor genannten zu den verbreitetsten Vögeln Berlins zählen.

Aus dem bisher aufgezähltem Arteninventar setzt sich im allgemeinen die Vogelgemeinschaft der Altbauzone zusammen, so daß die ca. 1 km² großen Gitterfelder des Brutvogelatlas (OAG 1984) in dieser Zone Artenzahlen von durchschnittlich 16 aufweisen. LÖSCHAU (1978) zählte auf 61 ha Fläche im Charlottenburger Altbaugebiet elf Arten mit 570 Revieren (zuzüglich Haustaube), wobei Haussperling mit 323 und Mauersegler mit 110 Revieren die weitaus häufigsten Brutvögel waren.

Die detaillierteste Untersuchung eines innerstädtischen Baugebietes legte BRAUN (1985) vor. Er erfaßte die Brutvögel auf einer knapp 90 ha großen Fläche im Osten Kreuzbergs ("SO 36"). 24 Brutvogelarten kamen mit 1775 Revieren vor. Erstaunlich waren je ein Revier von Sumpfrohrsänger (*Acrocephalus palustris*) und Dorngrasmücke (*Sylvia communis*) auf der Lohmühleninsel. Beide sind Offenlandarten, die im bebauten Stadtgebiet Berlins weitgehend fehlen. Tabelle 3.4.2 zeigt die Vogelgemeinschaft des 55,5 ha großen Altbauwohnviertels im Untersuchungsgebiet. Die Siedlungsdichte von 285,6 Revieren/10 ha stellt die zweithöchste in Mitteleuropa gefundene dar. Neben dem hohen Kartierungsaufwand des Bearbeiters ist das vor allem auf die marode Altbausubstanz zurückzuführen, deren zahlreiche Nischen Haussperling und Haustaube günstigste Brutmöglichkeiten bieten. Die Haussperlinge bevorzugten zum Nestbau Nischen in besonnten Stuckfassaden im Bereich des ca. 20 m hohen Dachtraufes. Die Haustauben siedelten vorwiegend in den Hohlräumen der hölzernen Dachtraufe und der Hochbahntrasse. Beide Arten stellen zusammen 80,1 % aller Reviere der Probefläche. Insgesamt haben die reinen Gebäudebrüter einen Revieranteil von 87,1 %, Bodenbrüter fehlen völlig.

Zur aufgelockerten Bebauung können Reihenhaussiedlungen mit entsprechendem Abstandsgrün, Einfamilienhaussiedlungen, Kleingartenkolonien und Villengebiete gerechnet werden. Der Vogelartenreichtum hängt hauptsächlich von Größe und Qualität der Vegetationsflächen ab. Da Vogelarten der Freiflächen im allgemeinen größere Areale beanspruchen und störungsempfindlicher als "Wald- oder Parkvögel" sind, setzt sich die Brutvogelwelt der Siedlungen trotz ihres meist offenen Charakters hauptsächlich aus diesen Wald- und Parkvögeln zusammen.

In intensiv genutzten und gepflegten Bereichen ohne nennenswerten Altbaumbestand ist mit dem oben für die Innenstadt aufgeführten Arteninventar bereits eine Obergrenze erreicht! Dies gilt vor allem für Reihen- und Einfamilienhaussiedlungen sowie für viele Kleingärten. So fand STEIOF (1987b) in einer 12 ha großen Kleingartenanlage in Lichterfelde nur neun Brutvogelarten. Unter den ca. 114 Revieren waren 95 % häufige Siedlungsfolger (Grünling, Haussperling, Amsel, Feldsperling, Blau- und Kohlmeise). Von den übrigen drei Arten konnten nur Star und Klappergrasmücke voll den Kleingärten zugerechnet werden; die Bluthänflinge (*Carduelis cannabina*) nutzten lediglich die dichten Koniferen zum Brüten und suchten ihre Nahrung außerhalb der Kleingärten. Das zeigt die Lebensfeindlichkeit derartiger Kleingartenkolonien für Brutvögel an.

Bezeichnenderweise kommen in den bisher genannten intensiv genutzten Bebauungstypen praktisch keine Bodenbrüter vor, da sie durch Hunde und Menschen sowie Pflegeeingriffe zu starken Störungen ausgesetzt sind.

Erst bei Vorhandensein von Obst- und Altbaumbeständen und einigen "verwilderten" Bereichen erweitert sich das (potentielle) Artspektrum um folgende Arten: Buntspecht (*Dendrocopos major*), Rotkehlchen (*Erithacus rubecula*), Nachtigall (*Luscinia megarhynchos*), Gartenrotschwanz (*Phoenicurus phoenicurus*), Singdrossel (*Turdus philomelos*, in den letzten Jahren im Siedlungsbereich verschwindend), Mönchsgrasmücke (*Sylvia atricapilla*), Zilpzalp (*Phylloscopus collybita*), Grauschnäpper (*Muscicapa striata*), Trauerschnäpper (*Ficedula hypoleuca*), Kleiber (*Sitta europaea*), Eichelhäher (*Garrulus glandarius*), Buchfink (*Fringilla coelebs*), Girlitz (*Serinus serinus*) und Stieglitz (*Carduelis carduelis*). Zusammen mit den zuvor genannten Arten ist hiermit auch der Artenbestand der Villengebiete umrissen. In sehr alten Kleingartenanlagen können auch einige dieser Brutvögel auftreten. So fanden sowohl WITT als auch ELVERS u. MAAS (in WITT 1978) jeweils 15 Arten auf 15 ha in Marienfelde (270 Reviere) bzw. auf 9 ha in Wedding (175 Reviere).

Eine kleine Sonderstellung nehmen die beiden Finkenvögel Girlitz und Stieglitz ein. Im Unterschied zu den anderen Arten sind sie Bewohner der halboffenen bis offenen Landschaft und ernähren sich vorzugsweise von Wildkrautsamen. Während der Bestand des Girlitz in den letzten Jahren stagniert, hat sich der Stieglitz vor allem entlang von Brachflächen und -streifen (z.B. Gleisanlagen) sogar bis in die Innenstadt hinein ausgebreitet. Die Ursachen für diese Entwicklung sind nicht bekannt.

Die Artenzahlen der ca. 1 km² großen Gitterfelder des Brutvogelatlas liegen für die aufgelockerte Bebauung meist bei Werten zwischen 20 und 30, selten darüber. Hierin sind aber auch Arten der in die Bebauung eingegliederten Grünanlagen enthalten. Auf nur 12,5 ha Einfamilienhaussiedlung mit parkartigen Gärten in Frohnau stellte STEINHAUSEN (1978) 19 Brutvogelarten fest.

Im Prinzip ähnelt die Vogelgemeinschaft der Hochhaussiedlungen und Neubaugebiete der der Innenstadt, mit folgenden mehr oder weniger deutlichen Unterschieden:

- Das Nischenangebot der einförmigen Gebäude ist wesentlich geringer als das von Altbauten, so daß Mauersegler meist fehlen und selbst Haustaube und Haussperling seltener sind. Deshalb und aufgrund des höheren Nahrungsangebots konzentrieren sich beide oft an öffentlichen Gebäuden und Einkaufszentren.
- Offenbar aufgrund der Höhe der Häuser (6 bis über 20 Stockwerke) waren diese attraktiv für die Besiedlung durch Mehlschwalben. Der möglicherweise größere Fluginsektenreichtum am Stadtrand und vor allem die leichtere Erreichbarkeit von Nestbaumaterial (Lehmpfützen an Baustellen) mögen hierfür eine ebenso große Rolle gespielt haben. Interessanterweise siedelten 1979 zwei Drittel aller Mehlschwalben im lehmreichen Südosten des Stadtgebietes (WITT u. LENZ 1982).
- Aufgrund des Angebotes an vegetationsarmen Arealen (Flachdächer; oft Baustellen) bzw. solchen mit niedriger Vegetation (lückige Zierrasen) kommt in vielen Neubaugebieten Berlins die Haubenlerche (*Galerida cristata*) vor. Vermutlich durch das Aufwachsen der Gehölzvegetation seit den (60er)/70er Jahren und dem Fehlen von Baustellen hat die Art in den 80er Jahren allmählich abgenommen.

Der extrem hohe Anteil von Ziergehölzen im Abstandsgrün und deren häufig einförmige Struktur läßt meist nur weitere Vorkommen der anpassungsfähigsten Arten zu (s. Altbauzone). Zwar stellten BREITENREUTHER u.a. (1978) in dem 135 ha großen Hochhausbereich des Märkischen Viertels (einschließlich Einfamilienhaussiedlungen und Brachflächen) 16 Vogelarten fest, doch wurden gut 93 % der Brutreviere von nur fünf Arten gestellt: Haussperling (48 %!), Mehlschwalbe, Amsel, Grünfink und Haustaube.

Eine erstaunliche Bestandszunahme war bei der Mehlschwalbe zu verzeichnen (vgl. Abb. 3.4.6). Die erste Ansiedlung außerhalb von Gehöften fand LENZ (1961) an Neubauten im Süden Berlins. Bereits 1969 wurden 938 Brutpaare gezählt, von denen schon 56 % ihre Nester an Neubauten errichtet hatten. Der Bestand stieg innerhalb von zehn Jahren bis 1979 auf über ca. 3300 Paare (WITT u. LENZ 1982), und hatte bei der letzten weitgehend vollständigen Zählung 1983/84 rund 4500 Brutpaare erreicht (WITT 1985b). Von diesen hatten 67 % ihre Nester in Neubau-Hochhaussiedlungen gebaut. Bevorzugt wurden Balkone vom 6. bis 11. Geschoß zur Nestanlage genutzt, in niedrigen Häusern aber auch herunter bis zum 3., seltener 2. Stockwerk (maximale Höhe: 20. Stockwerk).

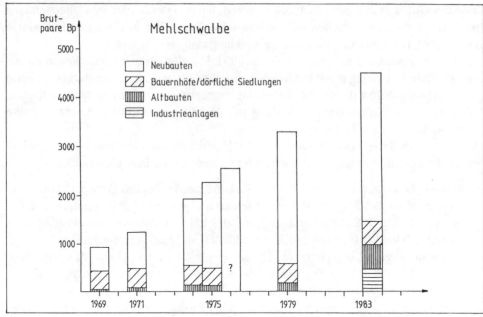

Abb. 3.4.6: Zunahme der Mehlschwalbe (*Delichon urbica*) in Berlin (West) (ergänzt nach WITT 1985b)

Eine eigenständige Brutvogelfauna der Dörfer bzw. Dorfreste Berlins existiert dann nicht mehr, wenn diese vollständig von anderer Bebauung umgeben sind. Als ländliche Relikte können die meist an landwirtschaftliche Höfe gebundenen Arten Rauchschwalbe (*Hirundo rustica*) und Bachstelze (*Motacilla alba*) angesehen werden. Beide benötigen aber benachbarte Freiflächen, so daß sie nur in einigen Dorfresten vorkommen, z.B. in Lübars und Gatow. Sie besiedeln auch vereinzelt Industrie- und Gewerbebauten, bevorzugt an Gewässern, da dort offenbar günstige Nahrungsbedingungen herrschen.

Für den gesamten städtisch beeinflußten Bereich gilt, daß vermutlich aufgrund des wärmeren Stadtklimas und des dadurch verbesserten Nahrungsangebotes der Beginn der Brutperiode bei einigen Arten etwas vorverlegt ist. Es kommt sogar zu vereinzelten Winterbruten, z.B. beim Waldkauz (*Strix aluco*) (16.3.81 bereits flugfähige Jungvögel; MATTES 1981), der Amsel (12./16.12.77 brütendes Weibchen; WESTPHAL 1978) oder dem Haubentaucher (*Podiceps cristatus*; 26.2.77 brütend, 30.3. Jungvögel; WITT 1977).

Die bisher beschriebenen Aspekte betreffen die Brutvögel. Für auf dem Durchzug befindliche Vögel spielen die Wohngebiete praktisch keine Rolle, wenn auch in gut durchgrünten Bereichen einzelne Durchzügler auftreten können. Anders sieht die Situation im Winterhalbjahr aus, wenn insbesondere in strengen Frostperioden mit Schneedecke viele Vögel dem Nahrungsangebot des Menschen folgend in die Siedlungsbereiche eindringen.

WITT (OAG 1982) faßte die Ergebnisse von Wintervogel-Zählungen 1976-79 zusammen, deren einzelne Zählpunkte überwiegend in der Zone aufgelockerter Bebauung ("Gartenstadt") und dem Stadtrand (Wälder, Freiflächen) lagen. Insgesamt wurden 75 Arten festgestellt. Vogelarten mit einer Stetigkeit von über 50 % der 1120 Zählpunkte waren Amsel, Kohlmeise, Blaumeise und Haussperling. Über 25 % Stetigkeit wiesen Saatkrähe (*Corvus frugilegus*), Grünfink, Lachmöwe (*Larus ridibundus*), Haustaube und Nebelkrähe auf. Bei über 10 % der Zählpunkte wurden Elster, Star, Feldsperling, Stockente (*Anas platyrhynchos*) und Türkentaube registriert. Zu den verbreitetsten Arten im Winter zählen demnach neben den individuenstarken Wintergästen Lachmöwe und Saatkrähe die auch als Brutvögel weit verbreiteten Siedlungsfolger.

Zu bemerkenswertem Auftreten weniger häufiger Arten kommt es in einzelnen Jahren, vor allem in harten Wintern. Beispiele sind:

Sperber (*Accipiter nisus*): In den Monaten Januar/Februar 1985 wurde ein Winterbestand von mindestens 40 Tieren ermittelt, obwohl nur einige Gebiete kontrolliert wurden. Ein deutlich erkennbarer Verbreitungsschwerpunkt lag in der Zone aufgelockerter Bebauung. Sowohl die Innenstadt als auch Feld- und Waldgebiete wurden offenbar weitgehend gemieden (SCHRECK 1986).

Waldohreule (*Asio otus*): Im Winter 1978/79 hielten sich an 45 Orten 335 Exemplare auf (in den 10 Wintern davor insgesamt 80), vor allem in Kleingärten, Villengebieten und Grünanlagen. Während der Schneelagen stellten sich die Eulen auf Vögel als Nahrungstiere um, so daß nach der Hauptbeute Feldmaus die Arten Haussperling, Amsel und auch Grünfink verputzt wurden (ELVERS u.a. 1979).

Seidenschwanz (*Bombycilla garrulus*): Bei den in mehrjährigem Abstand auftretenden invasionsartigen Einflügen dieser nordischen Art kann es zu Konzentrationen von einigen hundert Exemplaren kommen. Da sich die Vögel hauptsächlich von Beeren und Früchten ernähren, liegen die Hauptrastgebiete in der Zone aufgelockerter Bebauung (vgl. BRUCH u.a. 1978).

Reptilien und Amphibien

Wohngebiete mit dichter Bebauung bieten beiden Tiergruppen keine Existenzmöglichkeiten. Bei aufgelockerter Bebauung mit ausreichenden und naturnahen Grünflächen sowie benachbarten Laichgewässern findet man dagegen noch gelegentlich Amphibien. Beispiele dafür sind die Waldsiedlungsgebiete in Frohnau oder Dahlem sowie die Einfamilienhausgebiete zwischen den Heiligenseer Gräben. Kleine Populationen von Teichfrosch (*Rana "esculenta"*), Teichmolch (*Triturus vulgaris*), Knoblauchkröte (*Pelobates fuscus*) oder Grasfrosch (*Rana temporaria*) konnten sich hier noch halten. Aussetzungen in begrünten Innenhöfen haben meist keinen dauerhaften Bestand, und die unkontrollierte Entnahme von Laich oder Larven aus anderen Gewässern beeinträchtigt nur die ursprünglichen Populationen.

Wirbellose Tiere

Abgesehen von wirbellosen Tieren, die an die besonderen Lebensbedingungen (Wärme, Nahrungsangebot) im Wohnbereich des Menschen angepaßt sind (synanthrope Arten), finden sich in Wohngebieten meist nur Ubiquisten, die hier gerade noch leben können oder Arten, die regelmäßig einwandern, aber sich wegen der für sie ungünstigen Bedingungen nur noch zum geringen Teil vermehren, weil für diese Arten unverzichtbare ökologische Strukturen (z.B. Nahrungspflanzen) nur unzureichend vorhanden sind.

Neben der Insekten- und Spinnenfauna der Wohnungen, die gelegentlich eingeschleppte Arten aufweist, wurden bisher Hinterhöfe und begrünte Fassaden auf ihre Fauna untersucht. Hinterhöfe zeichnen sich durch eine arten- und individuenarme Wirbellosenfauna aus. Insgesamt wurden auf sechs innerstädtischen Hinterhöfen 28 Laufkäferarten und 54 Spinnenarten gefangen (KEGEL u. PLATEN 1983). Die Artenzahlen nehmen mit der Größe der Höfe sowie mit der Vegetationsbedeckung zu, wobei sich die Laufkäfergesellschaften aus unterschiedlichen ökologischen Typen zusammensetzen; je nach Vegetations- und Feuchteverhältnissen aus Arten der Wälder, Arten der Ruderalflächen oder feuchtigkeitsliebende Arten (vgl. Abb. 3.4.7).

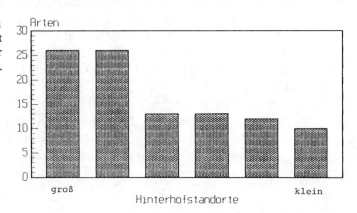

Abb. 3.4.7: Artenzahlen der Spinnen in Abhängigkeit von der Fläche der Hinterhöfe (nach KEGEL u. PLATEN 1983)

Bei den Spinnen dominieren unter den Zwergspinnen Fadenflieger, die als Jungtiere passiv mit dem Wind verfrachtet werden. Weiterhin sind auch eine Reihe synanthroper Arten gefunden worden, z.B. *Lepthyphantes nebulosus*, die Hauswinkelspinne (*Tegenaria domestica*), *Dysdera crocata*, die Speispinne (*Scytodes thoracica*), *Oonops domesticus* und auch eine Finsterspinne (*Amaurobius similis*), die in Berlin (West) im innerstädtischen Bereich vor allem in Kellern lebt.

Die Speispinne lebt in Berlin (West) nur an innerstädtischen Wärmestandorten (z.B. Yorkstraße) im Freien, ansonsten synanthrop. Sie hat eine besondere Art des Nahrungserwerbs. Sie "fesselt" die Beutetiere mit Leimfäden, die sie aus ihren Kieferklauen (Cheliceren) herausschleudert, an den Untergrund. Dann werden sie gebissen.

Die Wirbellosenfauna begrünter Fassaden wurde von BARTFELDER und KÖHLER (1987) untersucht. Dabei wurden vor allem synanthrope Arten wie Pochkäfer

(*Anobiidae*) und Diebskäfer (*Ptinidae*) festgestellt. Der Weinreben-Prachtkäfer (*Agrilus derofasciatus*) ernährt sich ebenso wie in den heimatlichen Weinbaugebieten von Reben, der Pochkäfer (*Ochina ptinoides*) von Efeu. Die Wärme an den Hauswänden ermöglicht u.a. einer Langbeinfliege (*Dolichopodidae*: *Sciopus platypterus*) und einer mediterranen Nistfliege (*Milichiidae*: *Desmonetopa tarsalis*) das Dasein. Letztere ernährt sich von den Beuteresten in Spinnennetzen. In großer Anzahl sind Trauermücken vertreten, deren Larven im Boden, aber auch in der Erde von Blumentöpfen oder minierend in Blättern leben. Das Licht von Lampen lockt oftmals nachtaktive Insekten an, vor allem Eulenfalter und Spanner unter den Schmetterlingen, wobei weitverbreitete Arten überwiegen.

3.5 Parks

Die älteste Parkanlage in Berlin lag auf der Spreeinsel am kurfürstlichen Schloß. Sie ist 1652 auf dem ältesten Stadtplan Berlins von Johann Gregor Memhardt wiedergegeben. Das Gebiet des Großen Tiergartens wurde seit 1697 umgestaltet. In derselben Zeit entstand der Barockpark des Schlosses Charlottenburg. Die erste kleinräumige Parkanlage auf der Pfaueninsel entstand 1794-1798. Ab 1816 bemühte man sich, die gesamte Insel in einen Park umzugestalten. Sie erfuhr ihre völlige Neugestaltung ab 1824-1834 durch Peter Joseph Lenné. Wesentliche Elemente dieser Parkgestaltung bestimmen bis heute das Bild der Insel.

Pfaueninsel und Schloßpark Charlottenburg waren an mehreren Wochentagen allgemein zugänglich. Der Tiergarten war schon im 18. Jahrhundert als Erholungsgebiet betrachtet worden. Als erster bürgerlicher Park ist der Friedrichshain (1846-1848) zu erwähnen. Die Neuerung gegenüber den fürstlichen Parkanlagen bestand im wesentlichen in der Freigabe weiter Rasenflächen für ungezwungene spielerische und sportliche Betätigungen. Nach diesen Kriterien entstanden als Vorläufer der Volksparks am Ende des 19. Jahrhunderts der Humboldthain (1869-72), der Treptower Park (1876-88) und der Viktoriapark (1888-94). Als charakteristische Volksparks sind dann die Anlagen zu Beginn dieses Jahrhunderts bis in die Weimarer Republik aufzufassen (Schiller-Park 1909-1913, Volkspark Wilmersdorf 1912/13, Volkspark Jungfernheide 1920-23, Volkspark Mariendorf 1923-27, Volkspark Rehberge 1926-29). Nach dem 2. Weltkrieg entstanden Parkanlagen auf Trümmerschüttungen (z.B. Insulaner, Fritz-Schloß-Park). 1983 wurde erstmals eine innerstädtische Brachfläche mit spontan entwickelter Ruderalvegetation als Grünanlage hergerichtet und als "geschützter Landschaftsbestandteil" unter Schutz gestellt (Hallesches Ufer, Möckernstraße). Zum "Britzer Garten" wurden anläßlich der Bundesgartenschau 1985 landwirtschaftlich und gärtnerisch genutzte Flächen im Einzugsbereich von Neukölln umgewandelt. Die Bundesgartenschau 1995 wird im Stadtzentrum stattfinden und Brachflächenvegetation in ein dezentrales Konzept integrieren. Die heutige Flächennutzung verzeichnet etwa 7 % der Fläche von Berlin (West) als Grünanlagen.

Klima

Eine wichtige klimatische Funktion erfüllen Parkanlagen und andere Grünflächen im innerstädtischen Bereich. Wie in Kapitel 2.1 nachgewiesen, kann durch derartige Flächen die sonst oft geschlossene Wärmeinsel der Stadt wirksam aufgegliedert werden. Nach Abbildung 2.2.1.3 (im Farbtafelteil) sind diesbezüglich innerstädtische Parkanlagen wie der Humboldthain, der Schloßgarten Charlottenburg, der Große Tiergarten und der Volkspark Hasenheide zu erwähnen. Die Mitteltemperaturen liegen hier mit 9 bis 9,5°C erheblich niedriger als in der dicht bebauten Umgebung mit mehr als 10°C. Wie der Tagesgang der Temperatur am Beispiel des Tiergartens in Abbildung 3.4.2 zeigt, können in austauscharmen Strahlungsnächten diese Unterschiede noch wesentlich größer ausfallen.

Die Charakterisierung des Stadtgebietes nach Flächentypen (Abbildung 2.2.1.2) erbringt für die Stadtparks aufgrund des Einflusses der dicht bebauten Umgebung eine höhere nächtliche Temperatur als für die Wälder im Außenbereich. Entscheidend ist hier die Größe der Anlagen. Bei Flächen über 50 ha (Typ 12) wird eine wesentlich höhere Abkühlungsrate in den Abend- und Nachtstunden erreicht. Das äußert sich auch in den entsprechenden Feuchtewerten.

Auch die Windgeschwindigkeiten verhalten sich je nach Größe und Vegetationsstruktur der Parkanlagen unterschiedlich. Bei der Einteilung von Flächentypen in Abbildung 2.2.1.5 werden unter den Typen 12, 13 und 14 verschiedene Strukturen angesprochen. Sowohl am Tage als auch in der Nacht erreichen großflächige Parkanlagen mit offenen Rasenflächen und lockerer Vegetationsstruktur höhere Windgeschwindigkeiten und damit eine bessere Belüftung. Kleine Anlagen und Friedhöfe erfahren dagegen - besonders in den Tagesstunden - eine stärkere Windreduzierung. Die Neigung zur nächtlichen Luftstagnation kann demnach als mäßig bis hoch, in waldartigen Parks sogar als sehr hoch eingestuft werden. Entsprechend Abbildung 2.2.1.7 (im Tafelteil) geht von den Parkanlagen keine Schwülegefährdung für angrenzende Gebiete aus.

Die innerstädtischen Grünflächen erbringen für die benachbarten, oft dichter bebauten Randbereiche in der Regel eine bioklimatische Entlastung. In Tabelle 3.5.1 sind für einige innerstädtische Grünflächen mögliche Reichweiten (v. STÜLPNAGEL 1987) ermittelt und wie folgt interpretiert worden:

1. In der Regel ist die klimatische Reichweite um so größer, je ausgedehnter die Grünfläche ist.
2. An der Leeseite der Grünanlage ist die Reichweite meistens größer als an der Luvseite.
3. Höhere Windgeschwindigkeiten vergrößern häufig die Reichweite. Die Punkte 2. und 3. sind darauf zurückzuführen, daß dem dynamisch bedingten Austausch durch die großräumige Luftströmung eine größere Bedeutung zukommt als dem thermisch bedingten (kleinräumige Zirkulationssysteme).
4. Anschluß an andere Grünanlagen, Übergangszonen von Ruderalflächen (z.B. südlicher Tiergarten) oder eine angrenzende lockere Bauweise mit hohem Grünanteil begünstigen die Reichweite.

5. Die klimatische Wirksamkeit von vegetationsbestandenen Freiflächen auf ihre bebaute Umgebung wird stark herabgesetzt, wenn die Freifläche unter dem Niveau der Umgebung (z.B. in Mulden oder Einschnitten) liegt, wenn sie von Mauern oder dichten Randabpflanzungen umgeben oder wenn die angrenzende Bebauung dicht und undurchlässig ist.
6. Straßen, die durch Grünanlagen führen, teilen diese in mehrere Einzelbereiche auf und vermindern ihre Wirksamkeit.

Neben den genannten Faktoren wirken sich auch andere Eigenschaften der Grünanlagen auf die klimatische Wirksamkeit aus. Dazu gehören u.a. der Anteil versiegelter Bereiche in der Grünfläche, die Vegetationsstrukturen sowie das Verhältnis von Länge zu Breite der Anlagen.

Tab. 3.5.1: Klimatische Reichweiten in m (bezogen auf die Lufttemperatur in 2 m Höhe) bei verschiedenen Wetterlagen für mehrere Grün- und Ruderalflächen unterschiedlicher Größe im Bereich von Berlin (West) (v. STÜLPNAGEL 1987)

Grünflächen	Größe (ha)	Wetterlage (bezogen auf die Windgeschwindigkeit)		
		austauscharm (< 2 m/s)	mäßig austauscharm (2 - 4 m/s)	austauschreich (≥ 4 m/s)
Großer Tiergarten - luvwärts - leewärts - sonstige Richtungen	212	0 - 200 bis 1300 -	- 400 - 1500 250 - 800	- - -
Kleingärten Priesterweg Südgelände - luvwärts - leewärts - sonstige Richtungen	ca. 125	270 (max. 500) 270 (max. 500) 260 (max. 500)	80 (max. 200) 260 (max. 500) 160 (max. 1000)	100 (max. 200) 540 (max. 1100) 20 (max. 100)
Städtischer Friedhof Steglitz - luvwärts - leewärts - sonstige Richtungen	ca. 36	50 - 220 280 - 420 0 - 70	- 100 - 250 50 - 300	- - -
Ruderalflächen im Bereich Anhalter und Potsdamer Güterbahnhof - luvwärts - leewärts - sonstige Richtungen	ca. 30	- 100 - 200 150 - 600	100 - 300 0 - 300 -	0 - 200 300 - 1000 -
Stadtpark Steglitz - luvwärts - leewärts - sonstige Richtungen	17,6	90 - 140 60 - 90 80 - 90	60 - 70 20 - 280 0 - 30	- - -

Um zu einer quantitativen Aussage über die klimatische Wirksamkeit von Freiflächen zu gelangen, ist ein empirisches Modell entwickelt worden, das sich auf die enge Korrelation der Überwärmung eines Standortes zu Bebauungsdichte und Vegetationsanteil seiner Umgebung in einem Umkreis von 500 m stützt (v. STÜLPNAGEL 1987).

Die Vergleiche dieses empirischen Modells mit gemessenen Werten erbrachten für den Großen Tiergarten und seine bebaute Umgebung recht gute Übereinstimmungen. Eine weitere Verfeinerung dieser theoretischen Zusammenhänge könnte die Wechselbeziehung von Freifläche und bebauter Umgebung quantitativ beschreiben und somit ein Planungsinstrument aus klimatischer Sicht liefern.

Abbildung 3.5.1 enthält die festgestellten maximalen Temperaturdifferenzen zwischen Grünanlagen und bebauter Umgebung für den 9.7.1982, 23.00 Uhr MEZ (eine austauscharme Strahlungsnacht) und zwar über der logarithmisch aufgetragenen Flächengröße der Anlagen dargestellt. Wie zu erkennen ist, besteht mit einer relativ guten Korrelation (r = 0,70) ein logarithmischer Zusammenhang zwischen beiden Größen. Das heißt, generell steigt mit wachsender Größe einer Grünfläche auch deren Temperaturdifferenz zur bebauten Umgebung. Diese logarithmische Abhängigkeit steht ebenfalls in guter Übereinstimmung mit den maximal festgestellten Temperaturdifferenzen Grünanlage - Bebauung in verschiedenen Städten, die aus Literaturwerten zusammengestellt wurden (v. STÜLPNAGEL 1979). Auch hier ließ sich nämlich - ungeachtet unterschiedlicher Meßhöhen und unabhängig von den verschiedenen Städten - ein deutlicher logarithmischer Zusammenhang zwischen Temperaturdifferenz und Fläche feststellen. Ähnliche logarithmische Abhängigkeiten, jedoch mit geringeren Steigungen und höheren Korrelationskoeffizienten ergeben sich für die gemittelten Temperaturverhältnisse (langjähriges Mittel usw.).

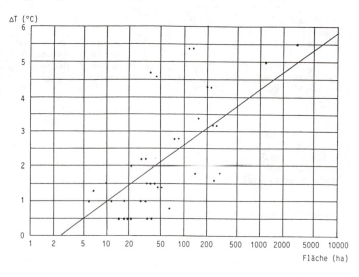

Abb. 3.5.1: Temperaturdifferenzen (ΔT) zahlreicher Berliner Grünanlagen zu ihrer bebauten Umgebung in Abhängigkeit von ihrer Fläche in einer austauscharmen Strahlungsnacht (09.07.1982, 23.00 Uhr MEZ) (aus: v. STÜLPNAGEL 1987)

Interessant ist die Fragestellung, wie groß eine Grünanlage mindestens sein muß, um gegenüber ihrer dichtbebauten (z.B. zu 90 % versiegelten) Umgebung noch eine Temperaturabsenkung von 0,5°C aufzuweisen. Die Regressionsgleichungen ergeben für die Einzelsituation eine Mindestgröße von 3,5 ha, für das langjährige Mittel eine solche von 10 ha. Tatsächlich werden in Berlin schon erheblich kleinere Grünanlagen mit einer größeren Temperaturverminderung als 0,5°C beobachtet. Andererseits kommen größere Grünflächen mit geringeren Temperaturdifferenzen vor. Einer der Gründe hierfür ist das unterschiedliche Niveau der Grünflächen gegenüber ihrer Umgebung.

Bei der Forderung nach einer deutlichen Temperaturabsenkung im Vergleich zur Umgebung und andererseits nach einer großen Reichweite des Grünanlageneinflusses können sich hinsichtlich der Ausstattung einer Grünfläche (Niveaulage, Randabpflanzung usw.) Konflikte ergeben. So wird die erste Forderung eher von tiefgelegenen, die zweite von hochgelegenen Grünanlagen erfüllt. Diese Konflikte sind bei großflächigen Parks wie dem Großen Tiergarten gering und nehmen mit abnehmender Fläche zu. Bei kleinen Grünanlagen muß ein Prozeß der Optimierung angestrebt werden, damit beide gegensätzlichen Forderungen so gut wie möglich erfüllt werden können. Hierbei kann folgende Überlegung hilfreich sein: Eine Grünfläche wird in der Regel tagsüber besucht, so daß eine Temperaturabsenkung in den Tagesstunden besonders wichtig ist. Die Reichweite ihres Einflusses ist aber tags und nachts von Bedeutung. Somit wäre hier eine Unterstützung der Reichweite von größerer Relevanz als die Forderung nach starker Abkühlung in der Anlage selbst. Für kleinere Grünflächen ist deshalb eine Lage im oder über dem Niveau der Umgebung am vorteilhaftesten. Dabei läßt sich die geforderte Temperaturabsenkung am Tage am besten durch einen hohen Anteil an Bäumen, zum Teil auch durch zusammenhängende baumbestandene Flächen mit Kronenschluß erreichen.

Die lufthygienische Belastung der Grünflächen und Friedhöfe wird durch deren Lage in der Stadt bestimmt. Die Belastung der innerstädtischen Flächen ist im allgemeinen außerordentlich hoch. Eine Filterwirkung - besonders gegenüber staubförmigen Luftverunreinigungen - ist zwar vorhanden (siehe Kap. 3.1), kann aber die lufthygienische Situation innerhalb, besonders aber außerhalb, der Flächen nicht grundsätzlich verbessern. Problematisch wirkt sich aus, daß die von Natur aus immissionsgefährdeten Grünflächen durch starke Emittenten (in der Regel Kfz-Verkehr, siehe Kap. 3.8) oftmals selbst eine zusätzliche Belastung erfahren.

Böden

Die Böden der Berliner Parkanlagen besitzen sehr unterschiedliche ökologische Eigenschaften, die vor allem durch Unterschiede im geologischen Ausgangsmaterial und die Vornutzung bedingt sind. So bestehen die Parkböden der Moränenplatten aus lehmigen Parabraunerden (z.B. Heinrich-Laehr-Park). Sie sind relativ häufig von Pfuhlen durchsetzt, an deren Rändern Gleye und Niedermoore auftreten (z.B. Stadtpark Steglitz, Volkspark Mariendorf). Diese Parkböden weisen dann ähnliche Eigenschaften auf wie unter ihrer Vornutzung als Ackerböden. Auch die meist sandigen Böden von Parks, die aus Wäldern hervorgegangenen sind und bei der Urbanisierung erhalten blieben (z.B. Volkspark Jungfernheide), sind vergleichsweise wenig verändert. Hier wurde oft nur das Relief begradigt, außerdem der Oberboden durch Tritt verdichtet und die Humusform durch Pflanzen wechselnder Zersetzbarkeit der Streu sowie Entfernen der Streu verändert. Zusätzlich wurden auch diese Böden über die Luft und durch Abfälle stärker mit Schadstoffen kontaminiert als vergleichbare Böden außerhalb der Verdichtungsräume.

Insbesondere Parks mit sandigen Böden können aber auch durch intensive Pflege wie mehrfaches tiefes Rigolen (Umarbeiten), regelmäßiges Bewässern, Düngen mit Komposten sowie Kalken in ihrem Wasser- und Nährstoff-Bindungsvermögen gegenüber Waldböden stark verbessert sein und erhöhte pH-Werte sowie Nährstoffgehalte aufweisen wie z.B. der Schloßpark Tegel (s. e Tab. 3.3.2 u. in Tafel 1.8).

Insulaner und Fritz-Schloß-Park wurden nach dem Kriege auf Trümmerbergen angelegt, so daß sie stein- und kalkreiche Pararendzinen aufweisen. Diese wurden allerdings gegenüber entsprechenden Ruderalflächen (vgl. Kap. 3.7) durch Auftrag von Kompost und humosem Bodenmaterial etwas in ihrem Wasser- und Nährstoff-Bindungsvermögen verbessert.

Bei Anlage des Gartenschaugeländes in Mariendorf wurde die ursprüngliche Bodendecke, eine Parabraunerde-Gesellschaft mit einem Sandspaltennetz, gänzlich zerstört.

Flora und Vegetation

In 22 Berliner Parkanlagen sind Flora und Vegetation in ihrer Abhängigkeit von Größe und Funktion, Pflege und Nutzungsintensität sowie dem Alter und der Entstehungsgeschichte untersucht worden (KUNICK 1978). Dabei wurde der Bestand an spontan auftretenden, d.h. an ihrem jeweiligen Fundort mit großer Wahrscheinlichkeit nicht absichtlich angepflanzten Farn- und Blütenpflanzen, in einzelnen Parkanlagen Berlins, die sich durch ihre Größe und Lage im Stadtgebiet voneinander unterscheiden, bestimmt. Von den großen Parkanlagen zu den Stadtparks hin nimmt nicht nur die absolute Artenzahl im Durchschnitt um die Hälfte ab (Tab. 3.5.2), einige Artengruppen kommen fast ausschließlich in großen Anlagen vor. Das sind vor allem Arten der Wälder neben solchen der Gewässer- und Ufervegetation sowie der Feuchtwiesen und Moore. Die kleineren Grünanlagen zeichnen sich eher durch das Fehlen der genannten Artengruppen als durch eigene Charakterarten aus.

Die Parkanlagen enthalten gelegentlich Relikte naturnaher Waldvegetation (Entstehung aus früheren Jagdrevieren, Schloß- und Gutsparks etc.). Sie sind daher vielfach Refugien für Arten, die im übrigen Stadtgebiet selten geworden und vom Aussterben bedroht sind. Daneben können sie auch Ausbreitungszentren für sich neu einbürgernde Arten werden, wie es für Grassamenankömmlinge von SUKOPP (1968a) bzw. SCHOLZ (1970) nachgewiesen wurde (Tab. 3.5.3). In dieser Hinsicht sind besonders botanische Gärten von Bedeutung.

Tab. 3.5.2: Die Klassifizierung einiger Berliner Grünanlagen aufgrund ihres Bestandes an Farn- und Blütenpflanzen (aus: KUNICK 1978)

	Fläche (ha)	Artenzahl
Große Parkanlagen	60 - 140	250 - 450
Stadtparks	10 - 25	120 - 280
Kleine Grünanlagen in lockerer Bebauung	1	50 - 140
Innerstädtische Grünplätze	1	40 - 120

Tab. 3.5.3: Ältere Grassamenankömmlinge in fünf Berliner Parkanlagen (+ = ältere Funde 1859 - 1920; ! = Funde nach 1960) (aus: SUKOPP 1968a, ergänzt)

	Tier-garten	Pfauen-insel	Glie-nicke	Schloß-park Charlot-tenburg	Bot. Garten Dahlem
Gruppe I					
Bromus erectus-Gruppe					
Aufrechte Trespe (*Bromus erectus*)	+	!	!	+!	!
Goldhafer (*Trisetum flavescens*)		!	!	+!	!
Glatthafer (*Arrhenatherum elatius*)	+!	+!	!	+!	!
Kleine Bibernelle (*Sanguisorba minor*)	+!			!	
Heide-Labkraut (*Galium pumilum*)	+	!			
Nickender Löwenzahn (*Leontodon saxatilis*)		+!		+	!
Nizza-Pippau (*Crepis nicaeensis*)				+	
Gruppe II					
Arten unsicherer Provenienz					
Alpen-Hellerkraut (*Thlaspi alpestre*)			!		
Gruppe III					
Poa-chaixii-Gruppe					
Wald-Rispengras (*Poa chaixii*)	+	!	!	!	
Schmalblättrige Hainsimse (*Luzula luzuloides*)	+	!	!		
Wald-Knaulgras (*Dactylis polygama*)		!	!		
Salbei-Gamander (*Teucrium scorodonia*)	+	+			
Verschiedenblättriger Schwingel (*Festuca heterophylla*)	+				
Wald-Segge (*Carex sylvatica*)	+				
Schwarze Teufelskralle (*Phyteuma nigrum*)	+				
Wald-Vergißmeinnicht (*Myosotis sylvatica*)		!	!		
"Park-Hieracien"		!	!		!

Säugetiere

In innerstädtischen Grünanlagen leben bis zu zehn Säugetierarten (WENDLAND 1973). Der Tiergarten macht auch hier aufgrund seiner Größe mit 22 Arten eine Ausnahme (vgl. Tab. 2.2.6.1.2). Insektenfressende Arten fehlen bis auf Fledermäuse in den kleinen Grünanlagen der Stadt völlig. Im Tiergarten sind demgegenüber Wiesel und zwei Spitzmausarten vertreten. Der Artenbestand der Grünanlagen in der geschlossenen Bebauung und der aufgelockerten Bebauung ist vergleichbar mit dem der innerstädtischen Ruderalflächen (vgl. Kap. 3.7).

Die Gelbhalsmaus (*Apodemus flavicollis*) ist allerdings nur in Grünanlagen und Friedhöfen mit älterem Baumbestand vertreten, da sie als Baumsamenfresser hier offenbar günstigere Nahrungsbedingungen als auf ruderalen Freiflächen vorfindet. Gelbhalsmaus und Waldmaus (*Apodemus sylvaticus*) schließen sich in der Innenstadt von Berlin (West) gegenseitig aus (ELVERS u. ELVERS 1984a,b,c, Abb. 3.5.2). Die Ruderalflächen besiedelnde Waldmaus kommt in Grünanlagen weitaus seltener vor oder fehlt sogar, während die Gelbhalsmaus hier ihren Schwerpunkt in der Innenstadt besitzt und auf den Ruderalflächen fehlt. Charakteristische Art der Fledermäuse der Grünanlagen ist das Braune Langohr (*Plecotus auritus*).

Die Pfaueninsel als Parkanlage in der Zone des äußeren Stadtrandes weist mit etwa 30 Arten (WENDLAND 1972) deutlich mehr Säugetiere auf als die anderen Grünanlagen (Tab. 2.2.6.1.2). Im Vergleich zu den Forsten fehlen hier insbesondere die größeren Wildarten.

Für die Zeiträume von 1936 bis 1938 (SCHNURRE 1940) und 1964 bis 1970 (WENDLAND 1972) liegen Untersuchungen von Waldkauzgewöllen vor. Häufigkeitsverschiebungen einzelner Kleinsäugerarten, die in den 30er Jahren 68 % und in den 60er Jahren 77 % der Gesamtbeute ausmachten, können zumindest als Hinweis auf Dichteänderungen im Laufe der Jahre gewertet werden. Der Anteil der Gattung *Apodemus* an der Gesamtbeute blieb mit 22 % 1936 bis 1938 und 24 % 1964 bis 1970 etwa konstant. Deutliche Zunahmen waren bei der Rötelmaus (*Clethrionomys glareolus*) (von 8,3 auf 24 %) und bei der Schermaus (*Arvicola terrestris*) (von 2,7 auf 13,5 %) zu verzeichnen. Von den vorkommenden Wühlmausarten der Gattung *Microtus* nahm die Feldmaus (*Microtus arvalis*) von 10,4 auf 2,9 % und die Nordische Wühlmaus (*Microtus oeconomus*) von 9,1 auf 4,6 % ab.

Vögel

Aus Grünanlagen und Friedhöfen liegt das umfangreichste Material über Brutvögel in der Stadt vor. Literatur und Ergebnisse wurden von ELVERS (1981) zusammengefaßt. 15 untersuchte Grünanlagen und Friedhöfe (größer als 5 ha) sind in der Abbildung 3.5.3 innerhalb eines Gradienten von der Zone der geschlossenen Bebauung bis zur Zone des äußeren Stadtrandes eingeordnet. Die ersten drei Anlagen fallen nach KUNICK (1974)(vgl. Abb.2.2.4.2) in die Zone der geschlossenen Bebauung, die

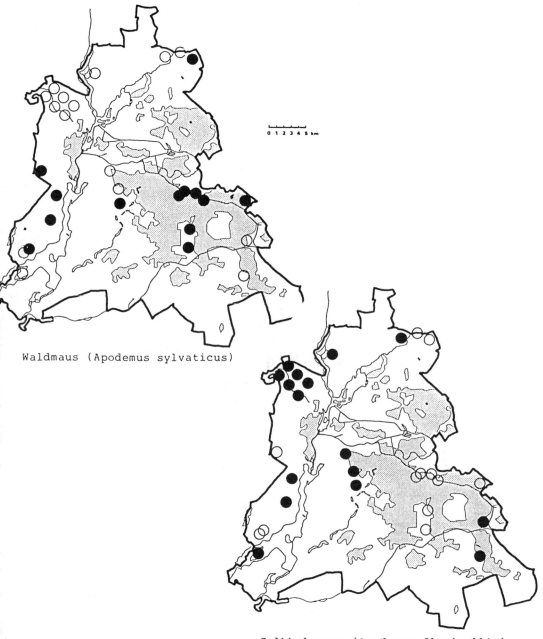

Abb. 3.5.2: Verbreitung von Waldmaus und Gelbhalsmaus in 24 Gebieten (Spandauer Forst: 6 Punkte) in Berlin (West).
Ausgefüllte Kreise = Vorkommen, Kreise = Negativfeststellungen. Das geschlossene bebaute Stadtgebiet ist gepunktet dargestellt. (aus: ELVERS u. ELVERS 1984a)

nächsten fünf in die Zone der aufgelockerten Bebauung, weitere fünf in die Zone des inneren Stadtrandes und die letzten zwei Anlagen sowie der zum Vergleich herangezogene Forstbiotop in die Zone des äußeren Stadtrandes.

Die Siedlungsdichte ist in den Innenstadtanlagen am höchsten. Die großen Parkanlagen des inneren und äußeren Stadtrandes und der Forstbiotop weisen die geringsten Dichten auf.

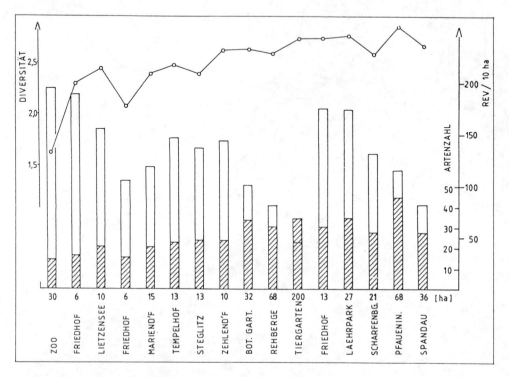

Abb. 3.5.3:   Die Brutvögel in Berliner Parkanlagen. Siedlungsdichte (weiße Säulen), Diversität (Kurve) und Artenzahl (schraffierte Säulen) in 16 untersuchten Grünanlagen. Die Anlagen sind nach abnehmendem menschlichem Einfluß von links nach rechts geordnet (aus: Elvers 1981)

In Abbildung 3.5.3 sind die Artenzahlen der nicht an Wasser gebundenen Arten dargestellt. Die Artenzahl steigt innerhalb der Grünanlagen von der Zone der geschlossenen Bebauung bis zum äußeren Stadtrand deutlich an. Die Extreme sind der Zoologische Garten mit 15 und die Pfaueninsel mit 45 Arten (ohne Wasservögel). In den Anlagen der Zonen der geschlossenen und aufgelockerten Bebauung kommen insgesamt 38 Landvogelarten vor, in den Anlagen des inneren und äußeren Stadtrandes dagegen 54. Nur die Haustaube besiedelt ausschließlich den Innenstadtbereich, während 17 Arten nur in den Anlagen des Stadtrandes zu finden sind. Dies ist nicht nur ein Effekt der größeren Fläche der Anlagen der Zonen 3 und 4 des Stadtrandes;

auch bei vergleichbarer Flächengröße liegen die Artenzahlen der Probeflächen der beiden Zonen des Stadtrandes über denen der beiden innerstädtischen Zonen (Abb. 3.5.4). Unter Einbeziehung der Wasservogelarten würde sich das Verhältnis der Artenzahlen nur unwesentlich verschieben.

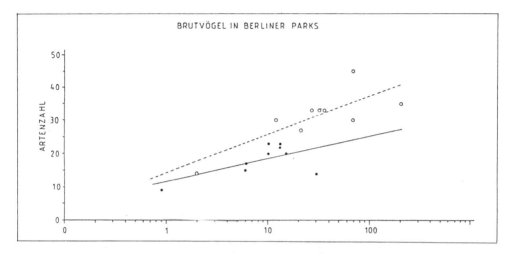

Abb. 3.5.4: Die Artenzahl der 18 untersuchten Grünanlagen und Friedhöfe in Berlin (West) in Bezug zur Flächengröße. Punkte = Anlagen der Zonen 1 und 2, Kreise = Anlagen der Zonen 3 und 4 (ELVERS 1982a)

Die Grünanlagen der Außenbezirke stellen somit Biotopinseln anderer Qualität als die der Innenstadt dar; das korrespondiert mit den Ergebnissen des Vorkommens von Gefäßpflanzen (KUNICK 1978) und Säugetieren in den Grünanlagen von Berlin (West).

Die Beziehung zwischen Siedlungsdichte, Artenzahl und Diversität zeigt, daß in der Innenstadt wenige Arten zu der hohen Dichte beitragen. Nur eine geringe Artenzahl beherrscht hier das Spektrum der Vogelgemeinschaft; daraus resultiert die geringe Vogeldiversität der Innenstadt. In den Anlagen der Zone des inneren und des äußeren Stadtrandes existiert bei höherer Artenzahl auch ein ausgewogeneres Verhältnis dieser Arten zueinander als in der Zone geschlossener Bebauung, bei insgesamt geringerer Dichte aller Arten. Der strukturelle Reichtum der Parkinseln der Außenbezirke enthält offensichtlich eine höhere Zahl unterschiedlicher für Vögel besiedelbarer Habitate als die Innenstadt.

Insgesamt leben 55 Landvogelarten in den Grünanlagen von Berlin (West). Die 15 häufigsten Arten gehen aus Tabelle 3.5.4 hervor. Von den Wasservögeln brüten viele Arten mehr oder weniger regelmäßig in den Grünanlagen, jedoch kommen nur Stockente (*Anas platyrhynchos*) und Teichralle (*Gallinula chloropus*) auch an kleinen Parkgewässern regelmäßig vor. Zur Verbreitung der Wasservögel s. LOETZKE (1976).

Tab. 3.5.4: Die häufigsten Brutvögel der Grünanlagen von Berlin (West), aufgeschlüsselt nach ihrem Vorkommen in den Anlagen der Zonen 1 + 2 sowie 3 + 4. Rev = Reviere; Ab. = Abundanz; Dom. = Dominanz; Stet. = Stetigkeit (aus: ELVERS 1981)

Art	Die Vogelarten der 9 Grünanlagen der Zonen 1 + 2 (104 ha)				Die Vogelarten der 8 Grünanlagen der Zonen 3 + 4 (431 ha)				Die Vogelarten aller 17 Grünanlagen			
	Rev.	Ab.	Dom.	Stet.	Rev.	Ab.	Dom.	Stet.	Rev.	Ab.	Dom.	Stet.
1. Star (*Sturnus vulgaris*)	319	30,7	17,8	100	568	13,7	15,9	100	887	16,7	16,5	100
2. Amsel (*Turdus merula*)	239	23,0	13,3	100	467	10,8	13,0	100	706	13,2	13,1	100
3. Haussperling (*Passer domesticus*)	355	34,2	19,8	55	187	4,3	5,2	88	542	10,1	10,1	71
4. Feldsperling (*Passer montanus*)	79	7,6	4,4	89	346	8,0	9,7	100	425	7,9	7,9	94
5. Ringeltaube (*Columba palumbus*)	109	10,5	6,1	100	225	5,2	6,3	100	334	6,2	6,2	100
6. Blaumeise (*Parus caeruleus*)	84	8,1	4,7	100	246	5,7	6,9	100	330	6,2	6,2	100
7. Kohlmeise (*Parus major*)	54	5,2	3,0	100	221	5,1	6,2	100	275	5,1	5,1	100
8. Grünfink (*Carduelis chloris*)	98	9,4	5,5	100	151	3,5	4,2	100	249	4,6	4,6	100
9. Zilpzalp (*Phylloscopus collybita*)	12	1,1	0,7	78	90	2,1	2,5	100	102	1,9	1,9	88
10. Rotkehlchen (*Erithacus rubecula*)	18	1,7	1,0	33	73	1,7	2,0	88	91	1,7	1,7	59
11. Buchfink (*Fringilla coelebs*)	18	1,7	1,0	67	64	1,5	1,8	100	82	1,5	1,5	65
12. Türkentaube (*Streptopelia decaocto*)	55	5,3	3,1	89	25	0,6	0,7	38	80	1,5	1,5	65
13. Saatkrähe (*Corvus frugilegus*)	27	2,6	1,5	11	39	0,9	1,1	13	66	1,2	1,2	12
14. Mönchsgrasmücke (*Sylvia atricapilla*)	12	1,1	0,7	55	44	1,0	1,2	88	56	1,0	1,0	56
15. Nebelkrähe (*Corvus corone cornix*)	16	1,6	0,9	89	39	0,9	1,1	88	55	1,0	1,0	88

Deutliche Unterschiede zwischen den Grünanlagen der Innenstadt (Zone 1+2) und der Außenbezirke (Zone 3+4) gibt es auch in der Stetigkeit einzelner Arten. Neben vielen Arten, die in allen Grünanlagen gleichermaßen vorkommen (z.B. Amsel [*Turdus merula*], Grünfink [*Carduelis chloris*]) ist in den Anlagen der Innenstadt nur die Türkentaube (*Streptopelia decaocto*) mit höherer Stetigkeit anzutreffen. Demgegenüber kommen in den Grünanlagen der Zonen 3 und 4 mindestens zwölf Arten mit weitaus höheren Stetigkeiten vor (Reihenfolge nach abnehmender Stetigkeit): Rotkehlchen (*Erithacus rubecula*), Buchfink (*Fringilla coelebs*), Mönchsgrasmücke (*Sylvia atricapilla*), Gelbspötter (*Hippolais icterina*), Nachtigall (*Luscinia megarhynchos*; 36 % aller Berliner Reviere liegen in Grünanlagen, WITT u. RATZKE 1984), Trauerschnäpper (*Ficedula hypoleuca*), Kleiber (*Sitta europaea*), Buntspecht (*Dendrocopos major*), Grauschnäpper (*Muscicapa striata*), Eichelhäher (*Garrulus glandarius*), Girlitz (*Serinus serinus*) und Schwanzmeise (*Aegithalos caudatus*).

Beim Vergleich der nistökologischen Verhaltensweisen von der Innenstadt zum Stadtrand zeigen sich für die Höhlen-, Busch- und Baumfreibrüter keine eindeutigen Tendenzen; Unterschiede beruhen auf der jeweiligen Ausstattung mit z.B. Nistkästen oder Altbäumen. Ein sehr deutlicher Gradient besteht hingegen bei den Bodenbrütern: Aufgrund der starken Störungen in der Krautschicht sind sie in innerstädtischen Grünanlagen ausgesprochen selten (vgl. ELVERS 1978).

Dies wird bestätigt durch zwei Untersuchungen von 1986 in den intensiv genutzten Grünanlagen Hasenheide/Neukölln (SCHULTZE 1988) und Viktoriapark/Kreuzberg (SCHULTZE 1989): Während in der 47 ha großen Hasenheide noch drei Bodenbrüter-Arten mit 16 Revieren (= 3,6 % aller Reviere) vorkamen, wurden im 12 ha großen Viktoria-Park nur noch zwei Reviere einer Art gefunden.

Zum Brutvogelbestand der Grünanlagen im Bezirk Wedding siehe HERKENRATH (1986).

Reptilien

Aktuelle Reptilienvorkommen aus Grünanlagen im Innenstadtbereich sind nicht bekannt. Auf die Pfaueninsel wurde bereits im Kapitel 3.2.1 eingegangen. SCHULZ (1845) erwähnt die Ringelnatter (*Natrix natrix*) aus dem Charlottenburger Schloßpark. Ehemalige Vorkommen im Tiergarten sind im Kapitel 3.5.1 angesprochen.

Amphibien

In einigen Grünanlagen mit Gewässern haben sich bis heute Amphibien auch im Innenstadtbereich halten können. Fast alle diese Gebiete zeigen eine ähnliche Struktur: Sie umfassen mehrere Hektar und besitzen einen relativ hohen Anteil an waldähnlichen Strukturen und extensiv gepflegten Flächen. Als Beispiele seien hier der Tiergarten (s. Kap. 3.5.1), der Volkspark Rehberge, die Pfaueninsel (s. Kap. 3.2.1) oder der Murellenpark genannt. Eine Ausnahme bildet das Gelände der Bundesgartenschau. Im allgemeinen dominiert die Erdkröte (*Bufo bufo*); Knoblauchkröte (*Pelobates fuscus*) und Teichmolch (*Triturus vulgaris*) sind nur in wenigen Anlagen vertreten. Gelegentlich werden auch in Grünanlagen recht beachtliche Populationsstärken erreicht. So betrug die Anzahl der paarungswilligen Erdkröten 1989 im Murellenteich annähernd 1000 (KLEMZ in Vorber.), im Volkspark Rehberge über 400, wobei in den letzten Jahren sogar ein Anstieg zu verzeichnen war. Demgegenüber stehen Verluste wie z.B. am Schäfersee, wo die Erdkröte 1960 zum letzten Mal beobachtet wurde (SCHÖLZEL 1986). Es sind im wesentlichen zwei Gründe, die die Erdkröte begünstigen. In der Regel werden ihre Larven nicht von den in Parkgewässern meist sehr zahlreich vertretenen Fischen gefressen, und außerdem ist die Art mehr als andere auf Waldstandorte angewiesen.

Auf dem Gelände der Bundesgartenschau in Britz entstanden verschiedene Gewässertypen, und es besteht die Möglichkeit, daß Amphibien vom Rand her einwandern. Der Teichfrosch (*Rana "esculenta"*) hatte das Gebiet bereits in der Bauphase, unabhängig von offensichtlich vorgenommenen Aussetzungen, besiedelt und ist seitdem in großen Mengen vorhanden. Sonst kommt er nur noch an den Teichen im Botanischen Garten häufig vor.

Wirbellose Tiere

Je nach Flächengröße und Reichtum an unterschiedlichen Biotopen und ökologischen Kleinstrukturen ist der Bestand an wirbellosen Tieren in den Berliner Parkanlagen recht unterschiedlich. Kleinere Parks bestehen oft nur aus intensiv gepflegten Rasenflächen, auf denen kaum ein Gänseblümchen geduldet wird. Diese Flächen sind gewöhnlich auch noch von exotischen Sträuchern eingefaßt, die einheimischen Tieren in der Regel nicht als Nahrung dienen können. Da die Laubstreu sorgfältig weggefegt wird, entfällt auch diese wichtige Komponente, die als Überwinterungsquartier, als Versteck für nachtaktive Arten oder als Nahrung für Streuzersetzer bedeutsam ist.

Ausgedehnte Parkanlagen beherbergen dagegen ein oft überraschendes Artenspektrum (vgl. Kap. 3.5.1). Bevor während der Berliner Blockade zahlreiche alte Eichen aus dem Schloßpark Charlottenburg den Weg in die Kachelöfen fanden, gab es dort zum Beispiel noch Hirschkäfer (*Lucanus cervus*) und Eichenbock (*Cerambyx cerdo*), unsere größten einheimischen Käferarten.

3.5.1 Tiergarten

Das Gelände des heutigen Tiergartens liegt im Niederungsgebiet des Urstromtals der Spree und war zur Zeit der ersten Erwähnung als Tiergarten im 16. Jahrhundert ein vielfältig strukturiertes Waldgebiet. Auenwald entlang des Flusses, Hochwald mit eingesprengten Äckern, Bruchwald, Pfuhle, Altwässer, Gräben und Wiesen gaben ihm zu dieser Zeit ein vielfältiges Erscheinungsbild. Unter Friedrich II. (1740-1786) wandelte Knobelsdorf Teile des Tiergartens in barocke Partien (Salons, Labyrinthe u.a.) um. Die Brüche und Sümpfe blieben unberührt. 1792 wurde die Rousseauinsel, 1810 die Luiseninsel angelegt. Bis zur Neugestaltung durch Lenné in den Jahren 1832-1839 hat der Tiergarten seinen Waldcharakter behalten. Lenné schuf einen Landschaftspark, wobei einige Teile der barocken Gestaltung, vor allem Wege und Alleen, übernommen wurden. Bei der notwendigen Trockenlegung wurden die Standortverhältnisse im südlichen Bereich des Parks erheblich verändert. Die dichten Waldgebiete wurden durch Ausholzung hainartig gelichtet und durch Strauchpflanzungen unterbaut. Wiesen mit verstreuten Gehölzgruppen lockerten die Bestände auf. Diese teilweise erheblichen Eingriffe in den Wald waren im großen Umfang mit Neuanpflanzungen verbunden. Entlang der Wasserläufe im Umkreis der Rousseauinsel blieben Reste des "Els-Bruch" als Streifen erhalten. Eine erneute Auslichtung wurde um die Jahrhundertwende vorgenommen.

Durch das Wachstum der Stadt wurde aus dem Park vor den Toren mehr und mehr eine innerstädtische Parkanlage, was mit einer erheblichen Zunahme der Erholungsnutzung und des Verkehrs verbunden war.

Im 2. Weltkrieg litt der Tiergarten vor allem durch die heftigen Kämpfe um das Regierungsviertel in den letzten Kriegstagen. Nach dem Krieg wurde der Park fast vollständig abgeholzt. Von 200.000 Bäumen blieben nur etwa 700 stehen (WENDLAND 1985). Das Parkgelände wurde zum Anbau von Gemüse und Kartoffeln verwendet. WENDLAND (1966) beschreibt den Tiergarten von 1946 als eine steppenähnliche Landschaft, geprägt von Gräsern, *Artemisia* (Beifuß), *Oenothera biennis* (Gemeiner Nachtkerze), *Conyza canadensis* (Kanadischem Berufkraut), *Epilobium* (Weidenröschen) und *Galinsoga* (Franzosenkraut).

1949 begann der Wiederaufbau des Tiergartens mit Vorpflanzungen von Hybridpappeln. Die Baumschicht besteht heute überwiegend aus Berg-Ahorn (*Acer pseudoplatanus*), Stiel-Eiche (*Quercus robur*), Trauben-Eiche (*Q. petraea*), Hainbuche (*Carpinus betulus*), Rot-Buche (*Fagus sylvatica*) und Hänge-Birke (*Betula pendula*), ohne daß eine Art eindeutig dominiert. Die Wiesenflächen wurden mit "Heublumen" von der Pfaueninsel angesät. Durch die Aufschüttung von Trümmerschutt im Nordosten wurden die Standortverhältnisse erneut verändert. 1962 wurde die "Entlastungsstraße" als ein Provisorium durch den Tiergarten gelegt. In den 60er Jahren wurden Teile der Wiesenflächen für die Erholungsnutzung freigegeben und somit zu Rasen degradiert. In den 80er Jahren setzten die Rekonstruktionsmaßnahmen der Gartendenkmalpflege ein, die in der Hauptsache in der Wiederherstellung barocker Achsen bestanden.

Heute ist der Große Tiergarten mit 212 ha die größte innerstädtische Parkanlage Berlins. Das Verhältnis von Rasen- zu Gehölzflächen liegt etwa bei 3:5.

Klima

Inwieweit innerstädtische Grünflächen die klimatische und lufthygienische Situation verbessern können, wurde im Rahmen eines ökologischen Gutachtens zum geplanten Autobahnbau durch den Tiergarten (SUKOPP u.a. 1979) untersucht. Diese innerstädtische Parkanlage zeichnet sich durch eine lockere Baumstruktur aus und ist darüber hinaus von mehr oder weniger großen Freiflächen durchsetzt.

Von den bei den Untersuchungen ermittelten klimatologischen Parametern wurde der Lufttemperatur eine besondere Bedeutung zugemessen, da gerade diese Größe über den Wärmehaushalt sehr empfindlich auf anthropogene Einflüsse wie die Bebauungsdichte und den Versiegelungsgrad der Erdoberfläche reagiert.

In Abbildung 3.5.1.1 ist die horizontale Verteilung der Lufttemperatur für 2 m Höhe dargestellt, die im März 1978 in den späten Abendstunden mit Hilfe eines Meßwagens aufgenommen wurde. Die zu diesem Zeitpunkt lockere Bewölkung und die relativ geringe Windgeschwindigkeit von 1,7 m/s (Wetterstation Dahlem) aus südöstlicher Richtung führten zu einer austauscharmen Wetterlage. Die Ausstrahlung im Bereich des Tiergartens erzeugt gegenüber der dicht bebauten Umgebung, die durch die vorhandenen Baumassen über größere Energiereserven verfügt, eine sehr starke Temperaturabsenkung. Die gemessenen Temperaturdifferenzen zwischen dem inneren Bereich des Tiergartens und den südwestlichen, besonders aber den nördlich angrenzenden Ballungsbereichen betragen bis zu 7°C. Die breit angelegten Straßen innerhalb des Tiergartens führen zu einer Aufteilung der dort gebildeten Kälteinsel in mehrere Teilbereiche. Aufgrund der Hauptwindrichtung aus Südost ist eine leichte Ausweitung der Kaltluft in Richtung Nordwest (Spreebogen) erkennbar. Weitere Meßfahrten unter verschiedenen Windrichtungen und Witterungsbedingungen bestätigen, daß unter guten Belüftungsvoraussetzungen (HORBERT u. KIRCHGEORG 1980) der Tiergarten durchaus eine klimatisch entlastende Funktion für die angrenzenden, dicht bebauten Innenstadtbereiche erfüllen kann.

Die relativ starke Abkühlung in den Nachtstunden ist auf die lockere Vegetationsstruktur, die eine ungehinderte Ausstrahlung ermöglicht, zurückzuführen. In den warmen Sommermonaten dürfte also der Tiergarten in seiner derzeitigen Ausdehnung eine nicht zu unterschätzende bioklimatische Bedeutung haben. Allerdings führen die gegenüber der Umgebung sehr niedrigen Temperaturen der bodennahen Luftschicht gerade bei austauscharmen Wetterlagen zu einer zusätzlichen Stabilisierung der bodennahen Atmosphäre. Der innere Bereich des Tiergartens muß daher als besonders immissionsgefährdet angesehen werden. Gerade in den Wintermonaten ist bereits in den frühen Nachmittagsstunden durch den dann vorherrschenden Spitzenverkehr mit einer hohen Luftbelastung zu rechnen.

Die niedrigen Temperaturen im Tiergarten führen zu einer entsprechenden Erhöhung der relativen Luftfeuchte (r.F.). Bei austauscharmen Wetterlagen wurden zwischen dem inneren Bereich des Tiergartens und den dicht bebauten Randbereichen Feuchteunterschiede bis zu 25 % r.F. gemessen. Der in diesem Zusammenhang besonders interessierende Dampfdruck zeigte dagegen eine auffallend geringe Differenzierung. Offensichtlich wird die höhere Transpirationsleistung der vegetationsbestandenen Flächen in den dicht bebauten, besonders aber in den industriell geprägten Stadtteilen durch anthropogene Quellen nahezu ersetzt. In den Nachtstunden war besonders bei austauscharmen Wetterlagen sogar oftmals eine Abnahme des Dampfdrucks über den Grünflächen erkennbar. Offensichtlich wird durch die in der Nacht einsetzende Taubildung im Vegetationsbereich - unterstützt durch eine Verminderung des vertikalen Luftaustausches - eine Reduzierung des bodennahen Wasserdampfgehaltes erreicht.

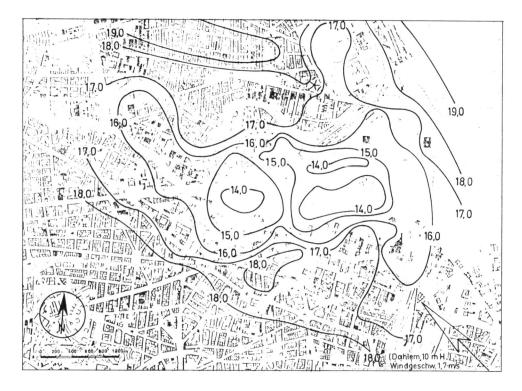

Abb. 3.5.1.1: Temperaturverteilung (°C) in 2 m Höhe bei einer austauscharmen Wetterlage mit Winden aus südöstlicher Richtung am 30.031978 um 23.30 Uhr im Bereich des Tiergartens von Berlin (West) (aus: HORBERT u. KIRCHGEORG 1980)

Böden

Der Tiergarten ist ein Beispiel starker Bodenveränderungen. Als Hauptbodenformen sind hier vergleyte Braunerden aus natürlichen Talsanden und Pararendzinen aus Trümmerschutt miteinander vergesellschaftet (vgl. Abb. 3.5.1.2). Erstere sind heute

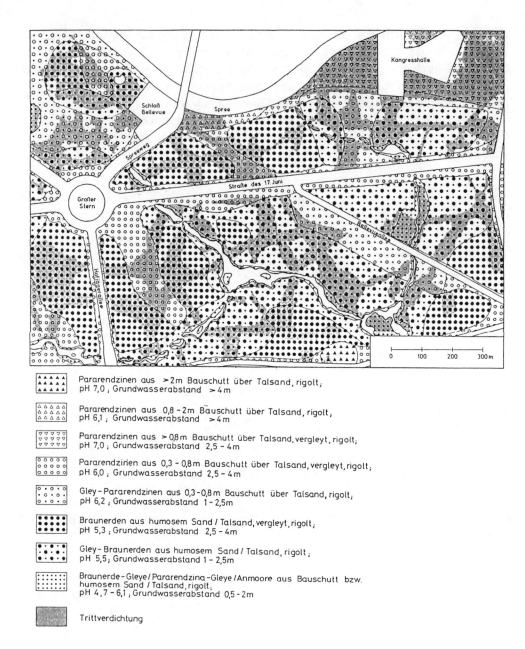

Abb. 3.5.1.2: Bodenkarte des Berliner Tiergartens (aus: SUKOPP u.a. 1980)

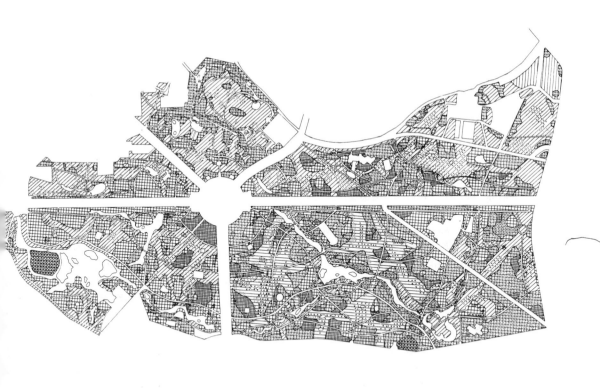

Abb. 3.5.1.3: Tiergarten - Karte der realen Vegetation (TREPL 1979)

durch eine Grundwasserabsenkung trockener als noch vor wenigen Jahrzehnten. Ihr Profilaufbau ist durch zeitweilige Gartennutzung, Kriegseinwirkungen (z.B. verfüllte Bombentrichter), Versorgungsleitungen und verlegte Wege stark gestört. Die Böden wurden überdies in letzter Zeit tief rigolt (umgegraben), organisch und mineralisch gedüngt sowie regelmäßig bewässert, mithin in ihren ökologischen Eigenschaften so verändert, daß sie teilweise Hortisolen (vgl. Kap. 3.3) bereits recht ähnlich sind. Carbonat- und steinreiche Trümmerschuttstandorte, deren Eigenschaften im Kapitel 3.7 behandelt werden, sind vorrangig in früher überbauten Bereichen anzutreffen: Besonders mächtig ist der Bauschutt in der heute verfüllten ehemaligen Aue der Spree. Auch am Ufer der (nur teilweise künstlich angelegten) Seen fehlt eine Auenbodendynamik, weil deren Grundwasserstand abgesenkt ist und nur wenig vom künstlich zugeführten Wasser in den eutrophierten Unterwasserböden aus dicht lagerndem Faulschlamm versickert. Durch Tritt wurde allgemein der Oberboden der Wiesen gegenüber den Gehölzflächen verdichtet, und nach Zerstören der Grasnarbe setzte teilweise bereits eine Mikroerosion ein. Die Standorte entlang der Wege sind eutrophiert und an Straßen zusätzlich mit Streusalz, Staub und Schwermetallen kontaminiert (näheres dazu in Kap. 3.8), womit insgesamt eine große Variation der Standorteigenschaften vorliegt.

Flora und Vegetation

Der Große Tiergarten stellt botanisch eine Enklave der Flora und Vegetation des Stadtrandes dar. Seine Flora besteht aus einer Mischung von ursprünglich vorhandenen Arten und solchen Arten, die zur Bereicherung der "natürlichen" Vegetation von Landschaftsgärtnern künstlich eingebracht worden sind und sich hier erhalten können, in der bebauten Umgebung aber kaum geeignete Lebensbedingungen finden. Insgesamt wurden 1977 437 Arten von Farn- und Blütenpflanzen gezählt (SUKOPP u.a. 1979).

Ursprünglich stockten auf dem Gelände des heutigen Tiergartens feuchte Eichen-Hainbuchenwälder und Erlenwälder. Das Jagdrevier der Kurfürsten wurde seit 1697 umgestaltet. Nach der völligen Zerstörung des Geländes 1945 wurden die Gehölze des "Ahorn-Eichen-Stadtwaldes" 1949-51 gepflanzt und sind heute - sieht man von einzelnen alten (meist Eichen-) Überhältern ab - etwa 15 m hoch. Die Baumschicht besteht, nachdem die als Ammengehölze eingebrachten Pappeln inszwischen größtenteils entfernt worden sind, überwiegend aus Berg-Ahorn (*Acer pseudoplatanus*), Spitz-Ahorn (*A. platanoides*), Stiel-Eiche (*Quercus robur*), Trauben-Eichen (*Q. petraea*), Hainbuche (*Carpinus betulus*), Rot-Buche (*Fagus sylvatica*) und Hänge-Birke (*Betula pendula*). Vor allem auf die Beschattung durch die sehr dichte Strauchschicht ist die weite Verbreitung völlig krautfreier Bestände zurückzuführen. Der "Hainrispen-Ahorn-Eichen-Stadtwald" tritt vorwiegend auf Braunerden aus humosem Sand auf, wogegen der "Knoblauchrauken-Ahorn-Eichen-Stadtwald" Pararendzinen aus Bauschutt bevorzugt (vgl. Abb. 3.5.1.2 u. 3.5.1.3). Auf Pararendzinen aus sehr mächtigem Bauschutt findet man einen Pappel-Robinien-Vorwald.

Tab. 3.5.1.1: Veränderung der Stetigkeit von Arten der Sandtrockenrasen, Magerrasen, Wiesen und Trittrasen im Zeitraum 1954 (100 % = Vorkommen in 128 Aufnahmen, aus: LEHMANN 1954), 1978 (100 % = 74 Aufnahmen, aus: SUKOPP u.a. 1979) und 1986 (100 % = 60 Aufnahmen) mit Angabe ihrer Zeigerwerte für Feuchtigkeit (F) und Stickstoff (N) nach ELLENBERG (1979) (aus: KOWARIK u. JIRKU 1988)

Arten der Sandtrockenrasen und Magerwiesen	F	N	1954	1978	1986
Rot-Straußgras (*Agrostis tenuis*)	x	3	89	70	30
Echter Schafschwingel (*Festuca ovina agg.*)	-	-	77	86	32
Gemeines Ruchgras (*Anthoxanthum odoratum*)	x	x	38	-	-
Gemeiner Reiherschnabel (*Erodium cicutarium*)	3	x	32	11	5
Sandstrohblume (*Helichrysum arenarium*)	3	1	16	4	-
Zypressen-Wolfsmilch (*Euphorbia cyparissias*)	3	3	5	4	-
Heide-Nelke (*Dianthus deltoides*)	4	2	3	5	2
Gemeine Grasnelke (*Armeria elongata* subsp. *elongata*)	4	3	-	27	2
Gebräuchliche Ochsenzunge (*Anchusa officinalis*)	3	5	47	10	15
Silber-Fingerkraut (*Potentilla argentea*)	2	1	5	6	17
Arten der Wiesen	F	N	1954	1978	1986
Spitz-Wegerich (*Plantago lanceolata*)	x	x	79	24	7
Gemeine Schafgarbe (*Achillea millefolium*)	4	5	64	15	11
Kleinköpfiger Pippau (*Crepis capillaris*)	4	3	56	3	-
Rot-Klee (*Trifolium pratense*)	x	x	39	5	2
Glatthafer (*Arrhenatherum elatius*)	5	7	38	23	5
Wiesen-Margerite (*Chrysanthemum leucanthemum*)	4	3	23	-	5
Kriechender Hahnenfuß (*Ranunculus repens*)	7	x	14	3	-
Wiesen-Salbei (*Salvia pratensis*)	4	4	3	4	2
Gemeiner Löwenzahn (*Taraxacum officinale*)	5	7	40	33	53
Gemeines Knaulgras (*Dactylis glomerata*)	5	6	77	27	38
Wiesen-Rispengras (*Poa pratensis*)	5	6	-	20	48
Gemeines Rispengras (*Poa trivialis*)	7	7	-	1	7
Arten der Trittrasen	F	N	1954	1978	1986
Einjähriges Rispengras (*Poa annua*)	6	8	1	19	65
Vogel-Knöterich (*Polygonum aviculare*)	x	x	1	14	57
Mittel-Wegerich (*Plantago major*)	5	6	11	16	48
Deutsches Weidelgras (*Lolium perenne*)	5	7	93	26	47
Weiß-Klee (*Trifolium repens*)	x	7	88	17	62

Die Gliederung der Rasenflächen spiegelt vor allem die unterschiedlichen Nutzungen und Pflegemaßnahmen wider. Extensiv gepflegte Flächen, die nur ein- oder zweimal geschnitten, kaum gedüngt und nur in länger anhaltenden Trockenperioden gewässert werden, tragen Schafschwingel-Trockenrasen. Stellenweise treten in den Schafschwingelrasen Ruderalpflanzen - u.a. zweijährige Arten wie Gebräuchliche

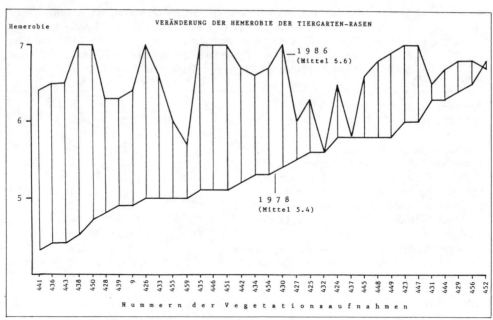

Abb. 3.5.1.4: Deutliche Zunahme der anthropogenen Beeinflussung der Liegewiesen des Berliner Tiergartens, dargestellt mit einem Vergleich mittlerer Hemerobie-Zeigerwerte von Vegetationsaufnahmen aus dem Jahre 1978 und ihren Wiederholungen 1986 (aus: KOWARIK u. JIRKU 1988)

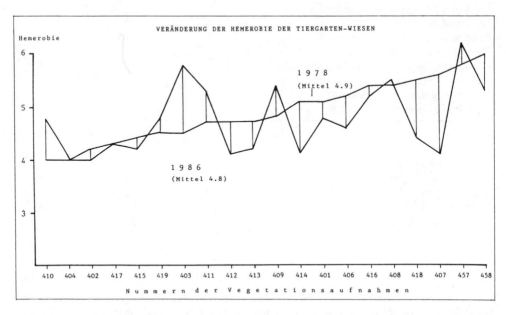

Abb. 3.5.1.5: Unwesentlich veränderter Grad menschlicher Einflußnahme auf die 1986 weitgehend vor Tritt geschützten "Langgraswiesen" des Tiergartens. (Darstellung wie bei Abbildung 3.5.1.4) (aus: KOWARIK u. JIRKU 1988)

Ochsenzunge (*Anchusa officinalis*), Gemeiner Natternkopf (*Echium vulgare*) und Gemeine Nachtkerze (*Oenothera biennis*) - gehäuft auf. Auf häufig (etwa alle zehn Tage) geschnittenen, stark gedüngten und regelmäßig gewässerten Flächen (Zierrasen und Liegewiesen) bilden Deutsches Weidelgras (*Lolium perenne*), Breit-Wegerich (*Plantago major*) und Einjähriges Rispengras (*Poa annua*) neben wenigen anderen Arten den Breitwegerich-Weidelgrasrasen sowie artenarme Bestände, die vom Einjährigen Rispengras dominiert werden. Die kaum betretenen Zierrasen sind dagegen durch Gänseblümchen (*Bellis perennis*) und höhere Anteile von Weiß-Klee (*Trifolium repens*) gekennzeichnet.

Bis Ende der 60er Jahre waren weniger als die Hälfte der Rasenflächen Liegewiesen, die alle zwei Wochen geschnitten werden. Seit 1970 werden Betreten und Ballspiele auf allen Flächen geduldet, die nunmehr wöchentlich geschnitten und zweimal jährlich gedüngt werden. In der Hauptbewässerungszeit werden täglich 3.000 cm³ Wasser verregnet. Um den Charakter der Wiesen zu erhalten, wurde ab 1983 etwa ein Drittel der Grünlandflächen eingezäunt und als "Langgraswiesen" (gemeint ist Kurzgrasprärie) im Spätherbst geschnitten. KOWARIK u. JIRKU (1988) haben die Veränderungen der Vegetation der Rasen infolge der veränderten Erholungsaktivitäten dargestellt. Die mittlere Artenzahl pro Vegetationsaufnahme ist von 22 (1954) auf 14 Arten (1978) und in den kurz geschnittenen Trittrasen auf 9 Arten (1986) zurückgegangen (Tab. 3.5.1.1). Die Arten der Sandtrockenrasen und Wiesen haben abgenommen, die der Trittrasen zugenommen. Die Zunahme der menschlichen Beeinflussung (= Hemerobie) hat KOWARIK (1988) für die Vegetationsaufnahmen von 1978 und ihre Wiederholung 1986 dargestellt. Flächen, die 1978 wenig beeinflußt waren (im linken Bereich der Abb. 3.5.1.4), weisen die stärksten Veränderungen auf. Im Mittel stiegen die Hemerobie-Werte der 1986 als Liegewiesen genutzten Flächen von 5.4 auf 6.6, was auf die stärkere Nutzung hinweist, wogegen bei den Langgraswiesen (Abb. 3.5.1.5) die geringeren Veränderungen mehr auf die Art der Pflege der einzelnen Flächen zurückgehen.

Säugetiere

Im Tiergarten sind 18 Säugetierarten mit Sicherheit beobachtet worden. Dazu kommen wohl noch drei Fledermausarten sowie die Hausmaus (*Mus musculus*) als Randbewohner. Ein Versuch von 1970, Eichhörnchen anzusiedeln blieb ohne Erfolg (ANDERS u.a. 1979).

Diese 22 Säugetierarten, wie sie Tabelle 2.2.6.1.2 im Vergleich zum bebauten Stadtgebiet wiedergibt, ergeben wohl die höchste Artenzahl, die im Stadtzentrum von Berlin erreicht werden kann und die Zahlen von Grünanlagen in der Zone des inneren Stadtrandes entspricht.

Die Gewöllanalysen von Wendland (brieflich) bis 1966 gehen aus Tabelle 3.5.1.2 hervor und geben grobe Hinweise auf die Häufigkeit der vorkommenden Arten. Die Gewölle stammen von Waldkäuzen, die allerdings auch in der Umgebung jagen, wie die hohen Zahlen von Hausmäusen und Wanderratten (*Rattus norvegicus*) zeigen. Die Feldmaus (*Microtus arvalis*) dürfte heute als Ödlandbewohner weniger häufig vertreten sein. Bei der Gattung Apodemus dominiert wahrscheinlich die Brandmaus (*Apodemus agrarius*). Bemerkenswert ist das Vorkommen des Baummarders (*Martes martes*) in der Stadt, wobei offen bleiben muß, ob es sich um eine dauerhafte Population handelt.

Tab. 3.5.1.2: Kleinsäuger in Gewöllen von Waldkäuzen im Tiergarten
(nach Untersuchungen von WENDLAND bis 1966) (aus: SENBAUWOHN 1979)

Gelbhalsmäuse und Brandmäuse	232
Wanderratten	90
Feldmäuse	59
Hausmäuse	59
Wildkaninchen	3
Maulwurf	1
Waldspitzmaus	1
Summe	445

Vögel

Über die Entwicklung des Brutvogelbestandes im Tiergarten sind wir vergleichsweise gut informiert. SPRÖTGE (1989) hat neben einer aktuellen Bestandsaufnahme (s.u.) Angaben ab Mitte des 19. Jahrhunderts zusammengetragen. Die Entwicklung der Artenzahlen ist Abbildung 3.5.1.6 zu entnehmen.

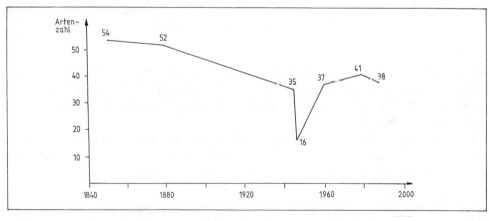

Abb. 3.5.1.6: Die Entwicklung der Artenzahl von Brutvögeln des Tiergartens von 1850 bis 1980 (aus: SPRÖTGE 1989)

Danach brüteten die meisten Vogelarten (54) nach der Umwandlung des "Waldparks" durch Lenné in einen strukturreichen "Landschaftspark" mit zahlreichen Altholzbeständen. Bis zum 2. Weltkrieg brüteten mehrere Arten der Feucht- oder Naßwälder im Tiergarten wie z.B. Kleinspecht (*Dendrocopos minor*), Pirol (*Oriolus oriolus*), Sumpfmeise (*Parus palustris*) und einmal auch das Blaukehlchen (*Luscinia svecica*). Im Altbaumbestand nisteten unter anderem Mittelspecht (*Dendrocopos medius*), Hohltaube (*Columba oenas*) und Dohle (*Corvus monedula*). Vereinzelte Brutnachweise aus dem vorigen Jahrhundert gibt es von Wiedehopf (*Upupa epops*) und Eisvogel (*Alcedo atthis*).

Durch starkes Vorherrschen der Baumbestände und Verdrängung der Strauch- und Krautschicht infolge zu starker Beschattung fehlten in der ersten Hälfte dieses Jahrhunderts zeitweise Gebüschbrüter wie Nachtigall (*Luscinia megarhynchos*), Dorn- (*Sylvia communis*) und Gartengrasmücke (*S. borin*).

Eine starke Veränderung brachte die Abholzung weiter Flächen in den Jahren 1945/46. Typische Waldvogelarten verschwanden vollständig; die Artenzahl sank auf 16. Stattdessen siedelte sich eine Artengemeinschaft offener Lebensräume an: Rebhuhn (*Perdix perdix*; 1951 ca. 80 Paare!), Flußregenpfeifer (*Charadrius dubius*; 1951 drei Paare), Haubenlerche (*Galerida cristata*), Feldlerche (*Alauda arvensis*), Brachpieper (*Anthus campestris*), Schafstelze (*Motacilla flava*), Bachstelze (*Motacilla alba*) und Steinschmätzer (*Oenanthe oenanthe*).

Kurzzeitig brüteten in den sich aufgrund der Besonnung entwickelnden Röhrichten an den Ufern der zahlreichen Gewässer neben den schon lange vorkommenden Arten Stockente (*Anas platyrhynchos*) und Teichralle (*Gallinula chloropus*) auch Zwergtaucher (*Podiceps ruficollis*), Zwergdommel (*Ixobrychus minutus*), Bleßhuhn (*Fulica atra*) und Drosselrohrsänger (*Acrocephalus arundinaceus*). Von diesen vier Arten konnte sich nur die Bleßralle mit einzelnen Revieren bis heute halten.

Spätestens in den 60er bis 70er Jahren änderte sich das Bild deutlich. Die gepflanzten Baumbestände begannen zu dominieren, und es stellte sich eine typische Parkvogelfauna mit Siedlungsfolgern und Waldarten ein.

ANDERS (1979) fand Mitte der 70er Jahre wieder 41 Brutvogelarten im Tiergarten. Sie sind mit ihrer Revierzahl in Tabelle 3.5.1.3 dargestellt. Dem gegenübergestellt ist Tabelle 3.5.1.4 mit der Revierkartierung von 1988 (SPRÖTGE 1989). Aus dem Vergleich lassen sich die Veränderungen der letzten Jahre ablesen. Mit der leichten Verringerung der Artenzahl von 41 auf 38 ging eine Erhöhung der Siedlungsdichte von 53 auf 73 Reviere/10 ha einher. Diese ist hauptsächlich auf die Zunahme der Höhlenbrüter zurückzuführen; auch die Wasservögel sind etwas häufiger geworden. Ursachen sind das wachsende Höhlenangebot (Baumalter; Nistkästen?) bzw. das Nahrungsangebot durch fütternde Parkbesucher.

1989 wurden darüber hinaus Habicht (*Accipiter gentilis*; Neuansiedlung) und Gartenbaumläufer (*Certhia brachydactyla*; drei Reviere; 1988 übersehen?) festgestellt. Der Fitis (*Phylloscopus trochilus*) wurde mit Sicherheit übererfaßt; er kommt allenfalls mit wenigen Revieren im östlichen Abschnitt vor. Ähnliches kann für die Gartengrasmücke gelten (eig. Beob.).

Tab. 3.5.1.3: Tiergarten: Brutvogelbestand in den 70er Jahren (aus: ANDERS 1979)
Die Spalte "Beobachtungs-Jahre" bezeichnet die Jahre, in denen die genannte Vogelart umfassend kontrolliert werden konnte.
Die Spalte "Zahl der BP (Brutpaare)" entspricht bei mehreren Beobachtungsjahren dem Mittelwert.
Die in () stehenden BP-Zahlen geben das Verhältnis der beiden Sperlingsarten zueinander nach Nistkastenkontrollen im Jahr 1973 an.

Vogelart	Zahl der BP	Dominanz (%)	Abundanz (BP/10ha)	Beobachtungs-Jahre
Amsel	156	13,9	7,3	71 - 77
Feldsperling	125 (63)	11,1	5,9	74 - 76 / 76 - 77
Star	118	10,5	5,6	73 - 75
Stockente	87	7,7	4,1	75 - 76
Blaumeise	74	6,6	3,5	74 - 76 / 72 - 73
Haussperling	74 (47)	6,6	3,5	74 - 76 / 75 - 76
Grünfink	70	6,2	3,3	71 - 73
Kohlmeise	64	5,7	3,2	74 - 76 / 72 - 73
Ringeltaube	53	4,7	2,5	74 - 75
Saatkrähe	39	3,5	1,8	77
Zilpzalp	38	3,4	1,8	74 - 75
Mandarinente	37	3,3	1,7	76 - 77
Fitis	32	2,8	1,3	77
Klappergrasmücke	16	1,4	0,8	72
Nachtigall	15	1,3	0,7	75 + 77
Teichralle	14	1,2	0,7	75
Elster	13	1,2	0,7	76
Singdrossel	10	0,9	0,5	76 - 77
Buchfink	10	0,9	0,5	74 - 76
Nebelkrähe	9	0,8	0,4	76
Bleßhuhn	7	0,6	0,3	75
Gartengrasmücke	6	0,5	0,3	74
Rotkehlchen	6	0,5	0,3	73
Reiherente	5	0,4	0,2	76
Zaunkönig	5	0,4	0,2	74 - 76
Mönchsgrasmücke	5	0,4	0,2	74
Trauerschnäpper	5	0,4	0,2	76 - 77
Türkentaube	4	0,4	0,2	69 - 76
Waldlaubsänger	4	0,4	0,2	75 - 76
Gartenrotschwanz	4	0,4	0,2	77
Gelbspötter	3	0,3	0,1	74 - 76
Kleiber	3	0,3	0,1	75
Waldkauz	2	0,2	0,1	72 - 76
Grünspecht	2	0,2	0,1	75 + 77
Buntspecht	2	0,2	0,1	72 - 73
Bachstelze	2	0,2	0,1	67 + 77
Grauschnäpper	2	0,2	0,1	76 - 77
Eichelhäher	2	0,2	0,1	67 + 76
Höckerschwan	1	0,1	0,1	75
Hausrotschwanz	1	0,1	0,1	77
Dohle	1	0,1	0,1	71 + 74 - 75 + 77 ?
Brutvögel 41 Arten	1126	100	53	

Tab. 3.5.1.4: Tiergarten: Brutvogelbestand 1988 (aus: SPRÖTGE 1989)

Vogelart	Zahl der Reviere (Rev.)	Siedlungsdichte Rev./10 ha	Dominanz %	Dominanz- klassen
Blaumeise	336	15,9	21,8	
Amsel	180	8,5	11,7	
Stockente	144	6,8	9,3	
Feldsperling	140	6,6	9,1	
Haussperling	104	4,9	6,7	Dominante
Star	93	4,4	6,6	
Kohlmeise	72	3,4	5,1	
Grünling	68	3,2	4,4	
Ringeltaube	44	2,1	2,9	Sub-
Mönchsgrasmücke	33	1,6	2,1	dominante
Nachtigall	32	1,5	2,1	
Buchfink	32	1,5	2,1	
Fitis	29	1,4	1,9	
Rotkehlchen	29	1,4	1,9	
Zilpzalp	28	1,3	1,8	
Nebelkrähe	23	1,1	1,5	Influente
Elster	20	0,9	1,3	
Teichhuhn	19	0,9	1,2	
Zaunkönig	19	0,9	1,2	
Kleiber	12	0,6	0,8	
Trauerschnäpper	9	0,4	0,6	
Mandarinente	8	0,4	0,5	
Gartengrasmücke	8	0,4	0,5	
Waldlaubsänger	8	0,4	0,5	
Dohle	8	0,4	0,5	
Eichelhäher	8	0,4	0,5	
Reiherente	7	0,3	0,5	Rezedente
Buntspecht	6	0,3	0,4	
Klappergrasmücke	4	0,2	0,3	
Gelbspötter	4	0,2	0,3	
Schwanzmeise	4	0,2	0,3	
Kernbeißer	3	0,1	0,2	
Bleßhuhn	2	0,1	0,1	
Grünspecht	2	0,1	0,1	
Waldkauz	1			
Gartenrotschwanz	1			
Hausrotschwanz	1			
Grauschnäpper	1			
Artenzahl: 38	1542	72,74		

Eine Besonderheit des Tiergartens sind die aus Zooflüchtlingen bzw. ausgesetzten Tieren bestehenden kleinen Populationen von Mandarinente (*Aix galericulata*) und Reiherente (*Aythya fuligula*), die in den 80er Jahren - trotz relativ kleiner Bestände im Park selbst - leicht expansive Tendenzen zeigen (vgl. ANDERS 1979).

Für die in diesem innerstädtischen Bereich recht reichhaltige Brutvogelwelt, bei allerdings geringer Siedlungsdichte, ist nach SPRÖTGE (1989) vor allem die Größe des Tiergartens verantwortlich. Beeinträchtigt wird seine Lebensraumqualität aber vor allem durch:

- die mangelhafte Durchforstung weiter Teile der Parkforsten,[1]
- die starke gärtnerische Beeinflussung (Ziergehölze, Düngung, Wässerung, Baumchirurgie),
- die Zerschneidung von Gehölzbeständen durch breite Wege und Achsen sowie stark befahrene Straßen,
- den weitgehend technischen Ausbau der Gewässer,
- freilaufende Hunde und zu großes Futterangebot[2] (Fütterung, Lebensmittelabfälle)(ebd., S. 105).

Reptilien

Der Tiergarten bietet heutzutage durch seine intensive Nutzung Reptilien keine Lebensmöglichkeiten mehr.

Aus dem vorigen Jahrhundert beschreibt DÜRIGEN (1897) die Waldeidechse (*Lacerta vivipara*), ohne jedoch detailiertere Angaben zu machen.

Amphibien

Der Bestand der Erdkröte (*Bufo bufo*) ist sehr klein und vom zentralen Teil des Tiergartens durch die vielbefahrene Entlastungsstraße getrennt. Entweder handelt es sich um den kümmerlichen Rest der ehemaligen Bestände, die auch im Neuen See laichten (WERMUTH 1970) oder um den Versuch einer möglicherweise künstlich herbeigeführten Neuansiedlung. Auch die Wechselkröte (*Bufo viridis*) wurde nach dem 2. Weltkrieg noch beobachtet (WERMUTH 1970), ist aber seit mindestens 25 Jahren aus dem Tiergarten verschwunden. Verschiedene Faktoren dürften den Rückgang beschleunigt haben. Dazu gehören der völlige Verbau der Ufer mit Bongossi-Flechtzäunen, die zunehmende Beschattung der Gewässer durch heranwachsende Gehölze, der Fischbesatz und die vermehrte Freizeitnutzung. Für die Wechselkröte mit ihren erhöhten Wärmeansprüchen ist vor allem auch der Schluß der Gehölzschicht im Park selbst wie auch auf den angrenzenden Brachflächen des ehemaligen Diplomatenviertels als Rückgangsursache anzunehmen.

---

1) In den dichten, 20-30 jährigen Altersklassenforsten kann sich keine Strauchschicht entwickeln; auch die Krautschicht bleibt verarmt.
2) Die Überfütterung führt zu folgenden Effekten: Verstärkung der Eutrophierung, Verschlammung der Teiche, Abnahme der Sichttiefe durch Algenmassenwuchs im Sommer, Verdrängung der submersen Vegetation, Verarmung der Unterwasserfauna (Wasserinsekten); ferner Zunahme der Wanderratte (*Rattus norvegicus*) und dadurch verstärkte Nestplünderung bei Wasservögeln sowie Verhaltensänderung (Domestikationseffekte) und fehlende natürliche Auslese bei Wasservögeln.

Als einzige weitere noch vorkommende Art ist der Teichmolch (*Triturus vulgaris*) bekannt, der im selben Gewässer wie die Erdkröte gefunden wurde. Auch hier ist nicht auszuschließen, daß es sich um ausgesetzte Tiere handelt. SCHULZ (1845) gibt als ehemalige Art außerdem den Kammolch (*Triturus cristatus*) an.

Fische

Charakteristisch für die Gewässer des Tiergartens ist, daß sehr viele Uferbereiche durch Bäume beschattet sind, was einen geringeren Fischbestand als in anderen vergleichbaren eutrophen Gewässern zur Folge hat. Nach neuesten Untersuchungen (DOERING u. LUDWIG 1989) weisen die Gewässer, zu denen der Neue See mit seinen Verzweigungen, der Goldfischteich, der Teich im Englischen Garten und der Faule See gehören, 20 Arten auf (Tab. 3.1.1.5); neun Arten mehr als 1984 festgestellt wurden. Damals wurden nicht alle Gewässer untersucht und nicht so intensiv wie in der letzten Untersuchung befischt. Mit Aal (*Anguilla anguilla*), Stint (*Osmerus eperlanus*), Gründling (*Gobio gobio*), Moderlieschen (*Leucaspius delineatus*), Rapfen (*Aspius aspius*), Schlei (*Tinca tinca*), Hecht (*Esox lucius*) und Dreistachligem Stichling (*Gasterosteus aculeatus*) ist die Anzahl der gefährdeten Arten relativ hoch.

Wirbellose Tiere

Im Bereich des südöstlichen Tiergartens, in dem sich die sogenannten "Langgraswiesen", d.h. extensiv gepflegte, unbeschattete Wiesenstandorte befinden, wurden von WINKELMANN-KLÖCK und PLATEN (1984) 101 Webspinnen, 8 Weberknecht- und 65 Laufkäferarten festgestellt.

Unter ihnen befanden sich vier bedrohte Spinnen- und elf bedrohte Laufkäferarten. Aus einem Vergleich mit dem von denselben Autoren 1982 untersuchten Diplomatenviertel und vier Extensivwiesenstandorten des Naturschutzgebietes Pfaueninsel ging hervor, daß die "Langgraswiesen" eine eigenständige Spinnen- und Laufkäferfauna beherbergen und somit als Refugialstandorte für bedrohte Arten aus den durch Zerstörung gefährdeten Flächen im Diplomatenviertel nicht in Frage kommen.

Wie im Kapitel 3.8 für Straßenmittelstreifen dargestellt wird, ist auch im südlichen Tiergarten die Laufkäfer- und Spinnenfauna erheblich durch gärtnerische Pflegemaßnahmen beeinflußt. Die regelmäßig bewässerten Wiesen fördern den Arten- wie auch den Individuenanteil der feuchteliebenden (hygrophilen) Arten, während dieser bei den unbewässerten Langgraswiesen zugunsten des Anteils xerothermer Arten und Individuen zurückgeht. Weiterhin wirken sich Pflegemaßnahmen wie Bewässerung und Mahd als Störfaktoren auf die Laufkäferfauna aus: Der Anteil an Ubiquisten steigt bei Arten und Individuen stark an. Eine Sonderstellung nimmt eine Fläche ein, die im Vorjahr umgegraben und neu bepflanzt wurde. Sie wurde zunächst von Ubiquisten als Pionierarten besiedelt.

An besonderen Arten traten auf:

Feuchte Langgraswiesen	Trockene Langgraswiesen
Laufkäfer:	
Amara anthobia	*Amara equestris*
Pristonychus terricola	*A. lucida*
	A. praetermissa
	Cymindis angularis
	Harpalus serripes
	Masoreus wetterhalli
Webspinnen:	
Achaearanea simulans	*Argenna subnigra*
	Haplodrassus dalmatensis*
	Theridion impressum*
	Ceratinopsis romanus*

Die drei mit * gekennzeichneten Arten wurden für das Gebiet von Berlin (West) erstmals nachgewiesen.

Auch die Schmetterlingsfauna weist im Tiergarten einige Arten auf, die sonst in Parkanlagen ungewöhnlich sind. Auf trockenen Langgraswiesen lebt der Violette Feuerfalter (*Heodes alciphron*). In den Bereichen mit hohen alten Bäumen im nördlichen Teil des Tiergartens findet sich der Kleine Schillerfalter (*Apatura ilia*).

3.6 Friedhöfe

Die außerhalb des alten Stadtkerns gelegenen Friedhöfe von Berlin (West) lassen sich "Ringen" unterschiedlichen Alters zuordnen. Zum ersten Ring gehören etwa die Friedhöfe am Mehringdamm, die Mitte des 18. Jahrhunderts angelegt wurden, die an der Bergmannstraße, entstanden am Anfang des 19. Jahrhunderts, und andere, nahe der ehemaligen Zollmauer gelegene. Ein zweiter Ring entstand nach der großen Expansionswelle der Stadt gegen Ende des 19. Jahrhunderts. Zu ihm gehört z.B. der Emmaus-Kirchhof in Neukölln. In den letzten Jahrzehnten schließlich legte man eine Reihe von Friedhöfen im jetzigen Stadtrandgebiet an, so die Waldfriedhöfe Dahlem (1931) und Zehlendorf (1946) und den Heidefriedhof Mariendorf (1951). Die 121 Friedhöfe in Berlin (West) nehmen mit einer Fläche von ca. 756 ha etwa 1,6 % der Gesamtfläche ein.

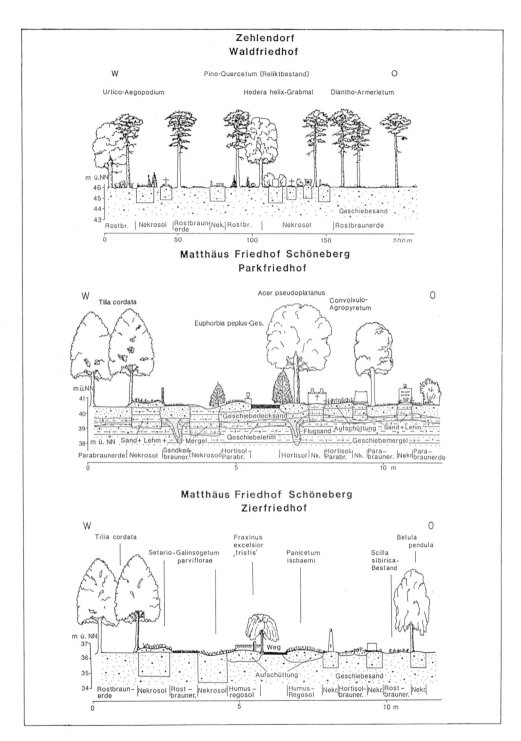

Abb. 3.6.1: Verschiedene Friedhofstypen (aus: BÖCKER U. GRENZIUS im Druck)

Die Waldfriedhöfe (vgl. Abb. 3.6.1) sind unmittelbar aus Beständen des bodensauren Eichenmischwaldes hervorgegangen. Die Anlagen weisen locker angeordnete Gräber in Rasen- und Waldflächen und geschwungene Wege auf. Kiefern, Eichen und Birken bilden ein lichtes Kronendach.

Die alten Friedhofsanlagen (Parkfriedhöfe) bestehen meist aus rechteckigen, durch baumbestandene Hauptwege gegliederten Grabfeldern (vgl. Abb. 3.6.1). Die teilweise alten Bäume sind großkronige Laubholzarten, vornehmlich Linden, oft in "Trauerformen", und beschatten den Boden stark. Die Gräber sind als Grabhügel mit Efeubewuchs (*Hedera helix*) und als Erbbegräbnisse angelegt. Rasenflächen kommen relativ selten vor.

Jüngere Friedhöfe (Zierfriedhöfe) sind durch repräsentative Rasen und ebenerdige Gräber geprägt (vgl. Abb. 3.6.1). Soweit sie nicht in Waldgebieten angelegt wurden, gibt es keine älteren Baumbestände. Statt dessen dominieren niedrigwüchsige Zierkoniferen.

Klima

Aus klimatischer Sicht können die Friedhöfe im allgemeinen wie die Parkanlagen (Kap. 3.5) eingestuft werden. Auch hier zeigen sich je nach Versiegelungsgrad, Vegetationsanteilen und Struktur der Baum- und Strauchschicht gegenüber der bebauten Umgebung eine Temperaturabsenkung, eine Erhöhung der relativen Luftfeuchte und eine mehr oder weniger starke Reduzierung des bodennahen Luftaustausches. Ebenso wie in Parkanlagen kann die künstliche Bewässerung der Vegetation örtlich und für einen begrenzten Zeitraum zu einer leichten Erhöhung des Dampfdruckes und damit auch zu einer höheren Schwüleneigung führen. Hinsichtlich ihrer klimatischen Ausgleichswirkung für benachbarte dichter bebaute Areale müssen besonders die innerstädtischen Friedhöfe als sehr nützlich angesehen werden.

Die lufthygienische Belastung der Friedhöfe entspricht zum Teil derjenigen in den innerstädtischen Parkanlagen. Besonders in der Nachbarschaft von Verkehrsstraßen können sich in den Abendstunden höhere Schadstoffkonzentrationen bilden. Die Ablagerung von aerosol- und gasförmigen Immissionen dürfte aufgrund der in der Regel lockeren Vegetationsstruktur relativ hoch sein. Dem positiven Effekt der Luftreinhaltung steht allerdings die Frage nach einer möglichen Schädigung der Bäume gegenüber.

Böden

Die Böden der Grabstätten (vgl. Abb. 3.6.1) werden bei der Anlage der Gräber bis in Tiefen von 1,5-2 m intensiv aufgelockert. Die zugeführte organische Substanz mit recht unterschiedlicher Zersetzbarkeit (Torf, Holz, Tote) ergibt deutlich erhöhte Humusgehalte bis in große Tiefe. Lockerung und Humus erhöhen mit zunehmendem Alter der

Friedhöfe die nutzbare Wasserkapazität der Böden, auf Talsanden im oberen Meter z.B. von 60-90 mm auf 150 mm. Die erhöhte Wasserkapazität, die verminderte Verdunstung aufgrund lockernder Pflegemaßnahmen und die zusätzlichen Wassergaben bei der Grabpflege (z.B. Friedhöfe Steglitz 1974 51 mm, 1976 100 mm) führen zu einer ständig höheren Feuchtigkeit und einer Intensivierung der Bodenentwicklung durch Bodenorganismen, was sich auch in der Artenzusammensetzung der Pflanzendecke bemerkbar macht (ARBEITSGRUPPE ARTENSCHUTZPROGRAMM 1984).

Vermutlich durch Sargbeschläge können diese, auch Nekrosole genannten Böden der Friedhöfe tiefgründig mit Schwermetallen (Cu, Pb, Zn, s. Tab. 2.2.2.3) kontaminiert sein. Die übrigen Böden der Friedhöfe besitzen hingegen die gleichen Eigenschaften wie andere Parkböden (vgl. Kap. 3.5). Durch Tritt sind sie allerdings oft im Oberboden verdichtet und damit luftarm.

Flora und Vegetation

Auf 42 untersuchten Friedhöfen hat GRAF (1986) 690 Arten spontan vorkommender Farn- und Blütenpflanzen nachgewiesen. Die Vegetation der Parkfriedhöfe zeichnet sich entsprechend der besonderen Bodenverhältnisse durch hohe Anteile der nährstoffliebenden Laubwald- und Gebüschgesellschaften sowie der nitrophilen Säume (*Alliarion, Aegopodion*) und Gebüsche aus. Die Waldfriedhöfe unterscheiden sich von diesen durch Arten nährstoffarmer, bodensaurer Eichenmischwälder und ihrer Ersatzgesellschaften. Die meisten dieser Arten sind Relikte der ursprünglichen Vegetation oder zumindest teilweise aus Wäldern neu eingewandert. Für viele gerade der seltenen Waldarten ist anzunehmen, daß es sich um verwilderte Zierpflanzen handelt, z.B. bei Gemeiner Akelei (*Aquilegia vulgaris*, selten), Rotem Fingerhut (*Digitalis purpurea*, selten) und dem gefährdeten Finger-Lerchensporn (*Corydalis solida*).

Verwilderte Zierpflanzen, die als Grabschmuck und zur Gestaltung der Friedhöfe angepflanzt wurden, bilden mit knapp einem Viertel der Arten die größte Gruppe in der Flora der Friedhöfe (GRAF 1986). Einige einheimische Arten wurden als Zierpflanzen kultiviert, von wo sie dann wieder verwilderten (KERNER 1855); Beispiele für diese Gruppe sind Sumpf-Schafgarbe (*Achillea ptarmica*), Frauenfarn (*Athyrium filix-femina*), Gemeiner Wurmfarn (*Dryopteris filix-mas*) und Echtes Seifenkraut (*Saponaria officinalis*). In verwilderten Abteilungen wachsen auch alte Zierpflanzen wie Garten-Löwenmaul (*Antirrhinum majus*), Garten-Ringelblume (*Calendula officinalis*), Knäuel-Glockenblume (*Campanula glomerata*), Mutterkraut (*Tanacetum parthenium*) und Gemeine Akelei, Arten, die heute nur selten oder nicht mehr angebaut werden. Auf neuen Friedhöfen sucht man diese Arten vergebens. Ein altes, friedhoftypisches Gehölz ist die Eibe (*Taxus baccata*). Solche alten Zierpflanzen werden, falls sie nicht geschützt und die Friedhöfe als ihre Refugien erhalten werden, zurückgehen. Recht zahlreich sind auch neue Zierpflanzen, die sich ausbreiten werden wie Eschen-Ahorn (*Acer negundo*), Japanischer Staudenknöterich (*Reynoutria japonica*) und Späte Traubenkirsche (*Prunus serotina*).

Im Kronenbereich alter Laubbäume bleibt der Graswuchs oft schütter. Auf nährstoffreichen Böden finden wir hier im zeitigen Frühjahr Blütenteppiche von Frühjahrsgeophyten, besonders den Sibirischen Blaustern (*Scilla sibirica*), der aus Südost-Europa stammt, und die einheimischen Gelbstern-Arten (meist *Gagea pratensis*, selten *G. lutea* sowie die archäophytische *G. villosa*). Solche Bestände gedeihen vor allem auf den alten Friedhöfen in den Bezirken Neukölln und Kreuzberg.

Für Friedhöfe charakteristisch ist der hohe Anteil von Grünlandarten. Nur zum kleinen Teil dürften diese Arten Relikte der Vornutzung sein. Die Mehrzahl ist wahrscheinlich mit Torf, der zur Bodenverbesserung und zur Befestigung der Grabhügel verwendet wird, auf die Friedhöfe gelangt. Wiesenartige Vegetation stellt sich auch auf nicht mehr gepflegten Gräbern ein, sofern diese nicht dicht von Bodendeckern wie Efeu (*Hedera helix*) oder Immergrün (*Vinca minor*) überzogen sind.

Es fällt auf, daß Arten des feuchten Grünlandes (*Molinietalia*), z.B. Nordisches Labkraut (*Galium boreale*, selten), Mädesüß (*Filipendula ulmaria*) und Pfeifengras (*Molinia caerulea*) ausschließlich auf efeubestandenen Gräbern wachsen. Arten verschiedener ruderaler Gesellschaften wachsen außer im Saum von Gehölzen stärker gestörter Bereiche besonders auf frischen Erdhaufen, wo sich rasch kurzlebige Ruderalgesellschaften (*Sisymbrion*) und Gartenunkrautgesellschaften (*Chenopodietalia*) ansiedeln.

An alten Friedhofsmauern siedeln sich, wenn auch selten, Mauerfugengesellschaften mit dem Gelben Lerchensporn (*Corydalis lutea*) und den gefährdeten Farnen Mauerraute (*Asplenium ruta-muraria*) und Zerbrechlicher Blasenfarn (*Cystopteris fragilis*) an.

Säugetiere

Allgemeine Aussagen zu den Säugetieren sind dem Kapitel 3.5 zu entnehmen.

Vögel

Die Brutvogelbestände der Friedhöfe unterscheiden sich nicht grundlegend von denen der Parkanlagen. Hier wie dort hängt die jeweilige Besiedlung hauptsächlich von der Gehölzstruktur, dem Alter des Baumbestandes, der Flächengröße, der Nutzungsintensität und der Umgebung ab. Der im allgemeinen höhere Anteil von Nadelhölzern auf Friedhöfen sowohl in der Baum- als auch in der Strauchschicht dürfte, zumindest bei Flächen außerhalb der geschlossenen Bebauung, zu einem stetigeren Auftreten der Heckenbraunelle (*Prunella modularis*) führen, die ansonsten in Berlin nur spärlich verbreitet ist (OAG 1984). Für diese Art scheinen im kontinental geprägten Klima ausgedehntere Koniferenbestände begünstigend zu sein, während sie beispielsweise im atlantisch gelegenen Hamburg in Siedlungs- und Kleingartengebieten recht häufig ist. Bestandsaufnahmen von Berliner Friedhöfen gibt es vom:

- Friedhof Neukölln (6 ha) 1964/65 (SCHÜTZE 1970),
- Friedhof Mehringdamm (6 ha) 1966 (WENDLAND 1982),
- Waldfriedhof Heerstraße (11,6 ha) 1974 (ELVERS 1977),
- Emmausfriedhof Neukölln (Kap. 3.6.1),
- Landschaftsfriedhof Gatow (5,8 ha Anlagen + 20,9 ha Wiesen und Brachen) 1987 (STEIOF 1989).

Reptilien

Gegenwärtig sind Reptilienvorkommen nur von dem noch nicht vollständig genutzten Landschaftsfriedhof Gatow bekannt, wo die Zauneidechse (*Lacerta agilis*) und die Blindschleiche (*Anguis fragilis*) kleinere Areale im Übergang zur Feldflur besiedeln (KLEMZ 1986).

Amphibien

Innerstädtische Friedhöfe sind wegen ihrer intensiven Nutzung bzw. dem Mangel an Gewässern in der Regel amphibienfrei. Der Friedhof an der Heerstraße dagegen bietet durch seinen parkartigen Charakter und den Sausuhlensee Bedingungen, wie sie den in Kapitel 3.5 besprochenen Grünanlagen entsprechen. Die Erdkröte (*Bufo bufo*) laicht hier regelmäßig ab. Einige andere Friedhöfe im Randbereich von Amphibienvorkommen werden gelegentlich von den Tieren als Sommerlebensraum oder zur Überwinterung gewählt.

Wirbellose Tiere

Bei Friedhöfen handelt es sich um reichstrukturierte Kleinhabitate von oftmals großem Abwechslungsreichtum. Daraus resultiert das potentielle Vorkommen zahlreicher Arten, die jedoch gewöhnlich nur in geringer Individuenzahl auftreten.

Beeinträchtigt werden die mögliche Artenvielfalt und die Individuendichte allerdings durch die intensive Pflege der Friedhofsanlagen sowie durch die Anpflanzung exotischer Zierpflanzen, an denen keine einheimischen Insekten leben. Durch die Anpflanzung beispielsweise von Wacholder (*Juniperus communis*) und anderen einheimischen Koniferen können Friedhöfe zu einer Heimstatt bestimmter Schmetterlingsarten werden, die sonst bei uns kaum vorkommen, so der Kleine Wacholder-Blütenspanner (*Eupithecia pusillata*), der Große Wacholder-Blütenspanner (*E. intricata*) und der Weißliche Fichten-Rindenspanner (*Peribatodes secundaria*), weiterhin der Wacholder-Nadelspanner (*Thera juniperata*).

3.6.1 Emmaus-Friedhof

Der Emmaus-Friedhof in Neukölln (Hermannstraße 129-137) wurde 1888 mit rechteckigen Grabquartieren, die durch Alleen voneinander getrennt sind, auf der Geschiebemergelhochfläche des Teltow angelegt. Er repräsentiert den häufigsten Typ der Friedhofsanlagen und liegt im zweiten Ring der Friedhofsneugründungen, der im Zuge der Stadterweiterung in der 2. Hälfte des 19. Jahrhunderts angelegt wurde.

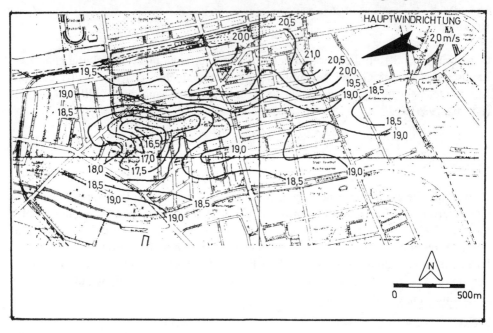

Abb. 3.6.1.1: Temperaturverteilung (°C) in 2 m Höhe bei einer austauscharmen Wetterlage am 27.07.1980 um 21.50 Uhr in Berlin-Neukölln (aus: PUTZAR 1983)

Klima

Der Bereich des Emmaus-Friedhofes liegt in einer Zone stärkerer klimatischer Belastungen. Das langjährige Mittel der Lufttemperatur liegt bei 9,5 bis 10°C, wobei die dicht bebauten Gebiete und der durch Verkehr geprägte Raum an der Gottlieb Dunkel-Straße im Südwesten mit mehr als 10°C stadtklimatisch stark belastet sind (vgl. Abb. 2.2.1.3 im Farbtafelteil).

Die Wirksamkeit des Friedhofes als innerstädtische Grünfläche konnte im Rahmen einer Klimauntersuchung zur geplanten Autobahn in Neukölln herausgestellt werden. Als Beispiel sei hier eine Temperaturverteilung vom 22.7.1980 um 21.50 Uhr erwähnt (Abb. 3.6.1.1). Bei wolkenlosem Himmel und niedrigen Windgeschwindigkeiten aus Nordost kam es zu einer stabilen Schichtung in der bodennahen Atmosphäre. Die dicht bebauten und verkehrsreichen Gebiete zwischen dem Güterbahnhof von

Neukölln und der Glasower Straße weisen die höchsten Temperaturen auf. Aufgrund höherer Grünanteile können jedoch zwischen der Buschkrugallee und dem Britzer Damm in Richtung Teltowkanal erhebliche Temperaturabsenkungen festgestellt werden. Die niedrigsten Temperaturen treten jedoch auf dem Emmaus-Friedhof bzw. in den südlich angrenzenden Wohngebieten auf. Aus den Untersuchungen war zu erkennen, daß zwischen Emmaus-Friedhof und den offenen Bereichen südlich der Grenzallee im Osten eine durchgehende Zone kühlerer Temperaturen aufgebaut wird. Eine Trassenführung der Autobahn durch diesen Bereich würde aufgrund der weitgehenden Versiegelung die derzeit günstigen klimatischen Bedingungen für die benachbarten Wohngebiete beeinträchtigen.

Böden

Die Böden des Emmaus-Friedhofes waren ursprünglich Parabraunerden aus Geschiebemergel, die bereits unter der vorangegangenen landwirtschaftlichen Nutzung durch Bearbeitung und Düngung in ihren Oberbodeneigenschaften verändert worden waren. Die Mischung mit liegendem Geschiebemergel ergab im speziellen Fall durchgehend kalkhaltige lehmige Nekrosole, die viel nutzbares (auch durch Gießen ergänztes) Wasser und reichlich Nährstoffe enthalten. Der Oberboden ist luftreich, während im Unterboden über dem dichten Geschiebemergel gestautes Wasser zeitweilig Luftmangel hervorrufen kann. Unter den Wegen ist der Oberboden naturgemäß verdichtet.

Flora und Vegetation

Auf dem Emmaus-Friedhof wurden 314 Arten wildwachsender Farn- und Blütenpflanzen nachgewiesen. Auf den gepflegten Grabstellen wachsen viele Gartenunkräuter (vgl. Kap. 3.3), z.B. das in neuer Zeit durch Gärtnereien als Begleiter von Zierpflanzen verbreitete Vielstengelige Schaumkraut (*Cardamine hirsuta*). Der Pflegezustand läßt Raum für Arten der nährstoffliebenden Gebüsch- und Saumgesellschaften sowie ruderaler Hochstauden- und Rasengesellschaften. Die Standorts- und Nutzungsbedingungen bieten die Voraussetzung für die Ansiedlung vieler verschiedener Arten.

Die ältesten Quartiere, die um die Jahrhundertwende angelegt wurden, sind durch Hügelgräber mit Efeubewuchs charakterisiert. Wegen der geringeren Pflegeintensität bieten sie spontaner Gehölzverjüngung Raum, die sich teilweise sogar bis zu ausgewachsenen Exemplaren entwickeln konnte. Unter den sich spontan verjüngenden Gehölzen sind am häufigsten: Berg-Ahorn (*Acer pseudoplatanus*), Hänge-Birke (*Betula pendula*) und Spitz-Ahorn (*Acer platanoides*).

In einigen Quartieren, die seit etwa drei Jahrzehnten verwildern, haben sich waldartige Bestände aus Esche (*Fraxinus excelsior*), Stiel-Eiche (*Quercus robur*), Berg- und Spitz-Ahorn entwickelt.

Quartiere, die in den 30er Jahren angelegt worden sind, sind mit Eiben- (*Taxus baccata*), Lebensbaum- (*Thuja occidentalis*) und Spierstrauchhecken (*Spiraea vanhouttei*) eingefaßt. Einige dieser Flächen wurden durch regelmäßige Pflanzung von Birken und Zierkirschen gestaltet. Jüngere Quartiere, die gegen Ende der 50er Jahre belegt wurden, weisen als Hauptgestaltungselemente dichte Koniferenreihenpflanzungen vor allem aus Douglasien (*Pseudotsuga menziesii*) und Omoriken (*Picea omorika*) auf. Die Einzelgräber sind aus pflegetechnischen Gründen nicht mehr hügelig, sondern flach angelegt. In der Bepflanzung dominieren Zwergkoniferen und Sommerblumen.

Säugetiere

Die Ergebnisse einer Fangaktion auf drei Standorten (28.7. bis 31.7.1980) gehen aus Tabelle 3.6.1.1 hervor. Es kommen mit Sicherheit als dauerhafte Bewohner nur Brandmaus (*Apodemus agrarius*) und Gelbhalsmaus (*Apodemus flavicollis*) auf dem Friedhofsgelände vor. Die Feldmaus (*Microtus arvalis*), ein juveniles Tier, dürfte von außen zugewandert sein. Die Artenzahl ist bei anderem Artenspektrum vergleichbar mit innerstädtischen Ruderalflächen. Die Dichte ist jedoch höher und entspricht der der Forsten und großen Grünanlagen von Berlin (West). Weiterhin dürften Igel (*Erinaceus europaeus*) und Braunes Langohr (*Plecotus auritus*) vorkommen.

Tab. 3.6.1.1: Die Kleinsäuger des Emmaus-Friedhofes gefangen im Juli 1980 (aus: ELVERS 1981a)

Art	Gesamtzahl	%	% besetzte Fallen
Gelbhalsmaus	16	80	8,3
Brandmaus	3	15	1,6
Feldmaus	1	5	0,5
	20		10,4

Vögel

1979 und 1980 wurde der Brutvogelbestand auf 23 ha des Friedhof-Komplexes Emmaus-Friedhof, Friedhof Sankt Lukas und der Haberecht-Siedlung kartiert (SCHÜTZE 1981). Die Ergebnisse gehen aus Tabelle 3.6.1.2 hervor. Es sind 23 Brutvogelarten mit einer Gesamtsiedlungsdichte von 81,2 Revieren/10 ha gefunden worden. Häufigste Arten sind Amsel, Haussperling, Star und Grünling mit jeweils 13-17 % aller Vogelreviere. Als einziger Bodenbrüter kam der Zilpzalp mit fünf Revieren vor.

Insgesamt entspricht die Brutvogelwelt der anderer städtischer Grünanlagen (ELVERS 1981a) und ist als typisch anzusehen.

Tab. 3.6.1.2: Die Brutvögel des Emmaus-Friedhofes, des Friedhofes Sankt Lukas und der Haberecht-Siedlung 1979 und 1980 (aus: SCHÜTZE 1981)

Art	Reviere 1979	1980	Abundanz Reviere/10 ha	Dominanz in %
1. Amsel (*Turdus merula*)	32 - 40	32	13,9	17,0
2. Haussperling (*Passer domesticus*)	35 - 40	25	13,0	15,9
3. Star (*Sturnus vulgaris*)	30 - 35	29	12,8	15,7
4. Grünfink (*Carduelis chloris*)	27 - 30	23	10,9	13,4
5. Blaumeise (*Parus caeruleus*)	15	15 - 16	6,5	8,0
6. Ringeltaube (*Columba palumbus*)	13	10	5,0	6,1
7. Kohlmeise (*Parus major*)	10	10	4,3	5,3
8. Türkentaube (*Streptopelia decaocto*)	9	8	3,7	4,5
9. Zilpzalp (*Phylloscopus collybita*)	5	5	2,2	2,6
10. Feldsperling (*Passer montanus*)	2	5	1,5	1,9
11. Gelbspötter (*Hippolais icterina*)	3 - 4	3 - 4	1,3	1,6
12. Klappergrasmücke (*Sylvia curruca*)	4	2 - 3	1,3	1,6
13. Elster (*Pica pica*)	2	3	1,0	1,3
14. Girlitz (*Serinus serinus*)	2	1	0,6	0,8
15. Gartenrotschwanz (*Phoenicurus phoenicurus*)	2	1	0,6	0,8
16. Nebelkrähe (*Corvus corone cornix*)	1	2	0,6	0,8
17. Grünspecht (*Picus viridis*)	1	1	0,4	0,5
18. Eichelhäher (*Garrulus glandarius*)	1 ?	1	0,4	0,5
19. Stieglitz (*Carduelis carduelis*)	1 ?	1 ?	0,4	0,5
20. Gartengrasmücke (*Sylvia borin*)	-	1	0,2	0,3
21. Mönchsgrasmücke (*Sylvia atricapilla*)	-	1	0,2	0,3
22. Singdrossel (*Turdus philomelos*)	-	1	0,2	0,3
23. Heckenbraunelle (*Prunella modularis*)	-	1 ?	0,2	0,3
	195 - 216	180 - 185	81,2	

WirbelloseTiere

Während die Friedhöfe in klimatologischer und vegetationskundlicher Sicht äußerst bedeutsame innerstädtische Standorte darstellen, fallen die 1980 von BARNDT bzw. KORGE untersuchten Emmaus- und Heidefriedhofstandorte durch ihre Arten- und Individuenarmut bei Laufkäfern und Webspinnen auf.

So wurden an zwei Standorten auf dem Emmaus-Friedhof während eines 11-wöchigen Untersuchungszeitraumes von Mai bis August 1980 lediglich 25 Laufkäferarten in 221 Individuen und 30 Spinnenarten in 495 Individuen nachgewiesen. Zwar finden sich manche der sonst an geeigneten Waldstandorten massenhaft auftretenden Spinnenarten (*Pardosa lugubris* u. *Diplocephalus picinus*) nur selten, dennoch bieten insgesamt betrachtet die Friedhöfe durch ihren mosaikartigen Biotopcharakter ein reichhaltiges Lebensraumangebot für Wirbellose, so daß bei intensiverer Untersuchung noch mehr Arten aus anderen Gruppen nachgewiesen werden könnten.

An dominanten (10-100 % der Individuen eines Standortes) und subdominanten (5-9 %) Laufkäfern wurden auf dem Emmaus-Friedhof nachgewiesen:

Dominante Arten	Subdominante Arten
Amara spreta	*Synuchus nivalis*
Carabus nemoralis	*Loricera pilicornis*
Nebria brevicollis	*Harpalus winkleri*
Leistus rufescens	*Calathus fuscipes*
Harpalus tardus	*Harpalus aeneus*
H. rufipes	*Amara familiaris*
Amara aulica	
A. bifrons	

Bei den Spinnen dominierten vor allem Wolfspinnen (u.a. *Pardosa prativaga, P. amentata, P. lugubris*), Krabbenspinnen (*Ozyptila praticola*) und Baldachinspinnen (*Diplocephalus picinus, Diplostyla concolor* und *Linyphia clathrata*).

3.7 Innerstädtische Brachflächen und Bahnanlagen

Pflanzen- und Tierbestände auf Bauschutt, an Bahnanlagen und an Straßenrändern (zu letzteren vgl. Kap. 3.8) sind stark von menschlichen Tätigkeiten abhängig. Die Bezeichnungen "Ruderalstandort und -vegetation" sind von dem lateinischen Wort rudus abgeleitet, welches Schutt oder Ruinen bezeichnet. Als klassische Ruderalstandorte können Burgruinen oder Festungen angesehen werden. Sie ermöglichen einigen wärme- und stickstoffliebenden Pflanzen und Tieren das Gedeihen über Jahrhunderte hinweg. In Berlin ist die Spandauer Zitadelle mit ihrer spezifischen Festungsflora ein hervorragendes Beispiel einer alten Ruderalfläche, auf der Pflanzen und Tiere auf "Barockschutt" mit alten Mörtelsorten leben (SUKOPP u. SCHNEIDER 1977). Auf den Trümmerflächen des 2. Weltkrieges konnten sich Ruderalpflanzen und -tiere auf ausgedehnten Flächen ausbreiten: Das "tote Auge" von Berlin, ein Gebiet, in dem mehr als 50 % aller Häuser zerstört waren, umfaßte rund 40 km^2 im Zentrum Berlins. Die schnelle Begrünung dieser Flächen war nur möglich, weil artenreiche "Reservoire" in der Nähe vorhanden waren, nämlich bewachsene Flächen an den Rändern der Bahnanlagen, die radial zu den Kopfbahnhöfen im Zentrum der Stadt führten. Gärten und Parkanlagen mit ihrem reichhaltigen Bestand an Zierpflanzen waren eine weitere wichtige Ausbreitungsquelle für die spontane Besiedlung der Brachflächen.

Innerstädtische Brachflächen gehören zu den interessantesten Standorten der Großstadt. Aufgrund ihrer Entstehungsgeschichte herrschen hier Standortbedingungen (anthropogene Böden, Mikroklima), die in der ursprünglichen Landschaft Berlins ohne Parallele sind. Die offenen, von Gräsern und Kräutern bestimmten Vegetationsstadien sind besonders reich an Tier- und Pflanzenarten. Insbesondere Arten, die an xerotherme Standorte gebunden und in der Stadt hochgradig gefährdet sind, haben hier Refugien gefunden. Auf vielen Flächen haben sich bereits naturnahe Gehölzbestände entwickeln können, die zu den ungestörtesten Biotopen im besiedelten Bereich zählen.

Trotz ihrer großen Bedeutung für die Erholung und den städtischen Naturschutz sind Brachflächen in ihrem Bestand stark gefährdet. Zerstörung durch Bebauung sowie durch Nutzung als Lager- oder Autoabstellplatz, Motor-Cross- und Hundeauslaufgelände sind wesentliche Rückgangsursachen.

Klima

Die klimatischen Verhältnisse im Bereich der innerstädtischen Brachflächen und Bahnanlagen werden weitgehend durch den jeweiligen Vegetationsanteil, die Bodenverhältnisse und die Lage bzw. Nachbarschaft zu anderen Nutzungen bestimmt. So führten zum Beispiel die Brachflächen des Diplomatenviertels südlich des Tiergartens zu einer Erweiterung der klimatisch entlastend wirkenden Fläche, während der Anhalter Güterbahnhof auch mit der derzeitigen Ausstattung einen zusätzlichen Entlastungsraum schafft.

Diese Funktionen äußern sich auch in den langjährigen Temperaturwerten in Abbildung 2.2.1.3. Im südlichen Tiergarten, im Bereich des stillgelegten Anhalter Personen- und Güterbahnhofs, aber auch im nur teilweise genutzten Südgüterbahnhof liegen die Temperaturen zwischen 9,0 und 9,5°C, während in der benachbarten Innenstadt mehr als 10°C erreicht werden. Die Belüftung dieser Flächen kann entsprechend Abbildung 2.2.1.5 sowohl in den Tages- als auch in den Nachtstunden aufgrund des meist offenen Geländes als gut bezeichnet werden. Die klimatische Wirksamkeit solcher Flächen für die Umgebung wurde bereits in Kapitel 3.5 (Tab. 3.5.1) behandelt.

Im Rahmen eines Klimagutachtens zum Ausbau des Südgüterbahnhofs auf dem Südgelände (HORBERT u.a. 1982) wurden von Mai bis November 1982 ausführliche Untersuchungen in diesem Bereich und in der näheren Umgebung durchgeführt. Die Ergebnisse von sieben Klimastationen sind in Abbildung 3.7.1 über einer West-Ost-Trasse von der Thorwaldsenstraße (Station 6) über das Kleingartengelände Priesterweg (Station 5) bis zum Südgelände (Stationen 1 bis 3) und von dort über das östlich angrenzende Industriegebiet (Station 9) bis in den dicht bebauten Bereich der Manteuffelstraße (Station 7) aufgetragen. Die Station 3 auf dem Südgelände repräsentiert den dort vorhandenen Trockenrasen, während die Stationen 1 und 2 auf einer vegetationslosen Fläche in der Nähe des Stellwerks bzw. in einer grasbewachsenen Senke stehen.

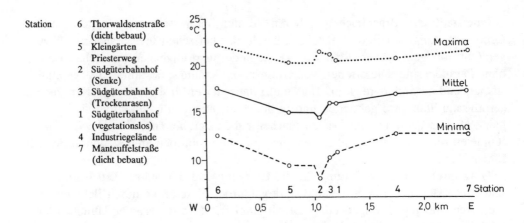

Abb. 3.7.1: Abhängigkeit der mittleren Temperaturmaxima, der Mittelwerte und der mittleren Temperaturminima in 2 m Höhe von verschiedenen Standorten im Zeitraum vom Mai bis November 1982 im Bereich des Südgüterbahnhofs in Berlin (West) (aus: HORBERT u.a. 1982)

Die bebauten Bereiche an der Thorwaldsenstraße und der Manteuffelstraße, aber auch das Industriegelände zeigen von Mai bis November im Mittel nicht nur in den Nachtstunden (mittleres Minimum), sondern auch noch im Gesamtmittel die höchsten Temperaturwerte. Ausgesprochen kühl erscheinen sowohl hinsichtlich des mittleren Minimums, aber auch hinsichtlich des mittleren Maximums und des Mittelwertes die Kleingärten westlich des Südgeländes. Ein typisches Verhalten zeigt die langgezogene Senke auf dem Südgelände. Während in den Nachtstunden durch stagnierende Kaltluft die niedrigsten Temperaturen gemessen wurden, können sich am Tage durch die windgeschützte Lage relativ hohe Temperaturen ausbilden. Dieser Standort dürfte zu jeder Jahreszeit die größte Temperaturamplitude zwischen Tag und Nacht aufweisen. Einen fast städtischen Charakter zeigen bereits die zwei anderen Meßstandorte auf dem Südgelände, wobei der Trockenrasen stärker zu den Eigenschaften der Senke tendiert und die vegetationslose Fläche am Stellwerk bereits einen Übergang zu den benachbarten Industrieflächen darstellt. An austauscharmen Strahlungstagen verstärken sich diese Effekte erheblich.

Aus den Ergebnissen zahlreicher Meßfahrten geht hervor, daß die klimatischen Verhältnisse sehr stark von der jeweiligen Flächennutzung geprägt werden. Es lassen sich hier insgesamt neun typische Flächennutzungen abgrenzen. In Abbildung 3.7.2 sind die gemessenen Temperaturverhältnisse als Mittel von sieben Nacht- sowie drei Tagesmeßfahrten dargestellt. Die Höhe der Säulen stellt die Temperaturunterschiede zu dem Flächentyp mit dem niedrigsten Wert dar. Grundsätzlich ist eine Erhöhung der Temperatur mit zunehmender Baudichte und Versiegelung feststellbar. Die dichte städtische Blockbauweise (Typ 1) ist im Mittel der Nachtfahrten 2,9°C wärmer als die Kleingartenkolonie (Typ 9), gefolgt von den stark versiegelten Industrie- und Gewerbeflächen bzw. dem Autobahnkreuz Schöneberg (Typ 2) mit 2,3°C. Der höhere Grünflächenanteil und die aufgelockerte Baustruktur in Typ 3 und 4 führen zu einem geringeren Überwärmungsgrad. Die Temperaturverhältnisse innerhalb der kleineren Grünflächen müssen in der Tat als geringer angenommen werden, da die Meßpunkte jeweils auf den Straßen am Rande dieser Bereiche lagen. Auf dem Bahngelände werden die höchsten nächtlichen Temperaturen in den überbauten und versiegelten Bereichen (Typ 6) festgestellt, gefolgt von den Flächen mit niedriger Krautvegetation auf den ehemaligen Gleiskörpern (Typ 7). Die bewaldeten Bereiche (Typ 8) zeigen hier die niedrigsten Temperaturen auf dem Südgelände. Hier wird deutlich, daß die Trockenrasen auf Sand- und Schotterböden aufgrund der geringen Wärmeleitfähigkeit eine andere klimatische Auswirkung haben als die in den städtischen Parkanlagen üblichen Rasen- und Wiesenflächen. Die begrünten Bereiche des Bahngeländes sind somit nachts im Mittel kühler als die bebauten Flächen der Umgebung. Die versiegelten Flächen (Typ 6) dagegen nähern sich thermisch der dichteren Bauweise (Typ 3) an. Die Kleingartenkolonie (Typ 9) ist zu allen Tageszeiten der kälteste Standort im Untersuchungsgebiet und ist nachts im Mittel 0,7°C kühler als die Waldstandorte des Südgeländes (Typ 8). Am Tage werden die Temperaturunterschiede aufgrund des allgemein höheren Luftaustausches geringer, die Tendenzen bleiben jedoch ähnlich. Interessant sind dennoch hier die hohen Temperaturen auf den Industrie- und Gewerbeflächen (sehr hoher Versiegelungsgrad, fehlende Beschattung). Das Bahngelände (besonders die versiegelten Flächen) erscheint zu dieser Tageszeit als relativ warm.

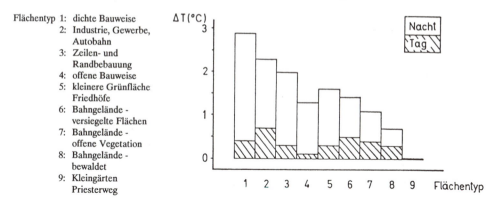

Abb. 3.7.2: Darstellung der bei verschiedenen Tag- und Nachtmeßfahrten ermittelten mittleren Überhöhung der Lufttemperatur gegenüber der Temperatur in einem benachbarten Kleingartengelände (Flächentyp 9) in Abhängigkeit von verschiedenen Nutzungen im Bereich des Südgüterbahnhofs Berlin (West) (aus: HORBERT u.a. 1982)

Hinsichtlich der relativen Luftfeuchte spiegeln die Nachtwerte direkt das Temperaturverhalten der Flächen wider, d.h. niedrige relative Luftfeuchte in der dichten Bebauung und hohe Feuchtewerte in den Kleingärten. Auf dem Südgelände steigt die relative Luftfeuchte nachts mit zunehmender Dichte und Höhe der Vegetation an. Die Tageswerte sind dagegen weitgehend ausgeglichen. Lediglich die Kleingärten zeigen auch hier eine deutliche Überhöhung. Die geringen Feuchtewerte auf dem Bahngelände entsprechen der dort am Tage relativ hohen Temperatur und der geringen Verdunstungsrate der dort vorhandenen Flächen.

Hinsichtlich der Dampfdruckverhältnisse ergeben sich gegenüber der relativen Luftfeuchte im Mittel nur außerordentlich geringe Unterschiede. In der Nacht nimmt der Wasserdampfgehalt der bodennahen Luftschicht mit zunehmendem Bebauungsgrad etwas ab. Die höchsten Dampfdruckwerte liegen hier im Bereich der Kleingärten (Typ 9), der kleineren Grünflächen (Typ 5) und der offenen Bebauung mit hohem Grünflächenanteil (Typ 4), gefolgt von den bewaldeten und versiegelten Flächen des Bahngeländes (Typ 7 und 8). Am Tage weist das Bahngeände allgemein einen geringeren Dampfdruck auf, was zum einen durch die vorherrschenden Böden und die Vegetation trockener Standorte erklärt werden kann, zum anderen aber auch durch den hohen Belüftungsgrad.

Hinsichtlich der lufthygienischen Situation im Bereich von Brachflächen und Bahnanlagen wird auf Kapitel 3.5 hingewiesen. Soweit die genannten Bahnanlagen zum Güterumschlag genutzt werden, muß vor allen Dingen auf den vorhandenen bzw. geplanten Kfz-Verkehr geachtet werden. Im Falle des Südgeländes (HORBERT u.a. 1982) wurde ausdrücklich auf die Belastung durch den Schwerlastverkehr aufmerksam gemacht.

Böden

Weite Teile der innerstädtischen Freiräume Berlins bestehen aus teilweise mehrere Meter mächtigen Lagen von Trümmerschutt des letzten Krieges, aus denen sich seither Böden mit speziellen Eigenschaften entwickelten.
Relativ selten sind Standorte aus reinem Trümmerschutt: Abbildung 3.7.3 zeigt die Bodeneigenschaften der Kuppe und des Hangfußes eines Trümmerschutthaufens, der 1956 durch Zerbrechen von Mauern des Potsdamer Bahnhofs entstand. Das Ausgangsmaterial der Bodenbildung stellten hier weitgehend intakte Ziegel geringer Qualität dar, verbunden durch porösen Mörtel mit einem Carbonatgehalt von etwa 11 %, der teilweise bereits beim Umfallen der Mauern vergruste. Frost-, Wärme- und Wurzelsprengung haben den Mörtel weiter zerkleinert und in den oberen Zentimetern auch die schlecht gebrannten Ziegel zerfallen lassen. Durch Säuren der Bodenorganismen und der Niederschläge wurde ein Großteil des Kalkes gelöst und ausgewaschen sowie das pH gesenkt. Da durch Wind und Wasser eine Streuumlagerung stattfand, ist es insbesondere in der Senke zu einer Akkumulation teilzersetzter Pflanzenstreu gekommen. Gleichzeitig wurde hierdurch Stickstoff angereichert. Derartige Pararendzinen aus Trümmerschutt sind bei deutlichen Unterschieden der Reliefposition mäßig durchwurzelbare, trockene, gut durchlüftete Standorte mit unausgeglichenen Nährstoffverhältnissen.

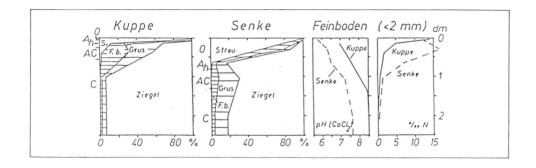

Abb. 3.7.3: Eigenschaften zweier Pararendzinen aus Trümmerschutt; Zusammensetzung der Bodensubstanz, Bodenreaktion (pH) und Stickstoffgehalt (N) des Feinbodens (F.b.) (S = Streu) (nach SUKOPP u.a. 1974)

Sehr viel häufiger sind Böden aus Trümmerschutt, der von Hand oder maschinell verlesen wurde, so daß er nur Ziegelbrocken kleiner als 5 cm Durchmesser neben Mörtel sowie unterschiedlichen Anteilen natürlichen Bodenmaterials enthält. Die Eigenschaften solcher Standorte wurden in Berlin eingehend untersucht (KOHLER u. SUKOPP 1964a, RUNGE 1975, BLUME u. RUNGE 1978).

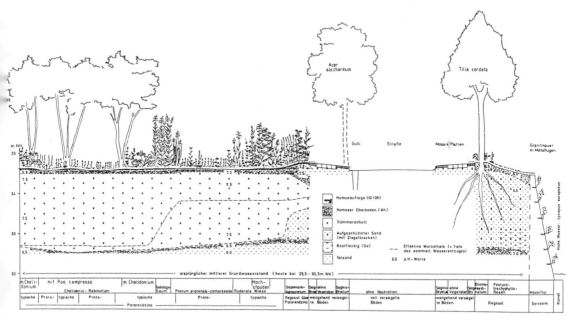

Abb. 3.7.4: Transekt in der Ruderalfläche am Lützowplatz einschließlich Straße und Kanalböschung (aus: WEIGMANN u.a. 1981)

Die Abbildungen 3.7.4 und 3.7.5 sowie Tafel 1.10 zeigen die Verhältnisse einer Ruderalfläche am Lützowplatz, die zwar heute überbaut ist, in ähnlicher Ausprägung aber noch im Diplomatenviertel beobachtet werden kann. Derartige Trümmerschuttstandorte sind tiefgründig; häufig ist der Wurzelraum aber von Fundamentresten durchsetzt, was den Wurzeltiefgang erschwert. Ihre Durchwurzelbarkeit ist generell durch hohe Kies- und Steingehalte (Abb. 3.7.5) eingeschränkt, da die Wurzeln praktisch nicht in die Hohlräume der Ziegel einzudringen vermögen; in manchen Horizonten ist sie auch durch die verkittende Wirkung umgelagerten Kalkes vermindert.

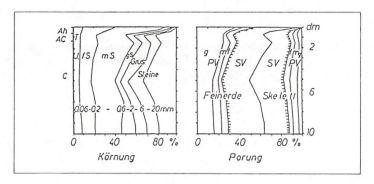

Abb. 3.7.5: Körnung und Porung einer Pararendzina aus Trümmerschutt unter Robinie am Lützowplatz von Berlin (West) (Abkürzungen siehe Abkürzungsverzeichnis (aus: BLUME u. RUNGE 1978)

Infolge des hohen Grobporenanteils sind die Böden luftreich und besitzen einen raschen Sickerwasserabzug. Die nutzbare Wasserkapazität ist hoch (h in Tab. 3.3.2). Das ist aber teilweise auf poröse Ziegel und Mörtel zurückzuführen (Skelett in Abb. 3.7.5), in die die Pflanzenwurzeln nicht eindringen können. Infolge der Aufschüttungen und der starken Grundwasserabsenkungen im Stadtgebiet steht der Vegetation auch kein Grundwasser zur Verfügung. Deshalb müssen diese Trümmerstandorte unter den herrschenden Niederschlagsverhältnissen als trocken angesehen werden, zumal höhere Temperaturen und geringe Luftfeuchtigkeit in der Innenstadt die Verdunstung und damit die Wasserverluste verstärken.

Die Gehalte an verfügbaren Nährstoffen (s. Ka und Pa in Tab. 3.3.2) sind bei mittleren Reserven hoch. Andererseits sind derartige Böden auch mit Schwermetallen angereichert (Cd, Zn), besonders in Straßennähe mit Blei (Tab. 2.2.2.3). Deren Löslichkeit ist zwar unter der gegebenen alkalischen bis neutralen Bodenreaktion gering, was sich aber mit fortschreitender Kalkauswaschung ändern kann.

Tab. 3.7.1: Sukzessionsstadien der Ruderalvegetation und ihre wahrscheinliche Entwicklung auf innerstädtischen Brachflächen von Berlin (West) (nach SUKOPP 1973; aus KOWARIK 1986)

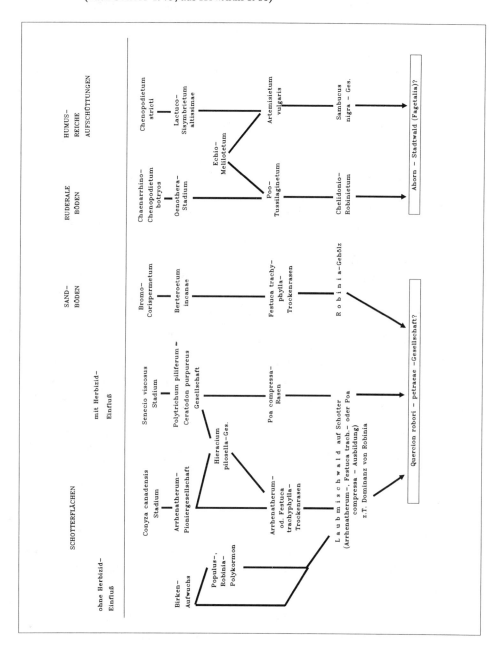

Flora und Vegetation

Auf den Trümmerflächen standen nach der Zerstörung der Häuser und nochmals nach der Planierung der Flächen viele Quadratkilometer von Rohboden der Besiedlung durch pflanzliche Pioniere offen. Die erste Welle der Ansiedler bildeten - wie auch an den Bahnanlagen - einjährige Pflanzen. Darauf folgten ein Vorherrschen zweijähriger, dann mehrjähriger krautiger Pflanzen und schließlich Bestände von Pioniergehölzen. Die Abfolge von kurzlebigen und später langlebigen Pflanzen ist auf unterschiedlichen Substraten in ähnlicher Weise zu beobachten. Lediglich die Arten sind entsprechend ihren ökologischen Ansprüchen verschieden (Tab. 3.7.1; Abb. 3.7.6). Diese natürliche Sukzession ist durch Aufräumungs- und Wiederaufbauarbeiten fast überall abgebrochen worden. Größere Gehölzbestände gibt es noch auf Bahnbrachen sowie auf kleineren Flächen im Norden und Süden des Tiergartens. Wegen des starken Planungsdruckes auf diese Flächen ist zu befürchten, daß viele der bisherigen Endstadien der natürlichen Vegetationsentwicklung auf innerstädtischen Brachflächen vernichtet werden. Auf den carbonathaltigen und trockenen Standorten bilden in der Innenstadt Neueinwanderer (Neophyten) etwa ein Drittel bis die Hälfte des Artenbestandes (vgl. Kap. 2.2.4). Der ursprünglich südeurasisch-mediterrane Klebrige Gänsefuß (*Chenopodium botrys*) ist charakteristisch für Ruderalflächen im Stadtzentrum von Berlin (vgl. Abb. 3.7.7). In der Neuzeit hat die sommereinjährige Pflanze ihr Areal im Gefolge des Menschen auf weite Gebiete Zentral- und Westeuropas, Nordamerikas und Australiens ausgedehnt. Sie ist - eingebürgert seit 1889 - eine für Berlin charakteristische und spezifische Ruderalpflanze (SUKOPP 1971a). Natürliche Standorte der Art sind sandige und steinige Böden an Flußufern, in Schuttbahnen und an Felsfüßen, insgesamt also konkurrenzarme Sonderstandorte. Dementsprechend werden als sekundäre Standorte Straßenränder, Kulturflächen und Brachfelder besiedelt. Unter natürlichen Bedingungen ist in Mitteleuropa die Fläche solcher offenen konkurrenzarmen Standorte sehr gering. Erst unter dem Einfluß des Menschen kam es hier zur Entstehung offener kalkreicher sandiger bis kiesiger Standorte, die das Vorkommen des Klebrigen Gänsefußes ermöglichen. Dennoch gibt es nördlich der Alpen gegenwärtig nur in Berlin, Mannheim, im Ruhrgebiet und in Lille dauerhafte große Ansiedlungen dieser Art, wogegen Kolonien in Stuttgart, Saarbrücken und Leipzig unbeständig oder wieder verschwunden sind. Hinsichtlich der charakteristischen Eigenschaften von Unkräutern zeichnet sich *Chenopodium botrys* fast nur durch die hohe Samenproduktion bei günstigen Umweltbedingungen aus. Zur Keimung dagegen müssen recht spezielle Bedingungen hinsichtlich des Lichtes, der Photoperiode und der Lagerung der Samen gegeben sein (ZACHARIAS 1980).

Ein charakteristischer Baum der Innenstadt ist der aus China stammende Götterbaum (*Ailanthus altissima*). Obwohl er bereits seit etwa 1780 in Berlin häufig als Zierbaum gepflanzt wurde, gab es bis zum letzten Krieg keine spontane Ausbreitung. 170 Jahre nach der ersten Pflanzung setzte eine Massenausbreitung ein, die den Götterbaum bis heute zu dem nach der Robinie (*Robinia pseudoacacia*) häufigsten nichteinheimischen Baum in der Innenstadt gemacht hat. Die Herausbildung der städtischen Wärmeinsel verbesserte die Ausbreitungsbedingungen dieser wärmeliebenden Art, die nun die als Folge der Kriegszerstörungen reichlich vorhandenen offenen Standorte erfolgreich besiedeln konnte. Der Götterbaum ist ein guter "Überwärmungsanzeiger", da sein Verbreitungsmuster in Berlin (abnehmende Fundpunkthäufigkeit von der Innenstadt zum Stadtrandbereich) in Übereinstimmung mit der Temperaturzonierung der Stadt steht (Abb. 3.7.8).

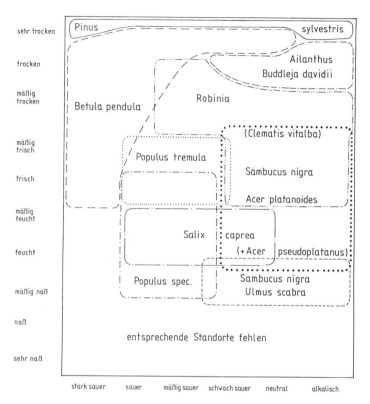

Abb. 3.7.6: Gehölze der Berliner Innenstadt: Hauptvorkommen mit Angaben des ungefähren Feuchtigkeits- und Säurebereiches

Unter den Gehölzen auf innerstädtischen Brachflächen nehmen in Berlin Robinienbestände flächenmäßig den größten Raum ein (KOHLER u. SUKOPP 1964b). Auf Schutt-Mörtel-Substraten entwickelt sich aus einem kalkhaltigen Locker-Syrosem im Laufe der Vegetations- und Bodenentwicklung unter Robinien eine Mullpararendzina. Die Robinie, im Volksmund Akazie genannt, wurde 1623 aus Nordamerika nach Paris gebracht und von dort weiter verbreitet (1672 nach Berlin). Als Straßen- und Parkbaum hat sie sich in Städten und Industriezentren sowohl wegen ihres hohen Zierwertes als auch aufgrund ihrer guten Verträglichkeit des trockenen Stadtklimas und ihrer Unempfindlichkeit gegen Rauch, Staub und Ruß hervorragend bewährt, obwohl sie erst spät im Jahr ihr Laub entfaltet. Auch als Bodenbefestiger wird sie häufig auf Aufschüttungshalden, in Kiesgruben und an Dämmen gepflanzt. Dem Imker bringt sie eine wertvolle Bienenweide und hohen Honigertrag, zumal Anpflanzungen bereits im vierten bis sechsten Jahr zu blühen beginnen.

Weite Verbreitung fanden Robinien auf den Trümmerflächen einiger kriegszerstörter Städte. Ausbreitungsschwerpunkte bestehen in Gebieten mit subkontinentalem bis submediterranem Klima: in der Mark Brandenburg und im Oberrheingebiet. Auf Trümmern war sie stark verbreitet z.B. in Berlin, Magdeburg, Leipzig, Dresden und Stuttgart (vgl. Abb. 3.7.9).

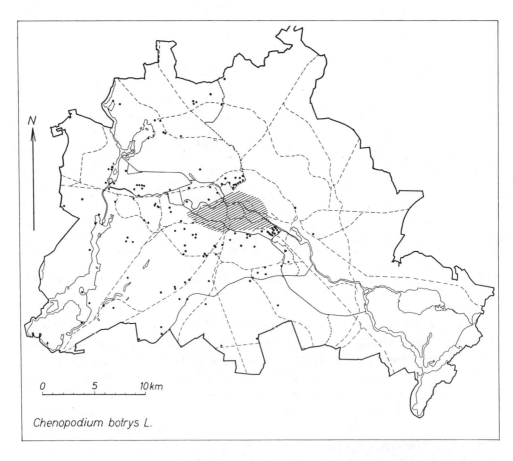

Abb. 3.7.7: Verbreitung von *Chenopodium botrys* (Klebriger Gänsefuß) in Berlin 1947 bis 1971. Gebiet der geschlossenen Verbreitung schraffiert (aus: SUKOPP u.a. 1971d)

Abb. 3.7.8: Verbreitung des Götterbaumes (*Ailathus altissima*) in Berlin (West): Punktkarte mit überlagerten Temperaturbereichen. Wärmste Zonen gerastert. (aus: KOWARIK u. BÖCKER 1984)

Ihre große Verbreitung verdankt sie u.a. folgenden Eigenschaften: Sie zeigt in der Jugend eine ungewöhnliche Raschwüchsigkeit. An einjährigen Ausschlägen wurde maximal ein Jahreszuwachs von 4 - 4,5 m Höhe gemessen. Rasch entwickelt sich ein weitverzweigtes Wurzelsystem mit zahlreichen Feinwurzeln. Unvergleichlich ist ihre Ausbreitungsfähigkeit sowohl durch Samen als auch durch zahlreiche schnellwüchsige Wurzelbrut und ihre Verjüngung aus Stockausschlägen. Das Vorkommen der für sie charakteristischen nitrophilen Begleitflora mit Großem Schöllkraut (*Chelidonium majus*), Klebkraut (*Galium aparine*), Schwarzem Holunder (*Sambucus nigra*) und Großer Brennessel (*Urtica dioica*) ist ohne weiteres aus den durch Robinieneinfluß veränderten Bodeneigenschaften mit erhöhtem Stickstoffgehalt zu verstehen (vgl. Kap. 3.1).

In den Robinienbeständen ist immer wieder festzustellen, daß Ahorne, besonders Spitz-Ahorn (*Acer platanoides*), sich zahlreich aus Samen vermehren und auch hochkommen (vgl. Kap. 3.1). Vereinzelt sterben Robinien bereits aus Altersgründen ab, so daß sich eine allmähliche Umwandlung der Pioniergehölze zu Mischgehölzen abzeichnet, die stärker von einheimischen Arten bestimmt werden. Dadurch deutet sich eine Weiterentwicklung zu heimischen Gehölzen an.

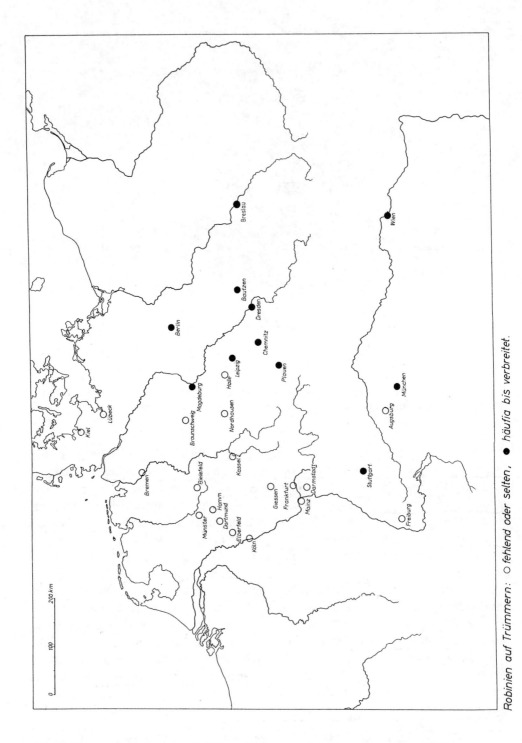

Abb. 3.7.9: Verbreitung von Robinie auf Trümmern (aus: KOHLER u. SUKOPP 1964)

Tab. 3.7.2: Artenzahlen und floristische Kenngrößen von sechs Flächen mit spontaner Vegetationsbesiedlung (1-3: "Stadtbrachen", 4-6: "Bahnbrachen"; Quellen für 1, 2: Geländeerhebung 1982, 3: BEHRENDS u.a. 1982 n. ASMUS 1980a ergänzt, 4: ASMUS 1980, 5: KOWARIK 1982b, 6: ASMUS 1981, Landschaftspflegerischer Begleitplan 1982) (aus: KOWARIK 1986)

	Fläche (ha)	Artenzahl	Neophyten-anteil (%)	Phanerophyten-anteil (%)	Therophyten-anteil (%)	"Rote Liste"-Arten-Anteil (%)
1. Baugrube am Lützowplatz	ca. 0,6	172	26	15	23	8
2. Trümmerschuttfläche am Lützowplatz	ca. 0,5	158	20	18	19	1
3. Diplomatenviertel	ca. 15	325	36	27	23	7
4. Anhalter/Potsdamer Güterbahnhof	ca. 63	417	40	26	26	10
5. Zwischenstück Ringbahn/Yorkstraße	ca. 17	332	36	30	20	8
6. Südgelände	ca. 73	395	34	29	20	12

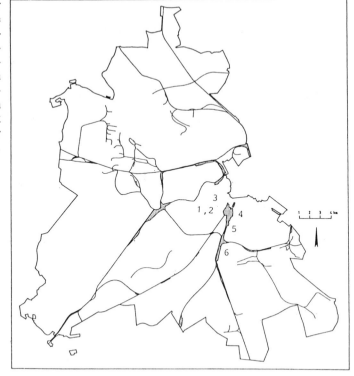

Abb. 3.7.10: Lage der oberirdischen Bahntrasse (einschließlich Industrieanschlüssen und Teilen des U-Bahnnetzes) und der Bahnbetriebsgelände mit hohen Flächenanteilen an spontaner Vegetation in Berlin (West) (aus: KOWARIK 1986) (nach Angaben zur Lage der Flächen 1-6; vgl. Tab. 3.7.2)

Im Bereich frischer bis feuchter Trümmerschuttstandorte dominieren einheimische Gehölze wie Spitz-Ahorn, Berg-Ulme (*Ulmus glabra*) oder Schwarzer Holunder, die unter natürlichen Bedingungen Bestandteil artenreicher, nährstoffreicher Laubmischwälder (Hangschuttwälder) sind (vgl. Abb. 3.7.6). Vielfach wachsen Obstgehölze auf.

Die besondere Konstellation verschiedener Standorte hat in der Berliner Innenstadt zur Entwicklung ungewöhnlich vielfältiger Vegetationstypen geführt. Der Artenreichtum von innerstädtischem Brachland ist erstaunlich groß (KOWARIK 1986)(vgl. Tab. 3.7.2 u. Abb. 3.7.10). Aufgrund der spezifischen Standortbedingungen können sich hier Arten ansiedeln, die in wärmeren und trockeneren Regionen heimisch sind. Die großräumige Ausbreitung einiger Arten in Städten wird, wie beispielsweise bei den Nachtkerzen-(*Oenothera*-)Arten, durch genetische Veränderungen ermöglicht (vgl. Kap. 2.2.4). Zusammen mit angepaßten heimischen Arten sind neue, urbane Lebensgemeinschaften entstanden, die für Innenstädte charakteristisch sind. Diese sogenannte "Spontanvegetation" ist den Standorten optimal angepaßt und daher vital. Deshalb wirkt sie sich günstig auf die Lebensbedingungen in der Stadt aus (Klimaverbesserung, Staubfilterung und Schadstoffbindung, Grundwasseranreicherung), ohne daß kostenintensive gärtnerische Pflegemaßnahmen erforderlich sind. Da sich das Erscheinungsbild der "wilden" Brachflächenvegetation deutlich von dem traditioneller, gepflegter Grünanlagen abhebt, bietet es wertvolle Alternativen für Erholungsuchende, denen an Naturkontakten gelegen ist.

Der Artenreichtum und die Erlebnisvielfalt der natürlichen Brachflächen sind in den letzten Jahrzehnten in der Stadtplanung völlig unberücksichtigt geblieben. Durch das Einbeziehen bereits vorhandener, spontan aufgewachsener Brachflächenvegetation in Grünplanungen können nicht nur Kosten für Neuanlagen gespart werden. Vielmehr werden mit Brachflächen Freiräume erhalten, die sich günstig auf den Naturhaushalt auswirken, Rückzugsräume für viele Tier- und Pflanzenarten darstellen und vielfältige Gelegenheiten für naturbetonte Erholung mitten in der Stadt bieten. Brachflächenvegetation sollte also nicht für die Anlage neuer Grünflächen zerstört, sondern in Neuplanungen sollten häufiger Arten verwendet werden, die sich in der Spontanvegetation bereits bewährt haben.

Eine weitere Zerstückelung bestehender Vegetationsbestände wird die Ausbreitungsmöglichkeiten zwischen den Flächen reduzieren und damit zur Verarmung der Pflanzen- und Tierwelt auf den verbleibenden Standorten führen. Wichtig ist daher die Erhaltung bzw. teilweise Entwicklung eines zusammenhängenden Systems von Lebensgemeinschaften und deren Lebensräumen, die auf den vorhandenen Beständen aufbauen.

Säugetiere

Auf innerstädtischen Brachflächen kommen an Kleinsäugern Feldmaus (*Microtus arvalis*), Waldmaus (*Apodemus sylvaticus*), Hausmaus (*Mus musculus*) und Brandmaus (*Apodemus agrarius*) vor, wie es die Tabelle 3.7.3 wiedergibt. Zusätzlich tritt auf dem

Südgüterbahnhof noch die Feldspitzmaus (*Crocidura leucodon*) hinzu. Weitere Säugetiere sind Igel (*Erinaceus europaeus*), Kaninchen (*Oryctolagus cuniculus*), Fuchs (*Vulpes vulpes*) und Mauswiesel (*Mustela nivalis*).

Tab. 3.7.3: Die Kleinsäuger von sechs kleinen innerstädtischen Brachflächen; gefangen 1978/79 (aus: SUKOPP u.a. 1980)

Art	Gesamtzahl	%	% besetzte Fallen
Waldmaus	7	50	1,4
Feldmaus	3	21	0,6
Brandmaus	2	14	0,4
Hausmaus	2	14	0,4
	14		2,8

Der heutige Kleinsäugerbestand der innerstädtischen Brachflächen dürfte wie bei anderen Gebieten nach ELVERS u.a. (1981) wesentlich durch die Faktoren

1. Einwanderungsmöglichkeit in das Gebiet,
2. Vegetation und übrige Faunenentwicklung und
3. Bodenbeschaffenheit

bestimmt werden. Alle heute auf den Brachflächen vorkommenden Kleinsäugerarten dürften aus der nächsten Umgebung, von Kleingärten und den ehemaligen Bahndämmen aus eingewandert sein. Nahrungsökologisch dominieren Grassamenfresser, aber auch insektivore Arten wie Feldspitzmaus kommen vor (Abb. 3.7.11). Der weitgehend aus Trümmerschutt bestehende Boden dürfte sich limitierend auf die Anlage von Bauen auswirken.

Der häufigste Kleinsäuger aller innerstädtischen Brachflächen ist die Waldmaus. Sie kann bereits wegen der fortgeschrittenen Vegetationsentwicklung in Grünanlagen, Friedhöfen und auf Bahndämmen mit älterem Baumbestand fehlen und kommt am Rande der Forsten z.B. auf den Aufforstungsflächen im Grunewald vor. Sie vikariiert in Berlin (West) mit der Gelbhalsmaus (*Apodemus flavicollis*)(ELVERS u. ELVERS 1984a, Abb. 3.5.2). Der Gesamtsäugetierbestand innerstädtischer Ruderalflächen ist mit zwölf Arten (vgl. Tab. 2.2.6.1.2) etwas höher als auf anderen innerstädtischen Flächen. Die Ödländer des Stadtrandes und der Ruderalflächen des Teufelsberges weisen artenreiche Säugetierbestände auf. Hier dürften sich insbesondere die weitaus besseren Einwanderungsmöglichkeiten aus dem Grunewald ausgewirkt haben.

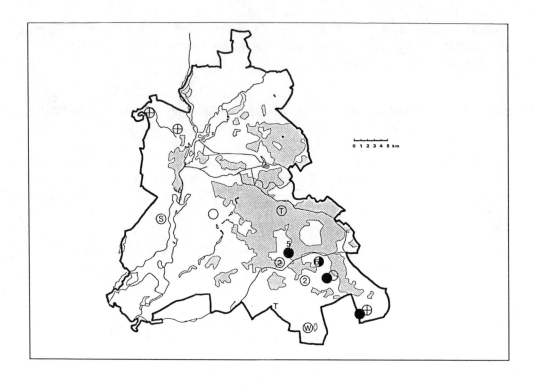

Abb. 3.7.11: Verbreitung der Feldspitzmaus (*Crocidura leucodon*) in Berlin (West)
Kreise = Funde in Waldkauzgewöllen vor 1970; Zahlen = Anzahl gefundener Tiere
Kreis mit T = Fund in Turmfalkengewölle vor 1970
Kreis mit S = Fund in Schleiereulengewölle vor 1970
Kreis mit W = Waldohreulengewölle vor 1970
Halbvoller Kreis = Fänge in Fallen vor 1970; Zahl = Anzahl der gefangenen Tiere
Voller Kreis = Fänge in Barberfallen nach 1970; Zahl = Anzahl der gefangenen Tiere
Kreis mit Kreuz = Funde in Waldkauzgewöllen bzw. Waldohreulengewölle nach 1970 (aus: ELVERS 1985)

Vögel

Die Entwicklung der Brutvogelbestände auf Brachflächen seit dem Zweiten Weltkrieg ist in Berlin nicht untersucht worden. Lediglich aus dem Bereich des Großen Tiergartens liegen Beobachtungen vor (s. Kap. 3.5.1). Hauptsächlich Anfang der 80er Jahre wurden aber mehrere der verbliebenen Brachflächen und Bahnanlagen kartiert. Die festgestellten Brutvogelarten sind mit ihren Revierzahlen und den Siedlungsdichten in Tabelle 3.7.4 zusammengefaßt. Von den 38 insgesamt aufgetretenen Arten kamen 18 nur in ein oder zwei der untersuchten sieben Flächen vor, so daß ca. 20 Arten zu dem "normalen" Artenbestand dieser Lebensräume zählen können.

Zwei wichtige Einflußgrößen lassen sich erkennen: Die Flächengröße des Vegetationsbestandes und die Lage des Gebietes. Die beiden kleinsten Areale mit gut 3 bzw. 5 ha Vegetationsfläche - Anhalter Personenbahnhof und Görlitzer Bahnhof - sind zugleich die artenärmsten. In ihnen kommen keine anspruchsvolleren Arten, etwa mit Indexsummen über 9 vor (Ausnahme: Stieglitz [*Carduelis carduelis*], der aber in den 80er Jahren verstärkt in die Innenstadt eingewandert ist). Die größte der innerstädtischen Brachen, der Schöneberger Südgüterbahnhof ("Südgelände"), ist zugleich auch die artenreichste. Mit Sumpfrohrsänger (*Acrocephalus palustris*) und Dorngrasmücke (*Sylvia communis*) kommen hier bereits Arten der offenen Landschaft vor.

Sehr interessant ist der Vergleich zwischen dem innerstädtischen Schöneberger Südgelände und der sehr ähnlich strukturierten Bahnbrache am Stadtrand in Lichterfelde-Süd. Die ähnliche Landschaftsstruktur wird dadurch deutlich, daß sich Amsel (*Turdus merula*), Sumpfrohrsänger, Gartengrasmücke (*Sylvia borin*) und Fitis (*Phylloscopus trochilus*) jeweils unter den fünf häufigsten Arten befinden. Sie charakterisieren die Flächen als typische Brachen mit Kraut- und Staudenfluren (Sumpfrohrsänger), Vorwäldchen (Fitis) und Verbuschungsstadien mit Baumbestand (Amsel, Gartengrasmücke). Trotzdem gibt es auch erhebliche Unterschiede: So siedeln alle diese Arten in Lichterfelde in doppelt bis vierfach so hoher Dichte wie auf dem Schöneberger Südgelände. Auch die Siedlungsdichte insgesamt und die Artenzahl sind in Lichterfelde höher, obwohl die Flächengröße nur knapp 1/3 derjenigen des Südgeländes beträgt. Abgesehen vom Stadtvogel Turmfalke (*Falco tinnunculus*) kommen die Arten mit höheren Indexsummen nur in Lichterfelde vor: Fasan (*Phasianus colchicus*), Kuckuck (*Cuculus canorus*), Baumpieper (*Anthus trivialis*) und Bluthänfling (*Carduelis cannabina*).

Das zeigt den erheblichen Einfluß der Lage eines Gebietes; die Lichterfelder Bahnbrache befindet sich am äußeren Stadtrand und das Schöneberger Südgelände in der Zone der aufgelockerten Bebauung. Selbst der erhebliche Unterschied in der Flächengröße kann diesen Einfluß nicht kompensieren.

Der Anteil der Bodenbrüter an der jeweiligen Vogelgemeinschaft kann als Indikator sowohl für ungestörte Kraut- und Staudenfluren als auch für Störungsarmut insgesamt angesehen werden. So erreichen innerstädtische Brachflächen mit über 10 ha Vegetationsfläche Bodenbrüteranteile von 13-27 %. Der Anteil ist erheblich höher als in Grünanlagen, wo er bei wenigen Prozentpunkten liegt. Dies stellt einen deutlichen Unterschied der Zusammensetzung von Vogelgemeinschaften innerstädtischer Brachen und der Grünanlagen dar. Der noch höhere Bodenbrüteranteil in Lichterfelde (44 %) läßt auch hier einen Einfluß der Stadtrandlage vermuten.

Höhlenbrüter hingegen haben auf den städtischen Brachen aufgrund des Angebotes an altem Mauerwerk mit ca. 40 % einen etwa zehnfach höheren Anteil als in Lichterfelde. Dieser Prozentsatz wird aber in Grünanlagen mit ihrem älteren Baumbestand und vielfach auch Nistkastenbesatz bei weitem übertroffen (vgl. Kap. 3.5).

Tab. 3.7.4: Brutvögel innerstädtischer Brachen und Bahnanlagen (Reihenfolge der Arten nach Indexsummen; vgl. OAG 1984)

	Indexsumme	Tiergarten Diplomaten-Viertel ca. 15,4 ha 1982 1)		Kreuzberg Görlitzer Bhf. 15,4 ha 1979 2)		Kreuzberg Anhalter Personenbhf. ca. 3,2 ha 1988 3)	Kreuzberg Anhalter Güterbhf. ca. 20 ha 1981 4)		Schöneberg Bahnanlage Yorckstr. 28,5 ha 1983 5)		Schöneberg Südgüterbhf. ca. 34 ha 1981 6)		Steglitz Bahnanlage Lichterfelde-S 10,5 ha 1985 7)	
		R	S	R	S	A	R	S	R*	S	R	S	R	S
1. Bluthänfling (*Carduelis cannabina*)	21												1	
2. Fasan (*Phasianus colchicus*)	18												1	
3. Baumpieper (*Anthus trivialis*)	16												1	
4. Turmfalke (*Falco tinnunculus*)	14										1			
5. Kuckuck (*Cuculus canorus*)	14	Randsiedler												
6. Haubenlerche (*Galerida cristata*)	14												1	
7. Sumpfrohrsänger (*Acrocephalus palustris*)	12	2					1		2		ca. 14	4,1	10	9,5
8. Dorngrasmücke (*Sylvia communis*)	12	1					1		4	1,4	3	0,9	5	4,8
9. Stieglitz (*Carduelis carduelis*)	11					x							2	
10. Singdrossel (*Turdus philomelos*)	10												1	
11. Eichelhäher (*Garrulus glandarius*)	10												2	
12. Girlitz (*Serinus serinus*)	10								4	1,4	3	0,9	9	8,6
13. Buntspecht (*Dendrocopos major*)	9												1	
14. Zaunkönig (*Troglodytes troglodytes*)	9						1						1	
15. Hausrotschwanz (*Phoenicurus ochruros*)	9	1			1,5		4	2,0	11	3,9	4	1,2		
16. Gartengrasmücke (*Sylvia borin*)	9	3	2,0			x			1		ca. 13	3,8	7	6,7
17. Buchfink (*Fringilla coelebs*)	9	1											2	
18. Stockente (*Anas platyrhynchos*)	8													
19. Gartenrotschwanz (*Phoenicurus phoenicurus*)	8								3	1,0	1			
20. Mönchsgrasmücke (*Sylvia atricapilla*)	8	3	2,0						1		1			
21. Fitis (*Phylloscopus trochilus*)	8						8	4,0	9	3,2	ca. 20	5,9	26	24,8
22. Rotkehlchen (*Erithacus rubecula*)	7	1					1		3		2		1	
23. Nachtigall (*Luscinia megarhynchos*)	7						1		1		2		5	4,8
24. Gelbspötter (*Hippolais icterina*)	7	2				x	2		6	2,1			3	2,9

Art		1	2	3	4	5	6	7
25. Klappergrasmücke (Sylvia curruca)	7	1					ca. 4 1,2	1
26. Zilzalp (Phylloscopus collybita)	7						1	1
27. Nebelkrähe (Corvus corone cornix)	7			x	4 2,0			
28. Haustaube (Columba livia domestica)	6		1		5 2,5		ca. 8 2,3	
29. Türkentaube (Streptopelia decaocto)	6	10 6,5	8 5,2	x	15 7,5	19 6,7	ca. 30 8,8	ca. 20 19,0
30. Amsel (Turdus merula)	6							
31. Blaumeise (Parus caeruleus)	6	1	1	x	10 5,0	10 3,5	ca. 7 2,0	ca. 1
32. Kohlmeise (Parus major)	6	4 2,6	3 1,9	x	10 5,0	12 4,2	ca. 15 4,4	ca. 1
33. Star (Sturnus vulgaris)	6	1					1	
34. Haussperling (Passer domesticus)	6		8 5,2	Randsiedler		5 1,8	ca. 10 2,9	ca. 1
35. Feldsperling (Passer montanus)	6			x	2	4 1,4	1	
36. Grünling, Grünfink (Carduelis chloris)	6	1	2	x	1	6 2,1	1	ca. 3 2,9
37. Ringeltaube (Columba palumbus)	5		0,5	x	2	3 1,0	ca. 5 1,5	1
38. Elster (Pica pica)	5			x	1		2	1
Summen Arten		15	10	13	17	19	23	28
Revierzahl Siedlungsdichte		33 21,6	27 17,3		79 38,5	107 37,5	149 43,8	111 105,7
Anteil Bodenbrüter-Reviere		24 %	4 %		16 %	13 %	27 %	44 %

R - Revierzahl R: ,S - Teilsiedler im Untersuchungsgebiet, S - Siedlungsdichte (Reviere/10 ha)   A - Anwesenheit
1) ELVERS 1982 2) BRAUN 1985 (nur ca. 1/3 Vegetationsfläche!) 3) STEIOF briefl. 4) ELVERS 1983 5) SCHWARZ u. KORGE 1983 6) ELVERS u.a. 1981 7) STEIOF 1987b
* Anmerkung: SCHWARZ u. KORGE werteten Teilsiedler als vollständige Reviere, so daß ihre Ergebnisse bei Anwendung der üblichen Methodik (Wertung als 1/2 Revier) niedriger wären.

Reptilien

Von den Reptilienarten besiedelt nur die Zauneidechse (*Lacerta agilis*) noch regelmäßig innerstädtische Brachflächen, insbesondere aufgelassenes Bahngelände und nicht oder wenig genutzte Bahnstrecken. Nach 1945 war die Art sehr häufig und konnte vermutlich das Netz der Bahntrassen auch zur Ausbreitung nutzen. Wenngleich man sie dort auch heute noch findet, so täuscht die Vielzahl der Fundorte doch eine Populationsdichte vor, wie sie real nicht existiert. Vielfach handelt es sich um sehr kleine Populationen unter 20 Tieren. Standortverlagerungen der Tiere wegen geringfügiger Veränderungen des Biotops oder zunehmender Störungen erwecken den Eindruck einer allgemeinen Verbreitung. Mitunter können auch isolierte Kleinstpopulationen noch jahrelang existieren, bevor sie endgültig verschwinden. Ähnliche Beobachtungen liegen auch aus anderen Ballungsräumen vor (KLEWEN 1988).

Gegenwärtig scheinen vor allem zwei Faktoren für den Rückgang dieser Restpopulationen an Bedeutung zu gewinnen. Mit fortschreitender Vegetationsentwicklung verdichten sich die Gehölzbestände auf Brachflächen und aufgelassenen Bahndämmen so weit, daß die jährliche Sonnenscheindauer unter das für die Thermoregulation notwendige Maß sinkt. Vegetationslose, sonnenexponierte Flächen zur Eiablage gehen verloren. PODLOUCKY (1988) gibt für Halbtrockenrasen in Niedersachsen beispielsweise einen durchschnittlichen Deckungsgrad niedriger Strauchbestände (bis ca. 4 m) von nur 30 % an. Der zweite sich abzeichnende Faktor ist die zu erwartende Wiederinbetriebnahme zahlreicher Bahntrassen für den Nahverkehr und die Ansiedlung von Gewerbe.

Amphibien

Innerstädtischen Brachflächen fehlt zumeist der Kontakt zu Gewässern, wodurch eine grundlegende Voraussetzung für das Vorkommen von Amphibien fehlt. Aber auch am Stadtrand sind Brachen durch anderweitige Nutzungen und Gestaltungsmaßnahmen (Spekte, vgl. Kap. 3.2.5) stark verändert worden bzw. gänzlich verschwunden, was sich nicht zuletzt in einem dramatischen Rückgang typischer Arten offener Lebensräume wie der Kreuzkröte (*Bufo calamita*) und der Wechselkröte (*Bufo viridis*) bemerkbar gemacht hat. Besonders wertvolle Bereiche finden sich in Lichterfelde und in Teilen der ehemaligen Egelpfuhlwiesen nördlich der Heerstraße. Auf die Bedeutung der Brachflächen in den früheren Sandgruben wurde bereits in Kap. 3.2.5 hingewiesen.

Wirbellose Tiere

Als Folge einer über dreißigjährigen natürlichen Sukzession bei Einwanderung von Steppenarten aus südlichen Breiten finden sich hier etliche Insektenarten, die sonst nur im Bereich wärmerer kontinentaler und mediterraner Sommer vorkommen, z.B.

die Ameisengrille (*Myrmecophila acervorum*) und die beiden Zikaden *Empoasca viridula* und *Jassidaeus lugubris*. Auch unter den Wanzen treten bemerkenswert viele wärmeliebende Arten auf: die Bodenwanzen *Geocoris dispar*, *Plinthisus brevipennis*, *Stygnocoris pedestris*, *Pterotmetus staphyliniformis*, *Trapezonotus desertus* und die Stelzenwanze *Berytinus signoreti*. Dabei wurden durch KORGE (unveröffentlicht) auch zwei Bodenwanzen neu für die Mark Brandenburg nachgewiesen: *Acompus pallipes* und *Eremocoris fenestratus* (ELVERS u.a. 1981).

Auch unter den 303 nachgewiesenen Käferarten finden sich wärmeliebende Formen wie der Plattkäfer *Monotoma brevicollis*. Die Laufkäferfauna besteht aus vielen Arten der Magerrasen und der ausdauernden Ruderalvegetation, unter denen 15 gefährdete Arten vertreten sind. Zum Teil treten in diesen Refugialbiotopen noch Arten auf, die in entsprechenden Biotopen am Stadtrand fehlen (z.B. die Laufkäfer *Harpalus. modestus* u. *H. melancholicus*).

Aus anderen Insektenordnungen wurden ebenfalls sehr bemerkenswerte und im Bundesgebiet gefährdete Arten gemeldet, unter den Hautflüglern z.B. *Cleptes nitidulus*, ein Parasit von Blattwespen, die Goldwespe *Omalus constrictus* und die Furchenbiene *Halictus minutissimus*. Die Urbiene *Prosopis punctata* ist sonst nur von den wärmsten Standorten Südwestdeutschlands bekannt.

3.7.1 Anhalter Güterbahnhof

Die Größe und Nutzung der Bahnanlagen Berlins hat sich nach 1945 entscheidend geändert. Der Betrieb der großen Kopfbahnhöfe und der Güterbahnhöfe wurde eingestellt bzw. erheblich reduziert. Damit waren die Voraussetzungen zur Entwicklung großflächiger, teilweise zusammenhängender Vegetationsflächen geschaffen (vgl. Abb. 3.7.10). Am Beispiel des Anhalter Güterbahnhofs, der 1874 aufgeschüttet wurde, sollen Eisenbahnanlagen mit hohem Anteil an Brachflächen näher dargestellt werden. Heute wird nur ein Teil des Geländes für den Bahnbetrieb, ein anderer Teil von Kleingewerbe genutzt. Ungenutzte Gleisanlagen sowie Ruinen von Gebäuden und technischen Anlagen stehen der spontanen Besiedlung durch Pflanzen und Tiere offen.

Klima

Als Beispiel der klimatischen Wirksamkeit von innerstädtischen Brachflächen und Grünanlagen bietet sich der sogenannte Zentrale Bereich an. In diesem Gebiet standen noch zahlreiche Brachflächen zur Disposition, über deren zukünftige Funktion und Nutzung im Rahmen eines Gutachtens (SUKOPP u.a. 1982) landschaftsplanerische Leitideen für die städtebauliche Entwicklung formuliert werden sollten. Um konkrete Planungshinweise aus Sicht der Klimatologie treffen zu können, wurden die Daten hinsichtlich möglicher Wechselwirkungen zwischen Freiflächen und bebauter Umgebung ausgewertet. Hierbei spielte die Reichweite des Einflusses der Grün- und Freiflächen bei verschiedenen Wetterlagen und Windrichtungen eine besondere Rolle.

Zentrum der Untersuchungsgebiete war die sogenannte "Grüne Mitte" Berlins zwischen Spree und Landwehrkanal mit dem Tiergarten als größter innerstädtischer Parkanlage, an welche im Norden und Südosten Brachflächen und teilweise ungenutzte Bahnanlagen anschließen. Das Gebiet liegt inmitten der am dichtesten bebauten Bereiche Berlins.

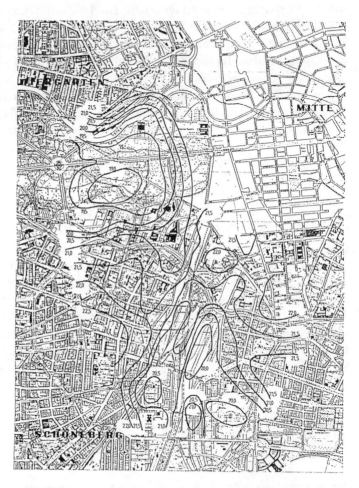

Abb. 3.7.1.1: Temperatur (°C) im Zentralen Bereich von Berlin (West) bei einer extrem austauscharmen Wetterlage am 08.09.1981, 21.00 Uhr MEZ (aus: HORBERT u.a. 1986)

In Abbildung 2.2.1.7 (im Farbtafelteil) bildet dieser Bereich einen Einschnitt in den klimatischen Belastungsraum (Zone 4) der Innenstadt. Die Innenbereiche sind hier als klimatischer Ausgleichsraum (Zone 2) und die Brach- und Bahngelände als Übergangsbereiche (Zone 3) definiert. Schon in vorangegangenen Untersuchungen (HORBERT u. KIRCHGEORG 1980) wurde dieses Gebiet in seiner klimatischen Ausgleichsfunktion für die Berliner Innenstadt erkannt.

Abbildung 3.7.1.1 zeigt eine im Rahmen der o.g. Untersuchungen ermittelte Temperaturverteilung für eine austauscharme Strahlungsnacht. Der kälteste Bereich befindet sich im Zentrum des Tiergartens, während der dicht bebaute Teil von Schöneberg am wärmsten erscheint. Die besonders interessierenden kühleren Bereiche erstrecken sich bis in den Südosten. Dort befinden sich die Güterbahnhöfe, die - größtenteils nicht in Betrieb - durch klimatisch günstige Ruderalflächen gekennzeichnet sind.

Die Windverteilung läßt erkennen, daß sowohl beim Tiergarten als auch einigen kleineren Grünflächen sowie den Güterbahnhöfen schwache Luftströmungen aus den Teilflächen herausgerichtet sind, was auf eine thermisch bedingte kleinräumige Zirkulation schließen läßt.

Böden

Bahnanlagen durchziehen in Form großflächiger Aufschüttungen, einzelner Dämme oder Einschnitte die ganze Stadt. Die Gleiskörper bestehen aus Schottern magmatischen Gesteins (z.B. Granit). Deren Zwischenräume wurden vor allem während des früheren Dampflokbetriebs mit Staub und Ruß verfüllt. Die Wege im Bereich der Bahnhöfe sind teils vollständig versiegelt, teils mit Schlacke aufgeschüttet, teils existiert aber auch noch Kopfsteinpflaster; schließlich wurde auch hier der ziegel- und mörtelreiche Trümmerschutt des letzten Krieges aufgeschüttet und planiert.

Bahnanlagen, die noch heute dem Verkehr dienen, werden regelmäßig mit Herbiziden gespritzt, womit eine Vegetationsentwicklung vollständig unterdrückt wird. Anders sieht es mit heute aufgegebenen Bahnanlagen aus, für die Abbildung 3.7.1.2 ein Beispiel gibt. Schlecht durchwurzelbar und extrem trocken sind hier Rohböden (bzw. Lockersyroseme) der früheren Gleiskörper (Tab. 3.3.2; i), extrem alkalisch und zudem schwer durchwurzelbar die Schlackeaufschüttungen. Auch die (nach Aufgabe des Bahnbetriebs) stärker mit Humus angereicherten Regosole aus Pflaster über Sanden sind schwer durchwurzelbar und trocken. Die Rohböden aus Trümmerschutt sind hingegen meist besser durchwurzelbar, feuchter und etwas nährstoffreicher als die vorgenannten Böden. Die Böden sind in der Regel reich an Schwermetallen, die dem Transport von Erz sowie dem früheren Dampflokbetrieb entstammen. Deren Löslichkeit und damit schädigende Wirkung ist infolge hoher pH-Werte allerdings derzeit noch gering (s. Kap. 2.2.2).

Flora und Vegetation

Der Artenbestand der Bahnanlagen Berlins ist äußerst reichhaltig: Mit 566 Arten an Farn- und Blütenpflanzen wurden 41 % der Flora Berlins (SUKOPP u. ELVERS 1982) nachgewiesen, d.h. fast jede zweite Blütenpflanze Berlins hat dort ein Vorkommen. Darunter befinden sich zahlreiche Neufunde seltener Adventivarten ("Bahnpflanzen") sowie neu beobachtete Einbürgerungen von fremdländischen Gehölzen und

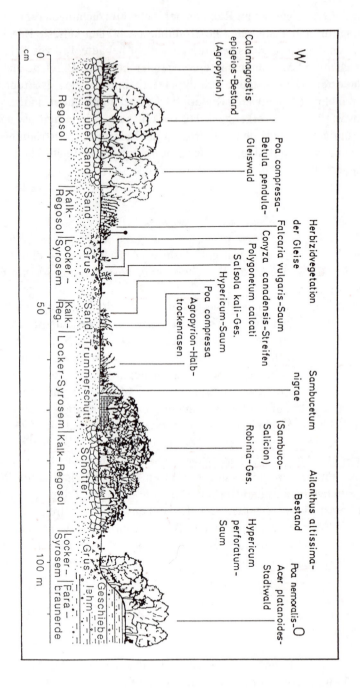

Abb. 3.7.1.2: Vegetation und Böden einer Bahnbrache in Schöneberg (früherer Anhalter Güterbahnhof) (BÖCKER u. GRENZIUS im Druck)

Zierpflanzen. Auf dem Gelände der Potsdamer und Anhalter Güterbahnhöfe (63 ha) wurden über 400 Arten ermittelt (ASMUS 1980b), davon gelten 17 Arten als gefährdet und weitere 20 als selten für Berlin.

Die Standortvielfalt der Bahnanlage als Produkt aus Zeit, Substrat- und Nutzungsvielfalt bedingt einen entsprechenden Reichtum an Vegetation, - mehr als 50 Vegetationseinheiten auf den Potsdamer und Anhalter Güterbahnhöfen - der denjenigen anderer städtischer Brachen übertrifft (KOWARIK 1986). Grund hierfür ist das Vorhandensein spezifischer Standorte und Nutzungen (Schotteraufschüttungen, Betonflächen sowie Schienenverkehr und Herbizideinsatz), wobei die "normalen" Standortsfaktoren städtischer Brachen mit Aufschüttungen von Sand, nährstoffreichen Substraten und Trümmerschuttböden im Bereich von Ruinen ebenfalls vorkommen. Flächen intensivster Nutzung bestehen ebenso wie über drei Jahrzehnte nahezu ungestörte Standorte, so daß sämtliche im Sukzessionsschema (vgl. Tab. 3.7.1) aufgeführten Einheiten, teilweise in mehreren Ausbildungen, auf Bahnanlagen vertreten sind. Die heutigen Gehölzbestände stellen noch nicht Endstadien der Vegetationsentwicklung dar. Als Entwicklungsprognose kann vermutet werden, daß auf Sand- und Schotterstandorten Laubmischwälder entstehen werden, die dem *Quercion robori-petraeae* (bodensaure Eichenmischwälder) zuzuordnen wären, wogegen auf ruderalisierten Böden Edellaub-Mischwälder als *Fagetalia*-Gesellschaften mit starker Beteiligung von Ahorn-Arten zu erwarten sind.

Für ein vernetztes Biotopsystem (SUKOPP u. KOWARIK 1983, vgl. Abb. 3.7.10) eignen sich die Bahnanlagen vom Südgelände bis zum Anhalter Güterbahnhof in besonderem Maße, da sie die einzige großflächig begrünte Verbindung zwischen Stadtrand und Stadtzentrum darstellen. Bei einer vorsichtigen Erschließung sind bei Beachtung der Lebensräume empfindlicher Organismen Erholung und Naturschutz durchaus vereinbar. Ein entsprechendes "Natur-Park"-Konzept liegt für den Anhalter und Potsdamer Güterbahnhof (BEHRENDS u.a. 1982) und auch für das Südgelände vor. Bei einer Verbindung von Natur- und Denkmalschutz, wie sie bereits DUVIGNEAUD (1975) diskutiert hat, könnten auf dem Anhalter Güterbahnhof alte Bahnhofsarchitektur und Bahnhofsvegetation sowie im Diplomatenviertel Botschaftsruinen und Trümmerschuttvegetation als sich ergänzende Teile eines stadthistorisch und ökologisch jeweils charakteristischen Ensembles erhalten werden. Es ist zu beachten, daß diese Gebiete für Berlin - und wahrscheinlich weit darüber hinaus - unersetzbar sind, da die Kombination von Faktoren, die zu ihrem heutigen Erscheinungsbild geführt hat, unwiederholbar ist (KOWARIK 1986).

Säugetiere

Sowohl auf dem Anhalter Bahnhof als auch im Diplomatenviertel (Kap. 3.7.2) leben entsprechend den allgemein getroffenen Aussagen (Kap. 3.7) Feldmaus (*Microtus arvalis*), Waldmaus (*Apodemus sylvaticus*) und Brandmaus (*A. agrarius*) sowie Kaninchen (*Oryctolagus cuniculus*), Igel (*Erinaceus europaeus*) und Steinmarder (*Martes foina*).

Vögel

Der Brutvogelbestand von 1981 ist Tabelle 3.7.4 zu entnehmen. Bemerkenswert sind vor allem die Vorkommen von Sumpfrohrsänger (*Acrocephalus palustris*) und Dorngrasmücke (*Sylvia communis*), die als Arten der offenen Landschaft den bebauten Stadtbereich weitgehend meiden. Hervorzuheben ist ferner das Auftreten der in der Innenstadt ebenfalls selteneren Arten Zaunkönig (*Troglodytes troglodytes*) und Fitis (*Phylloscopus trochilus*).

Reptilien

Bislang liegen keine zuverlässigen Erkenntnisse über dauerhafte Vorkommen der Zauneidechse (*Lacerta agilis*) vor.

Wirbellose Tiere

Daß die beiden intensiver untersuchten Gebiete (Südgüterbahnhof und Anhalter Güterbahnhof) keineswegs einheitliche Faunenzusammensetzungen aufweisen, zeigt die Tatsache, daß von 66 nachgewiesenen Laufkäferarten den beiden Gebieten nur 27 Arten gemeinsam sind. Während auf den Standorten des Südgüterbahnhofs die Anteile der Wald- und Magerrasenarten sowie der ausdauernden Ruderalfluren nahezu gleich häufig auftreten, überwiegen an den stark vergrasten Standorten des Anhalter Bahnhofs diejenigen der ausdauernden Ruderalfluren (Abb. 3.7.1.3).

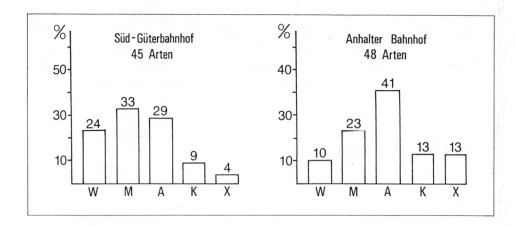

Abb. 3.7.1.3: Relativer Anteil der Laufkäferarten mit Schwerpunktvorkommen in verschiedenen Pflanzenformationen auf ruderalem Bahnhofsgelände der Innenstadt.
A = Ausdauernde Ruderalfluren, K = Kurzlebige Ruderalfluren, M = Magerrasen, W = Wälder, x = andere (aus: ELVERS u.a. 1981)

Unter den Webspinnen ist die sonst aus Südfrankreich bekannte Höhlenspinne (*Nesticus eremita*) eine Besonderheit. Sie wird nur an wenigen Stellen in alter unterirdischer Bausubstanz gefunden. Einige weitere Spinnenarten wurden auf innerstädtischem Bahngelände erstmalig für Berlin nachgewiesen: die Plattbauchspinnen *Callilepis nocturna* und *Zelotes aeneus*, weiterhin die wärmeliebende Spinne *Zodarion rubidum* (Familie: Ameisenjäger), die in Deutschland sonst nur aus dem Kaiserstuhlgebiet bekannt ist. Als Besonderheit ist auch die Wolfspinne *Pardosa nigriceps* zu nennen, die als einzige einheimische Art dieser Familie auch bis in die Strauchschicht aufsteigt.

Callilepis nocturna ist eine ameisenfressende Art, die tagsüber vor den Nestausgängen nach Ameisen jagt. Sie ernährt sich vor allem von *Formica*- und *Lasius*-Arten (HELLER 1974). Feinde von *Callilepis nocturna* sind die Ameisen selbst, die bei "ungeschickter" Fanghandlung die Spinne töten können. Daneben wird *Callilepis* von verschiedenen Schlupfwespen (*Ichneumonidae*) und Erzwespen (*Pteromalidae*) parasitiert.

Die warmen, steinigen Standorte der innerstädtischen Bahnanlagen weisen Bedingungen auf, wie sie ansonsten in unserer heutigen Landschaft weitgehend fehlen, so daß sich hier auch etliche Schmetterlingsarten beobachten lassen, die für die Innenstadt ungewöhnlich sind: der Mauerfuchs (*Lasiommata megera*) und das Ochsenauge (*Maniola jurtina*). Weitere faunistisch interessante Arten sind nachtaktiv wie der Gelbkopf-Flechtenbär (*Eilema pygmaeola*), die Trauereule (*Actinotia luctuosa*), die Vielzahneule (*Actinotia polyodon*), die Östliche Mönchseule (*Cucullia fraudatrix*) und der Grüne Waldrebenspanner (*Hemistola chrysoprasaria*), dessen Raupe an Waldrebe (*Clematis vitalba*) lebt. Daneben finden sich Arten, die auf den ausgedehnten Ruderalflächen in der Nachkriegszeit stellenweise sehr häufig waren wie der Mittlere Weinschwärmer (*Deilephila elpenor*), der Kleine Weinschwärmer (*Deilephila porcellus*), das Landkärtchen (*Araschnia levana*), aber auch Pappelschwärmer (*Amorpha populi*) und Abendpfauenauge (*Smerinthus ocellata*), die hier ein Rückzugsgebiet inmitten der Stadt gefunden haben.

3.7.2 Diplomatenviertel

Zwischen Tiergarten und Landwehrkanal liegt ein ausgedehntes Ruinenfeld mit teilzerstörten Botschafts- und Verwaltungsgebäuden. Dieses Gebiet wurde im 19. Jahrhundert zunächst mit Landhäusern, später mit Stadtvillen bebaut und nach der Jahrhundertwende zum Diplomatenviertel ausgebaut. Noch während des Zweiten Weltkriegs entstanden monumentale Botschaftsgebäude (italienische, japanische, spanische Botschaft).

Die durch Kriegszerstörungen geschädigte Bausubstanz wurde nicht vollständig enttrümmert oder wiederaufgebaut, da der Zugriff auf extraterritoriale Botschaftsgrundstücke nicht ohne weiteres möglich war. Als Baulandreserve für Hauptstadtplanungen wurde das Gebiet von einer Neubebauung lange verschont. Durch die spontane Besiedlung von Ruinen und eingeebneten Trümmerflächen entstanden große zusammenhängende Vegetationsflächen, in denen einzelne alte Bäume an frühere Gartenanlagen erinnern. Durch den Ausbau des Kulturviertels am Kemperplatz sowie durch IBA-Bauten und Zooerweiterung am westlichen Gebietsrand ist die Brachflächenvegetation inzwischen teilweise überbaut worden.

Klima

Die klimatischen Bedingungen im Bereich des Diplomatenviertels lassen sich aus den Ausführungen zur Parkanlage Tiergarten (Kap. 3.5.1) ableiten. Die südlich hiervon vorhandenen Brachflächen bilden eine klimatisch wirksame Erweiterung der zur Verfügung stehenden Grünflächen im innerstädtischen Bereich. Sowohl die geschlossene bodennahe Vegetationsdecke als auch die lockere Struktur der Baum- und Strauchschicht führen zu einem hohen Wirkungsgrad der klimatischen Funktion und der Ablagerung bzw. Bindung von Schadstoffen.

Im Rahmen verschiedener Klimauntersuchungen im Bereich des Tiergartens (HORBERT u. KIRCHGEORG 1980) wurden die Brachflächen des Diplomatenviertels als wichtige klimatische Übergangsbereiche zu den südlich angrenzenden verdichteten Stadträumen erkannt. Die vorhandenen Baukörper gewährleisten zur Zeit noch eine klimatische Austauschfunktion zwischen diesen verschiedenen, belasteten innerstädtischen Bereichen. Eine weitere bauliche Verdichtung, vor allen Dingen der Aufbau einer geschlossenen Randbebauung im Bereich der Brachflächen, würde die klimatische Wirksamkeit des Tiergartens einschränken.

Böden

Die Böden der Brachflächen werden am Beispiel des gut untersuchten Lützowplatzes im Kapitel 3.7 beschrieben. Sie sind denen des Diplomatenviertels ähnlich.

Flora und Vegetation

Die Biotope des Diplomatenviertels sind sehr artenreich. ASMUS (1980a) fand 325 Pflanzenarten auf ca. 15 ha, da sämtliche Stadien der Sukzession nebeneinander vorkommen. Auf stark gestörten Standorten an Baustellen, Lager- und Abstellplätzen sowie auf Aufschüttungen wachsen kurzlebige Pflanzengesellschaften, die sich durch ihren Blütenreichtum auszeichnen. Lösels Rauke (*Sisymbrium loeselii*) und Gemeine Nachtkerze (*Oenothera biennis*) sind die auffälligsten Störungsanzeiger. Als Pioniere besiedeln Sand-Wegerich (*Plantago indica*) und Klebriger Gänsefuß (*Chenopodium botrys*) trockene Sandstandorte.

Die noch vor zehn Jahren großflächig vorhandenen Sandtrockenrasen haben sich durch Eutrophierung (vor allem durch Hunde) weitgehend zu ruderalen Halbtrockenrasen umgewandelt. Sand-Strohblume (*Helichrysum arenarium*) und Gemeine-Grasnelke (*Armeria elongata* subsp. *elongata*) sind selten geworden, wogegen sich Hochstauden wie die Kanadische Goldrute (*Solidago canadensis*) ausbreiten. Sie dürfte aus den Vorkriegsgärten stammen, ebenso wie Estragon (*Artemisia dracunculus*), der sich als Kulturrelikt halten konnte.

Auf etwa einem Drittel der Fläche sind Gehölzbestände aufgewachsen, die überwiegend von fremdländischen Arten aufgebaut werden. Die Ölweide (*Elaeagnus angustifolia*), die zur Parkplatzbegrünung an der Philharmonie gepflanzt wurde, wird durch Vögel ins Gebiet gebracht, Zürgelbaum (*Celtis occidentalis*) breitet sich von einem alten Baum auf dem Grundstück des Canisius-Kollegs aus. Am häufigsten ist jedoch die Robinie. Auf dem abgeräumten Grundstück der Türkischen Botschaft kann die Entwicklung eines Robinien-Bestandes bis Anfang der 60er Jahre zurückverfolgt werden. Die Wiederholung der Aufnahmen von KOHLER u. SUKOPP (1964b) zeigt eine starke Zunahme von Schwarzem Holunder (*Sambucus nigra*) in der Strauchschicht sowie von Gemeiner Waldrebe (*Clematis vitalba*), die als Liane Teile der Baumschicht mit dichten Schleiern überzieht (KOWARIK 1986). Der hiermit bewirkte "Urwald"-Eindruck schafft einen effektvollen Kontrast zu den unmittelbar benachbarten Parkforsten des Tiergartens.

Vögel

Über den Brutvogelbestand des Diplomatenviertels von 1982 gibt Tabelle 3.7.4 Auskunft. Als Arten der offenen Landschaft, die den bebauten Stadtbereich weitgehend meiden, sind Sumpfrohrsänger (*Acrocephalus palustris*) und Dorngrasmücke (*Sylvia communis*) hervorzuheben. Als in der Innenstadt ebenfalls seltene Arten sind Haubenlerche (*Galerida cristata*), Gartengrasmücke (*Sylvia borin*) und Fitis (*Phylloscopus trochilus*) erwähnenswert. Die ehemals den Rand des Diplomatenviertels besiedelnde Haubenlerche ist inzwischen aus dem zentralen Bereich verschwunden.

Reptilien

Mit der Veränderung der Vegetationsstruktur und der zunehmenden Störung und Isolierung des Gebietes verschwand auch die nach dem Zweiten Weltkrieg häufige Zauneidechse (*Lacerta agilis*).

Amphibien

Seit dem weitgehenden Erlöschen der Amphibienbestände im Tiergarten (s. Kap. 3.5.1) besitzt das Diplomatenviertel keine Bedeutung mehr für die Amphibienfauna. Mitte der 50er Jahre wurden noch Einzelexemplare der Wechselkröte gefunden.

Wirbellose Tiere

Im Diplomatenviertel finden sich die einzigen noch erhaltenen großflächigen Brachflächen auf Trümmergrundstücken der Innenstadt. Zeigen die offenen Flächen im nördlich anschließenden Tiergarten eine Wirbellosenfauna, die stärker durch den feuchten oder trockeneren Wiesentyp geprägt ist, so finden sich im Diplomatenviertel neben Arten der Auen- und Parklandschaft bei Schmetterlingen beispielsweise der Hornissenschwärmer (*Aegeria apiformis*), der Zünsler (*Platytes alpinellus*) (HAUPT unveröffentl.) und die Eulenfalter (*Apamea fucosa, A. oculea, Cirrhia ocellaris* u. *Hoplodrina ambigua*), wärme- und trockenheitsliebende Arten wie das Zwergeulchen (*Porphyrinia noctualis*), dessen Raupe an der Sand-Strohblume lebt, oder der Spanner *Sterrha serpentata*. Alle aufgeführten Schmetterlingsarten sind in Berlin (West) in unterschiedlichem Maße bedroht.

3.8 Straßen und Straßenränder

Straßen durchziehen das gesamte Stadtgebiet mit einem dichten Netz. Sie nehmen 12,3 % der Fläche Berlins ein. Der Bau von Straßen bedingt tiefgreifende Veränderungen der Standortbedingungen. Der alltägliche Betrieb und Unterhalt geht mit zahlreichen Belastungen von Flora, Vegetation und Fauna einher (vgl. Kapitel 2.2.5).

Der für Verkehrszwecke in Anspruch genommene Raum ist meist vollständig versiegelt und damit extrem lebensfeindlich. Der Anteil der versiegelten Flächen im gesamten Straßenraum, d.h. im zwischen den beiden Häuserfronten gelegenen Raum (ohne Vorgärten), ist jedoch sehr unterschiedlich. Innerhalb von Hauptverkehrsstraßen kann dieser wegen der teilweise vorhandenen breiten Mittelstreifen - beispielweise in der Seestraße mit einer Breite von ca. 25 m - unter 60 % liegen. Im allgemeinen sind jedoch ca. 75 bis annähernd 100 % des Straßenraumes, meist mit der Lage im Stadtgebiet variierend, versiegelt.

Klima

Straßen, Verkehrsverbindungen, Parkplätze und Flughäfen führen zu einer intensiven Versiegelung der Erdoberfläche und damit zu einer Veränderung der klimatischen Bedingungen im näheren Einflußbereich derartiger Anlagen. Hiermit ist zumindest eine Erhöhung der Lufttemperatur und eine Erniedrigung der Luftfeuchte verbunden. Durch die Anlage von Straßen kann die bodennahe Windgeschwindigkeit sowohl in dicht bebauten Bereichen als auch in Grünflächen und Parkanlagen durch einen Düseneffekt merklich heraufgesetzt werden. Allerdings sind derartige Straßen als Belüftungsbahnen nicht sonderlich geeignet, da aufgrund des hohen Versiegelungsgrads in diesem Bereich eine Erwärmung der transportierten Luftmassen und durch das teilweise hohe Verkehrsaufkommen eine Anreicherung dieser Luft durch Immissionen festzustellen ist.

Im Zusammenhang mit ökologischen Untersuchungen zum geplanten Autobahnbau durch den Tiergarten (SUKOPP u.a. 1979) wurden vom Technischen Überwachungsverein Rheinland (TÜV 1978) Modellrechnungen bezüglich der Umweltbelastung durch die sogenannte Entlastungsstraße durchgeführt, die den östlichen Tiergarten in Nord-Süd-Richtung durchschneidet und damals ein Verkehrsaufkommen von ca. 42.000 Fahrzeugen pro Tag besaß.

In Abbildung 3.8.1 sind die entsprechende Verkehrsbelastung, der vorhandene LKW-Anteil, die mittlere Fahrgeschwindigkeit und die mittlere Windgeschwindigkeit angegeben. Ferner sind hier die berechneten Schadstoffbelastungen durch den Kraftfahrzeugverkehr für die sieben Immissionsparameter vom Straßenrand aus aufgezeichnet. Bei der Berechnung der Schadstoffkonzentrationen von Stickstoffmonoxid (NO) und Stickstoffdioxid (NO_2) wurden Korrekturfaktoren angebracht, weil aufgrund von experimentellen Untersuchungen während des Ausbreitungsvorganges eine fortschreitende chemische Umwandlung von NO in NO_2 quantitativ nachgewiesen werden konnte. Die Abbildung 3.8.1 zeigt, daß in Straßennähe die Grenzwerte für Stickstoffdioxid (0,2 mg/m³) und für Blei (Pb) (0,002 mg/m³) überschritten werden. Hierbei ist zu berücksichtigen, daß in diesen Berechnungen die jeweilige Grundbelastung unbekannt war und daher nicht enthalten ist.

Wie problematisch sich jedoch die Austauschbedingungen im schlecht belüfteten Vegetationsbereich des Tiergartens auswirken können, zeigen Kohlenmonoxid-(CO-)Messungen, die sowohl im offen Bereich der Potsdamer Straße als auch in deren Fortsetzung im Bereich der Entlastungsstraße im vegetationsbestandenen Teil des Tiergartens am 11. bzw. 12. November 1982 bei einem Verkehrsaufkommen von ca. 50.000 Kfz pro Tag in den Nachmittagsstunden durchgeführt wurden (Abb. 3.8.2). Schon bei mäßig austauscharmen Wetterlagen bauen sich gegenüber der dicht bzw. offen bebauten Stadtstraße im Tiergarten selbst - bedingt durch die einsetzende Kaltluftbildung in Bodennähe und die Windreduzierung der Vegetation - sehr hohe Schadstoffkonzentrationen auf. Bei extrem austauscharmen Wetterlagen erhöhen sich diese Werte beträchtlich. Anzumerken ist, daß der Verkehr zwischen dem Landwehrkanal und der Spree relativ konstant bleibt. Die hohen CO-Belastungen im Norden des Tiergartens werden durch eine stark befahrene Kreuzung im Bereich der Spree erzeugt. Diese hohe Verkehrsbelastung im Tiergarten schädigt nicht nur die Böden und die Vegetation in einem breiten Streifen beiderseits der Straße, sondern führt durch den hohen Lärmpegel zusätzlich zu einer beträchtlichen Einschränkung der Erholungsnutzung.

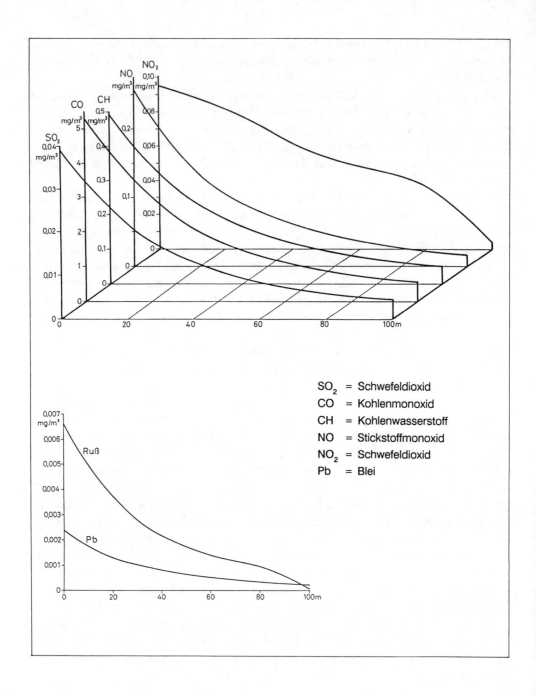

Abb. 3.8.1: Schadstoffbelastung durch Kraftfahrzeugverkehr in Abhängigkeit von der Entfernung vom Straßenrand. (42.000 KFZ/a; LKW = 12 %; mittlere Fahrgeschwindigkeit = 42 km/h; mittlere Windgeschwindigkeit = 2,3 m/s)(aus SUKOPP u.a. 1979)

Abb. 3.8.2: Kohlenmonoxid-(CO)-Konzentration auf der Nord-Süd-Verbindung durch den Tiergarten und seine Umgebung bei verschiedenen Wetterlagen in Berlin (West) (aus: HORBERT 1983)

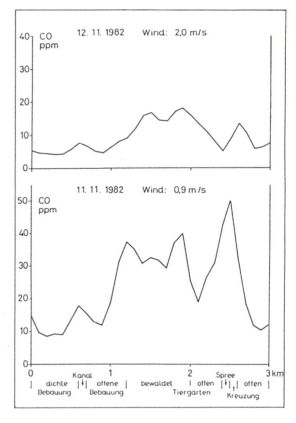

Böden

Bei neueren Straßen hat im Bereich der Fahrbahnen in der Regel ein tiefes Auskoffern der Böden, ein Auffüllen mit mechanisch stark belastbaren Schottern, ein Verdichten sowie Versiegeln mit einer dichten, wasser- und luftundurchlässigen Decke stattgefunden, so daß keinerlei Bodenleben vorhanden ist. Aber auch am Straßenrand ist es zu tiefgreifenden Veränderungen gekommen, die in der Innenstadt stärker als bei den Freiflächen der Umgebung zur Geltung kommen (SUKOPP u.a. 1980) (vgl. auch Tab. 2.2.2.1 u. 2.2.2.3).

Das Beispiel der Bernauer Straße, die durch den Forst Jungfernheide führt, soll zeigen, welche Veränderungen entlang einer stark befahrenen Straße auftreten (Abb. 3.8.3). Die stärksten Veränderungen weisen die Böden der ersten 4 m des Fahrbahnrandes auf, weil sie beim Bau der Straße bis maximal 1 m Tiefe ausgeräumt und mit einem Gemisch aus Bausand, Betonbrocken, Ziegelresten, Schlacke und Bodenaushub verfüllt wurden. Dieses stein- und carbonatreiche Substrat, das im Oberboden bereits mit Humus angereichert ist, stellt als Boden eine Pararendzina dar. Sie ist oft verdichtet, beispielsweise durch den Druck parkender Fahrzeuge, und besitzt ein geringes Wasserbindungsvermögen. Trotz erhöhtem Wassereintrag durch Spritzwasser der Fahrbahn ist dieser Standort daher trockener als entfernter gelegene Böden. Ab 5 m Straßenabstand folgen Böden natürlicher Sedimente. Aber auch sie sind im Oberboden bis zu einem Abstand von etwa 10 m mit Resten von Baumaterial und Straßenbegleitmüll bedeckt und dadurch nährstoffreicher geworden. Carbonathaltige Stäube vor allem des Fahrbahnabriebs erhöhten auch die pH-Werte der Böden von unter 4,5 des normalen Waldbodens auf über 8 am Straßenrand.

Weiterhin hat der Einsatz von Streusalz gegen winterliche Straßenglätte bis 1981 zu einer Salzkontamination der Straßenrandböden geführt, erkennbar an einem Anstieg der elektrischen Leitfähigkeit von unter 1 auf über 4 Millisiemens (mmho/cm) am Straßenrand. Wiederholte Messungen im Jahreslauf ergaben, daß das Salz im Laufe der Vegetationsperiode in den Unterboden umgelagert wird, bei normalem Witterungsverlauf aber erst nach 1-2 Jahren 2 m Tiefe erreicht, so daß sich stets das Salz mehrerer Winter im Wurzelraum befindet (vgl. Kap. 2.2.5). Es kontaminiert dann das in der Jungfernheide nicht sehr tief stehende Grundwasser.

Der Fahrzeugverkehr hat zu einer starken Belastung mit Blei in Straßennähe geführt. Im Gegensatz zum Streusalz wandert es nicht zum Grundwasser, sondern wird bereits im Oberboden angereichert. Das wird durch den hohen pH-Wert in Straßennähe begünstigt, was verhindert, daß Schäden an Pflanzenwurzeln auftreten (vgl. Tab. 2.2.2.7). Auch straßenfern sind die Oberböden mit Blei angereichert.

Cadmium ist ebenfalls in Straßennähe angereichert, wenngleich absolut und relativ (in Bezug zum natürlichen Gehalt) schwächer als Blei. Ein relativ höherer Anteil ist aber leicht löslich, vermag mithin schädigend auf Pflanzen und Bodenleben zu wirken (BLUME u. HELLRIEGEL 1981).

In der Innenstadt bestehen die Böden der Straßenränder fast nur aus vom Menschen umgelagerten, natürlichen Sedimenten und künstlichen Substraten (Bauschutt, Schlacke). Sie sind daher in der Regel steinhaltig, kalkhaltig und alkalisch. Auch sie sind oft mit Streusalz und Schwermetallen angereichert sowie durch Fahrbahndecken größtenteils vollständig und durch Fußwegplatten teilweise versiegelt. Das führt zu eingeschränkter Durchlüftung und Wasserversorgung der Böden sowie zu Stickstoffverlusten durch Denitrifikation. Trotzdem können sie Straßenbäumen eingeschränkt Wurzelraum bieten. Die anfallende Streu kehrt jedoch nicht in den Boden zurück, sondern wird entfernt. Dadurch entfällt eine wichtige Nährstoffquelle für den Boden. Andererseits werden durch Abfälle in unregelmäßiger Weise Nährstoffe zugeführt. Kleinmosaikpflaster, die einen Teil des Regenwassers in den Boden versickern lassen, sind im Vergleich zu großen Platten oder totaler Versiegelung als ökologisch günstiger anzusehen.

Eine weitere Beeinträchtigung des Pflanzenwuchses kann durch aus defekten Leitungen austretendes Gas entstehen. Dabei können die Böden durch die Bildung von Metallsulfiden schwarz gefärbt sein. Mit der Verdrängung des Sauerstoffs durch das entweichende Gas ist eine Schädigung der Pflanzen, z.B. der Straßenbäume, durch Sauerstoffmangel verbunden.

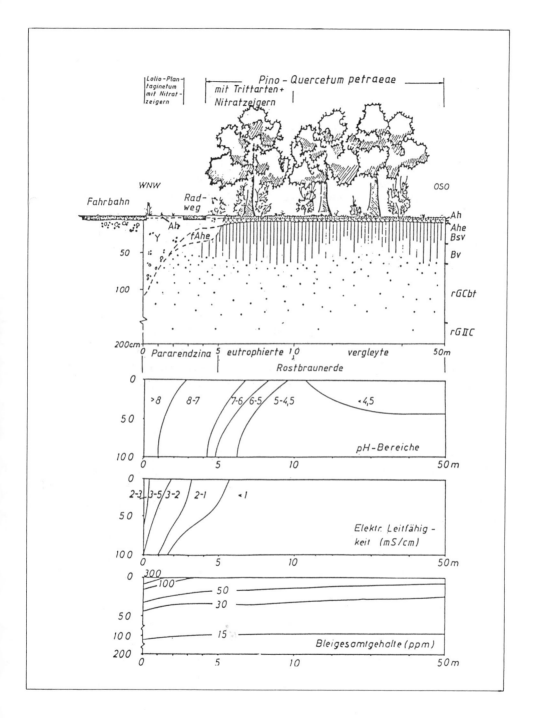

Abb. 3.8.3: Veränderungen eines Waldökosystems am Straßenrand (Bernauer Straße in Berlin-Tegel) (aus: BLUME u.a. 1977a)

Flora und Vegetation

Trotz der extremen Lebensbedingungen wachsen in Berliner Straßenräumen ca. 330 Arten an Farn- und Blütenpflanzen. Die Möglichkeiten der Ansiedlung werden vor allem über den Versiegelungsgrad bestimmt. Fast vollständig versiegelte Straßen bieten Pflanzen lediglich in den Ritzen der verwendeten Materialien sowie in den Baumscheiben Lebensraum. Darüber hinaus beeinflussen die Nutzungsintensität sowie die Art und Intensität der Pflege das Arteninventar der Straßenräume. Innerhalb der einzelnen Straßenzüge schwanken die Artenzahlen erheblich. In hochverdichteten Innenstadtgebieten liegen sie zwischen 12 und 75 in Einzelhausgebieten, am Stadtrand werden Zahlen zwischen 68 und 124 gefunden. Die Artenzahlen sind dabei weniger von der Länge der untersuchten Straßenabschnitte als vielmehr von den oben genannten Einflußfaktoren abhängig. Der Grundartenbestand setzt sich aus 29 in über 50 % aller Straßenräume zu findenden Arten zusammen. Das sind vor allem Arten der Trittgesellschaften wie Breit-Wegerich (*Plantago major*), Einjähriges Rispengras (*Poa annua*), Niedriger Knöterich (*Polygonum calcatum*), der einjährigen und ausdauernden Ruderalfluren wie Kanadisches Berufkraut (*Conyza canadensis*), Lösels Rauke (*Sisymbrium loeselii*), Beifuß (*Artemisia vulgaris*), Kanadische Goldrute (*Solidago canadensis*), der Hackfrucht- und Ackerunkräuter wie Kleinblütiges Franzosenkraut (*Galinsoga parviflora*), Vogelmiere (*Stellaria media*), Hirtentäschelkraut (*Capsella bursa-pastoris*), Weißer Gänsefuß (*Chenopodium album*) sowie einige trittverträgliche Arten der Frischwiesen und -weiden wie Weiß-Klee (*Trifolium repens*) und Löwenzahn (*Taraxacum officinale*).

Der überwiegende Teil - annähernd 200 Arten - kommt nur sporadisch, d.h. in weniger als 10 % der Straßen vor. Das sind Arten, die beispielsweise auf Baumscheiben mit dem Bodensubstrat eingebracht wurden oder ausgehend von angrenzenden Flächen in den Straßenraum eingewandert sind. Insgesamt handelt es sich bei der Flora innerstädtischer Straßenräume um weitverbreitete "Allerweltsarten". Im Einzelfall können Straßenränder aber auch Refugialraum sogar für vom Aussterben bedrohte Arten sein. Am Rande einer wenig frequentierten Waldstraße kommen der Vielteilige und der Ästige Rautenfarn (*Botrychium multifidum* u. *B. matricariifolium*) vor (MEYER 1966). Im allgemeinen sind seltene und gefährdete Arten sowohl im bebauten als auch im unbebauten Bereich jedoch nur zu einem geringen Prozentsatz und nur in wenigen Exemplaren vertreten.

Eine Besonderheit an Straßen sind salztolerante Arten, die sich seit Anfang der 60er Jahre bedingt durch die winterliche Tausalzstreuung ausbreiten konnten. Dazu gehören der Salzschwaden (*Puccinellia distans*) und das Salzkraut (*Salsola ruthenica*).

Eine weitere besondere Artengruppe an Straßenrändern sind sogenannte Grassamenankömmlinge. Das sind fremdländische, mit dem Saatgut eingebrachte Arten wie Kastilisches Straußgras (*Agrostis castellana*), Wollige Schafgarbe (*Achillea lanulosa*) und Rauhaariger Sonnenhut (*Rudbeckia hirta*) (SCHOLZ 1970; die Liste umfaßt mehr als 50 Arten). Im Falle von *Bromus pseudothominii* handelt es sich um eine kleinfrüchtige Sippe aus dem Formenkreis der Weichen Trespe (*Bromus hordeaceus* s.str.).

Ihre Samen werden bei der Saatgutreinigung nicht erfaßt, da sie in der Größe denen einheimischer Arten, z.B. des Wiesen-Schwingels (*Festuca pratensis*) entsprechen.

Die Bedeutung, die einzelne Arten von Straßenstandorten erlangen können, wird am Beispiel des Hundszahngrases (*Cynodon dactylon*) deutlich. Das Hundszahngras ist in den Südstaaten der USA Grundlage der Weidewirtschaft. Die Einkreuzung einer winterharten Form von einem Berliner Straßenrand hat zu einer neuen Sorte geführt, wodurch der Anbau wesentlich weiter nach Norden ausgedehnt werden konnte.

Die typischen Pflanzengesellschaften der Straßenräume sind die Trittgesellschaften. Die Mastkraut-Silbermoos-Gesellschaft (*Sagino-Bryetum argentei*) besiedelt fast allgegenwärtig die Fugen und Ritzen von Mosaik- und Verbundsteinpflaster auf Gehwegen und zum Teil auch auf wenig befahrenen Straßen. Weniger stark betretene Flächen werden durch die Gesellschaft des Niedrigen Vogel-Knöterichs (*Polygonetum calcati*) - an hellen und warmen Standorten in einer Ausbildung mit dem Kleinen Liebesgras (*Eragrostis minor*) - oder durch den Weidelgras-Breitwegerich-Rasen (*Lolio-Plantaginetum*) besiedelt. Weit verbreitet auf Baumscheiben und -unterstreifen sind auch die Mäusegersteflüren (*Hordeetum murini*).

Typisch für die Vegetation der Straßenräume sind Dominanzbestände einzelner Arten, die den besonderen Standortbedingungen und den häufigen Störungen gewachsen sind. Häufig zu beobachten sind Arten der ruderalen Halbtrockenrasen (*Agropyretea*) wie Quecke (*Agropyron repens*) und Acker-Winde (*Convolvulus arvensis*).

Der Artenbestand von Baumunterstreifen und Mittelstreifen ist stärker durch Grünlandarten geprägt. Je nach Intensität der Pflege und in Abhängigkeit vom Alter der Grünstreifen sind entweder Intensiv-Zierrasen mit geringer Artenvielfalt oder wesentlich artenreichere ruderalisierte Wiesenbestände anzutreffen. Auf nährstoffärmeren Substraten finden sich vereinzelt auch Arten der Sandtrockenrasen (*Sedo-Scleranthetea*) ein.

Entlang von Zäunen und Mauern in wenig begangenen Bereichen sind stellenweise meist fragmentarisch ausgebildete Bestände und Arten der nährstoffliebenden Säume (*Alliarion*) zu finden.

Straßenbäume bilden einen wesentlichen Bestandteil innerstädtischer "Vegetation". Der Baumbestand an Berliner Stadtstraßen betrug Ende 1988 250.593 Exemplare (SENSTADTUM mdl. Mitteilung). Den Anteil der einzelnen Gattungen am Gesamtbestand gibt die folgende Auflistung wieder (Angaben in %):

Tilia	37,3	*Populus*	1,7
Acer	16,9	*Fraxinus*	1,6
Quercus	10,0	*Prunus*	1,5
Platanus	6,5	*Corylus*	0,9
Aesculus	6,0	*Carpinus*	0,8
Robinia	4,9	*Ulmus*	0,6
Sorbus	3,7	*Gleditschia*	0,5
Betula	3,2	*Pinus*	0,4
Crataegus	2,2	*Fagus*	0,1
Sonstige	0,5		

Den stärksten Rückgang der letzten 60 Jahre zeigt die Gattung *Ulmus* von 17 % des Straßenbaumbestandes 1928 (SUKOPP 1978) auf heute 0,6 %. Ursache für das Ulmensterben ist die Holländische Ulmenkrankheit.

Die Funktionen der Straßenbäume sind vielfältig. Genannt seien hier die Verminderung der Luftverschmutzung durch Staubfilterung, Temperaturausgleich durch Schattenspende und Transpiration sowie stadtgestalterische und ästhetische Wirkung.

Die Bäume an Straßenrändern sind jedoch zahlreichen Einflüssen, die sie in ihrer Vitalität beeinträchtigen, ausgesetzt (vgl. Kap. 2.2.5). Ursachen für Schäden sind u.a.:

- Abgase von Industrie und Autoverkehr, Staubimmissionen
- Ungünstige Bodenverhältnisse (Nährstoffmangel, Bodenverdichtung und -versiegelung, Sauerstoff- und Wassermangel)
- Bodenbelastung durch Streusalz, Schwermetalle u.a.
- Mechanische Stamm- und Wurzelschäden
- Gasaustritte

30 % des Berliner Straßenbaumbestandes ist geschädigt (FÖRSTER 1985). Den Anteil geschädigter Bäume innerhalb der häufigsten Gattungen zeigt die Tabelle 3.8.1.

Tab. 3.8.1:   Anteil der geschädigten Bäume nach Gattungen
(aus: FÖRSTER 1985)

Baumgattungen	Anteil der geschädigten Bäume (in %)
Ahorn (*Acer*)	25,2
Kastanie (*Aesculus*)	27,1
Birke (*Betula*)	25,0
Esche (*Fraxinus*)	38,5
Platanen (*Platanus*)	8,3
Pappel (*Populus*)	12,7
Eiche (*Quercus*)	19,7
Robinie (*Robinia*)	16,5
Eberesche (*Sorbus*)	20,0
Linde (*Tilia*)	42,0

Säugetiere

Hinweise zu Säugetieren auf Berliner Straßen können der Tabelle 3.8.2 von MIECH (1988) zu einer Straße im Spandauer Forst entnommen werden.

Tab. 3.8.2: Getötete Tiere auf 4,7 km Straße im Spandauer Forst innerhalb von 10 Jahren (aus: MIECH 1988)

Art	a	b	c	Summe
Amsel (*Turdus merula*)	247	81	-	328
Buchfink (*Fringilla coelebs*)	196	57	3	256
Star (*Sturnus vulgaris*)	146	39	4	189
Haussperling (*Passer domesticus*)	72	18	2	92
Singdrossel (*Turdus philomelos*)	49	14	5	68
Grünfink (*Carduelis chloris*)	54	3	6	63
Kohlmeise (*Parus major*)	52	-	8	60
Buntspecht (*Dendrocopos major*)	41	18	-	59
Blaumeise (*Parus caeruleus*)	38	-	9	47
Rotkehlchen (*Erithacus rubecula*)	16	2	2	20
Haustaube (*Columba livia f. domestica*)	9	2	-	11
Fitis (*Phylloscopus trochilus*)	11	-	-	11
Stockente (*Anas platyrhynchos*)	6	5	-	11
Bachstelze (*Motacilla alba*)	4	4	1	9
Mönchsgrasmücke (*Sylvia atricapilla*)	9	-	-	9
Feldsperling (*Passer montanus*)	6	-	3	9
Grauschnäpper (*Muscicapa striata*)	6	3	-	9
Trauerschnäpper (*Ficedula hypoleuca*)	4	3	-	7
Kleiber (*Sitta europaea*)	4	-	2	6
Zaunkönig (*Troglodytes troglodytes*)	6	-	-	6
Grünspecht (*Picus viridis*)	1	5	-	6
Ringeltaube (*Columba palumbus*)	2	4	-	6
Mittelspecht (*Dendrocopos medius*)	3	1	-	4
Tannenmeise (*Parus ater*)	4	-	-	4
Waldlaubsänger (*Phylloscopus sibilatrix*)	4	-	-	4
Nebelkrähe (*Corvus corone cornix*)	1	3	-	4
Schwanzmeise (*Aegithalos caudatus*)	3	-	-	3
Bergfink (*Fringilla montifringilla*)	2	-	-	2
Hausrotschwanz (*Phoenicurus ochruros*)	1	1	-	2
Waldkauz (*Strix aluco*)	1	1	-	2
Eichelhäher (*Garrulus glandarius*)	-	2	-	2
Kernbeißer (*Coccothraustes coccothraustes*)	2	-	-	2
Waldschnepfe (*Scolopax rusticola*)	1	-	-	1
unbest. Vögel (*Aves*)	-	-	68	68
Eichhörnchen (*Sciurus vulgaris*)	38	14	4	56
Maulwurf (*Talpa europaea*)	-	-	31	31
Igel (*Erinaceus europaeus*)	19	4	4	27
Waldmaus (*Apodemus sylvaticus*)	-	-	26	26
Waldspitzmaus (*Sorex araneus*)	-	-	25	25
Reh (*Capreolus capreolus*)	14	6	-	20
Feldhase (*Lepus europaeus*)	6	2	1	9
Fuchs (*Vulpes vulpes*)	3	4	-	7
Wildschwein (*Sus scrofa*)	1	6	-	7
Wildkaninchen (*Oryctolagus cuniculus*)	4	2	-	6
Feldmaus (*Microtus arvalis*)	-	-	5	5
Gelbhalsmaus (*Apodemus flavicollis*)	-	-	4	4
Wanderratte (*Rattus norvegicus*)	3	-	1	4
Schermaus (*Arvicola terrestris*)	-	-	3	3
Steinmarder (*Martes foina*)	2	1	-	3
Baummarder (*Martes martes*)	1	2	-	3
Damhirsch (*Dama dama*)	-	1	-	1
unbest. Säuger (*Mammalia*)	-	-	82	82
Erdkröte (*Bufo bufo*)	1583	-	220	1803
Grasfrosch (*Rana temporaria*)	297	-	91	388
Teichmolch (*Triturus vulgaris*)	29	-	-	29
Wasserfrosch (*Rana "esculenta"*)	28	-	-	28
Kammolch (*Triturus cristatus*)	12	-	-	12
Moorfrosch (*Rana arvalis*)	5	-	-	5
unbest. Amphibien (*Amphibia*)	-	-	213	213
Blindschleiche (*Anguis fragilis*)	-	-	19	19
Ringelnatter (*Natrix natrix*)	6	-	3	9
Waldeidechse (*Lacerta vivipara*)	-	-	4	4
Summe	**3052**	**308**	**849**	**4209**

a = Alttiere; b = Jungtiere; c = Alter nicht erkennbar

Vögel

Auch für die Vogelwelt sind Straßen als lebensfeindliche Biotope anzusehen. Je nach Umgebung und Ausstattung des Straßenrandes können einige anspruchslose Vogelarten das jeweilige Ressourcenangebot nutzen. Beispiele sind Ringel- und Türkentaube (*Columba palumbus*, *Streptopelia decaocto*) als gelegentliche Brutvögel in Straßenbäumen, Haustaube und Haussperling (*Columba livia domestica*, *Passer domesticus*) als Abfallvertilger und die Haubenlerche (*Galerida cristata*) in Neubaugebieten als Konsument von Pflanzensamen und Kleintieren in der meist kurzgehaltenen Vegetation.

Erheblich größeren Einfluß auf die Vogelwelt haben Straßen

1. durch die Zerschneidung von Lebensräumen,
2. als Emissionsquelle von Störungen, die auch durch Spaziergänger und deren Hunde bereits von Wegen ausgehen und
3. durch den Autoverkehr und damit einhergehende Tötung von Vogelindividuen.

Da die Aspekte 1 und 2 direkt Lebensräume betreffen und verändern, ist ihnen der größte negative Einfluß auf die Vogelwelt zuzuschreiben. Es sind überwiegend scheue, auch anspruchsvolle und seltene Arten betroffen. Bei Aspekt 3 darf angenommen werden, daß die in Nachbarschaft der Straße brütenden Vögel am stärksten dezimiert werden. Das Verhalten der Vögel, z.B. Flughöhe, Nahrungssuche auf Freiflächen usw. spielt hierbei eine wesentliche Rolle.

Auf einem mäßig stark befahrenen Straßenabschnitt von 4,7 km Länge im Spandauer Forst hat MIECH (1988) zehn Jahre lang monatlich 10-15 mal die getöteten Wirbeltiere bestimmt und gezählt. Er fand insgesamt 4.209 Individuen in 59 Arten, darunter 1.380 Vögel in 33 Arten (s. Tab. 3.8.2). Die meisten Vögel (ca. 600 Individuen) wurden im Monat Mai getötet. Neben überwiegend häufigen Arten waren auch drei Arten der Roten Listen vertreten: Grünspecht (*Picus viridis*), Mittelspecht (*Dendrocopos medius*) und Waldschnepfe (*Scolopax rusticola*). Überraschend war der proportional hohe Anteil des Buntspechtes (*Dendrocopos major*); allein vom 25.-27.5.88 wurden 17 Exemplare getötet. Vermutliche Ursache waren die vermehrt von den Straßenbäumen auf die Fahrbahn fallenden Raupen, die von den zu diesem Zeitpunkt eine maximale Futtermenge benötigenden Spechten (Jungvögel kurz vor dem Ausfliegen!) als gut sichtbare Beute aufgenommen wurden.

Reptilien und Amphibien

Für Reptilien und Amphibien sind Straßen in erster Linie Barrieren, die Lebensräume zerschneiden und isolieren und darüber hinaus zu Bestandseinbußen (vgl. Tab. 3.8.2) führen.

Erwähnenswert sind in diesem Zusammenhang lediglich die Vorkommen der Zauneidechse (*Lacerta agilis*) entlang der Avus. Hier findet sie auf den gehölzfreien

Böschungen geeignete Lebensräume, die gemessen an anderen Standorten, beispielweise im Grunewald, nur sehr selten durch Erholungssuchende gestört werden.

Wirbellose Tiere

Als Beispiel für die Straßenrand- und Mittelstreifen-Standorte soll die Laufkäfer- und Spinnentierfauna einer innerstädtischen Straße (Hindenburgdamm) mit einer Straße in den Außenbezirken (Heerstraße) verglichen werden.

Die Artenzahlen der Laufkäfer und der Webspinnen nehmen von den innerstädtischen zu den am Stadtrand gelegenen Straßen zu (KEGEL u. PLATEN 1983). Weiterhin wächst die Artenzahl mit der Breite des Mittelstreifens an. Waren die Mittelstreifen annähernd gleich breit wie an den Hindenburgdamm-Standorten, so wies eine durch Tritt weniger belastete Fläche mehr Laufkäfer- und Spinnenarten auf als eine stärker belastete Fläche. Die Artenzahl war weiterhin umso geringer, je intensiver die Fläche durch Mahd und Bewässerung gepflegt wurde (Abb. 3.8.4).

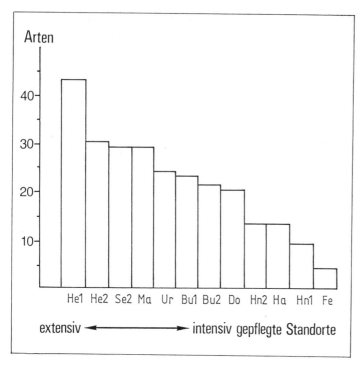

Abb. 3.8.4:   Artenzahlen von Webspinnen auf unterschiedlich intensiv gepflegten Straßengrünstreifen; (nach KEGEL u. PLATEN 1983)

Neben der höheren Artenzahl von 34 Arten an einem Heerstraßen-Standort gegenüber 13 Arten an einem Hindenburgdamm-Standort leben auf den Seitenstreifen der Heerstraße typische Vertreter einer Trockenrasenfauna wie beispielsweise die Laufkäfer *Harpalus anxius*, *H. autumnalis*, *H. vernalis* und auch *Amara fulva*, die ebenfalls regelmäßig an sandigen, xerothermen Standorten zu finden ist.

Manche Insektenarten haben an Straßenrändern einen Ersatzbiotop gefunden. So brüten in den Außenbezirken einzelne Sandbienenarten wie *Andrena armata* im Sand zwischen den kleinen Pflastersteinen von Gehwegen (HAUPT 1985).

An Straßenbäumen finden sich ziemlich regelmäßig die Eichenschrecke (*Meconema thalassinum*) oder Raupen des Lindenschwärmers (*Mimas tiliae*), des Streckfußes (*Dasychira pudibunda*) und der Ahorneule (*Acronycta aceris*).

3.9 Deponien und Rieselfelder

Von den Nutzungen, die der städtischen Entsorgung dienen, sollen Feststoffdeponien für Hausmüll und für Bauschutt sowie Flächen, die der Abwasserverrieselung dienen, näher beleuchtet werden. Die Flächen für diese Nutzungen befinden sich vorrangig an der Peripherie der Stadt.

In Berlin wurden selbst noch nach 1945 Siedlungsabfälle (Hausmüll und Gartenabfälle) an 45 Stellen als wilde Deponien (z.B. zur Auffüllung von Kiesgruben, Bombentrichtern oder aber zur Anhebung des Geländeniveaus) abgelagert. Von den fünf großen geordneten Deponien, die nach 1945 betrieben wurden, sind Lübars, Marienfelde, Rudow und Staaken bereits geschlossen und wiederbegrünt, während in Wannsee noch in begrenztem Umfang Kompost abgelagert werden kann. Seit Ende der 70er Jahre wird der Westberliner Müll mit ca. 1.3 Mio. t pro Jahr überwiegend in das Umland entsorgt.

Für Schuttdeponien ist der 1952-1972 aus ca. 26 Mio. m^3 Trümmermassen auf einer Fläche von 110 ha 70 m hoch aufgeschüttete Teufelsberg im Grunewald das am besten untersuchte Beispiel.

Klima

Soweit es sich bei Entsorgungsanlagen um Deponien in Form von Aufschüttungen handelt, können die klimatischen Verhältnisse durch das Relief geprägt werden. Bei höheren Erhebungen wie dem Teufelsberg nördlich des Grunewaldes können auf dem Gipfel und den oberen Hanglagen während des Tages durch die adiabatische Schichtung der Atmosphäre grundsätzlich geringfügig niedrigere Temperaturen auftreten, während sich in der Nacht - besonders bei stabilen Wetterlagen - durch den positiven Temperaturgradienten in der Atmosphäre und durch den Kaltluftabfluß deutlich höhere Temperaturen ausbilden (HORBERT u. SCHÄPEL 1986). In den Hangfußzonen im Einflußbereich von offenen Hanglagen kann es dagegen zu Kaltluftansammlungen und damit zu einer zusätzlichen Stabilisierung der bodennahen Luftschicht kommen. Eine höhere Frost- bzw. eine höhere Immissionsgefährdung sind die Folge. Dichte Vegetationsstrukturen auf den Hängen und in den Hangbereichen verhindern in der Regel diese Kaltluftbildung.

Die Windgeschwindigkeiten liegen auf den Kuppenlagen und oberen Hanglagen nicht nur am Tage, sondern auch in der Nacht allgemein höher als in der weiteren ungestörten Umgebung. Auch andere Faktoren werden auf diesen exponierten Standorten verändert. So liegt die Verdunstungsrate erheblich höher als in der Umgebung, während der nächtliche Taufall hier herabgesetzt wird. Bei ausgeprägten Hangneigungen der Deponien können typische Süd- bzw. Nordhangeffekte (Besonnung, Wärmegewinn, Luftfeuchte usw.) auftreten.

Eine andere klimatische Rolle spielen die Rieselfelder im Bereich von Gatow. Die langjährigen Mitteltemperaturen entsprechen etwa denjenigen der landwirtschaftlich genutzten Flächen in der Umgebung. Anhand von Meßfahrten konnte jedoch eine leichte Erhöhung der relativen Luftfeuchte bzw. des Dampfdruckes festgestellt werden. Die Windgeschwindigkeit über diesen Feldern ist besonders am Tage relativ hoch, während in den Nachtstunden stärkere Stabilisierungseffekte auftreten. Die Immissionsgefährdung entspricht diesem Befund.

Die lufthygienische Belastung im Bereich der Deponien und Rieselfelder ist bisher noch nicht eingehend untersucht worden. Hier dürften sowohl für die betroffenen Flächen selbst als auch für die Umgebung durch Zersetzungsprozesse vor allem Geruchsbelästigungen auftreten.

Böden

Mülldeponien sind zwangsläufig Bestandteile der sie umgebenden Landschaft und erfordern daher aufgrund der Zusammensetzung des abgelagerten Materials mit ca. 20 bis 30 % organischer Substanz besondere Maßnahmen zum Schutze des benachbarten natürlichen Bodens, des Grundwassers und der offenen Gewässer. Von den möglichen Formen der Müllablagerung, der Vor-Kopf-Schüttung, der geordneten Deponie und der (relativ umweltschonenden, aber sehr viel Fläche beanspruchenden) Rottedeponie, werden nur die ersteren in Berlin praktiziert.

Die Vor-Kopf-Schüttung, auch wilde oder offene Deponie genannt, fördert aufgrund der hohlraumreichen, unverdichteten Ablagerung (Raumgewicht = 0,2-0,4 g/cm^3) den raschen Durchtritt des Müllsickerwassers zur Basis und stellt damit eine deutliche potentielle Gefährdung des Grundwassers dar. Darüber hinaus führen Geruch und Rauch als Folge von unkontrollierbaren Schwelbränden sowie Staub und Papierflug zu einer deutlichen Belastung der Umgebung.

Die geordnete Deponie ist durch eine schichtweise Ablagerung der Siedlungsabfälle gekennzeichnet. Der Müll wird hierbei ca. 10 m vor der Kippfront abgelagert, durch

Planierraupen weiter transportiert, dabei vermischt und dann durch diese und Kompaktoren auf 0,6-0,9 g/cm³ verdichtet. Jede ca. 2 m mächtige Müllschicht wird mit 5-10 cm Bodenaushub abgedeckt. Durch dieses Verfahren sollen die bei der wilden Deponie auftretenden Belastungen gemildert werden. Nach der Ablagerung kommt es im Müllkörper, der reich an leicht zersetzbarer organischer Substanz ist, zu intensiven mikrobiellen Umsetzungen. Hierbei treten als Gase zunächst Stickstoff (N_2), Kohlendioxid (CO_2) und Sauerstoff (O_2) auf, dann unter saurer Gärung CO_2, Wasserstoff (H_2) und N_2 und schließlich unter extrem anaeroben Bedingungen CO_2 und Methan (CH_4). Daneben werden gelöste anorganische und organische Stoffe freigesetzt (JÄGER u.a. 1978). Die Gase (bis zu 350 m³ Gas je t Müll mit 40-65 % Methan) entweichen nach oben und zur Seite, die gelösten Stoffe werden nach unten ausgelaugt. Die den Müllkörper verlassende Sickerwassermenge richtet sich nach der Witterung, dem Verdichtungs- und damit Durchlässigkeitsgrad des Mülls, der Oberflächengestaltung (Anlage von Rinnen und Gräben) sowie bei Vegetationsbedeckung nach der Intensität des Wasserverbrauchs, so daß die in der Literatur (EHRIG 1980) angegebenen Werte zwischen 10 und 50 % des Niederschlags schwanken. Nach oben ist eine geordnete Deponie in der Regel mit 1-2 m Bodenaushub abgedeckt. Als Böden haben sich daraus je nach Art des Abdeckungsmaterials sandige bis lehmige Regosole oder kalkhaltige Pararendzinen entwickelt. In Fällen geringer Abdeckung findet allerdings eine starke Methankontamination statt: Die Böden sind dann durch Metallsulfide schwarz gefärbt, extrem sauerstoffarm und werden als Methanosole bezeichnet.

In Gatow/Kladow wurde die Wirkung wilder und geordneter Altablagerungen auf das Grundwasser untersucht und dabei mittlere Nitrat-(NO_3-) und Bor-(B-)Gehalte festgestellt, die 2/3 der für Trinkwasser zulässigen Grenz- bzw. Richtwerte (B) ausmachen (KERNDORFF u.a. 1985).

Die Böden der Schuttdeponien wie beispielsweise des Teufelsbergs entsprechen denen der innerstädtischen Freiflächen (Tafel 1.10): Es handelt sich auch hier um kalk- und steinreiche Rohböden und um bereits stärker mit Humus angereicherte Pararendzinen.

Flora und Vegetation

Aufgrund der sehr stark differierenden Standorte lassen sich gemeinsame Charakteristika der Flora und Vegetation auf Müll- oder Schuttdeponien und auf Rieselfeldern nicht angeben. Deponien mit spontanem Bewuchs ähneln Stadtbrachen und Trümmerstandorten, wobei auf den Mülldeponien der Anteil an Pflanzenarten feuchter bis nasser Standorte den auf Stadt- und Gartenbrachen üblichen Anteil übersteigt. Abgedeckte Deponien werden heute bereits als Grünanlagen genutzt und gepflegt; ihre Rasen unterscheiden sich - vor allem wegen der häufigen Mahd und des Tritteinflusses - nur wenig von denen junger Grünanlagen (DRESCHER u. MOHRMANN 1986). Rieselfelder sind Feuchtgebiete nicht in Senken, sondern in "Hochlage". Ihre Vegetation enthält Arten der Äcker, des Grünlandes, der Ruderalvegetation und der Hecken. Die Aufgabe der Rieselfeldnutzung führt zu starken Veränderungen durch Aufforstungen oder Erholungsnutzung.

Säugetiere

Bei der Betrachtung der Lebensräume der Säugetiere auf Deponien muß man unterscheiden zwischen Flächen, die bis zu Beginn der 70er Jahre teilweise unabgedeckt waren und heute junge Pioniervegetation aufweisen (Mülldeponien: Wannsee, Marienfelde, Rudow; Schuttdeponie: Hahneberg) und solchen mit bereits älterem Gehölzbestand (Schuttdeponie: Teufelsberg). Die Rieselfelder weisen eine völlig abweichende, ganz spezifische Lebensgemeinschaft auf (s.u.). Für alle Deponien mit junger Pioniervegetation sind bei den Kleinsäugern Waldmaus (*Apodemus sylvaticus*) und Waldspitzmaus (*Sorex araneus*) charakteristisch. Ist ältere Vegetation vorhanden, tritt die Brandmaus (*Apodemus agrarius*) hinzu.

Die Mülldeponien der Stadt waren ein beliebtes Jagdgebiet von Fledermäusen. Insbesondere dann, wenn viel Hausmüll längere Zeit unabgedeckt liegenblieb und hiermit gute Voraussetzung für die Entwicklung von Heimchen- (*Acheta domestica*-) Populationen bestand. Sie stellten die Hauptnahrung der Fledermäuse dar. Diese Bedingungen waren zu Beginn der 70er Jahre auf den Mülldeponien in Rudow und insbesondere in Wannsee optimal erfüllt, zumal sich in Nähe der Gebiete auch Fledermausquartiere befanden (KLAWITTER 1973). Vier Arten suchten die beiden Gebiete in den Abendstunden regelmäßig zur Jagd auf. Abendsegler (*Nyctalus noctula*) und Breitflügelfledermaus (*Eptesicus serotinus*) waren am stärksten vertreten. Auf der Deponie Wannsee wurden maximal 30 Abendsegler und ca. 20 Breitflügelfledermäuse beobachtet. Weiterhin kamen vereinzelt die Mausohren (*Myotis myotis*) und eine Art der Gattung *Pipistrellus* vor. Weitere Daten zu den Wirbeltieren dieses Gebietes lagen nicht vor.

Vögel

Abgedeckte Deponien können als Ersatzlebensräume für trockene Pionierstandorte angesehen werden. Auf die hohe Bedeutung für seltene und gefährdete Vogelarten haben zuerst ELVERS u. WESTPHAL (1973) hingewiesen. In einer 3-4jährigen detaillierten Untersuchung auf dem aus Trümmerschutt bestehenden, ca. 110 ha großen Teufelsberg haben sie die Brutvögel und Durchzügler erfaßt. Typische Arten der vegetationsarmen Hänge waren Brachpieper (*Anthus campestris*) und Steinschmätzer (*Oenanthe oenanthe*) mit jeweils 2-4 Brutrevieren. Heute sind diese Vogelarten am Teufelsberg verschwunden; entsprechend der Vegetationsstruktur herrschen anspruchslose Wald- und Vorwaldarten vor.

Die kahlen Hänge und Plateaus waren auch attraktiv für Durchzügler, die ihre Nahrung hauptsächlich am Boden in schütter oder niedrig bewachsenem Gelände suchen: Lerchen, Pieper, Stelzen und Ammern. So gab es von keinem Ort im mitteleuropäischen Binnenland so regelmäßige Durchzugsbeobachtungen von der Ohrenlerche (*Eremophila alpestris*) wie vom Teufelsberg. Auch für die ebenfalls aus Nordeuropa kommenden Rotkehlpieper (*Anthus cervinus*), Schnee- und Spornammern (*Plectophenax nivalis, Calcarius lapponicus*) war es eines der besten Beobachtungsgebiete in der Mark Brandenburg. Die meisten dieser Vögel hielten sich allerdings nur kurzzeitig im Gebiet auf oder flogen darüber hinweg. Offenbar steuerten diese sonst in breiter Front ziehenden Vögel die kahle Deponie gezielt an (Inselwirkung).

Tab. 3.9.1: Bedeutung der Deponien für die Berliner Brutpopulationen (aus: STEIOF 1987a)

Prozentsatz der Reviere auf Deponien am Berliner Brutbestand*	Vogelart	Reviere auf den Deponien					
		RudH	WaßK	LübK	HahnK	MrfdK	WanK
100 %	Rebhuhn				2	2	
100 %	Brachpieper						1
53 %	Steinschmätzer			1	2	2	4
31 - 67 %	Flußregenpfeifer					2	2
15 - 33 %	Wendehals						2
20 - 28 (- 44) %	Neuntöter		1				5
14 - 28 %	Feldlerche			2	1	9	2
15 - 21 %	Dorngrasmücke	5	12	5	22	7	1
13 - 22 %	Sumpfrohrsänger	8	11	11	31	3	1
9 - 12 %	Hänfling	1				2	
5 - 10 %	Kuckuck	1	1		1	1	1
4 - 10 %	Heidelerche						1
5 - 8 %	Haubenlerche			2		2	3
5 - 7 %	Feldschwirl					1	
4 - 7 %	Schafstelze						1
3 - 5 %	Stieglitz		1		1	1	2
3 - 5 %	Fasan				1	1	
4 %	Baumpieper						9

RudH - Rudow; Glashütter Weg ("Rudower Höhe")
WaßK - Rudow; Waßmannsdorfer Chaussee ("Dörferblick")
LübK - Lübars; Quickborner Str. ("Freizeitpark Lübars")
HahnK - Staaken; Deponie am Hahneberg
MrfdK - Marienfelde; Diedersdorfer Weg ("Freizeitpark Marienfelde")
WanK - Wannsee; Forst Düppel

* nach OAG 1984 und Daten von 1984

Die oft mit Kräutern oder Stauden bewachsenen Hänge der Deponien werden im Winterhalbjahr häufig von gemischten Kleinvogeltrupps aufgesucht, die das reichhaltige Pflanzensamenangebot nutzen. Das können vor allem Lerchen, Finkenvögel wie Stieglitz (*Carduelis carduelis*), Blut- und Berghänfling (*Carduelis cannabina, C. flavirostris*) sowie Rohrammern (*Emberiza schoeniclus*) sein. Ausnahmsweise kommt es auch zu Massierungen seltenerer Arten in den Ruderalfluren. So beobachtete SCHRECK (1985) Anfang September 1984 eine Ansammlung von 65 Braunkehlchen (*Saxicola rubetra*) an der Hahneberg-Kippe in Staaken. Mit dem Aufwachsen von Gehölzen verlieren die Flächen ihre Eignung für die genannten Vögel.

Eine umfangreiche Analyse der Brutvogelbestände auf Deponien legte STEIOF (1986, 1987a) vor. Er fand auf sechs Deponien mit insgesamt ca. 165 ha Grundfläche und verschiedenen Rekultivierungs- und Sukzessionsstadien 44 Brutvogelarten, darunter zwölf der Berliner Roten Liste. Die hohe Bedeutung der abgedeckten Deponien für die Berliner Brutvogelbestände wird dadurch ersichtlich, daß im Untersuchungsjahr 1984 allein sieben der Rote Liste-Arten mit über 15 % ihrer Berliner Reviere auf diesen Deponien vertreten waren. Bei vier Arten waren es sogar über 50 % aller Berliner Reviere (vgl. Tab. 3.9.1). Dadurch erreichten die Deponien einen Wert als Vogelbrutgebiete, der durchaus dem der Gatower Feldflur oder des Tegeler Fließtals vergleichbar war. Den wertvollsten Brutvogelbestand hatte die Wannsee-Kippe (vgl. Kap. 3.9.1), gefolgt von der Hahneberg-Kippe in Staaken und der Marienfelder Kippe ("Freizeitpark Marienfelde"). Auf der Hahneberg-Kippe fand WESTPHAL (1982) als weitere vom Aussterben bedrohte Vogelart neben Rebhuhn (*Perdix perdix*) und Brachpieper die Grauammer (*Miliaria calandra*) mit vier Brutrevieren 1981.

Bestimmender Faktor für die Besiedlung von Deponieflächen durch Brutvögel ist die Sukzession der Vegetation, in die durch Rekultivierungsmaßnahmen wie "Begrünungen" und Bepflanzungen häufig eingegriffen wird. Vogelgemeinschaften von sechs gut unterscheidbaren Sukzessionsstadien zeigt Tabelle 3.9.2. Deutlich wird der hohe Wert der vegetationsfreien bis -armen Pionierstadien, der niedrigen Vegetation und der abwechslungsreichen Krautfluren mit einzelnen Gebüschen.

Die hohe Schutzbedürftigkeit der Arten offener Flächen kann am Beispiel des Brachpiepers verdeutlicht werden (vgl. Abb. 3.9.1). In der Nachkriegszeit hatte er viele Lebensräume in den städtischen Trümmerflächen und abgeholzten Arealen des Grunewaldes. Durch Aufforstungen sowie Bebauung der Brachen nahm die Art stark ab und war bis Mitte der 70er Jahre weitgehend auf mehrere Deponien zurückgedrängt. Durch "Begrünung" verschwand der Brachpieper auch hier, und 1984 wurde das letzte Brutpaar auf der Wannsee-Kippe festgestellt. Seither tritt die Art unregelmäßig noch mit 1-2 Revieren an den Flughafen-Randbereichen in Gatow auf.

Aufgrund ihres hohen Wertes für Vögel haben Rieselfelder in Mitteleuropa als "Lebensräume aus zweiter Hand" einen hohen Bekanntheitsgrad erlangt (z.B. BIOLOGISCHE STATION "RIESELFELDER MÜNSTER" 1981). Die Bedeutung liegt in dem Angebot von nahrungsreichen Feuchtflächen, die hauptsächlich von durchziehenden Limikolen (Watvögeln) zur Rast und Nahrungsaufnahme benötigt werden. Die ursprünglichen binnenländischen Lebensräume dieser Vogelgruppe wie Überschwemmungs- und Schlammflächen von Flüssen und Seen sind weitestgehend beseitigt worden.

Die ehemals hohe Bedeutung der Berliner Rieselfelder für Limikolen haben BRUCH u. LÖSCHAU (1970-73) belegt. Sie werteten Beobachtungen von 1955-1971 aus.

Tab. 3.9.2:   Vogelarten der Sukzessionsstadien auf Deponien
(aus: STEIOF 1987a)

Art	Sukzessionsstadium					
	1	2	3	4	5	6
Flußregenpfeifer	x					
Steinschmätzer	x					
Brachpieper	x					
Bachstelze	x	(x)				
Haubenlerche	x	(x)				
Feldlerche		x				
Schafstelze		x				
Rebhuhn	(x)	x	(x)			
Sumpfrohrsänger			x			
Feldschwirl			x			
Rohrammer			x	(x)		
Fasan			x	(x)		
Dorngrasmücke			x	x		
Neuntöter				x		
Wendehals				x*		
Klappergrasmücke				(x)		
Grünfink				(x)	x	
Amsel				(x)	x	x
Nachtigall					x	x
Gartengrasmücke					x	x
Fitis					x	x
Gelbspötter					x	x
Ringeltaube						x
Singdrossel						x
Mönchsgrasmücke						x
Zilpzalp						x
Kernbeißer						x

Erläuterung:

x - Auf den Deponien von der Art besiedeltes Sukzessionsstadium
(x) - Nur eingeschränkt genutztes Sukzessionsstadium
x* - Bäume als Zusatzstruktur notwendig (Bruthöhle)
1 - Pionierstadien, ± vegetationsfrei bis -arm
2 - ± niedrige, grasige oder krautige Vegetation
3 - Hochstaudenfluren
4 - Kraut- und Grasfluren mit eingestreuten Gebüschen
5 - junge Gehölzbestände ("Pionierwald")
6 - ältere Baumbestände

In diesem Zeitraum wurden 34 Arten mit insgesamt 347.959 Individuen gezählt. Die vier häufigsten Arten waren Kiebitz (*Vanellus vanellus*) mit 220.758 (=63,4 %),

Bruchwasserläufer (*Tringa glareola*) mit 44.831 (= 12,9 %), Kampfläufer (*Philomachus pugnax*) mit 28.656 (= 8,2 %) und Bekassine (*Gallinago gallinago*) mit 26.556 (= 7,6 %) Individuen. Juli und August waren die Monate mit den höchsten Beständen. Als Brutvögel traten Kiebitz und Flußregenpfeifer (*Charadrius dubius*) auf.

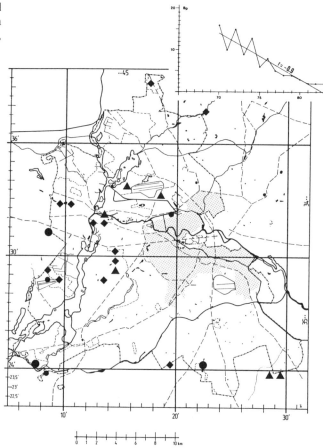

Abb. 3.9.1: Verbreitung und Abnahme des Brachpiepers in Berlin (West); Bp = Brutpaare, r = Korrelationskoeffizient (aus: OAG 1984)

Diese Situation hat sich hauptsächlich durch den Bau von Kläranlagen in den letzten 20 Jahren grundlegend gewandelt. Die einzigen Rieselfelder West-Berlins in Gatow werden inzwischen kaum noch mit Wasser beschickt und sind von anderen Nutzungen beeinträchtigt (vgl. Kap. 3.9.2). Die Rieselfeldflächen außerhalb der Stadtgrenzen sind in den 80er Jahren weitgehend in Maisäcker oder Aufforstungsflächen umgewandelt, teilweise auch bebaut worden.

Reptilien

Unter den Reptilien ist es vor allem die Zauneidechse (*Lacerta agilis*), die auf den sonnenexponierten Deponien geeignete Lebenräume vorfindet. Die Lage dieser Deponien am Rande der Forsten erleichterte die Besiedlung. Der Verzicht auf umfangreiche Pflanzmaßnahmen wirkte sich eher förderlich aus. Ein Negativbeispiel in dieser Hinsicht ist die Rudower Höhe, wo mit dem Ziel einer besseren Freizeitnutzung in großem Maße gestaltend eingegriffen wurde.

Sofern die entsprechenden Versteckmöglichkeiten sowie Ruhe- und Eiablageplätze für Reptilien vorhanden sind, können auch vergleichsweise extreme Standorte wie beispielsweise schwelende Abraumhalden besiedelt werden (KLEWEN 1988). Voraussetzung dafür ist, daß die Möglichkeit der Einwanderung aus anderen Gebieten gegeben ist. Den geringsten Artenbestand mit nur wenigen Einzelbeobachtungen von Zauneidechsen weist der Drei-Dörfer-Blick in Rudow auf.

Zum Bestand der Rieselfelder siehe Kapitel 3.9.2.

Amphibien

Ehemalige Deponien eignen sich, sofern sie mit Oberboden abgedeckt sind und zurückhaltend gestaltet wurden, gut als Sekundärlebensräume für Amphibien, selbstverständlich nur dann, wenn geeignete Laichgewässer dort oder im Nahbereich vorhanden sind. Schnell besiedelt werden solche Gewässer durch Teichfrosch (*Rana "esculenta"*) und Seefrosch (*Rana ridibunda*). Die ehemaligen Kippen in Marienfelde, heute Freizeitpark, sowie der Hahneberg in Spandau sind entsprechende Beispiele. Eines der letzten Vorkommen der Wechselkröte (*Bufo viridis*) konnte sich bislang noch auf derartigen Flächen halten. Mit fortschreitender Verlandung der Gewässer und der Verbuschung der Landlebensräume dürfte sich die Bestandssituation weiter verschärfen.

Rieselfelder und Klärteiche sind wegen ihrer hohen organischen Belastung und den damit einhergehenden sauerstoffzehrenden Prozessen im Wasser in der Regel ungeeignete Laichgewässer.

Wirbellose Tiere

Die weitgehende Erhaltung von Wildvegetation auf der Deponie Marienfelde führte zu einem vergleichsweise hohen Artenbestand. So wurden hier 1980 676 Käferarten festgestellt, von denen jedoch aus der inzwischen zerstörten dichten Vegetation am Nordhang innerhalb von zehn Jahren 66 Arten verschollen sind (BERSTORFF u.a. 1982). Die sehr heterogene Käferfauna reicht von typischen Waldbewohnern am Nordhang (*Badister lacertosus, Harpalus winkleri, Calathus piceus*) über stärker feuchtigkeitsliebende Arten am Fuß der Müllberge (*Anisodactylus binotatus, Loricera pilicor-*

nis) bis zu wärmeliebenden Arten am Südhang (*Amara equestris, Calathus erratus, Harpalus smaragdinus, H. serripes* und *H. vernalis, Microlestes maurus, Poecilus cupreus, P. lepidus* und *P. versicolor*).

Vor allem ist *Microlestes maurus* hervorzuheben, der ein typischer Bewohner xerothermer Lokalitäten der Mark Brandenburg (Rüdersdorfer Kalkberge, Oderberg, Bellinchen) ist. Daneben wurden Arten der Sandtrockenrasen gefunden wie *Amara tibialis, Harpalus rufitarsis, Masoreus wetterhali* und *Syntomus foveatus*.

Manche Arten der ehemals hier vorhandenen Äcker und Feldraine konnten sich im Freizeitpark nicht dauerhaft halten wie der Goldlaufkäfer (*Carabus auratus*) oder der schon in den 60er Jahren verschwundene goldpunktierte Puppenräuber (*Calosoma auropunctatum*)(BERSTORFF u.a. 1982). An gefährdeten Arten traten noch auf: *Clivina contracta, Harpalus signaticornis, Bembidion obtusum, Poecilus punctulatus, Trechus austriacus* und *Harpalus serripes*.

Interessant war zu beobachten, welche Arten eine Freifläche als Pioniere besiedelten. Unter den Laufkäfern waren es *Bembidion femoratum* und *Bembidion quadrimaculatum*, Arten, die auch regelmäßig auf gestörten innerstädtischen Ruderalflächen (Umgebung Reichstag, Goerdeler Damm) oder auf Äckern zu finden sind.

An den Ufern der ephemeren Kleingewässer leben die entsprechenden hygrophilen Arten *Elaphrus riparius, Clivina contracta, Dyschirius politus* und *Dyschirius intermedius*.

In den Gewässern selbst, die aufgrund eingespülter Nährstoffe und hoher Verdunstung extrem salzhaltig sind, findet sich sofort die "passende" Wasserkäferfauna ein, unter ihnen die seltenen Schwimmkäfer (*Dytiscidae*) *Coelambus lautus* und *Coelambus confluens*. Diese Arten treten äußerst lokal, in geeigneten Gewässern jedoch massenhaft auf.

Auf dem Gelände des Freizeitparks wurden insgesamt 26 Wasserkäferarten, sowie eine hohe Anzahl von Kurzflügelkäfern (*Staphylinidae*) und Webspinnen gefangen (BERSTORFF u.a. 1982).

Die Erstbesiedlung durch Spinnen erfolgt entweder durch sehr laufaktive Arten der Wolfspinnen (*Lycosidae*) oder mittels "Fadenfloß" passiv durch Windverdriftung. Zu den Fadenfliegern gehören meist Zwergspinnenarten, vor allem die sehr häufige *Erigone atra*, die im Spätsommer massenhaft zur Verbreitung "ausfliegt" (Altweibersommer).

Als erwähnenswerte Art sei die wärmeliebende Sechsaugenspinne *Dysdera crocata* genannt, die in Deutschland nur selten im Freien gefunden wurde (WUNDERLICH 1972). Sie kommt nur an Wärmeinseln vor, ansonsten lebt sie in menschlichen Behausungen.

Die Springspinne *Sitticus helveolus* kommt in Deutschland ebenfalls nur sehr lokal vor. Ihr bevorzugter Lebensraum sind Binnendünen. *Pellenes tripunctatus*, eine weitere Springspinne, bewohnt xerotherme Lokalitäten. Sie überwintert in den leeren Häusern von Schnirkelschnecken.

Die Kugelspinne *Achaearanea tepidariorum* bewohnt in Mitteleuropa normalerweise das Gebäudeinnere, z.B. Gewächshäuser. Im Freiland ist diese weltweit verbreitete Art nur an xerothermen Standorten zu finden.

Unter den Hautflüglern (*Hymenoptera*) sind Arten bemerkenswert, die Biotope mit offenen Erdflächen und Abbrüchen benötigen, u.a. Grabwespen wie die Sandwespe (*Ammophila sabulosa*), die unbehaarte Schmetterlingsraupen als Larvennahrung einträgt, oder *Lindenius albilabris*, die Wanzen und Fliegen jagt.

Sehr reichhaltig ist auch die Bienenfauna mit 30 Solitärbienenarten (u.a. *Andrena armata, A. ferox, A. flavipes, A. gravida*, weiterhin *Anthophora aestivalis, Colletes cyanea, Dasypoda hirtipes, Halictus leucopus, H. morio, Megachile liquiseca, Nomada atroscutellaris, N. flavoguttata, Osmia rufa* und *Sphecodes crassus*) (BERSTORFF u.a. 1982).

An auffälligen Schmetterlingen wird hier der Schwalbenschwanz (*Papilio machaon*) beobachtet, der gerne Hügelkuppen, wie sie im Freizeitpark und auf der ehemaligen Müllkippe an der Waßmannsdorfer Chaussee vorhanden sind, für seine Balzflüge aufsucht.

Als faunistisch bemerkenswerte Arten erscheinen *Gymnancyla hornigii*, die im südlichen Mitteleuropa beheimatet ist, *Oncocera semirubella* und *Hemistola chrysoprasaria* sowie der Große Malvenfalter (*Carcharodes alceae*) als gefährdete Art (BERSTORFF u.a. 1982).

Weiterhin wurden 32 Wanzen- und 29 Zikadenarten beobachtet, darunter *Psammotettix kolosvarensis*, die über Ungarn bis an den Neusiedler See verbreitet ist und in Deutschland nur sehr lokal vorkommt (BERSTORFF u.a. 1982).

Es ist allerdings damit zu rechnen, daß diese relativ reichhaltige Fauna im Zuge weiterer Begrünung entsprechend zurückgehen wird.

Weitere Beschreibungen zu den Wirbellosen sind in Kapitel 3.9.2 zu finden.

3.9.1 Deponie Wannsee

Die Mülldeponie Wannsee wurde 1958 in einer 8 m tiefen Sandgrube des Düppeler Forstes angelegt. Sie erreicht heute eine Höhe von 93 m ü. NN (=40-50 m ü. Grund) und besitzt ein Volumen von etwa 12 Mio. m³ Hausmüll, Industrieabfall, Bauschutt und Sondermüll. Von 1968 bis 1978 wurden Bereiche mit ca. 2 m Bodenaushub abgedeckt und mit Bäumen bepflanzt (Abb. 3.9.1.1 unten). Teile der südlichen Hauptdeponie wurden erst 1979 bepflanzt und zwar ohne Abdeckung; im oberen Meter wurde lediglich mehr Bauschutt abgekippt.

1984 wurde die Müllablagerung endgültig beendet. Die letzten Schüttungen wurden nicht bepflanzt, wodurch eine größere, attraktive Freifläche entstanden ist. Weite Bereiche ("Hirschberg") sind bereits durch Spazierwege erschlossen. Auf einer 20 ha großen Fläche ist ein Kompostierbetrieb der Berliner Stadtreinigung angesiedelt. Die insgesamt 65 ha große Freifläche im Düppeler Forst hat besondere Bedeutung als Lebensraum für seltene und gefährdete Tierarten und ist als solcher zu erhalten (BLN 1989).

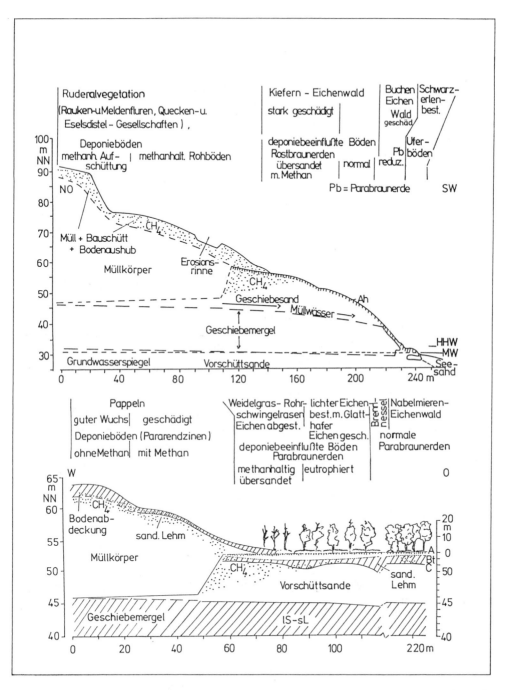

Abb. 3.9.1.1: Vegetationsschäden und Bodenveränderungen auf und neben der Deponie Wannsee (oben: Deponie ohne Bodenabdeckung oberhalb des Griebnitzsee, Zustand 1980; aus: BLUME u.a. 1983; unten: Deponie mit Abdeckung, w=Weg, Zustand 1976; aus: BLUME u.a. 1979b)

Böden

Die Böden auf und neben der Deponie Wannsee wurden gründlich untersucht (Abb. 3.9.1.1).

Bei Begrünung auf einer zuvor nicht abgedeckten Deponie ist das Bauschutt-Müllgemisch selbst der Wurzelraum. Es handelt sich allgemein um ein sehr heterogen zusammengesetztes Substrat mit hohen Nährstoffgehalten (Tab. 3.3.2; l). Die pH-Werte liegen meist im alkalischen Bereich. Die bei der mikrobiellen Zersetzung der organischen Substanz freiwerdende Wärme bewirkt eine deutliche Temperaturerhöhung. In der ersten Zeit nach der Ablagerung wurden bis zu 88°C gemessen (PIERAU 1969). Auch mehrere Jahre danach sind die Bodentemperaturen noch deutlich erhöht. Ökologisch entscheidend ist aber die starke Bodenluft verdrängende Methan-Freisetzung. Gleichzeitig verbrauchen methanabbauende Bakterien den restlichen Sauerstoff, so daß bei diesen Methanosolen Sauerstoffmangel ein Pflanzenwachstum erschwert bis verhindert (MOUIMOU 1983).

Wurde die Deponie vor der Begrünung mit Bodenmaterial abgedeckt, hängen die Eigenschaften des Wurzelraumes von dieser Abdeckung ab (Tab. 3.3.2; m). Auch hier kann aber Methan wuchsbegrenzend wirken. Insbesondere dann, wenn die Abdeckung nur wenige Dezimeter beträgt, ist zumindest der Unterboden durch Sulfide schwarz gefärbt und sauerstoffarm (Tafel 1.11). Auf der Mülldeponie Wannsee trat nur dort im oberen Meter kein Sauerstoffmangel auf, wo die Abdeckung mindestens 1.8 m mächtig war (Abb. 3.9.1.1 unten).

Ökosysteme neben einer Deponie werden während der Schüttung durch Staub, Papier usw. kontaminiert, was zur Eutrophierung benachbarter Standorte führt und die Zusammensetzung der Pflanzendecke verändert. Unter einem Eichenbestand waren die pH-Werte im Oberboden der ersten 40-100 vom Deponiefuß entfernten Meter erhöht, was vermutlich auf Staubimmissionen zurückgeführt werden kann (Abb. 3.9.1.1). Außerdem wurde der unmittelbare Deponierand durch Planierraupen verdichtet und teilweise mit dem lehmigen Abdeckmaterial der Deponie überlagert.

Extreme Veränderungen, die zum Absterben vieler Bäume führten, traten hingegen erst nach Abschluß der Schüttung und Abdeckung auf, wie im vorgestellten Fall über Jahresringuntersuchungen nachzuweisen war. Seitlich austretende Deponiegase, insbesondere Methan, bewirkten im Bereich der ersten 50-75 m Sauerstoffschwund, der dann zum Absterben der Bäume am unmittelbaren Deponierand und zur Wipfeldürre in größerer Entfernung führte. Der Sauerstoffschwund wurde dabei mehr durch mikrobiellen Verbrauch als durch Verdrängung verursacht, wie TIETZ (1979) aufgrund von CO_2- und Dehydrogenaseaktivitätsmessungen annimmt. Seitliche Gasausbreitung und -wirkung wurde dabei durch einen Wechsel sandiger und lehmiger Bodenschichten und durch die lehmige Abdeckung begünstigt.

Außerdem kam es stellenweise auch in einem Abstand von ca. 80 m zu einem Absterben von Bäumen, und zwar dort, wo am Unterhang Müll-Sickerwässer den Wurzelraum kontaminierten (Abb. 3.9.1.1 oben). Sie waren über dichtem Geschiebemergel lateral geflossen; ihre hohen Schwermetallkonzentrationen dürften die Vegetationsschäden verursacht haben (BLUME u.a. 1983). Die Chloridkonzentrationen haben sich im Laufe von zehn Jahren verdoppelt (KERNDORFF u.a. 1985), was zeigt, daß die Schadstoffkonzentration dieser Müll-Sickerwässer stetig ansteigt.

Flora und Vegetation

Die Vegetationsentwicklung auf Hausmülldeponien Berlins wurde über mehrere Jahre beobachtet (KUNICK u. SUKOPP 1975). Die Ergebnisse sind in Tabelle 3.9.1.1 zusammengefaßt.

Noch im Jahr der Schüttung entwickelte sich auf den Versuchsflächen in Wannsee eine üppige Vegetation, deren Bild zahlreiche einjährige Arten bestimmten, deren Diasporen im Müll enthalten sind (sog. "Müllbegleiter", KREH 1935).

In dieser, von HOLZNER (1972) als *Heliantho-Lycopersicetum* beschriebenen Gesellschaft dominieren Tomaten und verschiedene Kürbisgewächse. Sie sind jedoch schon im zweiten Jahr nur noch in wenigen, nicht mehr fruchtenden Exemplaren zu finden, so daß dann eine wesentlich andere Pflanzendecke den Standort besiedelt.

Tab. 3.9.1.1: Pflanzliche Besiedlung von Hausmüll in Berlin
(nach KUNICK u. SUKOPP 1975)

Besiedlung	1.Jahr	3.Jahr	4.Jahr	10.Jahr	20.Jahr
Vegetationsbedeckung %	60	60	90	90	100
Artenzahl	35	25	26	10	20
Müllbegleiter	11	4	2	-	1
Zuwanderer aus der Umgebung: a) Arten gehölzfreier Pflanzenbestände	21	20	20	7	5
b) Arten der Wälder und Gebüsche	3	1	4	3	14

Im 2. bis 4. Jahr herrscht eine ebenfalls von einjährigen und überwinternd-einjährigen Arten bestimmte Vegetation, deren Hauptvertreter Lösels Rauke (*Sisymbrium loeselii*), Hohe Rauke (*Sisymbrium altissimum*), Stachel-Lattich (*Lactuca serriola*) und Kanadisches Berufkraut (*Conyza canadensis*) teilweise schon im ersten Jahr vorkommen, jedoch erst in den folgenden Jahren mit hohen Deckungsgraden zur Dominanz gelangen. Pflanzensoziologisch kann dieses Besiedlungsstadium dem Verband *Sisymbrion* zugeordnet werden.

Eine solche Vegetation stellt sich auch an anderen Ruderalstandorten, wie z.B. an den mit Nährstoffen angereicherten Rändern der Trümmerschuttflächen, in ähnlicher Zusammensetzung ein, wird aber dort bald von ausdauernden Hochstaudengesellschaften abgelöst.

Die in Wannsee untersuchten Standorte setzten noch im 4. Jahr nach der Schüttung einer dauerhaften Besiedlung großen Widerstand entgegen, was vor allem am ungünstigen Wasserhaushalt des Substrates zu liegen schien, da alljährlich während sommerlicher Hitzeperioden fast jeder Pflanzenwuchs vertrocknete. Um so erstaunlicher war das kontinuierliche Gedeihen der Pfirsich- (*Prunus persica*-) Büsche, die im 4. Jahr, trotz ständigem Wildverbiß, eine Höhe von 1 bis 1,5 m erreicht hatten.

Die im ersten Jahr als Keimlinge oder Jungpflanzen vorhandenen Arten der angrenzenden Mischwälder verschwanden hingegen in den Folgejahren und vermochten es anfangs nicht, sich anzusiedeln. Auch war zunächst keine nennenswerte Zunahme an Arten nitrophiler Gebüsch- und Saumgesellschaften oder der Grünlandvegetation zu erkennen.

Anders lagen die Verhältnisse auf den älteren Flächen, wo ausdauernde Arten vorherrschten. Ansatzweise ließen sich hier drei Vegetationstypen unterscheiden:

- eine Hochstaudenvegetation mit dominierender Goldrute (*Solidago canadensis* bzw. *S. gigantea*), in welcher Gräser, vor allem Quecke (*Agropyron repens*) und Glatthafer (*Arrhenatherum elatius*) eine bedeutende Rolle spielten. Derartige Vegetationstypen sind im Berliner Raum auch anderswo auf Brachflächen und Ödland zu finden.

- Bei anderen Aufnahmen handelt es sich um eine stickstoffbeeinflußte Saumvegetation feuchter Standorte. Die hier vorherrschende Zaunwinde (*Calystegia sepium*) ist sonst vor allem im Uferbereich häufig zu finden, wo sie gelegentlich die angrenzenden Weidegebüsche mit einem dichten Schleier überzieht. Die Häufigkeit von Flutrasenarten und Uferhochstauden (sowie später von Auengehölzen) auf Mülldeponien ist durch den Nährstoffreichtum des Bodens und die zeitweilige Sauerstoffarmut der Standorte bedingt (DRESCHER u. MOHRMANN 1986). Gegenüber Schuttdeponien zeichnen sich Mülldeponien durch Staunässezeiger wie Niedriges und Gänse-Fingerkraut (*Potentilla supina*, *P. anserina*), Kriechenden Hahnenfuß (*Ranunculus repens*) und Weißes Straußgras (*Agrostis stolonifera*) aus.

- Alte Hausmülldeponieflächen sind durch Holunder- (*Sambucus nigra*-)Gebüsche gekennzeichnet, wie sie, meist mit einem dichten Unterwuchs von Brennesseln (*Urtica dioica*), überall an solchen Standorten zu finden sind, wo menschliche Siedlungstätigkeit zu einer Nährstoffanreicherung geführt hat (verwilderte Gärten, Hofstellen, Rieselfelder, feuchte Ruinengrundstücke usw.). Sie würden vermutlich auch auf den Müllplätzen den Übergang zu einer Bewaldung einleiten, deren Endergebnis jedoch auch auf den älteren Flächen nicht abzusehen ist. Aufforstungen der Flächen mit Pappeln, Ahorn-Arten oder Grau-Erlen (*Alnus incana*) scheinen die natürliche Sukzession zunächst nicht nennenswert beeinflußt zu haben.

Es zeigt sich, daß auch nach mehr als 20 Jahren die untersuchten Müllplätze, obwohl inzwischen "rekultiviert", eine von ihrer Umgebung stark abweichende Vegetation tragen. Die gelegentlich versuchte Anpflanzung von Arten der Umgebung mißlang zumeist, da die Angleichung, wenn überhaupt erreichbar, ein sehr langfristiger Prozeß ist. Selbst gelungene "Bewaldungen" sind den Wäldern der Umgebung höchstens strukturell, in ihrer floristischen Zusammensetzung jedoch keinesfalls ähnlich.

Als anderer Weg wäre die Hervorhebung der Besonderheiten der Müllstandorte durch bewußten Einsatz gerade der Pflanzen, die hier spontan auftreten denkbar, worauf u.a. NEUMANN (1971), GUTTE (1971) sowie KONOLD u. ZELTNER (1981) hingewiesen haben. Müllkippen können auf diese Weise zu ökologischen Versuchsfeldern über längere Zeiträume hin werden. Es ist nicht einzusehen, warum diese Möglichkeiten ungenutzt bleiben sollen. Zur Frage, ob sich von Mülldeponien aus Pflanzen- und Tierarten in die Umgebung ausbreiten, ist zu sagen, daß in Berlin nach SCHOLZ (1962) nur wenige Pflanzenarten von Müllplätzen aus zur Einbürgerung gelangt sind. Eine Untersuchung dieser Frage ist am besten an isoliert liegenden Deponien möglich. Auf dem Schöneicher Plan bei Zossen wurde auf einer mehr als 1 km² großen Fläche seit etwa 1890 Berliner Müll geschüttet. Heute werden die vermüllten Flächen weitgehend als Ackerland genutzt. Außer Kletten-(*Arctium*-)Arten ist der Schierling (*Conium maculatum*) eine Charakterpflanze dieses Geländes. Von den Müllschüttungen aus sind beispielsweise die Ruten-Wolfsmilch (*Euphorbia virgata*), das Schlangenäuglein (*Asperugo procumbens*) und der Steife Schöterich (*Erysimum hieraciifolium* subsp. *durum*) in die Umgebung eingedrungen (HUDZIOK 1967).

Wie Untersuchungen der Standortsbeeinflussungen durch wilde Deponien in Wäldern der Umgebung Berlins ergaben, erleiden vor allem die Waldgesellschaften an von Natur aus nährstoffarmen Standorten, wie z.B. Kiefern-Eichenwälder, tiefgreifende Veränderungen ihres Artenspektrums. Nährstoffliebende Waldgesellschaften sind dagegen viel eher in der Lage, solche lokalen Störungen ohne eine vollständige Artenverschiebung zu überdauern. Die Möglichkeit für mit dem Abfall neu hinzukommenden Arten auf benachbarte Standorte überzugehen, scheint dennoch auch von der Umgebung abhängig zu sein (FISCHER 1975).

Vögel

Bei vergleichenden Brutvogelkartierungen 1984 auf sechs abgedeckten Berliner Deponien wurde die herausragende Bedeutung der Wannsee-Kippe festgestellt. Auf ihr kamen acht Arten der Berliner Roten Liste vor. Damit stellte sie eines der wertvollsten Vogelbrutgebiete Berlins dar (STEIOF 1986, 1987a). 1988 untersuchten RATZKE u. STEIOF im Rahmen eines Gutachtens (BLN 1989) erneut den Brutvogelbestand auf der Deponie.

Die Bestandsentwicklung der gefährdeten Arten läßt deutlich die Veränderungen auf dem Gelände innerhalb von nur vier Jahren erkennen (vgl. Tab. 3.9.1.2). Als einzige Art hat der Neuntöter zugenommen (s.u.). Mit Brachpieper, Schafstelze,

Flußregenpfeifer, Heidelerche und Wendehals sind fünf Arten verschwunden, die vegetationsarme oder schütter bzw. niedrig bewachsene Areale benötigen. Der Steinschmätzer als Charakterart vegetationarmer Flächen hat auf ein Revier abgenommen und die Feldlerche sich mit 1-2 Revieren halten können.

Tab. 3.9.1.2: Bestandsentwicklung der gefährdeten Brutvogelarten auf der Deponie in Berlin-Wannsee (aus: BLN 1989)

Art	Gefährdungsgrad		Revierzahlen		
	RL-B	RL-D	1984	1985	1988
Brachpieper (*Anthus campestris*)	1	1	1	-	-
Schafstelze (*Motacilla flava*)	2	3	1	-	-
Flußregenpfeifer (*Charadrius dubius*)	2	-	2	-	-
Wendehals (*Jynx torquilla*)	3	2	2	1	-
Heidelerche (*Lullula arborea*)	3	2	1	-	-
Steinschmätzer (*Oenanthe oenanthe*)	3	2	4	3	1
Neuntöter (*Lanius collurio*)	3	2	8-10	11	15
Feldlerche (*Alauda arvensis*)	4	-	2	1	1-2

RL-B - Rote Liste Berlin (West) (WITT 1985a)
RL-D - Rote Liste Bundesrep. Dtl. (DDA u. DS/IRV 1986)

Gefährdungsgrade: 1 - vom Aussterben bedroht   3 - gefährdet
                   2 - stark gefährdet   4 - potentiell gefährdet

Diese Entwicklung, die sich ähnlich auf vielen Berliner Deponien abgespielt hat, ist hauptsächlich auf intensive "Begrünungsmaßnahmen" zurückzuführen. Vor allem die Pflanzung Zehntausender von Gehölzen hat - trotz hoher Ausfälle - zu einer Veränderung der Flächen geführt. Noch verstärkt durch Selbstaussaat und Ausläufer haben Robinien (*Robinia pseudoacacia*), Pappeln, Weiden und Sanddorn (*Hippophae rhamnoides*) große Bereiche eingenommen und verdrängen die Krautfluren.

Die einzige gefährdete Brutvogelart, die von diesem Prozeß vorerst profitieren konnte, war der Neuntöter. Die Stadien der lückigen Krautfluren mit eingestreuten Gebüschen besonders an sonnenexponierten Hangbereichen stellen Optimalhabitate dar, die hohe Dichten von sechs, lokal sogar von acht Revieren/10 ha zulassen (STEIOF u. RATZKE 1990). Die Wannsee-Kippe stellt aktuell das wichtigste Brutgebiet des Neuntöters in Berlin (West) dar. Das wird sich jedoch künftig durch das Aufwachsen der Baumbestände ändern, die in den schon früher bepflanzten Bereichen teilweise Vorwaldcharakter erlangt haben. Wenn nicht rechtzeitig mit radikalen Pflegeeingriffen dem weiteren Zuwachsen der Deponie Einhalt geboten wird, verliert die Wannsee-Kippe ihre Bedeutung als Lebensraum von seltenen und gefährdeten Vogelarten.

Reptilien

Die Herpetofauna wurde 1989 von KÜHNEL u.SCHWARZER im Rahmen einer Untersuchung über die Flora und Fauna der ehemaligen Mülldeponie bearbeitet. Anlaß waren fortgeschrittene Überlegungen zur Umgestaltung von großen Teilen des Gebietes zu einem Golfplatz. Hiervon wären auch zahlreiche der für das Vorkommen der Zauneidechse (*Lacerta agilis*) wichtigen lückigen Brachflächen betroffen gewesen. Als weitere Reptilienart ist die Blindschleiche (*Anguis fragilis*) nachgewiesen, die auch im angrenzenden Forst vorkommt.

Amphibien

Der am östlichen Teil der Mülldeponie gelegene Teich wurde relativ schnell von Teichfröschen (*Rana "esculenta"*) und Seefröschen (*Rana ridibunda*) besiedelt. Vereinzelt wurden auch Exemplare in den Draingräben angetroffen. Längerfristig erscheint auch eine Etablierung des Grasfrosches (*Rana temporaria*) möglich, der in der Umgebung ebenfalls vorkommt.

Wirbellose Tiere

Das ehemalige Müllkippengelände wurde 1982 stichprobenhaft auf die Spinnen- und Laufkäferfauna (PLATEN [Mskr.]) und 1988 von der Projektgruppe Wannsee-Kippe (BLN 1989) auf die Libellen-, Heuschrecken- und Schmetterlingsfauna untersucht.

Da die Mülldeponien mit Bau- und Trümmerschutt abgedeckt werden, bietet der sehr hohe Kalkgehalt des Bodens der Asselfauna eine gute Lebensgrundlage. Die Tiere benötigen den Kalk für den Aufbau ihres Außenskeletts. Die häufigste Art ist *Armadillidium vulgare*, eine Kugelassel, die sich bei Störung und als Schutz vor Freßfeinden zu einer nahezu nach allen Seiten perfekt geschlossenen Kugel zusammenrollen kann. Neben einer weiteren Kugelasselart (*A. nasutum*) wird man die Kellerassel (*Porcellio scaber*) und die Mauerassel (*Oniscus asellus*) unter Steinen und in Spalten häufiger finden.

Unter den Spinnentieren ist besonders der Weberknecht *Odiellus spinosus* hervorzuheben, der im Stadtgebiet lediglich auf Kippen und innerstädtischen Ruderalflächen nachgewiesen wurde. Mit nahezu 2 cm Körperlänge ist dieses robuste Tier sehr auffällig und in Mitteleuropa die zweitgrößte Weberknechtart. Vorkommen außerhalb ihres westeuropäischen Verbreitungsgebietes sind im Mainzer Sand und anderen Wärmeinseln, sowie den Großstädten zu finden.

Die Spinnen- und Laufkäferfauna der ehemaligen Müllkippe in Wannsee, und das gilt ebenso für die übrigen bisher in Berlin untersuchten Gebiete (Fritz-Schloß-Park, Marienfelde, Hahneberg und Teufelsberg [GOSPODAR 1981]), besteht stets zu einem geringen Anteil aus synanthropen Arten.

Unter den Spinnen sind vor allem die Winkel- oder Trichterspinnen der Gattung *Tegenaria* zu nennen, wobei *T. atrica* und *T. domestica* am häufigsten zu finden sind. *T. domestica* ist von einheitlich bräunlicher Färbung und erheblich kleiner als die nahezu 2 cm lange Hauswinkelspinne (*T. atrica*), die als allgemein bekannt gelten darf. Die Baldachinspinne *Lepthyphantes insignis* gehört zu denjenigen Arten, die man in Spaltensystemen der Deponien ebenso wie in Kleintierbauten und in sehr dichter Streu finden kann. Diese kleinhöhlenbewohnende Spinnenart kann allerdings im Freiland nicht sicher erkannt werden.

Typische Laufkäferarten der Kippe sind vor allem Bewohner offener, trockener und ruderalisierter Lebensräume, z.B. *Acupalpus meridianus, Amara convexiuscula, Amara ingenua* und *Dicheirotrichus rufithorax*. Mit zunehmender Vergrasung bzw. Bepflanzung mit Gehölzen, der Einebnung von Bodenverwundungen und der Anlage eines asphaltierten Wegenetzes sind diese Arten jedoch schnell wieder verschwunden.

Unter größeren Gesteinsblöcken lebt auf den Kippen ein ca. 1,5 cm großer bläulichviolett gefärbter Laufkäfer, der gelegentlich auch in Hauskellern anzutreffen sein soll, *Pristonychus terricola*. Aufgrund seiner unterirdischen Lebensweise haben sich seine Augen stark zurückgebildet. Ebenfalls unterirdisch lebt der kleine Laufkäfer *Trechus austriacus*, der in Berlin außer von den Deponien aus Kellern, Bunkern und den Kasematten der Spandauer Zitadelle bekannt wurde.

An einem Teich der ehemaligen Wannsee-Kippe konnten nur die in Berlin als allgemein verbreitet geltenden Libellenarten gefunden werden. Pionierarten, wie sie auf einem derartigen Gelände zunächst zu erwarten wären, fehlen (BLN 1989). Sie sind auf schüttere Vegetation an und in den Gewässern angewiesen. Da der Teich jedoch dicht mit Rohrkolben bestanden ist, kann ihr Fehlen nicht verwundern.

Bei einer Begehung der Kippe wurden 15 Heuschreckenarten, meist solche, die vor allem trockene Standorte bewohnen, festgestellt. Heuschrecken können wie die Amphibien und Vögel durch ihre Lautäußerungen erkannt werden. Jede Art gibt spezifische Stridulationsgeräusche von sich, die auf die vielfältigste Weise erzeugt werden. Einige Arten können daher vom Spezialisten besser durch ihre Lautäußerungen als durch äußere Merkmale unterschieden werden (BELLMANN 1985). Wie bei den Laufkäfern ist auch bei den Heuschrecken durch die Ausbreitung von Gräsern, Hochstauden oder durch Aufpflanzungen ein Rückgang des derzeitigen xerothermen Artenbestandes zu erwarten.

Von den 171 festgestellten Schmetterlingsarten gehören 65 Arten zur Gruppe der Kraut- und Staudenflurbewohner. Das sind 28 % der bisher im gesamten Stadtgebiet festgestellten Arten aus dieser ökologischen Gruppe. Der in diesem Zustand vorhandene Lebensraum kann für sie als ideal angesehen werden (BLN 1989). An bekannten Tagfalterarten konnten hier neben den bereits an anderer Stelle erwähnten Schwalbenschwanz (*Papilio machaon*) der Aurorafalter (*Anthocaris cardamines*), der Distelfalter (*Cynthia cardui*) und das Schachbrett (*Melanargia galathea*) beobachtet werden.

Die bereits mehrfach erwähnte Veränderung der Wannsee-Kippe als Lebensraum für Pionier- und xerotherme Arten läßt auch bei den Schmetterlingen den Anteil der letzteren Gruppe zurückgehen.

Die teilweise sehr hohe Vielfalt der Wirbellosenfauna läßt sich nur durch Vorhandensein abwechslungsreicher Biotoptypen und -strukturen erhalten; ansonsten verwandeln sich die teilweise wertvollen Lebensgemeinschaften in artenarme Parkzönosen.

3.9.2 Gatower Rieselfelder

Für die Entsorgung der Abwässer Berlins, die im vorigen Jahrhundert zu katastrophalen Veränderungen von Spree und Havel geführt hatte, wurde um die Jahrhundertwende als neue Technologie das Ausbringen der unbehandelten Abwässer auf Rieselfelder entwickelt. Einbindung der Nährstoffe in landwirtschaftliche Pflanzen war ein ökologischer Ansatz. Um den Boden nicht zu überlasten, sollte die aufgebrachte Wassermenge in der gleichen Größenordnung liegen wie der alljährliche Niederschlag. Durch die Verrieselung zu großer Abwassermengen kam es später zu Vegetationsschäden und Grundwasserkontaminationen durch Schadstoffe.

Die Äcker des Rieselfeldbereiches des Gutes Karolinenhöhe und der Gatower Bauern wurden am Ende des vorigen Jahrhunderts in Rieselfelder umgewandelt. Kleine Waldstücke der Glienicker Heide wurden mit in die Rieselfelder einbezogen und abgeholzt. Seit 1903/04 wurden die Abwässer Charlottenburgs nach vollmechanischer Klärung auf den Rieselfeldern, d.h. auf 0,25 ha großen eingeebneten Parzellen eingestaut. Grundwasseranstieg führte in der Regel zur Vernässung benachbarter tiefer gelegener Flächen, was auf dem Rieselfeld Karolinenhöhe den Bau bis zu 18 m tiefer Abfanggräben erforderlich machte.

In Abhängigkeit von der Nutzungsart wurden die Parzellen ein- (Wintergetreide), zwei- (Sommergetreide, Kartoffeln) bzw. 4-8 mal (Gemüse, Grünland) jährlich berieselt, die weniger durchlässigen lehmigen Parabraunerden seltener als die sandigen Braunerden.

Auf den einzelnen Rieseltafeln werden vor allem Feldgras und Hackfrüchte angebaut, die eine häufige Bewässerung vertragen. Grünland wird jährlich 5-7 mal geschnitten. Durch die seit 1962 geringeren Abwassermengen (Ausbau des Klärwerkes Ruhleben) sind die Nutzungen der Felder teilweise verändert worden. Im Südosten und Südwesten wird seit 1966 nicht mehr gerieselt. In der Folge haben sich neben Gartenbaubetrieben auch landwirtschaftsfremde Nutzungen ausgebreitet (Deponien, Flugmodellsport etc.). Die noch berieselten Flächen sollen 1992 von mechanisch auf biologisch-chemisch vorgereinigtes Wasser umgestellt werden.

Böden

Entscheidend für die Belastung der Böden ist die Beschaffenheit der Abwässer. Die Abwassereigenschaften und der Reinigungserfolg können für einige Parameter Tabelle 3.9.2.1 entnommen werden; die Werte stellen allerdings eine Momentaufnahme dar und können stark schwanken.

Tab. 3.9.2.1: Wasseranalysen in Berlin-Gatow im Frühjahr 1976 (nach KAMPF 1976)

	Rohabwasser	Rieselfeldablauf	Havel
NH_4-N (mg/l)	61	3,4	2,9
NO_3-N (mg/l)	0	15	1,5
PO_4 (mg/l)	28	4,6	0,7
Keimzahl je l	$10^7 - 10^9$	$10^2 - 10^3$	$10^2 - 10^3$

Infolge periodischer Abwasserverrieselung war ein berieselter Boden nahezu ganzjährig feucht und zeitweilig naß.

Bei einem Rieselvorgang mit Abwasser sinken im Gegensatz zu einem Niederschlagsereignis mit der Wasserspannung nahezu schlagartig auch die Redoxpotentiale des Bodens stark ab (Abb. 3.9.2.1) weil intensiver mikrobieller Abbau organischer Verbindungen zu starkem Sauerstoffschwund führt. Da aber die Sauerstoffgehalte bereits nach einigen Stunden wieder ansteigen, werden hierdurch die Individuenzahlen an Bodentieren nicht vermindert, sondern nur ihr Artenbestand verschoben und die Biomasseproduktion insgesamt sogar erhöht. Voraussetzung hierfür ist jedoch nur kurzfristiges Überstauen mit Abwasser, was je nach Durchlässigkeit der Böden bei sandigen Braunerden ein Verrieseln von jeweils 300 mm, bei lehmigen Parabraunerden hingegen nur von 200 mm ermöglicht.

Mit dem Abwasser gelangen ca. 20-30 g Stickstoff (N) pro m² in den Boden, und zwar überwiegend als Ammonium (NH_4^+), wodurch dessen Konzentration in der Bodenlösung erhöht wird. Der überwiegende Teil wird adsorbiert. Die nachfolgende Belüftung des Bodens bewirkt eine starke Nitrifizierung. Erneute Berieselung hat Auswaschung des gebildeten Nitrats (NO_3^-) sowie Verluste durch Denitrifizierung (Abb. 3.9.2.1) zur Folge.

Die 80-jährige Berieselung hat zu einer Anreicherung der Böden mit organischer Substanz geführt. Damit wurde das Wasser- und Nährstoffbindungsvermögen insbesondere der sandigen Böden erhöht. Nährstoffe und Schwermetalle wurden stark angereichert (s. Tab. 3.3.2; g), und zwar neben Stickstoff (N) vor allem Phosphat (P), Kupfer (Cu) und Zink (Zn), weniger das relativ bewegliche Kalium (K). Die Zinkanreicherung war dabei so stark (Tab. 3.9.2.2), daß hierdurch heute der Wuchs von Kulturpflanzen gestört wird. Mangan (Mn) und Eisen (Fe) wurden hingegen (trotz Zufuhr mit dem Abwasser) verstärkt ausgewaschen, weil deren Löslichkeit durch Erniedrigung der Redoxpotentiale stark erhöht wurde. Rieselfelder sind also feuchte bis nasse, zeitweilig luftarme, nähr- und schadstoffreiche Standorte. Vor allem die hohen Cadmium- und Bleigehalte (s. Tab. 2.2.2.6) gestatten keinen Anbau von Nahrungspflanzen mehr.

Seit Aufgabe der Abwasserverrieselung gehen die Humus- und Stickstoffgehalte langsam zurück. Die starke Schwermetallbelastung wird aber bleiben. Nur eine regelmäßige Kalkung kann dann verhindern, daß es bei Pflanzen und Bodentieren zu Vergiftungen kommt, weil die Mobilität der Metalle mit sinkendem pH-Wert ansteigt (vgl. Kap. 2.2.2).

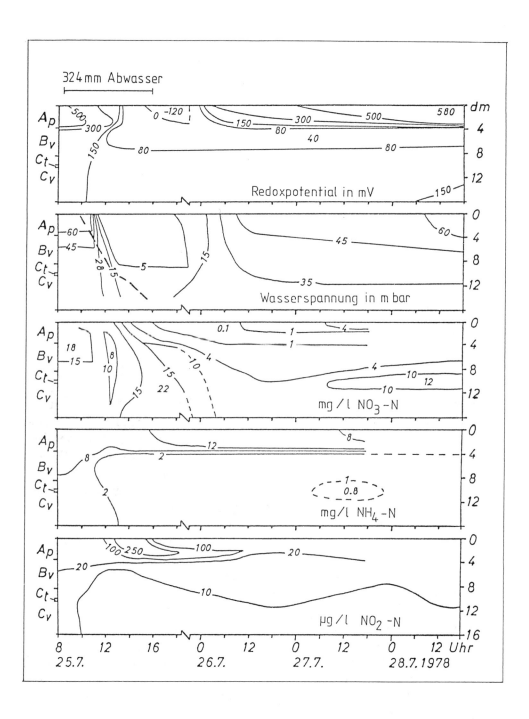

Abb. 3.9.2.1: Änderung der Redoxpotentiale, Wasserspannung sowie Gehalte gelösten Stickstoffs einer Braunerde während und nach Verrieselung von Abwasser (--- Sickerwasserfront) (nach BLUME u.a. 1980)

Tab. 3.9.2.2: Mögliche Elementbilanzen Berliner Böden nach Entwicklung seit ca. 12.000 Jahren sowie 80-jähriger Abwasserverrieselung
(aus: MESHREF 1981)

	N	P	Fe	g / m² Mn	Zn	Cu
Sandige Braunerde						
ursprünglich	< 1	550	9600	330	80	8,2
heute	1500	1450	8400	210	270	31
Verlust / Gewinn	+1500	+900	-1200	-120	+190	+23
Lehmige Parabraunerde						
ursprünglich	< 1	570	26100	530	97	21
heute	500	1082	22400	310	175	30
Verlust / Gewinn	+500	+512	-3700	-220	+78	+9
theoret. Gewinn*)		3400	270	15	81	14

*) Annahme einer Abwasserzufuhr von 240.000 l/m² in 100 Jahren der mittleren Zusammensetzung von 1978/79

Flora und Vegetation

Die Vegetation wird durch die Berieselung wesentlich beeinflußt, wobei Kulturart und Bodentyp zu weiteren Differenzierungen führen. Rieselwiesen nehmen den größten Teil der noch berieselten Flächen ein. Bei Grünlandnutzung entstehen artenarme Reinbestände von Quecke (*Agropyron repens*) und Welschem Weidelgras (*Lolium multiflorum*). Auf Hackfruchtäckern und Gemüseanbauflächen dominieren Franzosenkraut (*Galinsoga parviflora*), Weißer Gänsefuß (*Chenopodium album*), Vogelmiere (*Stellaria media*), Hirtentäschel (*Capsella bursa-pastoris*) und Rote Taubnessel (*Lamium purpureum*).

Auf Maisfeldern wachsen Zweizahn (*Bidens frondosa*), Hühnerhirse (*Echinochloa crus-galli*), Spieß-Melde (*Atriplex latifolia*), Roter Gänsefuß (*Chenopodium rubrum*) und Ampferblättriger Knöterich (*Polygonum lapathifolium*).

Entlang der Wege sind oft Reinbestände von Quecke, Brennessel (*Urtica dioica*), Wehrloser Trespe (*Bromus inermis*) und Klebkraut (*Galium aparine*) zu finden. Die Arten nährstoffärmerer, trockener Standorte fehlen weitgehend.

Auf den berieselten Flächen ist die Vielfalt an Arten durch das Überangebot an Wasser und Nährsalzen sehr zurückgedrängt. Im Gesamtsystem Rieselfeld ist jedoch mit den Pflanzengesellschaften der Wegränder, Hecken und Waldstreifen die gleiche Zahl an Arten (309 Farn- und Blütenpflanzen) vertreten wie im Bereich der angrenzenden Gatower Ackerflur (296 Arten).

Die landschaftliche Vielfalt wird durch Hecken, Gebüsche und alte Bäume wesentlich erhöht (Abb. 3.9.2.2). Rieselfelder und Ackerfluren in Gatow sind das einzige

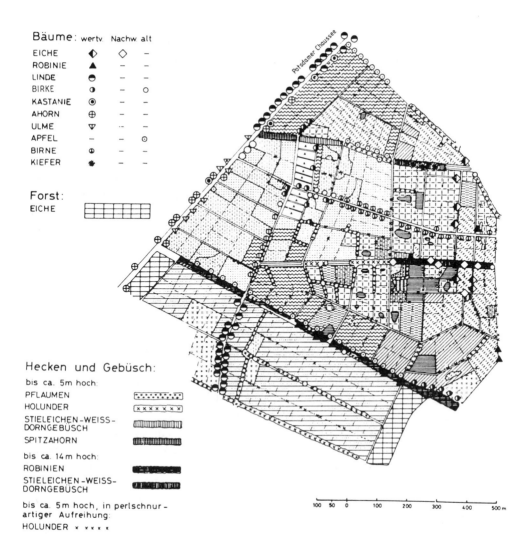

Abb. 3.9.2.2: Vegetationskarte der Rieselfelder in Karolinenhöhe (Berlin-Gatow) 1974 (aus: SUKOPP u.a. 1980)

Gebiet in Berlin (West) mit bemerkenswertem Anteil an Hecken und Holundergebüschen. Neben Weißdornhecken und Ulmengebüschen gibt es Hecken aus Pflaumen, in denen neben Kulturfomen auch verwilderte Pflaumen mit Wildpflanzenmerkmalen vorkommen.

Säugetiere

Insgesamt sind ca. 22 bis 25 Säugerarten für das Rieselfeld nachgewiesen. Das sind knapp 50 % des Artenbestandes von Berlin (West). Charakteristische carnivore Art ist das Mauswiesel (*Mustela nivalis*). Über Kleinsäuger liegen ältere Angaben von VIERHAUS (brieflich von 1962 und 1968) sowie BETHGE (1971) aus Gewöllen vor, und WENDLAND (1971) teilt ein Fangergebnis aus dem November 1969 mit (Tab. 3.9.2.3). Neuere Daten von 1983 legen ELVERS u. ELVERS (1985) vor (Tab. 3.9.2.4). Die Standorte C und F sind ältere Gehölzstreifen, E eine feuchte Grabensohle, A ein Grabenrand zwischen berieselten Parzellen und die beiden anderen Standorte Feldraine. Die Standorte C und F beherbergen die typische Artenkombination von Hecken und Gehölzen, die durch Brandmaus (*Apodemus agrarius*), Rötelmaus (*Clethrionomys glareolus*), Gelbhalsmaus (*Apodemus flavicollis*) und Waldspitzmaus (*Sorex araneus*) gekennzeichnet ist. Die vier übrigen Standorte werden von der Brandmaus dominiert.

Seit den 60er Jahren wurden insgesamt 16 Kleinsäugerarten für das Rieselfeld und die anschließende Gatower Feldflur nachgewiesen. Davon sind drei heute wahrscheinlich ausgestorben: Feldspitzmaus (*Crocidura leucodon*), Wasserspitzmaus (*Neomys fodiens*) und Nordische Wühlmaus (*Microtus oeconomus*). Häufigste Art heute ist die Brandmaus. Sie kommt in einer Dichte vor, die sonst in keinem Gebiet in Berlin (West) erreicht wird. Die Art besiedelt sowohl die feuchten Grabenränder mit Hochstauden wie die Wiesen, die Hecken und die anderen Gehölzstreifen (vgl. Tab. 3.9.2.4). Die Feldmaus (*Microtus arvalis*) ist das häufigste Nagetier der Felder und Äcker auf dem Rieselfeld, wie aus den Gewölluntersuchungen (Tab. 3.9.2.3) hervorgeht. Bei den Fallenfängen ist die Feldmaus aus methodischen Gründen unterrepräsentiert. Die Rötelmaus tritt regelmäßig ebenso wie die Waldspitzmaus in den Hecken und Gehölzstreifen auf. Charakteristische Art der Rieselfelder war bis Mitte der 70er Jahre die Zwergmaus (*Micromys minutus*). In keinem anderen Gebiet in Berlin (West) kam die Art so häufig vor wie auf dem Rieselfeld. Heute scheint der Bestand zurückgegangen zu sein. Die übrigen nachgewiesenen Kleinsäugerarten Maulwurf (*Talpa europaea*), Zwergspitzmaus, Schermaus (*Arvicola terrestris*), Bisamratte (*Ondatra zibethica*), Wanderratte (*Rattus norvegicus*), Waldmaus (*Apodemus sylvaticus*), Gelbhalsmaus und Hausmaus (*Mus musculus*) sind nicht als typisch für das Rieselfeld anzusehen und kommen in anderen Gebieten in Berlin (West) weitaus häufiger vor.

Tab. 3.9.2.3: Ältere Daten über Kleinsäuger auf dem Rieselfeld Gatow

	VIERHAUS (briefl.) 1962 und 1968 Gewölle	WENDLAND (1971) November 1969 Fallenfänge	BETHGE (1971) mehrere Jahre Gewölle
Brandmaus	34	27	36
Waldspitzmaus	30	-	19
Feldmaus	21	-	47
Zwergmaus	14	-	2
Wald-/Gelbhalsmaus	5	4	15
Hausmaus	4	-	-
Feldspitzmaus	2	-	-
Zwergspitzmaus	1	-	-
Rötelmaus	1	5	5
Haus-/Wanderratte	-	-	1
Wasserspitzmaus	-	-	1
	112	36	126

Tab. 3.9.2.4: Die Kleinsäuger auf dem Rieselfeld Karolinenhöhe 1983[1)]
(aus: ELVERS u. ELVERS 1985)

Standort	C	F	E	D	A	B	gesamt	%	% besetzte Fallen
Falleneinheiten	180	120	42	30	63	24	459		
Fangmonat	8	8	8	8	8	8	-		
Individuenzahl	79	33	17	8	23	5	165		
Brandmaus	35	28	16	6	22	5	112	68%	24,4%
Rötelmaus	27	2	-	-	-	-	29	18%	6,3%
Gelbhalsmaus	6	2	1	2	-	-	11	7%	2,4%
Waldspitzmaus	9	-	-	-	-	-	9	5%	1,7%
Feldmaus	2	1	-	-	-	-	3	2%	0,6%
Waldmaus	-	-	-	-	1	-	1	1%	0,2%
									35,9%

[1)] gefangen vom 26.8. - 29.8.1983

Vögel

In keinem Gebiet von Berlin (West) sind mehr Vogelarten beobachtet worden als im Gatower Rieselfeld. Insgesamt waren es von 1950 bis 1985 ca. 220 Arten und damit rund 85 % der für Berlin nachgewiesenen.

Der Brutvogelbestand wurde 1965-67 (LÖSCHAU 1978) und 1984 (ELVERS 1985) kartiert. Von den insgesamt nachgewiesenen rund 60 Brutvogelarten kamen 1984 noch 39 vor.

Die Veränderungen des Artenbestandes auf dem Rieselfeldgelände sind in Tabelle 3.9.2.5 zusammengefaßt und für die zurückgegangenen Arten in Abbildung 3.9.2.3 dargestellt. Unter den verschwundenen oder abnehmenden sind 13 auf den Roten Listen von Berlin (West) oder der Bundesrepublik Deutschland geführte Vogelarten. Bei neun dieser Arten hat sich die Gefährdungssituation von den 70er zu den 80er Jahren um mindestens eine Kategorie verschlimmert (Vergleich der älteren mit den neueren Roten Listen). Unter den zunehmenden oder neu eingewanderten Arten befindet sich eine gefährdete Vogelart, die aber 1984 nur mit einem Revier auftrat und eher als sporadischer Brutvogel einzuordnen ist (Steinschmätzer).

Somit spiegelt die Entwicklung in Gatow die allgemeine Tendenz zur Artenverarmung in der Kulturlandschaft in der Bundesrepublik und Berlin wider, die aufgrund der zunehmenden Belastung der Lebensräume zu einem weiteren Seltenerwerden der ohnehin schon gefährdeten Arten führt (vgl. FLADE u. STEIOF 1989). In Gatow wird dieser meist von der Landbewirtschaftung verursachte Trend durch die zunehmenden Störungen unter anderem durch Erholungssuchende und Hunde verstärkt und beschleunigt.

Das wird durch einen Vergleich der nistökologischen Verhaltensweisen der gesamten Vogelgemeinschaften von 1965/67 und 1984 verdeutlicht: Die Störungen verstärkt ausgesetzten Bodenbrüter und Freibrüter (unter 1,5 m Höhe brütend) haben von 13 auf 11 % bzw. 40 auf 30 % abgenommen, während die Anteile der Freibrüter (über 1,5 m Höhe brütend) und der Höhlenbrüter von 15 auf 21 % bzw. 23 auf 28 % zugenommen haben (ELVERS 1985).

Die vier häufigsten Brutvogelarten waren 1984 Feldsperling (*Passer montanus*) mit ca. 100, Amsel (*Turdus merula*) und Dorngrasmücke (*Sylvia communis*) mit 35-40 sowie Sumpfrohrsänger (*Acrocephalus palustris*) mit 30-40 Revieren.

Bei einer brutbiologischen Untersuchung 1985 fanden SCHULZE-HAGEN u. MÄDLOW (1986) 150-160 Reviere des Sumpfrohrsängers (u.a. 105 Reviere auf einer Teilfläche von 107 ha) sowie 50-65 der Dorngrasmücke. Damit beherbergen die Rieselfelder bei beiden Arten die größten Bestände von Berlin (West). 65-80 % der Sumpfrohrsängergelege werden allerdings durch Mahd der Wiesen, Grabenböschungen und Krautraine zwischen Ende Mai und Ende Juni zerstört. Trotz Nachgelegen ist damit die Reproduktion dieser Population zur Aufrechterhaltung des Bestandes zu gering, so daß Zuzug von außen her erfolgen muß. Es ergibt sich die Forderung, entsprechende Strukturen nicht vom 20.5. bis 20.7. zu mähen bzw. mindestens 2,5 m breite Säume ungemäht zu lassen.

Tab. 3.9.2.5: Bestandsänderungen der Brutvögel auf dem Gatower Rieselfeld 1965/67 bis 1984 (ELVERS 1985)

	RL-B a	RL-B b	RL-D a	RL-D b
Verschwundene Arten				
1. Wachtelkönig, Wiesenralle (*Crex crex*)	1	1	2	1
2. Eisvogel (*Alcedo atthis*)	2	2	3	2
3. Brachpieper (*Anthus campestris*)	1	1	1	1
4. Braunkehlchen (*Saxicola rubetra*)	2	1	2	2
5. Teichrohrsänger (*Acrocephalus scirpaceus*)	-	-	-	-
6. Neuntöter (*Lanius collurio*)	3	3	2	2
7. Bluthänfling (*Carduelis cannabina*)	4	3	-	-
8. Grauammer (*Miliaria calandra*)	1	1	3	2
Zurückgegangene Arten (vgl. Abb. 3.9.2.3)				
1. Stockente (*Anas platyrhynchos*)	-	-	-	-
2. Rebhuhn (*Perdix perdix*)	3	1	2	2
3. Feldlerche (*Alauda arvensis*)	3	4	-	-
4. Schafstelze (*Motacilla flava*)	2	2	-	3
5. Gartenrotschwanz (*Phoenicurus phoenicurus*)	-	-	-	3
6. Dorngrasmücke (*Sylvia communis*)	-	-	-	-
7. Goldammer (*Emberiza citrinella*)	3	2	-	-
8. Rohrammer (*Emberiza schoeniclus*)	-	4	-	-
Sporadische Brutvögel 1968 - 1983				
1. Flußregenpfeifer (*Charadrius dubius*)	2	2	-	-
2. Kiebitz (*Vanellus vanellus*)	1	1	-	3
3. Feldschwirl (*Locustella naevia*)	3	2	-	-
Arten mit Bestandszunahme				
1. Ringeltaube (*Columba palumbus*)	-	-	-	-
2. Baumpieper (*Anthus trivialis*)	-	-	-	-
Neu eingewanderte Arten				
1. Buntspecht (*Dendrocopos major*)	-	-	-	-
2. Steinschmätzer (*Oenanthe oenanthe*)	3	3	3	2
3. Fitis (*Phylloscopus trochilus*)	-	-	-	-
4. Trauerschnäpper (*Ficedula hypoleuca*)	-	-	-	-
5. Schwanzmeise (*Aegithalos caudatus*)	-	-	-	-
6. Eichelhäher (*Garrulus glandarius*)	-	-	-	-
7. Girlitz (*Serinus serinus*)	-	-	-	-
8. Stieglitz (*Carduelis carduelis*)	-	-	-	-

RL-B: Rote Liste Berlin (West)   a: 2. Fassung (ELVERS u. OAG 1982)
                                            b: 3. Fassung (WITT 1985a)

RL-D: Rote Liste Bundesrep. Deutschland   a: 5. Fassung (BAUER u. THIELKE 1982)
                                                       b: 6. Fassung (DDA u. DS/IRV 1986)

Gefährdungsgrade: 1 - vom Aussterben bedroht   3 - gefährdet
                            2 - stark gefährdet   4 - potentiell gefährdet

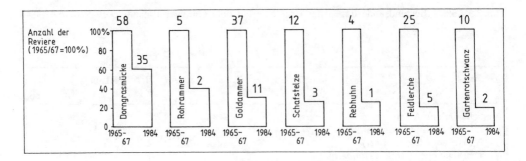

Abb. 3.9.2.3: Revierzahlen der abnehmenden Vogelarten auf dem Gatower Rieselfeld 1965/67 und 1984 (aus ELVERS in Ökologie u. Planung 1985)

Tab. 3.9.2.6: Individuenzahlen der Limikolen auf dem Gatower Rieselfeld von 1970 bis 1979 (ELVERS 1985)

Art	1970 - 1979 Exemplare	%	1970 - 1974 Exemplare	%	1975 - 1979 Exemplare	%
1. Bekassine	1.066	25,4	654	23,6	412	29,0
2. Bruchwasserläufer	1.012	24,1	654	23,6	358	25,3
3. Flußregenpfeifer	474	11,3	368	13,3	106	7,5
4. Waldwasserläufer	312	7,4	217	7,8	95	6,7
5. Goldregenpfeifer	292	7,0	128	4,6	164	11,6
6. Kampfläufer	269	6,4	244	8,8	25	1,8
7. Uferläufer	166	4,0	94	3,4	72	5,1
8. Großer Brachvogel	132	3,1	68	2,4	64	4,5
9. Zwergschnepfe	130	3,1	94	3,4	36	2,5
10. Grünschenkel	87	2,1	65	2,3	22	1,5
11. Dunkler Wasserläufer	60	1,4	52	1,9	8	0,6
12. Alpenstrandläufer	39	0,9	24	0,9	15	1,0
13. Uferschnepfe	35	0,8	28	1,0	7	0,5
14. Rotschenkel	30	0,7	23	0,9	7	0,5
15. Regenbrachvogel	23	0,6	18	0,7	5	0,3
16. Zwergstrandläufer	20	0,5	15	0,6	5	0,3
17. Sandregenpfeifer	15	0,4	10	0,4	5	0,3
18. Temminckstrandläufer	10	0,2	10	0,4	0	
19. Kiebitzregenpfeifer	5	0,1	3	0,1	2	0,1
20. Pfuhlschnepfe	5	0,1	0		5	0,3
21. Austernfischer	4	< 0,1	0		4	0,3
22. Sichelstrandläufer	2	< 0,1	2	< 0,1	0	
23. Waldschnepfe	1	< 0,1	1	< 0,1	0	
23 Arten	4.189		2.672		1.457	

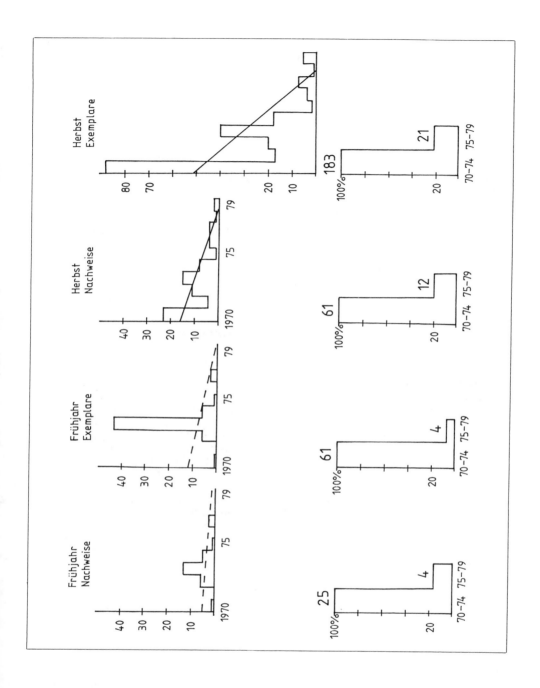

Abb. 3.9.2.4: Nachweise des Kampfläufers auf dem Gatower Rieselfeld von 1970-1979 (aus: ELVERS 1985)

Tab. 3.9.2.7: Status der Limikolenarten auf dem Gatower Rieselfeld im Vergleich 1970-74 zu 1975-79 (aus: ELVERS 1985)

Frühjahr	Herbst
1. Sporadische Gäste (bis zu 3 Nachweisen): Sandregenpfeifer (*Charadrius hiaticula*)[1] Zwergstrandläufer (*Calidris minuta*) Waldschnepfe (*Scolopax rusticola*) Regenbrachvogel (*Numenius phaeopus*)	Austernfischer (*Haematopus ostralegus*) Sandregenpfeifer (*Charadrius hiaticula*) Kiebitzregenpfeifer (*Pluvialis squatarola*) Temminckstrandläufer (*Calidris temmincki*) Sichelstrandläufer (*Calidris ferruginea*) Uferschnepfe (*Limosa limosa*) Pfuhlschnepfe (*Limosa lapponica*) Rotschenkel (*Tringa totanus*)
2. Nur im wesentlichen überhinziehende Arten: - Zunahme Goldregenpfeifer (*Pluvialis apricaria*) - Abnahme Großer Brachvogel (*Numenius arquata*) - gleichbleibend -	- Goldregenpfeifer (*Pluvialis apricaria*) Regenbrachvogel (*Numenius phaeopus*) Großer Brachvogel (*Numenius arquata*)
3. Rastende Limikolenarten: - Abnahme bis 50 % der Exemplare Flußregenpfeifer (*Charadrius dubius*) Dunkler Wasserläufer (*Tringa erythropus*) Uferläufer (*Actitis hypoleucos*) - Abnahme über 50 % der Exemplare Temminckstrandläufer (*Calidris temminckii*) Kampfläufer (*Philomachus pugnax*) Zwergschnepfe (*Lymnocryptes minimus*) Bekassine (*Gallinago gallinago*) Uferschnepfe (*Limosa limosa*) Rotschenkel (*Tringa totanus*) Grünschenkel (*Tringa nebularia*) Waldwasserläufer (*Tringa ochropus*) Bruchwasserläufer (*Tringa glareola*)	Flußregenpfeifer (*Charadrius dubius*) Alpenstrandläufer (*Calidris alpina*) Bekassine (*Gallinago gallinago*) Grünschenkel (*Tringa nebularia*) Bruchwasserläufer (*Tringa glareola*) Uferläufer (*Actitis hypoleucos*) Zwergstrandläufer (*Calidris minuta*) Kampfläufer (*Philomachus pugnax*) Zwergschnepfe (*Lymnocryptes minimus*) Dunkler Wasserläufer (*Tringa erythropus*) Waldwasserläufer (*Tringa ochropus*)

[1] Die Arten sind innerhalb der Kategorien systematisch geordnet.

Auf die hohe Bedeutung der Rieselfelder für durchziehende Limikolen (Watvögel) wurde bereits in Kapitel 3.9 hingewiesen. Auf dem Gatower Rieselfeld sind zwischen 1954 und 1985 29 Limikolenarten nachgewiesen worden (ELVERS 1985); das sind 85 % der 34 für den gesamten Berliner Rieselfeldgürtel angegebenen Arten (BRUCH u. LÖSCHAU 1970-73).

Die Nachweise der Limikolen haben in dem von Elvers ausgewerteten Zeitraum von 1970 bis 1979 stark abgenommen. Tabelle 3.9.2.6 gibt einen Überblick über das Auftreten der 23 Arten (ohne den häufigen Kiebitz). In diesen Summen sind rastende und durchziehende Arten enthalten. Den Status der Bestandsänderungen faßt Tabelle 3.9.2.7 zusammen. Als Beispiel einer Art mit deutlicher Abnahmetendenz ist in Abbildung 3.9.2.4 die Entwicklung beim Kampfläufer (*Philomachus pugnax*) dargestellt.

Die Rastbedingungen für Limikolen haben sich in den 80er Jahren durch nur noch geringe Berieselung und Zunahme der Störungen weiter verschlechtert, so daß bis auf wenige Ausnahmen nur noch Einzelbeobachtungen kurzzeitig rastender Limikolen gelangen.

Den auch in den 80er Jahren noch hohen Wert des Gatower Rieselfeldes als Beobachtungsgebiet für Berlin (West) verdeutlichen drei Erstnachweise für die Stadt:

- Kurzschnabelgans (*Anser brachyrhynchus*), 5.2.1981 (BOLDT 1982);
- Zitronenstelze (*Motacilla citreola*), 2.5.1984 (MÄDLOW u. HANDKE 1985);
- Großer Schlammläufer (*Limnodromus scolopaceus*), 25.9.1984 (ELVERS 1988).

Die Beobachtung des Großen Schlammläufers (Herkunft: Amerika) war gleichzeitig der erste sichere Nachweis der Art für Deutschland.

Reptilien

Die Reptilienfauna ist identisch mit der der angrenzenden Gatower Feldflur (vgl. Kap. 3.3). Jedoch kommen Blindschleiche (*Anguis fragilis*) und insbesondere die Zauneidechse (*Lacerta agilis*) wesentlich seltener vor.

Amphibien

Als einzige Art kommt gelegentlich der Teichfrosch (*Rana "esculenta"*) in Teilen des Südlichen Abfanggrabens (überwiegend bereits in der Feldflur) vor. Im Frühjahr wurden gehäuft tote Tiere festgestellt, die offensichtlich dem Sauerstoffmangel oder der Schwefelwasserstoffentwicklung am Gewässergrund erlegen waren (KLEMZ 1986). Wären Gewässer ohne Rieselwassereinfluß vorhanden, böte die kleinstrukturierte Landschaft mit ausgedehnten Feuchtflächen einen geeigneten Sommerlebensraum für Amphibien. Einer natürlichen Besiedlung sind allerdings durch stark befahrene Straßen erhebliche Grenzen gesetzt.

Fische

Im Abfanggraben der Gatower Rieselfelder leben nur zwei einheimische Arten: der vom Aussterben bedrohte Neunstachlige Stichling (*Pungitius pungitius*) und der gefährdete Dreistachlige Stichling (*Gasterosteus aculeatus*) (Tab. 3.1.1.5). Die Wassertiefe von meist nicht mehr als 10 cm würde auch nur wenigen anderen Fischarten von ihrer Körpergröße her ein Vorkommen erlauben. Ungeklärt ist, warum der Neunstachlige Stichling in Berlin (West) viel seltener als im Bundesgebiet vorkommt. Auf der Roten Liste der Bundesrepublik sind beide Arten als gefährdet eingestuft (BLAB u.a. 1984).

Wirbellose Tiere

Das Gelände der Rieselfelder weist zahlreiche Arten der Feldmark, der Weiden, Wegränder und Feldgehölzen auf (s. Kap. 3.3). Die extremen Veränderungen, denen ein Rieselbecken unterworfen ist, können jedoch nur wenige Arten tolerieren.

In einem Rieselbecken, das mit Weidelgras eingesät war, stellte KROESSEL (1982) 47 Spinnen- und 32 Laufkäferarten fest. Die Artenzusammensetzung entspricht der einer Wiesenbiozönose mit hygrophilen Zeigerarten. Auch einzelne typische Arten der Äcker treten hier auf.

Als Feuchtezeiger unter den aufgetretenen Laufkäfern gelten *Agonum thoreyi*, *Carabus granulatus*, *Loricera pilicornis* und *Pterostichus vernalis*.

Natürlich ändert sich die Artenzusammensetzung nachhaltig, wenn solche Flächen wieder berieselt werden. Selbst die meisten hier vorkommenden Springschwanzarten (*Collembola*) werden stark geschädigt. Allerdings werden nach RÖSSING (1981) solche Flächen nach Einstellung der Berieselung schnell wieder von den Rainen her durch *Collembolen* besiedelt.

Farbtafelteil

Typische Böden Berlins (Maßstab in dm)

1 Parabraunerde aus Geschiebemergel unter Forst, Frohnau
2 Rostbraunerde aus Geschiebesand unter Forst, Grunewald
3 Podsol-Gley aus Talsand unter Forst, Spandauer Forst
4 Anmoor-Kalkgley aus Talsand unter Forst, Teufelsbruch
5 Niedermoor über Talsand unter Erlenbruchwald, Teufelsbruch
6 Parabraunerde aus Geschiebemergel unter Acker, Rudow
7 Braunerde aus Geschiebesand unter Rieselfeld, Gatow
8 Hortisol-Braunerde aus Talsand und Parkforst, Tegel
9 Regosol aus sandiger Aufschüttung über Moorgley unter Grünland, Tegeler Fließ
10 Pararendzina aus Trümmerschutt unter Hochstauden, Lützowplatz
11 Aufschüttung über Müll unter Ruderalvegetation, Deponie Lübars
12 Rohboden aus Schlacke über sandiger Aufschüttung unter Industrieplatz, Tegel

Bild 1 oben: Im Grunewald sind auf den zumeist armen Sandböden Kiefern und Eichen die bestimmenden Baumarten. Teilweise tritt die Kiefer auf Kuppen dominant hervor. Sehr verbreitet ist die Späte Traubenkirsche (*Prunus serotina*), die in den 30er Jahren in die Wälder eingebracht wurde und sich inzwischen zu einem "Problemgehölz" entwickelt hat, da sie die heimischen Arten zunehmend verdrängt.

Bild 2 links: Als eine der bei uns noch recht verbreiteten Fledermausarten kommt die Wasserfledermaus (*Myotis daubentoni*) im Sommer in den Wäldern vor und jagt vorzugsweise über nahegelegenen Gewässern. In den großen Winterquartieren (z.B. Zitadelle) ist sie die häufigste Art.

Bild 3 rechts: Im Sommer tritt die Fransenfledermaus (*Myotis nattereri*) sowohl in Berlin (West) als auch in der weiteren Umgebung nur sehr selten auf. Im Winterhalbjahr jedoch zählt sie zu den häufigsten Arten in den frostfreien unterirdischen Winterquatieren.

Bild 4 oben: Berlin liegt mit seinem subkontinental getönten Klima am Rande des geschlossenen Areals der Rot-Buche (*Fagus sylvatica*). Ihre natürlichen Vorkommen beschränken sich auf für sie edaphisch und mesoklimatisch günstige Standorte wie beispielsweise die Nord- und Nordwesthänge zur Havel, hier ein Hang am Griebnitzsee.

Bild 5 links: Der Kletterlaufkäfer *Calosoma inquisitor* ist ein typischer Bewohner von Laubwäldern (z.B. Spandauer Forst), wo er im Buschwerk und an Stämmen, aber auch am Boden auf Raupenjagd geht.

Bild 6 rechts: Unter den wegen ihrer schwarzgelben Zeichnung Wespenböcke genannten Käferarten zählt *Plagionotus detritus* zu den selteneren. Er ist im Frühsommer an frischgeschlagenen Eichenstämmen zu finden.

Bild 7: Der Windmühlenberg ist durch seine Sandtrockenrasengesellschaften bekannt. Auf den reinen Sandböden kommen innerhalb der Silbergras- und Grasnelkenfluren zahlreiche seltene und gefährdete Blütenpflanzen vor. Auch einige seltene Flechten haben hier ihren Standort.

gegenüberliegende Seite

Bild 8 oben: Der Pechsee ist einer der letzten relativ nährstoffaremen Seen in Berlin. Die Wasserfläche ist von einem Schwingrasen umgeben, in dem noch sehr seltene moortypische Pflanzen vorkommen.

Bild 9 mitte: Das Teufelsbruch war bis in die 80er Jahre durch Austrocknung stark geschädigt. Seit 1985 wird das Moor bewässert, um noch vorhandene, wertvolle Lebensgemeinschaften zu erhalten bzw. zu fördern. Die Bewässerung erfolgt über einen für diesen Zweck angelegten Graben.

Bild 10 unten links: Der Sumpf-Porst (*Ledum palustre*) ist eine gefährdete Art. Er besitzt seine letzte größere Population in Berlin (West) im NSG Hundekehlefenn, einem ursprünglich nährstoffarmen Verlandungsmoor in der Grunewaldseenrinne.

Bild 11 unten rechts: Der Leiterbock *Saperda scalaris*, ein kleinerer Vertreter der Bockkäfer, lebt als Larve in Laubhölzern feuchter Biotope.

Bild 12 oben: Die Große Steinlanke an der Havel ist ein bekanntes Hechtlaichgebiet. Der starke Rückgang des Schilfs führte zu einer Gefährdung dieses Lebensraumes. In den 80er Jahren begann man durch das Einbringen von Faschinen und Nachpflanzen mit Röhricht diesen wertvollen Uferbereich zu schützen.

Bild 13 unten links: Der Blei (*Abramis brama*) ist eine euryöke Art, die keine Ansprüche an das Laichsubstrat stellt. In den Havelgewässern hat er sich mit zunehmender Eutrophierung massenhaft vermehrt. Als Nahrung dient bevorzugt Benthos, was aber auch durch Zooplankton ersetzt werden kann.

Bild 14 unten rechts: Der Bitterling (*Rhodeus sericeus*) ist in Berlin (West) vom Aussterben bedroht. Diese Kleinfischart benötigt für die Brutpflege Muscheln der Gattungen *Anodonta* und *Unio*. Das Weibchen legt die Eier mit einer Legeröhre in die Kiemenhöhle der Muscheln, wo sie gut geschützt ständig von frischem Wasser umspült werden.

Bild 15 oben: Das Tegeler Fließ bildet auf einer längeren Fließstrecke im unteren Lauf deutliche Mäander aus. Entlang des Fließes sind im wesentlichen Bestände des Großen Wasser-Schwadens (*Glyceria maxima*) und der Schlank-Segge (*Carex gracilis*) ausgebildet. Der Wasser-Schwaden nimmt in Folge der anhaltenden Überstauung der Uferbereiche und der angrenzenden Wiesenbereiche zu.

Bild 16 unten: Bei Grünlandnutzung treten an die Stelle von Wäldern Kohldistelwiesen. Vor dem ersten Schnitt bestimmt der Wiesen-Knöterich (*Polygonum bistorta*) den Aspekt. Heute geht diese blumenreiche Ausbildung durch Überdüngung zurück und wird durch die Massenentwicklung einiger Obergräser ersetzt.

Bild 17 oben links: Während es früher nur Einzelnachweise gab, ist Berlin in den 80er Jahren von der Beutelmeise (*Remiz pendulinus*) kontinuierlich besiedelt worden. Zuerst brütete die Art nur im Tegeler Fließtal, kommt aber inzwischen auch an isolierten und recht kleinen Verlandungsbereichen mit Schilf, Wasser und Bäumen vor.

Bild 18 oben rechts: Der Kleine Wasserfrosch (*Rana lessonae*), neben dem Seefrosch (Rana ridibunda) eine der Stammarten der auch heute noch relativ weit verbreiteten Hybriden des Teichfrosch-Komplexes (*Rana "esculenta"*), gehört zu den Seltenheiten der Berliner Amphibienfauna. Auffällig ist die gelbgrüne, fleckenarme Färbung.

Bild 19 unten links: Trotz seiner auffälligen Färbung bekommt man den Schönbär *Callimorpha dominula* nur selten zu Gesicht. Tags versteckt sich dieser Schmetterling im Blättergewirr von Hochstaudenfluren.

Bild 20 unten rechts: Die Gebänderte Prachtlibelle (*Calopteryx splendens*) bevorzugt sauerstoffreiche Gewässer. Bei uns besitzt sie allenfalls noch am Tegeler Fließ eine kleine Population.

Bild 21 oben: Der Roetepfuhl erhielt seinen Namen durch das schon im 17. Jahrhundert nachweisliche Röten des Flachses. Bei zeitweilig starken Wasserstandsschwankungen kommt es zur flächigen Ausbildung eines Schlammpionierrasens.

Bild 22 unten links: Auf trockenfallendem Schlamm am Rande von Pfuhlen siedelt der seltene Quirl-Tännel (*Elatine alsinastrum*). Die unscheinbar blühenden, einjährigen Pflänzchen werden in ihrer Entwicklung durch warme und trockene Witterung begünstigt.

Bild 23 unten rechts: Als einzige Schlangenart kommt die Ringelnatter (*Natrix natrix*) heute noch in einigen Gebieten am Stadtrand vor. Während es sich bei gelegentlichen Beobachtungen an Pfuhlen um Zufallsfunde handelt, konnte sie sich im oberen Teil des Tegeler Fließes durch Zuwanderung aus den bisher ungestörten Grenzbereichen behaupten. Die bereits erkennbare Zunahme der Ufernutzung zu Erholungszwecken könnte die ohnehin kleinen Bestände weiter schrumpfen lassen.

Bild 27 links: Für den Neuntöter (*Lanius collurio*) stellen die sonnenexponierten, verkrauteten und locker bebuschten Hänge der Wannsee-Kippe den wichtigsten Lebensraum in Berlin (West) dar. Maximal wurden ca. 20 ha geeigneter Fläche von 12 Paaren besiedelt. Durch Aufwachsen vor allem gepflanzter Bäume ist die Art hier mittelfristig gefährdet.

Bild 28 mitte: Die Wechselkröte (*Bufo viridis*) ist in Berlin (West) inzwischen vom Aussterben bedroht. Auch geeignete Sekundärlebensräume mit offenen Brachflächen und vegetationsarmen flachen Gewässern, etwa auf ehemaligen Deponien oder in Gestalt ehemaliger Kiesgruben, sind heute durch intensive gärtnerische Umgestaltungen und natürliche Sukzession nahezu verschwunden.

Bild 29 rechts: Durch Insektizid- und Herbizideinsatz in der Feldmark ist der Goldlaufkäfer *Carabus auratus* in seinem Bestand stark zurückgegangen.

gegenüberliegende Seite

Bild 24 oben: Auf den überwiegend sandig-lehmigen Böden des Berliner Raumes ist die Sand-Mohn-Gesellschaft die am weitesten verbreitete Pflanzengesellschaft der Getreideäcker. Charakteristisch ist der Massenaspekt der beiden Mohnarten Sand-Mohn (Papaver argemone) und Saat-Mohn (P. dubium). Im Rahmen des seit 1987 durchgeführten Ackerrandstreifenprogrammes werden gefährdete Ackerwildkrautarten in Berlin gefördert.

Bild 25 mitte: Die heute nur noch teilweise in Betrieb befindlichen Rieselfelder in Gatow sind von großer Bedeutung für den Arten- und Biotopschutz. Das landwirtschaftlich geprägte Gebiet ist kleinteilig gegliedert und Lebensraum zahlreicher Vogel- und Säugetierarten.

Bild 26 unten: Die wertvollsten Lebensräume auf der Wannsee-Kippe sind sonnenbeschienene süd- bis südwest-exponierte Hänge mit abwechslungsreicher Krautvegetation, einzelnen Gebüschen und Kahlstellen. Neben vielen wärmeliebenden Kleintieren (z.B. Eidechsen, Spinnen, Heuschrecken und andere Insekten) kommen hier zahlreiche gefährdete Vogelarten vor.

Bild 30 oben: Industrie-, Verkehrs- und Hausbrandemissionen erzeugen an austauscharmen Strahlungstagen eine Dunstglocke über Berlin.

Bild 31 unten: Der Blick vom Steglitzer Kreisel zeigt einerseits städtische Zeilenrandbebauung und andererseits grüne Villengrundstücke mit dem alten Baumbestand des Fichtebergs.

Bild 32 oben: Auf dieser Trümmerschuttfläche in Kreuzberg (Hallesche Ecke Möckernstraße) ist die natürliche Sukzession bis zum Robinien-Stadium fortgeschritten. Der hainartige Vorwald wurde mit wenigen Wegen für die Erholung erschlossen und als geschützter Landschaftsbestandteil planungsrechtlich abgesichert.

Bild 33 unten links: Als "Rote Liste-Art der Parkanlagen" könnte man den ehemaligen Allerweltsvogel Grauschnäpper (*Muscicapa striata*) bezeichnen. In den letzten Jahren hat ihm offenbar die intensive "Pflege" des (Alt-)Baumbestandes in den Grünanlagen das Nahrungsangebot - fliegende Insekten der Kronenregion - entzogen. Selbst im Großen Tiergarten wurden 1989 nur noch zwei Reviere gefunden.

Bild 34 unten rechts: Auf dem Jüdischen Friedhof in Weißensee lebt das alte Berlin in Namen und Erinnerungen weiter, obwohl - und gerade weil - seit 50 Jahren Gehölze auf und zwischen Gräbern wachsen.

Bild 35: Durch Enttrümmerung und damit verbundene Bodenumlagerungen entstanden in der Nachkriegszeit völlig neuartige innerstädtische Standorte, die keine Entsprechung in der ursprünglichen Naturlandschaft haben (Diplomatenviertel, Berlin, Tiergarten, nach 1945).

Bild 36: Auf Trümmerschuttflächen entwickelten sich Vegetationskomplexe aus Trokkenrasen, Hochstauden und Vorwaldstadien. Nach dem altersbedingten Zusammenbruch einer Silber-Pappel (*Populus alba*) wachsen Wurzelausläufer zu einem dichten Pappelgebüsch auf, in das einheimische Waldarten, aber auch eine Platane (*Platanus hybrida*, vorne rechts) einwandern (Diplomatenviertel, Berlin-Tiergarten, 1983).

Bild 37: Natur auf dem Bahnsteig: Betonflächen des ehemaligen Anhalter Personenbahnhofs werden zuerst von Moosen, dann von Mauerpfeffer (*Sedum acre*) besiedelt. Wenn genug Feinerde vorhanden ist, können höherwüchsige Trockenrasenarten wie die Rispen-Flockenblume (*Centaurea stoebe*) auf den ursprünglich lebensfeindlichen Standort vordringen.

Bild 38: Die Sand-Birke (*Betula pendula*) ist das häufigste Pioniergehölz auf brachgefallenen Bahnanlagen. Birken werden über weite Entfernungen mit dem Wind verbreitet und keimen oft auf rissigen Holzschwellen.

Bild 39: Mittelstreifen - hier Berliner Straße in Zehlendorf - stellen flächenmäßig die bedeutendsten innerstädtischen Straßenlebensräume dar. Je nach Standortbedingungen können sowohl Arten der Wiesen als auch der Sandtrockenrasen Lebensräume finden.

Bild 40: Die Mäusegerste (*Hordeum murinum*) ist eine der häufigsten Arten im Straßenraum. Sie bildet Säume entlang von Mauern und Zäunen und auch kleine Bestände am Fuß von Straßenschildern und Laternenmasten. Vor allem in Außenbezirken kommt sie in Verbindung mit der Acker-Glockenblume (*Campanula rapunculoides*) vor.

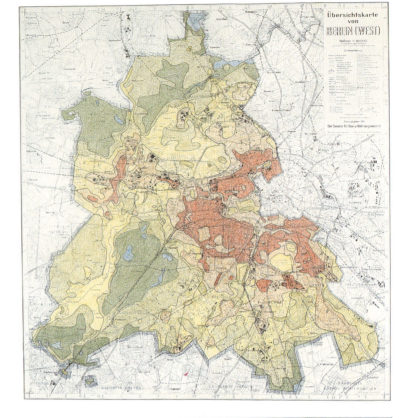

Abb. 2.2.1.3:
Langjähriges Mittel der Lufttemperatur in Berlin (West) in 2 m Höhe (1961–1980)
(aus: HORBERT u. a. 1986)

< 8,0 °C
8,0 – 8,5 °C
8,5 – 9,0 °C
9,0 – 9,5 °C
9,5 – 10,0 °C
10,0 °C

Abb. 2.2.1.7:
Stadtklimatische Zonen in Berlin (West)
(aus: HORBERT u. a. 1986)

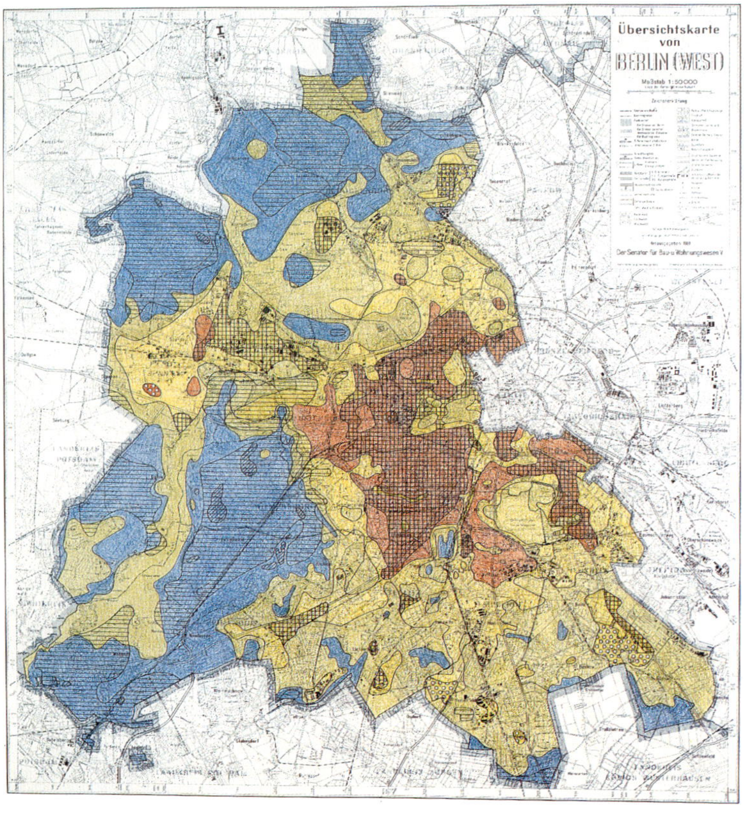

	Zone	stadtklimatische Veränderungen (bezogen auf Freilandverhältnisse)
	1	keine
	1 a	keine (geländeklimatische Extremlagen)
	2	geringe
	3	mäßige
	4	hohe
		Gebiete mit besonders turbulenten Windverhältnissen
		hohe Schwülegefährdung
		geringe Schwülegefährdung

Glossar

Ablagerungsgeschwindigkeit	hier: Verhältnis der in einer Zeiteinheit abgelagerten Schadstoffmenge zur entsprechenden Konzentration in der Luft
Abrasion	abtragende Tätigkeit der Brandung an der Küste und am Ufer von Gewässern; bildet Kliffs und Verebnungsflächen
Absetzbecken	Teil einer Kläranlage; die im Abwasser vorhandenen Sinkstoffe werden infolge langer Verweilzeit und geringer Fließgeschwindigkeit in den Absetzbecken abgeschieden
Absorption	hier: Aufnahme von Strahlung durch Bestandteile der Atmosphäre
Abundanz	Siedlungsdichte; Anzahl von Individuen oder Revieren bezogen auf eine Flächeneinheit
Abwasserverrieselung	Biologische Abwasserreinigung, bei der die Abwässer auf große mit Gras, Hackfrüchten oder Gemüse bebaute Flächen (Rieselfelder) geleitet werden und das überschüssige Wasser nach Passieren einer Erd- und Sandschicht durch Drainageröhren in die Flüsse abfließt
Ackerzahl	korrigierte Bodenzahl; sie kennzeichnet die Ertragsfähigkeit der Böden
adiabatisch	ohne (Wärme-)Energieaustausch mit der Umgebung ablaufend
Adulte	erwachsene, geschlechtsreife Organismen
adventiv, Adventivarten	in einem Gebiet nicht heimische, vom Menschen eingebrachte Arten
Äquivalent	durch die Atom- oder Molekülmasse bestimmte Menge von Atomen, die ohne Überschuß miteinander reagieren
Aerosol	Schwebeteilchen in der Atmosphäre
Agriophyten	eingebürgerte Pflanzensippen, die einen festen Platz in der heutigen Vegetation haben
Akkumulationsindikator	Organismus (Bioindikator), der das Vorhandensein eines Schadstoffs durch Erhöhung des Schadstoffgehalts anzeigt, ohne äußerlich erkennbare Schäden aufzuweisen
Albedo	Verhältnis der auftreffenden zur reflektierten Strahlung
Allerödzeit	kurze Warmperiode im Spätglazial (9000-9800 v.Chr.)
Allmende	gemeinsam genutztes dörfliches oder städtisches Weideland
anaerob	Bezeichnung für Prozesse, die in Abwesenheit von elementarem Sauerstoff ablaufen
anthropochore Arten	Arten, die in einem Gebiet ursprünglich fremd sind, durch den Menschen aber bewußt oder unbewußt verbreitet werden
anthropogen	durch menschlichen Einfluß bedingt
Archäophyten, archäophytisch	vom Menschen in vor- und frühgeschichtlicher Zeit (bis ca. 1500 n.Chr.) eingebrachte Pflanzen; Alteinwanderer
Arealtypenspektrum	prozentuale Verteilung der nach Arealtypen (Grundform von Ausbreitungsgebieten gleicher Größe und Form) geordneten Arten einer Flora oder einer Pflanzengemeinschaft

Basentitration	Neutralisieren einer Säure mit einer Base, z.B. Natriumhydroxid
Becherfallen	Fanggefäße, die zur Ermittlung der Aktivitätsdichte von umherlaufenden Kleintieren eingesetzt werden. Sie werden mit der Oberfläche abschließend in den Boden eingegraben und in einem bestimmten Turnus geleert
benthisch	Organismen, die festsitzend oder beweglich auf, in oder dicht über dem Bodengrund von Gewässern leben
Berlese-Trichter	Gerät zum Austreiben von Kleintieren aus dem Boden. Der B. wird über einem Sieb mit Boden gefüllt und erhitzt. Die anwesenden Tiere werden am unteren (schmalen) Ende des Trichters durch ein Auffanggefäß gesammelt
Bioelementgehalte	Gehalt von Elementen, die in der lebenden Substanz von Pflanzen und Tieren enthalten sind und in anorganischer und/oder organischer Form aufgenommen werden müssen (z.B. Kohlenstoff, Kalium)
Bioindikatoren	lebende Organismen, die qualitative Veränderungen von Standortbedingungen anzeigen
Biomasse	Gesamtheit der Lebewesen (als organische Substanz ausgedrückt) im Ökosystem oder in Teilbereichen je Flächen- und Raumeinheit zu einem bestimmten Zeitpunkt
Biotop	Lebensraum; Gesamtheit der eine Biozönose bedingenden abiotischen (unbelebten) Faktoren; der Begriff Biotop wird im räumlich-geographischen sowie im ökologisch-funktionalen Sinne gebraucht
Bioturbation	Bodenmischung durch Tiere
Biozide	chemische Stoffe, die Organismen abtöten; der Begriff umfaßt im Wesentlichen die Pestizide, aber auch andere Umweltchemikalien (alle Stoffe, die durch menschliche Tätigkeit in die Umwelt gelangen oder entstehen)
Biozönose	Lebensgemeinschaft; Gesamtheit aller Lebewesen in einem Ökosystem
Blattflächenindex	Meßzahl für die Belaubungsdichte der Pflanzendecke. Er gibt an, wie groß die Oberfläche sämtlicher Blätter der Pflanzen über einer bestimmten Bodenfläche ist.
Bodenbrüter	Vogelart mit Nestanlage am Boden
Bodenskelett	Bodenpartikel mit über 2 mm Durchmesser
Bodenzahl	Wertzahl, die den Unterschied der Bodenbeschaffenheit im weitesten Sinne (geologische Herkunft, Bodenart, Zustand) berücksichtigt und ein Ausdruck für die Bodenfruchtbarkeit ist
Bongossi	tropische Holzart aus West-Afrika, die u.a. im Schiff- und Wasserbau Verwendung findet
Brandenburger Stadium	Abschnitt der Weichsel-Eiszeit, in dem die Vereisung ca.45km südlich von Berlin zum Stillstand kam
CaO-Äquivalent	zur Neutralisation erforderliche Kalkmenge
Chlorose	"Bleichsucht"; bei Pflanzen fehlende oder gehemmte Ausbildung des Blattgrüns; sie kann u.a. durch Eisenmangel, Staunässe und Lichtmangel bedingt sein
C/N-Verhältnis	Verhältnis von Kohlenstoff zu Stickstoff; Maß für die Zersetzbarkeit organischer Substanzen durch Mikroorganismen sowie für die biotische (=lebend) Aktivität

Cypriniden	Familie der Karpfenfische
Dampfdruck	Wasserdampfgehalt in der Atmosphäre (hPa)
Damwild	Bezeichnung für den weiblichen und männlichen Damhirsch
Dehydrogenasen	Enzyme, die die Übertragung von Wasserstoff eines Substrates auf ein anderes Substrat katalysieren
Denitrifikation/ Denitrifizierung	Reduktion von Nitrat im Boden durch Bakterien zu stickstoffhaltigen Gasen
Depositionsraten	Stoffeinträge in Form von Stäuben (Trockendeposition) oder Niederschlägen (Naßdeposition) in kg innerhalb eines Jahres bezogen auf 1ha Fläche
Destruenten	(=Reduzenten), die die organische Substanz abbauenden und zu anorganischem Material reduzierenden Organismen (Bakterien, Pilze)
Devastierung	Beseitigung der Pflanzendecke in einer Landschaft
Diaspore	eine Verbreitungseinheit einer Pflanze; z.B. ein Same, der aus einem Behälter besteht, der eine noch unentwickelte Pflanze und eine gewisse Menge an Reservestoffen enthält
diffuse Himmelsstrahlung	aus allen Richtungen des Himmels kommende, durch Moleküle, Kondensationskerne oder Wolkenflächen gestreute Sonnenstrahlung
dissoziierte Protonen	durch Aufspaltung von Molekülen entstandene Wasserstoffionen
dissoziierte Säuren	Zerfall von Säuren: in wässriger Lösung in positive H^+-Ionen (Protonen) und den negativen Säurerest
Diversität	Mannigfaltigkeit, speziell die Artendiversität; sie wird über das Auszählen der Arten pro Flächeneinheit ermittelt
Domestikation	Überführung von Wildformen in den Hausstand; domestizierte Formen unterscheiden sich in bestimmten erblichen Merkmalen von ihrer freilebenden Stammform
dominante Arten	vorherrschende Arten
Dominanz	Häufigkeit einer Art in % in Relation zu allen Individuen einer bestimmten Probefläche
Dominanzklassen	Häufigkeitsklassen, wobei vier Abstufungen existieren:
	>5% aller Individuen = dominante Arten
	2-5% aller Individuen = subdominante Arten
	1-2% aller Individuen = influente Arten
	<1% aller Individuen = rezedente Arten
Durchzügler	Tiere, die sich während einer Wanderphase vorübergehend in einem Biotop aufhalten, in dem sie sich nicht ansiedeln
edaphisch	zum Boden gehörend
EDTA-löslich	Ethylendiamintetraessigsäure: Extraktionsmittel zur Bestimmung mobiler Metallionen
Einbürgerung	dauerhafte Ansiedlung ursprünglich im Gebiet nicht heimischer Pflanzen- und Tierarten
Eiskeile	periglaziale Bildung: Schnelles, tiefes Gefrieren des Bodens führt zum Aufreißen von Spalten, die sich später mit Schmelzwasser füllen und gefrieren

Eistage	Tage, an denen die Lufttemperatur ständig unter 0°C liegt
Emission	aus einer Anlage (z.B. Schornstein) austretende Schadstoffe
Emissionsquellen/ Emittenten	Anlagen aus denen Emissionen in die Atmosphäre gelangen
Ephemerophyten	Passanten; vom Menschen eingebrachte Pflanzen, die nur vorübergehend auftreten, da ihnen die Standortbedingungen nicht zusagen
epigäisch	oberirdisch lebend
epigäische Keimung	Pflanzen, die oberirdisch keimen; Keimachse und Keimblätter gelangen an die Erdoberfläche und bilden die ersten Assimliationsorgane (Gegensatz: hypogäisch)
Epiphyten/epiphytisch	Aufsitzer; Pflanzenarten, denen die Stämme und Äste der Bäume nur als Unterlage dienen und so an das Sonnenlicht gelangen; sie sind keine Parasiten; Vorkommen meist in den Tropen
Epökophyten	Arten, die auf vom Menschen geschaffene Standorte angewiesen sind
Erosion	Abtragung der Bodenoberfläche durch Wasser, Eis oder Wind (Deflation)
euryök	in einem breiten Bereich von Umweltbedingungen vorkommend
Eutrophierung, eutroph	Nährstoffanreicherung in Gewässern und Böden mit anorganischen Substanzen wie Phosphat und Nitrat
Fauna	Gesamtheit der Tierarten eines Gebiets
Feinerde	Summe der Kornfraktion mit Korngrößen <2mm Duchmesser
Fennoskandischer Schild	in Skandinavien gelegener über 1 Mrd. Jahre alter Teil des eurasischen Urkontinents
Flora	Gesamtheit der Pflanzenarten eines Gebiets
Forsteinrichtung	regelmäßig wiederholte Waldwirtschaftsplanung für Holzanbau und -einschlag
Frosttage	Tage mit zeitweiligen Temperaturen unter 0°C
Gefüge (-form)	Struktur (Art und Grad der Kristallisation) und Textur (räumliche Anordnung und Verteilung) der Gemengteile von Gesteinen
geomorphologisch	die Formung der Erdoberfläche betreffend
Geophyten	Erdpflanzen; mehrjährige, krautige Pflanzen mit unterirdischen Speicherorganen (Rhizomen, Knollen, Zwiebeln, Rüben)
Geschiebemergel	von Gletschern abgelagertes, kalkhaltiges Sediment
Gewässereutrophierung	s. Eutrophierung
Gewölle	unverdauliche, in Klumpen ausgewürgte Nahrungsreste (Haare, Chitin, Federn u.a.)
glazial	eiszeitlich
grisig	feinkrümelig (überwiegend 50-100 Mikrometer große Aggregate)
Grundmoräne	glaziale Aufschüttung, die beim Zurückweichen des Eises entsteht; meist flachwelliges Gelände mit lehmigen Böden
Grus	durch Verwitterung gebildeter, feiner, bröckeliger Gesteinsschutt
Habitat	Lebensraum/Standort einer bestimmten Tier- oder Pflanzenart
Hartsubstratlaicher	Fische, die bevorzugt auf Kies oder Wurzeln ablaichen

heiße Tage	Tage mit einer zeitweiligen Temperatur über 30°C
Hemerobie	Grad des menschlichen Einflusses auf die Umwelt
Hemerochoren	Organismen, die durch Mitwirkung des Menschen in einem Gebiet vorhanden sind
Hemerophyten	Wildpflanzen, die sich bevorzugt in der Kulturlandschaft ansiedeln
Herbizide	als Unkrautvernichtungsmittel benutzte Chemikalien
Herpetofauna	Arten der Tierklassen Amphibien und Reptilien
Heteroptera	Wanzen
Hüterechte	Festlegung von Weideflächen für Haustiere nach Art und Zahl
Huminsäuregehalt	Bestandteil des Bodenhumus mit Säurecharakter, d.h. organische Stoffe, die aus dem NaOH-Bodenextrakt durch starke Säuren (z.B. HCl) wieder ausgefällt werden können. Huminsäuren sind hochmolekulare, dreidimensional vernetzte Sphärokolloide mit Durchmessern zwischen 0,02 und 0,04 Mikrometern
hydrobiont	in Gewässern lebend
hydromorphe Böden	von stagnierendem Grund- oder Stauwasser geprägt
hygrophil	feuchtigkeitsliebend
hypertrophiert	überernährt
Hypolimnion	das kühle Tiefenwasser im See
Imagines	fertig ausgebildete, geschlechtsreife Insekten nach Abschluß der Wachstumsphase
Immissionen	Gehalt an Luftverunreinigungen in der Atmosphäre, die anthropogenen Ursprungs sind
Indexsumme	aus vier populationsökologischen Parametern errechneter Wert, der jede Vogelart innerhalb einer Region (hier Berlin-West) hinsichtlich Bestandsentwicklung und -situation beschreibt; ein zunehmender Gefährdungs- und Seltenheitsgrad drückt sich durch eine höhere Indexsumme aus
indigene Arten	einheimische Arten
Industriemelanismus	Melanismus = Dunkelfärbung der Körperoberfläche; infolge der besonders durch Ruß bedingten Färbung des Untergrunds sind dunklere Varietäten von Tieren vor ihren Feinden besser geschützt als hellere Individuen der selben Art, was einen Selektionsvorteil darstellt
influente Arten	s. Dominanzklassen
insektivor	insektenfressend
Interzeption	Niederschlag, der von der Vegetation zurückgehalten wird und dort verdunstet
Isolinie	Linien, die vor allem auf Karten benachbarte Punkte oder Orte mit gleichen Merkmalen oder gleichen Werten einer bestimmten Größe miteinander verbinden
juvenil	jugendlich
Kames	Eisrandterrasse, die als Schmelzwasserablagerung entstanden ist
Kamessande	in Gletscherspalten akkumulierte Schmelzwassersande
Keimzahl	Anzahl der Mikroorganismen (Keime) pro Milliliter bzw. Quadratmillimeter Substrat

Kernwuchs	eine aus dem Samen entstandene Pflanze
Körnung	Kenngröße des Bodens, die sich aus den unterschiedlichen Anteilen der Kornfraktion ergibt
Kolluvium	erodiertes Bodenmaterial des Hanges
kommensal	Arten, die unter den besonderen Bedingungen eines Standortes dauernd nebeneinander zu gedeihen vermögen
Kompaktoren	Geräte zur Bodenverdichtung
Kondensationskerne	Aerosole und Staubteilchen, die für Niederschlags- und Nebelbildung sorgen
Konsumenten	Organismen, die die von den Primärproduzenten erzeugte organische Substanz verbrauchen
Kontamination, kontaminiert	Verunreinigung von Boden, Wasser oder Luft durch schädigende Stoffe
kontinentales Klima	große Temperaturschwankungen im Tages- und Jahreslauf bei mäßigen Jahresniederschlägen
Konvektion	vertikale Luftbewegung
koprophag	Bezeichnung für Organismen, die ihren Nahrungsbedarf an tierischen Exkrementen decken, auch wenn häufig Bakterien und Pilze einen wichtigen Bestandteil der Nahrung bilden
Kornfraktion/Korngrößenfraktion	Unterteilung des Feinbodens (Teilchengröße <2mm) in Sand (>=0,063mm), in Schluff (0,063<=0,002mm) und in Ton (<0,002mm)
Korrelationskoeffizient	zahlenmäßiger Ausdruck für eine Wechselwirkung
krümelig	Bodengefüge, das aus rundlichen, lose miteinander verbundenen Ballungen von Bodenteilchen (d<10mm) mit runder, poröser Oberfläche besteht
Kryoturbation	Bodenmischung durch wechselndes Gefrieren und Tauen
laktatlösliches K und P	mit NH_4-Laktat/Milchsäure-Gemisch aus dem Boden extrahierbare Kalium- und Phosphationen (Maß für pflanzenverfügbares K und P)
leewärts	die dem Wind abgewandte Seite, die im Windschatten liegt
Limikolen	Watvögel
luvwärts	die Richtung, aus der der Wind kommt
Makromyzeten	Großpilze
Makrophyten	alle mit bloßem Auge deutlich erkennbaren, pflanzlichen Organismen
Makroporenanteil	Volumenanteil an Grobporen (>10 Mikrometer Porendurchmesser) im Boden
maritimes Klima	s. ozeanisches Klima
Melioration	Maßnahmen zur Verbesserung der natürlichen Gegebenheiten der Landschaft, insbesondere des Bodens und der Bewässerung
Mergel	kalk-, ton-, schluff- und sandhaltiges Sediment
mesoklimatisch	für einheitliche Landschaftsteile geltende Klimaeigenschaften
mesophil	mittlere Standortbedingungen bevorzugend bzw. liebend
mesotroph	Gewässer oder Böden mit mittleren Nährstoffgehalten

minierend	Fortbewegungsart von Tieren, die sich bohrend fortbewegen, wobei gleichzeitig Nahrung aufgenommen wird
Moräne	Gletscherablagerung
Mudde	humoses Seesediment
Nahrungsgast	in einem Gebiet nur zur Nahrungssuche erscheinende Art, die sich dort nicht fortpflanzt
Nekrosen	Absterben von Pflanzengewebe infolge örtlicher Stoffwechselstörungen
Neophyten, neophytisch	Neueinwanderer: Pflanzen, die nach 1500 n.Chr. eingewandert sind
Neozoen	Neueinwanderer: Tiere, die nach 1500 n.Chr. eingewandert sind
Niederlagsrecht	Privileg des Landesherrn an Städte, durchfahrende Kaufleute zum Warenangebot zu zwingen
Nitrifizierung	bakterielle Umwandlung von NH_4 (Ammonium) in NO_2 (Nitrit)
nitrophil	stickstoffliebend
Oberflächenalbedo	siehe Albedo
ökologische Amplitude	Reaktionsbreite einer Art gegenüber einem bestimmten Umweltfaktor
ökologische Nische	ursprünglich Platz eines Organismus im Ökosystem, heute vor allem verstanden als Rolle oder Funktion im Ökosystem
Ökosphäre	Gesamtheit der belebten und unbelebten Umwelt, Gesamtheit der Ökosysteme
Ökosystem	offenes Gefüge von Wechselwirkungen zwischen Lebewesen und unbelebter Umwelt, mit begrenzter Selbstregulierung Ökosystem = Biozönose + Biotop
oligotroph	nährstoffarm
ombrogenes Moor	nur durch Niederschlagswasser gespeistes M., das über die Umgebung herauswachsen kann
ozeanisches Klima	ausgeglichene Temperaturen im Jahreslauf
palaearktisch	zur Fauna/Flora der kalten, gemäßigten u. subtropischen Region der Alten Welt gehörend
Paläoökologie	Lehre von den Lebens- u. Funktionsweisen fossiler Organismen u. von der Zusammensetzung ehemaliger Organismen-Kollektive in einer zu rekonstruierenden Umwelt
parasitiert	von einem Parasiten befallener Wirt. Beide bilden die Form eines Biosystems aus zwei unterschiedlichen Arten, bei der der Parasit zeitweise oder ständig einen (meist größeren) Wirt aufsuchen muß, um die für seinen Stoffwechsel oder zur Erzeugung von Nachkommenschaft erforderlichen Bedingungen zu finden. Parasiten töten ihre Wirte nicht unmittelbar
perennierende Gewässer	Gewässer, die über längere Zeit erhalten bleiben (Gegensatz: temporäre Gewässer)
periglaziär	Klima mit Dauerfrostböden und Tundravegetation ohne Eisbedeckung
Pestizide	Präparate zur Bekämpfung von Pflanzenkrankheiten, zum Abtöten von Pflanzen und Pflanzenteilen, zur Beeinflussung des Pflanzenwachstums und zur Bekämpfung von Gesundheits- und Hausschädlingen; Schädlingsbekämpfungsmittel

pF	log mbar bzw. cm Wassersäule als Maß für die Wasserbindung im Boden
Pfuhle	s. Soll
Phanerophyten	Holzgewächse oder immergrüne und mehrjährige krautige Pflanzen, die größer als 25/30(50)cm werden und entsprechend hoch über dem Erdboden liegende Erneuerungsknospen besitzen
Photoperiode	Wechsel zwischen einer Licht- (Photophase) und einer Dunkelphase (Skotophase) im Tageslauf unter natürlichen Bedingungen
phytophil	pflanzenliebend
pH-Wert	negativer Logarithmus der Protonenkonzentration einer Lösung als Maß für deren Säurewirkung
Pioniere	"Erstbesiedler", Arten, die sich auf bisher vegetationslosem Boden ansiedeln
Pionierstadium	erste Phase eines Sukzessionsabschnittes
Pleistozän	letzte Eiszeit, ca. 3 bis 1 Mio. Jahre vor unserer Zeit
pollenanalytisch	Methode zur Bestimmung der Flora und Vegetation der erdgeschichtlich jüngeren Perioden aus fossilen Pollenkörnern
Polykormon	durch vegetative Fortpflanzung entstandene und durch Ausläufer, Rhizome u.ä. verbundene Gruppe von Pflanzen einer Art
Pommersches Stadium	drittes Stadium der Weichsel-Eiszeit, bei dem sich die Vereisung am wenigsten nach Süden hin ausdehnte (vgl. Brandenburger Stadium)
Population	Fortpflanzungsgesellschaft; Gesamtheit der Individuen einer Art in einem Raum
Porenvolumen	mit Wasser oder Luft gefüllter Raum im Boden, dessen Umfang von Korngröße und Dichte der Packung abhängt
Porung	Porengrößenverteilung; Anteil des Bodens an Grob-, Mittel- und Feinporen, wodurch der Luft- und Wasserhaushalt des Bodens beeinflußt wird
Primärproduktion	autotrophe Organismen oder Produzenten bauen unter Zuhilfenahme von Sonnenenergie oder der Energie chemischer Verbindungen aus anorganischen Verbindungen organische Substanzen auf
Produzenten	alle Pflanzen, die aus anorganischen Stoffen organische Substanz aufbauen
Protonen	Wasserstoffionen (H^+)
Protopedon	Unterwasser-Rohboden, der arm an organischer Substanz ist
Provenienz	Herkunft, Ursprung
Randnekrosen	s. Nekrosen
Rasterkartierung	Bestandsaufnahme innerhalb einer Region, die durch ein Gitternetz (=Raster) in gleichgroße regelmäßige Felder aufgeteilt ist Wenn über die Aussage "Art kommt vor/kommt nicht vor" hinausgehend Häufigkeitsabstufungen innerhalb der Gitterfelder erfolgen, spricht man von "halbquantitativer" R.
Redoxpotential	Verhältnis von oxidierend zu reduzierend wirkenden Stoffen oder Tendenz eines chemischen Elementes oder einer Verbindung, Elektronen abzugeben. Je höher das R., desto stärker ist die redu-

	zierende Wirkung des Stoffes, umso leichter gibt er Elektronen ab und umso eher wirkt er als Reduktionsmittel. Ein Stoff mit niedrigem R. wird als Oxidationsmittel bezeichnet. In einem Redoxsystem werden die Elektronen vom Stoff mit dem höheren R. (Reduktionsmittel) auf den Stoff mit niedrigem R. (Oxidationsmittel) übertragen. Bei diesem Vorgang wird Energie in Form von elektrischer Ladung übertragen. Das R. wird gegen einen willkürlichen Nullpunkt, der Normal-Wasserstoffelektrode gemessen
Refugialstandorte	Rückzugsgebiete bestimmter Arten
Regressionsgerade	Ausgleichsgerade durch eine (Meß-)Punktwolke, wobei die Quadratsumme der Ordinatendifferenzen für die günstigste Gerade zum Minimum werden muß
relative Luftfeuchte	Verhältnis von vorhandenem zu dem maximal möglichen Wasserdampfgehalt der Atmosphäre
Revier	Territorium; Areal, das gegenüber Artgenossen u. teilweise auch gegen Individuen anderer Arten verteidigt wird. Viele Vögel besetzen z.B. Brutreviere zur Fortpflanzungszeit
rezedente Arten	s. Dominanzklassen
rezente Arten	in der Gegenwart lebende Arten
rigolen	Lockerung des Bodens bis zu einer Tiefe von 50-100cm
Rixdorfer Horizont	im Berliner Raum zwischen Geschiebemergel lagernde Kiese mit Knochen zwischeneiszeitlicher Säugetiere; nach der früheren Ortsbezeichnung Rixdorf (Neukölln) benannt
Rohabwasser	ungeklärtes Abwasser
Rote Liste	Verzeichnis gefährdeter Arten mit Angabe des Gefährdungsgrades
Ruderalflora	(von lat.:rudera=Schutt) Bestand an Pflanzenarten, der einen ausgeprägten Verbreitungsschwerpunkt auf Unland, Umgebung von Siedlungen und an Verkehrswegen aufweist
ruderalisiert	durch den Einfluß des Menschen veränderter bzw. künstlich geschaffener Standort, meist durch Aufschüttung oder Ablagerung (Müll) von nährstoffreicher Substanz
Ruderalvegetation	Vegetation, die sich vor allem in der Nähe menschlicher Siedlungen auf Schutt, Wegrändern und Bahndämmen eingestellt hat. R.-Standorte sind i.d.R. reich an anorganischen N-Verbindungen und Nährsalzen
Saprobienindex	Zuordnung von Indikatororganismen der Gewässer zu den vier Saprobitätsstufen als Maß für die Belastung des Gewässers mit organischer Substanz:
	sehr stark belastet = polysaprob stark belastet = alpha-mesosaprob mäßig belastet = beta-mesosaprob kaum belastet = oligosaprob
Schluff, Silt	Korngrößenfraktion (2-63 Micrometer)
Schoßregister	Verzeichnis der von den Bauern zu leistenden Abgaben
Sediment	verfestigte oder nicht verfestigte Ablagerung
semiarid	Klima, bei dem im Jahresdurchschnitt die Verdunstung höher ist als der Niederschlag; in einigen Monaten ist jedoch der Niederschlag höher als die Verdunstung

semihumid	Klima mit die Verdunstung übersteigendem Jahresniederschlag, aber einzelnen ariden (Verdunstung > Niederschlag) Monaten
sensitive Bioindikatoren	Organismen, die das Vorhandensein eines Schadstoffs durch eine äußerlich erkennbare oder im Stoffwechsel meßbare Wirkung anzeigen
Siedlungsdichte	Abundanz; bei Brutvögeln meist in Revieren pro 10ha angegeben
Siedlungskammer	von natürlichen Grenzen (Wald, Gewässer, Moor) umgebene Dorfgruppe
singulär	vereinzelt vorkommend
Solifluktionsmasse	über gefrorenen Untergrund am Hang geflossener Bodenbrei
Soll, Sölle	Teich in einer Moränenlandschaft, meist während der Eiszeit durch Schmelzen eines begrabenen Eisblockes entstanden
Sommertage	Tage, an denen die Temperatur von 25°C erreicht oder überschritten wird
Sommerung	Sommergetreide
sorbiert	an Grenzflächen (z.B. Bodenoberflächen) austauschbar angelagerte Moleküle oder Ionen
Standardabweichung	Quadratwurzel aus der mittleren quadratischen Abweichung einer zufälligen Veränderlichen von ihrem Mittelwert
Stauchmoräne	durch wechselnde Eisströme vom Gletscher aufgestauchter Moränenwall
stenök	nur in einem engen Bereich von Umweltfaktoren vorkommend, wenig anpassungsfähig
Stetigkeit	Häufigkeit des Vorkommens einer Art in einer bestimmten Pflanzengemeinschaft
Strahlungsbilanz	Bilanzierung von Ein- und Ausstrahlung
Strahlungstage	wolkenlose Tage mit hoher Ein- und Ausstrahlung
stratigraphisch	den Schichtenaufbau von Sedimenten betreffend
Stridulationsgeräusche	Zirpgeräusche; entstehen bei Insekten (z.B. Heuschrecken) durch Gegeneinanderstreichen von Kanten, Leisten u.ä.
subarktisch	Strauchtundrengebiete unmittelbar nördlich der polaren Waldgrenze
subdominante Arten	s. Dominanzklassen
subhydrisch	unter Wasser lebend
submers	untergetaucht, unterhalb der Wasseroberfläche lebend
Sukzession	Abfolge von Lebensgemeinschaften an einem Ort durch Veränderung der Lebensbedingungen
Sukzessionsstadien	innerhalb einer Sukzessionsreihe unterscheidet man mehrere Stadien: Anfangs-, Übergangs-, End- oder Klimaxstadien; es werden sechs Stadien unterschieden, die sich gesetzmäßig ablösen: Bloßlegung, Zuwanderung, Besitznahme, Wettbewerb, Reaktion, Stabilisation
synanthrope Arten	Arten, die an die besonderen Lebensbedingungen im Wohnbereich des Menschen angepaßt sind
Teilsiedler	Individuen, deren Reviere nur teilweise innerhalb einer Untersuchungsfläche liegen

thermische Kontinentalität	auf den Temperaturhaushalt bezogenes Klima; vgl. kontinentales Klima
Thermoregulation	Fähigkeit gleichbleibend warmer Organismen, ihre Körpertemperatur unter wechselnden Umweltbedingungen und unterschiedlichen eigenen Stoffwechselleistungen bei geringen Schwankungen konstant zu halten
Therophyten	einjährige Pflanzen, welche die ungünstige Jahreszeit als Samen im Boden überdauern
Titration	maßanalytische Bestimmung, bei der man eine Reagenzlösung mit bekannntem Gehalt in die zu bestimmende Flüssigkeit einleitet, bis die Reaktion (Fällung, Oxidation usw.) beendet ist
Toteis	schuttüberdecktes Eis einer periglaziären Moränenlandschaft
Totwasser	nicht pflanzenverfügbares Wasser
toxisch	giftig wirkend
Transekt	Meßlinie oder -gürtel
Transpiration	Verdunstung durch oberirdische Organe der Pflanze
Triftweide	Beweidungsform, bei der das Weideland nicht eingezäunt und nur unregelmäßig bestockt wird
Trockenmasse	Anteil der wasserfreien Substanz an der Gesamtmasse
Trophie	Ernährungsbedingungwn
Ubiquisten	"Allerweltsarten"; nicht an einen bestimmten Biotop gebundene, in verschiedenen Lebensräumen auftretende Pflanzen- und Tierarten
Überwinterer	Tiere, die ein bestimmtes Gebiet nur während des Winters aufsuchen
UTM-Netz	Universale-Transverse-Mercator-Projektion und Kartographie
Vegetation	Gesamtheit der Pflanzengesellschaften eines Gebiets
vikariiert	sich gegenseitig ersetzend; nahe verwandte Tier- und Pflanzenarten, die sich standörtlich ausschließen
Vorschüttsande	einer Moräne vorgelagerte Schmelzwassersande
Waldweide	Beweiden des Waldes durch Vieh; als Nahrung dienen Früchte (Eicheln, Bucheckern u.a.), Blätter, Triebe, Jungaufwuchs und die Bodenvegetation
Waldzeidlerei	bäuerliche Bienenzucht im Walde
Wasserblüte	Massenentwicklung von Phytoplankton in nährstoffreichen Gewässern
Wasserstoffionen/Wasserstoffprotonen	durch die Abgabe eines Elektrons positiv geladener Kern (Proton) eines Wasserstoffatoms
Weichseleiszeit	jüngste Kaltzeit (70000-8000 v.Chr.)
xerotherm	trockenwarm; Bezeichnung für steppenund wüstenartige Lebensräume sowie deren Flora und Fauna
Zönose	s. Biozönose
Zopftrocknis	Dürreschäden der Baumkronenspitzen

Abkürzungsverzeichnis

"	schwach	B_v	(v von verwittert) durch Mineralverwitterung verbraunter und verlehmter Horizont, ohne Illution, Bodenkolloide aggregiert (typisch für Braunerde)
()	schwach		
-	stark		
A	ein im oberen Teil des Bodenkörpers gebildeter humoser oder eluierter Horzont	C	Ausgangsgestein, aus dem der Boden entstand (Untergrund)
a	Jahr	C	organischer Kohlenstoff
A 1.	ausgestorben, vom Aussterben bedroht	C/N	Verhältnis des Mengenanteils von Kohlenstoff zu Stickstoff
A 2.	stark gefährdet	$CaCl_2$	Calciumchlorid
A 3.	gefährdet	CaO	Calciumoxid
A 4.	potentiell gefährdet	C_{bt}	(b von Bändchen) Tonbändchen, durch Toneinwaschung in dem C-Horizont entstanden
A_e	(e von Elution) gebleichter, meist hellgrauer Eluvialhorizont der Podsole		
		Cd	Cadmium
A_h	(h von Humus) durch Huminstoffe dunkel gefärbter Mineralbodenhorizont	CH	Kohlenwasserstoff
		CH_4	Methan
A_l	(l von lessive = ausgewaschen) aufgehellter, an Ton verarmter Horizont in Parabraunerden	CO	Kohlenmonoxid
		C_t	Tonanreicherung im C-Horizont
		Cu	Kupfer
A_{lv}	verbraunter Horizont, zusätzlich durch Tonauswaschung verarmt	C_v	(v von verwittert) durch physikalische Verwitterung meist im Pleistozän gelockertes Gestein (bei festen Gesteinen) oder entkalkter, aber noch nicht verbraunter Mergel (z.B. Löß)
A_p	gepflügter A_h		
B	verbraunter, zum Teil illuierter Horizont unter dem A-Horizont von Landböden		
		d	Tag
Be	Braunerde	e	EDTA-löslich, potentiell mobilisierbar
B_h	(h von Humus) Subhorizont des B-Horizontes mit starker Illution von Huminstoffen (typisch für Podsol) und Sesquioxiden, deren Farbe vom Humus überdeckt wird	f	(f von fossil) Symbol, das zur Kennzeichnung fossiler Bodenhorizonte vorangestellt wird, z.B. fA_h
		f	fein
B_s	(s von Sesquioxid = AlFe-Oxide) Subhorizont des B-Horizontes mit starker Färbung durch angereicherte Sesquioxide (typisch für Podsol)	F	Feuchtigkeit
		F	Mudde bzw. humushaltiger Horizont eines Unterwasserbodens
B_{sh}	Subhorizont des B-Horizontes mit angereicherten Sesquioxiden und Huminstoffen	Fe	Eisen
		G	(G von Gley) durch Grundwasser beeinflußter Horizont
B_t	(t von Ton) B-Horizont mit Tonillution (typisch für Parabraunerde)	g	(g von gleyartig) durch Wasserstau veränderter Horizont (typisch für Pseudogley)

G	Grundwasserspiegel	N	Stickstoff
Gew %	Gewichtsprozent	Na	Natrium
G_o	(o von Oxidation) Oxidationshorizont im Schwankungsbereich der Grundwasseroberfläche	NatschGBln	Naturschutzgesetz Berlin
		NH_4	Ammonium
		NNW	Niedrigstwasser
G_r	(r von Reduktion) Reduktionshorizont im Bereich ständigen Grundwassers	NO	Stickoxid
		NO_2	Nitrit
		NO_3	Nitrat
GW	Grundwasser	NSG	Naturschutzgebiet
H	Torf bzw. organische Auflage im Grundwasserbereich	N_t	Gesamt-Stickstoff
		nWK	nutzbare Wasserkapazität
H^+	Wasserstoff-Ion (=Proton)	O	organische Horizonte auf dem Mineralboden liegend
H_f	wenig humifizierter Torf		
H_{fh}	mittel humifizierter Torf	O_f	(f von fermentation layer) Auflage teilzersetzter Streu mit makroskopisch erkennbaren Pflanzenstrukturen
H_h	stark humifizierter Torf		
HHW	Höchstwasser		
hPa	hekto-Pascal, Einheit für Druck		
Hu-Be	Humus-Braunerde	O_h	(h von Humus) Huminstoffauflage (Moderhumus) ohne erkennbare Pflanzenstrukturen
Jg.	Jagen		
K	Kalium		
KAK	Kationenaustauschkapazität	P	Phosphor
L	Lehm	p	pyrophosphatlöslich
l	lehmig	Pb	Blei
lakt.-K	laktatlösliches Kalium	Pb	Parabraunerde
lakt.-P	laktatlöslicher Phosphor	pH ($CaCl_2$)	Wasserstoff-Ionenkonzentration gemessen in Calciumchlorid-Lösung
LK	Luftkapazität		
LSG	Landschaftsschutzgebiet	pH (KCl)	Wasserstoff-Ionenkonzentration gemessen in Kaliumchlorid-Lösung
m	mittel		
mbar	milli-Bar		
meq	milli-Äquivalent	PO_4	Phosphat
MHW	Mittleres Hochwasser	ppm	parts per million; Anzahl Teile auf eine Million
MIK	maximale Immissionskonzentration; sie ist ein Ausdruck für Immissionsgrenzwerte, der zu einer Beurteilung der Luftverunreinigungskonzentration benutzt wird	P_v	HCl-löslicher Phosphor
		PV	Porenvolumen
		QGl	Quellengley
		r	(r von reliktisch) Symbol, das zur Kennzeichnung reliktischer Horizonte vorangestellt wird, z.B. rG_r
Mn	Mangan		
MNW	Mittleres Niedrigwasser		
MP	Meßpunkt	R	Rendzina
mS	milli-Siemens, Maß für die elektrische Leitfähigkeit	r.F.	relative Feuchte
		Ra-Be	Ranker-Braunerde
müNN, mNN	Meter über Normal-Null	Rev.	Revier
mV	milli-Volt	RL-B	Rote Liste Berlin(West)
MW	Mittlerer Wasserstand	RL-D	Rote Liste Bundesrepublik Deutschland

s	sandig
S-Wert	Summe der "basisch" wirkenden Kationen (z.B. Ca^{++}, Mg^{++}, K^+)
SO_2	Schwefeldioxid
SO_4	Sulfat
spec.	Species
subsp.	Subspecies (Kleinart)
SV	Substanzvolumen
t	Gesamtgehalte
T	Ton
t	tonig
TW	Totwasser
U	Schluff
u	schluffig
v	Reserve
Var.	Varietät
Vol %	Volumenprozent
x	steinig
Zn	Zink

Literatur

ABGEORDNETENHAUS VON BERLIN 1988: Bodenverschmutzungen, Bodennutzung und Bodenschutz. 2. Bericht der Enquete-Kommission. Kulturbuchverlag Berlin. Drucksache 10/2495

ANDERS, K. 1979: Zur Vogelwelt des Tiergartens. Orn. Ber. f. Berlin (West) 4(1): 3-62

ANDERS, K., ELVERS, H. u. G. WEIGMANN 1979: Im Tiergarten nachgewiesene Säugetiere. In: SUKOPP, H. (Red.) 1979. S. 45-46

ANONYMUS 1803: Kurze Lebensbeschreibung des Oberforstmeisters von Burgsdorff. Der Gesellschaft Naturforschender Freunde zu Berlin, neue Schriften 4:413-422

ANONYMUS 1900: Verzeichnis des erlegten Fischraubzeuges, soweit dafür seit dem 1. April 1900 Prämien gezahlt sind. Mitt. Fisch. Ver. Prov. Brandenburg 37 (3): 322-334

ARBEITSGEMEINSCHAFT ÖKOLOGIE u. LANDSCHAFTSENTWICKLUNG 1988: Ökologisches Gutachten und Landschaftspflegeplan für den Spektegrünzug Teil I, Bauabschnitte 1,2 und 3. Unveröff. Gutachten im Auftrag des Bezirksamtes Spandau von Berlin - Gartenbauamt -

ARBEITSGRUPPE ARTENSCHUTZPROGRAMM 1984: Grundlagen für das Artenschutzprogramm Berlin in drei Bänden. Landschaftsentwicklung u. Umweltforschung Nr. 23, Bd. 1:1-548, Bd. 2: 549-995, Bd. 3: Kartenanhang

ARNDT, A. 1930: Der Einfluß des Rückganges der Schafzucht auf das Pflanzenkleid. Geograph. Anzeiger 31: 391-392

ARNDT, A. 1935: Die Forst Cöpenick in der zweiten Hälfte des 18. Jahrhunderts. Verh. Bot. Ver. Prov. Brandenburg 75(2): 243-248

ARNDT, A. 1955: Beiträge zur Flora und Vegetation Brandenburgs. 1. Wandlung der Ackerunkrautflora in der westlichen Niederlausitz. Wissenschaftliche Zeitschrift der Pädagogischen Hochschule Potsdam. Math.-Naturw.Reihe 1(2): 149-164

ASCHERSON, P. 1853: Studiorum phytographicorum de Marchia Brandenburgensi specimen. Cont. florae Marchiae cum adiacentibus comparationem. Linnaea 26, 67 S.

ASCHERSON, P. 1864: Flora der Provinz Brandenburg, der Altmark und des Herzogtums Magdeburg. Z. Gebrauche in Schulen u. Excursionen bearb. v. P. Ascherson. Abt.1: Aufzählung und Beschreibung der in der Provinz Brandenburg, der Altmark und dem Herzogtum Magdeburg bisher wildwachsend beobachteten und der wichtigeren kultivierten Phanerogamen und Gefäßkryptogamen. 1034 S.. Abt.2: Spezialflora von Berlin. Verzeichnis der Phanerogamen u. Gefäßkryptogamen, welche im Umkreis von 7 Meilen um Berlin vorkommen. Berlin (Hirschwald)

ASMUS, U. 1980a: Vegetationskundliche Bestandsaufnahme des Diplomatenviertels in Berlin-Tiergarten. Gutachten im Auftrag der Internationalen Bauausstellung Berlin 1984

ASMUS, U. 1980b: Vegetationskundliches Gutachten über den Potsdamer und Anhalter Güterbahnhof in Berlin. Im Auftrag des Sen. f. Bau- u. Wohnungswesen Berlin (West) -III. Erlangen, 146 S.

ASMUS, U. 1981: Vegetationskundliches Gutachten über das Südgelände des Schöneberger Güterbahnhofs. Im Auftrag des Sen. f. Bau- und Wohnungswesen Berlin (West)-VII

ASSMANN, P. 1957: Der geologische Aufbau der Gegend von Berlin. Sen. f. Bau u. Wohnungswesen (Hrsg.) Berlin (West)

ATRI, F.R. u. R. BORNKAMM 1984 a: Zur chemischen Belastung einiger Pflanzenarten an ausgewählten Standorten in Berlin (West). Berliner Naturschutzbl. 28:36-40

ATRI, F.R. u. R. BORNKAMM 1984 b: Zur chemischen Belastung einiger Pflanzenarten an Berliner Autobahnrändern. Berliner Naturschutzbl. 28: 73-74

AUHAGEN, A. u. H. SUKOPP 1982: Auswertung der Liste der wildwachsenden Farn- u. Blütenpflanzen von Berlin (West) für den Arten- und Biotopschutz. Landschaftsentwicklung u. Umweltforschung 11: 5-18

AUHAGEN, A. 1985: Arten- und Biotopschutzplanung für ein stadtnahes Waldgebiet unter besonderer Berücksichtigung der Farn- und Blütenpflanzen - aufgezeigt an einem Ausschnitt des Spandauer Forstes in Berlin. Berlin. 510 S. (als Mikrofiche vervielfältigt)

AUHAGEN, A. u. J. KLAWITTER 1986: Natur- und Biotopschutzmaßnahmen im Spandauer Forst Berlin - Amphibienhilfsprogramm. Landschaftsentwicklung u. Umweltforschung 39

AUHAGEN, A. u. R. PLATEN 1987: Erfolgskontrolle von Maßnahmen in den Naturschutzgebieten Teufelsbruch u. Großer Rohrphuhl in Berlin-Spandau. Faltblatt des Sen. f. Stadtentw. u. Umweltschutz/Landesbeauftragter für Naturschutz u. Landschaftspflege "Informationen aus der Berliner Landschaft" 29

BALDER, H. u. E. LAKENBERG 1987: Neuartiges Eichensterben in Berlin. Allg. Forstzeitschr. 27-29: 684-685

BALDER, H. 1989: Untersuchungen zu neuartigen Absterbeerscheinungen an Eichen in den Berliner Forsten. Nachrichtenbl. Deutsch. Pflanzenschutz 41: 1-6

BARNDT, D. 1982: Bestandserfassung des laichwilligen Anteils der Amphibienfauna ausgewählter Gebiete. Mskr. für das Colloquium über Rückgang, Gefährdung und Schutz der Flora und Fauna in Berlin (West) vom 4.-6.6.1980

BARTELS, U. u. J. BLOCK 1985: Ermittlung der Gesamtsäuredeposition in nordrhein-westfälischen Fichten- und Buchenbeständen. Z. Pflanzenernähr. Bodenkunde 148: 689-698

BARTFELDER, F. u. M. KÖHLER 1987: Experimentelle Untersuchungen zur Funktion von Fassadenbegrünung. Diss. TU Berlin

BAUER, E. u. G. THIELKE 1982: Gefährdete Brutvogelarten in der Bundesrepublik Deutschland und im Land Berlin. I. Komm. DBV-Verlag, Kornwestheim. Die Vogelwarte 31: 183-391

BECKER, C. 1989: Die Nutzung von Tieren im Mittelalter zwischen Elbe und Oder. In: HERMANN, B. (Hrsg.): Umwelt in der Geschichte: 7-25. Göttingen

BECKER, K. 1949: Probleme der Rattenbekämpfung in Groß-Berlin. Anz. Schädlingskunde 22:163-166

BECKRÖGE, A., HEROLD, F. u. M. KÖHLER 1986: Zur Schwermetallbelastung der Früchte von *Vitis vinifera* L. - einer wichtigen Pflanze zur Fassadenbegrünung. Berliner Naturschutzbl. 30: 7-11

BEHR, J. 1957: Das Grundwasser bei Berlin-Rudow. Bohrtechnik - Brunnenbau 4

BEHRENDS, M., HÜHN, B. u. E. KARBOWSKI 1982: Naturschutz in der Stadt - Berlin-Gleisdreieck. Landschaftsentwicklung u. Umweltforschung 8: 163-229

BELLMANN, H. 1985: Heuschrecken - beobachten - bestimmen. Melsungen (Neumann-Neudamm),216S.

BERGER-LANDEFELDT u. H. SUKOPP 1965: Zur Synökologie der Sandtrockenrasen, insbesondere der Silbergrasflur. Verh. Bot. Ver. Prov. Brandenburg 102: 41-89

BERSTORFF, G., BURGHARDT, D., KORGE, H. u. L. STIESY 1982: Die Tierwelt des Freizeitparkes in Berlin-Marienfelde. Ökologisches Gutachten im Auftrag der Berliner Landesarbeitsgemeinschaft Naturschutz e.V. (BLN). Brennpunkte des Naturschutzes Nr. 3 Berlin: Deutscher Bund für Vogelschutz, LV Berlin e.V.

BERSTORFF, G., ELVERS, H. u. M. LENZ 1983: Die Brutvögel des Gutsparkes Marienfelde und auf den ehemaligen Feldfluren in Marienfelde. Orn. Ber. f. Berlin (West) 8 (1): 47-50

BETHGE, E. 1971: Die Kleinsäuger der Berliner Rieselfelder. Berliner Naturschutzbl. 15 (44): 500-504

BIEHLER, A. 1981: Faunistisches Gutachten zum Amphibienbestand eines Teilbereiches der Grunewaldseenkette. Gutachten im Auftrag des Bezirksamtes Wilmersdorf - Gartenbauamtes

BIEHLER, A., KÜHNEL, K.-D. u. W. RIECK 1982: Rote Liste der gefährdeten Amphibien und Reptilien von Berlin (West). Landschaftsentwicklung u. Umweltforschung 11: 185-196

BIOLOGISCHE STATION "RIESELFELDER MÜNSTER" (Hrsg.) 1981: Die Rieselfelder Münster. Selbstverlag. 216 S.

BISCHOFF, B 1978 : Die Diploden des LSG Spandauer Forst. Wissenschaftliche Hausarbeit für die 1. Staatsprüfung TU Berlin

BITTMANN, E. 1953: Das Schilf (*Phragmites communis* Trin.) und seine Verwendung im Wasserbau. Angewandte Pflanzensoziologie 7: 1-44.

BITTMANN, E. 1965: Grundlagen und Methoden des biologischen Wasserbaus. In: BUNDESANSTALT FÜR GEWÄSSERKUNDE KOBLENZ (Hrsg.): Der biologische Wasserbau an den Bundeswasserstraßen. Stuttgart: 17-78

BLAB, J. 1980: Grundlagen für ein Fledermaus-Hilfsprogramm. Themen der Zeit 5. Greven

BLAB, J., NOWAK, E., TRAUTMANN, W. u. H. SUKOPP (Hrsg.) 1984: Rote Liste der gefährdeten Tiere und Pflanzen in der Bundesrepublik Deutschland. Naturschutz aktuell 1. Greven (Kilda-Verlag)

BLN (Berliner Landesarbeitsgemeinschaft Naturschutz e.V.) (Hrsg.) 1982: Rettet Berliner Felder. Broschüre. 28 S.

BLN, PROJEKTGRUPPE WANNSEE-KIPPE (JACOB, M. u.a.) 1989: Gutachten zur Vegetation und Fauna der ehemaligen Mülldeponie Berlin-Wannsee. 47 S.

BLUME, H.-P. u. H. SUKOPP 1976: Ökologische Bedeutung anthropogener Bodenveränderungen. Schriftenr. Vegetationskunde 10: 75-89

BLUME, H.-P., HOFFMANN, R., MOLLE, H.-G., PACHUR, H.-J., SCHULZ, G., SUKOPP, H., TIGGES, W. u. I. KARL 1976: Erosion und Abrasion an der Grunewaldseenrinne und am Havelufer. Gutachten im Auftrag des Sen. f. Bau- u. Wohnungswesen Berlin (West). 193 S.

BLUME, H.-P., DÜMMLER, H. u. H.-P. RÖPER 1976: Böden und Gewässer West-Berlins. Landwirtsch. Forsch. 31 (1): 234-239

BLUME, H.-P. u. R. HOFFMANN 1977: Entstehung und pedologische Wirkung glaziärer Frostspalten einer norddeutschen Moränenlandschaft. Z. Pflanzenernähr. Bodenkunde 140: 719-732

BLUME, H.-P., BORNKAMM, R. u. A. BRANDE 1977: Struktur und Funktion eines Wald-See-Ökosystems am Beispiel der Pechsee-Landschaft. In: SUKOPP, H.(Red.): Interdisziplinäre Projektgruppe Ökologie und Umweltforschung 1972-1976. Z. Techn. Univers. Berlin 9: 294-308

BLUME, H.-P. u. M. RUNGE 1978: Genese und Ökologie innerstädtischer Böden aus Bauschutt. Z. Pflanzenernähr. Bodenkunde 141: 727-740

BLUME, H.-P., HORBERT, M., HORN, R. u. H. SUKOPP 1978: Zur Ökologie der Großstadt unter besonderer Berücksichtigung von Berlin (West). Schriftenr. Deutsch. Rat f. Landespflege 30: 658-677

BLUME, H-P., BORNKAMM, R., KEMPF, TH., LACATUSU, R., MULJADI, S. u. F. RAGHIATRI 1979a: Chemisch-ökologische Untersuchung über die Eutrophierung Berliner Gewässer unter besonderer Berücksichtigung der Phosphate u. Borate. Schriftenr. Ver. Wasser-, Boden- u. Lufthygiene 48: 1-52

BLUME, H.-P., BORNKAMM, R. u. H. SUKOPP 1979b: Vegetationsschäden und Bodenveränderungen in der Umgebung einer Mülldeponie. Z. Kulturtechnik u. Flurbereinigung 20: 65-79

BLUME, H.-P., HOFFMANN, R. u. H.-J. PACHUR 1979c: Periglaziäre Steinring- und Frostkeilbildungen norddeutscher Parabraunerden. Z. Geomorph. Suppl. 33: 257-265

BLUME, H.-P., HORN, R., ALAILY, F., JAYAKODY, A.N. u. H. MESHREF 1980: Sandy Cambisol functioning as a filter through longterm irrigation with waste water. Soil Science 130: 186-192

BLUME, H.-P. 1981 : Alarmierende Versauerung Berliner Forsten. Berliner Naturschutzbl. 75: 713-715

BLUME, H.-P. u. Th. HELLRIEGEL 1981: Blei und Cadmium-Status Berliner Böden. Z. Pflanzenernähr. Bodenkunde 144: 181-196

BLUME, H.-P. (Red.) 1981: Typische Böden Berlins. Mitt. Dtsch. Bodenkundl. Gesellsch. 31: 1-352

BLUME, H.-P. 1982: Böden des Verdichtungsraumes Berlin. In: BLUME, H.-P. u. E. SCHLICHTING (Ed.): Bodenkundliche Probleme städtischer Verdichtungsräume. Mitt. Dtsch. Bodenkundl. Gesellsch. 33: 269-280

BLUME, H.-P., HOFMANN,I., MOUIMOU, D. u. M. ZINGK 1983: Bodengesellschaft auf und neben einer Mülldeponie. Z. Pflanzenernähr. Bodenkunde 146: 62-71

BLUME, H.-P. 1985: Schwermetallbelastung Berliner Böden. In der Dokumentation zum Symposium "Bodenschutzprogramm" Berlin am 18./19. 11. 1985, Sen. f. Stadtentw. u. Umweltschutz Berlin (West). S.47-54.

BÖCKER, R. 1978: Vegetations- und Grundwasserverhältnisse im Landschaftsschutzgebiet Tegeler Fließtal (Berlin-West). Verh. Bot. Ver. Prov. Brandenburg 144: 1-164

BÖCKER, R. 1985: In: SenStadtUm 1985

BÖCKER, R., BRANDE, A. u. H. SUKOPP 1986: Das Postfenn im Berliner Grunewald. Abh. Westf. Mus. Naturkunde 48: 417-432, Münster (Westf.)

BÖCKER, R. u. R. GRENZIUS (Red.) (im Druck): Stadtökologische Raumeinheiten von Berlin (West)

BOHM, E. 1987: Die Frühgeschichte des Berliner Raumes. In: RIBBE, W. (Hrsg.): Geschichte Berlins 1: 3-135

BOLDT, I. 1982: Erstnachweis einer Kurzschnabelgans (*Anser brachyrhynchus*) für Berlin (West). Orn. Ber. f. Berlin (West) 7 (1): 63-64

BORGES, E. u. K. WITT 1988: Zwergschnäpper (*Ficedula parva*) brütete 1987 im Berliner Botanischen Garten. Orn. Ber. f. Berlin (West) 13 (2): 163-167

BORNKAMM, R., u. F. RAGHI-ATRI 1978: Wachstum und Inhaltsstoffe von Schilf bei abgestuften Gaben von Stickstoff, Phosphor u. Bor. Verh. Ges. f. Ökologie (Kiel) 7: 361-367

BORNKAMM, R., RAGHI-ATRI, F. u. M. KOCH 1980: Einfluß der Gewässereutrophierung auf *Phragmites australis* (Cav.) Trin. ex Streudel. Garten + Landschaft 1: 15-19

BORNKAMM, R. 1986: Ökologie und Schilfsterben. In: KICKUTH, R.: Grundlagen und Praxis naturnaher Klärverfahren: 171-176. Witzenhausen

BORNKAMM, R. u. F. RAGHI-ATRI 1986: Über die Wirkung unterschiedlicher Gaben von Stickstoff und Phosphor auf die Entwicklung von *Phragmites australis* (Cav.) Trin. ex Streudel. Arch. Hydrobiol. 105: 423-441

BORNKAMM, R., BUSSLER, W., FISCHER, E., SEELIGER, T., STAN, H.-J., u. A. WICHMANN 1986: Phytotoxische Wirkung von Luftschadstoffen, Früherkennung von Schäden und ihre Verwendung zur Bioindikation. Abschlußber. UB- Projekt. Berlin

BORNKAMM, R. u. G. MEYER 1988: Diagnostik und Schadsymptome. In: UMWELTBUNDESAMT u. SEN. F. STADTENTW. u. UMWELTSCHUTZ BERLIN (Hrsg.): Ballungsraumnahe Waldökosysteme, 2. Jahresbericht. Berlin: 227-241

BÖSE, M. 1979: Die geomorphologische Entwicklung im westlichen Berlin nach neueren stratigraphischen Untersuchungen. Berliner Geograph. Abh. 28: 1-40

BOUVIER, C. o. J.: Die Geschichte des Berliner Stadtwaldes 1924-1949, Manuskript Berlin

BRANDE, A. 1978/79: Die Pollenanalyse im Dienste der landschaftsgeschichtlichen Erforschung Berlins. Berliner Naturschutzbl. 22 (65): 435-443, 23 (66): 469-475

BRANDE, A. 1985: Mittelalterlich- neuzeitliche Vegetation am Krummen Fenn in Berlin-Zehlendorf. Verh. Berliner Bot. Ver. 4: 3-65

BRANDE, A. 1986a: Stratigraphie und Genese Berliner Kleinmoore. Telma 16: 319-321.

BRANDE, A. 1986b: Mittelalterliche Siedlungsvorgänge in Berliner Pollendiagrammen. Courier Forschungsinstitut Senckenberg 86:409-414.

BRANDE, A., KALESSE, A., von LÜHRTE, A., NATH-ESSER, M., SCHUMANN, M., TIGGES, W. u. S. WEILER 1987a: Der Gutspark Tegel in historisch- ökologischer Sicht. Jahrbuch des Vereins für die Geschichte Berlins (Der Bär von Berlin) 36: 197-225.

BRANDE, A., von LÜHRTE, A. u. M. SCHUMANN 1987b: Mittelalterliche Siedlungsgeschichte und Landnutzung im Lichte der Historischen Botanik. Museum für Vor- und Frühgeschichte SMPK (Hrsg.): Bauer Bürger Edelmann - Berlin im Mittelalter, Ausstellungskatalog: S. 56-62

BRANDE, A. 1988: Das Bollenfenn in Berlin-Tegel. Telma 18: 95-135.

BRANDE, A. 1989/90: Die Geschichte der Buche in Berlin. Jahrbuch des Vereins für die Geschichte Berlins 38/39: 129-145.

BRANDT, J.F. 1825: Flora Berolinensis sive descriptio plantarum phanerogamarum circa Berolinum sponte crescentium vel in agris culturam, additis Filicibus et Charis. Berolini (Flittner). 373 S.

BRASE, S. 1988: Gutachten zur Bestandsentwicklung des laichwilligen Anteils der Amphibienfauna des NSG Barsee/Grunewald. Gutachten im Auftrag des Sen. f. Stadtentw. u. Umweltschutz Berlin (West)

BRAUN, H.-G. 1985: Siedlungsökologische Untersuchungen am Brutvogelbestand eines Altbauwohngebietes in Berlin-Kreuzberg. Diplomarbeit FB 23 FU- Berlin. 105 S.

BREITENREUTHER, G., DEHN, A., NICKEL, B., ELVERS, H., SCHWARZ, J. u. H.-J. STORK 1978: Die Sommervögel des Märkischen Viertels 1977. Orn. Ber. f. Berlin (West) 3 (2): 147-170

BRUCH, A. u. M. LÖSCHAU 1970, 1971, 1973: Zum Vorkommen der Limikolen im Berliner Raum. Teil I-III. Ornithologische Mitteilungen 22 (8): 157-163, 23 (10): 185-200, 25 (3): 39-54

BRUCH, A., ELVERS, H., POHL, Ch., WESTPHAL, D. u. K. WITT 1978: Die Vögel in Berlin (West). Eine Übersicht. Orn. Ber. f. Berlin (West) 3, Sonderheft, 286 S.

BRÜHL, H. 1981: Anthropogene Einflüsse auf das Grundwasser (Absenkung und Anstieg). Kongreß Wasser Berlin 81. Berlin

BÜCHS, W. 1987: Zur Laichplatzökologie des Moorfrosches (*Rana arvalis* Nilsson) im westlichen Münsterland unter besonderer Berücksichtigung der Wasserqualität und ihrer Beziehung zur Verpilzung der Laichballen. In: GLANDT, D. u. R. PODLOUCKY (Hrsg.): Der Moorfrosch - Meteler Artenschutzsymposium - Beih. Schrftr. Naturschutz u. Landschaftspflege Niedersachsen 19: 81-95

C.F.K. 1789: Geschichte der churmärkischen Forsten und deren Bewirtschaftung nebst einer Anleitung, wie sie hätten behandelt werden sollen. Berlin 1789 (Zit. nach ARNDT 1935)

CHAMISSO, A. von 1815: Adnotationes quaedam ad Floram Berolinensem C.S. Kunthii.- In: WALTER 1815: Verzeichnis der auf den Friedländischen Gütern cultivierten Gewächse. 3. Aufl. 1815

CLAUSNITZER, H.-J. 1987: Gefährdung des Moorfrosches (*Rana arvalis* Nilsson) durch Versauerung der Laichgewässer. In: GLANDT, D. u. R. PODLOUCKY (Hrsg.): Der Moorfrosch - Metelener Artenschutzsymposium - Beih. Schrftr. Naturschutz u. Landschaftspflege Niedersachsen 19: 131-137

CLEVE, K. 1978: Vergleichende Betrachtung der in den Naturschutzgebieten Teufelsbruch und Pfaueninsel festgestellten Schmetterlingsarten. Sber. Ges. Natur. Freunde (N.F.) 18: 85-89

COCHRAN, D.M. 1970: Amphibien. Knaurs Tierreich in Farben. München u. Zürich

CORNELIUS, R. 1982: Der Einfluß von Ozon auf die Konkurrenz von *Solidago canadensis* L. und *Artemisia vulgaris* L. Angew. Bot. 56: 243-251

CORNELIUS, R. u. K. MARKAN 1984: Interferenz von *Urtica urens* L. und *Chenopodium album* L. unter Ozoneinfluß. Angew. Bot. 58:195-206

CORNELIUS, R., FAENSEN-THIEBES, A., FISCHER, U. u. K. KAN 1984: Wirkungskataster der Immissionsbelastungen für die Berliner Vegetation. Landschaftsentwicklung u. Umweltforschung 26: 1-82

CORNELIUS, R. 1985: Der Einfluß von Cadmium auf die Sukzession einer ruderalen Pflanzengemeinschaft. Verh. d. Ges. f. Ökol. 13: 627-630

CORNELIUS, R., FAENSEN-THIEBES, A. u. G. Meyer 1985: Der Einsatz von *Nicotiana tabacum* BEL W 3 zur Immissions- und Wirkungserfassung in einem Berliner Bioindikationsprogramm. Staub Reinh. Luft. 45: 59-61

DARIUS, F., u. J. DREPPER 1983: Ökologische Untersuchungen auf bewachsenen Kiesdächern in West-Berlin. Diplomarbeit FU Berlin

DARIUS, F., u. J. DREPPER 1985: Rasendächer in Berlin. In: LIESECKE, H. (Hrsg.): Dachbegrünung: 99-110. Berlin, Hannover (Patzer)

DDA u. DS/IRV, Dachverband Deutscher Avifaunisten u. Deutsche Sektion / Internationaler Rat Vogelschutz 1986: Rote Liste der in der Bundesrepublik Deutschland und in Berlin (West) gefährdeten Vogelarten. Ber. Dtsch. Sekt. Int. Rat Vogelschutz 26: 17-26

DEPPE, H.-J. 1989: Beobachtungen zur Brutbestandsdichte im mittleren Grunewald. Orn. Ber. f. Berlin (West) 14 (1): 3-22

DEUTSCHES INSTITUT FÜR URBANISTIK (DIFU) 1988: Umweltverbesserung in den Städten, Heft 5: Stadtverkehr

DIETRICH, A. 1824: Flora der Gegend um Berlin. Berlin

DIETRICH, W.O. 1932: Über den Rixdorfer Horizont im Berliner Diluvium. Z.dt.geol.Ges. 84: 193-221.

DITTBERNER, H. 1988: Zum Nahrungserwerb des Graureihers (*Ardea cinerea*). Orn. Ber. f. Berlin (West) 13 (2): 157-159

DOERING, P. 1986: Ergebnisse fischfaunistischer Untersuchungen und eine Revision der Roten Liste der Fische von Berlin (West). Die limnische Fischfauna Westdeutschlands in Vergangenheit und Gegenwart, Schriftenr. Arb.-gem. Dt. Fisch.-ver.-beamt. Fischwiss. 3: 66-80

DOERING, P. u. J. LUDWIG 1989: In: ÖKOLOGIE UND PLANUNG 1989: Gewässer im Großen Tiergarten - Maßnahmevorbereitende Untersuchungen - Biotop- u. Artenschutz. Gutachten im Auftrag des Sen. f. Stadtentw. u. Umweltschutz (Berlin (West). 165 S.

DRESCHER, B. u. R. MOHRMANN 1986: Flora und Vegetation auf Müll- und Schuttdeponien in Berlin (West). Gutachten im Auftrag des Senators für Stadtentwicklung und Umweltschutz Berlin (West). 90 S.

DÜMMLER, H., BLUME, H.-P., NEUMANN, F. u. H.-P. RÖPER 1976: Geologie und Böden der Insel Scharfenberg. Sber. Ges. Naturf. Freunde Berlin 16: 63-88

DÜRIGEN, B. 1897: Deutschlands Amphibien und Reptilien. Magdeburg. 676 S.

DUVIGNEAUD, P. 1975: Städtische Vegetation, Baudenkmäler und Naturschutz. Naturopa 23: 9-11

EBENHÖH, H., SCHWARZ, J. u. H.-J. STORK 1978: Sommervögel des Tempelhofer Flugfeldes 1977. Orn. Ber. f. Berlin (West) 3 (1): 62-64

EBER, W. 1974: Die *Elatine alsinastrum - Juncus tenageia* Gesellschaft Libbert 1932. Mitt. flor. -soz. Arbeitsgem. 17:17-21

EFFENBERGER, W. von 1933: Die Quellen und Bäche, eine hydrographische Skizze. In: HILZHEIMER, M. (Hrsg.): Das Naturschutzgebiet Schildow. Teil II. Kalktuffgelände am Tegeler Fließ. S. 13-24

EHRING, H. J. 1980: Beitrag zum quantitativen und qualitativen Wasserhaushalt von Mülldeponien. Veröffentl. Inst. Stadtbauwesen TU Braunschweig. ISBN 0341-5805

EIFAC 1978: The value and limitations of various approaches to the monitoring of water quality for freshwater fish. EIFAC Tech. Pap. 32, 27pp

ELLENBERG, H. 1979: Zeigerwerte der Gefäßpflanzen Mitteleuropas. Scripta Geobotanica 9. 2. Aufl.

ELSHOLZ, J.S. 1663: Flora Marchica, sive catalogus plantarum, Quae in hortis Electoralibus Marchiae Brandenburgicae primariis, Berolinensi, Aurangiburgico & Potstamensi excoluntur: partim su sponte passim proveniunt. Berolini (Rungiana)

ELVERS, H. u. D. WESTPHAL 1973: Die Vögel des Teufelsberges. 2 Teile. Berliner Naturschutzbl. 17 (49): 651-653, (50): 659-675

ELVERS, H. 1976: Die avifaunistischen Untersuchungen in West-Berlin seit 1945, insbesondere seit 1965. Orn. Ber. f. Berlin (West) 1 (2): 255-276

ELVERS, H. 1977: Die Brutvögel des Waldfriedhofes Heerstraße 1974. Orn. Ber. f. Berlin (West) 4 (2): 139-150

ELVERS, H. 1978: Die Vogelgemeinschaften der West-Berliner Grünanlagen. Orn. Ber. f. Berlin (West) 3 (1): 35-58

ELVERS, H., MIECH, P. u. CH. POHL 1979: Vorkommen und Ernährung der Waldohreule (*Asio otus* L.) im Winter 1978/79 in Berlin (West). Orn. Ber. f. Berlin (West) 4 (2):219-234

ELVERS, H. 1981: Die Brutvögel in den Grünanlagen von Berlin (West). Sber. Ges. Naturf. Freunde Berlin (N.F.) 20/21: 107-124

ELVERS, H. 1981a: in: SUKOPP u.a. 1981

ELVERS, H., KORGE, H. u. H. WOLTEMADE 1981: Faunistisches Gutachten für den Geltungsbereich des landschaftspflegerischen Begleitplanes für den Bau des Schöneberger Südgüterbahnhofes. Gutachten im Auftrag des Sen. f. Bau- u. Wohnungswesen Berlin (West)

ELVERS, H. 1982a: Die Wirbeltierfauna typischer Großstadtbiotope am Beispiel von Berlin (West). Wissenschaftliche Hausarbeit im Rahmen der ersten (Wissenschaftlichen) Staatsprüfung für das Amt des Studienrats

ELVERS, H. 1982b: Der Brutvogelbestand im Tiergarten/Diplomatenviertel im Jahr 1982. Gutachten im Auftrag des Bezirksamtes Tiergarten von Berlin. 21 S.

ELVERS, H. u. OAG-Berlin (West) 1982: Rote Liste der gefährdeten Brutvögel von Berlin (West). Landschaftsentwicklung u. Umweltforschung 11: 169-184

ELVERS, H. u. J. KLAWITTER 1982: Rote Liste der gefährdeten Säugetiere von Berlin (West). Landschaftsentwicklung u. Umweltforschung 11: 151-168

ELVERS, H. 1983a: Die Vogelwelt der Pfaueninsel - ein vogelkundlicher Führer. Brennpunkte des Naturschutzes Nr. 4. Berlin. Deutscher Bund für Vogelschutz. Landesverband Berlin e.V. 47 S.

ELVERS, H. 1983b: Die Brutvögel des ehemaligen Anhalter Güterbahnhofes 1981. Gutachten im Auftrag des Sen. f. Stadtentw. u. Umweltschutz Berlin (West). 39 S.

ELVERS, H. 1983c: In: MARKSTEIN u.a. 1983

ELVERS, H. 1984: Überwinterungen von Zwergschnepfe (*Lymnocryptes minimus*) und Bekassine (*Gallinago gallinago*) in Berlin (West). Ornithologische Mitteilungen 36 (2): 31-35

ELVERS, H. 1984a: Die Auswertung der internationalen Wasservogelzählung im Land Berlin 1970/71-1979/80. Gutachten im Auftrag des Sen. f. Stadtentw. u. Umweltschutz Berlin (West)

ELVERS, H. u. K.L. ELVERS 1984 a: Verbreitung und Ökologie der Waldmaus (*Apodemus sylvaticus* L.) in Berlin (West). Zool. Beitr. N.F. 28:403-415

ELVERS, H. u. K.L. ELVERS 1984 b: Die nordische Wühlmaus -Ein selten gewordenes Säugetier der Berliner Fauna. Informationen aus der Berliner Landschaft Nr. 17, 5. Jahrgang. In: Berliner Naturschutzbl. 28 (3): 69-72

ELVERS, H. u. K.L. ELVERS 1984 c: Die Kleinsäuger der Pfaueninsel. Berliner Naturschutzbl. 28 (3): 74-79

ELVERS, H. 1984/85: Zum Vorkommen der Feldspitzmaus (*Crocidura leucodon*) in Berlin (West). Sber. Ges. Naturf. Freunde Berlin (N.F.) 24/25

ELVERS, H. 1985: In: ÖKOLOGIE UND PLANUNG 1985

ELVERS, H. u. K.L. ELVERS 1985: Die Kleinsäuger des Gatower Rieselfeldes. Berliner Naturschutzbl. 29 (2): 39-46

ELVERS, H. 1986: Winterdaten des Waldwasserläufers (*Tringa ochropus*) im Raum von Berlin (West). Orn. Mitt. 38 (7): 170-172

ELVERS, H. u. A. BRUCH 1987: Winterbeobachtungen von Gründelenten (*Anas penelope, A. strepera, A. crecca, A. acuta, A. clypeata*) in Berlin (West). Orn. Ber. f. Berlin (West) 12 (2): 169-186

ELVERS, H. 1988: Ein Großer Schlammläufer (*Limnodromus scolopaceus*) in Berlin (West). Limicola 2 (4): 145-147

EMMERICH 1982: Beobachtungen an einer Population des Haubentauchers (*Podiceps cristatus*) in Berlin (West). Orn. Ber. f. Berlin (West) 7 (1): 3-15

ESCHER, F. 1985: Berlin und sein Umland. Einzelveröff. der Hist. Kommission zu Berlin 47, 402 S.

ESCHER, F. 1987: Die brandenburg-preußische Residenz und Hauptstadt Berlins im 17. und 18. Jahrhundert. In: RIBBE, W. (Hrsg.): Geschichte Berlins 1: 343-403. Berlin

FAENSEN, A., OVERDIECK, B. u. R. BORNKAMM 1977: Bleianreicherungen in *Solidago canadensis* L. an ruderalen Großstadtstandorten. Naturw. 64: 437

FAENSEN-THIEBES, A. 1981: Wirkung von Ozon und Cadmium auf die CO_2-Assimilation und Transpiration von *Nicotiana tabacum* L. und *Phaseolus vulgaris* L. . Diss. TU Berlin

FAENSEN-THIEBES, A. 1987: Lassen sich die Ursachen für Vegetationsschäden in Ballungsgebieten mit Hilfe von Bioindikatoren klären? Verh. Ges. f. Ökol. 16: 175-180

FAENSEN-THIEBES, A. u. R. CORNELIUS 1989: Stoffbilanzen in ballungsraumnahen Kiefern-Eichen-Beständen. Verh. Ges. f. Ökol. 17:457-464

FAENSEN-THIEBES, A., GERSTENBERG, J., KRATZ, W., MARSCHNER, B. u. M. SCHNEIDER 1990: Abschlußbericht Ballungsraumnahe Waldökosysteme. 189 S. Umweltbundesamt u. Sen. f. Stadtentw. u. Umweltschutz Berlin

FALINSKI, J.B. (Hrsg.) 1971: Synanthropisation of plants cover. II. Synanthropic flora and vegetation of towns connected with their natural conditions, history and funktion. (Pol., engl. Zus.-Fassung). Mater. Zakt. Fitosoc. Stos. u. w. Warszawa - Bialowieza 27: 1-317

FEICHTINGER, V. u. M. HEMEIER 1986: Feuchtgebiete im nördlichen Grunewald - Berlin (West) - (Postfenn, Sandgrube "Am Postfenn", Regensammler) - Bestandsaufnahme, Auswertung u. Maßnahmen. Diplomarbeit TU Berlin. 244 S.

FELS, E. 1967: Der wirtschaftende Mensch als Gestalter der Erde. Erde und Weltwirtschaft 5. Stuttgart

FIRBAS, F. 1949/52: Spät- und nacheiszeitliche Waldgeschichte Mitteleuropas nördlich der Alpen. I: Allgemeine Waldgeschichte. II: Waldgeschichte der einzelnen Landschaften. Jena

FISCHER, W. 1975: Vegetationskundliche Aspekte der Ruderalisation von Waldstandorten im Berliner Gebiet. Arch. Natursch. Landschaftsforsch 15 (1): 21-32

FIUCZYNSKI, D. 1976: Die Bestandsentwicklung des Schwarzen Milans (*Milvus migrans*) in Berlin. Teil 2: Beobachtungen 1968-1976. Orn. Ber. f. Berlin (West) 1 (2): 331-344

FIUCZYNSKI, D. 1979: Der Schwarzmilan (*Milvus migrans*) ist nicht mehr Brutvogel in Berlin (West). Berliner Naturschutzbl. 23 (66): 457-461

FIUCZYNSKI, D. 1983: Heavy metals in Berlin raptors (Aves: Falconiformes) and their food. In: Int: Conf. Heavy Metals in the Environment. Heidelberg 1983. Vol. 2: 827-833

FIUCZYNSKI, D. 1986: Kunsthorste für Berliner Baumfalken (*Falco subbuteo*). Orn. Ber. f. Berlin (West) 11 (1): 5-18

FIUCZYNSKI, D. 1987: Populationsstudien an Berliner Greifvögeln. Sber. Ges. Naturf. Freunde Berlin 27.

FLADE, M. u. P. MIECH 1989: Räumliche und zeitliche Verteilungsmuster wandernder Amphibienpopulationen an der Schönwalder Allee (Spandauer Forst). Berliner Naturschbl. 33 (4):141-155

FLADE, M. u. K. STEIOF 1989: Bestandstrends häufiger norddeutscher Brutvögel 1950-1985 - eine Analyse von über 1400 Siedlungsdichte - Untersuchungen. Proc. Int. 100. DO-G Meeting 1988, Bonn. i. Druck

FÖRSTER, U. 1985: Straßenbäume in Berlin. Das Gartenamt 34: 301-303

FRANZ, H.-J., SCHNEIDER, R. u. E. SCHOLZ 1970: Geomorphologische Karte 1:200.000, Bl. Berlin-Potsdam und Frankfurt-Eberswalde mit Erläuterung. Gotha (VEB Hermann Haack)

FREY, W. 1975: Zum Tertiär und Pleistozän des Berliner Raumes. Z. deutsch. geol. Ges. 126: 281-292

FRIEDEL, E. u. C. BOLLE 1886: Die Wirbeltiere der Provinz Brandenburg. Festschrift für die 59. Versammlung Deutscher Naturforscher und Ärzte zu Berlin

FRIEDRICH, E. 1979: Humusmetabolik und Wärmedynamik zweier Bodenschaften der Berliner Forsten. Diss. TU Berlin

GANDERT, O.F. 1957: Vorgeschichtliche und frühgeschichtliche Zeit des Berliner Raumes. In: ASSMANN, P.: Der geologische Aufbau der Gegend um Berlin:59-66 Berlin

GANDERT, F. 1958: Die vor- und frühgeschichtliche Besiedlung von Berlin. Archaeologia geographica 7: 8-13.

GEBHARDT, H., KREIMES, K. u. M. LINNENBACH 1987: Untersuchungen zur Beeinträchtigung der Ei- und Larvalstadien von Amphibien in sauren Gewässern. Natur u. Landschaft 62 (1): 20-23

GERSCHKE W. 1962: Versuch einer Zusammenstellung der Pfuhle und Sölle im Bezirk Tempelhof. Unveröff. Mskr.

GERSTBERGER, M. 1979: Die Schmetterlinge des Spandauer Forstes. Mskr. Berlin

GERSTENBERG, J. 1986: Die Eignung verschiedener Pflanzenarten zur Bioindikation oxidierender Luftverunreinigungen. Diplomarbeit TU Berlin

GLEDITSCH, J.G. 1767: Betrachtungen der Sandschellen der Mark Brandenburg. Vermischte Physic.- botanisch- ökonomische Abhandlungen 3: 45-143

GOCHT, W. 1964: Die Bedeutung des Septarientones für die Wasserversorgung Berlins. Bohrtechnik-Brunnenbau 15 (4): 139-150

GOSPODAR, U. 1981: Statik und Dynamik der Carabidenfauna einer Trümmerschutt-Deponie im LSG Grunewald in Berlin (West). Dissertation FU Berlin. 227 S.

GRABOWSKI, F. u. M. MOECK 1987: Ökologisch-Landschaftsplanerisches Gutachten Groß-Glieniker See. Im Auftrag des Bezirksamtes Spandau von Berlin -Gartenbauamt-

GRAEBNER, P. 1909: Die Pflanze. Landeskunde der Provinz Brandenburg,1. Bd., Die Natur, S.127-264

GRAF, A. 1986: Flora und Vegetation der Friedhöfe in Berlin (West). Verh. Berliner Bot. Ver. 5: 1-210

GRAF, A. u. M.-S. ROHNER 1984: Wiesen im Botanischen Garten Berlin-Dahlem. Eine floristische, vegetations- und bodenkundliche Kartierung. Verh. Berliner Bot. Ver. 3

GRAMSCH, B. 1973: Das Mesolithikum im Flachland zwischen Elbe und Oder. Teil 1. Veröff. Mus. Ur- und Frühgesch. 7: 1-164.

GREGOR, Th. 1977: Kleinsäuger des Gatower Forstes. BerlinerNaturschutzbl. 21: 299-304

GREGOR, Th. 1979: Die Kleinsäuger des Forstes Spandau. Mskr. f. Ökologisches Gutachten "Spandauer Forst", TU Berlin. Inst. f. Ökologie

GREGOR, Th., KORN, F. u. J. KLAWITTER 1979: Die Säugetiere des Forstes Spandau. Mskr. f. Öklogisches Gutachten "Spandauer Forst", TU Berlin, Inst. f. Ökologie

GRENZIUS, R. 1984: Starke Versauerung der Waldböden Berlins. Forstwissenschaftl. Centralblatt 103: 131-139

GRENZIUS, R. 1986: Die Böden Berlins. Diss. TU Berlin

GRIMM, M. P. 1983: Regulation of biomasses of small (<41cm) northern pike (*Esox lucius* L.), with special reference to the contribution of individuals stockes as fingerlings (4-6 cm). Fish. Mgmt. 14 (3): 115-134

GRIMM, M. P. 1988: Northern pike (*Esox lucius* L.) and aquatic vegetation, tools in the management of fisheries and water quality. Vortrag: EIFAC symposium on management schemes for inland fisheries, Göteborg, Sweden, 31 May - 3 June 1988

GROSCH, U.A. 1979/80: Die Fischfauna in Berlin (West) am Ende der siebziger Jahre. Rückblick - Status - Prognose - Restitutionsmöglichkeiten. Berliner Naturschutzbl. 23: 530-536, 24: 560-565

GROSCH, U. A. 1980: Die Bedeutung der Ufervegetation für Fisch und Fischerei. Garten + Landschaft 1 (80): 20-23

GROSCH U. A. u. H. ELVERS 1982: Die Rote Liste der gefährdeten Rundmäuler (Cyclostomata) und Fische (Pisces) von Berlin (West). Landschaftsentwicklung u. Umweltforschung 11: 197-210

GRUTTKE, H. 1981: Zur Ökologie und Faunistik der Laufkäfer (Coleoptera, Carabidae) ausgewählter Uferböschungen des Teltowkanals. Diplomarbeit FU Berlin

GÜNTHER, R. 1973: Über die verwandtschaftlichen Beziehungen zwischen den europäischen Grünfröschen und den Bastardcharakter von *Rana "esculenta"* L. (Anura). Zool. Anz. 190: 25o-285

GUTTE, P. 1971: Die Wiederbegrünung städtischen Ödlandes, dargestellt am Beispiel Leipzigs. Hercynia N.F. 8 (1): 58-81

HAEUPLER, H. 1974: Statistische Auswertung von Punktrasterkarten der Gefäßpflanzenflora Süd-Niedersachsens. Scripta Geobotanica Vol. 8.

HAFNER, L., ENDLER, W., WENDERING, R. u. G. WEESE 1988: Feinstruktur der geschädigten Kiefernnadeln bei Bäumen in Berliner Waldökosystemen. In: UMWELTBUNDESAMT U. SEN. F. STADTENTW. U. UMWELTSCHUTZ BERLIN (Hrsg.): Ballungsnahe Waldökosysteme, 2. Jahresbericht: 243-270

HALLBÄCKEN, L. u. C.O. TAMM 1985: Changes in soil acidity from 1927 to 1982-84 in forest area of Southanest Sweden. In: LILJELUND, L.E.: Acidification research in Sweden. Nat. Environm. Prot. Beard, Solun, Sweden

HAUPT, J. 1985: Naturbuch Berlin - Teil Wirbellose Tiere. Sen. f. Stadtentw. u. Umweltschutz Berlin (West) (Hrsg.). 296 S.

HAUSENDORFF, E. 1959: Aus dem Leben von Ofm. F.A.L.v. Burgsdorff (1747-1802). Allgemeine Forst- und Jagdzeitung 130: 224-230

HECKER, J. 1742: Specimen florae Berolinensis. Berlin (Reines Kartenwerk)

HECKER, J.J. 1757: Flora Berolinensis. Das ist, Abdruck der Kräuter und Blumen nach der besten Abzeichnung der Natur, zur Beförderung der Erkenntniß des Pflanzen-Reiches veranstaltet von der Real-Schule in Berlin. Centuria 1 - Berlin (Real-Schulbuchhandlung)

HEINRICH, G. 1973: Heer- und Handelsstraßen um 1700. In: QUIRIN, H. (Hrsg.): Historischer Handatlas von Brandenburg und Berlin, Lfg. 46. Berlin

HEINRICH, G. 1980: Handelsstraßen des Mittelalters 1300- 1375-1600. Ibid., Nachtrag, H. 5. Berlin

HEINRICH, W.-D. 1985: Zur Erforschung von fossilen Kleinsäugerfaunen aus dem Eiszeitalter im Gebiet der DDR - Stand und Probleme. Säugetierkd. Inf. 2 (9): 203-226.

HELLER, G. 1974: Zur Biologie der ameisenfressenden Spinne *Callilepis nocturna* LINNHEUS 1758 (Aranea, Drassodidae). Diss. Mainz

HERKENRATH, Th. 1986: Brutbestandserhebung ausgewählter Vogelarten im Berliner Bezirk Wedding. Orn. Ber. f. Berlin (West) 11 (2): 196-234

HERMS, U. u. G. BRÜMMER 1984: Einflußgrößen der Schwermetallöslichkeit und -bindung in Böden. Z. Pflanzenernähr. Bodenkunde 147: 400-424

HERRMANN, J. u. H.H. MÜLLER 1985: Viehwirtschaft, Jagd, Fischfang. In: HERRMANN, J. (Hrsg.): Die Slawen in Deutschland: 66-98. Berlin

HERTER, K. 1922: Einige Beobachtungen über die Biologie märkischer Froschlurche. Bl. f. Aqua.- und Terrarienkunde 32

HERTER, K. 1946: Von den Wirbeltieren in und um Berlin. Berlin, Kleinmachnow. 33 S.

HILZHEIMER, M. 1953: Zur Geschichte der märkischen Säugetierwelt. Z. Säugetierkunde 18 (1950): 182-187.

HOFFMANN, M. 1958: Die Bisamratte. Leipzig

HOFFMANN, R., u. H.-P. BLUME 1977: Holozäne Tonverlagerung als profilprägender Prozeß lehmiger Landböden norddeutscher Jungmoränenlandschaften? Catena 4: 359-368

HOFMANN, G. 1964: Kiefernforstgesellschaften und naturnahe Kiefernwälder im östlichen Brandenburg. I. Kiefernforstgesellschaften. Arch. f. Forstwesen 13: 641-666

HOFMEISTER, B. 1975: Berlin. Eine geographische Strukturanalyse der 12 westlichen Bezirke. 468 S., bes. S. 15, Darmstadt

HOFMEISTER, B. 1985: Alt-Berlin - Groß-Berlin - West-Berlin. Versuch einer Flächennutzungsbilanz 1786-1985. In: HOFMEISTER, B., PACHUR, H.-J., PAPE, CH. u. G. REINDKE (Hrsg.): Berlin, Beiträge zur Geographie eines Großstadtraumes: 251-274. Berlin

HOLOPAINEN, I.J. u. H. HYVÄRINEN 1985: Ecology and physiology of crucian carp (*Carassius carassius* (L.)) in small Finnish ponds with anoxic conditions in winter. Verh. Internat. Verein. Limnol. 22: 2566-2570

HOLZNER, W. 1972: Einige Ruderalgesellschaften des oberen Murtales. Ver. Zool. - Bot. Ges. Wien 112: 67-85

HORBERT, M. u. A. KIRCHGEORG 1980: Stadtklima und innerstädtische Freiräume am Beispiel des Großen Tiergartens in Berlin. Bauwelt 36: 270-276 (bzw. Stadtbauwelt HJ. 67)

HORBERT, M., KIRCHGEORG, A. u. A. STÜLPNAGEL 1982: Klimatisches Gutachten zum Bau des Südgüterbahnhofs auf dem Südgelände in Berlin-West. Im Auftrag des Sen. f. Bau- u. Wohnungswesen. Berlin (West)

HORBERT, M. 1983: Die bioklimatische Bedeutung von Grün- und Freiflächen. VDI-Berichte 477: 11-119. Düsseldorf

HORBERT, M., KIRCHGEORG, A. u. A. STÜLPNAGEL 1983: Ergebnisse stadtklimatischer Untersuchungen als Beitrag zur Freiraumplanung. Hrsg.: Umweltbundesamt Berlin. Texte 18/83. Berlin

HORBERT, M., KIRCHGEORG, A. u. A. STÜLPNAGEL 1984: On the method for charting the climate of an entire large urban areas. Energy and Buildings 7: 109-116

HORBERT, M. u. C. SCHÄPEL 1986: Klimatische Untersuchungen an Bergehalden im Ruhrgebiet. Hrsg.: Kommunalverband Ruhrgebiet. Essen

HORBERT, M., KIRCHGEORG, A. u. A. STÜLPNAGEL 1986: Klimaforschung in Ballungsgebieten, dargestellt am Beispiel Berlin. Geographische Rundschau 38 (2): 71-80

HUDZIOK, G. 1967: Beiträge zur Flora des Flämings und der südlichen Mittelmark (Fünfter Nachtrag). Verh. Bot. Ver. Prov. Brandenburg 104: 96-104

HUECK, K. 1925: Vegetationsstudien auf brandenburgischen Hochmooren. Beitr. Z. Naturdenkmalpflege 10: 311-408

HUECK, K. 1929: Die Vegetation und die Entwicklungsgeschichte des Hochmoores am Plötzendiebel (Uckermark). Ibid. 13: 1-230

HUECK, K. 1938: Die Vegetation der Grunewaldmoore. Arbeiten Berliner Provinzstelle für Naturschutz 1.: 1-42

HUECK, K. 1946: Die Pflanzensoziologischen Verhältnisse des Wiesengeländes am Tegeler Fließ (Abschnitt zw. Schildhorn und Tegel). Gutachten Berlin

HUECK, K. 1961: Karte der Vegetation der Urlandschaft. Atlas von Berlin. Akademie für Raumforschung und Landesplanung

JACOB, M. 1984: In: OAG 1984

JACOB, M. u. K. WITT 1986: Beutetiere des Habichts (*Accipiter gentilis*) zur Brutzeit in Berlin 1982-1986. Orn. Ber. f. Berlin (West) 11 (2): 187-195

JÄGER, B. u. R. KAYSER 1978: Aktuelle Probleme der Deponietechnik. Abfallwirtschaftsseminar an der TU Berlin. ISBN 3-922021-03-4

JAHN, P. 1978: Gutachten Landschaftsschutzgebiet Spandauer Forst - Erfassung ausgewählter Wasserinsektengruppen. Berlin. 9 S.

JAHN, P. 1982: Liste der Libellenarten (Odonata) von Berlin (West) mit Kennzeichnung der ausgestorbenen und gefährdeten Arten (Rote Liste). Landschaftsentwicklung u. Umweltforschung 11: 297-310

JAHN, P. 1984: Die Libellen des Landes Berlin. Bestandsentwicklung - Gefährdung - Schutz. Beitrag zum Artenschutzprogramm. Sen. f. Stadtentw. u. Umweltschutz Abt III Berlin

JASIEK, J., FAENSEN-THIEBES, A. u R. CORNELIUS 1984: Schwefelbelastung, Benadelungsgrad und Nährstoffgehalte Berliner Waldkiefern. Berliner Naturschutzbl. 28: 21-27

JAYAKODY, A. 1981: Stickstoffdynamik Berliner Böden unter Wald-, Acker- und Rieselfeldnutzung. Diss. TU Berlin

JONAS, R. 1984: Ablagerung und Bindung von Luftverunreinigungen an Vegetation und anderen atmosphärischen Grenzflächen. Diss. Techn. Hochschule Aachen

JONAS, R., HORBERT, M. u. W. PFLUG 1985: Die Filterwirkung von Wäldern gegenüber staubbelasteter Luft. Forstwissenschaftliches Centralblatt 104 (5):289-299

JUNG, D. 1981: Wasserwege in und um Berlin. In: Berlin- von der Residenzstadt zur Industriemetropole, Bd. 1: Die Entwicklung der Industriestadt Berlin - das Beispiel Moabit: 319-324, TU Berlin

JUNKERMANN, S. 1985: Auswirkungen von Ozon auf die Reproduktionskraft von Wildkräutern. Diplomarbeit FU Berlin

KALESSE, A. 1979: Was soll nur aus Gatow werden? Berliner Naturschutzbl. 23 (67/68): 505-511, 541-548

KALESSE, A., HENTSCHEL, TH., GUTSCHE, C., ELVERS, H. u. P. SCHULTZE 1985: Hecken und Feldgehölze in Gatow. Ihre Pflege und künftige Entwicklung (Pflegewerk). Gutachten im Auftrag d. Sen. f. Wirtschaft u. Verkehr, II F - Landwirtschaft

KALLENBACH, H. 1980: Abriß der Geologie von Berlin. (15-22).Klima, geologischer Untergrund und geowissenschaftliche Institute: Beilage zu den Tagungsunterlagen des Internationalen Alfred-Wegener-Symposiums und der Deutschen Metereologen- Tagung 1980. Berlin

KAMPF, W.-D. 1976: In: SUKOPP (Red.) 1978

KAZEMI A. 1982: Zur Verwertbarkeit von Siedlungsabfallkomposten unter dem Aspekt der Anreicherung von Blei, Cadmium und Zink im Boden und in Gemüsepflanzen. Diss. TU Berlin

KAZEMI, A. 1986: Bleigehalte in Obst, Gemüse und Küchenkräutern in der Umgebung der Firma Sonnenschein (Berlin- Marienfelde). Pers. Mitteilung 23.1.86

KEGEL, B. 1986: Faunistisches Gutachten über die Käferfauna im Gebiet Löwensee, Erlengrund, Alter Hof, II. Teil (Arbeitsbericht 1986 u. Abschluß) im Auftrag des Bezirksamtes Zehlendorf von Berlin (West), Abt. Bauwesen/Gartenbauamt

KEGEL, B. u. R. PLATEN 1983: Faunistisch- ökologisches Gutachten ausgewählter Standorte von Berliner Straßen und Hinterhöfen. Teil: Carabidae, Laufkäfer und Araneae, Webspinnen. Gutachten im Auftrag des Sen. f. Stadtentw. u. Umweltschutz Berlin (West)

KELLER, H. 1916: Senkung und Auffüllung der Grunewaldseen. Durchlässigkeit der Seebetten. Zbl. Bauverw. 36: 205-207

KELLER, H. 1918: Ober- und unterirdische Wasserwirtschaft im Spree- und Havelgebiet. Z. f. Wasservers. 5 (11/14)

KERNDORFF, H., BRILL, V., SCHLEYER, R., FRIESEL, P. u. G. MILDE 1985: Erfassung grundwassergefährdender Altablagerungen - Ergebnisse hydro- geochemischer Untersuchungen. WaBoLu-Hefte 5

KERNER, A. 1855: Die Flora der Bauerngärten in Deutschland. Ein Beitrag zur Geschichte des Gartenbaus. Verh. Zool. - Bot. Ver. Wien 5: 787-826

KERPEN, J. u. A. FAENSEN-THIEBES 1985: Überprüfung des Bioindikators Tabak Bel-W 3 durch Exponierung bei gleichzeitiger Ozon- u. Klimamessung. Staub Reinh. Luft 45: 127-131

KIRCHNER, H. 1960: Untersuchungen zur Ökologie feldbewohnender Carabiden. Diss. Köln

KLAUSNITZER, B. 1987: Ökologie der Großstadtfauna. Jena bzw. Stuttgart, New York. 225 S.

KLAWITTER, J. 1973: Beobachtungen an Fledermäusen auf Westberliner Müllkippen. Berliner Naturschutzbl. 17: 640-651

KLAWITTER, J. 1976a: Zur Verbreitung der Fledermäuse in Berlin (West) von 1945-1976. Myotis 14: 3-14

KLAWITTER, J. 1976b: Zur Verbreitung und Ökologie der Breitflügelfledermaus in Berlin (West). Berliner Naturschutzbl. 22: 212-215

KLAWITTER, J. 1979a: Positive Bestandsentwicklung in Berlins zweitgrößtem Fledermaus-Winterquartier, dem Fichtenbergbunker. Berliner Naturschutzbl. 23: 536-541

KLAWITTER, J. 1979b: Zum Vorkommen des Steinmarders in Berlin (West). Berliner Naturschutzbl. 23 (66): 462-467

KLAWITTER, J. 1980: Spätsommerliche Einflüge und Überwinterungsbeginn der Wasserfledermaus (*Myotis daubentoni*) in der Spandauer Zitadelle. Nyctalus (N.F.) 1: 227-234

KLAWITTER, J. u. A. SCHAEPE 1985: Gefährdung u. Rückgangsursachen der Moose in Berlin (West) - Eine Rote Liste. Verh. Berliner Bot. Ver. 4: 101-120

KLAWITTER, J. 1987: Verbreitung und Häufigkeit von Fledermausarten im Spandauer Forst. Sber. Ges. Naturf. Freunde Berlin (N.F.) 27: 22-33

KLEMZ, C. 1986: In: MARKSTEIN u.a. 1986

KLEMZ, C. 1989: Vergleichende Untersuchungen zur Ökologie und Vorschläge zur Biotopentwicklung von Regenwasserauffangbecken in Berlin (West). Diplomarbeit FB 14 TU Berlin, 233 S.

KLEMZ, C. (i. Vorber.): Amphibien und Reptilien. In: FAUNISTISCHE ARBEITSGRUPPE BERLIN: Schutz-, Pflege- und Entwicklungskonzept für die Berliner Flächenhaften Naturdenkmale - Fauna. Gutachten im Auftrag d. Sen. f. Stadtentw. u. Umweltschutz Berlin (West)

KLEMZ, C. u. K.-D. KÜHNEL 1989: Amphibienverluste durch die Wehranlage Tegeler Fließ - Bewertung, Lösungsmöglichkeiten. Gutachten im Auftrag d. Sen. f. Stadtentw. u. Umweltschutz Berlin (West)

KLETSCHKE, T. 1977: Auswirkungen von Grundwasserabsenkung auf den heutigen Zustand von Berliner Seen. Geol. Rdsch. 66: 839-850

KLEWEN, R. 1988: Verbreitung, Ökologie und Schutz von *Lacerta agilis* im Ballungsraum Duisburg Oberhausen. In: GLANDT, D. u. W. BISCHOFF (Hrsg.): Biologie und Schutz der Zauneidechse (*Lacerta agilis*). Mertensiella 1: 178-194

KLÖDEN, K.F. 1832: Beiträge zur mineralogisch- geognostischen Kenntniß der Mark Brandenburg, Fünftes Stück. In: Programm ... der Gewerbeschule. Berlin. S. 1-72

KLÖTZLI, F. 1974: Über Belastbarkeit und Produktion in Schilfröhrichten. Verh. Ges. f. Ökol. 1973: 237-247

KLOKE, A. 1980: Orientierungsdaten für tolerierbare Gesamtgehalte einiger Elemente in Kulturböden. Mitteilgn. VDLUFA 1-3: 9-11

KLOKE, A. u. K. RIEBARTSCH 1964: Verunreinigung von Kulturpflanzen mit Blei aus Kraftfahrzeugabgasen. Naturw. 15:367-368

KLOOS, R. 1977: Das Grundwasser. Bedeutung - Probleme. Sen. f. Bau- u. Wohnungswesen Berlin (Hrsg.)

KLOSS, R. 1978: Besondere Mitteilungen zum Gewässerkundlichen Jahresbericht des Landes Berlin. Die Berliner Gewässer - Wassermenge, Wassergüte. Sen. f. Bau- u. Wohnungswesen Berlin (Hrsg.)

KLOOS, R. 1981: Die Verkehrswasserwirtschaft. Sen. f. Bau- u. Wohnungswesen Berlin (Hrsg.). 48 S.

KÖHN, K.-H. 1983: In: RUTSCHKE 1983

KOEHNE, W. 1925: Die Grundwasserbewegung im Grunewald bei Berlin. Z. Bauwesen (1925) 1/3: 2-18 (und die Monographien des Bauwesens Bd.2)

KOHLER, A. u. H. SUKOPP 1964a: Über die Gehölzentwicklung auf Berliner Trümmerstandorten. Ber. Dtsch. Bot. Gesellschaft. 76:389-406

KOHLER, A. u. H. SUKOPP 1964b: Über die soziologische Struktur einiger Robinienbestände im Stadtgebiet von Berlin. Sber. Ges. Naturf. Freunde Berlin (N.F.) 4 (2): 74-88

KÖHLER, M. u. F. BARTFELDER 1987: Stadtklimatische und lufthygienische Entlastungseffekte durch Kletterpflanzen in hochbelasteten Innenstadtbezirken. Verh. Ges. f.Ökol. 16: 157-165

KONOLD, W. u. G.-H. ZELTNER 1981: Untersuchungen zur Vegetation abgedeckter Mülldeponien. Beih. Veröff. Naturschutz u. Landschaftspflege Bad.-Württ. 24: 1-83

KOPPES, D., STEINKE u. WEINHOLD 1987: Das Wegenetz Berlins um 1806. Jahrbuch des Vereins für die Geschichte Berlins (Der Bär von Berlin) 36: 169-195.

KORFF-KRÜGER, A. 1974: Untersuchung über die Speicherung und Verlagerung von Chlorid und Natrium in salzgeschädigten Straßenbäumen. Diplomarbeit FU-Berlin

KORGE, H. 1981: In: ELVERS, H., KORGE, H. u. H. WOLTEMADE 1981

KORGE, H. 1982: In: BERSTORFF, G.u.a 1982

KÖSTLER, H. 1985: Flora und Vegetation der ehemaligen Dörfer im Stadtgebiet von Berlin (West). Diss. TU-Berlin

KOWARIK, I. 1982: Floristisch - vegetationskundliches Gutachten für die Bahnanlagen zwischen Ringbahn und Yorkstraße Berlin.

KOWARIK, I. 1983: Zur Einbürgerung und zum pflanzengeographischen Verhalten des Götterbaumes (*Ailanthus altissima* (Mill.) Swingle) im französischen Mittelmeergebiet (Bas-Languedoc). Phytocoenologia 11 (3): 389-405

KOWARIK, I. u. R. BÖCKER 1984: Zur Verbreitung, Vergesellschaftung und Einbürgerung des Götterbaumes (*Ailanthus altissima* (Mill.) Swingle) in Mitteleuropa. Tuexenia 4: 9-29

KOWARIK, I. 1985: Zum Begriff "Wildpflanzen" und zu den Bedingungen und Auswirkungen der Einbürgerung hemerochorer Arten. Publ. Naturhist. Gen. Limburg, XXXV: 8-25

KOWARIK, I. 1986: Vegetationsentwicklung auf innerstädtischen Brachflächen - Beispiele aus Berlin (West). Tuexenia 6:75-98

KOWARIK, I., KRONENBERG, B., BRINKMEIER, R. u. P. SCHMITT 1987: Platanen auf Stadtstandorten. Landschaftsentwicklung u. Umweltforschung 52: 1-99

KOWARIK, I. 1988: Zum menschlichen Einfluß auf Flora und Vegetation. Theoretische Konzepte und ein Quantifizierungsansatz am Beispiel von Berlin (W). Landschaftsentwicklung u. Umweltforschung 56

KOWARIK, I. u. A. JIRKU 1988: Rasen im Spannungsfeld zwischen Erholungsnutzung, Ökologie und Gartendenkmalpflege. Analyse von Nutzungskonflikten in Parkanlagen am Beispiel des Berliner Tiergartens. 1. Untersuchungskonzeption und Vegetationsanalyse. Das Gartenamt 37 (10): 645-654

KRAUSCH, H.-D. 1969: Über die Bezeichnung "Heide" und ihre Verwendung in der Vegetationskunde. Mitt. der Floristisch-soziologischen Arbeitsgemeinschaft 14: 435-457

KRAUSS, M. 1979: Zur Nahrungsökologie des Bläßhuhns (*Fulica atra*) auf den Berliner Havelseen und der Einfluß von Bläßhuhn und Bisamratte (*Ondathra zibethicus*) auf das Schilf (*Phragmites communis*). Anz. Orn. Ges. Bayern 18: 105-144

KREH, W. 1935: Pflanzensoziologische Untersuchungen an Stuttgarter Auffüllplätzen. Jahreshefte d. Vereins Vaterländ. Naturkunde 9: 59-120

KRENZLIN, A. 1952: Dorf, Feld und Wirtschaft im Gebiet der großen Täler und Platten östlich der Elbe. Forsch. Dtsch. Landeskde. 70

KROESSEL, Ch. 1982: Die Carabidenfauna der Ackerflächen von Berlin (West) - unter besonderer Berücksichtigung eigener Untersuchungen. Staatsexamensarbeit, TU Berlin

KRONENBERG, B. 1988: Farn- und Blütenpflanzen in der Hilfswerksiedlung Berlin-Heiligensee. Eine Untersuchung von Flora, Vegetation u. Kulturpflanzenbestand einer Berliner Kleinsiedlung. Diplomarbeit Inst. f. Ökologie TU Berlin

KRÜGER-DANIELSON, H. 1984: Ökophysiologische und lufthygienische Aspekte im Stadtgebiet von Berlin (West). Berliner Naturschutzbl. 28: 88-95

KÜIIN, R. 1961: Die Straßenbäume. Berlin

KÜHNEL, K.-D. 1986: Herpetologisches Gutachten zur Landschaftsplanung Rudow-Süd. Gutachten im Auftrag des Bezirksamtes Neukölln

KÜHNEL, K.-D. 1987a: Erstnachweis des Kleinen Wasserfrosches (*Rana lessonae* Camerano 1882) für Berlin (West). Salamandra 23 (2/3): 183-185

KÜHNEL, K.-D. 1987b: Gutachten zur Herpetofauna im Bereich Löwensee - Erlenbruch - Alter Hof. Gutachten im Auftrag des Bezirksamtes Zehlendorf

KÜHNEL, K.-D. 1988a: Zur Herpetofauna des NSG Pfaueninsel. Berliner Naturschutzbl. 32(4):170-172

KÜHNEL, K.-D. 1988b: Untersuchung zur Entwicklung der Amphibienbestände im Berliner Stadtforst Spandau - Untersuchungszeitraum 1988. Gutachten im Auftrag des Sen. f. Stadtentw. u. Umweltschutz Berlin (West)

KÜHNEL, K.-D. 1989: Untersuchung zur Entwicklung der Amphibienbestände im Berliner Stadtforst Spandau - Untersuchungszeitraum 1989. Im Auftrag d. Sen. f. Stadtentw. u. Umweltschutz Berlin (West)

KÜHNEL, K.-D. u. U. SCHWARZER 1989: Amphibien und Reptilien. In: BLN 1989

KÜHNEL, K.-D., RIECK, W., KIEMZ, C. u. A. BIEHLER (in Vorber.): Rote Liste der gefährdeten Amphibien u. Reptilien in Berlin (West)

KULCZYNSKI,S. 1949: Peat bogs of Polesie. Mem. Acad. Sci. Cracovie, Ser. B, Krakau 356 S. (engl.)

KUNICK, W. 1974: Veränderungen von Flora und Vegetation einer Großstadt, dargestellt am Beispiel von Berlin (West). Diss. TU Berlin

KUNICK, W. u. H. SUKOPP 1975: Vegetationsentwicklung auf Mülldeponien Berlins. Berliner Naturschutzbl. 19 (56): 141-145

KUNICK, W. 1978: Flora und Vegetation städt. Parkanlagen. Acta Bot. Slov. Acad. Sci. Slovac. A. 3: 455-463

KUNICK, W. 1981: Comparison of the flora of some cities of the central European Lowlands. In: BORNKAMM, R., LEE, I.A. and M.R.D. SEAWARD (eds.): Urban ecology, 2nd. European Ecological Symposium, Berlin, 1980, p. 13-22

 KUNICK, W. 1982: Zonierung des Stadtgebietes von Berlin West - Ergebnisse floristischer Untersuchungen. Landschaftsentwicklung u. Umweltforschung 14. 164 S.

KUNTH, K.S. 1813: Flora Berolinensis sive enumeratio vegetabilium circa Berolinum sponte crescentium. T.1. Exhibens vegetabilia phaenogama Berlin (Hitzig) 282 S.

LAHMANN, E. 1984: Luftverunreinigungen in Berlin (West). Gutachten im Auftrag des Sen. f. Stadtentw. u. Umweltschutz Berlin (West)

LAUNHARDT, M. 1988: Ökologische Untersuchung der Pfuhle in Berlin (West) - Zustand und Entwicklungsmöglichkeiten. Berlin 1981, überarbeitet 1988, 542 S., Vegetationskarte 1:200. Im Auftrag des Sen. f. Stadtentw. und Umweltschutz Berlin

LEH, H.O. 1972: Verunreinigung von Pflanzen durch Blei aus Kraftfahrzeugabgasen. Komm. f. Umweltgefahren des Bundesgesundheitsamtes. Blei und Umwelt: 38-47

LEH, H.O. 1973: Untersuchungen über die Auswirkungen der Anwendung von Natriumchlorid als Auftaumittel auf die Straßenbäume in Berlin. Nachrichtenbl. Deutsch. Pflanzenschutzbl. 25: 163-170

LEH, H.O. 1975: Die Gefährdung der Straßenbäume durch Auftausalz. Deutsche Baumschule 27: 250-253

LEH, H.O. 1977: Die Gefährdung des Straßenbaumbestandes in Berlin durch Einwirkung von Auftausalz. Berliner Naturschutzbl. 21: 256-264

LENZ, M. 1961: Eine erfreuliche Neuansiedlung. Berliner Naturschutzbl. 15: 323

LEYDEN, F. 1933: Groß-Berlin. Geographie der Weltstadt. Breslau

LOESKE, L. 1901: Die Moosvereine im Gebiet der Flora von Berlin. Verhandl. Bot. Ver. Prov. Brandenburg 48: 75-164

LOETZKE, W.-D. 1976: Erfassung der Schwimmvogelbruten in Berlin (West) in den Jahren 1972-1973. Orn. Ber. f. Berlin (West) 1 (1): 124-185

LOHMEYER, W. 1981: Über die Flora und Vegetation der dem Uferschutz dienenden Bruchsteinmauern, -pflaster und -schüttungen am nördlichen Mittelrhein. Natur u. Landschaft 7/8: 253-260

LÖSCHAU, M. 1978: In: WITT 1978

LÖSCHAU, M. u. M. LÖSCHAU 1988: Beobachtungen zum Verhalten der Großtrappe (*Otis tarda*) in Gatow. Orn. Ber. f. Berlin (West) 13 (2): 167-170

MÄDLOW, W. u. C. HANDKE 1985: Zitronenstelze (*Motacilla citreola*) in Berlin. Ornithologische Mitteilungen 37 (10): 275

MÄDLOW, W. 1987: Zum Vorkommen der Großmöven in Berlin (West). Orn. Ber. f. Berlin (West) 12 (1): 10-39

MÄDLOW, W. 1989a: Die Bestandsentwicklung des Rebhuhns (*Perdix perdix*) in Berlin (West). Orn Ber. f. Berlin (West) 14 (1): 23-32

MÄDLOW, W. 1989b: Die Brutvögel der Gatower Einflugschneise 1987. Orn. Ber. f. Berlin (West) 14 (1): 33-36

MARKSTEIN, B. u. H. SUKOPP 1980: Die Ufervegetation der Berliner Havel 1962-1977. Garten + Landschaft 1: 30-36

MARKSTEIN, B. 1981: Nutzungsgeschichte und Vegetationsbestand des Berliner Havelgebietes. Landschaftsentwicklung u. Umweltforschung 6: 1-205

MARKSTEIN, B., BOLTZ, S., ELVERS, H., HEINRICH, TH., REITSAM, CH. u. H. STURM 1983: Biotopanreicherung im Gebiet der geschlossenen Bebauung am Beispiel von Block 82 in Berlin-Kreuzberg. Gutachten im Auftrag des Sen. f. Stadtentw. u. Umweltschutz, Abt. I B 1

MARKSTEIN, B., BIEHLER, A., ELVERS, H., HAASE, CH., PUTKUNZ, J. u. S. STERN 1985: Ökologisches Gutachten zum Landschaftsplan Gatow (Teilbereich Rieselfeld Karolinenhöhe) 4 Bd.

MARKSTEIN, B u.a. 1986: Ökologisches Gutachten Gatower Feldflur. Im Auftrag des Bezirksamtes Spandau

MARKSTEIN, B. u. H. SUKOPP 1989: Die Vegetation der Berliner Havel - Bestandsveränderungen 1962-1987. Landschaftsentwicklung u. Umweltforschung 64. 128 S.

MATTES, H. 1981: Eine weitere Winterbrut des Waldkauzes (*Strix aluco*) in Berlin. Orn. Ber. f. Berlin (West) 6 (2): 195-196

MEIERJÜRGEN, U. u. E. LAKENBERG 1985: Der Großstadtwald Berlin. Das Gartenamt 34: 310-316

MESHREF, H. 1981: Schwermetalldynamik Berliner Böden unter Wald-, Acker- und Rieselfeldnutzung. Diss. TU Berlin

MEYER, D.E. 1955: Weiteres über unterirdisches Blühen und blasse Individuen bei Orchideen, sowie über blasse Salvia und Quercus. Ber. Dtsch. Bot. Ges. Jahrgang LXVIII, H. 8

MEYER, D.E. 1960: Über blasse und gescheckblättrige chlorophylldefekte Keimpflanzen von Quercus im Grunewald bei Berlin. Willdenowia 2 (3): 319-331

MEYER, D.E. 1966: Ein Standort von drei Botrychium-Arten und Ophiglossum mit Prothalliumfunden am Straßenrand der Großstadt. Ber. Dtsch. Bot. Ges. 78: 396-397

MEYER, D. 1983: Makroskopisch-biologische Feldmethoden zur Gewässergütebeurteilung von Fließgewässern. o. Ort (Hrsg. BUND)

MEYER, G. 1990: In: FAENSEN-THIEBES u.a. 1990

MEZGER, U. 1986: Verbreitung von Flechten und Moosen in Stadtbereichen in Abhängigkeit von Umweltfaktoren. Diplomarbeit FU Berlin

MEZGER, U. u. R. BORNKAMM 1989: Rindenversauerung und acidophytische Flechten in Berlin. Verh. Ges. f. Ökologie 18: 419-424

MIECH, P. 1979: Zum Brutbestand einiger Spechtarten im Spandauer Forst 1978. Orn. Ber. f. Berlin (West) 4 (1): 63-86

MIECH, P. 1986: Entwicklung und Gestaltung der ehemaligen Sandgrube Laßzinswiesen zum "Vogelschutzgebiet". Berliner Naturschutzbl. 2 (30): 29-31

MIECH, P. 1988: Wirbeltierverluste auf einer Waldstraße im Spandauer Forst. Berliner Naturschutzbl. 32 (3): 125-135

MIECK, I. 1973: Umweltschutz in Alt-Berlin. Luftverunreinigung und Lärmbelästigung zur Zeit der frühen Industrialisierung. Jahrbuch des Vereins für die Geschichte Berlins (Der Bär von Berlin) 22: 7-25.

MIECK, I. 1987: Von der Reformzeit zur Revolution. In: RIBBE, W. (Hrsg.): Geschichte Berlins 1: 406-602. Berlin

MÖBIUS, M. 1937: Geschichte der Botanik. Unveränderter Nachdruck 1968. Stuttgart (G. Fischer)

MORGENLAENDER 1780: Forstbeschreibung von der Churmark (Manuskript. Bibliothek der Forstwirtschaftlichen Fakultät Eberswalde)

MOUIMOU, D. 1983: Genese, Dynamik und Ökologie der Böden auf und neben einer Mülldeponie. Diss. TU Berlin

MÜLLER, A. von 1984: Spandau, eine bedeutende mittelalterliche Stadt in der Mark Brandenburg. Festschr. Landesgesch. Vereinigung Mark Brandenburg. S. 78-103. Berlin

MÜLLER, H.H. 1962: Die Säugetierreste aus der Burg Köpenick nach den Grabungen von 1955 bis 1958. In: HERRMANN, J.: Köpenick. Ein Beitrag zur Frühgeschichte Groß-Berlins. DAW Schriften Sekt. Vor- und Frühgesch. 12: 81-97.

NATZSCHKA, W. 1971: Berlin und seine Wasserstraßen. 244 S. Berlin

NEUMANN, F. 1976: Struktur, Genese und Ökologie hydromorpher Bodengesellschaften Westberlins. Diss. TU Berlin

NEUMANN, U. 1971: Möglichkeiten der Rekultivierung von Mülldeponien. Landschaft + Stadt 4: 145-150

NIETHAMMER, G. 1963: Die Einbürgerung von Säugetieren und Vögeln in Europa. Hamburg, Berlin

NÖLLNER, C. u. G. WEIGMANN 1982: Das Naturschutzgebiet Teufelsbruch in Berlin-Spandau. X. Die Regenwürmer im Teufelsbruch und im angrenzenden Forst. Sber. Ges. Naturf. Freunde Berlin (N.F.) 22: 70-88

NYFFELER, M. 1982: Fieldstudies on the ecological role of spiders as inflect predators in agro-ecosystems (abondoned graslands, meadows and cereal fields). Diss. ETH Zürich 7097

OAG (Ornithologische Arbeitsgruppe) Berlin (West) 1982: Wintervogelzählung 1976-1979 in Berlin (West). Orn. Ber. f. Berlin (West) 7 (1): 15-39

OAG Berlin (West) 1984: Brutvogelatlas Berlin (West). Orn. Ber. f. Berlin (West) 9, Sonderheft, 384 S.

OAG Berlin (West) 1987: Brutbericht 1986. Orn. Ber. f. Berlin (West) 12 (2): 194-207

OAG Berlin (West) 1988: Brutbericht 1987. Orn Ber. f. Berlin (West) 13 (2): 181-195

ÖKOLOGIE UND PLANUNG 1983: Biotopentwicklungsplan Flughafensee Tegel. Gutachten im Auftrag des Bezirksamtes Reinickendorf von Berlin - Gartenbauamt-. 188 S.

ÖKOLOGIE UND PLANUNG 1985: MARKSTEIN u. a. 1985

ÖKOLOGIE UND PLANUNG 1986: Ökologisches Gutachten Gatower Feldflur. 2 Bände. Gutachten im Auftrag des Bezirksamtes Spandau von Berlin -Gartenbauamt-. 466 S.

ÖKOLOGIE UND PLANUNG 1987: Ökologisches Gutachten Landschaftsfriedhof Gatow. Gutachten im Auftrag des Bezirksamtes Spandau von Berlin - Gartenbauamt -. 200 S.

ÖKOLOGIE UND PLANUNG 1989: Ökologisches Gutachten LSG Eiskeller. Unveröff. Gutachten im Auftrag des Bezirksamtes Spandau von Berlin - Gartenbauamt -. 316 S.

OELKE, H. 1985: Vogelbestände einer niedersächsischen Agrarlandschaft 1961 und 1985. Vogelwelt 106 (6): 246-255

OVERBECK, F. 1975: Botanisch-geologische Moorkunde. Neumünster

OVERDIECK, D. 1978: CO_2-Gaswechsel u. Transpiration von Schilf bei abgestuften Stickstoff- u. Phosphorgaben. Verh. Ges. f. Ökol. (Kiel) 7: 369-376

OVERDIECK, D. u. K. GLOE 1980: Aufnahme von Cadmium und dessen Einfluß auf den Gaswechsel von *Plantago major* L. Verh. Ges. f. Ökol. 8: 493-500

OVERDIECK, D. u. F. RAGHI-ATRI 1976: CO_2-Netto-Assimilation von *Phragmites australis* (Cav.) Trin ex. Steud. Blättern bei unterschiedl. Mengen an Stickstoff u. Phosphor im Nährsubstrat. Angew. Botanik 50: 267-283

PACHUR, H.-J. u. H.-P. RÖPER 1982: Sedimentanalyse zur Bestimmung der Belastung limnischer Sedimente durch persistente Umweltchemikalien. Umweltforschungsplan des BMI, Vorhaben 1072001/01 im Auftrag des Umweltbundesamtes, Berlin

PACHUR, H.-J. u. G. SCHULZ 1983: Erläuterung zur Geomorphologischen Karte 1:25000 der BRD, Blatt 3545 Berlin - Zehlendorf, 88 S. m. Karte. Berlin

PACHUR, H.-J. 1987: Die Sedimente in Berliner Seen als Archive der Landschaftsentwicklung. In: SCHARFE, W.: Berlin und seine Umgebung im Kartenbild. S. 73-81. Berlin

PACHUR, H.-J. u. H.-P. RÖPER 1987: Zur Paläolimnologie Berliner Seen. Berliner Geographische Abhandlungen 44. Berlin. 150 S.

PAPENHAUSEN, U. 1981: Zur Ökologie und Faunistik der Spinnen an den Ufern des Teltowkanals. Diplomarbeit FU Berlin

PETERS, H. 1954: Biologie einer Großstadt. Heidelberg

PETERS, H. 1956: Dichte und Verbreitung einiger wichtiger Schädlinge in Westdeutschland. Höfchen Briefe 9: 69-111

PEUS, F. u. H. SUKOPP 1977: Antrag auf Ausweisung des ehemaligen Großen Hermsdorfer Sees als Naturschutzgebiet. Berliner Naturschutzbl. 21 (61): 288-295

PIERAU, H. 1969: Die Bedeutung des aeroben Abbaues unverdichteter häuslicher Abfallstoffe im Rahmen der geordneten Ablagerung. Kommunalwirtschaft 1: 2-12

PLATEN, R. 1984: Ökologie, Faunistik und Gefährdungssituation der Spinnen (*Araneae*) und Weberknechte (*Opiliones*) in Berlin (West) mit dem Vorschlag einer Roten Liste. Zool. Beitr. N.F. 28: 445-487

PLATEN, R. 1986: Faunistik. Ökologisches Gutachten über das Gebiet Alter Hof, Erlengrund und Löwensee - Webspinnen (*Araneidae*) und Weberknechte (*Opilionidae*). Gutachten im Auftrag des Bezirksamtes Zehlendorf von Berlin - Gartenbauamt - 118 S.

PLATEN, R. 1988: Ökologische Auswirkungen der Grundwasseranreicherungsmaßnahmen von Wasserwerken am Beispiel des Feuchtgebietes im Spandauer Forst. Forschungsvorhaben Wasser 10202311 des Umweltbundesamtes Berlin Fachbereich III Wasser

PLATEN, R. 1989: Struktur der Spinnen - und Laufkäferfauna (Arach.: Araneida, Col.: Carabidae) anthropogen beeinflußter Moorstandorte in Berlin (West). Taxonomische, räumliche und zeitliche Aspekte. Diss. TU Berlin

PLATEN, R. (unveröff.): Ökologisches Gutachten Spandauer Forst. Teil Araneae-Webspinnen 1985

PLATEN, R. (Mskr.): Zur Spinnen- und Laufkäferfauna der ehemaligen Deponie Wannsee

PODLOUCKY, R. 1988: Zur Situation der Zauneidechse, *Lacerta agilis* L. 1758, in Niedersachsen - Verbreitung, Gefährdung und Schutz -. In: GLANDT, D. u. W. BISCHOFF (Hrsg.): Biologie und Schutz der Zauneidechse (*Lacerta agilis*) - Mertensiella 1: 146-166

POHLE, H. 1960: Das Spandauer Knochenmaterial. In: REINBACHER, E.: Beiträge zur Frühgeschichte Spandaus. Prähist. Z. 38: 261-269.

PRASSE, R. 1984: Die Kiesgrube "Am Postfenn" in Berlin (West). Landschaftsdiagnose und Entwicklungsvorschläge. Ing.-Arbeit TFH Berlin. 94 S.

PROTZ, H. 1967: Der Pechofen im Grunewald am Pechsee in Berlin. Auffindung von Überresten mittelalterlicher Teerschwelerei. Berliner Blätter für Vor- und Frühgeschichte 11: 153-169.

PUTZAR, A. 1983: Klimatische und lufthygienische Aspekte der Grün- und Freiraumplanung im Übergangsbereich zwischen Innenstadt und Innenstadtrand, dargestellt am Beispiel Berlin-Neukölln. Diplomarbeit Fachgebiet Bioklimatologie (FB14) TU Berlin

RACH, H.-J. 1988: Die Dörfer in Berlin. 392 S.

RAGHI-ATRI, F. 1976: Einfluß der Eutrophierung auf den Befall von *Phragmites communis* Trin. durch die mehlige Pflaumenblattlaus (*Hyalopterus prumi* Geoffr.) in Berlin. Z.Ang.Zool. 3: 365-374

RAGHI-ATRI, F. 1978 a: Einfluß von Cadmium auf *Glyceria maxima* (HARTM.) HOLBG. Verh. Ges. f. Ökol. (Kiel) 7: 377-381

RAGHI-ATRI, F. 1978 b: Einfluß von Cadmium auf *Glyceria maxima* (HARTM.) HOLBG. Verh. Ges. f. Ökol. (Kiel) 7: 383-388

RAGHI-ATRI, F. 1979: Beobachtungen an einer Testpflanze (Tabaksorte Bel W 3) an ausgewählten Standorten in Berlin. Haustechnik-Bauphysik-Umwelttechnik 100: 281-283

RAGHI-ATRI, F. 1980: Untersuchungen an *Glyceria maxima* (HARTM.) HOLBG. unter Berücksichtigung von Cadmiumgaben in Bodensubstrat. Limnologica 12: 287-298

RAGHI-ATRI, F. u. R. BORNKAMM 1979: Wachstum u. chemische Zusammensetzung von Schilf (*Phragmites australis*) in Abhängigkeit von der Gewässereutrophierung. Arch. Hydrobiol. 85: 192-228

RAGHI-ATRI, F. u. R. BORNKAMM 1980: Über Halmfestigkeit von Schilf (*Phragmites australis* (Cav.) Trin. ex Steudel) bei unterschiedlicher Nährstoffversorgung. Arch. Hydrobiol. 90: 90-105

RAGHI-ATRI, F. u. R. BORNKAMM 1984a: In: ATRI u. BORNKAMM 1984a

REBELE, F. 1986: Die Ruderalvegetation der Industriegebiete von Berlin (West) und deren Immissionsbelastung. Landschaftsentwicklung u. Umweltforschung 43: 1-224

REBELE, F. u. P. WERNER 1984: Untersuchungen zur ökologischen Bedeutung industrieller Brach- und Restflächen in Berlin (West). Berlin (Berlin Forschung; Förderungsprogramm der FU Berlin für junge Wissenschaftler)

REBELE, F. u. P. WERNER 1987: Ruderalpflanzen als Bioindikatoren in industriellen Ballungsgebieten. Verh. Ges. f. Ökol. 16: 181-190

REBENTISCH, J.F. 1804: Prodromus Florae neomarchicae secundum systema proprium conscriptus atque figuris XX coloratis adornatus cum praefatione Caroli Ludovici Willdenow, in qua de vegetabilium cryptogamicorum dispositione tractatur. Berolini (Schüppel) 104 S.

REICHHOLF, J. 1974: Phänologie und Ökologie des Durchzuges der Zwergmöwe *Larus minutus* am unteren Inn. Anzeiger der Ornithologischen Gesellschaft in Bayern 13 (1): 56-70

REICHSTEIN, H. 1987: Archäozoologie und die prähistorische Verbreitung von Kleinsäugern. Sber. Ges. Naturf. Freunde Berlin (N.F.) 27: 9-21. Berlin

RIBBE, W. 1987: Geschichte Berlins. Bd. 1. 602 S. München

RIECK, W. 1986: Untersuchung über die Bestandsentwicklung der Anurenfauna des Berliner Stadtforstes Spandau. Im Auftrag des Sen. f. Stadtentw. u. Umweltschutz

RIECKE, F. 1960: Forstgeschichtlich - vegetationskundliche Untersuchungen im Stadtforst Berlin-Spandau. Verh. Bot. Ver. Prov. Brandenburg 98-100: 50-112

RIESE, M. 1982: Möglichkeiten der Feststellung und Beurteilung von Fluor- und chlorhaltigen Luftverunreinigungen mittels Bioindikatoren. Wiss. Hausarbeit FU Berlin

RÖDEL, D. 1987: Vegetationsentwicklung nach Grundwasserabsenkungen. Dargestellt am Beispiel des Fuhrberger Feldes in Niedersachsen Landschaftsentwicklung u. Umweltforschung, Sonderheft 1

RÖSSING, D. 1981: Der Einfluß extremer Abwasserbehandlung auf die Collembolenfauna eines Rieselfeldes in Berlin-Gatow. Diplomarbeit FB Biologie FU Berlin

RUGE, U. 1982: Physiologische Schäden durch Umweltfaktoren. In: MEYER, F.H.: Bäume in der Stadt. S. 134-198. Stuttgart (Ulmer) . 2. Aufl.

RUGE, U. u. W. STACH 1968: Über die Schädigung von Straßenbäumen durch Auftausalze. Angew. Bot. 42: 69-77

RUNGE, M. 1975: West-Berliner Böden anthropogener Litho- und Pedogenese . Diss. TU Berlin

RUTSCHKE, E. (Hrsg.) 1983: Die Vogelwelt Brandenburgs. 385 S. Jena, VEB Gustav Fischer.

RUX, K.-D. u. CH. LEUCKERT 1980: Epiphytisch lebende Flechtengruppen. In: SUKOPP, H. (Red.): Ökologisches Gutachten über die Auswirkungen von Bau und Betrieb der Bundesfernstraße auf den Tegeler Forst, S. 57-67. (Mskr. (Inst. f. Ökologie der TU Berlin)

SAARISALO-TAUBERT, A. 1963: Die Flora in ihrer Beziehung zur Siedlung und Siedlungsgeschichte in den südfinnischen Städten Porvoo, Loviisa und Hamina. Ann. Bot. Soc. Vanamo 35 (1):1-90

SACHSE, U. 1989: Die anthropogene Ausbreitung von Berg- und Spitzahorn (*Acer pseudoplatanus* L. und *Acer platanoides* L.) - Ökologische Voraussetzungen am Beispiel Berlins. Landschaftsentwicklung u. Umweltforschung 63

SALT, C. 1988 a: Application of $CaCl_2$- Extraction for assessment of cadmium and zinc mobility in a wastewater polluted soil

SALT, C. 1988 b: Schwermetalle in einem Rieselfeld-Ökosystem. Landschaftsentwicklung u. Umweltforschung 53: 1-214

SCHÄDEL, H. 1981: Untersuchungen über die Tausalzbelastung von Gehölzen und Böden auf Mittelstreifen von Stadtstraßen in Berlin (West). Diplomarbeit TU Berlin

SCHAEPE, A. 1986: Veränderungen der Moosflora von Berlin (West). Diss. TU Berlin

SCHAUERMANN, B. 1984: Klimatische Untersuchungen an Gewässern im Bereich von Berlin (West). Diplomarbeit FB 14, Institut f. Ökologie -Bioklimatologie- TU Berlin

SCHICH, W. 1987: Das mittelalterliche Berlin. In: RIBBE, W. (Hrsg.): Geschichte Berlins 1: 139-248. Berlin

SCHLAAK, P. 1977: Die Auswirkungen der bewaldeten und bebauten Gebiete der Stadtlandschaft von Berlin auf den Niederschlagshaushalt. Annalen der Meteorologie, N.F. 12

SCHLECHTENDAL, D.F.L. 1823/24: Flora Berolinensis. Bd.1: Phanerogamia. Plantae phanerogamae spontaneae et cultae agri Berolinensis nec non hucusque notae totius Mesomarchiae illustratae. 535 S. Bd.2: Synopsis plantarum cryptogamarum in Mesomarchia praesertim circum Berolinum provenientum. 284 S. Berolini (Dümmler)

SCHLEICHER, J. 1978: Benthosuntersuchungen im Niederneuendorfer See. Diplomarbeit FB Biologie FU Berlin

SCHMIDT, W. 1969: Die vergangenen und verbliebenen Pfuhle im Bezirk Neukölln. Neuköllner Heimatverein e.V. Mitteilungsblatt 38: 861-892

SCHMIDT, W. 1970: Kriechtiere und Lurche im Bezirk Neukölln. Berliner Naturschutzbl. 14 (40): 401-406

SCHNEIDER, CH., ELVERS, H., JANOTTA, M., PLATEN, R., RIECK, W., TRILLITZSCH, F. u. E. JOST 1982: Ökologisch- landschaftsplanerisches Gutachten Heiligenseer Felder. Im Auftrag des Bezirksamtes Reinickendorf, Abt. Bauwesen- Gartenbauamt -

SCHNURRE, O. 1940: Die Vogelwelt der Pfaueninsel im Lichte ernährungsbiologischer Forschung am Waldkauz (*Strix aluco*). Märk. Tierwelt 4: 121-141

SCHOLZ, H. 1960: Die Veränderungen in der Ruderalflora Berlins. Ein Beitrag zur jüngsten Florengeschichte. Willdenowia 2: 379-397

SCHOLZ, H. 1962: Die Bedeutung der Müllplätze für die Floristik. Bot.Ver. Prov. Brandenburg, Vortrag

SCHOLZ, H. 1970: Über Grassamenankömmlinge, insbesondere *Achillea lanulosa* Nutt.. Verh. Bot. Ver. Prov. Brandenburg 107: 79-85

SCHÖLZEL, H. 1986: Eine Idylle stirbt langsam - 30 Jahre Beobachtung am Reinickendorfer Schäfersee. Grünstift 4: 8-10

SCHÖNHARD, G. 1982: Schwermetallgehalt in Böden und Pflanzen Berlins. Mskr. Berlin (Biol. Bundesanstalt/Sen. f. Stadtentw. u. Umweltschutz)

SCHÖNHARD, G. 1984: Zwischenbericht zum Forschungsvorhaben "Schwermetallgehalte in Böden und Pflanzen Berlins". Mskr.- Berlin (Biol.Bundesanstalt/Sen. f. Stadtentw. u. Umweltschutz)

SCHÖNHARD, G. 1985: Untersuchungen von Boden- und Pflanzenproben auf Blei und Cadmium in der Umgebung der Firma "Sonnenschein". Mskr. Berlin (Biol.Bundesanstalt/Sen. f. Stadtentw. u. Umweltschutz)

SCHRECK, W. 1985: Starke Massierung und interessantes Verhalten des Braunkehlchens (*Saxicola rubetra*) auf dem Wegzug. Orn. Ber. f. Berlin (West) 10 (2): 179

SCHRECK, W. 1986: Überwinternde Sperber (*Accipiter nisus*) in Berlin (West) im Januar und Februar 1985. Orn. Ber. f. Berlin (West) 11 (1): 82-84

SCHULTZE, N.-G. 1988: Die Vogelwelt des Volksparkes Hasenheide in Berlin-Neukölln 1986. Orn. Ber. f. Berlin (West) 13 (1): 3-20

SCHULTZE, N.-G. 1989: Die Brutvögel des Viktoria- Parks in Berlin-Kreuzberg im Jahre 1986. Orn. Ber. f. Berlin (West) 14 (1): 37-38

SCHULZ, J.H. 1845: Die Wirbeltiere der Mark Brandenburg. Fauna Marchica. Berlin

SCHULZ, K. 1987: Vom Herrschaftsantritt der Hohenzollern bis zum Ausbruch des Dreißigjährigen Krieges (1411/12-1618). In: RIBBE, W. (Hrsg.): Geschichte Berlins 1: 251-340, Berlin

SCHULZ, R. 1984: Die urgeschichtlichen Fundstellen West- Berlins und ihre naturräumliche Gruppierung. Diss. Universität Freiburg/Breisgau

SCHULZ, R. u. M. Eckerl 1987: Archäologische Landesaufnahme der Funde und Fundstellen in Berlin. 621 S., 15 Karten, Berlin

SCHULZE-HAGEN, K. u. W. MÄDLOW 1986: Brutstatistik des Sumpfrohrsängers (Acrocephalus palustris) bei wirtschaftlicher Nutzung des Habitats. Orn. Ber. f. Berlin (West) 11 (1): 19-26

SCHÜTZE, J. 1970: Die Brutvögel eines Friedhofes in Berlin-Neukölln. Berliner Naturschutzbl. 14 (41): 425-426

SCHÜTZE, J. 1980: Die Wasservogelzählung in Berlin (West) 1969/70 1978/79. Orn. Ber. f. Berlin (West) 5 (1): 53-66

SCHÜTZE, J. 1981: In: SUKOPP u.a. 1981

SCHWARZ, J. u. a. 1978: Die Sommervögel des Märkischen Viertels 1977. Projektbericht einer Arbeitsgemeinschaft des Inst. f. allg. Zoologie der FU Berlin. Orn. Ber. f. Berlin (West) 3: 147-170

SCHWARZ, J. u. H. KORGE 1983: Faunistisches Gutachten für die Bahnanlagen zwischen Yorckstr. und Ringbahn. Unveröff. Gutachten im Auftrag des Sen. f. Bau u. Wohnungswesen (Abt.VII). 133 S.

SCHWIEBERT, H.P. 1980: Statik und Dynamik des Wasser- und Lufthaushalts zweier Düne-Moor-Ökotope Berlins. Diss. TU Berlin

SEIDLING, W. 1984: Über den Zusammenhang mittlerer Zeigerwerte der Vegetation und entsprechender Bodenparameter im Wald- und Forstgebiet des Berliner Forst Spandau. Diplomarbeit FU-Berlin Fachbereich Biologie

SenBauWohn (SENATOR F. BAU- U. WOHNUNGSWESEN BERLIN) 1979: In: SUKOPP u.a. 1979

SenBauWohn 1980: Gewässerkundliche Jahresberichte des Landes Berlin. Abflußjahr 1978

SenBauWohn (Hrsg.) 1980a: Naturschutz in der Großstadt - Naturschutz u. Landschaftspflege in Berlin (West). H. 2. 24 S.

SenStadtUm (SENATOR F. STADTENTW. U. UMWELTSCHUTZ BERLIN) 1980 bis 1988: Gewässerkundliche Jahresberichte des Landes Berlin. Abflußjahre 1979 bis 1985.

SenStadtUm 1982: Smogtage. Werkstattbericht Winter 1981/82. Berlin

SenStadtUm 1983: Der Teltowkanal. Bes. Mitteil. Gewässerkundl. Jahresber.: 96-102

SenStadtUm 1984a: Schwermetalle in Böden und Pflanzen. Karte 01.03. In: SENSTADTUM 1985

SenStadtUm 1984b: Schwefeldioxid-Emissionen und Immissionen. Karte 03.01. In: SENSTADTUM (Hrsg.) 1985

SenStadtUm 1984c: Luftverunreinigungen in Berlin (West). Berlin

SENSTADTUM 1984d: Der Landwehrkanal und der Neuköllner Schiffahrtskanal. Bes. Mitteil. Gewässerkundl. Jahresber.: 88-94

SENSTADTUM (Hrsg.) 1985: Umweltatlas Berlin. Band I. (Boden/Wasser/Luft/Klima) (Bearbeitung des klimatischen Kartenteils (Teil 4): Horbert, M., Kirchgeorg, A., Stülpnagel, A. von. Bearbeitung der Karte der Oberflächenversiegelung: Böcker, R.) Berlin (Kulturbuchverlag)

SENSTADTUM (Hrsg.) 1987: Umweltatlas Berlin. Bd. II (Biotope, Flächennutzung, Verkehr/Lärm,). Berlin (Kulturbuchverlag)

SENSTADTUM 1989: Landschaftsprogramm/Artenschutzprogramm 1988. Berlin

SPIRIG, A. 1981: Zum Wasserhaushalt verschiedener Straßenbaumarten unter dem Einfluß der winterlichen Streusalzanwendung. Veröff. Geobot. Inst. ETH, Stiftung Rübel, Zürich 74: 1-68

SPIRIG, A. u. M. ZOLG 1982: Water regime and metabolism of several wadside tree species as influenced by the use of de-icing salt in winter. In: BORNKAMM, R., LEE, J.A. u. M.R.D. SEAWARD, (Edts.) Urban Ecology, p.331. London (Blackwell)

SPRÖTGE, M. 1989: Einfluß von Gestalt und Pflege innerstädtischer Parkanlagen auf Vogelgemeinschaften am Beispiel des Großen Tiergartens in Berlin. Diplomarbeit FB 14 TU Berlin. 153 S.

STAHR, K., BÖSE, M., BRANDE, A., GUDMUNDSSON, TH. u. M. LAUNHARDT 1983: Die Entwicklung des Lollopfuls in Berlin-Rudow. Sber. Ges. Naturf. Freunde Berlin (N.F.) 23

STARFINGER, U. 1990: Die Einbürgerung der Spätblühenden Traubenkirsche (*Prunus serotina* Ehrh.) in Mitteleuropa. Landschaftsentwicklung u. Umweltforschung 69

STARNICK, J. 1988: Der Plan ist da - Berlin sagt ja. Berliner Liberale Zeitung 3

STATISTISCHES LANDESAMT BERLIN 1988: Statistisches Jahrbuch. Berlin

STAUDACHER, W. 1977: Die Hydrochemie von Porenwässern aus jungen Seesedimenten unter influenten Bedingungen am Beispiel des Tegeler Sees in Berlin (West). Diss. FU Berlin, 161 S. u. Anhang

STEINHAUSEN, R. 1978: In: WITT 1978

STEIOF, K. 1986: Brutvögel und Deponien-Rekultivierung. Diplomarbeit FB 14 TU Berlin. 191 S.

STEIOF, K. 1987a: Brutvögel und Deponien-Rekultivierung - Ein Beitrag zur Landschaftsbewertung und -planung am Beispiel Berlin. Landschaftsentwicklung u. Umweltforschung 47. 107 S.

STEIOF, K. 1987b: Landschaftsplanerische Bewertung von Brutvogelbeständen am Beispiel Lichterfelde-Süd. Orn. Ber. f. Berlin (West) 12 (2): 133-168

STEIOF, K. 1989: Die Brutvögel der Feldflur in Berlin-Gatow 1986/87. Orn. Ber f. Berlin (West) 14 (2), i. Druck

STEIOF, K.1989a: In: ÖKOLOGIE U. PLANUNG 1989

STEIOF, K. u. B. RATZKE 1990: Hohe Siedlungsdichte des Neuntöters (*Lanius collurio*) auf der Mülldeponie in Berlin-Wannsee und Hinweise zur Erfassung der Art. Orn. Ber. f. Berlin (West) 15 (1), i. Druck

STERN, S. 1988: Floristisch-vegetationskundliche Begleituntersuchung zum Ackerrandstreifenprogramm Gatow und Kladow. Gutachten im Auftrag des Sen. f. Stadtentw. u. Umweltschutz Berlin

STÖHR, M. 1985: Einsatz von rechnergestützten Methoden bei der ökolog. Untersuchung eines Transektes durch Berlin (West). Diss. TU Berlin

STOLL, E. 1971: Möglichkeiten der Wuchslandschaftsgliederung anhand von Untersuchungen der Ackerunkrautvegetation. Diplomarbeit TU Berlin

STÜLPNAGEL, A. von 1979: Planungsrelevante Aspekte des Stadtklimas - Literaturanalyse. Diplomarbeit Universität Hannover

STÜLPNAGEL, A. von 1987: Klimatische Veränderungen in Ballungsgebieten unter besonderer Berücksichtigung der Ausgleichswirkung von Grünflächen, dargestellt am Beispiel von Berlin (West). Diss. FB 14 TU Berlin

SUCCOW, M. u. L. JESCHKE 1986: Moore in der Landschaft. Entstehung, Haushalt, Lebewelt, Verbreitung, Nutzung und Erhaltung der Moore. 268 S. Leipzig, Jena, Berlin (Urania-Verl.)

SUKOPP, H. 1959/60: Vergleichende Untersuchungen der Vegetation Berliner Moore unter besonderer Berücksichtigung der anthropogenen Veränderungen. Teil I/II. Bot. Jb. 79 (1/2): 36-191

SUKOPP, H. 1963: Die Ufervegetation der Havel. Im Auftrag des Sen. f. Bau- u. Wohnungswesen Berlin (West)

SUKOPP, H. u. H. SCHOLZ 1964: Parietaria pensylvanica Mühlenb. ex Willd. in Berlin. Ber. Dtsch. Bot. Ges. 77: 419-426

SUKOPP, H. u. H. SCHOLZ 1965: Neue Untersuchungen über *Rumex triangulivalvis* (Danser) Rech. f. in Deutschland. Ber. Dtsch. Bot. Ges. 78 (10): 455-465

SUKOPP, H. 1966: Verluste der Berliner Flora während der letzten hundert Jahre. Sber. Ges. Naturf. Freunde Berlin (N.F.) 6: 126-136

SUKOPP, H. 1968: Der Einfluß des Menschen auf die Vegetation. Habilitationsvortrag. Als Manuskript vervielfältigt

SUKOPP, H. 1968a: Das Naturschutzgebiet Pfaueninsel in Berlin-Wannsee I. Beiträge zur Landschafts- und Florengeschichte. Sber. Ges. Naturf. Freunde Berlin (N. F.) 8: 93-129

SUKOPP, H. u. W. KUNICK 1968: Veränderungen des Röhrichtbestandes der Berliner Havel 1962-1967. Sen. f. Bau- u. Wohnungswesen Berlin

SUKOPP, H. u. W. KUNICK 1969: Die Ufervegetation der Berliner Havel. Natur u. Landschaft 44 (10): 287-292

SUKOPP, H. 1971: Effects of recreational activities on littoral macrophytes. Hydrobiologia 12: 331-340

SUKOPP, H. 1971a: Beiträge zur Ökologie von *Chenopodium botrys* L., I. Verbreitung und Vergesellschaftung. Verh. Bot. Ver. Prov. Brandenburg 108:3-25

SUKOPP, H. 1972: Wandel von Flora und Vegetation unter dem Einfluß des Menschen. Ber. Landwirtschaft 50: 112-139

SUKOPP, H. 1973: Die Großstadt als Gegenstand ökologischer Forschung. Vortrag gehalten am 6.6.1973. Schriften des Vereins zur Verbreitung naturwissenschaftlicher Kenntnisse in Wien

SUKOPP, H., BLUME, H.-P., CHINNOW, D., KUNICK, W., RUNGE, M. u. F. ZACHARIAS 1974: Ökologische Charakteristik von Großstädten, besonders anthropogene Veränderungen von Klima, Boden und Vegetation. TUB-Zeitschrift TU Berlin. 6 (4): 469-488

SUKOPP, H., MARKSTEIN, B. u. L. TREPL 1975: Röhrichte unter intensivem Großstadteinfluß. Beitr. naturk. Forsch. Südw.-Dt. 34: 371-385

SUKOPP, H. u. W. KUNICK 1976: Ökologische Analyse mit landschaftsökologischen Sanierungs- und Nutzungsvorschlägen der Hänge und des Vorlandes entlang des Havelufers südlich des Imchenplatzes in Berlin-Spandau, Ortsteil Kladow. Wissenschaftliche Grundlagenuntersuchungen in Berliner Natur- und Landschaftsschutzgebieten. Im Auftrag des Sen. f. Bau- und Wohnungswesen Berlin (West). 108 S.

SUKOPP, H. u. Ch. SCHNEIDER 1977: Zur Erhaltung von Flora und Vegetation. Berliner Forum 8 "Die Zitadelle Spandau": 87-94

SUKOPP, H. 1978: Gehölzarten und -vegetation Berlins. Mitt. Dtsch. Dendrol. Ges. 70: 7-21

SUKOPP, H. u. B. MARKSTEIN 1978: Die Ufervegetation der Berliner Havel. Veränderungen 1962-1977, Schutz, Pflege und Entwicklung. Arb. dt. Fisch. Verb. 25: 16-29

SUKOPP, H. (Red.) u.a. 1978: Interdisziplinäre Arbeitsgruppe Ökologie und Umweltforschung 1972-1976. Hochschulforschung. Zeitschrift der TU-Berlin 9 (2/3)

SUKOPP, H. (Red.) u.a.1979 : Ökologisches Gutachten über die Auswirkungen von Bau-und Betrieb der BAB Berlin (West) auf den Großen Tiergarten. 2 Bde. Gutachten im Auftrag des Sen. f. Bau- und Wohnungswesen Berlin (West) Referat VII a.

SUKOPP, H. u. A. AUHAGEN 1979/81: Die Naturschutzgebiete Großer Rohrpfuhl und Kleiner Rohrpfuhl im Stadtforst Berlin Spandau. Teil I/II. Sber. Ges. Naturf. Freunde Berlin (N.F.) 19: 93-170, 20/21: 157-228 (Mit Beiträgen von D. BARNDT, U. GOSPODAR, R. PLATEN, K. CLEVE unter Mitarbeit von J. RIJPERT, M. STÖHR, W. TIGGES, K. VOGEL)

SUKOPP, H. 1980: Arten- und Biotopschutz in Agrarlandschaften. Daten und Dokumente zum Umweltschutz. Sonderreihe Umwelttagung 30:23-42

SUKOPP, H., BLUME, H.-P. ELVERS, H. u. M. HORBERT 1980: Beiträge zur Stadtökologie von Berlin (West). Landschaftsentwicklung u. Umweltforschung 3. 225 S.

SUKOPP, H. 1981: Grundwasserabsenkungen - Ursachen und Auswirkungen auf Natur und Landschaft Berlins. Wasser - Berlin Bd.1. Die technisch-wissenschaftlichen Vorträge auf dem Kongreß Wasser Berlin 1981. S. 239-272

SUKOPP, H. u.a. 1981: Ökologisches Gutachten über die Auswirkungen von Bau- und Betrieb der BAB "Abzweig Neukölln". Im Auftrag des Sen. f. Bau- u. Wohnungswesen Berlin (West)

SUKOPP, H. u. a. 1981a: Ökologisches Gutachten Teltowkanal unter besonderer Berücksichtigung seiner Erholungsfunktion. Im Auftrag des Sen. f. Bau- und Wohnungswesen Abt. IIIaC Berlin

SUKOPP, H. u. B. MARKSTEIN 1981: Veränderungen von Röhrichtbeständen und -pflanzen als Indikatoren von Gewässernutzungen, dargestellt am Beispiel der Havel in Berlin (West). Limnologica 13: 459-471

SUKOPP, H. u.a. 1982: Freiräume im "Zentralen Bereich" Berlin (West). Landschaftsplanerisches Gutachten im Auftrag des Sen. für Stadtentw. u. Umweltschutz Berlin

SUKOPP, H. u. H. ELVERS 1982: Rote Liste der gefährdeten Pflanzen und Tiere in Berlin (West). Landschaftsentwicklung u. Umweltforschung 11: 374 S.

SUKOPP, H. u. I. KOWARIK 1983: Städtebauliche Ordnung aus der Sicht der Ökologie. Reinhaltung der Luft in großen Städten. VDI-Berichte Nr. 477: 163-172

SUKOPP, H. u. A. BRANDE 1984/85: Beiträge zur Landschaftsgeschichte des Gebietes um den Tegeler See. Sber. Ges. Naturf. Freunde Berlin (N.F.) 24/25: 198-214,

SUKOPP, H., BRANDE, A. u. W. TIGGES 1987: *Fagus sylvatica* in the vegetation of Berlin. In Vorber.

SUKOPP, H. 1988: Stadtökologische Forschung. Berliner Naturschutzbl. 32 (2): 40-65

SUKOPP, H. u. W. SEIDLING 1988: Räumliche und zeitliche Differenzierung des Unterwuchses. In: UMWELTBUNDESAMT U. SEN. F. STADTENTWICKLUNG U. UMWELTSCHUTZ (Hrsg.): Ballungsraumnahe Waldökosysteme, 2. Forschungsbericht: 299-328. Berlin

TESCH, F.W. u. L. WEHRMANN 1982: Die Pflege der Fischbestände und -gewässer. 112 S.. Berlin, Hamburg

TEICHERT, L. 1988: Die Tierknochenfunde von der slawischen Burg und Siedlung auf der Dominsel Brandenburg/Havel (Säugetiere, Vögel, Lurche und Muscheln). Veröff. Mus. Ur- und Frühgesch. Potsdam 22: 193-219.

THIERFELDER, H. 1985: Grundwasserabsenkung - Spandauer Forst (Karten). In: SENSTADTUM (Hrsg.): Umweltatlas Bd. 1, 02 Wasser

TIETZ, B. 1979: Die Beeinflussung der biologischen Aktivität im Boden durch Deponiegase. Diplomarbeit Instit. f. Ökologie TU Berlin

TIETZ, B. 1981: In: BLUME (Red.) 1981

TREPL, L. 1979: In: SUKOPP u.a. 1979

TÜV (Technischer Überwachungsverein) Rheinland 1978: Immissionsgutachten zum Autobahnbau Berlin-Tiergarten. Manuskript, Köln

ULBRICH, E. 1935: Geschichte des Botanischen Vereins der Provinz Brandenburg in den letzten 25 Jahren (1909-1934). Verh. Bot. Ver. Prov. Brandenburg 75 (2): 300-310

VOLKENS, G. 1910: Die Geschichte des Botanischen Vereins der Provinz Brandenburg 1859-1909. Verh. Bot. Ver. Prov. Brandenburg 51: 1-86

VÖLZKE, V. 1984: Die Besiedlung des Tegeler Fließes mit Fischen unter besonderer Berücksichtigung des Bestandes der Plötze (*Rutilus rutilus* [L.]) und deren Altersstruktur. Diplomarbeit. FU Berlin. 64 S.

WAHNSCHAFFE, F., GRAEBNER, P. u. R. von HANSTEIN 1912: Der Grunewald bei Berlin. Seine Geologie, Flora und Fauna. 2.Aufl. Jena

WALDENBURG, I. 1935: Die floristische Stellung der Mark Brandenburg. Verh. Bot. Ver. Prov. Brandenburg 75 (1): 1-176

WEIGMANN, G., BLUME, H.-P. u. H. SUKOPP 1978: Ökologisches Großpraktikum als interdisziplinäre Lehrveranstaltung Berliner Hochschulen. Verh. Ges. f. Ökol. 6: 487-497

WEIGMANN, G., BLUME, H.-P., MATTES, H. u. H. SUKOPP 1981: Ökologie im Hochschulunterricht - Ein Großpraktikum in der Berliner Innenstadt. In: TROMMLER, G. u. W. RIEDEL (Hrsg.): Didaktik der Ökologie. (S. 212-240) Köln (Aulis)

WEIGMANN, G., RENGER, M. u. B. MARSCHNER 1989: Untersuchungen zur Belastung und Gefährdung ballungsnaher Waldökosysteme in Berlin. Verh. Ges. f. Ökol. 17:465-472

WENDLAND, F. 1979: Berlins Gärten und Parke von der Gründung der Stadt bis zum ausgehenden neunzehnten Jahrhundert. 426 S., Frankfurt a. Main, Berlin, Wien

WENDLAND, F. 1985: Der Große Tiergarten Berlin, Dokumentation. Hrsg. Sen. f. Stadtentw. u. Umweltschutz Abteilung III (Gartendenkmalpflege) Berlin

WENDLAND, V. 1963: Die Brutvögel des Landschaftsschutzgebietes Grunewald einschließlich seiner Naturschutzgebiete. Berliner Naturschutzbl. 7 (19): 4, 416, (20): 419-422, (21) 444-448

WENDLAND, V. 1965: Zur Kleinsäugerfauna des Berliner Grunewaldes. Sber. Ges. Naturf. Freunde Berlin (N.F.) 5 (3): 150-167

WENDLAND, V. 1966: Die Vogelwelt des Berliner Tiergartens. Berliner Naturschutzbl. 10 (30):141-149

WENDLAND, V. 1970: Vikarianz bei der Nordischen Wühlmaus (*Microtus oeconomus*) und der Erdmaus (*Microtus agrestis*) im Westberliner Raum. Zeitschr. f. Säugetierkunde 35: 51-56

WENDLAND, V. 1971: Die Wirbeltiere Westberlins. Berlin

WENDLAND, V. 1972: Das Naturschutzgebiet Pfaueninsel in Berlin-Wannsee. IV. Die Wirbeltiere. Sber. Ges. Naturf. Freunde Berlin 12: 63-84

WENDLAND, V. 1973: Wirbeltiere im geschlossenen bebauten Teil der Westberliner Innenstadt. Umweltschutzforum Berlin 8:40-42

WENDLAND, V. 1975: Dreijähriger Rhythmus im Bestandswechsel der Gelbhalsmaus (*Apodemus flavicollis* Melchior). Öcologia Plantarum (Berlin) 20: 301-310

WENDLAND, V. 1979: Bestandsentwicklung des Schwarzspechts im Grunewald. Orn. Ber. f. Berlin (West) 4 (1): 87-88

WENDLAND, V. 1982: Die Vögel eines alten Friedhofs in Berlin (West). Orn. Ber. f. Berlin (West) 7 (2): 203-209

WERMUTH, H. 1970: In: COCHRAN 1970

WERNER, U. u. J. REITNER 1989: Lebend- und Totengemeinschaften von Süßwassermollusken des Tegeler Sees - Ein Beitrag zur Beurteilung seines ökologischen Zustandes. Berliner geowissenschaftliche Abhandlungen (A) 106: 517-539

WESCH, K. 1980: Bestandsentwicklung des Rebhuhns (*Perdix perdix*) in der Gatower Feldmark ab Herbst 1978 bis März 1980. Orn. Ber. f. Berlin (West) 5 (1): 75

WESTPHAL, D. 1977: Neue Brutnachweise und Vorkommen des Zwergschnäppers (*Ficedula parva*) in West-Berlin. Orn. Ber. f. Berlin (West) 2 (1): 3-20

WESTPHAL, D. 1978: Wieder eine Winterbrut der Amsel (*Turdus merula*) in Berlin. Orn. Ber. f. Berlin (West) 3 (2): 219-220

WESTPHAL, D. 1980: Bestandsentwicklung und Brutbiologie des Teich- und Drosselrohrsängers (*Acrocephalus scirpaceus* und *arundinaceus*) an der Berliner Havel. Orn. Ber. f. Berlin (W) 5 (1): 3-36

WESTPHAL, D. 1982: Die Brutvögel der Müll- und Schuttdeponie am Hahneberg in Spandau. Orn. Ber. f. Berlin (West) 7 (1): 40-63

WIEHLE, H. 1931: Araneide - Die Tierwelt Deutschlands, 23. Teil: 1-136. Jena (G. Fischer)

WILLDENOW, C.L. 1787: Florae Berolinensis Prodromus. Berolini (Wilhelmi Viewegii). Neuveröffentlichung 1987. Verh. Berliner Bot. Ver., Sonderband

WILLE, K.-D. 1975: Berliner Landseen. Berliner Reminiszenzen 40 u. 41. Berlin

WILLER, A. 1949: Nebenbenutzungen in der Fischerei. Verh. int. Verh. theor. u. angew. Limnologie 10:555-565

WINKELMANN-KLÖCK, H. u. R. PLATEN 1984: Faunistisch-ökologisches Gutachten über die "Langgraswiesen" im Bereich des südlichen Tiergartens im Auftrag des Bezirksamtes Tiergarten - Gartenbauamt -, Berlin (West)

WITT, K. 1972: Sommervögel am Tegeler Fließ in West-Berlin 1971. 3 Teile. Berliner Naturschutzbl. 16 (46): 550-554, (47): 587-591, (48): 605-609

WITT, K. 1977: Frühe Brut eines Haubentaucherpaares (*Podiceps cristatus*) am Teltowkanal 1977. Orn. Ber. f. Berlin (West) 2 (2): 175-176

WITT, K. 1978: Überblick über Siedlungsdichte-Untersuchungen in Berlin (West). Orn. Ber. f. Berlin (West) 3 (1): 5-34

WITT, K. u. H. SCHRÖDER 1978: Erfolgreiche Winterbrut des Haubentauchers (*Podiceps cristatus*) in Berlin. Vogelwelt 99 (6): 232-233

WITT, K. u. B. NICKEL 1981: Die Vogelartengemeinschaft des Spandauer Forstes. Orn. Ber. f. Berlin (West) 6 (1): 3-120

WITT, K. u. M. LENZ 1982: Bestandsentwicklung der Mehlschwalbe (*Delichon urbica*) in Berlin (West) 1969 bis 1979. Orn. Ber. f. Berlin (West) 7 (2): 179-202

WITT, K. 1983a: Berg- und Felsenpieper (*Anthus spinoletta spinolette et littoralis*) in Berlin (West). Orn. Ber. f. Berlin (West) 8 (1): 29-46

WITT, K. 1983b: Brutvögel im Lübarser Feldgelände 1976/77. Orn. Ber. f. Berlin (West) 8 (2): 155-161

WITT, K. u. B. RATZKE 1984: Bestand der Nachtigall (*Luscinia megarhynchos*) 1983 in Berlin (West). Orn. Ber. f. Berlin (West) 9 (2): 111-141

WITT, K. 1985a: Rote Liste der Brutvögel in Berlin (West). Dritte Fassung. Orn. Ber. f. Berlin (West) 10 (1): 3-18

WITT, K. 1985b: Bestandszählung der Mehlschwalbe (*Delichon urbica*) in Berlin (West) 1983/84. Orn. Ber. f. Berlin (West) 10 (2): 131-153

WITTMACK, L. 1913: Paul Ascherson. Berichte der Deutschen Botanischen Gesellschaft 31: 102-110

WOLDSTEDT, P. u. K. DUPHORN 1974: Norddeutschland und angrenzende Gebiete im Eiszeitalter. 500 S., Stuttgart

WOLTER, K.-D. 1990: Paläolimnologie des Tegeler Sees seit dem Atlantikum. Diss. TU Berlin

WUNDERLICH, J. 1972: Bemerkenswerte Spinnenarten (Araneae) aus Berlin. Sber. Ges. Naturf. Freunde Berlin (N.F.) 11: 140-147

ZACHARIAS, F. 1980: Beiträge zur Ökologie von *Chenopodium botrys* L.. VII. Keimung, Phänologie und intraspezifische Konkurrenz. Mskr.

ZIMM, A. (Hrsg.) 1988: Berlin und sein Umland. Eine geographische Monographie. 369 S. Gotha

ZOLG, M. 1979: Ökologisch-chemische Untersuchung der Auswirkung der Streusalzanwendung auf einige Blattinhaltsstoffe verschiedener Straßenbaumarten. Diss. TU Berlin

ZOLG, M. u. R. BORNKAMM 1981: Analytische Untersuchungen an Blättern während des Alterungsprozesses vor dem Laubfall. Flora 171: 355-366

ZOLG, M. u. R. BORNKAMM 1983 a: Über die Auswirkung von Streusalz auf einige Blattinhaltsstoffe verschiedener Straßenbaumarten. Flora 174: 285-302

ZOLG, M. u. R. BORNKAMM 1983 b: Über die Auswirkung von Streusalz auf die Alterung der Blätter verschiedener Straßenbaumarten. Flora 174: 377-404

Register der Tier- und Pflanzennamen

Verweise auf Pflanzengesellschaften sind im Sachregister zu finden

Aal 109, 175, 183, 273
Abendpfauenauge 311
Abendsegler 94, 143f., 329
   Kleiner 94
Abies alba 121
Abramis brama 108f., 183
Accipiter gentilis 96, 135, 146, 216, 269
   nisus 135f., 243
Acer negundo 127, 277
   platanoides 121, 127f., 130, 230, 281, 295, 298
   pseudoplatanus 128, 230, 259, 281
Acetropis carinata 183
Achaearanea tepidariorum 194, 335
Acheta domestica 329
Achillea lanulosa 320
   millefolium 265
   ptarmica 277
Acompus pallipes 305
Acrocephalus arundinaceus 167, 169, 198, 269
   paludicola 194
   palustris 188, 194, 215, 217, 238f., 301, 310, 313, 330, 332, 352
   schoenobaenus 96, 188, 194, 215, 217
   scirpaceus 167, 188, 193, 198, 353
Acronycta aceris 326
Actinotia luctuosa 311
   polyodon 311
Actitis hypoleucos 95, 180, 356
Acupalpus dorsalis 176
   meridianus 344
Adlerfarn 126, 141
Adler, Schrei- 95, 134
   Fisch- 95, 199
Aegeria apiformis 314
Aegithalos caudatus 257, 271, 323, 353
Aelia acuminata 222
Aesculus hippocastanum 121, 230
Aglais urticae 222
Agonum lugens 176
   thoreyi 358
Agrilus derofasciatus 245
Agroeca dentigera 150
Agropyron caninum 129
   repens 209, 321, 340, 348

Agrostemma githago 203, 208
Agrostis castellana 320
   stolonifera 197, 340
   tenuis 125, 265
Ahorn 83, 232f.
   Berg- 128ff., 230f., 259, 281
   Eschen- 127, 277
   Spitz- 121, 127f., 130, 230f., 281, 295, 298
Ahorneule 326
Ailanthus altissima 78, 292f.
Aix galericulata 97, 167, 270f.
Akazie 293
Akelei, Gemeine 277
Aland 174
Alauda arvensis 100, 203, 217, 269, 330, 332, 342, 353
Alcedo atthis 146, 180, 198, 269, 353
Alisma lanceolatum 186
Allolobophora caliginosa 150
   rosea 150
Alnus glutinosa 39, 70, 72, 129, 141, 160
   incana 340
Alopecurus aequalis 192
Amara aulica 284
   bifrons 284
   convexiuscula 344
   equestris 335
   familiaris 284
   fulva 326
   fusca 183
   ingenua 344
   praetermissa 183
   spreta 284
   tibialis 335
   tricuspidata 221
Amaranthus retroflexus 208
Amaurobius similis 244
Ameisengrille 305
Ammer, Gold- 100f., 136, 146, 215, 217, 353
   Grau- 96, 203, 215, 217, 331, 353
   Rohr- 193, 198, 331f., 353
   Schnee- 330
   Sporn- 330
Ammophila sabulosa 336

Amorpha populi 311
Ampfer, Fluß- 160
    Kleiner 39
    Strand- 178, 192
    Sumpf- 178
    Weidenblättriger 164, 178
Amphibien 75, 101f., 104ff., 137f., 147f., 174, 182, 189f., 194f., 200, 220, 243, 257f., 272f., 279, 304, 313, 323f., 324, 334, 343f., 357
Amsel 146, 238f., 242, 257, 270f., 282f., 301, 323, 332, 352
Anas acuta 180, 193
    clypeata 180
    crecca 180, 193
    penelope 180, 193
    platyrhynchos 167, 179ff., 193, 198, 238, 243, 255, 269ff., 323, 353
    querquedula 180, 193
    strepera 180
Anax parthenope 176
Anchusa officinalis 265, 267
Andrena armata 326, 336
    ferox 336
    flavipes 336
    gravida 336
Anemone nemorosa 129, 141
    ranunculoides 129
Angelica archangelica 178
Anguilla anguilla 109, 175, 183, 273
Anguis fragilis 103, 137, 147, 173, 194, 199, 220, 279, 323, 343, 357
Anisodactylus binotatus 334
Anobiidae 244f.
Anser brachyrhynchus 357
Anthemis arvensis 203
Anthocaris cardamines 344
Anthophora aestivalis 336
Anthoxanthum odoratum 265
Anthus campestris 96, 215, 217, 269, 329ff., 341f., 353
    cervinus 330
    pratensis 96, 187, 203, 214
    spinoletta spinoletta 188
    trivialis 146, 301, 330, 353
Antirrhinum majus 277
Apamea fucosa 314
    oculea 314
    ophiogramma 177
Apatura ilia 274
Apera spica-venti 209
Aphantopus hyperanthus 138

Aphileta misera 150
Apodemus agrarius 133f., 143, 165, 186f., 192, 213f., 268, 282, 298f., 309, 329, 350f.
    flavicollis 133f., 143, 186, 197, 213f., 252f., 268, 282, 299, 323, 350f.
    sylvaticus 133f., 213f., 236, 252f., 298f., 309, 323, 329, 350f.
Aporia crataegi 222
Apus apus 238f.
Aquila pomarina 95, 134
Aquilegia vulgaris 277
Araneidae 221
Araneus angulatus 152
    diadematus 152
Araniella proxima 150
Araschnia levana 222, 311
Archanara geminipuncta 177
    sparganii 177
Ardea cinerea 97, 106, 166f., 180
    purpurea 199
Argiope bruennichi 183
Armadillidium nasutum 343
    vulgare 343
Armeria elongata subsp. *elongata* 265, 313
Armleuchteralgen 163, 165, 197
Arrhenatherum elatius 251, 265, 340
Arsilonche albovenosa 177
Artemisia dracunculus 313
    vulgaris 34, 83, 259, 320
Arvicola terrestris 186f., 192, 197, 252, 323, 350
Asaphidion pallipes 184
Asarum europaeum 232
Asellus aquaticus 196
Asio otus 243
Asperugo procumbens 341
Aspius aspius 108, 273
Asplenium ruta-muraria 278
Assel, Keller- 343
    Kugel- 343
    Mauer- 343
    Wasser- 196
Asseln 109
Athene noctua 96, 214
Atheta malleus 184
Athyrium filix-femina 277
Atriplex latifolia 348
Aurorafalter 344
Augen"tierchen" 222
Austernfischer 354, 356
Avenella flexuosa 125f., 128, 141, 229, 233

Aythya ferina 167, 179ff., 198
   fuligula 96, 167, 179ff., 198, 270f.
   nyroca 95, 180
Azurjungfer, Pokal- 176

Bachflohkrebse 190
Bachschmerle 108
Badister lacertosus 334
Baldrian, Echter 185
Baldachinspinnen 154, 221, 284, 344
Ballota nigra 230, 235
Ballus depressus 154
Bär 31
Barbastella barbastellus 94
Barbe, *Barbus barbus* 108
Barsch 108, 183
   Kaul- 108, 183
Bartfledermaus, Große 94
   Kleine 94
Baryphyma pratense 176
Baumläufer, Garten- 269
Beifuß 34, 83, 259, 320
Bekassine 94, 142, 187, 193, 333, 354, 356
Bellis perennis 213, 267
Bembidion argenteolum 176
   femoratum 184, 201, 335
   obtusum 335
   quadrimaculatum 335
   tetracolum 184
   velox 176
Berglemming 31
Berle, Aufrechte 185
Berufkraut, Kanadisches 259, 320, 339
Berula erecta 185
Berytinus signoreti 305
Betula pendula 121, 128, 212, 232, 259, 281
   pubescens 130
Biber 31f.
Bibernelle, Kleine 251
Bidens frondosa 164, 348
Binse, Glieder- 197
   Sand- 192
   Spitzblütige 186
   Stumpfblütige 186
Binsenjungfer, Gemeine 196
   Südliche 196
Birke 212
   Hänge- 121, 128, 259, 281
   Moor- 130
   Sand- 232f.

Bisamratte 93, 164f., 179, 187, 197, 350
Bison bonasus 30ff.
Bitterling 148, 174
Blasenfarn, Zerbrechlicher 278
Blaualgen 165
Blaubeere 126, 141
Blaukehlchen 95, 194, 269
Blaupfeil, Großer 176
Blaustern, Sibirischer 278
Bledius crassicollis 184
Blei 108, 109, 183
Bleßhuhn 167, 179ff., 193, 198, 269ff.
Blicca björkna 108
Blindschleiche 103, 137, 147, 173, 194, 199, 203, 220, 279, 323, 343, 357
Bodenwanzen 305
Bombina bombina 194
Bombycilla garrulus 243
Bos primigenius 31f.
Botaurus stellaris 95
Botrychium matricariifolium 320
   multifidum 320
Brachvogel, Großer 95, 354, 356
   Regen- 354, 356
Brachypodium sylvaticum 129
Brachytron pratense 176
Brassica napus 230
   rapa 230
Braunalgen 163, 165
Braunbär 32
Braunelle, Hecken- 278, 283
Braunkehlchen 100, 136, 146, 188, 215, 217, 331, 353
Brennessel, Große 85, 127, 295, 340, 348
   Röhricht- 163
Brettspiel 138
Bromus erectus 251
   hordeaceus 320
   inermis 348
   pseudothominii 320
   racemosus 186
Brunnenkresse, Einreihige 186
Brunnenmoos 163
Bryophyta 163
Buche, Rot- 39, 121, 124, 129, 231f., 259
Bufo bufo 101, 105, 137, 147, 174, 189, 200, 220, 258, 272, 279, 323
   calamita 104, 304
   viridis 104, 189, 200, 203, 272, 304, 313, 334
Buntgrabläufer, Mattschwarzer 221, 335
Bupalus piniarius 139

Burhinus oedicnemus 95
Buschwindröschen 129, 141
Bussard, Mäuse-, *Buteo buteo* 135f., 146, 216

Calamagrostis canescens 141
   epigejos 130
   neglecta 142
Calathus erratus 335
   fuscipes 284
   piceus 334
Calcarius lapponicus 330
Calendula officinalis 277
Calidris alpina 354, 356
   ferruginea 354, 356
   minuta 354, 356
   temminckii 354, 356
Callilepis nocturna 311
Callitriche hermaphroditica 163
Calopteryx splendens 151, 176, 190
Calosoma auropunctatum 203, 221, 335
   inquisitor 139, 152
   sycophanta 152
Calystegia sepium 160, 178, 340
Camelina alyssum 203
Campanula glomerata 277
Cannabis sativa 230
Capreolus capreolus 22, 31, 133, 323
Caprimulgus europaeus 95, 134
Capsella bursa-pastoris 320, 348
Carabus arvensis 151
   auratus 203, 221, 335
   clathratus 152
   convexus 151
   glabratus 151
   granulatus 151, 358
   hortensis 151
   nemoralis 151, 284
   violaceus 151
Carassius auratus gibelio 196
   carassius 108f., 196
Carcharodes alceae 336
Cardamine amara 186
   hirsuta 281
   pratensis 213
Carduelis cannabina 100, 136, 146, 215, 217, 240, 301, 330, 353
   carduelis 240, 283, 301, 330, 353
   chloris 238f., 257, 270f. 282f., 323, 232
   flavirostris 330
   spinus 146

Carex gracilis 156, 160, 178, 185
   hostiana 186
   paniculata 185
   pilulifera 125
   sylvatica 251
Carpinus betulus 39, 121, 129, 141, 259
Castor fiber 31f.
Celtis occidentalis 313
Centaurea cyanus 39, 203, 206
Cephus pygmaeus 222
Cerambyx cerdo 258
Cercion lindeni 176
Certhia brachydactyla 269
Cervus elaphus 30f., 133
Chamaecyparis lawsoniana 212
Chantransia chalybaea 163
Chara contraria 163
   tomentosa 163
   vulgaris 163, 197
Charadrius dubius 198, 215, 217, 269, 330, 332f., 342, 353f., 356
   hiaticula 354, 356
Charophyta 163
Chelidonium majus 127, 295
Chenopodium album 208, 320, 348
   botrys 292, 312
   rubrum 348
Chimabacche fagella 138
Chironomus plumosus 175
Chlaenius nigricornis 176
Chlidonias nigra 173, 180
Chloropa pumilionis 222
Chorosoma schillingi 183
Chrysanthemum leucanthemum 265
Ciconia ciconia 95, 187, 193
   nigra 95, 134
Circus aeruginosus 135, 187, 216
   cyaneus 95
   pygargus 95
Cirrhia ocellaris 314
Cirriphyllum piliferum 185
Cirsium arvense 209
Citellus superciliosus 31
Clematis vitalba 229, 311, 313
Cleptes nitidulus 305
Clethrionomys glareolus 133f., 143, 186, 197, 252, 350f.
Clivina contracta 335
Clubiona phragmitis 176
Cobitis taenia 107f., 175
Coccothraustes coccothraustes 271, 323, 332

Coelambus confluens 335
    lautus 335
Coelodonta 30f.
Coleophora laricella 139
Colias hyale 222
Colletes cyanea 336
Columba livia domestica 135, 238f., 254, 323f.
    oenas 146, 269
    palumbus 146, 238f., 270f., 283, 323f., 332, 353
Conium maculatum 341
Consolida regalis 208
Convallaria majalis 212, 233
Convolvulus arvensis 230, 321
Conyza canadensis 259, 320, 339
Coracias garrulus 96, 134
Cordulia aenea 151
Cornus sanguinea 141
    sericea 130
Corvus corax 97, 136, 146
    corone cornix 238f., 270f., 283, 323
    frugilegus 243, 270
    monedula 238, 269ff.
Corydalis cava 129
    lutea 278
    solida 277
Corylus avellana 141
Coturnix coturnix 96, 203, 214
Craspedosoma simile 150
Crataegus monogyna 129
Crepis capillaris 213, 265
    nicaeensis 251
    paludosa 186
Crex crex 96, 187, 353
Cricetus cricetus 93, 203
Crocidura leucodon 31, 214, 299, 350f.
Crocuta 31
Cryptocladopelma 175
Ctenopharyngodon idella 200
Cucullia fraudatrix 311
Cuculus canorus 301, 330
Cuscuta lupuliformis 178
Cygnus cygnus 180
    olor 167, 180f., 198, 270
Cynodon dactylon 321
Cynthia cardui 344
Cyprinus carpio 109, 195, 200
Cystopteris fragilis 278

Dachs 31, 133
Dactylis glomerata 265
    polygama 129, 251
Dama dama, Damhirsch 31, 93, 133, 323
Dasychira pudibunda 326
Dasypoda hirtipes 336
Deckelschnecke 164
Deilephila elpenor 311
    porcellus 311
Delichon urbica 239, 242
Dendrobaena octaedra 150
    rubida 150
Dendrocopos major 134, 146, 257, 270f., 323, 353
    medius 134, 146, 269, 323
    minor 134, 269
Dendrolimus pini 139
Dendryphantes rudis 154
Desmonetopa tarsalis 245
Diaea dorsata 154
Dianthus deltoides 265
    superbus 185, 203
Dicerorhinus kirchbergensis 30
Dicheirotrichus rufithorax 344
Dictyna brevidens 150
Diebskäfer 245
Digitalis purpurea 233, 277
Diplocephalus latifrons 154
    picinus 154, 283f.
Diplostyla concolor 284
Distelfalter 344
Döbel 174, 183
Dohle 238, 269ff.
Dolychopodidae 245
Dolycoris baccarum 222
Dommel, Rohr- 95
    Zwerg- 96, 199, 269
Dompfaff 146
Dornfarn 125
Douglasie 127, 232, 282
    Küsten- 127
Dreizack, Sumpf- 185
Dreissena polymorpha 164, 175
Dromedarspinner 222
Drossel, Sing- 146, 240, 270, 283, 323, 332
Dryocopus martius 134
Dryopteris carthusiana 125
    filix-mas 277
Dyschirius intermedius 335
    politus 335
Dysdera crocata 244, 335
Dytiscidae 335

Eberesche 128ff., 141, 281
Echinochloa crus-galli 348
Echium vulgare 267
Efeu 129, 276, 278
Ehrenpreis 209
    Bach- 186
    Blauer Wasser- 186
    Echter 125
    Efeu- 127, 209
    Persischer 208
Eibe 212, 277, 282
Eiche, Rot- 121, 124, 128
    Stiel- 72, 121, 124f., 128f., 141, 259, 281
    Trauben- 72, 124f., 128, 259
Eichelhäher 240, 257, 270f., 283, 323, 353
Eichen 70, 72, 87, 124, 231f.
Eichenbock 258
Eichenschrecke 326
Eichhörnchen 323
Eidechse, Wald- 103, 137, 147, 203, 220, 272, 323
    Zaun- 101, 103f., 137, 182, 189, 199, 220, 279, 304, 310, 313, 324, 334, 343, 357
Eilema pygmaeola 311
Eintagsfliege 190
Eiseniella tetraeda 150
Eisfuchs 31
Eisvogel 146, 180, 198, 269, 353
Elaeagnus angustifolia 313
Elaphrus riparius 201, 335
Elatine alsinastrum 192
Elefanten 30
Eleocharis palustris 197
    quinqueflora 186
Elodea canadensis 164
Elster 238f., 270f., 283
Emberiza calandra 96, 203, 215, 217, 331, 353
    citrinella 100f., 136, 146, 215, 217, 353
    hortulana 96, 214
    schoeniclus 193, 198, 331f., 353
Empoasca viridula 305
Emys orbicularis 103
Endochironomus signaticornis 175
Engelwurz, Echte 178
Ente, Berg- 180
    Eider- 180
    Eis- 180
    Knäk- 180, 193
    Kolben- 180
    Krick- 180, 193
    Löffel- 180
    Mandarin- 97, 167, 270f.
    Moor- 95, 180
    Pfeif- 180, 193
    Reiher- 96, 167, 179ff., 198, 270f.
    Samt- 180
    Schell- 180
    Schnatter- 180
    Spieß- 180, 193
    Stock- 167, 179ff., 193, 198, 238, 243, 255, 269ff., 323, 353
    Tafel- 167, 179ff., 198
Enzian, Bitterer 203
    Lungen- 186, 203
Epilobium 259
Epipactis palustris 186
Eptesicus serotinus 94, 144, 214, 235ff., 329
Equisetum palustre 185
Equus 30
Eragrostis minor 321
Eremocoris fenestratus 305
Eremophila alpestris 330
Erigone atra 335
Erinaceus europaeus 213, 282, 299, 309, 323
Eriocheir sinensis 164
Eriophorum angustifolium 185
    latifolium 186
Erithacus rubecula 146, 238, 240, 257, 270f., 323
Erle, Grau- 340
    Schwarz- 39, 70, 72, 129, 141, 160
Erlen 232
Erodium cicutarium 265
Erysimum hieraciifolium subsp. durum 341
Erzwespen 311
Esche 129, 141, 281
Esox lucius 108, 148, 273
Estragon 313
Euglena 222
Eule, Igelkolben-Röhricht 177
    Schleier- 96, 214
    Trauer- 311
    Vielzahn- 311
    Waldohr- 243
Eulenfalter 177, 245, 314
Euonymus europaea 141
Euphorbia cyparissias 265
    peplus 229
    virgata 341
Eupithecia intricata 279
    pusillata 279

Fagus sylvatica 39, 121, 124, 231, 259
Falcaria vulgaris 230
Falco peregrinus, Wanderfalke 95
   subbuteo, Baumfalke 135
   tinnunculus, Turmfalke 135f., 216, 238f.
Färber-Scharte 186
Fasan 97, 194, 217, 301, 330, 332
Faulbaum 130
Federlibelle 176
Feldhase 213, 323
Feldlerche 100f., 203, 217, 269, 330, 332, 342, 353
Feldlöwenmaul 203
Felis silvestris 32
Ferkelkraut 213
Festuca gigantea 129
   heterophylla 251
   ovina 126, 265
   pratensis 321
Feuerfalter, Violetter 274
   Großer 203
Ficedula hypoleuca 146, 240, 257, 270f., 323, 353
   parva 136
Fichte 121, 127, 212
   Gemeine 121, 127, 232
   Serbische 212, 232, 282
   Stech- 212, 232
Fieberklee 185
Filipendula ulmaria 278
Filzkraut, Acker- 203
Fingerhut, Roter 233, 277
Fingerkraut, Gänse- 340
   Niedriges 340
   Silber- 265
Fink, Berg- 323
   Buch- 146, 240, 257, 270f., 323
Finkenvögel 330
Finsterspinne 244
Fische 71, 75, 91, 105ff., 106, 148f., 151, 162, 164, 174f., 183, 190, 195f., 200f., 258, 273, 358
Fischegel 190
Fischotter 31, 93, 106, 197
Fitis 146, 269ff., 301, 310, 313, 323, 332, 353
Flachs 230
Flechtenbär, Gelbkopf- 311
Fledermaus 93f., 143, 179, 203
   Bechstein- 94
   Breitflügel- 94, 144, 214, 235ff., 329
   Fransen- 94, 144, 236
   Mops- 94
   Rauhhaut- 94, 144

   Wasser- 94, 144, 236
   Zweifarb- 94
   Zwerg- 94, 235f.
Flieder 212
Flußkrebs, Amerikanischer 164
Flußuferläufer 95, 180, 356
Fontinalis antipyretica 163
Forelle, Regenbogen- 200
Frangula alnus 130
Franzosenkraut 259, 348
   Kleinblütiges 208, 320, 348
Frauenfarn 277
Fraxinus excelsior 128ff., 141, 281
Fringilla coelebs 146, 240, 257, 270f., 323
   montifringilla 323
Fritfliege 222
Frosch, Gras- 101, 105f., 137, 147, 174, 189, 195, 200, 203, 220, 243, 323, 343
   Moor- 105, 148, 194, 323
   See- 105, 148, 174, 182, 190, 200, 334, 343
   Teich- 105f., 148, 174, 182, 190, 195, 200, 220, 243, 258, 323, 334, 343, 357
   Wasser- 105, 323
Froschlöffel, Lanzett- 186
Frühlingseulen 222
Fuchs 31, 93, 133, 213, 299, 323
Fuchs, Kleiner 222
   Mauer- 311
Fuchsschwanz, Rotgelber 192
   Zurückgebogener 208
Fulica atra 167, 179ff., 193, 198, 269ff.
Furchenbiene 305

Gagea lutea 129, 278
   pratensis 278
   villosa 203, 278
Galerida cristata 215, 217, 241, 269, 313, 324, 330, 332
Galinsoga parviflora 208, 320, 348
Galium aparine 127, 206, 295, 348
   boreale 278
   odoratum 232
   pumilum 251
Gallinago gallinago 94, 142, 187, 193, 354, 356
Gallinula chloropus 167, 179ff., 193, 198, 255, 269ff.
Gamander, Salbei- 251
Gammarus roeselii 190
Gans, Grau- 180
   Kurzschnabel- 357

Gänseblümchen 213, 267
Gänsedistel, Acker- 206
Gänsefuß, Klebriger 292, 312
　Roter 348
　Weißer 208, 320, 348
Garrulus glandarius 240, 257, 283, 323, 353
Gasterosteus aculeatus 108, 195, 273, 358
Geißblatt 128
Gelbspötter 238f., 257, 270f., 283, 332
Gelbstern, Gemeiner 129
Gentiana pneumonanthe 186
Geocoris dispar 305
　grylloides 183
Geranium sanguineum 186
Getreidewanze 222
Giebel 196
Gilbweiderich 178
Gilletteella cooleyi 139
Gimpel 146
Gipskraut, Acker- 203
Girlitz 240, 257, 283, 353
Glanzgras, Rohr- 160
Glasflügler, Weiden- 177
Glaskraut, Pennsylvanisches 230
Glatthafer 251, 265, 340
Glockenblume, Knäuel- 277
Glyceria fluitans 192
　maxima 160, 185
Gnathonarium dentatum 176
Gobio gobio 109, 174, 273
Goldene Acht 222
Goldhafer 251
Goldhähnchen, Sommer- 146
　Winter- 146
Goldleiste 151
Goldrute, Kanadische 86, 313, 320, 340
Goldstern, Acker- 203, 278
Goldwespe 305
Gomphus vulgatissimus 176
Götterbaum 78, 292f.
Graseule, Röhricht- 177
Grasfisch 200
Grasmücke, Dorn- 215, 217, 238f., 269, 301, 310, 313, 330, 332, 352f.
　Garten- 146, 238, 269ff., 283, 301, 313, 332
　Klapper- 238f., 270f., 283, 323, 332
　Mönchs- 146, 240, 257, 270f., 283, 323, 332
　Sperber- 97, 136, 146
Grasnelke, Gemeine 265, 313
Greifvögel 135
Grille, Feld- 203

Großkopffisch 175
Gründling 109, 174, 273
Grünfink, Grünling 238f., 257, 270f., 282f., 323, 332
Grünschenkel 354, 356
Grus grus 95, 134
Guizotia abyssinica 230
Gulo 31
Güster 108
Gymnadenia conopsea 186
Gymnancycla hornigii 336
Gymnocephalus cernuus 108, 183

Habichtskraut, Kleines 213
Haarstrang, Berg- 186
Habicht 96, 135, 146, 216, 269
Haematopus ostralegus 354, 356
Hahnenfuß, Gift- 192, 197
　Goldschopf- 185
　Kriechender 213, 265, 340
Hainbuche 39, 121, 129, 141, 259
Hainsimse, Schmalblättrige 251
Halictus leucopus 336
　minutissimus 305
　morio 336
Halmwespe, Getreide- 222
Hamster, Feld- 93, 203
Händelwurz, Große 186
Hanf 230
Hänfling 330
　Berg- 330
　Blut- 100, 136, 146, 215, 217, 240, 301, 330, 353
Haplodrassus moderatus 150
Harpalus aeneus 284
　anxius 183, 326
　autumnalis 183, 326
　melancholicus 305
　modestus 305
　rubripes 183
　rufipes 284
　rufitarsis 335
　serripes 183, 335
　signaticornis 335
　smaragdinus 335
　tardus 284
　vernalis 326, 335
　winkleri 284, 334
Hartriegel, Blutroter 141
　Weißer 130

Hase 31, 133, 203, 213, 323
Hasel 108, 141, 174
Haselwurz 232
Haubenlerche 215, 217, 241, 269, 313, 324, 330, 332
Haubentaucher 106, 166f., 180, 198, 242
Hautflügler 109, 184
Hecht 108, 148, 273
Hedera helix 129, 276, 278
Heidelerche 146, 330, 342
Heimchen 329
Helianthus annuus 230
Helichrysum arenarium 265, 313
Hellerkraut, Alpen- 251
Hemistola chrysoprasaria 311, 336
Heodes alciphron 274
Herbst-Zeitlose 203
Herbstspinnen 152
Herpobdella octuculata 196
Hermelin 133, 213
Hesperocorixa linnei 201
Heuschrecken 109
Hieracium pilosella 213
Hippolais icterina 238f., 257, 270f., 283, 332
Hippophae rhamnoides 342
Hirschkäfer 258
Hirse, Echte 230
Hirtentäschelkraut 320, 348
Hirundo rustica 242
Holunder, Schwarzer 127, 230, 295, 298, 313, 340
Höhlenspinne 110, 311
Hohlzahn, Acker- 203
Hopfenfalter 222
Hoplodrina ambigua 314
Hordeum murinum 80
Hornmilben 109
Huflattich 197
Hühnerhirse 348
Hundeegel 196
Hundskamille, Acker- 203
Hundszahngras 321
Hyäne 31
Hypnum cupressiforme 125
Hypochoeris radicata 213
Hypogymnia physodes 87
Hypophthalmichthys molotrix 164, 175
  nobilis 175

Ichneumonidae 311
Igel 213, 282, 299, 309, 323
Iltis 31, 133, 203
Immergrün 278
Impatiens parviflora 127
Inachis io 222
Insekten 109
Iris pseudacorus 130
Ischnura elegans 176
Ixobrychus minutus 96, 199, 269

Jassidaeus lugubris 305
Johannisbeere, Schwarze 130
Julus scandinavius 150
Juncus acutiflorus 186
  articulatus 197
  subnodulosus 186
  tenageia 192
Juniperus communis 212, 279
Jynx torquilla 136, 146, 330, 332, 342

Kamille, Echte 206, 208
Kampfläufer 95, 333, 354, 356
Kanariengras 230
Kaninchen 93, 213, 268, 299, 309, 323
Karausche 108f., 196
Karpfen 109, 195, 200
Kartoffelkäfer 221
Kauz, Stein- 96, 214
  Wald- 134, 143, 242, 270f., 323
Keiljungfer, Gemeine 176
Kernbeißer 271, 323, 332
Kiebitz 96, 187, 193, 217, 332f., 353, 357
Kiefer 62, 85, 124, 128,141
  Schwarz- 124, 232
  Wald- 72, 121, 124, 128, 130, 141, 232
  Weymouths- 124, 127, 232
Kiefernspinner 139
Kiemenfußkrebs 151
Klebkraut 295, 348
Kleeglucke 222
Klee, Rot- 265
  Weiß- 213, 265, 267, 320
Kleiber 240, 257, 270f., 323
Knabenkraut, Steifblättriges 203
  Wanzen- 203
Knäuel 39
Knaulgras, Gemeines 265
  Wald- 129, 251

Knöterich, Ampferblättriger 348
  Vogel- 265
  Wiesen- 185
Köcherfliege 176
Kolkrabe 97, 136, 146
Königslibelle, Kleine 176
Korn-Rade 203, 208
Kornblume 39, 203, 206
Krabbenspinnen 154, 284
Krähe, Nebel- 238f., 270f., 283, 323
  Saat- 243, 270
Kranich 95, 134
Kratzdistel, Acker- 209
Kreuzspinne, Garten- 152
Kröte, Erd- 101, 105, 137, 147, 174, 189, 200, 220, 258, 272, 279, 323
  Knoblauch- 105, 148, 174, 189, 194f., 200, 220, 243, 258
  Kreuz- 104, 203, 304
  Wechsel- 104, 189, 200, 203, 272, 304, 313, 334
Krustenflechten 87
Kuckuck 301, 330
Kugelspinnen 154, 335
Kurzflügelkäfer 184, 335

Labkraut, Nordisches 278
  Heide- 251
  Kletten- 127, 206, 295, 348
Lacerta agilis 101, 103f., 137, 182, 189, 199, 220, 279, 304, 310, 313, 324, 334, 343, 357
  vivipara 103, 137, 147, 203, 220, 272, 323
Lactuca serriola 339
Lagurus lagurus 31
Laichkraut, Durchwachsenes 163
  Gestrecktes 163
  Glänzendes 163
  Spitzblättriges 163
  Stachelspitziges 163
  Stumpfblättriges 163
Lamium album 235
  purpureum 348
Lämmersalat 203
Landkärtchen 222, 311
Langohr, Braunes 94, 143f., 235f., 252, 282
  Graues 94
Lanius collurio 97, 136, 146, 330, 332, 341f., 353
  excubitor 96
  minor 95
  senator 95

Lärche, Europäische, *Larix europaea* 121
  Japanische, *Larix leptolepis* 121
Larus argentatus 173
  canus 173, 180
  marinus 173
  minutus 173
  ridibundus 173, 179f., 243
Laserkraut, Preußisches, *Laserpitium prutenicum* 186
Lasiocampa trifolii 222
Lasiommata megera 311
Lattich, Stachel- 339
Laubfrosch 203
Laubsänger, Wald- 146, 270f., 323
Laufkäfer 109, 138, 151, 176, 183, 201, 203, 221, 244, 273, 283f., 305, 325f., 334f., 344
  Garten- 151
  Gewölbter 151
  Glatter 151
  Gold- 203, 221, 335
  Hain- 151
  Hügel- 151
  Körniger 151, 358
Lebensbaum, Abendländischer 212, 282
Lebermoos, Schwimm- 163
Lecanora conizaeoides 87
Lein, Purgier- 186
Leindotter, Gezähnter 203
Leinkraut, Acker- 203
Leistus rufescens 284
Lemmus lemmus 31
Lemna gibba 185
Leo 31
Leontodon autumnalis 213
  hispidus 213
  saxatilis 213, 251
Lepthyphantes flavipes 154
  insignis 344
  nebulosus 244
Leptinotarsa decemlineata 221
Leptoiulus proximus 150
Lepus europaeus 31, 133, 213, 323
Lerchen 330
Lerchensporn, Finger- 277
  Gelber 278
  Hohler 129
Lestes barbarus 196
  sponsa 196
Lesteva longelytrata 184
Leucaspius delineatus 195, 273

Leuciscus cephalus 174, 183
   idus 174
   leuciscus 108, 141, 174
Leucocyon 31
Leucorrhinia pectoralis 196
   rubicunda 151
Libellen 109, 151, 176
Libellula fulva 176
Liebesgras, Kleines 321
Liguster, *Ligustrum vulgare* 212
Limnochironomus 175
Limnodrilus hoffmeisteri 175
Limnodromus scolopaceus 357
Limosa lapponica 354, 356
   limosa 354, 356
Linaria arvensis 203
Linden 83, 128, 230, 232f.
Lindenius albilabris 336
Linum catharticum 186
   usitatissimum 230
Linyphia clathrata 284
Lithoglyphus naticoides 164
Locustella fluviatilis 188
   luscinioides 188
   naevia 136, 146, 188, 217, 330, 332, 353
Lolium multiflorum 83, 87, 348
   perenne 265, 267
Lonicera periclymenum 128
   pilicornis 284, 334, 358
Lota lota 174
Löwe 31
Löwenmaul, Garten- 277
Löwenzahn, Gemeiner 213, 265, 300
   Herbst- 213
   Nickender 213, 251
   Rauher 213
Lucanus cervus 258
Luchs 32
Lullula arborea 146, 330, 342
Lumbricus rubellus 150
Lupus 31
Luscinia luscinia 187
   megarhynchos 240, 257, 269ff., 332
   svecica 95, 194, 269
Lutra lutra 31, 93, 106, 197
Luzula luzuloides 251
Lycopus europaeus 178
Lycosidae 221, 284, 311, 335
Lymnocryptes minimus 188, 193, 354, 356
Lynx lynx 32
Lysimachia vulgaris 178

Mädesüß 278
Mahonia aquifolium, Mahonie 212
Maianthemum bifolium 128, 229
Maiglöckchen 212, 233
Malve, Weg-, *Malva neglecta* 230
Malvenfalter, Großer 336
Mammontheus primigenius 30
   trogontherii 30
Mammut 30f.
Maniola jurtina 311
Marder 93
   Baum- 93, 133, 268, 323
   Stein- 32, 93, 133, 179, 214, 236f., 309, 323
Margerite, Wiesen- 265
Marpissa radiata 176
Martes foina 32, 93, 133, 179, 214, 236f., 309, 323
   martes 93, 133, 268, 323
Masoreus wetterhali 335
Mastkraut, Knotiges 186
Matricaria chamomilla 206
Mauerraute 278
Mauersegler 238f.
Maulbeerbäume 235
Maulwurf 213, 268, 323, 350
Maus, Brand- 133f., 143, 165, 186f., 192, 213f., 268, 282, 298f., 309, 329, 350f.
   Erd- 133f., 143
   Feld- 31, 133, 136, 143, 192, 197, 213f., 252, 268, 282, 298f., 309, 323, 350f.
   Gelbhals- 133f., 143, 186, 197, 213f., 252f., 268, 282, 299, 323, 350f.
   Haus- 133, 235f., 267f., 298f., 350f.
   Rötel- 133f., 143, 186, 197, 252, 350f.
   Wald- 133f., 213f., 236, 252f., 298f., 309, 323, 329, 350f.
   Zwerg- 133, 192, 350f.
Mäusegerste 80
Mausohr 94, 329
Mauswiesel 203, 213, 299, 350
Meconema thalassinum 326
Megachile liquiseca 336
Megaloceros 31
Mehlschwalbe 239, 242
Meise, Beutel- 97, 188, 198
   Blau- 146, 238f., 270f., 283, 323
   Kohl- 146, 238f., 270f., 283, 323
   Schwanz- 257, 271, 323, 353
   Sumpf- 269
   Tannen- 323
Melampyrum pratense 130, 233

Melanargia galathea 344
Melde, Spieß- 348
Meles meles 31, 133
Melica nutans 129
Menyanthes trifoliata 185
Mergus merganser 96, 180
Meta mengei 152
    segmentata 152
Microchironomus 175
Microiulus laeticollis 150
Microlestes maurus 335
Micromys minutus 133, 192, 350f.
Microneta viaria 154
Microtus agrestis 133f., 143
    arvalis 31, 133, 136, 143, 192, 197, 213f., 252, 268, 282, 298f., 309, 323, 350f.
    oeconomus 31, 143, 186f., 192, 213, 252, 350
Milan, Rot- 95, 135, 146, 216
    Schwarz- 135, 146, 216
Miliaria calandra 96, 203, 215, 217, 331, 353
Milichiidae 245
Milvus migrans 135, 146, 216
    milvus 95, 135, 146, 216
Mimas tiliae 326
Miniersackmotte, Lärchen- 139
Misgurnus fossilis 107, 174
Moderlieschen 195, 273
Moehringia trinervia 125
Mohn, Klatsch- 208
    Saat- 209
    Sand- 209
    Schlaf- 230
Molch, Berg- 104
    Kamm- 106, 137, 273, 323
    Teich- 105f., 148, 189, 195, 200, 220, 243, 258, 273, 323
Molinia caerulea 141, 278
Mönchseule, Östliche 311
Monotoma brevicollis 305
Moose 75, 87, 163, 185
Moosjungfer, Nordische 196
Moostierchen 175
Morus alba 235
Mosaikjungfer, Kleine 176
Moschusochse 31
Motacilla alba 217, 238, 242, 269, 323
    cinerea 97, 180
    citreola 357
    flava 100, 146, 193f., 203, 215, 217, 269, 330, 332, 341f., 353

Möwe, Lach- 173, 179f., 243
    Mantel- 173
    Silber- 173
    Sturm- 173, 180
    Zwerg- 173
Muffelwild 93, 133
Mummeln 160
Mus musculus 133, 235f., 267, 298, 350
    musculus domesticus 133, 235, 267, 298f., 350f.
Muschel, Maler- 175
    Wander- 164, 175
Muscheln 175
Muscicapa striata 240, 257, 270f., 323
Mustela erminea 133, 213
    nivalis 203, 213, 299, 350
    putorius 31, 133, 203
Mutterkraut 277
Myosotis sylvatica 251
Myotis bechsteini 94
    brandti 94
    daubentoni 94, 144, 236
    myotis 94, 329
    mystacinus 94
    nattereri 94, 144, 236
Myrmecophila acervorum 305
Mythimna pudorina 177

Nabelmiere 125
Nachtkerze, Gemeine 259, 267, 312
Nachtigall 240, 257, 269ff., 332
Nadelspanner, Wacholder- 279
Najas marina 163
    minor 163
Nasturtium microphyllum 186
Naticoides-Schnecke 164
Natrix natrix, Ringelnatter 103, 147, 173, 188, 194, 200, 203, 257, 323
Natternkopf, Gemeiner 267
Nebria brevicollis 284
Nelke, Heide- 265
    Pracht- 185, 203
Neomacheilus barbatulus 108
Neomys anomalus 31
    fodiens 143, 186f., 350
Nepa rubra 196
Nesticus eremita 110, 311
Neuntöter 97, 136, 146, 330, 332, 341f., 353
Nitella mucronata 163
Nitellopsis obtusa 163

Nixkraut 165
  Großes 163
  Kleines 163
Nomada atroscutellaris 336
  flavoguttata 336
Nonagria typhae 177
Notodonta dromedarius 222
Notonecta glauca 201
Notostira erratica 183
Numenius arquata 95, 354, 356
  phaeopus 354, 356
Nuphar luteum 160
Nyctalus leisleri 94
  noctula 94, 143f., 329

Ochina ptinoides 245
Ochsenauge 311
Ochsenfrosch, Amerikanischer 106
Ochsenzunge, Gebräuchliche 265
Octolasium lacteum 150
Odiellus spinosus 110, 343
Oenanthe oenanthe 96,146,269,329f.,332,342,352f.
Oenothera biennis 259, 267, 312
Ohrenlerche 330
Ohreule, Wald- 243
Ölweide 313
Omalus constrictus 305
Omophron limbatum 176
Onocera semirubella 336
Oncorhynchus mykiss 200
Ondatra zibethica 93, 164f., 179, 187, 197, 350
Oniscus asellus 343
Oonops domesticus 244
Orconectes limosus 164
Oriolus oriolus 269
Orthetrum cancellatum 176
Ortholomus punctipennis 183
Orthosia 222
Ortolan 96, 203, 214
Oryctolagus cuniculus 93, 213, 268, 299, 309, 323
Oscinella frit 222
Osmerus eperlanus 174, 273
Osmia rufa 336
Otis tarda 95, 218
Otter, Kreuz- 103
Ovibos 31
Ovis musimon 93, 133
Oxalis acetosella 128
  stricta 230
Ozyptila praticola 284

Palaeoloxodon antiquus 30
Pandion haliaetus 95, 199
Panicum miliaceum 230
Papaver argemone 209
  dubium 209
  rhoeas 208
  somniferum 230
Papilio machaon 184, 336, 344
Paranthrene tabaniformis 177
Pararge aegeria 138
Pardosa amentata 284
  lugubris 154, 283f.
  nigriceps 311
  prativaga 284
Parietaria pensylvanica 230
Parnassia palustris 185
Parus ater 323
  caeruleus 146, 238f., 270f., 283, 323
  major 146, 238f., 270f., 283, 323
  palustris 269
Passer domesticus 146, 238f., 270f. 282f., 323f.
  montanus 146, 238f., 270f., 283, 323, 352
Pellenes tripunctatus 335
Pelobates fuscus 105, 148, 174, 189, 194f., 200, 220, 243, 258
Peplis portula 192
Perca fluviatilis 108, 183
Perdix perdix 96, 100, 146, 187, 203, 217, 269, 330ff., 353
Peribatodes secundaria 279
Perlgras, Nickendes 129
Pernis apivorus 135, 146, 216
Pestwurz, Filzige 178
Petasites spurius 178
Peucedanum oreoselinum 186
Pfaffenhütchen 141
Pfeifengras 141, 278
Pferd 30f.
Pfirsich 340
Phaeophyta 163
Phalaris arundinacea 160
  canariensis 230
Phasianus colchicus 97, 194, 217, 301
Philodromus aureolus 154
  cespitum 154
  margaritatus 154
Philomachus pugnax 95, 333, 354, 356
Phlyctaenia perlucidalis 110
Phoenicurus ochruros 238f., 270f., 323
  phoenicurus 240, 270f., 283, 353
Phragmatoecia castaneae 177

Phragmites australis 90, 160, 197
Phragmitiphila nexa 177
Phryganea grandis 176
Phylloscopus collybita 146, 240, 270f., 282f., 332
    sibilatrix 146, 270f. 323
    trochilus 146, 269ff., 301, 310, 313, 323, 332, 353
Physa actua 164
Phyteuma nigrum 251
Pica pica 238f., 270f., 283
Picea abies 121, 127, 232
    glauca conica 212
    omorika 212, 232, 282
    pungens 212, 232
Picus viridis 134, 270f., 283, 323
Pieper, Baum- 146, 301, 330, 353
    Berg- 188
    Brach- 96, 215, 217, 269, 329, 330ff., 341f., 353
    Rotkehl- 330
    Wiesen- 96, 187, 203, 214
Pinus nigra 124, 232
    strobus 124, 127, 232
    sylvestris 72, 121, 124, 128, 130, 141, 232
Pipistrellus 329
    nathusii 94, 144
    pipistrellus 94, 235f.
Pippau, Kleinköpfiger 213, 265
    Nizza- 251
    Sumpf- 186
Pirata hygrophilus 150, 154
    piraticus 151
    piscatorius 151
    tenuitarsis 151
Pirol 269
Piscicola geometra 190
Plantago indica 312
    lanceolata 34, 265
    major 239, 265, 267, 320
Platanen 233
Platanus x hybrida 233
Plattbauchspinnen 311
Plattkäfer 305
Platycnemis pennipes 176
Platytes alpinellus 314
Plecotus auritus 94, 143f., 235f., 252, 282
    austriacus 94
Plectophenax nivalis 330
Pleurocladia lacustris 163, 165
Pleurozium schreberi 125
Plinthisus brevipennis 305

Plötze 108, 183
Pluvialis apricaria 354, 356
    squatarola 354, 356
Poa annua 213, 265, 267, 320
    chaixii 251
    compressa 84
    nemoralis 128f., 232
    pratensis 265
    trivialis 265
Pochkäfer 244, 245
Podiceps auritus 180
    cristatus 106, 166f., 180, 198, 242
    ruficollis 167, 179f., 193, 198, 269
Poecilus cupreus 335
    lepidus 335
    punctulatus 221, 335
    versicolor 335
Polydesmus denticulatus 150
Polygonia c-album 222
Polygonum aviculare 265
    bistorta 185
    calcatum 320
    lapathifolium 348
Polypodium vulgare 128
Polyzonium germanicum 150
Porcellio scaber 343
Porphyrinia noctualis 314
Porzana porzana 96, 193
Potamogeton acutifolius 163
    friesii 163
    nitens 163
    obtusifolius 163
    perfoliatus 163
    praelongus 163
Potamopyrgus jenkinsi 164
Potentilla argentea 265
    palustris 185
    supina 340
    anserina 340
Prachtkäfer, Weinreben- 245
Prachtlibelle, Gebänderte 151, 176, 190
    Große 176
Primel, Wiesen- 203
Pristonychus terricola 344
Procyon lotor 93
Prosopis punctata 305
Proteroiulus fuscus 150
Prunella modularis 278, 283
Prunus padus 129, 160
    persica 340
    serotina 126, 277

Psammotettix kolosvarensis 336
Pseudemys scripta elegans 104
Pseudotsuga menziesii 127, 232, 282
Pteridium aquilinum 126, 141
Pteromalidae 311
Pterostichus gracilis 184
    vernalis 358
Pterostoma palpina 222
Pterotmetus staphyliniformis 305
Ptinidae 245
Puccinellia distans 320
Pungitius pungitius 107, 190, 358
Puppenräuber, Goldpunkt- 203, 221, 335
    Großer 152
    Kleiner 139, 152
Pyrrhula pyrrhula 146

Quappe 174
Quecke 209, 321, 340, 348
    Hunds- 129
Quendel, Sumpf- 192
Quercus petraea 72, 124, 128, 259
    robur 72, 121, 124, 128, 141, 259, 281
    rubra 121, 124, 128
Racke, Blau- 96, 134
Radnetzspinnen 221
Ralle, Teich- 167, 179f., 193, 198, 255, 269ff.
    Tüpfel- 96, 193
    Wasser- 180, 187, 193
    Wiesen- 96, 187, 353
Rallus aquaticus 180, 187, 193
Ramtillkraut 230
Rana "esculenta" 105f., 148, 174, 182, 190, 195, 200, 220, 243, 258, 323, 334, 343, 357
    arvalis 105, 148, 194, 323
    catesbeiana 106
    lessonae 105, 323
    ridibunda 105, 148, 174, 182, 190, 200, 334, 343
    temporaria 101, 105f., 137, 147, 174, 189, 195, 200, 203, 220, 243, 323, 343
Rangifer 31
Ranunculus auricomus 185
    ficaria 129
    repens 213, 265, 340
    sceleratus 192, 197
Rapfen 108, 273
Raps 230
Ratte, Haus-, *Rattus rattus* 31, 93, 236, 351
    Wander-, *Rattus norvegicus* 235f., 323, 350f.

Rauchschwalbe 242
Rauke, Hohe 339
    Lösels 312, 320, 339
Rautenfarn, Ästiger 320
    Vielteiliger 320
Rebhuhn 96, 100, 146, 187, 203, 217, 269, 330ff., 353
Regenpfeifer, Fluß- 198, 215, 217, 269, 330, 332f., 342, 353f., 356
    Gold- 354, 356
    Kiebitz- 354, 356
    Sand- 354, 356
Regenwurm 109, 150
Regulus ignicapillus 146
    regulus 146
Reh 22, 31, 133, 323
Reiher, Grau- 97, 106, 166f., 180
    Purpur- 199
Reiherschnabel, Gemeiner 265
Reitgras, Moor- 142
    Land- 130
    Sumpf- 141
Remiz pendulinus 97, 188, 198
Rentier 30f.
Reptilien 75, 101ff., 103, 137, 147, 173f., 182, 188, 194, 199f., 220, 243, 257, 272, 279, 304, 310, 313, 324f., 334, 343, 357
Reynoutria japonica 277
Rhodeus sericeus 148, 174
Rhodophyta 163
Rhynchospora alba 142
Ribes nigrum 130
Ricciocarpos natans 163
Riesenhirsch 30f.
Rindenspanner, Weißlicher Fichten- 279
Ringelblume, Garten- 277
Riparia riparia 146, 198
Rispe, Platthalm- 84
Rispengras, Einjähriges 213, 265, 267, 320
    Gemeines 265
    Hain- 128f., 232
    Wald- 251
    Wiesen- 265
Rittersporn, Feld- 208
Robinia pseudoacacia, Robinie 124, 127, 230, 232, 292ff., 313, 342
Rohrkolben, Breitblättriger 197
Röhricht 71f., 90f., 160f., 182
Röhrichteule, Igelkolben- 177
    Wasserschwaden- 177

Rohrsänger, Drossel- 167, 169, 198, 269
  Schilf- 96, 188, 194, 215, 217
  Seggen- 194
  Sumpf- 188, 194, 215, 217, 238f., 301, 310, 313, 330, 332, 352
  Teich- 167, 188, 193, 198, 353
Roßkastanie 121, 230ff.
Rotalgen 165
Rotfeder 108f., 195
Rothirsch 30f., 133
Rotkehlchen 146, 238, 240, 257, 270f., 323
Rotschenkel 95, 354, 356
Rotschwanz, Garten- 240, 270f., 283, 353
  Haus- 238f., 270f., 323
Rotstengelmoos 125f.
Rübsen 230
Ruchgras, Gemeines 265
Rückenschwimmer 201
Rudbeckia hirta 320
Ruderwanze 201
Rumex acetosella 39
  hydrolapathum 160
  maritimus 178, 192
  palustris 178
  triangulivalvis 164, 178
Rüsselkäfer 109
Rutilus rutilus 108, 183

Sackspinne, Schilf- 176
Säger, Gänse- 96, 180
  Mittel- 180
  Zwerg- 180
Sagina nodosa 186
Salbei, Wiesen- 265
Salix cinerea 130, 160, 185
  pentandra 130, 185
  triandra 160
  viminalis 160
  x rubens 130, 160
Salsola ruthenica 320
Salvia pratensis 265
Salvinia natans 163
Salzkraut 320
Salzschwaden 320
Sambucus nigra 127, 230, 295, 298, 313, 340
Sandbienen 201, 326
Sanddorn 342
Sängerin 138
Sanguisorba minor 251
Saponaria officinalis 277

Sauerklee 128
  Europäischer 230
Säugetiere 75f., 91ff., 93, 133f., 142ff., 162, 164f., 165, 179, 187, 192, 197, 213f., 235ff., 252, 255, 267f., 278, 282, 298ff., 309, 322f., 329, 350f.
Saxicola rubetra 100, 136, 146, 188, 215, 217, 331, 353
Scardinius erythrophthalmus 108f., 195
Schachbrett 344
Schachtelhalm, Sumpf- 185
Schafgarbe, Gemeine 265
  Sumpf- 277
  Wollige 320
Schafschwingel, Echter 265
Scharbockskraut 129
Schattenblume, Zweiblättrige 128, 229
Schaumkraut, Bitteres 186
  Vielstengeliges 281
  Wiesen- 213
Scheinzypresse 212
Schermaus 186f., 192, 197, 252, 323, 350
Schierling 341
Schildkröte, Sumpf- 103
Schilf 90, 160, 197
Schilfeule, Gemeine 177
Schillerfalter, Kleiner 274
Schlammläufer, Großer 357
Schlammpeitzger 107, 174
Schlangenäuglein 341
Schlei 108, 273
Schlupfwespen 311
Schmätzer, Stein- 96, 146, 269, 329f., 332, 342, 352f.
Schmetterlinge 109f., 150, 177, 184, 245
Schmiele, Draht- 125f., 128, 141, 229, 233
Schnabelbinse, Weiße 142
Schnäpper, Grau- 240, 257, 770f., 323
  Trauer- 146, 240, 257, 270f., 323, 353
  Zwerg- 136
Schnecke, Blasen- 164
Schneebeere 212
Schnepfe, Pfuhl- 354, 356
  Ufer- 354, 356
  Wald- 146f., 323, 354, 356
  Zwerg- 188, 193, 354, 356
Schnirkelschnecken 335
Schöllkraut, Großes 127, 295
Schöterich, Steifer 341
Schornsteinfeger 138
Schrägflügeleule, Büttners 177

Schwaden, Flutender 192
    Wasser- 160, 185
Schwalbenschwanz 184, 336, 344
Schwan, Höcker- 167, 180f., 198, 270
    Sing- 180
Schwärmer, Bienen- 177
    Bremsen- 177
    Hornissen- 314
    Linden- 326
    Pappel- 311
Schwarznessel 230, 235
Schwertlilie, Sibirische 203
    Wasser- 130
Schwimmfarn 163
Schwimmkäfer 196, 201, 335
Schwingel, Riesen- 129
    Schaf- 126
    Verschiedenblättriger 251
    Wiesen- 321
Schwingelschilf 163
Schwirl, Feld- 136, 146, 188, 217, 330, 332, 353
    Rohr- 188
    Schlag- 188
Scilla sibirica 278
Sciopus platypterus 245
Sciurus vulgaris 323
Scleranthus perennis 39
Scolochloa festucacea 163
Scolopax rusticola 146f., 323, 354, 356
Scytodes thoracica 244
Sechsaugenspinnen 335
Sedina büttneri 177
Seeschwalbe, Fluß- 95
    Trauer- 173, 180
    Zwerg- 95
Segge, Faden- 142
    Pillen- 125
    Rispen- 185
    Saum- 186
    Schlank- 156, 160, 178, 185
    Wald- 251
Seide, Pappel- 178
Seidenschwanz 243
Seifenkraut, Echtes 277
Senf, Acker- 208
Serinus serinus 240, 257, 283, 353
Serratula tinctoria 186
Sesia apiformis 177
Sichelmöhre 230
Silberfisch 164, 175
Sinapis arvensis 208

Siphonophanes grubei 151
Sisymbrium altissimum 339
    loeselii 312, 320, 339
Sitta europaea 240, 257, 270f., 323
Sitticus caricis 150
    helveolus 335
Smerinthus ocellata 311
Solidago canadensis 313, 320, 340
Solitärbienen 150, 336
Somatochlora flavomaculata 151
Sommerflieder 78
Sonchus arvensis 206
Sonnenblume 230
Sonnenhut, Rauhaariger 320
Sorbus aucuparia 128, 229, 233
Sorex araneus 133f., 143, 165, 186f., 197, 213,
    268, 323, 329, 350f.
    minutus 133f., 143, 350f.
Spanner 245, 314
    Kiefern- 139
Spark, Acker- 209
Specht, Bunt- 134, 146, 240, 257, 270f., 323, 353
    Grün- 134, 270f., 283, 323
    Klein- 134, 269
    Mittel- 134, 146, 269, 323
    Schwarz- 134
Speispinnen 244
Sperber 135f., 243
Spergula arvensis 209
Sperling, Feld- 146, 238f., 270f., 283, 323, 352
    Haus- 146, 238f., 270f., 282f., 323f.
Sphecodes crassus 336
Spierstrauch 282
Spinnen 150, 152, 183, 221, 244, 273, 283f., 325
Spinner, Palpen- 222
    Pappel- 222
Spiraea vanhouttei 282
Spitzenfleck 176
Spitzmaus, Feld- 31, 214, 299, 350f.
    Sumpf- 31
    Wald- 133f., 143, 165, 186f., 197, 213, 268,
    323, 329, 350f.
    Zwerg- 133f., 143, 350f.
Springkraut, Kleinblütiges 127
Springspinne, Rüßler- 154
    Schilf- 176
Springspinnen 154, 335
Sprosser 187
Stachys palustris 160
Star 146, 238f., 270f., 282f., 323
Staudenknöterich, Japanischer 277

Steinbeißer 107f., 175
Steinsame, Acker- 203
Stellaria holostea 129
    media 206, 320, 348
Stelze, Bach- 217, 238,242,269f., 323, 332
    Gebirgs- 97, 180
    Schaf- 100, 146, 193f., 203, 215, 217, 269, 330, 332, 341f., 353
    Zitronen- 357
Stelzenwanzen 305
Stendelwurz, Sumpf- 186
Stenus bipunctatus 184
Steppenlemming 31
Sterna albifrons 95
Sternmiere 129
Sterrha serpentata 314
Stichling, Dreistachliger 108, 195, 273, 358
    Neunstachliger 107, 190, 358
Stictochironomus 175
Stieglitz 240, 283, 301, 330, 353
Stilpnotia salicis 222
Stint 174, 273
Stizostedion lucioperca 108, 200
Storch, Schwarz- 95, 134
    Weiß- 95, 187, 193
Storchschnabel, Blut- 186
Strandläufer, Alpen- 354, 356
    Sichel- 354, 356
    Temminck- 354, 356
    Zwerg- 354, 356
Straußgras, Kastilisches 320
    Rot- 125, 265
    Weißes 197, 340
Streckerspinnen 221
Streckfuß 326
Streptopelia decaocto 238f., 257, 270, 283, 324
    turtur 96
Strix aluco 134, 143, 270f., 242, 323
Strohblume, Sand- 265, 313f.
Sturnus vulgaris 146, 238f., 270f., 282f., 323
Stygnocoris pedestris 305
Succisa pratensis 186
Sumpfsimsen 197
Sumpf-Blutwurz 185
Sumpf-Dotterblume 203
Sumpfherzblatt 185
Sumpfhuhn, Tüpfel- 96, 193
Sumpfsimse, Wenigblütige 186
Sus scrofa 31, 133, 323
Süßwasserschwämme 175
Swertia perennis 185

Sylvia atricapilla 146, 240, 257, 270f., 283, 323, 332
    borin 146, 238, 269, 283, 301, 313, 332
    communis 215, 217, 238f., 269, 301, 310, 313, 330, 332, 352f.
    curruca 238f., 270f., 283, 332
    nisoria 97, 136, 146
Symphoricarpos rivularis 212
Synanthedon formicaeformis 177
Syntomus foveatus 335
Synuchus nivalis 284
Syringa vulgaris 212

Tachyusa atra 184
    umbratica 184
Tagpfauenauge 222
Talpa europaea 213, 268, 323, 350
Tanacetum parthenium 277
Tanne, Weiß- 121
Tännel, Quirl- 192
Tapinocyba insecta 154
Tarant, Blauer 185
Taranucnus setosus 150
Taraxacum officinale 213, 265, 320
Taubnessel, Rote 348
Taube, Haus- 135, 238f., 254, 323f.
    Hohl- 146, 269
    Ringel- 146, 238f., 270f., 283, 323f., 332, 353
    Straßen- 238
    Türken- 238f., 257, 270, 283, 324
    Turtel- 96
Taubnessel, Weiße 235
Taucher, Hauben- 106, 166f., 198, 242
    Ohren- 180
    Zwerg- 167, 179f., 193, 198, 269
Tausendfüßler 109
Taxus baccata 212, 277, 282
Tegenaria atrica 344
    domestica 244, 344
Teichfaden, Sumpf- 163
Teichhuhn 167, 179f., 193, 198, 255, 269ff.
Tetragnathidae 221
Teucrium scorodonia 251
Teufelsabbiß 186
Teufelskralle, Schwarze 251
Thera juniperata 279
Theridion pallens 154
Thlaspi alpestre 251
Thuidium tamariscinum 185
Thuja occidentalis 212, 282

Tilia cordata 128
Tinca tinca 108, 273
Trapezonotus desertus 305
Trappe, Groß- 95, 218
Traubenkirsche, Gewöhnliche 129, 160
    Späte 126, 277
Trauermücken 245
Trechus austriacus 335, 344
Trespe, Aufrechte 251
    Trauben- 186
    Wehrlose 348
    Weiche 320
Triel 95
Trifolium pratense 265
    repens 213, 265, 267, 320
Triglochin palustre 185
Tringa erythropus 354, 356
    glareola 333, 354, 356
    hypoleucos 95, 180, 354
    nebularia 356
    ochropus 95, 188, 193, 354, 356
    totanus 95, 354, 356
Trisetum flavescens 251
Triturus alpestris 104
    cristatus 106, 137, 273, 323
    vulgaris 105f., 148, 189, 195, 200, 220, 243, 258, 273, 323
Trochosa spinipalpis 154
    terricola 154
Troglodytes troglodytes 270f., 310, 323
Trogophloeus bilineatus 184
Trollblume, *Trollius europaeus* 185, 203
Tüpfelfarn 128
Turdus merula 146, 238f., 243, 257, 270f., 282f., 301, 323, 332, 352
    philomelos 146, 240, 270, 283, 323, 332
Tussilago farfara 197
Typha latifolia 197
Tyto alba 96, 214

Uferläufer 354, 356
Uferschwalbe 146, 198
Ulmen 230
Ulme, Berg-, *Ulmus glabra* 298
    Flatter-, *Ulmus laevis* 129f., 141, 160
Unio pictorum 175
Unke, Rotbauch- 194
Upupa epops 96, 134, 269
Ur 31f.
Urbiene 305

Ursus 31
Ursus arctos 32
Urtica dioica 85, 127, 295, 340, 348
    kioviensis 163

Vaccinium myrtillus 126, 141
Valeriana officinalis 185
Valvata piscinalis 175
Vanellus vanellus 96, 187, 193, 217, 332f., 353, 357
Veilchen, Hain- 125
Vergißmeinnicht, Wald- 251
Veronica anagallis-aquatica 186
    beccabunga 186
    hederifolia 127, 209
    officinalis 125
    persica 208
    triphyllos 209
Vespertilio discolor 94
Vicia villosa 209
Vielfraß 31
Vinca minor 278
Viola riviniana 125
Vipera berus 103
Vögel 75, 91, 94ff., 134ff., 144ff., 162, 164ff., 165, 179ff., 187f., 193ff., 197ff., 214ff., 237ff., 252ff., 268ff., 278f., 282f., 300f., 310, 313, 323f., 324, 329ff., 341f., 344, 352ff.
Vogel-Knöterich, Niedriger 320f.
Vogelbeere 229, 233
Vogelmiere 206, 320, 348
Vulpes vulpes 31, 93, 133, 213, 299, 323

Wacholder 212, 279
Wacholder-Blütenspanner, Kleiner 279
    Großer 279
Wachtel 96, 203, 214
Wachtelkönig 96, 187, 353
Wachtelweizen, Acker- 203
    Wiesen- 130, 233
Walckenaeria acuminata 154
Waldmeister 232
Waldnashorn 30
Waldrebe 78, 229, 311
    Gemeine 313
Waldrebenspanner, Grüner 311
Waldvogel, Brauner 138
Wanze, Beeren- 222
Wanzen 109, 183

Waschbär 93
Wasserkäfer 196
Wasserläufer, Bruch- 333, 354, 356
   Dunkler 354, 356
   Wald- 95, 188, 193, 354, 356
Wasserlinse, Bucklige 185
Wasserpest, Kanadische 164
Wasserschildkröte, Nordamerikanische 104
Wasserskorpione 196
Wasserspitzmaus, Große 143, 186f., 350f.
   Kleine 31
Wasserstern, Herbst- 163
Weberknechte 109f., 343
Webspinnen 109f., 138, 283
Wegerich, Breit- 267, 320
   Mittel- 265
   Sand- 312
   Spitz- 34, 265
Weide, Grau- 130, 160, 185
   Hohe 130, 160
   Lorbeer- 130, 185
   Mandel- 160
Weidelgras 84
   Deutsches 265, 267
   Welsches 83, 87, 89, 348
Weiden 201, 211, 222, 232
Weidenröschen 259
Weigelie 212
Weihe, Korn- 95
   Rohr- 135, 187, 216
   Wiesen- 95
Weinschwärmer, Kleiner 311
   Mittlerer 311
Weißadlereule, Buschmoorwiesen- 177
Weißstriemeneule, Röhricht- 177
Weißdorn 129
Weißling, Baum- 222
Weizenhalmfliege, Gelbe 222
Wendehals 136, 146, 330, 332, 342
Wespe, Sand- 336
Wespen 150
Wespenbussard 135, 146, 216
Wespenspinne 183
Wicke, Zottel- 209
Wiedehopf 96, 134, 269
Wildkatze 32
Wildschwein 31, 133, 323
Windröschen, Gelbes 129
Winde, Acker- 230, 321
Windhalm 209
Winkelspinne, Haus- 244, 344

Wirbellose Tiere 91, 109ff., 138f., 142, 150ff., 175ff., 183f., 190, 196, 201, 221f., 244f., 258, 273f., 279, 283f., 304f., 310f., 314, 325f., 334ff., 343ff., 358
Wirbeltiere 91
Wisent 30ff.
Wolf 31
Wolfsmilch, Garten- 229f.
   Ruten- 341
   Zypressen- 265
Wolfsspinnen 154, 221, 283f., 311, 335
Wolfstrapp 178
Wollaus, Douglasien- 139
Wollgras, Breitblättriges 186
   Schmalblättriges 185
Wollhandkrabbe 164
Wollnashorn 30f.
Wucherblume, Saat- 203
Wühlmaus, Nordische 31, 143, 186f., 192, 213, 252, 350
Würger, Raub- 96
   Rotkopf- 95
   Schwarzstirn- 95
Wurmfarn, Gemeiner 277

Xysticus lanio 154

Zander 108, 200
Zannichellia palustris 163
Zaunkönig 270f., 310, 323
Zaunwinde 160, 178, 340
Zeisig, Erlen- 146
Zelotes aeneus 311
Ziegenmelker 95, 134
Ziesel 31
Ziest, Sumpf- 160
Zikaden 305, 336
Zilpzalp 146, 240, 270f. 282f., 332
Zodarion rubidum 311
Zuckmücken 175
Zünsler 110, 314
Zürgelbaum 313
Zweiflügler 184
Zweizahn, Schwarzfrüchtiger 164, 348
Zwenke, Wald- 129
Zwergeulchen 314
Zwergspinnen 176, 221, 335
Zwillingspunkteule, Uferschilf- 177
Zypressenschlafmoos, Echtes 125

Sachregister

Abwasserverrieselung 62, 65, 71, 326, 346, 348
Abwässer 65, 71, 84, 177, 345
Ackerböden 63, 66, 205f., 212, 249
Ackerrandstreifen-Programm 209
Ackerunkräuter 54, 77, 230, 320
Ackerwildkräuter 208, 210
Adlerfarn-Kiefernforst 125f.
Aegopodion 277
Agropyretea 321
Agropyro-Rumicion 178
Ahorn-Eichen-Stadtwald 264
Albrechts Teerofen 182
Albtalweg 129
Alliario-Chaerophylletum temuli 130
Alliarion 277, 321
Alter Hof 137
Ammoniak (NH_3) 62
Ammonium (NH_4) 62f., 346
Anhalter Bahnhof 247, 285, 301, 305, 309f.
Anmoore 140, 205
Appelhorn 129
Archäophyten 34, 74, 77, 80, 208, 235
Armengärten 42
Auenböden 66
Aufgelockerte Bebauung 47, 78, 194, 202, 218, 223, 227, 230, 235, 241, 243, 254
Aufschüttungsböden 127, 207, 227f.
Außenbezirke 42, 50, 53, 56, 80, 89, 105, 202, 228, 235f., 255, 257, 325f., 362
Avus 324
Äcker 9, 39, 46f., 56, 60, 129, 141, 195, 201, 204, 206ff., 210ff., 221, 233, 258, 329, 333, 335, 345, 348, 350, 358
Äußerer Stadtrand 47, 78, 118, 252, 254f., 301

Bahndamm 64, 207
Bahngelände 110, 206, 237, 287f, 304, 306, 311
Ballungsgebiete 46, 48f., 57f.
Barnim 9, 12, 33f., 38f., 131, 184, 196
Barssee 131, 137f.
Baumberge 68
Bauschuttböden 66
Bäche 71, 155
Bäketal 30, 69, 177
Bevölkerungsentwicklung 46

Bebauung 40ff., 45ff., 53, 57, 74, 76, 78, 80, 93, 101, 105f., 110, 113, 174, 182, 184, 189, 194f., 202, 205, 212, 218, 223ff., 231ff., 247f., 251f., 254f., 260, 278, 285, 287f., 301, 331
Beelitzhof 69, 72
Belastungsgebiet 50
Bellidetum 78
Berlin-Cölln 39
Berlin-Spandauer Schiffahrtskanal 183
Bernauer Straße 317, 319
Bioindikatoren 80, 84, 87, 89, 151
Bioklimatische Belastungen 118, 204
Bioklimatische Entlastung 246
Biotope 76, 110, 143, 150, 162, 184, 206, 220, 222, 233, 258, 285, 305, 312, 324, 336
Biotopkartierung Berlin 80
Biotoptypen 80f., 345
Blanke Helle 109, 195
Blaubeer-Kiefernforsten 126, 141
Blei (Pb) 63, 65, 83ff., 86, 108f., 117, 183, 277, 290, 315, 318, 346
Bodenerosion 60, 68
Bodeneutrophierung 76
Bodengesellschaften 15, 18, 60, 113
Bodensaure Eichen-Mischwälder 233, 309
Bodenschaften 18f.
Bodentemperaturen 338
Bodenversiegelung 233
Bor (B) 328
Borstenhirse-Lämmersalat-Gesellschaft 209
Botanische Gärten 250
Botanischer Garten 212, 258
Böden 12, 15, 18, 20ff., 28, 33ff., 39, 60, 62ff., 68, 74, 82ff., 94f., 105, 116, 118, 121f., 127, 130, 140f., 150, 159f., 177, 184, 191f., 196f., 205ff., 211ff., 222, 227ff., 249ff., 261, 264, 276ff., 281, 285, 287ff., 307ff., 312, 315, 317f., 327f., 338, 345f., 348
Brachflächenvegetation 245, 298, 312
Brachflächen 57, 84, 89, 110, 195, 216, 220f., 241, 245, 272, 284f., 288, 291ff., 298ff., 304ff., 312, 314, 340, 343
Braunerde 15, 18f., 21, 60ff., 68, 121f., 125, 140, 159f., 191, 205, 207, 209, 227f., 249f., 261, 264, 281, 345ff.
Breitwegerich-Weidelgrasrasen 267

Brennessel-Giersch-Gesellschaft 40, 230
Britz 43, 72, 109, 129, 183, 190, 193, 195, 215, 223f., 245, 258, 281
Britzer Damm 281
Britzer Garten 72, 245
Britzer Roetepfuhl 195
Britzer Wiesen 224
Britzer Zweigkanal 183
Bronzezeit 33, 34
Buchenwälder 126, 128, 136
Buckow 44, 96, 180, 223
Buckow-Rudow 44
Bumpfuhl 193, 195
Bundesgartenschau 72, 195, 215, 245, 258
Buschkrugallee 281
Bürgerablage 143, 145, 150

Cadmium (Cd) 65, 83ff., 290, 318, 346
Calthion 129
Caricetum gracilis 186, 211
Caricetum lasiocarpae 142
Carici elongatae-Alnetum 129
Carici-Alnetum 185
Charlottenburg 40ff., 59, 129f., 223, 225, 239, 245f., 257f., 345
Charlottenburger Schloßpark 130, 257
Chenopodietalia 80, 278
Chenopodietum boni-henrici 78
Chlorid 82, 339
Cirsio-Polygonetum bistortae 185
Conyzo-Lactucetum serriolae 78
Cölln 38ff.

Dahlem 9, 23, 50, 59, 62, 65, 89, 207, 212, 224, 243, 251, 260, 274
Dampfdruck 50ff., 118, 156, 159, 202, 226, 260f., 276, 288, 327
Dauco-Arrhenatheretum 186
Deponie Marienfelde 334
Deponie Wannsee 329, 336ff.
Deponien 47, 100, 110, 173, 216f., 326ff., 334, 339ff.
Diplomatenviertel 272f., 285, 290, 297, 309, 311ff.
Dörfer 34, 41f., 45, 78, 129, 190, 224, 234f., 242, 330, 334
Drahtschmielen-Kiefernforst 125f.
Dreißigjähriger Krieg 40
Dunsthaube 48

Düppel 9, 12, 18, 121, 133, 137, 151, 207, 330, 336
Düppeler Forst 12, 18, 121, 133, 336

Echio-Melilotetum 78
Eckernpfuhl 195
Egelpfuhlwiesen 304
Eichen-Hainbuchenwälder 28, 129, 141, 264
Eichenwald 126, 128, 154, 209
Eichwerder Steg 189f.
Eisen (Fe) 13ff., 18, 63, 180, 346, 348
Eisenzeit 23, 33
Eiskeller 147, 205, 210, 215, 217ff., 220
Eiszeit 9, 12, 22ff., 30f., 33f., 93, 206
Emissionen 52, 118
Emmaus-Friedhof 274, 280ff.
Epilobio-Senecionetum 130
Epiphyten 87
Erholung 45f., 68, 71, 90, 101, 103, 117, 130, 147, 155, 161f., 165f., 188, 196, 199, 202, 212, 285, 298, 309, 313, 315, 352
Erlenbruchwälder 70, 129, 142, 160, 185, 193, 211
Erlenteich 148
Ernst-Reuter-Siedlung 43
Erosion 67f., 182, 184, 191, 264
Eu-Molinietum 186
Eutrophierung 48, 76, 90, 108ff., 160, 173, 179, 209, 312, 338

Fadenseggenmoor 142
Fagetalia-Gesellschaften 309
Falkenhagener Feld 44, 223
Farn- und Blütenpflanzen 74ff., 141f., 186, 235, 250f., 264, 277, 281, 307, 320, 348
Felder 95f., 99, 101, 142, 192, 201ff., 208f., 213ff., 221, 345, 350
Feuchtwiesen 70, 95f., 129, 152, 187, 211, 250, 278
Fichteberg 236
Flächennutzung 9, 11, 44, 54f., 77, 82, 113f., 117, 225, 245, 286
Flächennutzungsplan (FNP) 45
Flora und Vegetation 20, 25ff., 72ff., 122ff., 141f., 160ff., 178f., 191f., 203, 206ff., 229ff., 250f., 263ff., 277f., 281, 292ff., 308ff., 313f., 321ff., 329f., 340ff., 349ff.
Florenwerke 81
Flughafensee 72, 100, 176, 196, 197, 199f.

Flughäfen 57, 215, 218, 314
Fluor 89
Flutrasen 178, 197
Forst Düppel 9, 151, 330
Forsten 9, 39, 47, 60, 62, 86, 101, 110, 118, 120, 124ff., 128, 130, 133ff., 137, 141, 147, 197, 207, 211, 235, 252, 282, 299, 334
Forstwissenschaft 124
Freiflächen 44, 78, 120, 137, 197, 215, 217, 229f., 240, 242f., 247f., 252, 260, 305f., 317, 324, 328
Freizeitpark Lübars 330
Freizeitpark Marienfelde 330f.
Friedenau 205
Friedhof Mehringdamm 279
Friedhof Neukölln 279
Friedhof Sankt Lukas 282
Friedhöfe 99, 207, 223, 246f., 249, 252, 255, 274, 276ff., 283, 287
Friedhöfe Steglitz 277
Friedrichshain 42, 245
Friedrichswerder 40
Frischwiesen 186, 212, 320
Fritz-Schloß-Park 43, 223, 245, 250, 343
Frohnau 62f., 65, 121, 137, 207, 224, 233, 241, 243
Frosttage 9, 53f., 113
Frostgefährdung 55ff., 118, 327

Garten-Brombeeren-Gesellschaft 78
Gartenböden 60, 206
Gartenunkrautgesellschaften 278
Gatow 45, 62, 65, 100, 133, 136, 188, 192, 201, 205, 207, 209, 215, 217, 220f., 224, 231, 236, 242, 279, 327f., 331, 333, 346, 348f., 351f.
Gatower Felder 99, 101, 215f.
Gatower Feldflur 193f., 216, 218, 331, 350, 357
Gatower Forst 133
Gatower Rieselfelder 71, 218, 345, 352f., 356ff.
Gänseblümchen-Gesellschaft 78
Gänsemalvenrain 235
Gärten 40, 60, 66, 129, 201f., 204f., 206, 208, 212ff., 220, 222, 230, 235, 237, 241, 250, 284, 340
Generalbebauungsplan 43
Geschiebemergel 12ff., 63f., 121, 191, 281, 338
Geschlossene Bebauung 47, 78, 93, 223, 228f., 235f., 254, 278
Gesellschaft des Guten Heinrich 78
Gesellschaft des Niedrigen Vogelknöterichs 78

Gewässer 9, 13, 30, 33f., 45, 48, 68, 71f., 76, 82, 90, 104, 106ff., 117f., 142f., 147f., 155f., 161f., 165, 169, 173f., 176, 179, 183, 190, 194ff., 200, 250, 269, 272f., 327, 334, 357
Gewässereutrophierung 76, 90, 108
Glashauseffekt 48f.
Glasower Straße 281
Glatthaferwiesen 212
Gley 18f., 21, 121, 129, 140, 159f., 191, 205, 249
Glienicker Park 128ff.
Glienicker See 107, 233
Görlitzer Bahnhof 301
Gropiusstadt 44, 223, 227
Groß-Berlin 41, 43
Groß-Glienicker See 233
Große Kuhlake 143ff., 148ff.
Große Steinlanke 156, 158f.
Großer Eckerpfuhl 195
Großer Rohrpfuhl 140, 142f.,148, 150f., 193
Großer Tiergarten 50, 53, 72, 93, 95, 105, 107, 120, 129, 149, 156, 159, 202, 222f., 225f., 245ff., 257ff., 285, 292, 300, 306f., 311ff., 315, 317
Großer Torfstich 189
Großes Nebenmoor 148
Großes Tiefehorn 100
Großseggen-Gesellschaften 70, 178
Großsiedlung "Onkel Toms Hütte" 43
Grundwasser 15, 18, 21, 28, 33, 48, 60, 68ff., 103, 105, 110, 113, 116, 118, 122, 129, 131, 139f., 144, 148, 150, 155, 159f., 185, 193, 196f., 201, 209, 211, 264, 290, 298, 318, 327f., 345
Grundwasserabsenkung 45, 69f., 72, 76, 83, 110, 117, 129, 140ff., 147, 155, 193, 264, 290
Grunewald 9, 12ff., 18, 30, 54, 62, 65, 67f., 95f., 103, 118, 120f., 123, 125, 130f., 133ff., 140, 151, 199f., 207, 224, 231, 233, 299, 325f., 331
Grunewaldseen 12, 30, 33, 69, 71f., 104, 131, 174
Grün- und Ruderalflächen 247
Grünanlagen 50, 57, 93, 159, 197, 204, 207, 213f., 223, 241, 243, 245ff., 267, 279, 282, 298f., 301, 305, 328
Grünflächen 43, 46, 50, 53f., 99, 223, 225, 227, 237, 239, 243, 246ff., 260f., 280, 287f., 298, 307, 312, 314
Grünland 34, 39, 56, 70, 91, 95f., 101, 118, 160, 179, 185, 194, 201ff., 267, 278, 321, 329, 340, 345, 348
Grünplanung 298
Güterbahnhöfe 205, 247, 280, 285ff.

Haberecht-Siedlung 282f.
Hahneberg 329ff.
Hainrispen-Ahorn-Eichen-Stadtwald 264
Halbtrockenrasen 76, 304, 312, 321
Hansaviertel 43
Hanse 39
Hasenheide 246, 257, 325
Hauptgrünflächenplan 44
Havel 9, 12, 15, 30, 32ff., 39, 68ff., 91, 93ff., 100f., 104ff., 108f., 129ff., 139, 148, 151, 155ff., 183, 231f., 345f.
Havelländisches Luch 9, 139
Heckenkälberkropf-Gesellschaft 130
Heckerdamm 223
Heerstraße 223, 279, 304, 325f.
Heideflächen 45, 80, 110, 123, 131, 211, 233, 345
Heidefriedhof 283
Heidefriedhof Mariendorf 274
Heiligensee 12, 30, 105, 131, 175f., 193, 195, 201f., 205, 209, 213f., 220, 224,, 243
Heiligenseer Felder 214
Heinrich-Laehr-Park 249
Heliantho-Lycopersicetum 339
Helleberge 121
Hemerochore 80, 229
Hermsdorf 185, 224, 233
Hermsdorfer See 149, 184, 189f.
Himbeer-Landschilf-Kiefernforsten 141
Hindenburgdamm 325f.
Hinterhöfe 43, 230, 237, 244
Hohengatow 233
Hohenzollernkanal 178, 182f.
Hopfenbruch 69
Hordeetum murini 78, 230, 321
Hortisol 19, 60, 206, 227f., 264
Hufeisensiedlung Britz 43
Hufeisenteich 109
Hugenotten 40
Humboldthain 223, 245f.
Humboldthöhe 43
Hundekehlefenn 131
Hüllenpfuhl 192ff.

Immissionen 84, 86ff., 276, 315
Immissionsgefährdung 57, 83, 118, 204, 226, 249, 260, 327
Industrie 9, 41ff., 48ff., 58, 65, 69, 74, 77, 99, 117, 179, 207, 229, 237, 242, 285ff., 297, 322, 336
Indigene 74, 76, 104, 206
Industrieböden 66

Innenstadt 9, 43, 46, 48, 50, 53, 57ff., 74, 78, 87, 89, 91, 96, 105, 173, 179, 202, 205, 226, 229f., 235ff., 254f., 257, 260, 285, 290, 292f., 298, 301, 306, 310f., 313f., 317f., 320
Insel Scharfenberg 228
Insulaner 43, 245, 250

Jahresmitteltemperatur 9, 53f.
Jungfernheide 52, 95, 103, 245, 250, 317f.

Kalium (K) 14, 205, 346
Kanalisation 42
Kanäle 41, 71, 106, 149, 164, 177ff.
Karl-Bonhoeffer-Nervenklinik 109
Karutschenpfuhl 109, 195
Katzenpfuhl 193, 195
Kesselmoor 131
Kiefern-Eichenwald 39, 80, 126ff., 138, 141, 143, 151, 209, 341
Kiefern-Traubeneichenwald 128, 141
Kienpfuhl 195
Kiesgruben 176, 178, 196ff., 294, 326,
Kladow 192, 201f., 209, 213, 221, 232, 328
Kladower Felder 214, 221
Klärteiche 334
Klärwerke 71f., 333, 345
Kleine Brennessel-Wegmalven-Gesellschaft 78
Kleiner Rohrpfuhl 27, 143, 148
Kleines Nebenmoor 148
Kleingärten 50, 53, 57, 84, 103, 189, 194, 202, 205f., 212ff., 220, 223, 230, 233, 237, 240, 243, 286ff., 299
Kleingärten Priesterweg 247, 286f.
Klettenkerbel-Säume 130
Klima 9, 12, 22ff., 31, 33, 48ff., 72, 74, 78, 96, 113f., 118ff., 128, 156ff., 202ff., 225ff., 229, 246ff., 260f., 276, 278, 280f., 285ff., 294, 298, 305ff., 312, 314ff., 326f.
Klimazonen 55ff., 204, 227
Knobelsdorff 259
Knoblauchsrauken-Ahorn-Eichen-Stadtwald 264
Kohldistelwiesen 129, 185f., 211f.
Kohlendioxid (CO_2) 62, 328
Kohlenmonoxid (CO) 50ff., 204, 315, 317
Kompaßlattichflur 78
Konradshöhe 233
Köpenick 31, 38, 131
Kreuzberg 57, 159, 194, 225, 235, 238f., 257, 278
Kreuzgraben 148

Krumme Lanke 69
Krummer Katzenpfuhl 193, 195
Kuhlake 143ff., 148ff.
Kupfer (Cu) 63ff., 83, 85, 277, 346, 348

Lamio-Ballotetum 78, 235
Landschaftsfriedhof Gatow 279
Landschaftspark 40, 129, 212, 259, 269
Landschaftsprogramm 45
Landwehrkanal 71, 156, 183, 223, 306, 311, 315
Landwirtschaft 45, 62, 184f., 201, 206, 215
Langes Luch 131
Lankwitz 103, 129
Laßzinssee 196ff.
Laßzinswiesen 176
Laubenkolonien 42, 47
Laubmischwälder 129, 150, 298, 309
Lenné 245, 259, 269
Lichterfelde 42, 180f. 184, 223ff., 240, 301, 304
Lietzow 224, 234
Lolio-Plantaginetum 321
Lolio-Polygonetum arenastri 78
Lolopfuhl 191, 195
Luftbelastung 45, 48, 62, 76, 87, 117, 120, 126, 205, 227, 249, 260, 322
Luftfeuchte 50, 52f., 56, 118, 156, 202, 204f., 226, 260, 276, 287f., 314, 327
Lufthygiene 50, 57, 205, 227, 249, 276, 288, 327
Lufttemperatur 9, 22ff., 49ff., 74, 82, 113, 118, 131, 142, 150, 156, 159, 202, 204f., 221, 225f., 233, 246ff., 260f., 276, 280f., 285ff., 290, 293, 295, 306f., 314, 322, 326f., 338
Luiseninsel 259
Luisenstadt 41
Lübars 70, 95, 184ff., 201, 205, 209f., 213ff., 217, 220, 224, 234f., 242, 326, 330
Lübarser Felder 214
Lützowplatz 207, 289f., 297, 312

Magerrasen 141f., 150, 265, 305, 310
Mangan (Mn) 63ff., 346, 348
Mariendorf 43, 72, 96, 190, 195, 245, 249f., 274
Marienfelde 71, 100, 105, 129, 201, 215, 217, 223, 240, 326, 329ff., 334, 343
Marienfelder Kippe 331, 334
Marienhöhe 43
Massiner Feld 215
Mastkraut-Silbermoos-Gesellschaft 230, 321
Märkisches Viertel 44, 223, 227f., 233, 241

Mäusegersteflur 78, 230, 321
Methan (CH_4) 328, 338
Mietskasernen 41f.
Mittelalter 31, 34, 39, 71f., 93, 184
Molinietalia 70, 95f., 129, 152, 187, 211, 250, 278
Mommsenstraße 225
Moore 13, 15, 18f., 21ff., 25ff., 34, 64, 69f., 76, 94f., 110, 118, 122, 130f., 137, 139ff., 147f., 150f., 159f., 163, 184ff., 205, 211, 249f.
Moorlake 128
Murellenpark 258
Murellenteich 258
Mülldeponien 47, 100, 110, 173, 216, 326ff.
Müllverbrennungsanlage Ruhleben 89

Naßwiesen 95f., 185, 211
Natternkopf-Steinklee-Gesellschaft 78
Natternteich 148
Naturschutzgebiete 110, 129, 131, 138, 151, 273
Neophyten, Neueinwanderer 74, 77, 164, 208, 292, 297
Neuer See 72, 272f.
Neukölln 22, 42ff., 72, 183, 223ff., 245, 257, 274, 278ff.
Niedermoore 18, 21, 159f., 205f., 249
Niederneuendorfer Kanal 148
Niederneuendorfer See 174ff.
Niederschlagsverteilung 54, 56
Nikolassee 69, 231
Nitrat (NO_3) 62f., 72, 328, 346

Oberflächengewässer 69, 71ff., 155
Obstbaumsiedlungen 233
Otto-Suhr-Siedlung 43
Ozon (O_3) 89

Panke 33, 189
Papenberge Niederneuendorf 103
Pappel-Robinien-Vorwald 264
Parabraunerde 15, 18f., 121f., 191, 205, 207, 209, 227f., 249f., 281, 345f., 348
Pararendzina 19, 60, 191, 228, 250, 261, 264, 288ff., 293, 317, 328
Parkfriedhöfe 224, 276f.
Parks 40, 42, 47, 50, 52, 57, 72, 98f., 117, 129, 207, 212f., 223ff., 237, 245ff., 276, 278, 284, 287, 306, 312, 314
Parksiedlungen 231

Parschenkessel 174
Pechsee 18, 20, 131
Pfaueninsel 21, 40, 93, 96, 100, 129f., 156, 165, 173f., 177, 245, 252, 254, 257, 259, 273
Pfeifengras-Kiefernforst 141
Pfeifengraswiesen 40, 211f.
Pfuhle 12, 18, 20, 22f., 27, 30, 34, 39, 72, 106, 109f., 140, 142f., 148ff., 190ff., 201, 249, 258
Phosphat (PO_4) 14, 63, 72, 108, 165, 189, 346
Phosphor (P) 184, 348
Pichelsdorf 224, 231
Pichelswerder 103, 130
Pino-Quercetum 128
Pionierarten 70, 78, 197, 199, 273, 292, 295, 312, 335, 344
Polygonetum calcati 78, 230, 321
Postfenn 131, 176, 197
Potsdamer Bahnhof 288
Potsdamer Güterbahnhof 247, 297, 309
Priesterpfuhl 193
Priesterweg 205, 224, 247, 285ff.
Pruno-Fraxinetum 129

Quellen 70, 186
Quellmoore 131
Quercion 80, 233, 309
Querco-Fagetum 128

Regosol 228, 307, 328
Reinickendorf 43f., 106, 175, 200, 223
Relative Luftfeuchte 52f., 56, 118, 156, 205, 226, 260, 276, 287f., 327
Residenzstadt 40
Riemeistersee 69
Rieselfeld Karolinenhöhe 351
Rieselfeldböden 60, 66
Rieselfelder 42f., 45, 47f., 60, 64f., 71, 84, 101, 108, 149, 156, 164, 184, 187, 189f., 193, 201, 207, 216, 218, 326ff., 340, 345ff.
Ringbahn 42f., 297
Rixdorfer Höhe 43
Roetepfuhl (Britz) 193, 195
Rostbraunerde 15, 18f., 21, 60ff., 68, 125, 140, 205, 228
Rote Listen 32, 74f., 91f., 100, 107, 136, 145f., 152, 199, 212f., 297, 324, 331, 341f., 352f., 358
Rothepfuhl (Mariendorf) 195
Rousseauinsel 259
Römische Kaiserzeit 34

Rubus armeniacus-Gesellschaft 78
Ruderalarten 38f., 46, 77f., 265, 284, 292
Ruderalflächen 34, 76, 93, 110, 235f., 244, 246f., 250, 252, 282, 284, 289ff., 299, 307, 310ff., 320, 335, 340, 343
Ruderalpflanzen 77, 265, 284, 292
Ruderalvegetation 34, 38f., 48, 76, 80, 235, 245, 278, 281f., 291, 305, 310ff., 320f., 329, 331
Rudow 20, 44, 50, 96, 105, 110, 180, 190f., 193ff., 201, 205, 207, 223, 326, 329f., 334
Rudower Fließ 33, 193
Rudower Höhe 43, 330, 334
Röthepfuhl (Rudow) 109, 195
Rückertteich 109, 195

Sagino-Bryetum argentei 230, 321
Salpetersäure (HNO_3) 62
Salzschäden 82f.
Sandmohn-Gesellschaft 209f.
Sandschellen 45, 130f., 211
Sandtrockenrasen 34, 80, 110, 130f., 150, 211, 265, 267, 312, 321, 335
Saubucht 118
Sauerstoff (O_2) 70, 72, 109, 151, 165, 175, 190, 194, 196, 200, 318, 322, 328, 334, 338, 340, 346, 357
Saumgesellschaften 130, 137, 141f., 215, 235, 277f., 281, 321, 340, 352
Saurer Regen 60, 62, 120
Sausuhlensee 279
Säurebelastung 60ff.
Schadstoffbelastungen 48, 57ff., 83, 87, 120, 183, 205, 226f., 250, 276, 315, 339, 345
Schäfersee 258
Schiller-Park 245
Schlachtensee 69, 166, 224, 231
Schloßpark Charlottenburg 40, 129f., 245f., 257f.
Schloßpark Tegel 250
Schmargendorf 224
Schöneberg 42f., 194, 205, 223ff., 286, 301, 307f.
Schönow 224
Schulzendorf 137
Schwanenkrug 142, 150
Schwanenwerder 96, 231
Schwarznesselflur 78, 235
Schwebstaubkonzentration 58, 83
Schwefel (S) 86f.
Schwefeldioxid (SO_2) 57ff., 86ff., 120, 205, 227
Schwermetalle 63ff., 83ff., 196, 228, 264, 277, 290, 307, 318, 322, 338, 346

Schwülegefährdung 55ff., 118, 204, 227, 246, 276
Sedo-Scleranthetea 80, 321
Seen 12f., 19, 22, 30, 33, 42, 72, 95f., 155f., 175, 197ff., 264, 331
Seestraße 314, 325
Sickerwässer 140, 290, 328, 338f., 347
Siedlungskammern 33f., 36
Siemensstadt 43
Sisymbrion 80, 278, 339
Slawen 31, 34, 38
SO 36 238f.
Spandau 9, 30f., 34, 38, 41, 43f., 103, 105, 122f., 136f., 155, 164, 174, 176, 183, 196ff., 200f., 205, 212, 223, 227, 236, 334
Spandauer Altstadt 52
Spandauer Damm 223
Spandauer Forst 9, 12f., 21, 27, 30, 50, 54, 70, 93, 95f., 99, 103, 105f., 118, 120ff., 126, 129f., 133f., 136f., 139f., 187, 197, 200, 253, 322ff.
Spandauer Moore 13, 21, 27, 30, 131
Spandauer Zitadelle 93, 174, 236, 285, 344
Spektelake 105, 149, 196ff., 304
Spontanvegetation 298
Sportfischerei 71
Spree 9, 12f., 15, 21, 28, 30ff., 34, 38ff., 68, 70f., 94f., 106, 108, 129f., 149, 155f., 177, 183, 223, 245, 258, 260, 264, 306, 315, 345
Staaken 100, 108, 202, 326, 330f.
Stadion Wilmersdorf 43
Stadtgeschichte 33ff.
Stadtökologische Raumeinheiten 113ff.
Stadtpark Steglitz 247, 249
Stadtrand 42, 47, 57, 60, 74, 80, 87, 93, 96, 98, 103, 118, 135f., 139, 194, 202, 214, 224, 226, 233ff., 252, 254f., 257, 264, 267, 274, 293, 299, 301, 304f., 309, 320, 325
Staubimmissionen 58f., 85f., 120, 264, 293, 307, 322, 327, 338
Steglitz 22, 94, 109, 129, 177, 184, 190, 195, 205, 223f., 236, 247, 277
Steinlanke 156, 158f.
Steinzeit 33f., 118, 192
Stellario-Carpinetum 129, 141
Stickoxide (NOx) 87ff.
Stickstoff (N) 87, 116, 126f., 130, 140, 142, 184, 213, 222, 227, 265, 284, 288f., 295, 315, 318, 328, 340, 346ff.
Stickstoffdioxid (NO_2) 315
Stickstoffmonoxid (NO) 315
Stiegelakebecken 108
Stieleichen-Birkenwald 28, 141

Stieleichen-Hainbuchenwald 28, 129, 141
Straßen 34, 41, 60, 82ff., 128, 184, 223f., 226, 230, 247, 260, 264, 272, 287, 290, 314ff., 357
Straßenbäume 48, 82f., 127, 230, 233, 293, 321
Straßenrand 64ff., 82ff., 122, 230, 284, 292, 314ff., 357
Straßenrandböden 66, 317ff.
Straßenrandvegetation 82, 319ff.
Streusalz 82f., 264, 318, 322
Sulfide 318, 328, 338
Südgelände 247, 285ff., 297, 301, 309
Südgüterbahnhof 205, 285ff., 299, 301, 310f.
Syrosem 293, 308

Tegel 40, 45, 72, 110, 121, 124, 176, 196, 198, 207, 225, 227, 319
Tegeler Fließtal 13, 33, 70f., 96, 100, 105, 129ff., 149, 163, 184ff., 205, 212f., 218, 226, 235, 331
Tegeler Forst 9, 13, 54, 68, 85, 103, 120ff., 124, 128, 136, 151
Tegeler See 12f., 25, 30, 43, 71f., 72, 103, 107, 163ff., 173f., 176, 199
Teltow 9, 12, 33f., 38f., 155, 177, 191, 196, 207, 280
Teltowkanal 43, 69, 71, 104, 177ff., 281
Teltowsche Heide 123
Tempelhof 22, 43, 72, 103, 109, 180, 190, 195, 215, 223
Tempelhofer Feld 95
Teufelsberg 9, 93, 299, 327, 329ff., 344
Teufelsbruch 12, 21, 70, 118, 140, 142, 148, 150
Teufelssee 95
Teufelsseekanal 148
Tiefwerder Wiesen 70, 96, 100, 129, 173, 224
Tiergarten (Park) 50, 53, 72, 93, 95, 105, 107, 120, 129, 149, 156, 159, 202, 222f., 225f., 245ff., 257ff., 285, 292, 300, 306f., 311ff., 315, 317
Tiergarten (Stadtteil) 43, 57, 223, 227
Tilio-Carpinetum 128
Torilidetum japonicae 130
Traubeneichen-Buchenwald 128
Traubeneichen-Hainbuchenwald 128
Traubenkirschen-Ulmen-Auwald 129
Treptower Park 245
Trinkwasser 71, 155, 160ff., 329
Trittgesellschaften 321f.
Trittrasen 161, 265, 267
Trockenrasen 34, 40, 76, 81, 110, 130f., 150, 211, 265, 267, 285ff., 313, 322, 327, 336

Trümmerschuttstandorte 9, 43, 60, 223, 259, 264, 288ff., 308ff., 330, 341
Trümmerschuttvegetation 292ff., 309
Türkenpfuhl 195
Türkische Botschaft 314

Uferfiltrat 33, 69, 71
Ufervegetation 72, 90f., 156, 159, 162, 175, 250
Unkenpfuhl 106, 192
Urstromtal 9, 12, 15, 38f., 43, 68, 72, 131, 139, 142, 155, 177, 258
Urtico-Aegopodietum 230
Urtico-Malvetum neglectae 78, 235

Vegetation der Urlandschaft 28ff.
Vegetation und Flora 20, 25ff., 72ff., 122ff., 141f., 160ff., 178f., 184ff., 191f., 197, 203, 206ff., 229ff., 250f., 263ff., 277f., 281, 292ff., 308ff., 313f., 321ff., 329f., 340ff., 349ff.
Verdichtungsraum 33ff., 47
Verdunstungsrate 288, 328
Verlandungsmoore 30, 131
Verlichtungsgesellschaften 130
Versauerung 60, 62f., 65, 124
Versiegelung 48, 53f., 76, 105, 189, 233, 235, 281, 286f., 315, 319, 321, 323
Versiegelungsgrad 54, 113, 228, 237, 260, 276, 287, 315, 321,
Vierrutenberg 189
Viktoriapark 159, 245, 257
Vogelknöterich-Bestände 78, 230
Volkspark Hasenheide 246
Volkspark Jungfernheide 52, 245, 250
Volkspark Mariendorf 245, 249
Volkspark Rehberge 245, 257, 258
Volkspark Wilmersdorf 245
Volksparks 42, 245f.
Völkerwanderung 34

Wald 22ff., 30f., 33f., 39f., 50, 52f., 56, 64, 68ff., 72, 76, 80, 94f., 98f., 101, 103, 118ff., 156, 160, 177, 185, 199, 201, 204, 206, 211, 226, 229f., 232f., 237, 243f., 246, 249f., 258f., 264, 269, 276f., 283, 298, 310f., 320, 340ff.
Waldböden 15f., 62f., 65f., 121f., 205f., 250, 319
Waldfriedhof Heerstraße 279
Waldfriedhof Zehlendorf 274
Waldfriedhof Dahlem 274

Waldgesellschaften 28, 30, 76, 80, 122ff., 141f., 177, 185, 211, 233, 250, 264, 269, 277, 298, 310, 341f.
Waldnaturschutzgebiet 141
Waldschäden 86, 88f., 120
Waldsiedlungen 224, 230, 232f., 243
Waldzwenken-Sauerklee-Kiefernforste 141
Wannsee 12, 231
Wannsee (Ortsteil) 100, 176, 233, 327, 330ff., 337ff.
Wasserrecht 72
Wasserstoff (H) 60, 329
Wasserwerke 69f., 72, 139
Waßmannsdorfer Chaussee 331, 337
Wedding 43, 57, 84, 89, 223, 225, 227, 240, 257
Weidelgras-Breitwegerich-Rasen 322
Weidelgras-Vogelknöterich-Gesellschaft 78
Weidenröschen-Waldgreiskraut-Gesellschaft 130
Wiesen 40, 43, 60, 70, 95f., 100f., 110, 129, 137, 142f., 150ff., 173, 176, 185f., 193, 201, 203, 211ff., 224, 235, 250, 258f., 264ff., 279, 287, 315, 321f., 351, 353
Wiesenbecken am Bullengraben 108
Wilmersdorf 42f., 131, 224, 229, 245
Windgeschwindigkeit 49f., 54ff., 113, 118, 204f., 226f., 246f., 260, 280, 315f., 328
Wittenau 129, 220
Wohngebiete 41f., 103, 206, 213, 223ff., 281
Wuchslandschaften 25, 28, 72f., 122, 209

Yorkstraße 244, 297

Zehlendorf 43, 180, 182, 223f., 233, 274
Zierrasen 213, 223, 241, 267, 322
Zink (Zn) 63ff., 83, 85, 277, 290, 347, 349
Zitadelle Spandau 93, 174, 236, 284, 345
Zone der aufgelockerten Bebauung, Zone 1 47, 78ff., 106, 194, 202, 218, 223, 227, 230, 235, 239ff., 243, 252, 254, 256f., 301
Zone der geschlossenen Bebauung, Zone 2 47, 74, 78ff., 93, 223, 227ff., 235f., 252, 254f., 256f., 278
Zone des äußeren Stadtrandes, Zone 3 47, 78ff., 106, 118, 194, 227, 236, 252, 254f., 256f., 301
Zone des inneren Stadtrandes, Zone 4 47, 78ff., 194, 202, 229, 235ff., 254ff., 267
Zonen floristisch ähnlicher Zusammensetzung 78ff., 223

Die wissenschaftliche Bezeichnung der Tier- und Pflanzennamen richtet sich nach:
BROHMER, P. 1988: Fauna von Deutschland. Heidelberg, Wiesbaden
STRESEMANN, E.: Exkursionsfauna Bd. 1-3. Wirbellose Bd. 1 1983, Wirbellose Bd. 2.1 1989, Wirbellose Bd. 2.2 1984, Wirbeltiere Bd. 3 1989. Volk und Wissen. Berlin
EHRENDORFER, F. (Hrsg.) 1973: Liste der Gefäßpflanzen Mitteleuropas, 2. Aufl., Stuttgart

und entsprechender Spezialliteratur

Bildnachweis: 1. W. Linder, 2. R. Prasse, 3. P. Miech, 4. W. Tigges, 5. J. Haupt, 6. S. Haupt, 7.-9. W. Linder, 10. W. Tigges, 11. J. Haupt, 12. W. Linder, 13. P. Doering, 14. H.-J. Günther, 15. W. Linder, 16. H. Sukopp, 17. P. Miech, 18. Ch. Klemz, 19. S. Haupt, 20. K. Steiof, 21. W. Linder, 22. R. Prasse, 23. Ch. Klemz, 24. St. Stern, 25. St. Stern, 26. K. Steiof, 27. P. Miech, 28. P. Miech, 29. K. Steiof, 31. W. Tigges, 32. I. Kowarik, 33. P. Miech, 34. H. Maubach, 35. Landesbildstelle, 36. I. Kowarik, 37. I. Kowarik, 38.-40. A. Langer, 42. I. Kowarik

Convallaria 212 in Peter

Deponie 340 lit. 398

Wepmelve 230
       Vogelfutterpflanzen: 230

Stadtwzedo 264
       Hainrispen- Ah.- Ei- Stadtw.
       auf sandigen Braunerden
       Knoblauchrauken- Ah.- Ei- Stadtw.
       auf Pararendzinen (leuH)

Obst-?, Strauch-?, Koniferengarten 212